青岛市"十三五"科技发展战略研究

谭思明 蓝洁 管泉 主编

中国海洋大学出版社
·青岛·

图书在版编目（CIP）数据

青岛市"十三五"科技发展战略研究/谭思明,蓝洁,管泉主编.—青岛:中国海洋大学出版社,2016.5
ISBN 978-7-5670-1153-3

Ⅰ.①青… Ⅱ.①谭…②蓝…③管… Ⅲ.①科技发展－发展战略－研究报告－青岛市－2016～2020 Ⅳ.① G322.752.3

中国版本图书馆 CIP 数据核字（2016）第 094810 号

出版发行	中国海洋大学出版社		
社　　址	青岛市香港东路 23 号	邮政编码	266071
出版人	杨立敏		
网　　址	http://www.ouc-press.com		
电子信箱	94260876@qq.com		
订购电话	0532-82032573（传真）		
责任编辑	孙玉苗	电　话	0532-88334466
印　　制	青岛圣合印刷有限公司		
版　　次	2016 年 6 月第 1 版		
印　　次	2016 年 6 月第 1 次印刷		
成品尺寸	185 mm ×260 mm		
印　　张	24.5		
字　　数	496 千		
印　　数	1—600		
定　　价	80.00 元		

编辑委员会

主　编：谭思明　蓝　洁　管　泉
副主编：王志玲　李汇简
编　委：（按姓氏笔画排序）

王　栋　　王云飞　　王庆金　　王春莉　　王淑玲
厉　娜　　刘　瑾　　刘振宇　　刘曙光　　孙　琴
李洪伟　　肖　强　　吴　宁　　宋福杰　　初志勇
张志耀　　张卓群　　武文生　　尚　岩　　周文鹏
房学祥　　赵　霞　　姜　静　　秦洪花　　雷仲敏
燕光谱　　檀　壮

前 言
PREFACE

"十三五"时期是青岛深入实施创新驱动发展战略,加快打造创新之城、创业之都、创客之岛,率先实现全面建成较高水平小康社会奋斗目标,建设宜居的现代化国际城市的关键时期。面对新的形势和新的机遇,站在更高的起点上,开展"十三五"科技发展战略研究,系统谋划"十三五"科技发展思路,对科学编制好"十三五"科技发展规划、进行创新驱动顶层设计,具有重要意义。

2014年9月,青岛市科技局启动了"十三五"科学技术发展规划前期重大课题研究工作,坚持开门办规划原则,广泛汲取社会各方意见建议,选取了"'十三五'青岛市科技发展的战略定位与目标"、"'十三五'青岛市科技创新支撑引领产业发展的措施研究"和"'十三五'青岛市科技规划重大工程与重点领域的选择"等7个事关科技发展全局的重大课题,委托驻青高校的专家团队开展研究,通过对未来科技经济发展趋势的研判、科技发展面临挑战与需求的分析,凝练提出"十三五"时期科技发展思路、发展目标和重点任务,为编制一个富有时代精神,体现创新科技内涵,彰显城市特色,符合科技界、产业界意愿,经得起实践检验的科技发展规划提供强有力的技术支撑。

本书汇集了7个课题的研究内容,第一篇为"十三五"科技创新战略定位,开展发展思路、目标和原则的研究;第二篇分析青岛市经济社会发展现状、需求和科技创新驱动发展的要求,研究提出青岛市"十三五"科技发展的重大工程和重点领域的遴选方法及理论依据;第三篇分析创新创业环境的构成要素、影响因素及制约青岛市创新创业的瓶颈问题,从政策、投入、服务、金融、平台发展、国际合作、文化氛围、新型研发组织等方面提出对策建议;第四篇分析青岛市科技创新资源配置现状和存在的主要问题,进而提出提高资源使用效率的措施建议;第五篇至第七篇针对青岛市产业基础、海洋科研特色和科技服务业发展现状开展问题需求分析,提出科技创新引领战略性新兴产业发展,支撑传统产业转型升级、海洋科技发展以及科技服务业发展的思路、战略定位和对策建议。在7个课题的研究基础上,形成"青岛市科技创新'十三五'规划编制总体考虑",进而提出了"十三五"科技创新发展的总体思路、发展原则、战略目标、战略部署、重大举措和主要任务。

  在编修过程中,我们力求严谨、规范、细致、准确,但由于多种原因,错误和疏略在所难免,恳请读者批评指正。

编 者

2016 年 3 月

目录
CONTENTS

青岛科技创新"十三五"规划编制总体考虑 …………………………… 1
 一、规划编制的方案设计及实施 ………………………………………… 1
 二、"十三五"科技创新面临的机遇与挑战 …………………………… 2
 三、规划编制的总体要求 ………………………………………………… 5
 四、"十三五"科技创新规划框架设计 ………………………………… 6
 五、"十三五"科技创新的总体考虑 …………………………………… 7
 六、规划编制的几点说明 ………………………………………………… 13

青岛市"十三五"科技创新发展的战略定位与目标研究 ……………… 23
 一、国内外科技与经济发展趋势和环境 ………………………………… 23
 二、青岛科技和经济社会发展面临的挑战和机遇 ……………………… 45
 三、青岛市科技发展战略定位的 DEA 分析 …………………………… 55
 四、重点城市科技发展战略比较研究 …………………………………… 78
 五、青岛市"十三五"科技发展的战略定位与目标选择 ……………… 89

青岛市"十三五"科技创新规划重大工程与重点领域的选择 ………… 93
 一、国际科技发展形势 …………………………………………………… 93
 二、国内经济与科技形势 ………………………………………………… 102
 三、青岛科技创新发展现状 ……………………………………………… 106

四、青岛"十三五"科技创新应解决的主要问题⋯⋯⋯⋯⋯⋯⋯⋯⋯107
五、科技创新重大工程和重点领域的确定⋯⋯⋯⋯⋯⋯⋯⋯⋯⋯110

青岛市"十三五"进一步优化创新创业环境的对策研究⋯⋯⋯⋯⋯⋯127

一、创新创业的总体背景⋯⋯⋯⋯⋯⋯⋯⋯⋯⋯⋯⋯⋯⋯⋯⋯⋯127
二、新的经济科技形势下创新创业环境的影响因素⋯⋯⋯⋯⋯⋯⋯131
三、青岛市创新创业的现状及存在的问题⋯⋯⋯⋯⋯⋯⋯⋯⋯⋯⋯134
四、国内外创新创业环境分析⋯⋯⋯⋯⋯⋯⋯⋯⋯⋯⋯⋯⋯⋯⋯142
五、创新创业模式与路径⋯⋯⋯⋯⋯⋯⋯⋯⋯⋯⋯⋯⋯⋯⋯⋯⋯150
六、优化青岛市创新创业环境的对策⋯⋯⋯⋯⋯⋯⋯⋯⋯⋯⋯⋯155

青岛市"十三五"科技创新资源统筹与优化配置机制研究⋯⋯⋯⋯161

一、科技资源配置的基本概念⋯⋯⋯⋯⋯⋯⋯⋯⋯⋯⋯⋯⋯⋯⋯161
二、青岛市科技资源的配置规模的现状⋯⋯⋯⋯⋯⋯⋯⋯⋯⋯⋯162
三、青岛市科技资源配置效率评价⋯⋯⋯⋯⋯⋯⋯⋯⋯⋯⋯⋯⋯179
四、青岛市科技资源配置效率的关键影响因素分析⋯⋯⋯⋯⋯⋯⋯183
五、青岛市科技资源配置情况与其他同类城市的比较分析⋯⋯⋯⋯187
六、青岛市科技资源效率的提升策略分析⋯⋯⋯⋯⋯⋯⋯⋯⋯⋯201

青岛市"十三五"科技创新支撑引领产业发展的措施研究⋯⋯⋯⋯203

一、世界科技和产业发展趋势⋯⋯⋯⋯⋯⋯⋯⋯⋯⋯⋯⋯⋯⋯⋯203
二、科技创新和产业发展互动机理研究⋯⋯⋯⋯⋯⋯⋯⋯⋯⋯⋯213
三、青岛市产业定位和发展战略⋯⋯⋯⋯⋯⋯⋯⋯⋯⋯⋯⋯⋯⋯222
四、科技引领支撑产业和社会发展研究⋯⋯⋯⋯⋯⋯⋯⋯⋯⋯⋯259
五、科技创新引领支撑产业发展措施⋯⋯⋯⋯⋯⋯⋯⋯⋯⋯⋯⋯286

青岛市"十三五"海洋科技发展战略定位和对策建议⋯⋯⋯⋯⋯⋯300

一、全球海洋新产业与新科技发展现状及趋势⋯⋯⋯⋯⋯⋯⋯⋯⋯300
二、海洋科技创新发展的国际城市经验借鉴⋯⋯⋯⋯⋯⋯⋯⋯⋯⋯315
三、海洋科技创新发展的国家战略背景⋯⋯⋯⋯⋯⋯⋯⋯⋯⋯⋯321
四、海洋经济与科技发展的国内案例对比⋯⋯⋯⋯⋯⋯⋯⋯⋯⋯330

五、青岛市海洋科技发展战略定位……………………………………334
　　六、青岛市海洋科技发展战略布局……………………………………336
　　七、青岛市海洋科技发展对策建议……………………………………336
　　　附件：关于在黄岛新区建设深远海重大创新平台的建议…………337

青岛市"十三五"科技服务业发展对策研究……………………………341
　　一、理论与案例研究……………………………………………………341
　　二、外部环境……………………………………………………………356
　　三、青岛面临的形势及战略选择………………………………………358
　　四、现状诊断和问题分析………………………………………………360
　　五、思路、目标和原则…………………………………………………371
　　六、主要任务……………………………………………………………371
　　七、重点工程……………………………………………………………376
　　八、保障措施……………………………………………………………378

参考文献……………………………………………………………………379

青岛科技创新"十三五"规划编制总体考虑

"十三五"时期是青岛深入实施创新驱动发展战略,推动以科技创新为核心的全面创新,加快建设国家东部沿海重要的创新中心、国内重要的区域性服务中心、国际先进的海洋发展中心和具有国际竞争力的先进制造业基地,着力打造创新之城、创业之都、创客之岛,建设宜居幸福的现代化国际城市的关键时期。面对新的形势和新的机遇,站在更高的起点上,科学谋划青岛市"十三五"科技创新发展思路,系统开展科技创新顶层设计,前瞻性编制"十三五"科技创新规划,具有重要意义。

2014年5月,青岛市科技局正式启动了"十三五"科技创新规划的编制工作。通过实地走访调研、专家座谈、文献调研等方式,在青岛"十二五"科技发展规划评估和"十三五"科技创新发展前期重大课题研究成果基础上,对"十三五"时期科技创新的新常态特征及全局性要求进行了系统分析,对青岛科技创新发展现状和存在的问题进行了深入研究,凝练提出了"十三五"科技创新发展的总体思路、原则、目标、战略部署、重大举措和主要任务等,为科学编制青岛市科技创新"十三五"规划奠定了坚实基础。

一、规划编制的方案设计及实施

(一)制订规划工作方案

2014年5月,按照青岛市政府的统一部署,市科技局成立了"十三五"科技发展规划编制领导小组,组建了规划编写组,"十三五"科技创新发展规划编制工作正式启动。2014年6月到9月,领导小组多次召开规划编制工作会议,研究确定总体工作方案,明确工作思路、编制原则和进度安排,提出了初步的框架思路。按照"十二五"科技发展规划实施情况评估→"十三五"时期重大战略问题的预研→技术预测及产业选择→学习调研等安排,有序开展规划编制工作。

(二)开展规划调研

自2014年7月至2015年3月,组织规划编制人员先后到天津、北京、上海、西安、深圳、广州、武汉等地进行调研,学习先进地区发展经验。同时深入蓝色硅谷核心区、西海岸新区、高新区等,了解基础现状,摸清产业结构、技术领域、高新技术企业和科技型中小企业等发展情况,为科学制定规划基本思路、发展路径等打好基础。2015年10月,规划编制组又前往上海、深圳、广州、武汉等地,调研这些城市"十三五"科技发展规划的编制情况,学习先进经验,启发编制思路。11月,规划编制组参加科技部组织的"十三五"科技创新规划编制培训班,了解国家对未来五年科技创新工作的部署和要求。

(三)开展规划前期重大课题研究

2014年6月,市科技局组织专家对青岛市"十二五"科技发展规划执行情况进行中期评估。2014年9月,启动了"十三五"科技发展战略定位与目标、科技创新重大工程与重点领域选择、创新创业环境优化对策研究、科技创新资源统筹与优化配置机制研究、科技创新支撑引领产业发展的措施研究、海洋科技发展的战略定位和对策研究、科技服务业发展对策研究等7项规划前期重大课题研究工作。并组织近150多位专家对船舶与海工装备、海洋生物医药、先进制造、新材料、新能源、人口与健康等19个重点产业领域,开展了产业创新路线图编制专题研究。

(四)规划文本编制与意见征求

一是根据"十二五"科技发展规划中期评估、规划前期重大课题和产业创新路线图研究成果,于2014年12月起草形成规划基本思路和框架,多次以专题形式向市科技局局长办公会进行汇报,历经五次框架调整完善后,至2015年5月规划形成讨论稿。二是与市委"十三五"规划建议编制组和市发改委规划编制组加强沟通对接,了解全市"十三五"规划的总体思路和部署,争取将科技创新规划的重点任务和重点工程纳入到全市"十三五"国民经济发展规划中。三是先后召开各区(市)科技局、部分重点企业、部分高校院所以及市科技局各处室各单位的座谈会,充分、广泛征求社会各个层面的意见和建议,并吸取采纳。

二、"十三五"科技创新面临的机遇与挑战

(一)青岛市科技创新发展现状分析

"十二五"以来,青岛市大力实施创新驱动发展战略,加快创新型城市建设,深化科技体制机制改革,推动创新布局从"小科技"向"大科技"、创新主体从"小众"向"大众"和创新资源配置从"小投入"向"大投入"转变,创新生态不断优化,创新能级迅速攀升,科技支撑经济社会发展的作用进一步增强,为"十三五"科技创新发展打下了良好的基础。

1. 创新要素加速集聚

青岛海洋科学与技术国家实验室、国家深海潜水器基地、国家海洋科学综合考察船等重大平台建成投入运行。与中科院开展战略合作,形成"2所、7基地、1中心、1园区"[①]

[①] 2所:中科院海洋研究所、中科院生物能源与过程研究所;7基地:光电院、声学所、应化所、软件所、自动化所、兰州化学物理所、工程热物理所等青岛研发基地;1中心:中科院青岛育成中心;1园区:中科院青岛科教园。

发展格局。山东大学青岛校区、哈尔滨工程大学青岛船舶科技园、天津大学青岛海洋技术研究院、中海油青岛重质油加工工程技术研究中心、中船重工青岛海洋装备研究院等一批高校、央企研发园区启动建设。惠普、日东电工株式会社等国际知名公司在青岛设立产业基地及研发中心。目前,全市现有普通高校22所,国家级驻青科研院所22家,省属科研机构6家。科研与技术开发机构近800家,较"十一五"期间增长40%。全市人才资源总量达到160万人,比2010年增加40万人。共有两院院士27人,外聘院士33人,全社会研发活动人员总数46 171人年。

2. 技术创新取得突破

高速列车、新型显示、智能家电等一批产业关键技术取得重大突破。拥有国家级重点实验室9家、省部级重点实验室91家、市级重点实验室66家,国家工程技术研究中心10家,省级工程技术研究中心52家,市级工程技术研究中心176家。国家认定企业技术中心33家。组建各级产业技术创新战略联盟82家,其中省级以上10家。高新技术企业964家,科技型中小企业达到7 309家,"千帆计划"入库企业1 573家。"十二五"期间,全市发明专利申请合计135 281件,发明专利授权12 600件,累计获国家科学技术奖励48项,省科学技术奖励379项。

3. 投入体系日趋完善

建立了科技投入与社会资金搭配机制和市场选择项目机制,调整财政科技资金投入方向和创新投入方式,撬动各类社会资本支持创新创业。2014年全市研发经费投入244.29亿元,占GDP比重达到2.81%,分别较2010年增加了120亿元和0.61个百分点。获批国家科技金融试点城市,创业投资日趋活跃,科技金融被赋予新内涵,全国首创专利权质押保证保险贷款"青岛模式",组建11支天使投资引导基金,累计为42家初创型企业投资2.47亿元。建立13个风险补偿金池,准备金池和高创科技担保公司为223家科技型中小企业提供累计74 930万元信贷支持,拉动银行组合贷款295 057万元。

4. 新兴产业快速发展

着眼于产业转型升级,大力培育新一代信息技术、高端装备制造、新材料、生物医药、节能环保、新能源及新能源汽车、海洋等新兴产业。2015年,战略性新兴产业产值3 490.2亿元,占规模以上工业总产值比重20.1%;高新技术产业产值7 113.42亿元,占规模以上工业产值比重41.0%。获批海洋装备、海洋新材料、机器人等6个国家高新技术产业化基地,石墨烯、海洋生物医药等4个国家火炬特色产业基地。加快新能源汽车推广应用,累计推广新能源汽车10 000辆,建成充换电站点百余个,充电终端9 000个,有效促进新能源汽车产业集聚与发展。

5. 科技服务卓有成效

科技服务业总体发展势头良好,不断涌现科技服务新模式,形成了较为完善的科技服务业体系。目前,全市科技服务业增加值突破200亿元,科技服务业总规模达到450亿元。全市范围各类科技服务机构总数超过1 500家。2015年技术合同交易额89.54

亿元,是2010年的5.5倍。全市孵化器建设面积达1 153.2万平方米,投用使用622.7万平方米,市级孵化器32家,入驻企业5 178家,累计毕业企业546家,集聚创新创业人才近万人。获批国家现代服务业创新发展示范城市,数字家电、橡胶与轮胎、交通科技服务业行业试点、服务业综合改革试点、"智慧城市"技术和标准试点城市,设立国家知识产权局专利局济南代办处青岛分理处。

6. 创新环境不断优化

全面推进创新型城市建设,成为全国唯一的国家技术创新工程和国家创新型城市"双试点"城市。推动科技创新管理体制机制改革,成立全市科技创新委员会和办公室,加强科技创新的统筹协调能力。先后出台《关于加快创新型城市建设的若干意见》《关于大力实施创新驱动发展战略的意见》《关于实施"千帆计划"加快推进科技型中小企业发展的意见》等30多项科技政策,为优化创新环境提供了有力政策支撑。大力弘扬鼓励创新、宽容失败创新文化,全社会创新创业氛围日益浓厚。

(二)科技创新形势判断与需求分析

当前,国内外科技创新正在发生着巨大变革。制定青岛"十三五"科技创新规划,必须充分考虑这些趋势和要求,按照新的形势、新的需求科学进行战略谋划。

1. 创新成为综合国力竞争战略制高点

新一轮科技革命和产业变革正孕育兴起,信息技术、生物技术、新材料技术、新能源技术广泛渗透,科技引领更加明显,科技创新链条更加灵巧,技术更新和成果转化更加快捷,科技创新与金融资本、商业模式融合更加紧密,产业更新换代不断加快,创新要素在全球范围的整合和配置趋势更加明显。各国都在加大科技创新力度。发达国家通过实施再工业化、工业4.0等创新战略,重塑竞争新优势。一些发展中国家也在积极参与全球产业再分工,拓展国际市场空间。全球产业竞争格局正在发生重大调整,我国在新一轮国际竞争中面临着巨大挑战。

2. 我国处于经济新常态的转换关键期

深化改革、扩大内需和创新创业正在形成新常态下经济发展的新动力,创新驱动发展战略已成为支撑转型升级的核心战略,以科技创新为核心的全面创新正在催生新技术、新产品、新模式、新业态和新产业等一大批新的增长点,大众创业、万众创新的制度环境正逐步优化,全社会创新创业的良好氛围正逐步形成。为了抢占新一轮竞争制高点,"实施互联网+""中国制造2025""海洋强国"等战略,"一带一路""京津冀一体化""长江经济带"等区域战略已勾画出新时期国家开发开放的新格局。但一些制约创新活力迸发、影响创新能力提升的体制机制障碍依然顽固,激励和保障创新创业的法律和制度体系仍不完善,创新链、产业链、资金链和市场需求的衔接还不充分,支撑和引领新常态发展的新引擎尚未全速开启。因此,面对全球新一轮科技革命与产业变革的重大机遇和挑战,面对经济发展新常态下的趋势变化和特点,深化体制机制改革,加快实施创新驱动发展战略,将是我国面临的一项十分紧迫而艰巨的战略任务。

3. 青岛处于经济转型升级的关键时期

"十二五"时期,青岛面对复杂严峻的国内外环境,深入贯彻落实中央宏观调控各项措施,坚持稳中求进、改革创新,经济在新常态下保持平稳运行。2015年实现生产总值9 300.07亿元,增长8.1%。规模以上工业实现利润总额937.3亿元,增长15.3%。固定资产投资6 555.7亿元,增长14.2%。居民人均可支配收入32 885元,增长8.6%。2015年青岛人均生产总值突破1.6万美元,已达到中等发达国家水平,但经济社会发展仍面临着众多挑战。经济结构调整任务依然艰巨,经济发展的原有动力不足,新的动力尚未形成,摆脱传统发展模式、加快转型升级日益紧迫;市场配置资源的决定性作用有待充分发挥,全面深化改革的任务艰巨繁重;民生品质提升需求紧迫,人口红利逐步减弱,环境与资源的双重压力不断加大。经济新常态下打造青岛经济升级版对科技创新提出了更高的要求,科技创新应主动适应引领经济新常态,着力解决制约青岛经济社会发展的重大问题,培育和形成新的经济增长点,支撑经济中高速发展和提质增效。

4. 青岛进入建设创新之城的关键时期

大力实施创新驱动发展战略、建设创新之城已成为青岛新的历史时期的核心战略任务。面对新的形势与需求,青岛科技创新还存在一些不适应、不协调的"短板"。科技对经济发展支撑引领作用不强,高新技术产业、战略性新兴产业以及现代服务业比例偏低,创新链和产业链相互协同不足,存在弱链、断链环节;企业技术创新能力有待进一步提升,特别是中小企业的技术创新能力较弱;创新资源市场配置能力不足,技术、人才、资金等创新要素的保障机制不健全,社会资源协同程度偏低;科技体制同经济和科技发展不相适应,创新活力和创新潜能未能充分激发,创业精神和创新文化亟待强化等。因此,青岛科技创新发展要按照"四个全面"战略布局,全面推动创新立市、创新兴市、创新强市,不断深化体制机制改革,激发各类创新主体活力,抢抓新一轮科技革命和产业变革新机遇,打造经济转型升级新引擎,确立国家战略布局新定位,建设海洋强国战略新支点,开辟科技创新治理新格局,发挥好科技创新引领支撑新常态的核心作用,形成全市创新驱动发展新局面,将是"十三五"时期青岛科技创新发展的重要历史使命。

三、规划编制的总体要求

在分析经济新常态下我市科技创新面临的机遇与挑战的基础上,提出青岛"十三五"科技创新规划要能够充分体现"四个五"总体要求。

(一)落实五大发展理念

党的十八届五中全会提出"创新、协调、绿色、开放、共享"五大发展理念。坚持创新发展理念,实施创新驱动发展战略,要求我们坚持将创新作为引领发展的第一动力,充分发挥科技创新对全面创新的核心引领作用,加速形成促进创新的体制架构,塑造更多依靠创新驱动、更多发挥先发优势的引领型发展,走出一条从科技强到产业强、经济强、城市强的发展新路径,为我市未来五年乃至更长时间创造一个新的增长周期。

（二）肩负五大历史使命

国际、国内的新形势为"十三五"青岛科技创新发展提出了更高的要求。深入实施创新驱动发展战略，深化体制机制改革，激发各类创新主体活力，建设创新之城、创业之都、创客之岛，必须抢抓新一轮科技革命和产业变革新机遇，打造经济转型升级新引擎，确立国家战略布局新定位，建设海洋强国战略新支点，开辟科技创新治理新格局，发挥好科技创新引领支撑新常态的核心作用，将是"十三五"时期我市科技创新发展的重要历史使命。

（三）坚持五"双"工作基点

一是坚持"双轮"驱动，把科技创新和体制机制创新更好结合起来；二是发挥"双方"作用，充分发挥市场配置资源的决定性作用和发挥好政府统筹配置资源的作用；三是注重"双向"发力，促进创新供给和创新需求紧密结合；四是优化"双创"环境，更好推进大众创业万众创新；五是健全"双转"机制，加快科技成果向现实生产力转化，加快政府职能从研发管理向创新服务转变。

（四）统筹五个方面关系

一是国家战略与青岛实际的关系，既要把握国家的总体要求和战略方向，积极承担国家战略任务，又要着眼解决青岛自身经济社会发展实际问题；二是当前与长远的关系，既要满足转型升级对科技创新的现实需求，又要前瞻布局，谋划未来产业发展；三是硬任务和软环境的关系，既要找到一些"硬任务"抓手，实施"非对称战略"，又要通过制度创新和政策突破，着力破除阻碍科技创新的瓶颈制约，营造良好创新生态；四是存量与增量的关系，既要进一步推动开放创新，集聚国内外优质创新资源，又要破除"围墙"，盘活存量资源，提高服务青岛能力。五是科技创新和产业发展的关系，既要围绕产业转型升级需求，开展共性关键技术攻关，又要加强原始创新和前沿技术供给，培育城市未来产业增长点。

四、"十三五"科技创新规划框架设计

在框架结构上，规划稿设计为两大板块、十个部分。第一、第二部分构成第一板块，属于顶层设计部分。第一部分系统总结"十二五"时期青岛市科技发展取得的成就，分析"十三五"时期创新发展面临的机遇与挑战。第二部分确定"十三五"科技创新发展指导思想、发展原则、发展目标，提出了五大战略部署和"四个十"科技创新重大工程项目。

第三至第十部分构成第二板块，是战略部署的具体任务分解，构成"十三五"科技创新的八大重点任务体系。在这八大任务体系中，又分为三个层次。第三至第五部分为第一层次，属于增强创新源头供给、培育新兴产业策源、应对社会发展挑战等支撑引领经济社会发展方面的任务。第六至第八部分为第二层次，属于激发创新创业活力、优化创新资源配置、统筹区域创新布局等营造良好创新创业生态方面的任务。第九至第十部分为建设知识产权强市、提升创新治理能力等政策制度保障供给方面的任务,划为第三层次。

我们将青岛整个城市比喻为一艘"青岛号"大帆船,为实现"国家东部沿海重要的创新中心""创新之城、创业之都、创客之岛"战略目标,正在扬起风帆,乘风破浪,驶向辉煌的未来。增强创新源头供给、培育新兴产业策源、应对社会发展挑战三大任务就是"青岛号"大船的三个风帆,是帆船向前航行的动力之源。激发创新创业活力、优化创新资源配置、统筹区域创新布局三大任务构成了"青岛号"大帆船的船体,主要从人才、技术、资金、平台、载体、开放、合作、文化、空间等创新要素资源的配置、创新环境的优化等方面,构建整个城市优良的创新生态,以满足创新创业的需求。而建设知识产权强市、提升创新治理能力两大任务是载舟之水,是大帆船航行的支撑和保障。我们要不断提高科技创新治理能力,实现科技创新治理能力现代化,建立高水平的知识产权运用、保护、管理和服务体系,承载着"青岛号"大帆船沿着正确的航道快速驶向胜利的彼岸。图1为"十三五"科技创新任务体系模型示意图。

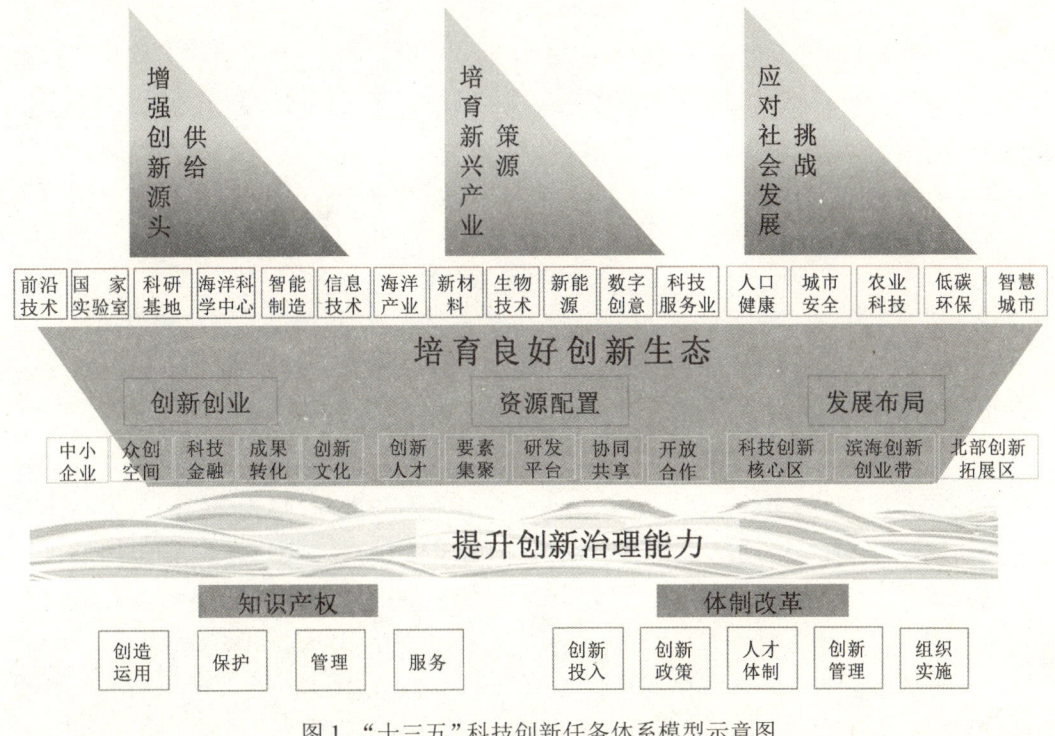

图1 "十三五"科技创新任务体系模型示意图

五、"十三五"科技创新的总体考虑

(一)明确发展思路和路径

高举中国特色社会主义伟大旗帜,全面贯彻党的十八大精神,坚持"四个全面"战略布局和"五位一体"总体布局,坚持创新、协调、绿色、开放、共享发展理念,以深入实施创新驱动发展战略为主线,深化科技体制改革,提升自主创新能力,汇聚融合高端要素,培育发展高端产业,优化创新创业生态,加快形成更多依靠创新驱动、更多发挥先发优势的引领型发展,建成特色鲜明的创新之城、创业之都、创客之岛,为建设宜居幸福的现代化国际城市奠定更加坚实的基础。

(二) 确立战略目标方向

综合把握形势与需求、发展与变化,《规划》提出了"十三五"科技发展目标:到2020年,率先形成创新驱动发展新格局,在实施创新驱动发展战略方面走在前列,打造具有全球影响力的海洋创新高地,建设国家东部沿海重要的区域科技创新中心,建成特色鲜明的创新之城、创业之都、创客之岛。

(1) 科技创新投入大幅提升。政府引导下的多元化投融资体系进一步完善,社会资本投向创新创业的活跃程度进一步提高。财政科技经费增幅高于财政经常性收入增幅,全社会研究与试验发展(R&D)活动经费支出占地区生产总值的比重达到3.2%,全社会研发活动人员总数达到73 000人年。

(2) 自主创新能力显著增强。源头创新与关键核心技术创新能力大幅提升,在智能制造、新一代信息技术、新材料、新能源和生物技术等领域掌握一批具有自主知识产权的关键核心技术。有效发明专利拥有量达到20件/万人,PCT国际专利申请量达到1 200件以上。

(3) 蓝高新产业取得新突破。大力培育和发展蓝色高端新兴产业,新产业、新业态、新技术和新模式成为经济增长主引擎。高新技术产业产值占规模以上工业总产值比重达到45%,科技服务业增加值占GDP比重达到4.2%。

(4) 企业主体地位持续增强。企业创新意识普遍增强,规模以上企业普遍建有研发机构,研发投入占主营业务收入的比重持续提高。高新技术企业达到2 000家,科技型中小企业达15 000家,技术市场合同交易额达200亿元。

(5) 高端创新资源加速集聚。各类创新要素资源高度集聚,创新资源配置效率大幅提高,成为全球创新网络的重要节点。争取落户若干面向世界、服务全国的重大科技基础设施,建成若干国际化、高水平的创新机构,打造一批国家级创新平台。国家级创新中心、重点(工程)实验室、工程(技术)研究中心等达到100家以上,建成10家具有国际影响力的重大科技创新中心。

(6) 创新创业生态不断优化。建成要素丰富、主体多元、平台高效、服务完善、市场发达、文化繁荣的创新创业生态系统,为创业企业成长和创客发展提供低成本、便利化、全要素、开放式服务。各类创业载体数量达到300家,孵化面积达到1 300万平方米。

(三) 坚持四项基本原则

(1) 坚持市场主导与政府引导相结合。既要充分发挥市场在科技创新资源配置中的决定性作用,强化企业的技术创新主体地位和主导作用,又要更好发挥政府作用,引导全社会共同参与创新治理,形成科技创新合力。

(2) 坚持科技创新与制度创新相结合。既要坚持原始创新、集成创新、引进消化吸收再创新,增强自主创新能力,又要破解影响和制约创新驱动发展的体制机制障碍,加快以科技创新为引领的全面创新。

(3) 坚持创新需求与创新供给相结合。既要聚焦经济社会发展战略需求,重点部署能够驱动经济转型发展和民生品质提升关键领域的创新活动,又要聚集高新技术、高端装备、高级人才和高水平服务,推动新技术、新产业、新业态、新机制融合发展,创造新供给,培育新增长点。

(4) 坚持国家战略和城市特色相结合。既要积极对接"海洋强国""中国制造2025""一带一路"等国家战略,找准定位,精准发力,构建开放型科技创新格局,又要以世界眼光谋划未来、以国际标准提升工作、以本土优势彰显青岛特色,实现重点跨越。

(四) 提出五大战略部署

"十三五"时期,我市在科技创新发展战略部署上,立足青岛需求,对接国家目标,应对未来挑战,重点建设十大科技创新中心、布局面向未来的十大科技创新中心、搭建十大科技服务平台、实施十大科技创新工程,全面提升科技创新引领和支撑经济社会发展的能力。

(1) 着眼供给侧改革,大力推进自主创新。围绕培育经济发展新动力,促进产业迈向中高端,大力提升自主创新能力。前瞻布局未来产业技术创新,在智能制造、新一代信息技术、新材料、新能源和生物技术等领域,突破一批重大共性关键技术。围绕资源、生态环境、人口与健康、公共安全、节能环保等领域,加强关键共性技术突破和应用示范。大力发展以技术、品牌、质量为核心的新产品、新产业和新市场。

(2) 着眼企业创新主体,大力推进大众创业万众创新。围绕培育科技型中小企业,形成一批有国际竞争力的创新型领军企业,加快形成大众创业、万众创新的新局面。加快众创空间等新型创新创业载体建设,鼓励发展众创、众包、众扶、众筹支撑平台,增强各类市场主体的创新活力,扶持一批创新能力强的科技型中小微企业快速发展壮大。

(3) 着眼创新驱动力,大力强化科技服务。围绕加速形成覆盖科技创新全链条的科技服务体系,切实增强服务科技创新能力,大力扶持和发展科技服务业。积极培育壮大科技服务市场主体,创新科技服务模式,延展科技创新服务链条,搭建公共科技服务平台,开展重点领域试点和示范。大力提升科技服务市场化水平和国际竞争力,培育一批拥有知名品牌的科技服务机构和龙头企业,涌现一批新型科技服务业态,形成一批科技服务产业集群。

(4) 着眼开放型创新,大力推进高端要素汇融。围绕统筹国内国际创新资源,全面提升国际国内国际科技合作水平,积极做好高端创新要素的汇聚融合。大力集聚以技术、信息、制度、人才和企业家才能为代表的创新要素。发挥市场配置资源决定性作用,优化配置创新要素资源和发展布局,拓展网络经济和蓝色经济新空间,完善创新资源开放共享机制,深度融入全球创新网络,构建开放协同创新格局。

(5) 着眼政府职能转变,大力推进科技体制改革。围绕推动政府职能由研发管理向创新服务转变,营造良好创新生态,不断深化科技体制机制改革。健全促进自主创新的

9

动力机制和激励机制,形成市场配置资源与政府宏观调控有机结合、科技成果有效转移转化的新机制、新模式。积极构建支持创新、鼓励创新、保护创新的政策体系,大力营造有利于知识产权创造和保护的法制环境、公平竞争的市场环境和崇尚创新创业的文化环境。

(五)布局"四个十"科技创新重大工程项目

(1)建设十大科技创新中心:青岛海洋科技创新中心、高速列车国家技术创新中心、橡胶新材料与装备科技创新中心、智能制造科技创新中心、虚拟现实科技创新中心、科学仪器设备科技创新中心、新材料科技创新中心、生命健康科技创新中心、新一代信息技术科技创新中心、新能源汽车科技创新中心。

(2)布局面向未来的十大科技创新中心:脑科学科技创新中心、量子信息科技创新中心、纳米技术与材料科技创新中心、深空深海探测科技创新中心、氢能与燃料电池创新中心、再生医学科技创新中心、无人技术科技创新中心、人工智能科技创新中心、合成生物科技创新中心学、超高速管道交通科技创新中心。

(3)建设十大科技服务平台:研发创新服务平台、新型孵化服务平台、国家海洋技术转移平台、知识产权服务平台、投融资服务平台、检验检测服务平台、科技基础资源服务平台、科技智库公共服务平台、数字科普网络服务平台和产业集群科技服务平台。

(4)实施十大科技创新工程:创新资源集聚工程、科技型中小企业培育工程、创新创业人才引进培育工程、众创空间建设工程、科技惠民示范工程、科技金融结合工程、技术转移促进工程、军民融合科技创新工程、科技大数据工程、知识产权强市工程。

(六)确定八大重点任务

提出"增强创新源头供给""培育新兴产业策源""应对社会发展挑战""激发创新创业活力""优化创新资源配置""统筹区域创新布局""建设知识产权强市""提升创新治理能力"八大重点任务,作为"十三五"时期科技创新战略部署的具体任务分解。

1. 增强创新源头供给

聚焦未来五到十年可能产生重大变革的前沿技术,塑造青岛未来经济和社会发展领域竞争新优势。一是支持基础研究与前沿技术研究,重点在海洋科技、生物科学、新药创制、石墨烯、智能技术、检验检测、虚拟现实、下一代信息网络、大数据与云计算、生物育种等10个领域超前部署一批科技创新项目。二是建设海洋科学技术国家实验室。三是建设重大科研基地和基础设施,拓展基础科学研究的深度和广度,提高原始创新活力。四是组建青岛国家海洋科学中心,争取建设海洋类重大科技基础设施集群,开展多学科交叉前沿研究,构建跨学科跨领域协同创新网络。

2. 培育新兴产业策源

对接落实"中国制造2025",围绕装备制造、新一代信息技术、海洋高新技术等领域,全链条部署一批重点专项,构建贯通基础研究、重大共性关键技术到应用示范的纵向创新链与横向协作的产业链,孵化和培育一批新兴产业,构建结构合理、具有国际竞争力的现代产业技术体系。

一是提高装备制造智能化水平,以智能、绿色、服务为主攻方向,部署实施先进轨道交通装备、智能机器人、高档数控机床、重大智能成套装备、增材制造(3D打印)、新能源汽车等重点专项。二是提升新一代信息产业能级,围绕基础电子产品制造、智能终端设备及应用、现代服务业信息支撑技术及应用、云计算与大数据等重点领域,开展关键共性技术攻关,实施大数据战略推进工程。三是壮大海洋高新技术产业,围绕船舶与海工装备、海洋生物医药、海水健康养殖与海洋生态环境监测、海水资源综合利用与海洋新能源等产业,开展关键共性技术攻关和创新平台建设。四是助推新材料产业做强做大,围绕先进高分子材料、高性能复合材料、纳米前沿材料等领域部署重点专项。五是增强生物技术产业竞争力,重点在生物制造、生物能源、生物医药、生物医学工程、生物农业等领域开展关键技术攻关。六是推动新能源技术应用示范,以分布式、智能化、低碳化为主攻方向,围绕风能、太阳能、生物质能、低品位能源、能联网应用等领域实施一批试点示范工程。七是发展科技服务业新兴业态,重点开展研发概念验证、大型检测设备虚拟共享、技术价值评估、前沿技术发展预测、互联网金融信用与认证等一批共性关键技术攻关。

3. 应对社会发展挑战

发挥科技创新在改善民生和促进社会发展中的支撑引领作用,围绕健康产业、城市安全、绿色现代农业、低碳环保社会和智慧城市建设等重大需求,部署重点专项,推动一批先进适用技术成果的应用,提高城市人口健康、防灾减灾、管理治理水平与能力,提升民生福祉。

一是培育新型健康产业,加强重大慢性疾病、重要病原性疾病、生殖健康及出生疾病防控,在移动医疗、精准医疗、组织器官修复替代、转化医学等领域突破一批共性关键技术。二是保障城市安全运行,围绕生产安全、食品安全和社会安全,加强在突发事件预防预警、救援与处置、应急科技产品等领域的关键技术攻关。三是发展绿色现代农业,以智能、生态、安全、可持续为发展方向,重点加快现代种业、农(畜)产品精深加工、农产品安全、新型农业投入品、智能化农业装备、智慧农业等领域重大关键共性技术的突破和产业化。四是打造低碳环保社会,重点在水处理、大气污染防治、土壤污染防治、高效节能装备等领域开展关键技术攻关。五是推进智慧城市建设,重点在物联网、大数据、云计算、高端软件等领域开展共性关键技术攻关。

4. 激发创新创业活力

大力构建众创空间,提升创新创业服务能力,不断完善创新创业生态系统,完善科技金融服务体系,构建科技成果转化体系,大力发展科技型中小微企业,推动新技术、新产业、新业态蓬勃发展。

一是实施"千帆计划"建设工程,聚焦"新技术、新产业、新业态、新模式",梯度培育初创期、成长期和壮大期等各类科技型企业。二是完善创新创业功能平台,打造各类特色众创、众包、众扶、众筹平台。三是完善科技金融服务体系,支持设立天使投资、成果转化等引导基金,创新股权融资、知识产权质押等金融产品,为创业企业和团队提供融资支持。四是构建科技成果转化体系,建立市区(市)全覆盖、多层次技术(产权)交易市场架构,重点推进国家海洋技术转移中心建设,发挥海洋科技成果转化基金作用,完善海洋科技成果转移转化体系。五是探索建立鼓励创新、宽容失败的考核机制,营造创新创业文化环境。

5. 优化创新资源配置

加强创新创业高层次人才引进与培养,集聚高端创新资源,积极融入国际创新网络,整合创新链条,提升统筹国际国内两种资源的能力,构建开放合作新格局。

一是引进培养创新创业人才,实施创新创业人才引进培育工程,大力吸引集聚国际国内高端创新人才,支持创客群体发展。二是集聚国内高端创新资源,做好规划布局,着力引进一批国内知名研发机构。三是围绕我市战略性新兴产业发展需求,依托骨干研发机构和行业龙头企业组建信息、轨道交通、橡胶化工等一批产业技术研究院。四是引导驻青高校院所开放共享创新资源。五是加强与"一带一路"沿线国家的科技交流与合作,重点推进青岛高速列车全球技术创新中心等高端创新平台建设。支持企业建立海外研发中心,融入国际科技合作网络,提升国际科技合作水平。

6. 统筹区域创新布局

"十三五"时期基本形成"三核一带一区"的科技创新发展空间布局。"三核"是指蓝色硅谷核心区、红岛经济区和西海岸新区,定位于打造科技和产业创新资源集聚的科技创新核心区,创建国家自主创新示范区,形成我市的创新源头。"一带"是指从蓝色硅谷核心区沿滨海一线延伸到李沧区的滨海创新创业带,聚焦研究开发、技术转移、检验检测、创业孵化、科技金融等科技服务业发展,重点推动各具特色的创新创业载体和特色园区建设,形成5个特色创新创业群落。"一区"是指从城阳和胶州一直向北延伸到即墨、平度、莱西的北部科技创新拓展区,定位于打造特色科技园区和产业化基地,形成承接技术成果产业化和战略性新兴产业发展的科技创新拓展区。

7. 建设知识产权强市

以知识产权与经济社会深度融合为主线,以运用知识产权制度提升创新驱动发展能力为导向,提升优势产业知识产权创造和运用能力,创新完善知识产权管理、保护体系,大力培育和发展知识产权服务业,营造知识产权良好发展环境。

一是加强知识产权创造运用,优化知识产权资助政策,提升知识产权创造运用能力,培育壮大高价值知识产权数量。二是加大知识产权保护力度,加强知识产权保护法律体系和规范化市场建设,加大知识产权行政执法力度,提升全市知识产权保护能力。三是提高知识产权管理水平,探索建立专利、商标、版权为一体的知识产权综合管理和综合执法模式。四是完善知识产权服务体系,科学规划建设知识产权服务载体,完善知识产权服务体系,打造东北亚知识产权服务中心。

8. 提升创新治理能力

深化科技体制机制改革，优化科技创新投入机制，健全普惠的创新政策体系，创新科技管理机制，构建有利于激发人才创新创业活力的体制机制，为实现发展驱动力的根本转换奠定体制机制基础。

一是优化科技创新投入机制，改革科技计划和资金投入方式，实现从"小投入"到"大投入"的转变。二是落实完善自主创新政策，推动科技成果使用处置和收益权改革，促进科技成果资本化和产业化。三是推进人才管理体制改革，鼓励科技人员以智力和技术等多种要素形式参与创新收益分配，实行股权激励、分红、年薪制等办法。四是改革科技创新管理机制，发挥市科技创新委员会对科技体制改革的统筹领导作用，推动政府职能从研发管理向创新服务转变。五是加强规划组织实施保障，建立健全规划实施协调机制，健全规划评估和动态调整机制，提高规划实施效果。

六、规划编制的几点说明

（一）关于发展目标设定

国家"十三五"科技创新规划提出，在全国推进区域创新中心建设，青岛市为东部沿海重要城市，应该积极争取承担国家区域创新中心建设任务，由此提出青岛市成为国家东部沿海重要的区域科技创新中心建设目标。"海洋强国"为国家大战略，海洋科技是青岛科技的优势与特色，青岛已经在建设蓝色硅谷海洋科技自主创新高地，从贯彻落实国家战略、建设海洋强国战略支点角度出发，提出打造具有全球影响力的海洋创新高地目标。

（二）关于关键指标选择

青岛市"十三五"科技发展规划共设置8个指标。一是在加强创新供给方面，提出全社会研发投入与国内生产总值的比例、全社会研发活动人员总数、科技服务业增加值占GDP比重等三个指标。二是加强提升自主创新能力和国际竞争力方面，提出有效发明专利拥有量/万人、PCT专利国际申请量等两个指标。三是在加强科技型企业培育和发展高新技术新兴产业方面，提出高新技术企业数量、高新技术产业产值占规模以上工业总产值比重两个指标。四是在加强技术转移转化方面，提出技术市场合同交易额指标。测算目标值及测算依据详见表1。

表1 青岛市"十三五"科技创新规划指标测算

序号	指标	单位	2015年	2020年	测算依据
1	全社会研发投入占GDP比重	%	2.81*	3.2	2011～2014年，我市R&D投入年均增长14.14%，"十三五"期间将保持逐年稳步上升趋势，但由于基数较大，年均增速预测将减缓至10%，2020年R&D投入可达433亿元。全市"十三五"规划预测2015年GDP可达13 600亿元。由此测算2015年R&D投入占GDP的比重可达3.2%。

续表

序号	指标	单位	2015年	2020年	测算依据
2	每万人有效发明专利拥有量	件	13	20	由知识产权局根据历史数据计算年均增长率并测算确定2020年数值。
3	PCT国际专利申请量	件/年	339	1 200	数据来源：青岛市深入实施知识产权战略行动计划（2015～2020年）。
4	高新技术企业数量	家	964	2 000	高新技术企业数量预期年均增长率18%，由此测算2020年高新技术企业数量将达到2 000家。
5	高新技术产业产值占规模以上工业总产值比重	%	41.0	45.0	高新技术产业产值预期年均增长11%，2020年预测为12 380亿元，规模以上工业总产值2020年预测值为27 504亿元，由此测算高新技术产业产值占规模以上工业总产值比重为45%。
6	全社会研发活动人员总数	人年	46 171*	73 000	2011～2014年，我市全社会研发活动人员总数年均增长率为7.24%，"十三五"期间预计依然呈稳步增长趋势，按7.2%年均增长率计，测算2020年研发活动人员总数约为73 000人。
7	技术市场合同交易额	亿元	89.5	200	我市技术成果交易在经过5年的高速增长后，预计"十三五"期间将进入平台期，增速显著放缓，年均增速预期将与目前全国技术市场合同交易额增速持平，约为14%。由此测算2020年技术市场合同交易额为200亿元。
8	科技服务业增加值占GDP比重	%	2.1	4.2	2015年科技服务业增加值预计达到200亿元，GDP预测达为9 400亿元，2015年科技服务业增加值占GDP比重测算为2.1%。2020年科技服务业增加值达570亿元（统计局测算后提供），全市"十三五"规划预测2015年GDP可达13 600亿元。由此测算科技服务业增加值占GDP比重为4.2%。

注：标"*"数据为2014年统计数据。

（三）关于重点产业和民生领域选择

创新要落到形成更具竞争力的产业优势上。在分析国家重点发展方向（表2）和青岛市产业基础与特色（表3）基础上，紧紧抓住经济竞争力提升的核心关键、社会发展的紧迫需求，确定青岛市产业发展定位，从科技创新引领新兴产业、支撑蓝色经济发展、支撑社会发展、支撑生态和环境保护发展角度选择重点产业领域，坚持有所为有所不为，确定了培育新兴产业策源和应对社会发展挑战的12个重点领域（表4），即智能制造、新一代信息技术、海洋高新技术、生物技术、新材料、新能源、科技服务业等7个新兴产业领域，人口健康、公共安全、现代农业、节能环保、智慧城市等5个民生科技领域，构建结构合理、先进管用、开放兼容、自主可控、具有国际竞争力的现代产业技术体系。

表2 "十二五"期间国家重点支持发展产业领域汇总表

序号	重点计划	重点产业
1	国家"十二五"科学和技术发展规划	节能环保、新一代信息技术、生物产业、高端装备制造、新能源、新材料、新能源汽车,农业,现代服务业,人口健康、公共安全、城镇化、能源资源环境
2	十二五国家战略性新兴产业发展规划	节能环保、新一代信息技术、生物、高端装备制造、新能源、新材料和新能源汽车7个产业
3	中国制造2025	新一代信息技术、高档数控机床和机器人、航空航天装备、海洋工程装备及高技术船舶、先进轨道交通装备、节能与新能源汽车、电力装备、农机装备、新材料、生物医药及高性能医疗器械10个领域
4	新兴产业（国家新兴产业网）	新能源、新能源汽车、新材料、信息产业、生物产业、高端装备制造、节能环保、现代农业、文化创意产业、现代服务业10个产业
5	国家新兴产业创业投资引导基金	节能环保、信息、生物与新医药、新能源、新材料、航空航天、海洋、先进装备制造、新能源汽车、高技术服务业等领域是战略性新兴产业重点扶持领域

表3 "十二五"期间青岛重点产业发展方向

序号	重点计划	重点领域
1	青岛市国民经济和社会发展第十二个五年规划纲要	海洋产业、现代农业、制造业、战略性新兴产业（新材料产业、生物产业、高端装备制造产业、新能源产业、节能环保产业、新一代信息技术产业、新能源汽车）
2	青岛市"十二五"战略性新兴产业发展规划	海洋开发、新一代信息技术、高端装备制造产业、节能环保产业、生物产业、新材料、新能源及新能源汽车
3	十条千亿级产业链	家电、石化、服装、食品、机械装备、橡胶、汽车、轨道交通、船舶海工、电子信息
4	青岛市十大新兴产业发展总体规划	新材料、节能环保、航空经济、邮轮游艇、海洋生物医药、工业机器人、海洋仪器装备、海水淡化装备、海洋新能源、3D打印

表4 青岛市"十三五"科技发展重点领域汇总表

序号	重点领域	子领域
1	智能制造	智能制造装备、轨道交通装备、新能源汽车3个子领域
2	新一代信息技术	云计算与大数据、新型显示、高端集成电路、新型元器件、网络通信及终端装备、北斗导航与定位等8个子领域
3	海洋高新技术产业	船舶与海工装备、海洋生物医药、海水健康养殖、海洋生态环境监测、海水资源综合利用、海洋新能源6个子领域
4	新材料	先进高分子材料、高性能复合材料、新型无机非金属材料、特种金属材料、前沿材料5个子领域
5	生物技术	生物制造、生物能源、生物医药、生物科技服务4个子领域
6	新能源	风能、太阳能、生物质能、低品位能源、能联网应用5个子领域
7	科技服务业	研究开发、创业孵化、技术转移、检验检测认证、知识产权、科技咨询、科技金融和综合科技服务8个子领域

续表

序号	重点领域	子领域
8	人口与健康	重大疾病诊治、转化医学、精准医学、远程医疗、现代中医药、人口与计划生育、器官移植等子领域
9	公共安全	突发事件预防预警、救援与处置、应急产品以及食品安全监控4个子领域
10	现代农业	现代种业、现代种养业、新型农业投入品、农产品精深加工、新型农业设施装备、智慧农业6个领域
11	低碳环保	节能技术与装备、环保技术与装备、资源循环利用3个子领域
12	智慧城市	物联网、云计算、大数据、高端软件4个子领域

（四）关于"四个十"科技创新重大工程项目的确定

根据青岛市建设东部沿海重要的创新中心要求，聚焦产业发展前沿，凸显我市在海洋、高速列车、橡胶轮胎等领域优势与特色，充分发挥青岛海洋科学与技术国家实验室、深海基地等国家级创新平台以及高校、科研院所、领军企业的作用，围绕海洋科技、深海及海洋工程（技术）装备、海洋生物医药、高速列车、石墨烯、新能源汽车、智能制造等领域，提出建设十大科技创新中心，详见表5。同时，面向未来，布局建设脑科学、量子信息、纳米技术与材料等十大科技创新中心，详见表6。

为落实八大重点任务，规划确定创新资源集聚工程、科技型中小企业培育工程、创新创业人才引进培育工程等十大科技创新工程来具体推进任务实施，并提出建设研发创新服务平台、新型孵化服务平台等十大科技服务平台，详见表7、表8。

表5 "十三五"十大科技创新中心

序号	名称		主要内容
1	青岛海洋科技创新中心		依托海洋科学与技术国家实验室，创新体制机制，集聚创新资源，构筑创新高地，加速成果转化，建设海洋生物医药、深海与海工装备、蓝色粮仓等海洋科技创新分中心，打造国际一流的海洋科技创新中心。
		海洋生物医药科技创新中心	重点依托青岛海洋生物医药研究院，进一步完善海洋生物医药公共研发平台功能，发挥我市海洋生物医药的科研优势，承接海洋国家实验室成果转化，通过建立智库基金、产业发展基金等多种形式，密切科技金融合作，形成人才集聚效应，促进海洋生物医药技术成果转移转化，加快推进糖工程药物、生物制造及各类功能制品的开发，建成国内海洋生物医药新技术、新产品原创地与孵化器，为全市海洋生物医药产业发展发挥重要的引领支撑作用，形成国内影响力的海洋生物医药科技创新中心。
		深海与海工装备科技创新中心	发挥中船重工集团在海西湾已经形成的船舶与海工装备产业优势，以中船重工海洋装备研究院（黄岛）项目奠基为基础，促进项目的全面启动建设，进一步集聚高端人才或团队，形成我市依托中船重工发展船舶与海工装备的新优势。同时，加快建设深海基地、天大海洋技术研究院、哈工程船舶科技园、中乌特种船舶研发设计院、710所海洋装备研发基地等重点项目，构建完备的深海与海洋工程装备创新体系，重点开展深海勘探开发技术、高端船舶和海洋工程装备及其配套设计制造技术的研发和转化，提升海洋装备领域成果转化和产业孵化能力，打造我市深海与海工装备产业发展新优势，构建国际领先的深海与海工装备科技创新中心。

续表

序号	名称		主要内容
1	青岛海洋科技创新中心	蓝色粮仓科技创新中心	以青岛海洋国家实验室为创新源头，重点依托中国水产科学院黄海水产研究所、中国科学院海洋研究所、中国海洋大学、国家海洋局一所和山东省海洋生物研究院等科研院所为创新支撑，以鲁海丰集团、蓝色粮仓科技公司、七好生物科技公司等骨干企业为载体，发挥我市在海水养殖与育种技术领域的基础研究优势，重点开展高效健康增养殖技术、基因工程与种苗培育技术、高效多层循环水养殖技术、智能化养殖技术研究，以及海洋牧场建设示范、高效养殖装备、饲料、病害防治、冷链物流等技术的开发应用示范等，打造具有辐射带动全国的蓝色粮仓科技创新中心。
2	高速列车国家技术创新中心		围绕高速列车装备制造产业，面向全球凝聚创新资源，建设轨道交通资源集成和协同创新平台以及技术研发中心、试验验证中心、系统仿真中心、产业化技术中心、转移与辐射中心、大数据应用服务中心6个中心，创建具有"聚智、协同、转移、辐射、合作"功能的高速列车国家技术创新中心。
3	橡胶材料与装备科技创新中心		围绕橡胶新材料开发、高性能子午线轮胎研发与制造、数字化轮胎成套装备与系统等共性关键技术，开展技术研发与产业化研究，推进国家火炬青岛橡胶行业专业化科技服务特色产业基地建设，创建国家"橡胶产业技术创新中心"，打造具有国际影响力和竞争力的橡胶科学研究与技术创新平台。
4	智能制造科技创新中心		围绕机器人、3D打印、传感器等智能装备及核心部件的研发与产业化，建设工业机器人、3D打印等公共研发平台，突破机器人高性能运动控制、3D打印材料、光纤传感器等关键技术，推进国际机器人产业园、中德金属3D打印产业基地等建设，打造国家智能制造产业创新基地。
5	虚拟现实科技创新中心		开展可视素材虚拟场景生成技术，多源数据驱动的智能化高效场景建模理论与方法等研究，重点建设青岛虚拟现实科技研发平台暨北航青岛虚拟现实研究院，打造内容开发、医疗仿真和电子商务等虚拟现实创新平台，推动虚拟现实技术在文化、娱乐、科研、教育、培训、医疗、航天等领域应用，建成国内领先的虚拟现实科技创新与产业孵化中心。
6	科学仪器设备科技创新中心		围绕环保、食品、医疗、生物、海洋等领域，着力突破环境污染源采集及分析、电波传播检测监测分析、综合电子通信测试等关键技术，重点研发石油预警平台系统、电池测试系统、电子通信测试系统、微波毫米波测试仪器、新型海洋监测分析仪器、新型环境采集及分析仪器设备、新型生物医疗检测及分析仪器设备等科学仪器设备。搭建青岛市科学仪器设备公共研发平台，设立青岛市科学仪器产业发展基金，推动科学仪器设备产业创新发展，打造国内科学仪器设备产业高地。
7	新材料科技创新中心		围绕石墨烯、海藻纤维等新材料开展全产业链的创新与应用，实现石墨烯材料、海藻纤维材料在下游应用领域的技术创新与市场化应用，建成促进科技成果转化、培养高新技术企业和企业家的科技创业服务载体，建设国际石墨烯创新中心，形成国内海藻纤维材料等产业技术引领地位。
8	生命健康科技创新中心		围绕疾病诊疗和健康服务，开展基因测序、重大疾病早期诊断、器官组织修复、转化医学、精准医疗、新药开发等技术研究，开发基于分子检测的疾病超早期肿瘤筛查诊断、靶向药物治疗监控等技术或产品及转化临床，探索安全有效的肿瘤个体化精准诊疗模式；以早期精确诊断、微创精准治疗为目标，开展医学影像三维重建、计算机辅助手术、临床智能应用、虚拟电生理等技术研发，开展新型数字诊疗技术解决方案，开发新型数字化诊疗设备，实现对疾病和特定患者的个性化、精准化、微创化治疗全力打造国内一流的生命健康科技创新高地。
9	新一代信息技术科技创新中心		围绕集成电路、数字化网络化信息通信设备、传感器与物联网、新型显示技术、下一代互联网、大数据与云计算等领域，突破激光元器件、光电集成芯片、大数据分布式存储与并行处理等关键技术，建设大数据应用研究中心，推进国家通信产业园、家电电子产业集聚区等园区发展，打造新一代信息技术产业高地。

17

续表

序号	名称	主要内容
10	新能源汽车科技创新中心	重点加强新能源汽车电机电控、动力电池等核心零部件,以及自动驾驶、储能材料、智能充电等关键技术研发,超前开展新型燃料电池技术研发、开展新能源汽车应用示范工程,打造充电网、车联网、互联网融合的新能源汽车应用网络,建设国内新能源汽车领域领先的"互联网+"应用平台和新能源汽车检测中心。

表6 "十三五"面向未来的十大科技创新中心

序号	名称	主要内容
1	脑科学科技创新中心	围绕脑科学发展前沿和主攻研究方向,重点开展阿尔茨海默、帕金森综合征等脑疾病机理研究与早期诊断和干预手段研发,支持类脑模型与智能信息处理、类脑器件与系统、脑功能连接图谱等技术研究,实现类脑器件、芯片和类脑机器人等类脑智能软硬件系统的突破。
2	量子信息科技创新中心	支持量子安全直接通信、量子隐形传态、量子纠缠密钥分发等前沿技术研究,研制半导体量子芯片、量子集成光学芯片,推进量子密码技术、量子纠缠通信技术等在航空航天通信及控制、网络通信、特殊场所通信等领域的应用。
3	纳米技术与材料科技创新中心	重点开展纳米电子、纳米传感器、纳米药物、纳米机械和纳米制造等技术研发,推动纳米技术与材料在医疗健康、电子、复合材料、太阳能电池、海水淡化、食品、国防等领域的广泛应用。
4	深空深海探测科技创新中心	主要围绕卫星应用和载人航天等应用领域,开展探测器的高效推进技术、智能自主技术、测控通信技术、新型轨道设计技术等关键技术研发,推动空间科技的发展,促进空间资源的开发和利用。重点研究大深度水下运载技术,生命维持系统技术,高比能量动力装置技术,高保真采样和信息远程传输技术,深海作业装备制造技术和深海空间站技术。
5	氢能与燃料电池科技创新中心	支持高效低成本的化石能源和可再生能源制氢技术与富氢燃烧节能技术、经济高效氢储存和输配技术、燃料电池基础关键部件制备和电堆集成技术、燃料电池发电及车用动力系统集成技术等关键技术研究,形成氢能和燃料电池技术规范与标准。
6	再生医学科技创新中心	主要开展干细胞技术、遗传工程技术、生物材料技术等前沿关键技术攻关,实现人工生物器官的合成、培养,促进3D打印技术、影像学技术和生物反应器技术等在再生医学上的联合应用。
7	无人技术科技创新中心	支持自适应巡航、激光测距、定位导航、安全控制等无人驾驶技术研究,实现地铁等城市轨道交通的全自动驾驶,开发无人车、无人机、无人潜航技术等,推动无人驾驶系统等在物流、城市管理、农业、电力、抢险救灾、视频拍摄等行业应用。
8	人工智能科技创新中心	开展具有自主学习能力的人工智能系统研发,支持深度学习算法、大规模神经网络建模、并行计算、自主认知机制等技术研究,推动人工智能在语音处理、图像识别、数据检索与分析、人机交互等通用领域的应用。
9	合成生物学科技创新中心	推动合成生物学在疫苗、新药和改进药物的创制,以生物学为基础的制造,可再生能源的开发,环境污染的生物治理,生物传感器的研发等领域的应用。
10	超高速管道交通科技创新中心	利用高温超导磁悬浮技术、气垫悬浮技术等开展真空管道高速列车、超高速管道运输等超高速交通系统研究,发展节能、环保、安全、舒适、快速的超高速运输系统。

表7 "十三五"十大科技服务平台

序号	名称	主要内容
1	研发创新服务平台	依托公共研发平台、工程技术研究中心、重点实验室等科技创新载体,开放共享科学仪器设施资源。以仪器资源为基础,为开展新技术、新产品、新工艺、新材料研发等科技创新活动提供综合研发咨询及检验检测等服务,进而推动形成以产品开发为纽带的新型产学研合作模式,支撑创新创业、服务产业升级。
2	新型孵化服务平台	推广"人人创客"模式,完善孵化链条,推进众创空间、孵化器、加速器、产业园区有机结合,打造创业项目与各类创新创业资源对接平台,形成创客人才聚集地、创新研发聚集地、创业孵化聚集地。
3	国家海洋技术转移平台	集聚全国海洋科技成果,建设海洋生物、海洋仪器仪表、海洋新材料、海洋工程和海水养殖等领域的海洋技术转移分中心,开展海洋领域的科技成果评价与咨询、检验检测、工程化开发、集成熟化和转移转化,搭建全球化的海洋技术第四方交易平台。
4	知识产权服务平台	促进知识产权代理、法律、信息、商用化、咨询、培训等各类服务机构集聚发展,推进设立知识产权银行,建立专利运营基金,提高知识产权创造、运用、保护和管理能力,推动知识产权服务与产业融合发展。
5	投融资服务平台	汇聚各类科技金融专营机构,创新科技金融产品和服务机制,开展科技保险、科技担保、知识产权质押等科技金融服务,建设综合性科技金融平台,实现科技资源与信贷资源的常态化、交互式对接。
6	检验检测服务平台	建立面向设计开发、生产制造、售后服务全过程的观测、分析、测试、检验、标准、认证等一站式服务的协同服务模式,建设一站式协同检验检测服务平台。加强公共检验检测机构信息化建设,依托国家海洋设备检验检测中心,构建一批海洋领域的认证公共服务平台。
7	科技基础资源服务平台	依托青岛科技创新综合服务平台,对全市科技人力资源、财力资源、仪器设施资源和信息数据资源进行整合,结合当前创新创业需求,搭建科技资源大数据管理系统,以科技"创新地图""政策超市""业务系统集成"等形式,构建服务于不同领域、行业的科技大数据服务平台。
8	科技智库公共服务平台	集聚各类创新资源,搭建科技智库公共服务平台,开展产业发展战略、技术预测、信息咨询、情报分析、模式创新等研究服务,促进科技创新与决策咨询的深度融合,为各类创新主体提供智力支持。
9	数字科普网络服务平台	推进科普信息化和现代化建设,充分利用现代传媒手段和互联网技术实现互通互联,建设由市级播控平台、数字科普资源库和分布在全市城镇和乡村社区开放式服务场所、公众文化活动场所、交通医疗、购物旅游等人群集聚场所的数字播放终端等三部分构成的数字科普网络,打造青岛市数字科普网络服务平台。
10	产业集群科技服务平台	围绕设备研发、服务设计、金融服务、成果转化、公共技术咨询服务等环节的科技服务需求,整合集聚产业链上下游资源,组织相关企业和科研院所深化产学研合作,为产业链提供全方位集成服务,开展数字家庭、智能交通、橡胶轮胎等产业链科技服务创新示范,促进特色产业向智能化、网络化转型升级,推动科技服务业和产业的融合创新发展。

表8 "十三五"十大科技创新工程

序号	名称	主要内容
1	创新资源集聚工程	在基础性、前瞻性、战略性科技创新领域，引进建设符合国家科技创新规划和布局的、具备国际先进水平的科研基础设施，重点推进海洋科学与技术国家实验室和深海基地等的建设，拓展基础应用科学研究的深度和广度，提高原始创新活力。深化与中科院的战略合作，实现院市双方深度融合发展。引进国内外知名高校和科研院所，支持其在青创建各类研发机构和创新成果产业化示范基地。积极融入国家"一带一路"战略，与沿线国家开展科技合作交流。吸引国际知名研究机构和实验室、跨国公司、国际技术转移机构在我市设立研发机构。鼓励有实力的企业在境外设立研发机构或开展国际并购。到2020年，建成若干个国际化、高水平的重大科技基础设施和国家级创新平台，争取引进国家级科研院所10家，国家重点大学研发基地10家，大企业研发中心10家，引进国际研发机构和技术转移机构10家，建设企业海外研发中心10个。
2	科技型中小企业培育工程	大力实施"千帆计划"，加快培育一批科技型中小企业，通过"靶向"精准政策扶持引导，形成小微企业创业、培育成长、升级的梯次发展格局，使一批小微企业成长为大中型企业，成为推进经济社会持续、稳定、健康发展的重要力量。到2020年，科技型中小企业达15 000家，高新技术企业达到2 000家。
3	创新创业人才引进培育工程	深入落实"青岛英才211计划"，加快引进集聚能突破关键技术、发展高新技术产业、带动新兴学科和新兴产业发展的高端创业创新人才及团队，优先支持高层次人才领衔科技重大专项。依托我市科技重大专项计划、市级以上重点实验室、国际科技合作基地等平台，培养一批具有较强创新能力的学科带头人，培育一批基础研究、前沿技术和新兴产业领域等方面的后备人才。到2020年，引进培育创新创业领军人才2 000名左右，努力把青岛建设成为创新创业人才高度集聚、新兴产业蓬勃发展、充满创新活力和发展动力的人才集聚区。
4	众创空间建设工程	以营造良好创新创业生态环境为目标，分区域、分层次布局发展各具特色众创空间。依托"互联网+"等新技术新模式，集成创业服务资源，打造众创空间、孵化器、加速器、产业园区有机结合的创新创业孵化体系。到2016年，全市众创空间超过100个，培养创业导师1 000人，集聚和服务创客5万名，形成10个具有示范性的众创空间集聚区和苗圃—孵化—加速科技创业孵化链条。到2020年，全市基本形成开放、高效、富有活力的创新创业生态系统，有力支撑全市新兴产业集群发展。
5	科技惠民示范工程	大力发展与民生相关的科学技术，着力解决医疗卫生、公共安全、公共交通、社会管理等关系民生的重大科技问题，部署实施精准医疗、环境生态治理、水安全等重点专项，突破一批关键技术，改善民生环境，保障民生安全，促进民生幸福和健康和谐。加强推广转化民生科技成果，推动一批先进适用技术成果的示范应用，提高城市人口健康、防灾减灾、管理治理水平与能力，提升民生福祉。到2020年，组织实施50～80项示范工程。
6	科技金融结合工程	通过实施科技与金融结合试点，创新科技投入方式，撬动社会资本投向创新创业。探索发展新型科技金融组织和服务模式，建立适应创新链需求的科技金融体系。支持银行、证券公司、保险公司、各类投资机构以及知识产权评估、信用评级机构等加强业务合作，为种子期、初创期、成长期、成熟期等不同成长阶段的科技创新企业提供全生命周期金融服务。引导科技型企业发行企业债、短期融资券、中期票据等债务工具进行融资。推动股权投资创新发展，完善风险投资机制，支持发展天使投资、创业投资、私募股权投资、重组并购等股权投资基金，支持互联网金融稳步发展，实现传统金融业务与服务转型升级，积极开发基于互联网技术的新产品和新服务。支持各类股权众筹平台创新业务模式、拓展业务领域，推动符合条件的科技创新企业通过股权众筹平台募集资金。到2020年，政府引导资金规模达到20～30亿元，引导建立各类产业投资基金达到100亿，为科技型中小企业提供的科技信贷资金达到100亿元。

续表

序号	名称	主要内容
7	技术转移促进工程	建立市区(市)全覆盖、多层次技术(产权)交易市场架构,形成"政府、行业、机构、技术经纪人"四位一体的技术市场服务体系,重点推进国家海洋技术转移中心建设,打造国家级海洋技术转移交易平台。创新科技成果转化交易机制和模式,推动科技成果集中公开交易常态化。制定我市落实和细化国家促进科技成果转化法的实施细则,出台促进科技成果产业化政策,为科技成果转化、技术转移提供法律保障。到2020年,全面建成线上线下一体的国家海洋技术交易平台,实现技术合同年交易额达到200亿元。
8	军民融合科技创新工程	贯彻落实军民深度融合发展的战略部署,以青岛高新区和西海岸经济区为中心,引进国家级军工研究机构及国防军工院校,搭建军民融合知识创新平台、技术创新平台和服务创新平台,开展海洋工程装备、海洋防腐、海洋新材料等涉海军工尖端技术的研发。建设西海岸新区古镇口海洋科技创新区,打造国家级军民融合创新示范区。到2020年,形成产业集聚、结构合理、布局优化、核心竞争能力突出的军民融合科技创新产业发展格局。
9	科技大数据工程	实施科技大数据战略,在整合科技人力资源、科技财力资源、科技设施装备资源和科技信息数据资源等各类科技资源的基础上,搭建青岛科技大数据体系,推动政府信息公开和公共数据互联开放共享;推进科技资源数据的汇集和发掘分析,梳理各类科技资源对产业发展的服务功能,探索科技服务新模式;科学规范使用大数据,切实保障数据安全。通过促进科技大数据体系发展,提升科技管理水平,发挥科技资源有效支撑科技创新、促进产业转型升级的作用。到2020年,建成具有区域影响力的科技大数据平台。
10	知识产权强市工程	深入实施知识产权战略行动计划,加快建设知识产权强市,全面提升知识产权创造、运用、保护、管理和服务综合实力,推动知识产权与经济社会和科学文化事业互促发展。建设专利导航产业发展实验区,推动专利战略与产业运行决策深度融合,以战略性新兴产业和传统优势产业为重点,培育一批以拥有核心技术专利为标志的知识产权优势企业。建设国家知识产权服务业集聚发展试验区,优化知识产权服务业发展环境,设立专利运营基金,培育一批对提升产业知识产权实力形成有效支撑的知识产权服务业企业。到2020年,培育知识产权优势企业100家,知识产权服务业企业200家,全市每万人口有效发明专利拥有量达到20件,知识产权密集型产业和知识产权服务业增加值对经济总量的贡献度显著提升。

(五)关于产业创新路线图的编制

本次规划采用了绘制重点产业创新路线图的方法,按照"围绕产业链部署创新链,围绕创新链完善资金链"的总体要求,将创新路线图作为支撑科技创新规划编制和实现规划转化为具体实施方案的战略研究工具。综合利用文献分析、产业链分析、SWOT分析、专家会议、问卷调查、实地调研等方法,围绕战略新兴、民生科技、海洋高技术等青岛市"十三五"科技创新重点产业领域,组织邀请150多位政、产、学、研、用各界知名专家,基于产业发展趋势和青岛优势特色,凝练出"十三五"推动青岛产业创新发展的400余项技术研发需求,提出创新载体建设、高层次人才团队引进培养和创新政策措施等创新资源配置需求,明确各时间节点的发展目标和重点任务,绘制先进制造、新一代信息技术、人口健康、船舶与海洋工程装备等19个重点产业创新路线图，为科学编制青岛市科技创新"十三五"规划提供战略支撑。

青岛市"十三五"科技发展规划编制组

谭思明　管　泉　蓝　洁　王志玲　李汇简　吴　宁

燕光谱　宋福杰　刘　瑾　厉　娜　王　栋　周文鹏

青岛市"十三五"科技创新发展的战略定位与目标研究

一、国内外科技与经济发展趋势和环境

(一)科技与经济社会发展背景和宏观形势

目前,全球经济正进入深度调整期。经济整体复苏艰难、曲折,国际金融领域仍然存在较多风险,各种形式的保护主义加强,各国调整经济结构面临不少困难;世界各国相互间联系日益紧密,互相依存关系日益加深,发展中国家几十亿人口正在努力走向现代化,和平、发展、合作、共赢的时代潮流更加强劲。现阶段"现代化进程强大的客观需求"和"知识技术体系的内在矛盾"正孕育着新一轮科技革命,世界正处在第六次科技革命的前夕。

1. 国际经济社会发展宏观形势分析

(1)经济复苏艰难、曲折,发达国家缓慢走出经济衰退困境,发展中国家企稳求升。

发达国家经济增速缓慢,逐渐复苏。美国经济增速缓慢,西欧和欧盟国家逐渐走出经济衰退困境,日本也在复杂的经济形势下实现了经济的增长。美国2013年的增长率仅为1.6%,远低于此前预期的2.8%。财政收紧与预算问题上的政治僵局严重妨碍了经济增长,货币政策也过于宽松。西欧经济在2013年第二季度走出衰退困境,但投资依然乏力,失业率高企,2014和2015年的增长率或分别为1.5%和1.9%。未来经济增长缓慢的主要原因在于财政紧缩政策、区域内需求低迷、区域外需求增长缓慢等。英国、德国的形势相对较好,许多来自东欧的欧盟新成员经济在2013年下半年走出衰退困境,2013年的增长率为0.5%,未来两年可望实现2.1%和2.7%的增长。日本2013年的经济增长率为1.9%,主要得益于一揽子扩张性经济政策,如财政刺激和央行大规模购买资产等措施。至于其他发达国家,加拿大经济增长率2013年为1.6%,今后两年估计分别为2.4%和2.8%,其主要推动力是住宅建设投资。澳大利亚2013年的增长率估计为2.6%,2014年将为2.8%,但政府消费和公共投资增长将在2014年达到顶峰。[①] 新西兰2013年的经济增长率为2.6%,2014年约为2.8%,经济的拉动因素是面向亚洲市场的

---
① 本文完成于2014年,相关数据尚未公布。下文也存在这样的情况。

出口增加。

在发展中国家中,多数发展中国家经济增速上升。非洲经济的增长前景较为乐观,继2013年实现4.0%的增长后,非洲经济增速有望在2014年达到4.7%。东亚经济体在2011年和2012年经历明显的增长减速之后,在2013年稳定了经济增长。西亚2013年的经济增长率为3.6%,2014年将增加到4.3%。东南欧2013年的增长率有所提高,但仅为1%～2%,仍不足以满足该地区再工业化和减少失业率的需求。总体而言,随着外部环境的改善,该地区今后两年的增长率将达到2.6%和3.1%。

(2) 全球通胀温和但就业形势严峻。

全球将保持较低通胀率,这部分地反映了主要发达国家的生产不足、高失业率和金融危机的持续影响。美国2013年的通胀率继续下降,今后两年仍将低于2%。欧元区的情况与此类似,但已降至不足1.0%,这引发了人们对通缩的担忧。在日本,大规模的扩张性政策旨在使经济产生通胀,以结束长达十年的通缩。在发展中国家和转型经济体中,只有少数国家的通胀率高于10%。

受金融危机和地区劳动力市场的长期影响,全球就业形势仍不容乐观。失业率在多大程度上属于结构性或周期性,人们对此仍有争议,对该问题的回答因地而异。例如,美国面临的主要是周期性失业,而西班牙面临的更多是结构性问题。在发达国家,美国的失业率继续缓慢下降,由2010年的10%降至2013年的7%。然而,这种下降很大程度上归因于参与就业的人数减少。欧元区的失业率在2013年趋于稳定,达到了12.1%。在欧元区,尽管德国的失业率为5.2%左右,但希腊和西班牙的失业率仍分别高达27.4%和26.7%,年轻人的失业率甚至为这一数字的两倍。日本的失业率相对较低,但参与就业的劳动力也持续减少。

(3) 新兴经济体资金流入减少。

2013年,流入新兴市场和转型经济体的私人净资本出现明显下降。同时,新兴国家的金融市场波动加剧,主要体现为因美联储宣布将逐渐减少每月购买的长期资产而引发的股市抛售和当地货币贬值。新兴经济体增速减缓的前景助推了资本流入的减少。主要国家央行采取的定量宽松货币政策对新兴国家净资本流入也产生了重大影响。

在新兴国家中,资本流入下降或波动最严重的当属亚洲经济体。尽管近期流入中国的外国直接投资有所增加,但流向印度、韩国的股权债券资本和流入印尼的非金融机构资金急剧下降。拉美国家也出现了显著的资金流入减少现象。与之相反,非洲、西亚和欧洲新兴国家的资金流入继续增加。例如,尼日利亚去年注册的外来债券市场资金显著增加。但是,埃及持续的政治骚乱导致私人净资本流入大幅减少。

(4) 世界范围内产业融合趋势增强,产业升级的路径日益多样化。

进入21世纪,高技术产业的发展以及信息技术在传统领域的推广应用使各产业之间的技术趋同性增强,导致产业之间的边界趋于模糊,三大产业之间特别是制造业与服务业之间的技术和市场重叠化程度显著提高。产业技术的融合一定程度上改变了单一知识及其技术的产业划分标准,致使"产业融合"逐步取代"产业分立"成为产业演进的重要方式。全球产业结构在不断融合的过程中,产生强大的后发效应以及更多的学习机会。各国产业结构调整将不再简单地延续传统的"农业→工业→服务业"的线性升级路线,发展中国家可以通过承接服务外包和服务业产业转移,适时把产业发展的重点转向新兴服务业领域,实现服务业的超前发展,从而把产业升级带入全新的路径,提高产业发展的整体水平和国际竞争力。在国际产业转移不断深化的条件下,世界各国产业结构的关联度和开放效应大大提高,逐步形成世界产业结构的大系统,各国产业结构作为一个开放系统,在与其他国家产业结构的互动中变迁。

(5)多边贸易体系中的利益主体多元化趋势增强,贸易保护主义抬头。

当前,全球性金融危机已冲击实体经济,影响日益加深。由于各国内部需求疲软,国际市场萎缩,各国企业都面临争夺国际、国内市场的双重压力。为扶持和保护国内产业、防范国际市场萎缩导致的贸易转移,许多国家出台了形形色色的贸易保护措施,显示在全球经济衰退之际,贸易保护主义的确有抬头之势。

伴随着经济全球化和全球一体化的进程,在世界贸易往来日益密切的同时,各国为保障国内相关产业的发展或者实现某些特定目的而采取的各种贸易保护政策也越来越频繁、越来越全面。未来一段时间,我国仍将是全球反倾销最大的受害国之一,资源和制造业领域的贸易摩擦仍将频繁发生,知识产权保护、劳工标准、环境标准也出现被滥用的趋势。

(6)发展中国家成为世界经济增长的重要支撑力量。

世界上最大的三个经济体,即美国、欧盟和日本的经济从减速步入衰退。在经济全球化的趋势下,包括新兴经济体在内的发展中国家经济困难加重,整体经济增长速度也显著放慢,但境况好于发达经济体。在发达经济体同步经济下行时,世界经济越来越依靠发展中国家,尤其是依靠于新兴经济体。因为发展经济体的经济表现好于发达经济体;发展经济体的消费市场需求庞大;发展经济体拥有雄厚的外汇储备,可能提供金融援助和购买美国国债。对新兴和发展中经济体而言,由于金融开放程度不高,因此在此次金融危机中受到的直接影响较小,国内金融体系和金融市场还比较稳定。

(7)国际分工进一步加深,形成多层次分工格局。

以商品贸易和比较优势为基础的传统国际分工格局迅速向产业间分工、产业内分工、产品分工和要素分工并存的新型国际分工模式演进,形成动态、多层次、网络化的国际分工体系。世界经济的多极化趋势不断增强,但由于发达国家拥有的高技术、高素质人力资本等要素具有相对稀缺性,因而,发达国家仍掌握着国际分工格局的主动权。而对于发展中国家来说,虽然以通过引进资本和技术一定程度上改变要素禀赋结构,但迄今,发展中国家主要以劳动力要素参与国际分工,其所获得的分工利益也仍然主要是劳动要素的报酬,发展中国家在国际分工中的劣势地位将导致其对外来资本、技术和制度安排也产生一定的依赖性。

2. 国际科学技术发展形势研判

(1)科学技术特别是高新技术成为促进经济社会发展的主导力量。

20世纪以前,科学技术在经济发展中一直处于从属地位,基本特点就是生产的实际需要刺激技术的发展,并进一步为科学理论的形成奠定基础。时至当代,科学理论不仅走在技术和生产的前面,而且为技术生产的发展开辟了各种可能的途径。

信息革命极大地促进了世界经济结构的变革,信息制造业和信息服务业等新兴产业迅速崛起,已成为世界第一支柱产业和带动世界经济增长的火车头。高新技术在对产业结构产生重要影响的同时,还将带动劳动力结构的重大调整。此外,生物技术、纳米技术和能源技术对经济的影响,更主要的也是体现在新技术与现有传统产业的结合上,从而引发农业、医药、材料、能源等产业结构的新一轮变革,加速传统产业的高技术化。

(2)原始创新和关键技术的突破有潜力带动新一轮产业革命。

20世纪以来,促使人类经济和社会发生翻天覆地变化的新兴产业,都与科学技术的重要突破紧密相关。量子理论的诞生,促进了集成电路和激光器的发展;相对论及原子核裂变原理的问世,导致核技术的形成,带动了原子能的应用;DNA 结构的阐明,奠定了全新的生物工程技术的基石。每一个原始创新都催生了新的产业方向和新的经济增长点。以生物技术为例,人类基因组图谱已经全部绘制完成,随之而来的是一个以功能基因组为基础,规模庞大的新健康产业的崛起。因此,在现代科学技术条件下,原始创新和关键技术的突破将有潜力带动新一轮的产业革命。

(3)新技术推动产品更新周期缩短,造就新的追赶和超越机会。

进入21世纪,随着技术更新的速度日益加快,前沿技术创新与高端产业发展相互促进,在很多高新技术领域,基础研究与产业化之间的界限已经变得模糊。人类基因组、超导、纳米等许多成果尚处于实验室阶段时就已经申请了专利,并很快得到应用。生物技术、基因工程技术的突破,将新药研制到产业化应用的周期从24年缩短到8年。生物芯片技术的出现,可实现对生命体中的基因、蛋白、细胞和组织进行准确、快速和大信息量的分析检测,缩短了新药研制周期和疾病检测周期。同样电话走进50%的美国家庭用了长达60年的时间,而互联网进入50%的美国家庭只用了5年时间。所有的这一切都说明,新技术推动了产品更新周期的缩短,这在一定程度上创造了新的追赶和超越的机会。

(4)关键技术的重大突破,将替代旧产业,形成"翻盘效应"。

重大科学发现和技术发明具有在原理、技术、方法等方面实现重大变革的突破性特征,能够广泛带动经济结构调整和产业形态重大变革。重大的原始创新往往会摧毁现有产业体系,转换竞争优势,孕育新的重大发展机遇,培育出新的产业群与经济增长点。以数码相机为例,德国爱克发曾是世界上最早生产彩色胶卷的企业之一,占有世界彩色胶卷市场约10%的份额,但随着数码相机生产制造技术的日趋成熟,数码相机已经抢占传统相机的市场,昔日影像巨头在数码技术冲击下,胶卷销量严重下滑,不得不申请破产保护。

(5)市场价值观念的变化,产生新需求,造就新产业。

市场需求的变化是技术创新活动重要的动力之一,市场的更新和变化引导着企业技术创新的发展方向。以我国汽车工业发展为例,改革开放之初,国内还不存在汽车消费的市场。我国在引进资金、引进技术的同时,也引进了先进的管理,引进了市场的理念。

随着国内经济的发展,人民生活质量的提高,市场消费需求呈现出多元化的格局,市场细分的特征十分明显。外资企业提供给市场的产品不能满足生活需要,国内汽车企业抓住机遇,迅速发展,一些立足于自主创新的汽车企业也就应运而生了。市场价值观念的变化,产生了新需求,造就了新产业,同时也为我国汽车产业追赶世界发展的潮流发挥了重要的推动作用。

(6)科技全球化和社会知识化进程加快,对社会生产方式和生活方式产生了深刻影响。

新一代网络通信技术进一步加快了经济全球化进程,科技全球化成为经济全球化的重要表现形式。利用全球科技资源来加强本国或本企业的研究开发工作,以更低的成本、更高的效率获得更强大的竞争力。这一方面表现为人类对自然界的征服方面,合作最多的就是国际大科学工程,如人类基因组、核聚变、空间站、全球气候变化等国际合作计划的实施;另一方面表现为跨国公司加速在不同国家建立研发机构,如近年来跨国公司为实现生产经营的本土化,在我国建立研发机构近百家,其中规模较大的就有30多家。总体上看,研究与发展(R&D)国际化强化了发达国家及其跨国公司在全球科技生产和消费方面的强势地位,也使欠发达国家获得相应的人才和技术溢出效应。

社会知识化与经济全球化是重要发展趋势。这主要表现为发达国家产业的知识含量日益增加,知识经济的社会形态正在成为现实,知识资源正在成为主要的财富源泉。以科技创新为主的知识创新活动,将成为人类的主导性社会活动。国民的知识文化水平将越来越高,终身学习成为必然要求,整个社会将成为学习型社会。

(二)当代科学技术发展的基本特征和新趋势

1. 当代科学技术发展的规律和新特征

(1)前沿科技领域呈现群体突破的态势。

新一轮科技革命以及由此引发的产业革命将涉及科学与技术的深刻变革,能源技术、信息技术、生命科学技术等多种新兴技术将引领产业的全新发展。在能源技术方面,能源的生产和消费方式将实现重大变革:一方面,清洁能源(风能、太阳能、核能等)将逐步取代化石能源,在全球能源供给上发挥越来越重要的作用;另一方面,能源生产者和消费者的界限将变得模糊,每个家庭、每个建筑不再是单纯的能源消费单位,而是能够参与能源生产,甚至能够输出能源的生产者。能源形式的改变将深刻改变现有众多产业的格局,比如汽车产业,电动汽车将有可能彻底颠覆传统动力汽车。在信息技术方面,云计算、大数据、虚拟现实、移动互联网、物联网等技术将实现突破,将对信息技术应用模式带来一场深刻的变革,信息技术和信息产业将进入一个新的发展时期,信息技术将渗透人类生产、生活的方方面面,为我们提供一个更智慧的生活模式。以智慧城市为例,云计算技术将提供数据计算与处理综合平台,提升资源利用效率,降低智慧成本;大数据技术将"智慧"地处理城市积累及正在产生的海量数据,将其转化为有价值的信息;移动互联网技术、物联网技术将成为城市的神经,及时反馈各类信息。在生命科学技术方面,将进一步揭示生物构造和遗传的秘密,极大地促进人口与健康、农业高新技术、生态环境、食品和化学工业等领域的发展。同时,生命科学的研究,还将为电子计算机、人工智能、工程控制论等的研究,提供许多新的启示。

(2) 科学交叉与技术融合不断催生新的学科和技术领域。

纳米材料技术、纳米电子技术、纳米生物技术、纳米测量学等都是近些年发展起来的新兴交叉学科,生物材料、生物芯片、纳米机器人、信息材料等融合技术也已经向人们展示出其巨大的应用潜力。3D打印(增材制造)这一数字化智能制造技术在全球范围内得到了迅猛的发展,它将信息、材料、生物控制等技术融合渗透并集成应用,将对未来的制造业生产模式与人类生活方式产生重要影响。目前,3D打印(增材制造)已在航空航天、生物医疗、消费电子产品、汽车、军工、装备制造、文化创意设计等领域被大量应用。未来的重大科技创新将更多地出现在学科交叉领域,各类技术之间的相互融合也将更加频繁,新技术改造传统产业的步伐会进一步加快,将会产生新的技术系统变革、重大学科突破以及新一轮的科技革命及产业革命。科技发展呈现多点突破、交叉汇聚的态势,物质科学探索不断向宏观拓展、微观深入和极端条件方向发展,生命科学向精确化、可再造、可调控方向发展,人类正在进入用信息和信息技术精细调控物质和能量的时代,许多基本科学问题面临突破,不断催生新的学科生长点。

(3) 技术创新向绿色化、低碳化发展。

全球碳排放量逐年升高,产生温室效应的原因主要归结于工业化进程的加快,大量的煤炭、天然气和石油燃料被消耗,同时也增加了甲烷、氮氧化物气体的排放,而作为自然清洁器的森林也被大量砍伐,造成生态系统严重不平衡。近几年地球自然灾害不断,海平面上升、海洋风暴频繁以及土地沙漠化严重都印证了粗放的增长方式急需改变的事实。同时能源的不可再生性注定了目前发展的瓶颈在于能源数量,原油等大宗商品的价格在全球内大幅上扬充分说明了这一点。环境问题、能源问题等等都使得我们必须大力发展低碳经济,进行绿色化、低碳化的产业变革。低碳经济不仅是能效的提高,而且是整个产品的生产体系、生产过程、生产方式的改变,低碳经济必须由技术来支撑。在发展中依靠创新来实现绿色生产、低碳生产,是摆在世界各国面前的一个严峻课题,世界各国都在为之努力。美国提出以风能、太阳能逐步代替传统化石能源的经济复苏计划;日本采用联合国秘书长潘基文提出的绿色新政,积极发展太阳能和电动汽车并进行推广;欧盟提出能源一揽子计划通过了碳排放交易机制修正案,为欧盟成员国的任务权重分配和排放指令权提供了依据。

(4) 科技创新、转化和技术更新速度加快,自主创新的地位日益突出。

目前,科研成果转化为现实生产力的周期越来越短,技术更新速度也日益加快。在19世纪,电从发明到应用时隔近300年,电磁波通信从发明到应用时隔近30年。到了20世纪,集成电路发明后仅仅用了7年的时间便得到应用,而激光器从发明到应用仅仅用了1年。人类基因组、超导、纳米材料等本属于基础研究的成果,在中间成果阶段就申请了专利,有些甚至迅速转化为产品走进生活。在计算机技术方面,每五到七年处理速度就增加10倍,体积减小10倍,价格下降10倍。巨磁电阻效应(2007年获诺贝尔物理学奖),从发现到成功应用于硬盘读出磁头,间隔仅8年(1988~1996),使硬盘容量发生了从 MB 到 GB、到 TB 的巨变。这充分说明,当前科学与技术的界限日益模糊,技术和产品更新换代速度不断加快,经济竞争已前移到原始性创新阶段,自主创新能力已经成为国家间科技竞争成败的分水岭,成为决定国际产业分工地位的一个基础条件。

(5)新业态的创新模式、商业模式持续变革。

全球科技的飞速发展,互联网经济、知识经济和信息技术等新技术的不断发展,大大改变了竞争规则和企业生存环境。同时,科学技术的日新月异也带来了商业模式的不断变革,一个好的商业模式,会使得一个企业迅速成长,获得丰富的客源和利润,未来的竞争不再是产品的竞争,而是商业模式的竞争。

(6)制造业回归,制造业智能化和高端化成为各国未来发展的重点。

全球金融危机背景下消费低迷、跨国公司利润下降,同时各国就业率减少,使得越来越多的国家将原本"外包"的生产向"内包"转换。用智能化的机器人代替大量的劳动力,降低了人工成本;数字制造技术的使用,使得产品的研发、设计、生产等发生了根本改变,使得小批量、个性化生产成为可能,从而要求生产基地更加靠近消费市场;高科技运用于生产中,使得知识产权的保护更加重要,制造工艺与流程向发展中国家转移安全性降低。金融危机之后,美国联邦政府出台《制造业促进法案》《鼓励制造业和就业机会回国策略》等多项举措,支持制造业及就业回流。美国地方政府也纷纷制定土地和税收优惠政策,改善投资经商环境以吸引制造商来本地投资。欧盟也不甘落后,实施联合技术倡议,研发如卫星监测环境与地球安全、微电子工艺燃料电池、药物创新等技术与工艺,以提升"再工业化"进程。法国政府筹资 2 亿欧元直接向制造企业发放《再工业化》援助资金。英国出台了《制造业振兴》《促进高端工程制造业》等政策举措。一贯重视制造业的德国,提出"工业 4.0"战略,以智能制造为主导,分为"智能工厂"和"智能生产",以提高德国工业的竞争力,在新一轮工业革命中占领先机。高端制造业成为各国争相竞争的焦点,这也使得原有部分制造回归到本国,对国际分工产生影响。

(7)世界各国更加重视利用科技创新培育新的经济增长点。

世界主要发达国家竞相推出新兴产业发展规划和国家竞争力计划,加大科技创新投入和政策支持力度,更加重视通过科技创新来优化就业结构、驱动可持续发展和提升国家竞争力,全球战略性新兴产业规模急剧扩大。新产业的形成,使得分工形式发生巨大变化。例如新能源产业,新能源产业发展起步较晚,但国际分工起点较高,要素配置国际化进程较快。同时,各国政府在新能源产业价值链分布以及国际竞争格局演化中扮演着重要角色。然而,由于新能源技术路线、行业组织结构以及全球能源格局仍存在不确定性,新能源产业的国际分工机理和模式尚未完全明朗。近年来,我国新能源产业扩张集中在价值链的中下游环节,虽然制造成本、生产组织、国际市场份额等方面具备了一定的竞争力,但竞争力主要表现为规模和成本优势,核心技术研发、技术标准制定、国内市场培育等方面仍有差距,导致我国新能源产业参与国际分工仍延续"两头在外"的模式,尚未形成完整的产业链条,分工收益受到挤压。

(8) 大数据科学成为新的科研范式。

互联网技术、互联网经济学、超级计算、环境科学、生物医药等研究产生海量数据，催生了大数据科学这一新的科研范式，将引起科研组织方式的深刻变化，并使知识的创造和应用更加紧密结合。数据已经渗透到每一个行业和业务职能领域，逐渐成为重要的生产因素；而人们对于海量数据的运用将预示着新一波生产率增长和消费者盈余浪潮的到来。大数据是与自然资源、人力资源一样重要的战略资源，是一个国家数字主权的体现。大数据时代，国家层面的竞争力将部分体现为一国拥有大数据的规模、活性以及对数据的解析、运用的能力。国家在网络空间的数据主权将是继海、陆、空、天之后大国博弈的又一个目标。在大数据领域的落后，意味着失守产业战略制高点，意味着数字主权无险可守，意味着国家安全将出现漏洞。大数据的发展将直接影响国家和社会稳定，是关系国家安全的战略性问题。

(9) 科技创新资源配置呈现出全球化竞争与加速流动的趋势。

科技先进国家继续增强高技术壁垒，着力竞争全球最优秀的青年人才。新兴国家纷纷推出科技创新政策和国家人才计划，积极参与科技资源流动配置的全球化竞争。世界各国更加重视利用科技创新培育新的经济增长点。

2. 重要科技领域发展的新趋势

(1) 重要的基础科学问题孕育新的突破。

重要的基础科学问题具体指的是"一黑"（黑洞）、"两暗"（暗物质、暗能量）、"三起源"（宇宙起源、天体起源、生命起源）。这些基础科学问题一旦能够实现突破，不论是在科学界还是产业界都将带来根本性变革。如在暗物质领域，暗物质的能量是目前已知世界物质能量的3倍多，揭开暗物质、暗能量之谜，将是继哥白尼的日心说、牛顿的万有引力定律、爱因斯坦的相对论和量子力学之后，人类认识宇宙的又一重大飞跃，将引发新的物理学革命。在生命的起源与进化领域，合成生物学已取得重要进展，可以从系统整体的角度和微观层次认识生命活动规律，进而打开从非生命物质向生命物质转换的大门。2011年，美国麻省理工学院的丹尼尔·诺切拉等成功地开发了"人造树叶"，其光合作用效率是天然树叶的10倍。合成生物学不但为探索生命起源和进化以及光合作用机理开辟了崭新途径，还将使人类从"临床医学时代"走向"健康医学时代"，同时也将推动生物制造产业的兴起与发展，成为新的经济增长点。在量子学领域，科学家已经能够对单粒子和量子态进行调控，对量子世界的探索从"观测时代"走向"调控时代"，未来将在量子计算、量子通信、量子网络、量子仿真等领域实现变革性突破，用于制备新型量子器件，如量子信号传感器、新一代低能耗晶体管和电子学器件、拓扑量子计算机等，成为解决人类对能源、环境、信息等需求的重要手段，其意义不亚于量子力学的建立引起的20世纪信息革命。在意识本质领域，科学家将探索智力的本质，了解人类大脑和认知功能，一旦突破将深化人类对自身和自然的认识，引起信息与智能科学技术新的革命。2013年4月12日，美国白宫公布了一项被认为可与人类基因组计划相媲美的脑科学研究计划，以探索人类大脑的工作机制、绘制脑活动全图等。

(2) 能源与资源技术持续升温。

人类必然从根本上转变无节制耗用化石能源和自然资源的发展方式,迎来后化石能源时代和资源高效、可循环利用时代。一方面,可再生能源和安全、可靠、清洁的核能将逐步取代化石能源,成为人类社会可持续发展的基石。人类在致力于节能和清洁、高效利用化石能源的同时,必须致力于调整能源结构,发展先进可再生能源,提高可再生能源的比重,发展先进、安全、可靠、清洁的核能及其他替代能源。另一方面,要不断提升传统资源开采技术,拓宽资源获取渠道,保障能源供应。① 进行深度资源探测。世界上一些矿业大国勘探开采深度已达 2 500～4 000 m,而我国勘探深度一般为 500 m。② 开采海洋天然气水合物。2013 年 3 月,日本经济产业省宣布,由石油天然气和金属矿产公司领导的实验小组已从海底成功提取可燃冰,这是全球首次通过在海底分解含有大量天然气成分的可燃冰来取得天然气。目前,已探明的可燃冰储量相当于全球传统化石能源储量的两倍以上。③ 开采页岩气和页岩油。页岩气和页岩油技术可采资源潜力巨大,美国使用人工地震和水平钻探等开采技术,成为唯一大规模商业开采页岩气的国家。2010 年,美国页岩气产量达 1 378 亿立方米,占美国天然气产量的 25% 左右,200 多家企业掌握了页岩气开采技术,正在推动一场"页岩气革命"。

(3) 信息网络领域迅速发展。

信息技术和产业正在进入一个转折期,2020 年前后可能出现重大的技术变革,人、机、物三元融合的新应用正逐步将现有 ICT 技术推到极限。信息技术将突破语言文字壁垒,发展新的网络理论。新一代计算技术在信息化、数字化、网络化的基础上将建立教育、科研、制造、贸易服务、公共治理等新模式。

一方面,宽带、天线、智能网络将继续快速发展,超级计算、虚拟现实、网络制造、网络增值服务等产业突飞猛进;另一方面,集成电路将逐步进入"后摩尔时代",计算机将逐步进入"后 PC 时代";"Wintel、"(Windows + Intel)平台正在瓦解,多开放平台将会形成。同时,互联网进入"后 IP 时代"(即基于 IPv6 的下一代网络)将是不可避免的发展趋势,云计算、大数据、物联网的兴起也是信息技术应用模式的一场变革。目前现有信息技术未来需要面对规模、性能、能耗、安全这四大技术挑战。在规模方面,再过十几年,百亿级用户、万亿级的终端是现有技术无法支撑的。在性能方面,到 2025 年,人们需要 ZB(10 的 21 次方)级数据处理,采用现有技术需要 100 亿台服务器,但是我们现在不可能有那么多台服务器。在能耗方面,谷歌数据显示每次点击需要耗费 0.000 3 度电,到 2025 年,用现有技术的年用电量需要 137 个三峡电站供应,相当于 2009 年全国发电量的 3 倍,这无疑是对能耗的挑战。在安全方面,现在已经存在黑客攻击、信用窃取和监管问题,到 2025 年安全边界将延伸到物理世界和人类世界。

(4) 先进材料和制造领域异军突起。

材料和制造是人类文明的物质基础,制造业是国民经济的产业主体。未来 30～50 年,能源、信息、环境、人口健康、重大工程等对材料和制造的需求将持续增长,全球化、绿色化、智能化将加速发展,制造过程的清洁、高效、环境友好日益成为世界各国追求的主要目标。新材料领域需要重点关注的是石墨烯。石墨烯是目前最薄、最硬的纳米材料,几乎完全透明,电阻率比铜和银更低。预计2024年前后,石墨烯器件有望替代CMOS器件。其未来的应用领域还包括纳电子器件、光电化学电池、超轻型飞机材料等。在智能制造领域,将从分子层面设计、制造和创造新材料,这种新材料与直接数字化制造结合,将产生爆炸性的经济影响。

制造领域需要关注的是3D打印技术。在制造原理上,3D打印改变传统加工模式,使用计算机设计数据,通过材料逐层堆积的方法制造物品。在材料应用上,可以使用多种材料,比如树脂、塑料、陶瓷、金属等。由于3D打印处于制造业数字化、网络化、智能化的关键连接点,未来将与其他智能化、人性化生产技术一起,推动整个工业系统的变革。除此之外,还需要重点关注机器人技术和远程自动交通工具。

(5)人口健康领域得到高度关注。

预计21世纪中叶,全球人口将达80亿~100亿,人类将面临传统传染病病原发生新的变异并传播,新发传染病如禽流感、心理障碍和精神性疾病、代谢性疾病、老年退行性疾病等的挑战。未来须控制人口增长,提高人口质量,保证食品、生命和生态安全,通过疾病早期预测诊断与干预、干细胞与再生医学等方面的研发,攻克影响健康的重大疾病,将预防关口前移,走一条低成本普惠的健康道路。

基于干细胞的再生医学和人造器官的研发是未来健康领域研究的两大重要方向。再生医学有望解决人类面临的神经退行性疾病、糖尿病等重大医学难题,引发继药物、手术之后的新一轮医学革命。目前,再生医学在科学上、产业上、临床应用上都正孕育重大创新突破。在科学方面,美国FDA已批准干细胞治疗用于心脏病和急性脊髓损伤的临床研究。在产业方面,只要企业和风投大量介入,干细胞产业将进入成熟阶段,替代器官、组织工程产品和干细胞药物研发将促进干细胞新兴产业快速发展。在临床应用方面,我国成功诱导多潜能干细胞(CIPS细胞),取得革命性突破;美国马萨诸塞州的先进细胞技术公司(ACT公司)开展的胚胎干细胞临床试验再次证实能够恢复患者视力;英国开展全球首例人工合成学临床试验解决临床用血问题;世界上首例诱导多能干细胞(IPS细胞)临床试验在日本获得批准。

人造器官的研发展示化学与生命科学交叉的美好前景。密歇根大学正在研发一种电极,它能使神经元和假肢器件进行"交流",已取得一定进展。该电极由7微米的碳纤维制成,碳纤维涂装四层聚合物材料。该电极已经小到可以测量单个神经元的电信号。哈佛大学在硅纳米线网格框架上培养细胞,可从生长在框架上的心肌细胞检测到电信号。斯坦福大学向治愈电子皮肤更靠近一步,研发了一种由聚合物网络和包埋在其中的镍微粒组成的材料。该材料能在破损后恢复其电学和力学性质,有望用作机器人或仿生假肢器件的电子皮肤。

(三)世界主要国家的科技发展情况

1. 美国

美国政府注重保证其在各种科技领域的世界领先地位,注重基础科学的研究,推动经济发展,高度重视科技投入。其重点发展领域为能源环保、信息产业、航空航天业、纳米技术、先进制造业等方面。美国在《美国的创新战略：保障经济增长和繁荣》中提出，进一步提高美国持续的创新能力。美国的创新战略主要包括以下三个内容：向美国创新的基本要素进行投资，恢复美国基础研究的国际地位，培养具有21世纪知识和技能的下一代人才，建设先进的基础设施，发展先进的信息技术系统；推动竞争市场，激励有效创业，通过简化和永久的研发税收减免促进企业创新，支持创新的创业者，促进创新中心和创业系统的发展，推动建立创新、开放和竞争的市场；促进国家在优先领域取得突破：发动清洁能源革命，加快生物技术、纳米技术和先进制造业的发展，提高空间能力和开发突破性应用技术。

美国是世界上最大的科技研发活动执行国，研发是美国极其重要的投入领域。美国的研发投入总量基本保持着稳定的增长态势。研发经费来源主体是企业和政府，从研发经费执行部门的构成来看，美国的研发经费70%以上由企业使用。2010年，世界研发投入前10强企业中，美国就有5家。这五家企业研发投入的总和超过了405亿美元，接近当年中国企业研发投入的近二分之一。财政投入规模也很大。美国联邦政府在国家研发投入中占有重要地位，其政策对研发机构产生了深刻的影响。奥巴马上任以来，一直坚持通过加大科技投入，实现经济复苏和提高创新能力。尽管面临财政压力，美国联邦政府仍然高度重视研发投入。2012年，国会批准研发投入经费达到1 419.31亿美元，与上年持平，在政府很多项目经费削减的形势下，研发经费能够保持稳定，显示出美国政府对科技和创新的高度重视。

美国始终保持着对生物医药研究的高度重视。2012年，美国国家卫生研究院获得308亿美元的预算，超过全部非国防研发预算的46%。美国信息产业在互联网技术、云计算技术、移动互联、软件技术和电子商务等方面具有优势。2012年3月美国宣布启动"大数据研究与开发计划"，使美国成为第一个将大数据研发上升至国家战略并制订行动计划的国家。航空航天业是美国的传统优势产业，2012年美国国家研究委员会发布了《NASA太空技术路线图与优先事项：恢复NASA的技术优势，为太空新纪元铺平道路》报告，进而确定了16项优先级最高的技术。2012年6月，美国宣布投入7 000万美元，建立增材制造创新研究院，支持增材制造研究和产业化，为先进制造业的发展提供技术支持。

2. 欧盟

欧洲发达国家的科技发展水平领先世界，并已转向知识型社会，而这种向知识型社会的转变与网络经济的出现有着密切的关系，对信息的整合传播和应用大大提高了网络化经济的生产率同时，向网络型经济转型也推动了知识经济进行更深层次的整合，并且使市场和非市场的知识交易不断扩大。

欧盟在其最新一期的科技创新战略，即"地平线2020"（Horizon 2020）计划中就吸取以往的经验，非常注重顶层设计和协同创新，统筹管理力度明显加大。"地平线2020"计划统一了以前各自独立的欧盟研发框架计划（FP）、欧盟竞争与创新计划（CIP）及欧洲创新与技术研究院（EIT）3个研发计划的预算，并将欧盟结构基金中用于创新的部分也囊括进来,加强统筹管理。为了能更好地让欧盟各国实现协同创新,欧盟委员会于2012年推出了新的欧洲研究区行动方案,要求建成一个欧盟研究区(ERA),资助从基础研究到创新产品市场化的整个"创新链"所有环节的创新机构和创新活动,并根据研发活动的不同性质灵活实行拨款、贷款、政府资金入股和商业前采购等多种形式的资助相结合的办法。欧盟"地平线2020"科研规划非常注重为各创新主体搭建服务平台。其具体包括以下措施:加强创新活动与高等教育计划之间的联系,如"伊拉斯谟计划(Erasmus Program)"、"知识联盟(Knowledge Alliances)";加强相关基金的协调,如在结构基金(Structural Fund)和凝聚基金(Cohesion Fund)之间进行更好的协调、合作与信息交换;加强服务支持,如在"包容、创新和安全的社会"计划中,对政策学习和政策咨询提供相应的支持、通过推动多边或双边合作,促进所有成员国或地区研发人员之间的联系。

同时,欧盟委员会正在制定下一财政期(2014～2020)扶持创新型中小企业发展的投融资新机制,公共财政部分将得到大幅提升。新设立的COSME机制,计划每年投入14亿欧元解决创新型中小企业之间的相互拖欠和风险入股。欧盟竞争力与创新框架计划(CIPs)也将新创立一项支持创新型中小企业发展的投融资机制。

3. 日本

日本在科技管理上更加注重顶层世界,全面推动科学技术创新。成立"科学技术创新战略本部",以强化政府对政策从规划、立案到推进的职能。改组日本综合科学技术会议,确立战略协商会制度,针对重要课题设立战略协议会,在产学官广泛参与的基础上进行决策;将研发系统的职能分为"决策制定"、"决策实施"、"资金分配"、"研究开发实施"四个阶段,并明确每个阶段的职能和主题等。2011年8月19日,日本政府正式对外公布了第四期《科学技术基本计划》。此计划更加注重加强科技创新组织体系的建设,注重构建官产学研的协同创新体系,构建了"智"型产学官合作网络。日本政府将以金融机构为代表的相关机构的合作纳入"智"型网络,统合产学官协作本部与技术转移机构(TLO),TLO机构参与产学官合作点的活动可以获得国家的资金支持,资助比例高达60%以上。

在政策制定上,日本更加重视供给面与需求面的联合推动。日本特别强调将经济增长模式转向"需求引导型增长"模式,主要从利用国内要素和扩大对外开放两个方面寻求经济增长动力。并且日本强调政府为科研服务的思想,明确提出以下三方面的要求:一是彻底转变科研机构职能,使其成为为科研人员服务的机构;二是设立事务局形式的研究支援部门,为科学家及其研究团队提供事务性的服务;三是提高研究预算执行的自由度和灵活度,便于科学家更灵活地使用科研经费。2011年8月日本公布的第四期《科学技术基本计划》强调政府将在全国范围内营造一种全社会创业的氛围和精神,并为风险创业家提供法律、知识产权保护以及资金运作上的支持,尤其是对大学创办的风险企业将给予更加全面的支持。

4. 韩国

韩国在科技发展政策上,更加注重国家对科技发展的整体把握,通过部门的协调管理促进科技的创新。韩国政府将原来各部委分散实施的相关科技管理、协调职能已逐步统一划归到韩国国家科委。调整后,国家科委较之教育科技部更具跨部门科技发展宏观决策和协调管理的名分和能力。以往由教育科技部调整并报韩国企划财政部审批的国家R&D的调整分配职能现已由韩国国家科委掌握。国家科委行使科技成果评价职能,建有成果评价局,专门从事科技成果评价工作。国家科委计划建立更为开放的专业化评价体系,取代以往由各相关部、厅评价的方式。目前正在氢能和燃料电池、生物异类器官移植等两个领域开展试点工作。调整后的韩国国家科委拟将分散在各有关部门的政策资助研发机构也统一进行管理。国家科委正在着手对这些机构进行评估和整顿,旨在通过评价和整顿,最大限度地发挥他们的特长,并通过捆绑式固定经费给予他们支持。

韩国在政策制定上,更加重视供给面与需求面的联合推动,推出了"基于采购的(procurement-conditioned)SME研发计划"。在SME获得诸如政府,公共组织或者是私有企业等组织的采购量的情况下,SMBA(中小企业管理委员会)会向SME提供因替代进口而进行国内研发而产生的费用。被选中的SME企业将会获得7.5亿韩元的零利率贷款的资助,并且不需要任何抵押。一旦产品研发成功,大量有需求的大企业和公共机构会直接采购该产品,为SME提供直接的销售渠道。

5. 德国

德国为了支持中小企业的创新合作,立法者专门在竞争法规中加上了中小企业联合的例外规定。2010年7月,德国联邦政府发布《德国2020高技术战略》。该战略中明确指出,德国联邦政府资助的重点是中小企业相互之间和企业与科学界之间的可持续联合研发项目。按照联邦和州政府与"经济-科学联盟"签署的协议,在"中等企业创新计划"范围之内,继续推出"技术开放"和"市场取向"创新的促进措施以及中小企业创新资助计划。此外,重点保护中小企业知识产权,维护良好的市场秩序。德国政府通过《反限制竞争法》等法规限制大企业垄断行为,扶持中小企业发展。

在《德国2020高技术战略》中,"改善基础条件"与"资助"被视为同等重要的政策性议题。在"高科技战略"中,某些特定技术领域已经明确地被认为有益于产生新的知识和技术,有助于解决重要社会问题并能促进创新及社会变革。这种"综合治理"方法不仅得到科学界与经济界的广泛支持,还引起国际社会的极大关注。

6. 英国

2011年,英国政府在通过税收优惠激励中小企业在研发投入方面采取了一系列举措。在《2011预算案》中,英国政府对中小企业的研发税收减免政策发生了很大的变化,从2011年4月起由原来的150%增加至200%,并从2012年4月起,再增加到225%,这将使得英国成为促进中小企业研发最具有竞争力的国家。作为支持中小企业发展的另一项措施,英国政府在《经济增长计划》中明确要在英格兰建设21个企业区(Enterprise Zones),以优惠条件吸引企业投资,放宽向小企业放款条件,以抵税率、超宽带、少管制等优惠政策促进中小企业的发展。

7. 瑞士

连续几年在欧盟创新排名和《全球创新指数》排名中位居第一的瑞士,也在进行宏观层面的体制改革。瑞士联邦议会多年来一直关注内政部(FDHA)与经济部(FDEA)在科技创新领域的体制机制问题。2011年6月29日,瑞士联邦委员会通过调整机构设置的决定,决定把原属两个部的职能统一到一个部内。决定自2013年1月1日起,将联邦教育与科研总署以及联邦高等理工学院事务合并至联邦经济部,教育、科研与创新事务正式合并由联邦经济部主管,该部相应更名为联邦经济教研部(WBF),旨在于加强对科技、教育与创新的统筹管理。

(四) 我国科技与经济社会发展现状与趋势

1. 我国经济发展的形势

受国际金融危机深层次演进、资源和环境约束日益增大以及"十二五"时期经济发展战略调整的影响,中国经济的发展模式和驱动因素正在悄然变化。特别是十八大之后,新一届中央政府对中国经济的发展方向、发展战略以及发展目标提出了许多创造性和革新性的思路,这将引导和推动未来一个时期经济发展呈现新的变化趋势。

(1) 中国经济将从高速增长期步入中速增长阶段,经济进入新常态。

1979～2012年我国经济年均增长9.8%。2008年国际金融危机爆发后,中国经济过分依赖外需的高增长动力被弱化,同时经济依赖廉价丰富生产要素的高增长时代趋于结束,经济运行进入了一个转折期。经过最近几年的调整转型,可以确认,我国经济增长逐渐由过去的高增长步入6%～8%的中速增长期。

经济增速放缓的原因在于以下诸方面。一是经济发展阶段的要求,此时的经济增长主要是质量和效益的改善,结构的升级,增速减缓势在必行。二是要素成本水平明显提高,劳动力、土地、资金、资源等生产要素价格持续上涨,资源短缺和环境保护力度增强,导致企业生产成本大幅提高,支持企业低成本扩张的低要素价格条件不复存在。三是市场需求不足问题凸现。中国经济已由短缺经济变成了过剩经济,目前出口需求萎缩,消费需求徘徊不前。市场需求不足是导致中国经济增速减缓的根本原因。

(2) 创新驱动是经济发展的核心活力。

经济史表明,经济发展必须靠创新引领,科技创新是第一生产力。当前新的科技革命正在孕育和兴起,科技创新和产业发展相互融合,经济全球化和信息化交叉发展,这是我国经济发展面临的新的重大的历史机遇,也是我们必须抓住和用好的机遇。我国要赢得发展先机和主动权,最根本的是要靠科技进步的力量,最关键的是要大幅提高自主创新能力,最直接的是依靠科技创新培育新产业、创造新需求、开辟新的经济增长点,形成核心竞争力,在"中国制造"的基础上培育和发展"中国创造"。今后一个时期,我国科技创新将加快推进,技术进步对经济增长的贡献将进一步提升,逐步打造中国经济升级版。

(3) 服务业引领经济转型发展新引擎。

当今世界,服务业越来越成为各国发展的重点和彼此合作的热点。发达经济体在寻求再工业化、再制造化的同时,继续保持服务业领先优势;发展中国家在推进工业化过程中,也在弥补服务业发展的短板。服务业日益成为促进世界经济复苏、引领转型发展的新引擎。

我国大力发展服务业的意义重大。大力发展服务业是稳增长、调整优化结构、打造中国经济升级版的战略选择。目前我国许多工业产品产能过剩或供过于求,但服务产品却有许多领域供不应求。一方面要提升商业流通业发展水平,扩大和引导商品消费;另一方面要增加服务业的有效供给,提高服务业水平,让巨大的内需潜力得以释放,形成经济稳定增长的有力支撑。大力发展服务业可以有效推进"新四化"的实现。做强研发、设计、营销等服务环节,可以推动工业向中高端迈进;开发新一代信息产品,发展电子商务,可以推动信息化、扩大信息消费;增强交通、环保、养老等公共服务功能,是建立以人为核心的新型城镇化的需要。服务业还是最大的就业容纳器。"松绑"服务业是推进体制改革的重要方面。大力发展服务业要求放开服务业管制,要求依法依规为服务业发展"松绑",让企业轻装上阵。同时,要进一步扩大服务业对外开放,探索建立自由贸易试验区先行先试改革。

(4)体制改革红利进一步释放。

过去我们很好地利用了资源红利、人口红利、加入世贸组织红利,现在这些红利在减退。要转变发展方式、打造中国经济的升级版,需要寻找新的红利和动力。全面推进新一轮的体制改革是唯一的出路,改革可以创造并收获新的改革红利,支持经济持续发展。

体制机制改革的重点和着力点:一是加快政府职能改革,建设透明、高效、服务型的政府。政府应从直接组织资源配置,抓招商引资和项目建设,转向负责社会公共服务和社会管理,为居民提供基本生存保障,为企业维护透明、公正的法律法规和政策环境,提供高效的执法维权服务。二是公共财政支出的改革。税制改革的关键是要理清中央和地方的关系,中央要按照地方民生支出需要配比进行转移支付,进一步增加资产性和资源性的税收。三是金融系统实质性改革。银行系统的改革首先要强调利率的市场化改革,提高银行系统的运行效率。另一项重要改革是资本市场,股市改革必须标本兼治,完善制度建设。四是国有经济进一步市场化改革。国有企业应完全推向市场,与其他市场参与者一视同仁,人员任免、薪酬待遇、经营管理完全市场化运作,脱离行政干预。五是深化农村土地制度改革。建立归属清晰、权能完整、流转顺畅、保护严格的农村集体产权制度,激发农业、农村发展活力。

(5)保护和促进生态文明建设常态化。

十八大提出了经济、政治、文化、社会和生态建设五位一体的建设思路,把生态文明建设突出地提出来,融入经济建设、政治建设、文化建设、社会建设的各方面和全过程,这是重要的战略之举,也是今后的发展方向。经过几十年的大发展,中国的生态问题十分严重。

快速的经济增长造成了环境的严重污染,环保关系到人民群众的健康和生命,生命比 GDP 更重要。我们是后发展国家,完全可以发挥后发优势,吸取先期发达国家经济发展的经验教训,不再走先污染、后治理的发展之路。面对资源紧缺,环境严重污染,生态系统严重退化的形势,将保护和促进生态文明建设提到议事日程、常态化发展是题中之一,环境升级和生态文明升级也是中国经济升级的重要标志。

(6)新型城镇化构筑经济持续发展新动力。

新型城镇化是要改变中国人的面貌和综合素质,提高中国人的生活水平,改变人的身份被限制的状况,最终打破中国城乡二元结构。城镇化的本质在于"化人"。要分类推进户籍制度改革,要把农民先化成农民工,再将农民工化成市民,有序推进农业转移人口市民化。现在有些地区城镇化走偏路,主要是"化土地",搞土地城镇化,搞房地产化,依旧把农民和市民、城乡进行分割。新型城镇化的核心是改革,不是简单的城市投资建设。而是要更多地关注城市软环境、公共服务的建设,以改善人的生活条件、优化生存环境为宗旨,要统筹推进均等化公共服务、社会保障制度改革,将基本公共服务逐步覆盖到符合条件的常住人口。新型城镇化是建设一种高效的城市运营体系。研究制定城镇化发展规划,以增强产业发展、公共服务、吸纳就业、人口集聚功能为重点,开展中小城市综合改革试点,有序推进城乡规划、基础设施和公共服务一体化,创新城乡社会管理体制。

今后的城镇化建设重点:一是在特大城市周围兴起一批小城市。美国洛杉矶、加拿大蒙特利尔周围都有70个以上小城市,中国不可避免要走同样的道路,特大城市周围一定要建起一批小城市。二是在人口相对集中的中部地区,兴起一批规模较大的新兴城市,以此为龙头拉动地区经济快速发展。三是加速和完善已有小城镇的公共服务、城市功能建设。四是大力推进城乡统筹,搞好以城带乡,城市反哺农村。

2. 我国科技发展的现状及其重点领域

(1)我国当前科技发展的现状。

经过几十年的经济建设和社会发展,特别是改革开放以来,中国取得了举世瞩目的成就,人民生活水平得到提高,经济快速发展,综合国力迅速增强。中国的快速发展与中国科技的不断进步密不可分。中国科技事业取得重大成就,科技发展进入到重要跃升期。自主创新能力大幅度提升,取得了一大批重大的科技成果,科技对经济社会发展的支撑和引领作用显著增强,国际影响力明显提升,国家创新体系稳步推进,中国科技事业呈现出快速发展的良好局面。

科技创新能力显著增强。基础研究取得了一批重大原始性创新成果。2014年我国SCI论文数量已经达到23.14万篇,位居世界第二。2012年我国发明专利申请量跃居世界首位,为促进经济发展方式转变,建设创新型国家发挥了重要作用。重大技术和关键领域取得众多突破。核高基专项大容量动态随机存储芯片研发成功;集成电路装备专项研制出了一批纳米介质刻蚀等高端装备;宽带移动通信专项支持TD-LTE-Advanced成为国际4G标准之一;数控机床专项10余项大型设备研制成功;大型核电站专项突破了超大型锻件的制造技术,三代和四代核电站的设计和研发进入世界先进行列。

科技支撑能力明显提高。产业技术创新取得多方面突破,高新技术产业规模不断壮大。基础工业、制造业、新兴产业等领域技术创新能力显著增强,重大技术装备自主开发能力和成套装备的技术水平明显提高,有力地支撑了三峡工程、青藏铁路、南水北调、西电东输等重大建设工程。科技创新在调整经济结构、解决"三农"问题、促进社会发展和改善民生方面的支撑作用显著增强。科技促进节能减排、应对气候变化等重大问题的能力明显提升。

国家创新体系建设进展顺利。企业在技术创新中的主体地位逐步增强,高等院校成为我国科学研究和技术创新的重要力量,科研院所在技术创新中的骨干和引领作用进一步增强。区域创新空前活跃,国家高新区已成为高新技术及产业发展的重要基地,有效地支撑和带动了地方经济、社会的发展。

科研基础条件得到极大改善。形成了包括国家重点实验室、大型科学仪器、自然科技资源、科学数据、科技文献等较完备的科研基础条件。目前,我国研发人员达174万人年。科技投入规模不断提高。2012年参与国家重点基础研究发展计划、863计划、科技支撑计划实施的科技人员约23.25万人;其中具有高级技术职称的人员7.79万人,约占33.5%。2012年,国家科技重大专项中央财政拨款138亿元。

激励自主创新的环境不断优化。以《科技进步法》为核心的科技法律法规不断完善,出台了《规划纲要》配套政策等一大批政策措施。全社会的创新意识不断增强,全民科学素质不断提高。国际科技合作的广度和深度进一步拓展。我国已与152个国家和地区建立了科技合作关系,参与了国际热核聚变实验反应堆、伽利略全球卫星导航、人类基因组计划等一批国际重大科学工程。

(2) 我国积极发展七大战略性新兴产业。

2010年国务院下发《关于加快培育和发展战略性新兴产业的决定》,明确将从财税金融等方面出台一揽子政策加快培育和发展战略性新兴产业。到2015年,战略性新兴产业增加值占国内生产总值的比重要力争达到8%左右。根据战略性新兴产业的特征,立足我国国情和科技、产业基础,现阶段将重点培育和发展节能环保、新一代信息技术、生物、高端装备制造、新能源、新材料、新能源汽车等产业。

2012年国家通过《"十二五"国家战略性新兴产业发展规划》,确定了发展战略性新兴产业是一项重要战略任务,在当前经济运行下行压力加大的情况下,对于保持经济长期平稳较快发展具有重要意义。《"十二五"国家战略性新兴产业发展规划》面向经济社会发展的重大需求,提出了七大战略性新兴产业的重点发展方向和主要任务。推动战略性新兴产业健康发展,要充分发挥市场配置资源的基础性作用,注重优化政策环境,激发市场主体积极性。加强自主创新,增强自主发展能力。加强国际交流合作,走开放式创新和国际化发展道路。

节能环保产业要突破能源高效与梯次利用、污染物防治与安全处置、资源回收与循环利用等关键核心技术,发展高效节能、先进环保和资源循环利用的新装备和新产品,推行清洁生产和低碳技术,加快形成支柱产业。

新一代信息技术产业要加快建设下一代信息网络,突破超高速光纤与无线通信、先进半导体和新型显示等新一代信息技术,增强国际竞争力。

生物产业要面向人民健康、农业发展、资源环境保护等重大需求,强化生物资源利用等共性关键技术和工艺装备开发,加快构建现代生物产业体系。

高端装备制造产业要大力发展现代航空装备、卫星及应用产业,提升先进轨道交通装备发展水平,加快发展海洋工程装备,做大做强智能制造装备,促进制造业智能化、精密化、绿色化发展。

新能源产业要发展技术成熟的核电、风电、太阳能光伏和热利用、生物质发电、沼气等,积极推进可再生能源技术产业化。

新材料产业要大力发展新型功能材料、先进结构材料和复合材料,开展共性基础材料研究并推进其产业化,建立认定和统计体系,引导材料工业结构调整。

新能源汽车产业要加快高性能动力电池、电机等关键零部件和材料核心技术研发及推广应用,形成产业化体系。

(3)中科院公布了到2050年中国科技发展路线图。

从当今世界科技发展的态势看,奠定现代科技基础的重大科学发现基本发生在20世纪上半叶,"科学的沉寂"至今已达六十余年,科技知识体系积累的内在矛盾已经凸现,在物质能量的调控与转换、量子信息调控与传输、生命基因的遗传变异与人工合成、脑与认知、地球系统的演化等科学领域,在能源、资源、信息、先进材料、现代农业、人口健康等关系现代化进程的战略领域,一些重要的科学问题和关键技术发生革命性突破的先兆已经显现。

这次金融危机将加速科技创新与进步的步伐,在今后的10至20年,很有可能发生一场以绿色、智能和可持续性为特征的新的科技革命和产业革命。面对全面实现小康社会和现代化建设目标的战略任务,面对可能发生的新科技革命,我国必须及早准备,理清至2050年我国现代化建设对重要科技领域的战略需求。在这种背景下,中国科学院提出了若干核心科学问题与关键技术问题,从我国国情出发设计了我国面向2050年科技发展路线图。主要内容包括以科技创新为支撑的八大经济社会基础和战略体系以及22个战略性科技问题。

在我国现代化进程中,既面临着可能发生新科技革命的历史机遇,又在能源资源、生态环境、人口健康、空天海洋、传统与非传统安全等方面面临严峻挑战。为此,专家们在这份路线图中提出了"以科技创新为支撑的八大经济社会基础和战略体系"的整体构想。一是构建我国可持续能源与资源体系,大力发展新能源、可再生能源与新型替代资源;二是构建我国先进材料与智能绿色制造体系,加速材料与制造技术绿色化、智能化、可再生循环的进程;三是构建我国无所不在的信息网络体系,发展提升智能宽带无线网络、网络超级计算、先进传感与显示和先进可靠软件技术,走出一条普惠、可靠、低成本的信息化道路;四是构建我国生态高值农业和生物产业体系;五是构建满足我国十几亿人口需要的普惠健康保障体系,推动医学模式由疾病治疗为主向预测、预防为主转变;六是构建支撑我国人与自然和谐相处的生态与环境保育发展体系;七是构建我国空天海洋能力新拓展体系,大幅提高我国海洋探测和应用研究能力,海洋资源开发利用能力,空间科学与技术探测能力,对地观测和综合信息应用能力;八是构建我国国家与公共安全体系,发展传统与非传统安全防范技术,提高监测、预警和应急反应能力。八大体系是我国现代化进程中八个关键方面的图景,是科技创新的国家战略需求。八大体系的提出面向未来,着眼世界发展大势,着眼中国现代化建设全局,着眼新科技革命突破的方向,明确了未来我国科技发展的着力点。

22个涉及各个领域的战略性科技问题被提出。这些问题或关系我国在全球化知识经济环境下的国际竞争力,或关系我国经济、社会长远持续发展,或关系我国的国家安全;还有一些是应对可能发生的科技革命,需要前瞻部署的一些前沿问题。这些问题包括"后IP"网络的新原理新技术研究和试验网建设、高品质基础原材料的绿色制备、中国地下4 000米透明计划、新型可再生能源电力系统、深层地热发电技术、新型核能系统、干细胞与再生医学、重大慢性病的早期诊断与系统干预、空间态势感知网络、暗物质与暗能量的探索、人造生命和合成生物学、光合作用机理、纳米科技、空间科学探测及卫星系列、数学与复杂系统等。这些战略性科技问题在我国现行科技规划中尚未部署或部署力度不够,宜发挥集中力量办大事的优势,采用战略性先导科技专项、重大科学研究计划或重大研究领域方向集群等方式组织实施,科学设计、统筹布局、分工协作、持续攻关,力争在科学原理层面取得原创性突破,在关键技术和系统集成层面取得重大变革性创新。

(五) 山东省科技与经济社会发展现状与趋势

1. 山东省的经济发展形势

(1) 经济总量和位次跃升。

近几年来,山东省相继实现了经济总量和位次的跃升。2013年全省生产增值增长9.6%,投资需求保持扩大,居民消费意愿正在恢复,对外贸易平稳增长,投资继续保持稳定扩大。随着加强基础设施、公共设施和廉租房建设等一系列扩大投资政策措施的逐步落实,山东省投资需求将保持稳定扩大,个私经济的投资积极性提高,利用外资结构持续优化,有助于投资规模的继续扩大。

(2) 山东半岛蓝色经济区国家战略优势进一步发挥。

2011年国务院已正式批复《山东半岛蓝色经济区发展规划》,这标志着山东半岛蓝色经济区建设正式上升为国家战略,成为国家海洋发展战略和区域协调发展战略的重要组成部分。山东半岛蓝色经济区的战略定位是建设具有较强国际竞争力的现代海洋产业集聚区、具有世界先进水平的海洋科技教育核心区、国家海洋经济改革开放先行区和全国重要的海洋生态文明示范区。根据规划目标,到2015年,山东半岛蓝色经济区现代海洋产业体系基本建立,综合经济实力显著增强,海洋科技自主创新能力大幅提升,海陆生态环境质量明显改善,海洋经济对外开放格局不断完善,率先达到全面建设小康社会的总体要求;到2020年,建成海洋经济发达、产业结构优化、人与自然和谐的蓝色经济区,率先基本实现现代化。

(3) 黄河三角洲高效生态经济区培育经济新亮点。

黄河三角洲高效生态经济区发展规划,是推进落实国家"十一五"规划和区域发展战略的重要体现。积极推进黄河三角洲开发,加快建设特色经济区,培育经济新亮点,成为全省对接天津滨海新区、发挥环渤海经济圈重要成员作用的桥头堡,对增强整体经济实力和综合竞争力,加快推进全面小康社会进程,在新起点上实现富民强省新跨越具有重要而深远的意义。黄河三角洲高效生态经济区的战略定位是建设全国重要的高效生态经济示范区、特色产业基地、后备土地资源开发区和环渤海地区重要的增长区域。到2015年,基本形成经济社会发展与资源环境承载力相适应的高效生态经济发展新模式;到2020年,率先建成经济繁荣、环境优美、生活富裕的国家级高效生态经济区。

(4) 西部经济隆起带促进山东西部经济发展。

2013年8月,山东省印发《西部经济隆起带发展规划》,促进山东西部经济的发展。建设西部经济隆起带,就是在鲁苏豫皖冀五省交界的长条地带,依托贯穿其中的交通干线和优势资源,以现代农业为基础,以区域性中心城市和重点城镇为骨架,以特色产业为支撑,形成若干发展高地,对周边地区产生聚吸优质生产要素的"海绵"效应和商品流通、产业辐射的"泵压"效应,充分利用后发优势实现科学跨越发展。

西部经济隆起带将成为转型升级和经济文化融合发展高地,"两型社会"建设和商贸物流高地,统筹跨越和生态低碳发展高地。

西部经济隆起带将利用后发优势实现科技跨越发展。支持菏泽市建成鲁苏豫皖交界地区科学发展高地。大力培植能源化工、生物医药、机电制造、农产品加工、商贸物流等主导产业,集约集聚集群发展。积极发展金融保险、文化旅游等现代服务业,推进陆路口岸、现代物流园区和大型批发交易市场建设。进一步提高园区建设质量,加强城市基础设施建设。加快建成全省战略性新兴产业基地、综合性能源基地、现代生物医药基地、农产品生产加工基地、现代商贸物流基地。突出"花城水邑林海商都"特色,建成鲁苏豫皖交界的区域性中心城市。

(5) 山东省会城市群经济圈实现建设经济、文化强省新跨越。

山东省2013年印发省会城市经济圈发展规划,作出了"继续发挥济南优势,加快科学发展、建设美丽泉城,带动省会城市群经济圈做大做强"的决策部署。强化省会城市核心地位,加快省会城市群经济圈发展,是深入实施重点区域带动战略、挖掘释放区域发展战略更大红利、促进中西部加速崛起的战略选择;是加速推进经济发展方式转变、完善生产力布局、促进全省经济结构升级的关键环节;是融入环渤海经济圈、提高对外开放水平、增强综合竞争力的重要手段。省会城市群经济圈发展定位为全省改革开放先行区、转型升级示范区、文化强省主导区、生态文明和谐区,全国重要的战略性城市群经济圈。主要任务和目标是加大突破省会城市力度,做大做强省会经济,辐射带动周边区域,优势互补,联动发展,成为我省中西部崛起的战略平台和经济发展新的增长极。

2. 山东省的科技创新形势分析

（1）科技创新在转方式、调结构中发挥重大作用。

近年来，山东省深入实施创新驱动发展战略，大力推进创新型省份建设，着力提升自主创新能力，科技创新对经济、社会发展的引领带动作用凸显。在全省转方式、调结构中，坚持以科技创新"升级版"支撑引领打造全省经济发展"升级版"。一是围绕"蓝黄"两区发展战略实施和全省重点产业、重点领域，布局建设重大科技创新平台并发挥好其支撑引领作用，为转方式、调结构提供持续创新能力。二是以实施各类科技计划为抓手，促进实现一批核心关键技术的新突破，引领战略性新兴产业发展，促进传统产业转型升级。三是以高新区等各类园区为重要载体，壮大创新产业集群，培育新的经济增长点和新的区域发展增长极。四是深化科技体制机制改革，扫除影响科技创新能力提高的体制障碍，强化企业技术创新主体地位，加快科技成果转化推广，促进科技经济更加紧密结合。五是以全球视野谋划科技创新，深入推进国内外科技合作，加速优势科技资源集聚，凝聚全球创新资源服务全省经济、社会发展。六是立足全省经济、社会发展和科技创新需求，加快培养引进高层次科技创新人才，最大限度调动科技人才创新积极性。

（2）企业自主创新主体地位显著提升。

推动企业成为技术创新主体，增强企业创新能力，是山东省集中力量抓的一项重要任务，目前已取得积极进展。

多措并举提升企业自主创新能力。支持大企业建立研发中心，支持企业建立研发机构或与高等院校和科研单位合作共建研发机构，使产学研结合更加紧密。目前，全省65%以上的大中型企业建立了技术研发机构，200多家企业在境外建立了研发机构；建成企业国家重点实验室10家、国家工程技术研究中心34家、以企业为主体建设院士工作站253家。积极培育创新型企业。

围绕企业创新科学配置资源。作为全国首批国家技术创新工程试点省，认真落实试点工作要求，以企业为核心，加快推进创新资源向企业集聚。2012年省政府制定出台《关于加快科技成果转化、提高企业自主创新能力的意见（试行）》和《加强知识产权工作提高企业核心竞争力意见》，加强政策引导，加大科技计划项目和科技奖励向企业倾斜力度。设立自主创新成果转化重大专项，明确企业为申报主体。已经累计投入财政资金13.98亿元，实施项目487项，企业技术创新的主体作用得到较好体现。

创造有利于企业科技创新的社会环境。全面落实国家和省支持企业创新的优惠政策。对研发经费加计扣除、高新技术企业税收优惠等政策执行情况，加强跟踪考核，促进政策落实。改革现行省科学技术奖励制度，设立企业技术创新奖，营造企业创新氛围。通过政策引导，企业科技投入快速增加。2012年，全省研究与试验发展投入占GDP比重达到2.04%，投入总额突破1 000亿元，其中约90%为企业投入。加强中小企业公共创新与孵化体系建设。发展技术市场、生产力促进中心、科技企业孵化器、科技咨询机构和创业风险投资机构等服务机构，服务中小企业发展。

（3）建立健全科技创新体系。

加强高层次创新平台建设。集中建设了国家信息通信国际创新园、山东国家重大新药研发大平台、国家超算济南中心、青岛海洋科学与技术实验室、山东量子通信技术研究院等一大批高层次创新平台,支撑我省在海洋经济、信息通信、量子通信等领域跨入全国前列。同时,省政府与国家自然科学基金委设立联合基金,联合资助海洋科学研究中心项目。2012年国家深潜基地落户我省,进一步提升了我省在海洋研究领域的实力,为实施好国家海洋战略奠定了良好基础。

二是加快引进和培养高层次科技人才。全省入选国家"千人计划"的高层次人才达107人,住鲁两院院士44人,泰山学者特聘专家561人。5名中青年科技创新领军人才、4名科技创新创业人才、2个重点领域创新团队、2家创新人才培养示范基地入选国家首批创新人才推进计划,位居全国前列。

三是强化关键技术攻关。近年来,通过实施国家和省各类科技计划,一批重大关键共性技术实现突破,取得煤气化液化及多联产、全氟离子膜、碳纤维、芳纶、碳化硅单晶、高端容错计算机、8档自动变速器、潍柴国Ⅴ发动机、中度盐碱地小麦大面积种植(最高亩①产449.01千克)等一批具有自主知识产权、达到国际先进水平的创新成果,形成了一批自主创新和高新技术产业化的"亮点"。2007年以来,全省共取得重大科技成果1.4万项,获得国家科技成果奖励183项。2012年,全省国内发明专利申请和授权量分别达到4.04万件和0.75万件,居全国第四位和第六位,同比增长57.6%和27.3%。2014年上半年,全省发明专利申请和授权量分别为1.85万件和4 283件,同比分别增长53.7%和17.1%,分别高于全国平均值26.2和12个百分点。

(4)科技成果转化推广呈现加快发展态势。

山东省制定实施一系列具有创新性和突破性的政策规定,鼓励推动科技成果尽快转化为现实生产力。允许和鼓励在鲁高等学校、科研院所职务发明成果的所得收益,按至少60%、最多95%的比例划归参与研发的科技人员及其团队所有;职务发明成果1年内未实施转化的,在成果所有权不变更的前提下,成果完成人或团队拥有成果转化处置权,转化收益中归成果完成人或团队所有的比例提高至70%。

发挥重点项目带动作用。2012年起,省里每年安排10亿元专项资金,重点用于推进战略性新兴产业的创新发展和传统产业的改造提升,增强全省主导产业和优势产业的核心竞争力。全年安排项目95个,平均支持1 000万元以上,带动社会投资124.6亿元。通过项目带动,不仅有效转化我省一批高新成果,还引进了国内外一大批高新技术成果来山东转化,推动了全省高新技术产业实现快速发展。2012年全省规模以上高新技术产业实现产值3.37万亿元,同比增长20.48%,占规模以上工业产值比重为29.11%,比年初提高1.23个百分点。

加强科技园区示范引领。科技园区逐渐成为带动区域经济结构调整和经济发展方式转变的强大引擎。全省已建成省级以上高新区20家,其中国家级高新区9家,与广东、江苏并列全国第一位;培育创新型产业集群和产业基地160余家;建设国家高新技术产业化基地8家、国家火炬计划特色产业基地42家、国家农业科技园区4家。2012年,全省高新区实现规模以上工业总产值15 833.41亿元,实现工业增加值4 421.66亿元,财

---
① 亩为非法定单位。但鉴于在生产实际中经常使用,本书中保留。1亩 ≈ 666.67平方米。

政收入475.9亿元,分别占全省的13.65%、6.06%和11.7%;投入研发经费714.7亿元,获得发明专利授权1 635件,分别占全省的71.5%和21.9%。

(5) 整合国内外优势科技资源促进科技创新。

推动国内外科技合作与交流。山东省近年来每年在香港和台湾举行山东周活动,推进双方经贸往来与科技合作。目前,与山东开展科技合作的国家和地区已有100多个。省政府与俄罗斯、白俄罗斯、乌克兰、以色列、苏格兰等国家和地区的相关政府机构和科研单位签署了科技合作协议,大力促进双方在产业研发方面的合作与交流,并同中国工程院、中国科学院、北京大学、清华大学等知名高校院所签订合作协议,共建合作平台,引进高层次人才,转化高科技成果。

发挥项目合作引领作用。坚持以企业为主体、产学研协同参与的国际科技合作方向,实施重大国际科技合作项目近100项。在与中国工程院开展合作的12年中,累计有院士1 200人(次)到山东开展各种形式的咨询服务和创新活动,参与解决企业技术难题及转化相关成果3 600多项,实现产值1 500多亿元;在与中国科学院合作的13年中,合作项目数量和成果转化效益不断增加,2012年已达到432个项目,产生效益360.22亿元。

搭建合作平台。全省已建设国家级国际科技合作基地20家、省级国际科技合作研究中心255家、省级国际科技合作基地12家,有400多家企业与高校、科研院所共建研发中心和中试基地。与中国工程院搭建了烟台果蔬食品、淄博新材料技术、济南信息技术、济宁专利高新技术4个科技经济会展平台。开展院士工作站建设,已建院士工作站256家,合作院士292人,转化了大批科研成果。中国科学院在山东初步形成由点到面整体布局的院地合作工作体系,并与企业、大学、科研机构共同搭建了高性能电池、超导磁体、地热能、高性能镁合金材料与加工等40多个科技创新平台。

二、青岛科技和经济社会发展面临的挑战和机遇

(一) 青岛市科技和经济社会发展的现实基础

"十二五"时期,青岛作为中国重要的经济中心城市之一,经济社会发展取得巨大成就,城市综合实力进一步增强,以青岛为龙头的半岛城市群成为中国最有影响力的十大城市群之一。

2011～2013年全市生产总是年均增长10%,其中2013年全市生产总值实现8 006.6亿元。经济结构进一步优化,符合青岛长远发展特点的现代服务业、高新技术产业、装备制造业等取得长足发展,产业竞争力明显提升,三次产业结构的比例关系由2011年的4.6:47.6:47.8调整为2013年的4.4:45.5:50.1。

城市信息化建设迈出新步伐,信息化基础设施不断完善。围绕建设服务型政府的目标,全面履行政府职责,加快转变政府职能,积极推进服务创新,政务环境不断改善。各项改革日益深化,体制创新取得明显成效。市场的基础性作用进一步增强,各类要素市场建设不断加快,中介服务体系日趋完善。社会保障系统逐步完善,惠及全体市民的就业、医疗、教育、住房等多层次民生保障体系初步形成。城市居民人均可支配收入和农民

人均纯收入不断提高,2013年分别达到35 227元和15 731元,是2011年的1.23倍和1.27倍。经济增长的质量、效益明显提高,循环经济规模逐步壮大,万元生产总值综合能耗和二氧化硫、化学需氧量持续降低,节能减排成效显现,经济社会发展的可持续性进一步增强。

科技创新能力大幅提升。关键技术研究实现新突破,国家实验室和国家级科研大项目建设取得新进展,一批国家级重大科研项目落户青岛。创新平台和公共技术支撑服务平台建设取得新成就,企业创新主体地位明显提升。鼓励探索、支持创新、宽容失败的城市创新氛围逐步形成。

(二)青岛市"十二五"科技和经济、社会发展的阶段性特征

"十三五"规划期青岛需要为全国全面建成小康社会目标圆满实现,确保全面深化改革在重要领域和关键环节取得决定性成果,确保经济发展方式转变取得实质性进展,做出城市最大的贡献;需要抓住建设国家级"青岛西海岸新区"的重大机遇,在构建与完善大国区域经济发展空间新格局中,以充分发挥市场决定性作用为重点,把改革贯穿始终,把推进建设成熟型国家经济中心城市作为率先发展的总指向。从总指向出发,聚焦、聚神、聚力,以新思路、新气魄、新举措、新模式,保持定力、深处发力、挖掘潜力、借好外力,促使青岛更加充分地发挥山东半岛蓝色经济区核心区、中国现代海上丝绸之路和陆路丝绸之路经济带综合枢纽城市、世界海洋经济发展领军城市的巨大功能。

采取又好又快"速度模式"实现长期稳增长。2013年青岛市完成GDP 8 006.6亿元,同比增长10%,比全国7.7%的增长速度高了2.3个百分点,比山东省9.6%的增长速度高了0.4个百分点。在全国省会与计划单列市的比较排序中,列广州15 123.0亿元、深圳14 309.8亿元、成都9 000.0亿元、武汉9 000.0亿元、杭州8 343.5亿元之后,位居第6名。面对国内城市激烈的竞争,青岛"十三五"规划期需要按照新常态理念指导的战略部署,采取又好又快"速度模式"的发展方式。根据青岛拥有的物质技术基础、人力资源和物质资源测算,只要充分发挥比较优势,高水平调度好经济运行,"十三五"规划期GDP可以保持年均9.2%~11.7%的增长速度,调整的区间为2.5个百分点;在"十三五"规划期末实现GDP的目标指向是接近2万亿元。

提高城市经济结构调整和完善水平,深入推进发展方式转变,不断补齐影响发展现代服务业、高端制造业及推进农业现代化和发展未来产业的短板。"十三五"规划期在构建大国区域经济发展空间新格局中,中国经济将发生全面而深刻的结构性调整与变革。青岛建设成熟型国家经济中心城市,需要实现城市结构由工业主导型转向现代服务业主导型,由要素主导型转向创新主导型,由投资主导型转向消费主导型,坚决补齐结构性缺陷的短板。补齐影响发展现代服务业的短板、补齐影响发展新兴制造业和高端制造业及现代形象产业的短板、补齐影响释放农业现代化动力的短板、补齐影响发展未来产业的短板。

"十三五"规划期,青岛要深入实施全方位开放战略,在更大范围、更广领域、更高层次上把开放型经济作为城市经济的主体性经济形态,不断提高打造创新世界价值链水

平,使城市拥有越来越多的细分化国际市场空间。一是以调整进出口结构为主,加快外贸进出口方式转型,加快提高进口商品比重,扩大转方式、调结构所需设备和技术进口;保持和开拓出口市场空间,既牢固拥有传统出口优势,又创造新的比较优势和竞争优势;打造有世界影响力的数个城市商贸大市场,使城市成为世界性商品交易之地。二是以成本优势向综合竞争优势转变为主,加快转变外贸经济发展方式,打造更加优质稳定、透明、公平的投资环境,切实保护投资者合法权益,不断提高宜商区域竞争力水平,使城市成为内外资踊跃投资之地。三是以打造人才之城为中心,实现服务贸易创新业态大发展,使城市成为国内外知名的服务外包之地。四是以发展创意产业和紧随最新科技潮流为主,加快外经贸科技创新步伐,建立适应产业生产力发展的外经贸产品结构;使用创新工艺流程和特种技术,以实现产品环保化、功能化、复合化为主,加快城市制造技术升级。五是以世界先进的管理理念为指导,加快管理能级提升;推动城市由大宗商品国际交易向定价中心转型。六是以提高打造创新世界价值链水平为轴心,努力融入全球产业与贸易分工体系。全面深化国际交流与合作,精心营造提升城市国际化水平的条件和环境。

深入实施创新驱动战略,建设城市国家创新体系,建设智慧城市,不断提高科学技术推动经济发展的原动力水平。"十三五"规划期,大数据、云计算、3D打印、新能源、新材料等前沿科学技术都面临着重大突破,并促使生产与生活方式发生革命性变化。这样,以劳动力、资金等要素投入主导推进经济增长必将让位于科技创新这一新引擎,科技创新成为主导推进经济增长的巨大动力。青岛要深入实施创新驱动战略,以智能、绿色和可持续性为鲜明标志,主导推进经济增长,率先建成城市国家创新体系,使之集聚全球创新研发力,不断涌现科学技术原动力。青岛主要发展方向如下。一是以城市主体性创新功能区、"产学研"大平台、企业技术中心或"慧谷"为主体内容,消除科技创新中的孤岛现象,形成完整组合拳式的创新体系。二是抓住关键环节,深入实施"科教兴市"战略,加快引进名校名院名所的步伐,建设越来越多的重点实验室。三是以原创成果、集成创新为主导,促使企业成为技术创新的主体。四是不断提高城市集聚世界前沿学科与科技原创成果的水平,不断提高城市成为国内外领军企业与领军人物生长与成长最佳空间的运行水平,不断提高城市科技成果转化率,不断提高城市科技高地与尖端领域规模发展水平。城市要通过实施创新驱动战略,使产业与基础设施完整连接起来、生产与科技要素全部流动起来,各种市场统一起来,形成直接推动城市经济发展的强大动力。

(三)青岛市科技与经济、社会发展面临的挑战

1. 青岛市经济、社会发展存在的矛盾

"十二五"以来,面临着资源环境约束、宏观环境的迅速变化、市场竞争日趋激烈等多重压力,青岛市在经济、社会中尚未解决的深层次矛盾和问题逐渐暴露出来,经济运行困难重重。

增长结构的矛盾。青岛市经济增长方式与发展水平提升的要求不相适应,发展质量

有待进一步提高。一是经济增长仍然主要依靠投资和出口推动,消费对经济增长拉动力不足。经济增长在产业上过分依赖工业尤其是重工业,服务业比重仍然较低。二是要素结构失衡,经济增长依赖生产要素的高强度投入,科技进步和创新对经济增长的贡献率偏低。青岛市是典型的能源输入型城市,能源消费量大幅上升,能源供给安全和应急能力薄弱,能源供需矛盾突出。三是资源利用效率不高,节能减排任务艰巨。近以来,全市节能减排工作虽然取得阶段性成果,但主要依靠技术改造、加强管理以及其他行政手段,而有效推进落后产能持续淘汰、达标企业持续减排的市场机制和法律体系尚未建立。因此,这种经济增长方式迫切需要科技去改变,大力发展蓝色经济和低碳经济,使经济可持续地良性发展。

产业结构的矛盾。一是产业结构失衡,经济增长依赖第二产业特别是工业扩张,生产性服务业发展相对滞后。二是自主创新能力需进一步提高,高新技术产业发展需进一步加快。政府用于研发的经费增长过缓,企业研发经费投入不足,青岛市90%的企业没有研发投入,科技资源优势不能迅速转化为产业优势和市场优势,产业化资金不足制约了高新技术的发展。三是产业集聚层次不高,关联效应不明显。青岛制造业大多处于制造业三阶段的OEM阶段,离ODM阶段、OBM阶段仍然有较大差距,存在工业经济规模偏小,产业配套能力差,关键核心技术缺失等问题。因此,迫切需要壮大发展先进制造业,用现代科技提升、优化产业结构,打造现代服务业和高端产业集聚区。

城市功能的矛盾。一是老城区承载力已处于"超负荷"状态。随着城市化进程不断加快,老城区出现工业区和居民区混杂现象,环境污染加重,土地等资源要素紧缺,极大地制约了企业发展空间,严重影响城市服务功能提升。二是城市首位度不高、集聚能力相对弱、辐射作用不够强。三是城市交通拥堵问题日益突出。一方面,随着城市化和机动化的快速发展,城市人口日益膨胀,居民的出行需求日益增大,生活水平的提高也使家庭对机动车的需求日益增加。另一方面,城市道路建设速度相对缓慢,无法满足机动车增长的需要。四是腹地优势不突出,中心城市的极化、扩展效应不明显。

社会利益的矛盾。城乡协调发展有差距,城乡居民收入差距仍呈缩小趋势,由2011年的3.13∶1缩小为2013年的3.03∶1。农村经济发展水平落后;农业生产力水平偏低,经营规模普遍偏小,产业化经营水平不高;农民收入水平有待进一步提高。迫切需要加强社会主义新农村建设,用科技改造传统农业,积极发展现代农业,加快转变农业发展方式,优化农业产业结构。

公共服务的矛盾。一是城乡公共服务水平不均衡,农村公共产品供给不足,社会事业发展滞后。农村基础设施仍然比较薄弱,由于历史欠账较多,农村教育、文化、医疗等社会事业的发展还相对滞后,就医难、上学难等严重影响人们的幸福指数,社会保障体系无论是覆盖面还是保障水平,都与城市存在较大差距。环境污染和生态破坏问题日益突出,影响了农产品品质提高和农业可持续发展,威胁农村公共卫生安全。二是以工促农、以城带乡的长效机制尚未建立,相关政策和体制有待进一步完善。在规范转移支付、完善农业补贴政策、转移农村剩余劳动力等方面,还有大量工作要做。

2. 青岛市科技发展面临的挑战

(1) 面对新一轮科技革命,各国对于战略新兴产业的竞争加剧。

科技发展和创新极大地影响着世界的发展,孕育着新的科技革命和产业革命,同时也在重塑着国家的竞争格局。在科技创新不断加快的时代,高新技术已经成为参与全球化、提升国际竞争力的重要手段。科技创新也已成为引领全球经济发展的催化剂,只有高新技术走在世界前列并达到领先水平,才能在激烈的国际竞争中率先发展。

(2) 科技创新环境不完善。

回顾历史,英国能抓住第一次工业革命的机会主要取决于其自17世纪末期确立君主立宪制以后逐步形成了一套有利于技术进步和产业发展的政治经济体制。20世纪以来,美国先后抓住电力革命、汽车产业革命的机遇,超越英国成为世界第一强国,这与美国尊重科学、崇尚冒险和创新的企业家文化和制度环境密切相关。同期德国、日本也凭借对先进生产模式、管理流程、产业组织制度的不断探索和创新,抓住汽车产业革命、信息产业革命的机会,在新的全球产业分工格局中获得一席之地。可见,对中国而言,新一轮产业革命是什么并不重要,重要的是必须要进一步发挥科技人力资本储备丰富、部分行业产业规模世界领先、产业体系比较健全、国内市场发展潜力较大等优势,充分借鉴英国、美国、德国、日本、韩国等利用新科技革命和产业革命机遇实现跨越发展的经验,从改革科教制度、培育企业和企业家精神、营造多元灵活的投融资环境、政府集中力量攻关核心关键技术和拉动重大需求等方面营造良好的制度环境和文化氛围,积极迎接、应对新一轮产业革命的机遇和挑战。

(3) 市场机制不够完善。

有市场机制才是最有效的配置资源的经济体制,是在社会化大生产背景下诞生的开放性经济模式。只有完善市场机制并不断进行制度创新,形成良好的制度环境,发挥市场调节的巨大作用,以及运用政府的辅助调节作用,有效激发人们的积极性和创造性,才能实现社会、经济的可持续发展。市场运行过程中需要的法律法规、相关制度条例、产权、专利、金融等配套制度并不完善,不利于技术的交易,不利于促进科技创新的活跃发展。

(4) 低端制造业受到打击。

随着美国制造业回归、德国工业4.0以及欧洲对于制造业的重视,使得中国原本的制造业受到打击。原本美国等发达经济体逐渐向具有高附加值的价值链两端延伸(主要指市场与研发),而将处于中间环节、附加值较低的制造业向中国等新兴经济体转移。这一分工的结果,使得自20世纪70年代起,发达经济体制造业普遍经历了趋势性萎缩。20世纪50年代初,美国制造业增加值占世界总和的近40%,到2002年这一比例降至30%,2012年进一步跌落至17.4%。2010年,美国保持多年世界第一的制造业大国地位被中国取代。而金融危机发生后,是发达国家对于制造业的重视越来越高,必定会将本国部分产业转移回本国,对我国产生巨大影响。同时,这也意味着国际分工在发生变化,新的国际分工体系正在形成。

(四)青岛科技发展面临的机遇

1. 新一轮科技革命带来的机遇

新一轮科技革命和产业变革正在孕育兴起,一些重要科学问题和关键核心技术已经呈现出革命性突破的先兆。宇宙起源、物质结构、生命演化、意识本质等基本科学问题方面的新认知、新发现,将引发科学知识体系的系统性创新。大数据浪潮、信息技术和制造业的融合,以及能源、材料、生物等领域的技术突破,将可能催生新产业,引发产业的革命性变革。海洋、空间、农业、人口、健康等领域的科技进步将拓展人类生存发展空间,提高生活质量,促进可持续发展。世界各国更加重视利用科技创新培育新的经济增长点,产业科技、国家科技和学院科技三足鼎立、协同发展,创新资源配置呈现出全球化竞争与加速流动的趋势。

抢占科技发展和产业创新的未来制高点,加快科技进步已成为增强国家综合实力的主要途径和方式,技术创新对经济增长的贡献日益突出,并已成为国内外竞争的关键因素。在这一背景下,发达国家垄断科技优势和高技术市场的态势仍将持续,高新技术产业之间的竞争越演越烈。国际环境变化及全球科技革命带来的机遇主要体现在以下几点。

(1)促进青岛经济的发展与科技进步。

在过去的 500 年,世界上发生了多次科技革命,每次科技革命都会促进经济和社会的进步,使得某个国家或者某个区域发生巨大发展。新一轮的科技革命带来更多重大的科技的变革,是前所未有的科学和技术的革新,将对整个世界产生更为深刻的影响,必定带来经济和科技的突飞猛进,青岛抓住机遇便能够再此次变革中提升自身的经济实力和科技实力,实现"跨越赶超"。

(2)低碳经济带来的机遇。

温室气体导致全球范围内的极端气候变化,使低碳技术成为衡量国家绿色竞争力的关键。低碳经济、低碳社会的提出,将使产业结构面临着新一轮的调整,使科技对传统产业进行调整、改造和提升责任更加重大。低碳经济的到来使青岛市面临前所未有的挑战,但也带来了发展的机遇。能源安全、粮食安全和生态安全成为国际社会高度关注的问题,这即加大了青岛市推进节能减排、实现可持续发展的压力,也为青岛市发展绿色经济、循环经济和低碳经济提供了良好的环境。后危机时代可能促进重大科技创新和科技革命的出现,新一轮科技竞争将更加激烈,这既加大了与发达国家科技差距进一步拉大的风险,也为青岛市提高自主创新能力、发展高新技术和新兴产业、抢占未来发展战略制高点提供了难得的机遇。

(3)促进青岛产业变革与升级、青岛新业态的产生和新的商业模式的持续变革。

新一轮的科技革命带来了许多重大领域的变革,如生物科学、数字制造、大数据、物联网等,每个领域的新技术的产生,带来原有的产业的升级换代,技术进步为其提供强大动力。同时,新技术的产生创造出新的需求,也使得新的产业产生,从而形成新的商业模式为之服务,而这些产业都是绿色低碳无污染的产业,从而进一步优化产业结构,为产业变革提供支持。例如,生物科学领域中的某种新能源的创造,会带来新能源产业的出现,使得一大批人力物力投入其中,形成大规模的产业;而同时新能源良好的发展,价格低廉,又吸引许多原来使用传统化石能源的企业,促进他们进行技术更新改造,使用既清洁又低廉的新能源,从而使得更多的产业的能耗下降、污染下降。2008年全球金融危机后,经济结构调整和产业升级成为世界关注的焦点。随着科学革命和技术革命的推进,新技术的发展及其产业化进程都在加快,新产业不断衍生,并由劳动密集型朝着资本密集型和技术密集型转变。从先发国家的发展历程也可以看出,农业和工业的比例逐步降低,服务业,尤其是以创意产业为特色的现代服务业的比例越来越高。

(4)新科技革命使得全球的创新资源供青岛使用,促进青岛科技创新能力。

互联网的发展使得人类打破原有的地域限制,与远在千里之外的创新人才可以视频会议,投资的全球化也使得我们可以利用来往资金来支持科技项目的落地与开展,技术的进步使得我们的交流更加便捷,拥有更好的环境进行创新活动。

2. 国内发展趋势对青岛市的机遇

随着国家创新驱动战略、海洋强国战略和新一轮开放战略的实施,经济长期向好的态势基本稳定,这为青岛市加大重大项目投资、扩大居民消费、稳定外贸出口提供了有利的环境,也对青岛市推进经济结构的战略性调整、对外开放水平的战略性提升提出了更高的要求。国家部署了新一轮的区域发展战略布局,推进形成开发开放格局,这既为青岛市蓝色经济发展纳入国家战略、拓展发展空间提供了良好的机遇,也对青岛市全面融入区域经济发展、辐射带动周边区域提出了更高的要求。国内形势对青岛市科技和经济社会带来机遇主要是体现在以下几点。

(1)国家对于技术创新的支持。

党的十八大作出了实施创新驱动发展战略的重大部署,对于创新的扶持力度会越来越大。这必将对青岛市培育企业自主创新能力、提升产业核心竞争力、发展战略性新兴产业、优化产业结构起到重要的促进作用,必将为科技创新工作提供广阔的舞台。2012年,国务院发布了《"十二五"国家战略性新兴产业发展规划》,对战略性新兴产业的发展作出了全面规划和指导,揭开了中国迎接新一轮产业革命的序幕。该规划明确了节能环保产业、新一代信息技术产业、生物产业、高端装备制造产业、新能源产业、新材料产业、新能源汽车产业七大战略性新兴产业的重点发展方向,制订了产业发展路线图,提出了各领域发展的标志性目标、提升整体创新能力与拓展市场应用等重大行动计划及主要措施。这为战略性新兴产业的发展提供了政策支持和国家财力支持。

(2)国家海洋强国战略对青岛具有深刻影响。

十八大报告提出,"提高海洋资源开发能力,坚决维护国家海洋权益,建设海洋强国"。2014年6月,国务院正式批复设立西海岸新区,是我国全面实施海洋战略、发展海洋经济的大局所在,是承载国家海洋战略发展海洋经济的重要支撑,也是发挥沿海开放优势、带动区域转型发展的战略需要。新区发展上升为国家战略使得国家定位成为青岛发展的强大动力,为青岛科技创新、转型发展带来重大机遇。抓住这一重大机遇,培育以海洋新兴产业和现代产业体系,实现转型升级,可以推动青岛加大以海洋科技为主的创新平台和创新体系建设,在海洋科技创新上实现突破,增强创新驱动力。

(3) 国家鼓励战略性新兴产业的契机。

现阶段是我国进行经济结构战略性调整的关键时期,新能源、新材料、信息产业、新医药、生物育种、节能环保、电动汽车七大战略性新兴产业将成为我国继四万亿投资和十大产业振兴规划之后的新一轮刺激经济的方案,是中国立足当前、渡难关、着眼长远、上水平的重大战略选择。新兴产业发展的速度和规模从根本上决定了我国在国际市场上的地位和总体竞争能力。我国七大战略性新兴产业符合科学技术推动及产业规划振兴的具体要求,未来将在经济结构调整中扮演重要的角色。显而易见,新兴产业的发展需要不断提高推动科学发展的能力,科技将会成为引领未来经济发展最重要的牵引力。

经过多年的发展,青岛市综合实力大幅提升,在国家鼓励发展的新兴产业的领域内,已经具有一定的技术、人才和产业基础。顺应国内外新兴产业的发展趋势,抓住国家加快新兴产业发展和建设山东半岛蓝色经济区、胶东半岛高端产业聚集区的有利时机,充分发挥青岛市产业特色和优势,利用科技将新能源、新材料、生物、节能环保、会展、中介、文化创意、服务外包等新兴产业,培育成为新的经济增长点和新的主导产业,为构建具有青岛特色的现代产业体系打下坚实基础,推动经济转型升级和可持续发展。这就为青岛市科技的发展带来了重要的战略机遇。

3. 区域发展战略实施带来的机遇

山东半岛蓝色经济区战略为山东在全国的走向提出了新的定位,以科学发展的视野谋划了发展的新思路,从战略高度为山东的跨越发展指明了方向。蓝色经济更加注重海陆统筹布局,科学开发和综合利用各类海陆资源;更加注重科技创新引领,提升海洋经济核心竞争力;更加注重推动海洋产业高端发展,培育具有国际竞争力的优势产业;更加注重海洋生态文明,实现资源节约、环境友好、永续发展;更加注重强化"海洋国土"意识,培育海洋特色文化,加快建设海洋强国。青岛作为内地海洋科技力量最集中、具备深厚临海产业的城市,拥有丰富的海洋资源、明显的海洋科研优势和雄厚的产业基础,具有730千米海岸线,拥有丰富的海洋生物、油气矿产和海洋能源,拥有中国最早的海洋科研机构黄海所和中科院海洋所,4 000吨级现代化海洋科学综合考察船、青岛国家海洋科学研究中心,拥有强大的发展潜力和得天独厚的条件。

作为山东经济龙头的青岛市,海洋赋予了这座城市独特的人文内涵,应当抓住这一重大战略机遇,率先实现产业发展的新突破。青岛为发展蓝色经济提出了"优化提升一产,发展壮大二产,突破发展三产"的具体要求和构筑"一带、五区、多支撑点"的蓝色经济总体布局的思路,起草完成了《青岛市蓝色经济区建设发展总体规划(2009~2015)》框架,提出了"以改革创新和扩大开放为动力,以建设充满活力、富有效率的体制机制为保障,以科技进步和人才队伍为支撑,以'一湾两翼'为载体,调整优化产业结构和空间布局,加大基础设施建设和生态环境保护力度,统筹海陆发展,推进科学集约用海,不断提高蓝色经济的综合竞争力和可持续发展能力,为建设成为富强文明和谐的现代化国际城市、加快推进建设山东半岛蓝色经济区做出更大贡献"的总体思路，提出把青岛建设成中国蓝色经济发展的先行区、山东半岛蓝色经济区的核心区、海洋自主研发和高端产业的集聚区、海洋生态环境保护示范区，到2020年，建设成为国际一流、国内领先的蓝色经济强市。

省委省政府提出了"建设以青岛为龙头的胶东半岛高端产业聚集区"的战略部署，重点打造高技术产业、先进装备制造业和高端服务业三大高端产业基地，高端产业规模进一步集聚壮大，辐射带动力明显增强，努力使青岛的产业结构重心从低端向高端提升，提高企业质量、标准、品牌水平，鼓励有实力的企业集团进行产业链整合，从单纯的生产型向产学研、产供销一体化方向延伸，大幅度提高产业集群和产业配套能力。

打造山东半岛蓝色经济区，青岛承担主力军的作用。"两区"的建设，将打造出新的经济增长极，将成为青岛产业结构优化升级的新突破口。同时也只有依靠科技创新，不断提升城市自主创新能力以及城市核心竞争力，才能推动经济社会的跨越式发展。高新技术产业和现代服务业加快发展，为科技发展提供了新的契机，将进一步地整合资源，优化配置，特别是将进一步地提升科技对海洋产业的支撑作用，对青岛科技创新跨越提出了更高更新的要求，科学技术将发挥用武之地。

4. 西海岸新区"建设海洋科技自主创新领航区"契机

在国家批复的西海岸新区中建设"海洋科技自主创新领航区"，青岛市可以依托全市的海洋科技研发优势和新区的企业集成创新基础，以海洋应用技术研发和海洋科技集成创新为重点，以海洋科技创新平台建设为载体，发挥政府主导、以企业为主体和市场优化配置资源要素的作用，在重大和关键技术研发、集成上实现突破，成为我国海洋科技自主创新领航区。

（1）实现重大和关键技术研发及集成创新的突破，在海洋科技研发上发挥领航作用。

依托国家海洋方面的研究机构和高校的基础研究优势，承接蓝色硅谷海洋科技创新成果的孵化，在深海资源探测、海洋监测、远洋考察、海洋新材料、海洋生物资源可持续利用以及海洋能利用等领域进行研发，实现重大和关键技术的创新突破，使重点项目达到国际领先水平。依托新区海洋研发机构和船舶海工企业，在海洋工程装备、海洋生物、海水综合利用、海洋可再生能源、深海矿产开发五大领域进行集成创新，重点突破20项核心技术，并实现成果的实际应用。

（2）建设海洋科技创新体系和应用技术创新平台，在海洋应用技术推广上发挥领航作用。

构建政府主导的产学研创新合作体系，建设技术转移平台、科技创新公共服务平台，架起校企合作的桥梁。构建以企业为主体的海洋应用技术创新体系，重点建设海洋药物、海洋涂料、海洋监测设备、海洋腐蚀防护等国家级、省部级研发平台，引进海工装备制造、海水利用、海洋能利用等工程技术研发平台，打造国家海洋产业协同创新中心等科技创新服务平台，在新型显示、海洋工程等领域培育20个左右产业技术创新战略联盟。

支持企业以企业研发中心和重点实验室为平台,与高校、研究院所合作,建立海洋科技产业技术创新战略联盟,实施一批重大科技合作攻关项目,重点突破海洋工程装备、海洋生物、海水综合利用、海洋可再生能源、深海矿产开发五大领域20项核心技术。

(3)实施科技成果和企业孵化工程,在海洋科技成果转化上发挥领航作用。

吸引科研机构和高校在新区建设石油化工、高分子材料、软件与服务外包、仪器仪表等专业孵化器。扶持山东科技大学国家大学科技园发展,加快建设中国石油大学(华东)国家大学科技园青岛分园。推进生态智慧城等千万平方米孵化器建设,重点孵化海工装备、海洋生物医药、海洋可再生能源、海洋新材料等海洋科技创新成果。建设国家海洋技术交易服务与推广中心,完善海洋科技成果产业化信息服务网络。实施"蓝色小巨人"成长计划,加快孵化科技型海洋小微企业,培育一批集研发、设计、制造于一体的海洋科技型骨干企业。

(4)积极推进企业创新能力建设,在带动企业转型发展上发挥领航作用。

围绕西海岸新区产业体系和产业集聚区发展需要,加强企业研发中心等创新平台建设,以此为依托与省内外、国内外高校、科研院所和创新型企业开展产学研用结合的技术创新,提高企业技术创新能力和核心竞争力。加大创新型企业培育力度,通过政策措施和各类科技资源支持,发展壮大一批创新型企业,并引导更多企业走创新驱动型发展道路。以重点领域的优势企业为核心,联合相关的企业、高校和科研机构,建设产业技术创新战略联盟,提升产业集群发展的核心竞争力,大力发展船舶海工、港口物流、汽车及零部件、家电电子、机械装备五大高端产业集群。以高端装备制造、新能源、生物及新药、电子信息、新材料、新能源汽车等产业为重点,实施一批高新技术产业化项目。加强高新技术企业培育和发展,做好对高新技术企业政策辅导,支持更多符合条件的企业进入国家高新技术企业行列。

5. 以新信息技术革命为依托建设智慧城市

随着互联网、云计算等新一代信息技术以及大数据、社交网络、Fab Lab、Living Lab、综合集成法等工具和方法的应用,智慧城市已经成为城市发展的新兴模式。智慧城市的本质在于信息化与城市化的高度融合,是城市信息化向更高阶段发展的表现。它所带来的结果是城市生产、生活方式的变革、提升和完善,终极表现为人类拥有更美好的城市生活。建设智慧城市,是转变城市发展方式、提升城市发展质量的客观要求。通过建设智慧城市,及时传递、整合、交流、使用城市经济、文化、公共资源、管理服务、市民生活、生态环境等各类信息,提高物与物、物与人、人与人的互联互通、全面感知和利用信息能力,从而能够极大提高政府管理和服务的能力,极大提升人民群众的物质和文化生活水平。

十八大提出了新型工业化、信息化、城镇化、农业现代化"新四化"协同发展战略,赋予信息技术新的历史使命和战略地位。智慧城市建设成为提升城市发展质量,推进两化深度融合、促进信息消费、提升信息产业创新发展能力的重要载体,为新一代信息技术产业发展提供了重要的技术应用领域和市场空间。国家住建部随即启动了智慧城市建设试点工作。2013 年,青岛市被国家住建部列为国家智慧城市试点城市。青岛市应抓住这一有利契机,在建设智慧城市上大胆实践,把智慧城市建设既作为提高城市管理和服务水平、建设现代化城市的重要途径,又作为促进信息消费、带动信息产业创新发展的重要手段。

三、青岛市科技发展战略定位的 DEA 分析

(一) DEA 模型的选择

对科技创新效率的评价通常都采用相对比较的方法,其中较常用的方法是在建立评价指标体系的基础上,通过构造效用函数对科技创新效率加以评价。有些学者曾经提出用生产前沿函数、利润函数、成本函数等作为科技创新效率的衡量标准,但对多输入、多输出的情况,确定具体的函数形式十分困难,建立效用函数时也不可避免地引入了较多的主观因素,使得研究结果的客观性受到影响。而且对科技创新这种需要多部门、多机构、多平台合作的情况,某些指标是很难用价格或相对价值进行衡量的。

选择科技创新效率的评估方法,除了要考虑到方法本身的优点外,还应从科技创新的特点出发。对科技创新效率的研究,每个城市都可以作为具有多输入多输出特点的待评价个体;而且由于科技创新的特点,很难准确地找到一种具体的函数形式来确定其生产函数。对这一类问题,一些常用的统计分析方法是很难解决的。另外,本研究目的之一是为青岛市达不到相对有效的因素提供科技创新效率的改进信息和管理建议,因此,本研究采用前沿面分析手段的数据包络分析方法。

数据包络分析(Data Envelopment Analysis, DEA)法是由 A. Charnes 和 W. W. Cooper 等人在 20 世纪 70 年代,基于"相对效率"思想提出的系统效率评价方法。它将工程效率意义上的分析模式运用于决策单元(Decision Making Units, DMU)多输入、多输出的效率相对有效性评价中。DEA 的思路可以追溯到 1957 年 Farrell 提出的数据包络思想,因此 DEA 方法有时也被称为非参数评估方法或 Farrell 有效性评估。

DEA 对 DMU 的评价是在输入不变的情况下,令输出最大化;或者在输出不变的情况下,令输入最小化来实现的,因而相对有效的 DMU 必然处于帕累托最优的前沿面上,即 DEA 的有效性分析与具有多输入、多输出特点的目标问题的帕累托最优解等价。

从另一方面看,DEA 是一种新的统计方法,它与传统的统计方法相比在效率评价上具有一定区别。传统的统计方法是从数据中拟合出样本整体的趋势,从效率评价角度上看,它将相对有效的样本和非有效的混在一起分析,因此其拟合出的函数本质上是平均态势下的函数,严格地说不符合效率评价的要求。而 DEA 对前沿面的非参数估计则是运用数学规划方法,从数据中分析出处于相对有效面上的样本个体,因此得到的相对有效前沿面本质上是最优的,这可以克服传统统计方法存在的事先设定函数错误的风险,并解决了拟合平均性趋势的缺陷。另外,DEA 与传统的统计方法相比在效率评价方面还具有以下优点:DEA 以 DMU 的输入、输出为变量,直接进行前沿面的非参数估计,这就避免了事先确定各指标的权重;对 DMU 进行评价不需要考虑输入和输出之间的某些

统计显性关系，较好地弥补了传统统计手段的结果失真缺陷；DEA 的结果与指标的量纲无关；能给出非 DEA 有效的 DMU 相对无效性原因和改进路径及幅度等等。由于诸多优点，DEA 方法现已成为管理科学、系统工程与决策、评价技术等领域一种重要而有效的分析工具，受到国内外学者的广泛关注。

与其他评价方法相比较，对技术创新效率的研究采用 DEA 方法主要有以下优点。

第一，DEA 致力于对每一个城市科技创新的 DMU 进行优化，而不是对 DMU 集合的整体进行单一优化。通过 n 次优化运算得到每一个城市的优化解，且在同口径下可以对科技创新效率进行排序，得到更切合实际的效率评价值。

第二，DEA 方法直接采用输入、输出指标数据进行计算，不需要预先给定生产函数的形式，避免了生产函数形式的确定错误风险，可以最大程度上避免对科技创新效率评价引入过多的主观因素，使得结果具有准确性和客观性。

第三，应用 DEA 对科技创新效率进行相对有效性评价时，可以对每个未达到相对有效性城市的输出和输入变量进行无效率比分析，从而得到针对性更强的效率改进建议。

第四，由于 DEA 的主要优点是不需要考虑生产前沿的具体形式，仅需要投入、产出数据，因此其模型可以进行其他形式的扩展。科技创新与其他经济管理问题相比具有特殊性，运用 DEA 方法进行评价可以根据科技创新的特点扩展模型形式，使 DEA 模型更符合科技创新的实际。

第五，DEA 可以同时求出 DMU 的纯技术效率和规模效率，并对规模报酬情况进行判断。这可以排除科技创新的规模效率，以纯技术效率判断科技创新效率的相对有效性，符合当前科技创新粗放型增长的现实。对某些城市可能出现的规模报酬递减现象也可以明确地显示，对科技服务部门的盲目扩张作出警示。

DEA 经过多年的研究和改进，取得了很大的进展。从理论研究上看，人们分别从 DMU 的数量、决策者偏好以及信息不确定性情况下的相对有效性评价等多个方面对 DEA 模型进行了改进和扩展。从实践上看，由于 DEA 具有不需要预先估计指标权重和函数关系，算法简单，评价结果丰富等诸多优点，特别适合多输入、多输出的复杂系统的相对有效性评价。因此，DEA 的应用领域已遍布工业企业、金融、市政、环保、邮政、交通运输、医院、教育、军事等多个领域。除了事后评价以外，DEA 也被用于对未来经济行为的预测、决策的事前评估与选择。而本研究将把 DEA 方法的应用进一步拓展到科技创新效率的评价。

DEA 要解决的问题是度量 n 个 DMU 的相对有效性，每个 DMU 都有 m 种输入，同时允许每个 DMU 有 k 种产出，因此第 j 个决策单元 DMU_j 的输入指标 x_i 的值为 $x_{ij}(i=1,\cdots,m)$，输出指标 y_k 的值为 $y_{kj}(k=1,\cdots,s)$，$j\in J=\{1,\cdots,n\}$，记总输入指标为 $X=(x_1,\cdots,x_m)^T$，总输出指标为 $Y=(y_1,\cdots,y_s)^T$，(X_j,Y_j) 为第 j 个 DMU 的投入产出。可构造投入产出集

$$T=\left\{(X,Y)\mid X\geqslant\sum_{j\in J}\lambda_jX_j,Y\leqslant\sum_{j\in J}\lambda_jY_j,\sum_{j\in J}\lambda_j=1,\lambda_j\geqslant 0,j\in J\right\}$$

在此基础上，可以构造经典的 C^2GS^2 模型

$$\min \theta$$
$$s.t. -\sum_{j \in J} \lambda_j X_j + \theta X_0 \geq 0$$
$$\sum_{j \in J} \lambda_j Y_j \geq Y_0$$
$$-\sum_{j \in J} \lambda_j = -1$$
$$\lambda_j \geq 0, j \in J \tag{1}$$

模型(1)中，目标函数值 θ 表示在输出既定的条件下，输入向量 X_i 的最大可收缩程度，λY_i 和 λX_i 分别相当于第 i 个 DMU 的输入和输出在生产前沿面上的投影，该投影为包括第 i 个 DMU 在内的所有 n 个 DMU 输入和输出的最优投入产出面。若实际输出和相应的投影重合，则表示该 DMU 的效率位于生产前沿面上，即效率值为 1，该 DMU 为 DEA 相对有效。

C^2GS^2 模型是假定在规模报酬不变的基础上的，即认为所有的 DMU 在规模效率上都是有效的，而 CR^2 模型放松了该假设。经典的 CR^2 模型为

$$\min \theta$$
$$s.t. -\sum_{j \in J} \lambda_j X_j + \theta X_0 \geq 0$$
$$\sum_{j \in J} \lambda_j Y_j \geq Y_0$$
$$\lambda_j \geq 0, j \in J \tag{2}$$

该模型和 C^2GS^2 模型相比，放松了一个约束条件：$\sum_{j \in J} \lambda_j = 1$，即对 λ 的取值放松了限制，其含义是度量第 i 个 DMU 的 DEA 相对效率时，同时与跟它规模接近的 DMU 做比较。因此，CR^2 模型中考虑了规模效率，它实质上是将 C^2GS^2 模型中的 DEA 相对效率值分解为两部分：一部分是规模效率，另一部分是剔除了规模效率以后的纯技术效率。三者之间关系为

$$总效率 = 纯技术效率 \times 规模效率$$

显然，当且仅当纯技术效率和规模效率都有效时，相应的 DMU 才达到 DEA 相对有效性。

(二) 指标体系

本研究的指标体系包括了高新技术企业、技术交易活跃度、地方高等学校、研发机构和政府支持五类，共 25 个指标。具体指标设置见表 1。

由于数据指标的可得性，我们这里选取高新技术企业代表科技创新的主体企业的情况，技术交易活跃程度指标代表科技创新的市场情况，地方高等学校和研发机构代表科技创新的高校及研发机构等的情况，而政府支持则代表政府在科技创新中的作用。因此，本研究的指标体系就包括了科技创新的 5 个主体的 25 个指标，构成后续 DEA 分析的指标体系。

表1 科技创新效率的DEA模型评价模型指标体系

高新技术企业	高新技术企业技术收入	高新技术企业科技活动人员（人）	高新技术企业科技活动经费内部支出（元）	高新技术企业科技活动经费外部支出（元）	高新技术企业R&D经费内部支出（元）
	X1	X2	X3	X4	X5
技术交易活跃度	输出技术成交金额（亿元）	吸纳技术成交金额（亿元）	消化吸收经费支出	购买国内技术经费支出	技术改造经费支出
	X6	X7	X8	X9	X10
地方高等学校	R&D人员合计（人）	R&D经费内部支出（万元）	R&D经费外部支出（万元）	发表科技论文（篇）	有效发明专利（件）
	X11	X12	X13	X14	X15
研发机构	各地区研究与开发机构专利所有权转让及许可收入（万元）	各地区研究与开发机构对境内研究机构支出（万元）	各地区研究与开发机构对境内高等学校支出（万元）	各地区研究与开发机构对境内企业支出（万元）	各地区研究与开发机构对境外机构支出（万元）
	X16	X17	X18	X19	X20
政府支持	企业使用来自政府部门的科技活动资金（万元）	企业研究开发费用加计扣除减免税（万元）	高新技术企业减免税（万元）	火炬计划专利授权数	火炬计划自有技术
	X21	X22	X23	X24	X25

（三）各指标统计描述

1. 技术交易市场分析

青岛市2008～2013年技术合同平均成交额为74.82万元，相比其他城市略低（表2和图1）。其中重庆最高，为663.82万元，北京、哈尔滨约为300万元，天津、沈阳、上海、宁波、武汉、广州、深圳、西安的技术合同平均成交额也在100万元以上，大连（86.72万元）、南京（74.10万元）、厦门（91.23万元）、成都（64.75万元）和青岛的技术合同平均成交额低于100万元。这说明青岛市单项技术合同的成交额偏低，实现交易的技术多为小额技术，对科技创新效率的贡献度不高。

青岛市2008～2013年输出技术平均成交额为72.27万元，在16个城市中排名15，仅强于成都的62.13万元（表2和图1）。16个城市中输出技术平均成交额最高的仍为重庆（360.75万元）、北京（310.64万元）和哈尔滨（295.41万元）；天津、哈尔滨、上海、宁波、武汉、广州、深圳、西安的输出技术平均成交额在100万元至200万元之间，处于中等水平；沈阳（99.15万元）、厦门（88.46万元）、大连（83.53万元）、南京（73.01万元）、青岛和成都的数值都低于100万元。这说明青岛市的输出技术平均成交额偏低，所输出的技术多为小额技术，技术输出规模有待提高。

青岛市2008～2013年吸纳技术平均成交额为99.05万元，在16个城市中排名11位，略高于输出技术排名，但从绝度数来看仍然偏低（表2和图1）。16个城市中吸纳技术平均成交额最高的为重庆（383.12万元）、南京（292.43万元）、武汉（230.11万元）、哈尔滨(224.19万元)、沈阳(215.87万元);广州、北京、天津、上海、深圳略低,数值在100万元至200万元之间;青岛、西安(85.71万元)、成都(78.66万元)、厦门(72.15万元)、宁波(63.91万元)、大连(61.98万元)水平较低。

值得注意的是,从城市角度来看,若其输出技术成交额高于吸纳技术成交额,输出技术大于吸纳技术的额度可以看作技术市场交易的收益,说明城市的整体创新性更强。在2008~2013年的统计中,北京、哈尔滨、宁波、广州、上海、深圳、大连、西安、厦门的输出技术成交额都高于吸纳技术成交额,说明北京的技术创新水平最高;而青岛市在16个城市中排名第13位,略优于武汉、沈阳和南京。

表2 2008~2013年16个城市技术交易指标的均值

DMU	输出技术平均成交额(万元)	吸纳技术平均成交额(万元)	技术合同平均成交额(万元)
北京	310.64	149.24	310.64
天津	125.05	142.50	125.56
沈阳	99.15	215.87	100.24
大连	83.53	61.98	86.72
哈尔滨	295.41	224.19	293.04
上海	166.27	136.21	200.69
南京	73.01	292.43	74.10
宁波	110.73	63.91	113.84
厦门	88.46	72.15	91.23
青岛	72.27	99.05	74.82
武汉	139.73	230.11	142.81
广州	189.38	157.81	196.01
深圳	132.87	107.21	134.47
重庆	360.75	383.12	663.82
成都	62.13	78.66	64.75
西安	105.47	85.71	108.19

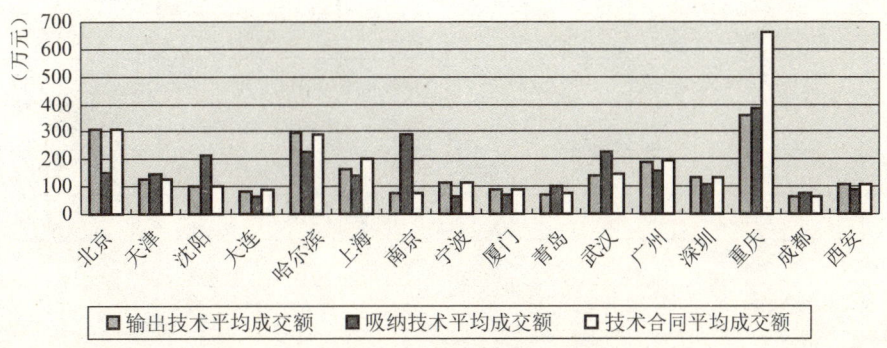

图1 16个城市技术交易比较图

消化吸收经费是企业对引进技术的掌握和应用、人员培训、测绘、参加消化吸收人员的工资发放、工艺开发、必备的设备配套、翻版等经费。原始创新、集成创新和引进先进技术基础上的消化、吸收、再创新，都是自主创新的重要形式；尤其是原始创新，更是我们在提升企业自主创新能力工作中最终的努力方向。企业在引进技术后，适当增加消化吸收经费，可以提升企业的创新能力。若用于技术消化经费偏少，说明企业的"二次创新"能力不强，制约着企业自主创新能力的进一步增强。

技术改造经费支出是企业在报告年度进行技术改造而发生的费用支出。技术改造是企业在坚持科技进步的前提下，将科技成果应用于生产的各个领域（产品、设备、工艺等），用先进技术改造落后技术，用先进工艺设备代替落后工艺、设备，实现以内涵为主的扩大再生产，从而提高产品质量，促进产品更新换代，节约能源，降低消耗，全面提高综合经济效益。

从2008～2013年16个城市的数据来看，吸纳技术后，消化吸收经费支出占购买国内技术经费支出比例最高的是西安，达到695.55%。这一比例最低的是大连，为19.73%。青岛市技术消化吸收经费支出占购买国内技术经费支出的比例为92.46%，在16个城市中排名第11位。吸纳技术方购买技术后，需进行技术改造以适应大规模生产需要，而技术改造经费支出占购买国内技术经费支出的倍数，最高的是哈尔滨，达到97.20倍。经费支出倍数最低的是上海，仅为6.32倍。青岛市技术改造经费支出占购买国内技术经费支出的倍数为15.71倍，在16个城市中排名第11位（表3和图2）。

表3　2008～2013年16个城市技术消化吸收和改造经费均值

DMU	消化吸收经费支出（万元）	消化吸收经费支出占购买国内技术经费支出的比重(%)	技术改造经费支出（万元）	技术改造经费支出占购买国内技术经费支出的倍数
北京	70 576	162.92	962 114	22.21
天津	98 019	154.78	851 801	13.45
沈阳	15 635	159.41	506 255	51.62
大连	9 694	19.73	637 838	12.98
哈尔滨	6 480	249.71	252 231	97.20
上海	281 930	128.70	1 384 810	6.32
南京	31 825	106.10	842 104	28.07
宁波	16 034	64.17	482 346	19.30
厦门	3 258	20.57	158 414	10.00
青岛	26 733	92.46	454 233	15.71
武汉	11 288	112.60	347 084	34.62
广州	22 831	116.25	422 794	21.53
深圳	4 937	116.25	91 420	21.53
重庆	18 197	36.05	672 935	13.33
成都	6 478	57.07	888 540	78.29
西安	31 293	695.55	247 307	54.97

青岛市"十三五"科技创新发展的战略定位与目标研究

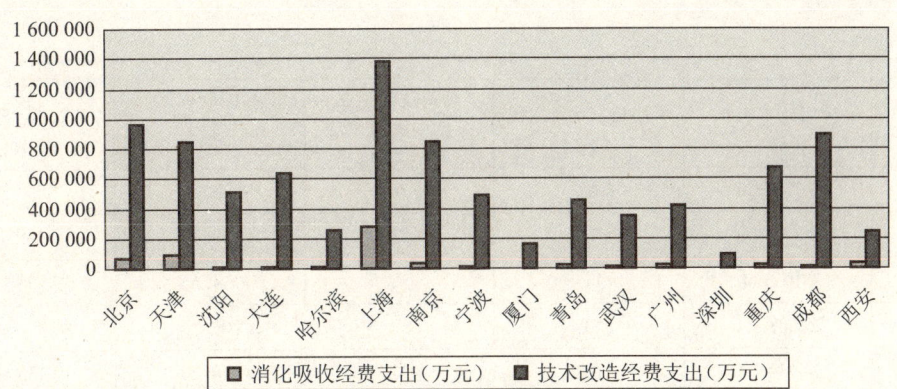

图 2　16 城市技术改造及消化吸收经费支出比较图

2.高新技术企业科技创新

2008～2013 年青岛市的高新技术企业平均收入为 4 195 660 元,在 16 个城市中排名 14 位;而这一数值最高的是北京,为 53 483 730 元,其次是天津、上海、武汉、广州;最低的是宁波(3 739 340 元)和哈尔滨(3 304 770 元)(表 4)。这说明青岛市的高新技术企业在技术收入方面的水平并不高。

2008～2013 年青岛市的高新技术企业平均科技活动人员数为 113 人,在 16 个城市中排名第 6 位;而这一数值最高的是深圳,为 201 人,其次是沈阳、南京、武汉、重庆;最低的是宁波和北京,分别为 68 人和 61 人。从人员结构上看,青岛市高新技术企业科技活动人员的中高级职称人员比例为 34.65%,在 16 个城市中排名第 13 位;西安和沈阳排名最高,分别为 94.38% 和 91.80%;排名最低的是宁波,为 23.67%。青岛市高新技术企业的科技活动人员人数和比例一定程度上存在不合理之处。

2008～2013 年青岛市高新技术企业平均 R&D 经费内部支出为 9 773 200 元,在 16 城市中排名第 8 位;大连和哈尔滨最高,分别为 15 980 850 元和 15 677 610 元;宁波和重庆最低,分别为 4 093 270 元和 1 357 360 元。青岛市高新技术企业在 R&D 经费内部支出上也不存在较高的竞争优势。

表 4　2008～2013 年青岛市高新技术企业各项指标均值

DMU	高新技术企业平均技术收入（元）	高新技术企业平均科技活动人员（人）	高新技术企业平均中高级职称	中高级职称比例（%）	高新技术企业平均 R&D 经费内部支出（元）
北京	53 483 730	61	31	50.47	5 112 500
天津	51 905 320	79	44	55.64	6 894 900
沈阳	11 434 250	169	155	91.80	15 455 120
大连	8 914 140	80	71	89.22	15 980 850
哈尔滨	3 304 770	103	84	81.38	15 677 610
上海	27 506 730	89	39	43.64	10 984 340
南京	20 042 190	153	58	37.67	13 602 070

续表

DMU	高新技术企业平均技术收入（元）	高新技术企业平均科技活动人员（人）	高新技术企业平均中高级职称	中高级职称比例（%）	高新技术企业平均R&D经费内部支出（元）
宁波	3 739 340	68	16	23.67	4 093 270
厦门	4 350 700	79	23	29.70	5 399 520
青岛	4 195 660	113	39	34.65	9 773 200
武汉	25 008 750	139	92	66.33	11 568 700
广州	24 934 460	101	37	36.24	9 933 570
深圳	4 623 200	201	69	34.21	4 487 890
重庆	22 492 690	114	64	55.86	1 357 360
成都	22 941 360	95	53	56.17	8 222 910
西安	21 348 850	72	68	94.38	5 214 320

从人均技术收入和支出来看，青岛市高新技术企业人均技术收入为37 010元，人均R&D经费支出为86 210元，分别在16个城市中排名14位和9位，人均技术收入和经费支出的矛盾较大（表5和图3）。16个城市中，人均技术收入减人均经费支出后可获得净收益的城市有北京、天津、西安、上海、重庆、成都、广州、武汉、南京、深圳；其中北京最高，为790 360元。简单相减后净损失的城市有宁波、厦门、沈阳、青岛、大连、哈尔滨；其中哈尔滨净损失最高，为120 010元。

表5 2008~2013年16个城市人均技术收入和支出均值

DMU	人均技术收入（元）	人均R&D经费支出（元）
北京	873 900	83 540
天津	660 260	87 710
沈阳	670 720	91 530
大连	111 590	200 060
哈尔滨	32 005	152 060
上海	310 300	123 910
南京	131 040	88 930
宁波	55 180	60 400
厦门	55 400	68 760
青岛	37 010	86 210
武汉	179 910	83 220
广州	246 430	98 180
深圳	22 980	22 300
重庆	197 820	11 940
成都	241 990	86 740
西安	296 660	72 460

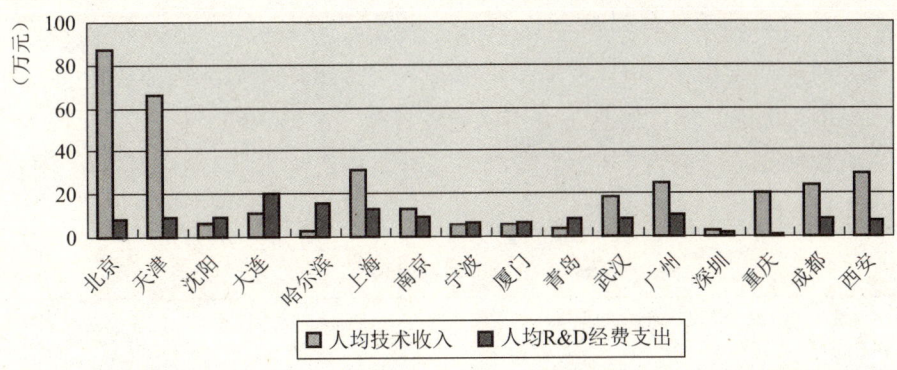

图3 16个城市高新技术企业人均技术收入与R&D内部经费支出对比图

3.地方高等学校科技创新分析

从2008～2013年高等学校R&D人员来看,青岛市的均值为3 956人,在16个城市中排名14位,在人员的绝对数上没有优势;排名最高的是北京,最低的是厦门(表6)。

而从R&D经费支出情况来看,青岛市的R&D经费内部支出29 942万元,R&D经费外部支出为2 483万元,分别排名14位和12位,说明青岛市地方高等院校在R&D经费安排上,用于自主创新领域的支出相比用于外部购买或委托研发的支出要少(表6)。

从发表科技论文数量和有效发明专利数量上看,青岛市分别为7 135篇和645篇,两项数据均在14位,在16个城市中的排名在中后位置(表6)。

表6 16个城市地方高校各项指标均值

DMU	R&D人员合计（人）	R&D经费内部支出（万元）	R&D经费外部支出（万元）	发表科技论文（篇）	有效发明专利（件）
厦门	1 777	10 038	1 053	2 623	280
西安	3 911	19 360	373	32 361	272
青岛	3 957	29 942	2 483	7 135	645
南京	4 479	69 648	5 101	11 278	1 687
宁波	5 842	64 777	8 256	8 668	2 453
深圳	7 323	61 796	4 838	13 012	1 136
哈尔滨	7 670	84 657	1 747	3 327	1 642
广州	7 907	66 726	5 224	14 050	1 226
沈阳	8 093	65 104	2 249	8 098	1 340
大连	8 414	67 690	2 339	8 420	1 393
武汉	9 523	122 313	12 364	23 199	2 085
成都	9 631	118 420	11 347	17 119	1 161
重庆	15 904	143 384	5 266	27 482	2 708
天津	18 125	251 848	8 058	293 015	2 862
上海	38 175	457 951	68 264	70 290	11 558
北京	61 967	1 101 609	213 099	539 356	16 237

4. 各地区研发机构科技创新分析

在研发机构的支出结构上,青岛市可借鉴各类支出规模和结构都较佳的城市,如北京、广州、深圳和大连。通过对这些城市的研发机构支出结构的分析,青岛市应当加大对境内研究机构的支出,同时应当适当控制对境外机构的支出,以优化研发机构的支出结构(表7和图4)。

表7 16个城市研发机构支出情况

DMU	对境内研究机构支出(万元)	对境内高等学校支出(万元)	对境内企业支出(万元)	对境外机构支出(万元)
北京	290 193	148 633	19 137	34 671
广州	910	626	111	55
沈阳	77 964	18 192	26 837	2 112
上海	13 315	6 668	1 730	2 758
大连	4 090	1 033	861	2 196
成都	5 206	1 483	157	2 387
深圳	197	135	24	12
青岛	480	253	151	77
武汉	340	238	69	33
重庆	2 452	718	1 734	0
西安	19 420	242	0	107
南京	636	237	91	248
天津	1 206	461	190	34
宁波	1 687	900	550	189
哈尔滨	12	12	0	0
厦门	89	3	59	27

5. 政府对科技创新的支持分析

2008~2013年青岛市企业使用政府部门的科技资金39 440万元,在16个城市中排名第12位;使用政府科技资金最多的城市是上海和北京,分别为292 568万元和167 097万元;使用资金最少的城市深圳和厦门,分别为18 784万元和10 106万元(表8)。

在火炬计划的授权数上,青岛市2008~2013年获火炬计划授权59项,在16个城市中排名第11位;授权数最高的是北京和宁波,分别为226项和188项;授权数最少的是厦门和哈尔滨,分别为42和23项。但青岛市的火炬计划自有技术为41项,在16个城市中排名第10位(表8)。

政府对高新技术企业的减免税上,青岛市2008~2013年高新技术企业减免税为48 096万元,在16个城市中排名第9;获得高新技术企业减免税最多的是上海和北京,分别为524 283万元和320 715万元;最少的是哈尔滨和西安,分别为23 815万元和10 212万元(表8)。

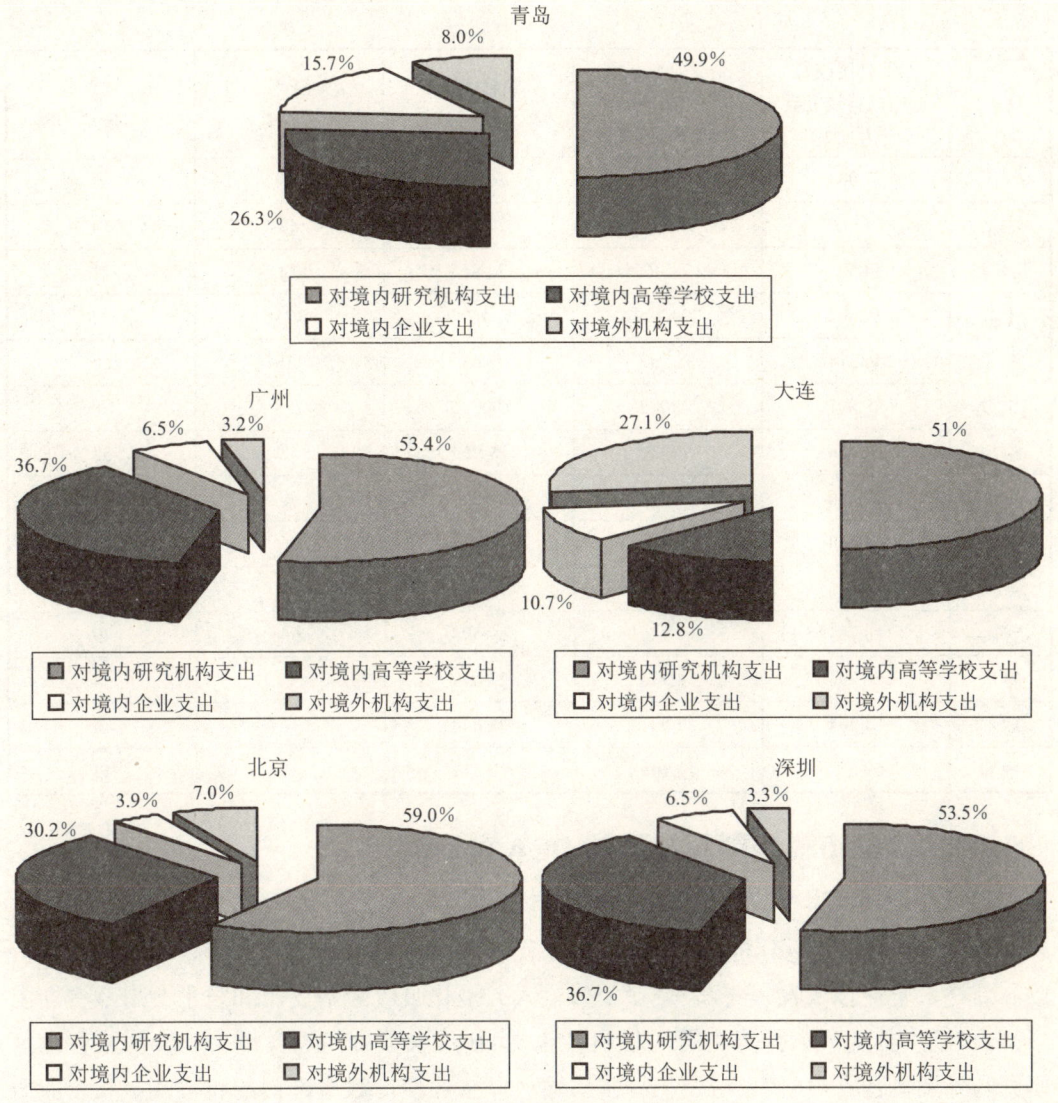

图4 5个城市研发机构支出情况比较

对一般性企业的研究开发费用加计扣除减免税,青岛市2008~2013年享受21 444万元,在16个城市中排名第10位;最高的是上海和天津,分别为294 199万元和116 152万元;最低的是厦门和哈尔滨,分别为8 993万元和7 506万元。

可见,政府对科技创新的支持更多地投入到北京、上海和天津等城市,青岛市的政府支持水平较高,但也应从自身角度考虑,争取更大的政府支持。

表8 16个城市科技创新的政府支持情况

DMU	企业使用政府部门的科技资金(万元)	企业研究开发费用加计扣除减免税(万元)	高新技术企业减免税(万元)	火炬计划专利授权数	火炬计划自有技术
北京	167 097	50 707	320 715	226	172
天津	67 601	116 152	104 970	126	62

续表

DMU	企业使用政府部门的科技资金（万元）	企业研究开发费用加计扣除减免税（万元）	高新技术企业减免税（万元）	火炬计划专利授权数	火炬计划自有技术
沈阳	77 964	18 192	26 837	73	34
大连	81 060	18 914	27 902	48	14
哈尔滨	34 538	7 506	23 815	23	22
上海	292 568	294 199	524 283	121	93
南京	40 314	38 242	92 687	110	68
宁波	28 801	5 8082	100 325	188	105
厦门	10 106	8 993	27 967	42	33
青岛	39 440	21 444	48 096	59	41
武汉	46 388	29 478	31 235	96	42
广州	86 870	89 471	274 68	116	92
深圳	18 784	19 346	59 304	54	40
重庆	66 794	34 776	25 059	55	54
成都	63 284	22 001	24 648	76	30
西安	89 658	11 766	10 212	85	42

（四）青岛市科技创新战略的 DEA 效率测算

1. 16 个城市 DEA 总效率测算

根据 DEA 的模型分析，将城市新增知识产权授权数作为科技创新效率的输出值，以高新技术企业技术收入（代表企业主体输入）、消化吸收经费支出和技术改造经费支出（代表市场主体输入）、地方高等学校科技论文数（代表地方高等学校主体输入）、各地区研究与开发机构支出（代表研发机构主体输入）、企业使用政府部门的科技资金和企业研究开发费用加计扣除减免税（代表政府主体输入）作为科技创新效率的输入值，DEA 计算结果见表 9。

表 9　16 个城市 DEA 总效率情况测算

DMU	总效率	纯技术效率	规模效率	规模度	改进率（%）						
					高新技术企业技术收入	消化吸收经费支出	技术改造经费支出	地方高等学校科技论文数量	各地区研究与开发机构支出	企业使用来自政府部门的科技活动资金	企业研究开发费用加计扣除减免税
北京	1.00	1.00	1.00	不变	0	0	0	0	0	0	0
成都	0.41	0.58	0.71	递增	86.28	58.89	93.53	90.38	58.89	83.15	58.89
大连	0.60	0.62	0.96	递增	39.92	39.92	66.06	75.63	95.67	62.65	57.04

续表

DMU	总效率	纯技术效率	规模效率	规模度	改进率(%)						
					高新技术企业技术收入	消化吸收经费支出	技术改造经费支出	地方高等学校科技论文数量	各地区研究与开发机构支出	企业使用来自政府部门的科技活动资金	企业研究开发费用加计扣除减免税
广州	0.28	0.38	0.73	递减	72.69	72.30	72.30	72.31	72.30	72.31	72.32
哈尔滨	1.00	1.00	1.00	递增	0	0	0	0	0	0	0
南京	0.74	1.00	0.74	递减	30.35	69.75	45.22	78.48	25.54	25.54	29.84
宁波	0.18	0.71	0.26	递增	81.81	92.20	90.01	81.81	81.81	81.81	96.22
青岛	0.25	0.85	0.30	递增	74.51	92.92	83.89	77.85	97.78	74.51	89.44
上海	1.00	1.00	1.00	不变	0	0	0	0	0	0	0
深圳	1.00	1.00	1.00	不变	0	0	0	0	0	0	0
沈阳	1.00	1.00	1.00	不变	0	0	0	0	0	0	0
天津	0.94	1.00	0.94	递减	85.22	84.58	22.20	40.53	6.08	6.08	74.36
武汉	1.00	1.00	1.00	不变	0	0	0	0	0	0	0
西安	1.00	1.00	1.00	不变	0	0	0	0	0	0	0
厦门	1.00	1.00	1.00	递增	0	0	0	0	0	0	0
重庆	1.00	1.00	1.00	递减	0	0	0	0	0	0	0

由上表可知,各城市DEA效率的总体测算中,北京、哈尔滨、上海、深圳、沈阳、武汉、西安、厦门、重庆9个城市达到DEA有效。青岛市的总效率得分为0.25,在16个城市中排名第15位。其中纯技术效率得分为0.85,排名第12位;规模效率得分为0.30,排名第15位。纯技术效率得分较高,总效率的损失主要因为规模效率低。青岛市技术创新各输出要素的结构配比及促进效率水平尚可,需整体提高科技创新规模,扩大科技创新面,以提供更多、更有效的科技创新。

从各主体输入的改进率来看,研发机构主体的支出要素改进率最高,为97.78%,表明青岛市的研发机构科技创新经费不足,科技创新能力欠缺,需大幅度改进;其次是消化吸收经费支出,改进率为92.92%,说明企业对引进技术的掌握、应用等后期研发工作投入不足;企业研究开发费用加计扣除减免税的改进率为89.44%,企业研发费用的减免税力度不高;技术改造经费支出改进率为83.89%,企业对提高技术水平,改造落后工艺的技术创新动力不足。其他方面的改进率相比而言不如上述指标的改进率高,但仍然需要进行大幅度改进,如高新技术企业的技术收入偏低,地方高等学校的科技论文数量较少,企业使用政府部门的科技资金匮乏。

从输出角度的增长比来看,青岛市的科技创新处于规模报酬递增阶段,新增知识产权授权数需提高2.92倍才能实现DEA有效,需要大幅度提升科技创新产出水平,提高科技创新的规模、效率。这对总效率值提升作用的敏感度要大于对输入主体的改进。

2. 高新技术企业主体的 DEA 效率测算

以技术收入、科技活动人员、科技活动经费内部支出、科技活动经费外部支出、R&D 经费内部支出为输入指标,以新增知识产权授权数为输出指标,根据 2008～2013 年 16 个城市的样本数据,高新技术企业主体 DEA 计算结果如表 10。

表 10　各城市科技创新高新技术企业主体的 DEA 效率测算

DMU	总效率	纯技术效率	规模效率	规模度	改进率（%）					增长比（%）
					技术收入	科技活动人员	科技活动经费内部支出	科技活动经费外部支出	R&D 经费内部支出	新增知识产权授权数
北京	1.00	1.00	1.00	不变	0	0	0	0	0	0
成都	0.16	0.35	0.45	递增	84.26	84.26	87.34	84.26	90.01	535.34
大连	0.85	1.00	0.85	递增	15.14	15.14	47.92	23.45	72.56	17.84
广州	0.34	0.36	0.97	递增	65.53	66.09	65.53	65.53	75.95	190.11
哈尔滨	1.00	1.00	1.00	不变	0	0	0	0	0	0
南京	0.35	0.47	0.75	递增	65.06	69.50	65.06	75.78	85.90	186.22
宁波	0.12	0.95	0.13	递增	87.66	91.26	89.24	90.54	87.66	710.48
青岛	0.30	1.00	0.30	递增	69.92	78.29	76.46	88.20	69.92	232.42
上海	0.47	0.87	0.54	递减	52.98	52.98	64.86	52.98	86.93	112.69
深圳	0.53	0.62	0.86	递减	46.70	85.42	89.54	86.90	46.70	87.61
沈阳	1.00	1.00	1.00	不变	0	0	0	0	0	0
天津	0.37	0.50	0.73	递增	63.09	63.09	68.78	77.47	74.37	170.92
武汉	0.48	0.52	0.92	递增	52.30	58.38	52.30	52.30	58.72	109.65
西安	0.56	0.72	0.77	递增	44.36	49.70	44.36	44.36	69.85	79.73
厦门	0.31	0.93	0.34	递增	68.63	75.78	69.24	90.09	68.63	218.75
重庆	1.00	1.00	1.00	不变	0	0	0	0	0	0

在各城市高新技术企业主体的 DEA 效率中,北京、哈尔滨、沈阳、重庆 4 城市实现了 DEA 相对有效。青岛市的总效率得分为 0.30,在 16 个城市中排名第 14 位;纯技术效率得分为 1,实现了纯技术效率的 DEA 相对有效;规模效率得分为 0.30,排名第 15 位。说明青岛市现有的高新技术企业在技术交易、科技人员投入、科技活动支出、R&D 支出等方面的效率水平较为理想。最大问题是高新技术企业数量、技术交易规模、科技创新投入规模上差距较大。在保证现有高新技术企业的投入产出水平的前提下,增加高新技术企业数量,促进高新技术企业科技研发水平提高,提升高新技术企业科技人员数量,实现规模效益,能有效地提升青岛市高新技术企业的 DEA 效率水平。

从输入主体的改进率来看,科技活动经费外部支出的改进率为 88.20%,高新技术企业应加大投入科技经费的总量;科技活动人员指标的改进率为78.29%,说明高新技术企业投入到科研活动中的人力资源不足;技术收入、科技活动经费内部支出、R&D经费内部支出等指标均存在一定的改进空间。

从输出主体的提升指标来看,青岛市高新技术企业对知识产权授权数的贡献需提升2.32倍方可实现DEA相对有效,高新技术企业对科技创新效率的促进作用仍非常大。

3. 市场主体的DEA效率测算

以输出技术成交金额、吸纳技术成交金额、消化吸收经费支出、购买国内技术经费支出、技术改造经费支出为输入指标,以新增知识产权授权数为输出指标,根据2008~2013年16个城市的样本数据,市场主体DEA计算结果如表11。

表11 各城市科技创新市场主体的DEA效率测算

DMU	总效率	纯技术效率	规模效率	规模度	改进率(%)					增长比(%)
					输出技术成交金额	吸纳技术成交金额	消化吸收经费支出	购买国内技术经费支出	技术改造经费支出	新增知识产权授权数
北京	1.00	1.00	1.00	不变	0	0	0	0	0	0
成都	0.79	0.95	0.83	递增	21.08	43.04	21.08	21.08	85.18	26.70
大连	0.87	0.93	0.94	递增	12.79	12.79	61.48	85.51	83.84	14.67
广州	0.86	0.86	1.00	递增	13.72	52:82	13.72	13.72	26.07	15.90
哈尔滨	0.98	1.00	0.98	递增	2.33	53.52	2.33	2.33	72.73	2.39
南京	0.68	0.72	0.94	递增	32.33	78.49	56.45	32.33	62.96	47.77
宁波	0.56	1.00	0.56	递增	43.97	52.92	92.15	86.03	90.35	78.48
青岛	0.56	0.94	0.60	递增	43.97	50.91	92.94	81.89	84.63	78.48
上海	0.94	1.00	0.94	递减	5.99	5.99	80.63	53.17	5.99	6.37
深圳	0.99	1.00	0.99	递增	0.58	55.55	0.58	0.58	12.75	0.59
沈阳	1.00	1.00	1.00	不变	0	0	0	0	0	0
天津	0.63	0.64	0.99	递增	37.09	37.09	86.76	46.63	46.45	58.95
武汉	0.92	0.92	0.99	递增	8.33	69.20	8.33	8.33	51.54	9.08
西安	1.00	1.00	1.00	不变	0	0	0	0	0	0
厦门	0.87	1.00	0.87	递增	12.93	12.93	43.51	78.16	68.28	14,86
重庆	1.00	1.00	1.00	不变	0	0	0	0	0	0

可知,各城市在技术交易活跃度方面的DEA相对有效性中,北京、沈阳、西安、重庆4个城市达到了DEA相对有效。青岛市的总效率值为0.56,在16个城市中排名第15位;纯技术效率值为0.94,排名第11位;规模效率值为0.60,排名第15位。说明青岛市现有的技术市场活跃度较强,输出技术和吸纳技术指标所反映的技术供需较为活跃。但存在的主要问题是技术交易的规模仍需大幅度提升。同时,在技术交易后,吸纳技术企

业在技术的消化吸收和技术改造等方面的经费投入力度不大,影响了引入技术的实际应用。

从输出主体的改进率来看,青岛市技术需求企业在购入技术后的消化吸收方面改进率最大,为92.94%。引进技术的消化吸收再创新可以促进产业升级和自主创新能力的提高,企业需增强对引进技术进行再创新的意识,提升消化吸收再创新投入。政府部门应出台鼓励消化吸收再创新的政策,以形成鼓励再创新的良好氛围。技术改造经费支出的改进率为84.63%,企业需着力提高企业自主创新意识,全面提高企业决策人对开展技术创新活动、R&D活动重要性的认识。另外,青岛市在输出技术成交金额、吸纳技术成交金额、购买国内技术经费支出等指标上也有一定程度的提升空间。

从输出主体来看,新增知识产权授权数的提升率为78.48%,青岛市技术市场的活跃度仍对技术创新效率的提升具有递增作用,应进一步提升技术交易的活跃程度。

4. 地方高等学校输入导向的DEA效率测算

以R&D人员合计(人)、R&D经费内部支出(万元)R&D经费外部支出(万元)、发表科技论文(篇)、有效发明专利(件)为输入指标,以新增知识产权授权数为输出指标,根据2008~2013年16城市的样本数据,地方高等学校主体DEA计算结果如表12。

表12 各城市科技创新地方高校主体的DEA测算

DMU	总效率	纯技术效率	规模效率	规模度	改进率(%)					增长比(%)
					R&D人员合计	R&D经费内部支出	R&D经费外部支出	发表科技论文	有效发明专利	新增知识产权授权数
北京	1	1	1	不变	0	0	0	0	0	0
成都	0.05	0.38	0.14	递增	17.34	95.05	94.55	94.55	98.26	1 733.63
大连	0.04	0.11	0.35	递增	24.66	96.1	96.1	96.1	96.46	2 466.49
广州	0.28	0.28	0.99	递减	20.61	72.32	72.3	72.3	72.65	260.96
哈尔滨	0.14	0.21	0.69	递增	36.02	85.75	85.75	85.75	91.9	601.66
南京	0.09	0.34	0.26	递增	10.3	91.15	91.15	91.15	95.76	1 030.28
宁波	0.01	0.1	0.12	递增	82.59	98.8	98.8	98.8	99.6	8 259.13
青岛	0.04	0.2	0.19	递增	25.26	96.19	96.19	96.19	98.29	2 526.15
上海	0.53	0.54	0.99	递减	0.88	46.78	46.78	50.11	46.78	87.9
深圳	1	1	1	不变	0	0	0	0	0	0
沈阳	1	1	1	不变	0	0	0	0	0	0
天津	0.13	0.14	0.98	递增	46.53	86.71	86.71	86.71	90.46	652.7
武汉	0.09	0.59	0.16	递增	59.71	90.66	90.66	90.66	99.44	971.05
西安	0.1	0.72	0.13	递增	39.5	90.55	90.48	98.72	90.48	950.1
厦门	0.6	1	0.6	递增	36.66	42.93	39.82	39.82	66.73	66.16
重庆	1	1	1	不变	0	0	0	—	—	0

可知,在高等学校促进产学研合作,提升科技创新的 DEA 效率方面,16 个城市中,北京、深圳、沈阳、重庆等 4 城市达到了 DEA 相对有效。青岛市的总效率值仅为 0.04,在 16 城市中排名第 15 位;纯技术效率值为 0.20,排名 13 位;规模效率值为 0.19,排名第 12 位。这说明青岛市地方高校在促进科技创新水平等方面还有待提升。

从输入主体改进率来看,R&D 人员合计、R&D 经费内部支出、R&D 经费外部支出、发表科技论文、有效发明专利都需要较大幅度的改进。

从输出主体增长率来看,青岛市若仅从提升新增知识产权授权数规模来改善 DEA 效率,则需提高 25.26 倍。

从发展趋势看,地方高校将成为我国科技创新的主要机构,提升大学科技创新水平的需要将更为迫切。而我国大学科技创新有两个问题仍未能在法律和实施层面解决:一是大学及科技人员对政府资助的研究成果的知识产权权属问题;二是缺乏专业化的科技创新服务机构。

5. 研发机构主体的 DEA 效率测算

以专利所有权转让及许可收入、对境内研究机构支出、对境内高等学校支出、对境内企业支出、对境外机构支出为输入指标,以新增知识产权授权数为输出指标,根据 2008~2013 年 16 个城市的样本数据,研发机构主体的 DEA 计算结果如表 13。

表 13　各城市科技创新研发机构主体的 DEA 测算

DMU	总效率	纯技术效率	规模效率	规模度	改进率(%)					增长比(%)
					专利所有权转让及许可收入	对境内研究机构支出	对境内高等学校支出	对境内企业支出	对境外机构支出	新增知识产权授权数
北京	0.03	1.00	0.03	递减	97.39	99.87	99.75	0	0	3 734.03
成都	0.02	0.02	0.92	递增	98.12	99.79	99.27	0	0	5 211.30
大连	0.01	0.01	0.90	递减	99.11	99.37	98.88	98.88	99.80	8 823.92
广州	0.04	1.00	0.04	递减	98.78	96.17	95.57	95.57	95.91	2 158.54
哈尔滨	1.00	1.00	1.00	不变	0	0	0	0	0	0
南京	0.31	0.77	0.40	递减	69.38	97.11	92.25	0	0	226.56
宁波	0.08	0.26	0.31	递增	91.92	99.86	99.74	0	0	1 136.90
青岛	0.01	0.04	0.32	递增	98.66	98.65	98.63	98.63	98.77	7 199.52
上海	0.09	1.00	0.09	递减	91.32	99.08	98.16	0	0	1 051.51
深圳	0.16	1.00	0.16	递减	95.60	86.17	83.98	83.98	85.33	524.08
沈阳	0.01	0.01	0.85	递减	99.24	99.98	99.90	0	0	13 128.95
天津	0.83	1.00	0.83	递减	17.30	97.68	93.93	0	0	20.91
武汉	0.17	1.00	0.17	递减	83.23	93.70	91.00	0	0	496.19
西安	0.33	1.00	0.33	递减	67.22	99.88	90.25	—	0	205.04

续表

DMU	总效率	纯技术效率	规模效率	规模度	改进率(%)					增长比(%)
					专利所有权转让及许可收入	对境内研究机构支出	对境内高等学校支出	对境内企业支出	对境外机构支出	新增知识产权授权数
厦门	1.00	1.00	1.00	不变	0	0	0	0	0	0
重庆	0.47	1.00	0.47	递减	52.89	98.60	95.20	0	—	112.25

在研发机构的 DEA 相对有效性方面,哈尔滨、厦门达到了 DEA 相对有效。青岛市 2008~2013 年的总效率值为 0.01,与大连、沈阳并排最后一位;纯技术效率值为 0.04,排名第 13 位;规模效率值为 0.32,排名第 10 位。这说明青岛市的研发机构在专利所有权转让及许可、对境内企业、高校、研究机构的支出以及对境外机构的支出效率水平较低,研发机构对科技创新效率的贡献率仍需大幅度提升。研发机构的规模效率虽然排名较靠前,但也处于规模递增阶段,可以依靠规模的提升增进效率。

从研发机构输入主体的改进率来看,青岛市专利所有权转让及许可收入、对境内研究机构支出、对境内高等学校支出、对境内企业支出、对境外机构支出等各项要素都存在较大提升空间。

从输出角度看,若仅依靠提升知识产权授权数规模来改善 DEA 效率,则需提升 71.99 倍才能实现 DEA 相对有效。仅靠规模的增大来提升总效率并不可行。

6. 国家支持主体的 DEA 效率测算

以企业使用政府部门的科技资金、企业研究开发费用加计扣除减免税、高新技术企业减免税、火炬计划专利授权数、火炬计划自有技术为输入指标,以新增知识产权授权数为输出指标,根据 2008~2013 年 16 个城市的样本数据,国家支持主体 DEA 计算结果如表 14。

表 14　16 个城市科技创新国家支持主体的 DEA 测算

DMU	总效率	纯技术效率	规模效率	规模度	改进率(%)					增长比(%)
					企业使用政府部门的科技资金	企业研究开发费用加计扣除减免税	高新技术企业减免税	火炬计划专利授权数	火炬计划自有技术	新增知识产权授权数
北京	1.00	1.00	1.00	不变	0	0	0	0	0	0
成都	0.32	0.86	0.37	递增	74.03	87.61	68.15	77.74	68.15	213.96
大连	0.40	1.00	0.40	递增	93.25	91.22	62.38	84.59	59.79	148.67
广州	0.15	0.37	0.40	递增	85.41	95.70	91.13	85.22	85.82	576.73
哈尔滨	0.42	1.00	0.42	递增	76.52	74.17	57.64	57.64	69.79	136.09

续表

DMU	总效率	纯技术效率	规模效率	规模度	改进率(%)					增长比(%)
					企业使用政府部门的科技资金	企业研究开发费用加计扣除减免税	高新技术企业减免税	火炬计划专利授权数	火炬计划自有技术	新增知识产权授权数
南京	0.21	0.51	0.41	递增	79.35	93.39	82.76	89.76	87.40	384.21
宁波	0.04	0.35	0.11	递增	96.25	99.44	97.94	99.22	98.94	2 569.06
青岛	0.06	0.64	0.10	递增	93.77	97.29	93.77	95.02	95.13	1 504.79
上海	0.62	0.73	0.85	递增	81.00	94.27	79.65	37.86	38.47	60.93
深圳	0.53	0.96	0.55	递增	47.34	84.48	67.99	75.23	74.55	89.90
沈阳	0.47	0.81	0.58	递增	64.44	75.07	53.21	61.11	53.21	113.73
天津	0.23	0.52	0.44	递增	77.17	96.43	77.17	84.44	77.21	338.02
武汉	0.53	0.89	0.60	递增	46.68	84.51	46.68	72.34	62.18	87.54
西安	1.00	1.00	1.00	不变	0	0	0	0	0	0
厦门	0.27	1.00	0.27	递增	72.99	90.79	81.27	91.21	91.49	270.26
重庆	1.00	1.00	1.00	递增	20.01	74.65	0.20	0.20	42.77	0.20

在国家支持主体的 DEA 效率方面,北京、西安、重庆实现了 DEA 相对有效。青岛市的总效率值仅为 0.06,在 16 个城市中排名第 15 位;纯技术效率值为 0.64,在 16 个城市中排名第 12 位;规模效率值为 0.10,排名最后。这说明青岛市应进一步提高科技创新中的政府支持力度。

从输入主体的改进率来看,青岛市在企业使用政府部门的科技资金、企业研究开发费用加计扣除减免税、高新技术企业减免税、火炬计划专利授权数、火炬计划自有技术等指标上的改进率都较大,需切实提升政府在科技创新中的作用。

从输出的改进率来看,若青岛市仅依靠扩大科技创新规模来提升 DEA 效率,则需增加 15 倍的知识产权授权数。仅靠规模的增大来提升总效率并不可行。

(五)青岛市科技创新效率优劣势分析

(1)青岛市科技创新的总效率水平并不高。根据总效率 = 规模效率 × 纯技术效率,相比而言,青岛市科技创新的纯技术效率状况要略优于规模效率,说明青岛市科技创新能力和水平较高,但创新规模仍然不大。

优势:科技创新基础较好、科技创新能力水平较高。

劣势:科技创新范围和规模较小,集中程度不高,难以满足科技创新驱动的要求。

(2)高新技术企业主体角度来看,其纯技术效率达到了 DEA 相对有效,但规模效率仅排在 15 位,说明青岛市现有的高新技术企业在科技创新研发、科技人员投入、科技活动支出、R&D 支出等方面的效率较为理想。最大问题是高新技术企业数量、科技研发规模、科技创新投入规模上差距较大。在保证现有高新技术企业的投入产出水平的前提下，增加高新技术企业数量，促进高新技术企业科技研发水平提高，提升高新技术企业科技人员数量，实现规模效益，能有效地提升青岛市高新技术企业的 DEA 效率水平。

优势：高新技术企业技术基础较好，人员、科技活动、支出等方面的配比较理想，掌握了一批优势自主知识产权。

劣势：在高新技术企业数量、科技研发规模、科技创新投入规模上存在差距，难以实现规模效益。

（3）从青岛市的科技创新市场状况来看，青岛市现有的技术市场活跃度较强，输出技术和吸纳技术指标所反映的技术供需较为活跃。存在的主要问题是技术交易的规模仍需大幅度提升。同时，在技术交易后，吸纳技术企业在技术的消化吸收和技术改造经费等方面的投入力度不大，影响了引入技术的实际应用。

优势：技术交易市场活跃度较强。

劣势：技术交易规模不大，吸纳技术后的消化吸收和技术改造方面需进一步加强。

（4）从青岛市地方高校的科技创新效率来看，除了高校 R&D 人员数量需改进的幅度较小以外，其他的几个指标经费的内、外部支出、发表科技论文的数量和有效专利的数量都需要大幅度提升。从规模效率来看，青岛市地方高校的规模效率仍呈递增状态，可以通过增加高校数量，鼓励高校科技创新来提高效率。

优势：高校具有一定的研究人员基础，特别是个别学科，如海洋科学、生物医学等方面具有人才优势。

劣势：高校的数量和规模仍需提升，需要鼓励高校积极参与科技创新，高校的科研经费需要进一步增加。

（5）青岛市的研发机构在专利所有权转让及许可、对境内企业、高校、研究机构的支出以及对境外机构的支出效率水平较低，研发机构对科技创新效率的贡献率仍需大幅度提升。青岛市的研发机构的规模效率虽然排名较靠前，但也处于规模递增阶段，可以依靠规模的提升增进效率。

优势：研发机构的规模具有比较优势，已搭建起较为健全的科技研发平台。

劣势：需要加大对研发机构的引导力度，提高研发机构自主技术创新能力。在推进产学研科技合作方面的作用较弱，需要强化科技成果研发和转化。

（6）在政府支持方面，青岛市政府在科技资金的使用效率方面具有较好的优势，纯技术效率水平相对较高；现有的政策支持也可以带来较好的效果。当从规模效率来看，青岛市科技创新受政府的支持力度仍显不足，规模报酬效率水平较低，应进一步加大政府在资金投入、税收减免、政策引导和科技研发等方面的作用。

优势：科技计划项目资金的使用效率较高，对企业技术创新的鼓励和引导较为重视，在整合和优化配置各类科技资源上比较有优势。

劣势：政府支持力度和规模仍有待加强，科技研发资金、税收减免和科技计划项目上投入不足。

（六）政策建议

1. 大力扶持高新技术企业增加科技创新投入

（1）青岛市高新技术企业的增长态势仍处于规模报酬递增阶段，可大幅度增加高新技术企业数量，并保持一定的科技研发和交易额度。

（2）高新技术企业需进一步提升各类投入，包括：对科学研究与试验发展活动的投入，其中包括基础研究、应用研究和试验发展三种类型；对科技教育与培训的投入；科学技术服务过程中的技术开发投入；对科技成果转化与应用的投入，包括设计与试制、小批试制、工业性试验等；与科技活动有关的其他投入。

（3）青岛市高新技术企业可加大科学研究与试验发展、科学研究与试验发展成果应用、科技教育与培训及相关科技服务等方面的力度，并强化外单位委托的科研活动。

2. 完善科技创新平台，培育企业自主创新能力

（1）建立技术引进和消化吸收再创新的信息服务平台。通过多种渠道和手段为企业提供更多了解国外先进技术的机会。

加强政策引导，鼓励企业引进先进适用技术。采取财税、金融等手段，引导和鼓励企业引进国内急需的先进适用技术。加大政策扶持，保障重点技术引进项目的消化吸收和再创新投入，支持重点项目的消化吸收再创新。对企业消化吸收和再创新给予财政、税收、金融等多方面政策支持。对关键技术和重大装备的消化吸收和再创新，政府给予引导性资金支持。

培育技术引进和消化吸收再创新的主体。鼓励大中型企业的技术引进和消化吸收再创新。同时，鼓励大中企业将技术向中小企业扩散，促进中小企业的技术进步，提高消化吸收再创新能力。进一步促进外资的技术溢出。制定促进外资技术溢出的支持政策，鼓励外商转让关键技术，通过开放型的创新活动，鼓励外资参与国内科技研究合作项目，促进产学研结合。

（2）着力提高企业自主创新意识，全面提高企业决策人对开展技术创新活动、R&D活动重要性的认识。

加快构建多元化科技创新投入体系。应尽快建立、健全多元化的科技投入体系，切实增加科技经费投入，着力解决资金短缺的羁绊。尽快建立和健全市场机制，完善现代企业制度，同时要加强对企业科技投入制度环境的营造，特别是应当围绕青岛市传统产业的技术改造和高技术化，通过引资、合资、自筹等渠道，加大投入。使企业真正成为技术创新和研究开发投入的主体。

加快完善企业自主创新的体制机制，充分运用产业政策、资源配置、价格机制和竞争机制深化资源要素市场化配置改革，建立、健全反映市场供求、资源稀缺程度和环境成本的价格形成机制，引导和促进企业不断开发新技术、新工艺、新产品。引导企业制定技术创新战略和规划，加快建立现代企业制度，完善产权结构，鼓励专利、商标等知识产权出资和参与收入分配政策。加快政府职能转变，强化政策研究、规划制定和公共服务，围绕市场需求确定科研方向和重点，引导企业参与各级各类科技计划的实施，建立由企业牵头实施重大专项和重大项目的工作机制,加强政府的引导和服务工作。健全技术创新体系。引导各类创新要素向企业集聚,引导企业不断加大科技投入,引导企业真正成为科技投入的主体、技术开发和成果转化的主体、风险承担和创新受益的主体。在全市基本形成以企业为主体、以市场为导向、产学研结合的技术创新体系。

强化和完善产学研合作机制。要把政府的组织力、科研机构的创造力、企业的市场竞争力融汇起来,加大政府科技投入,明确政策导向,通过资金、政策等引导机制,激励工业企业加大新技术、新装备和新产品研发投入,建立企业研发投入体系,确立企业成为全社会 R&D 经费投入的主体。

加快强化科技创新人才队伍建设,积极引导企业完善人才激励机制。

3. 优化地方高校科技创新环境,促进产学研一体化发展

(1) 在青岛市现有大学科技部门的基础上选择几所重点扶持的大学和重点技术领域,引导和推进地方高校的基础性研究和科技创新。

(2) 制定法规细则,进一步明确承担青岛市政府资助的研究开发项目的大学和研究人员对研究成果拥有全部或部分知识产权的操作规程。

(3) 建立青岛市高等学校科技创新专项资金,支持大学科技创新服务机构的发展。在现有大学科技研发的基础上,通过试点,建立一批专业化的大学科技创新服务机构。这些科技创新服务机构可以建立在大学外,也可以建立在校内;可为本校和其他学校提供科技创新服务。对大学科技创新服务机构给予税费上的减免政策。

4. 加大科研机构支持力度,建设科技创新激励机制

(1) 加大经费投入。科技投入不足是导致科研产出少的制约因素之一,而目前国家对于科研经费投入还是主要支持科研机构的基础和应用基础研究。建议青岛市在科研经费投入方面有所调整,逐步加大对科技创新需要的试验型研究、应用型研究的支持力度。

(2) 完善能够激励科技产出的政策法规、机制建设。青岛市可制定规章,规定研发机构每年必须提供一定额度的经费用于科技创新。改变科研机构的考核指标,纳入科技创新的相关指标,加大有关科技创新的奖励激励、引导等政策力度。同时提高对知识产权的保护和对侵权行为的打击力度。

(3) 选择适合的模式。

大学和一些专注于基础研究的科研院所更易于产出发明专利,这些机构可以更多地参考专利许可的模式。

对于一些重点进行产业化关键技术或应用技术研究的院所,产学研联合研发的模式更为适合。产学研合作的模式,一方面要重视政府引导的作用;另一方面,科研机构自身应加大"开放、流动"的意识,要有意识地参与一些产学研合作的活动,并且有意识地在研究过程中邀请企业共同参与课题的研究。

有条件的科研院所可以成立工程技术研发中心等,根据自身机构科研人员的特点,合理配置人力资源,通过工程技术研发中心把研究室里探索出的新技术、新工艺、

新成果,进一步扩大到应用层面,解决产业化前的工艺和技术放大过程中的一些关键问题。

(4) 合理规避和减少中试风险。目前,国家对技术的前期研发支持比较多,对于技术成熟后的应用往往采用的是用少量的资金做引导,真正实际生产用的大量资金还是需要应用企业去承担。这样就存在一个矛盾,企业的运作要尽可能地规避风险,所以企业不会投入大量的经费去做没有把握的二次开发,而当科研单位研究出来的技术无法直接应用于市场,又没有后续资金支持其完成对成果的扩大试验时,谁来对这一风险进行有效的分担?加之一些科研成果未经充分验证便应用后以失败告终,更加打击了企业投资的积极性。青岛市对科技经费投入的安排中,应考虑到中试风险,尽可能争取一些对成熟技术后期应用的资金支持,合理规避和减少企业的中试风险。

目前对于成果的鉴定、技术的审查,企业作为技术应用方参与过少。因此,对于一些有前景的新技术,政府应该起到引导和架桥的作用,可以在成果实际应用前,联合各方的专家对技术可行性和风险进行充分分析论证,并邀请企业参加。这样,一方面,可以让企业直接听到专家对技术的评断;另一方面,也可以让企业现场提出一些工业应用中可能遇到的风险和问题,引导科研人员对这些问题进行深入研究,在技术实施前做好充足的准备工作。

5. 完善制度、服务环境,争取科技创新支持

(1) 完善市场制度和环境。青岛市需要形成公平竞争、讲究诚信的市场环境;完善知识产权保护制度,建立有利于自主知识产权创新创造的法制环境;培育社会创新的文化氛围,培育创新人才和创新精神,尊重个性、恪守诚信、公平竞争、激励探索、提倡冒尖、宽容失败的良好的创新文化和创新环境。

(2) 制定实施促进科技创新的政策。

科技创新涉及的经济政策和科技政策主要包括技术产权归属和分配政策、税收政策、金融政策、进出口政策、军民双向科技创新、大学和科研院所支持等等。

在激励政策方面,下放知识产权的所有权,国家资助形成知识产权的成果归完成单位所有。通过权力下放来提高完成单位的积极性,提高科技创新的动力。同时,允许发明人分享知识产权成果的收入,能够通过自主科技创新得到收益。

(3) 组织和提供专业的服务。通过转变观念、创新制度、建立机制组织和提供专业的科技创新服务:一是对科技创新的程度进行等级的评价,对一项技术进行技术经济的分析和评价,为企业提供判断标准;二是提供担保的制度,完善合同程序。

(4) 争取国家科技创新试点。积极争取国家科技创新集聚区试点,积极营造鼓励科技创新的政策环境、深入科技成果处置和收益权改革政策试点,积极推动股权和分红激励试点,加大科技创新人才个人所得税的优惠力度,进一步激发科技人员研发科技成果的积极性,推动技术创新。积极争取国家探索建立与市场需求相适应的系统性政策体系,解决科技创新后的确权、知识产权价值评估、无形资产处置和收益分配等关键问题的试点。

（5）进一步加大科技创新的财政金融支持。青岛市可以借鉴国外做法，与民间资本共同组建投资基金和风险投资公司，作为提升科技创新效率的投融资平台，按市场机制和规律推动科技创新。

在金融支持方面，加强中小企业信用担保体系建设，对创新活力强的企业予以重点扶持，促进科技型中小企业与商业银行建立稳定的银企关系。加强各类征信机构发展，加快建设企业和个人征信体系建设，促使商业银行给予中小企业金融支持并改善对科技型中小企业的金融服务；营造激励自主创新，鼓励和引导政策性银行等金融机构为国家重大科技项目提供金融服务，促进科技创新的金融环境的形成，加强政策性金融对自主创新和专利技术产业化的支持力度；进一步引导商业银行加强和改善对高新技术企业的金融服务，保障高新技术企业在科技创新过程中的可持续发展，根据国家产业政策和投资政策，积极给予企业各种信贷支持；进一步加强和改善对高新技术企业的保险服务，增加保险品种，完善保险种类，为高新技术企业的科技创新提供优惠；最后，为了有效地激励技术创新，还应给予技术创新主体贷款的安全保障，加强风险控制。

（6）规范高新技术园区的管理和服务。加强和支持红岛高新技术开发区、蓝色硅谷、西海岸新区的发展，除了给予各种政策优惠外，还应加强管理。充分发挥"一谷两区"对科技创新的辐射作用，成为青岛市经济增长重要一环。对高新技术企业制定一系列的优惠政策，包括税收、资金、信贷、基本建设、进出口业务、人事管理、产品价格等方面。

大力发展科技创业园区，加强大学科技园、留学人员创业园、科技企业孵化器等各类科技创业园建设，催生一批高科技产业新业态，促进高成长性科技企业持续涌现；加强园区资源整合，推动服务内容和运行机制创新，不断提高孵化能力和孵化效率；加快园区公共基础设施和服务条件建设，引导社会力量参与园区投资、建设和管理。实现各类创业园区孵化面积翻番，孵化高科技企业、单位产出效益大幅提高，成为科技创新和人才创业最活跃的载体。

四、重点城市科技发展战略比较研究

我们通过归纳总结国内其他城市中长期（2006~2020）科技发展纲要及"十二五"科技发展规划的经验，通过定性的方式总结各城市在战略定位、战略目标、战略措施和保障措施中的主要做法，分析得出各城市的共同点和差异点，为青岛市科技发展战略的提出提供借鉴。入选的城市主要是直辖市、副省级城市和计划单列市等（根据资料的可得性略有变更），包括青岛、济南、北京、天津、上海、哈尔滨、长春、沈阳、南京、杭州、宁波、厦门、深圳、成都、西安。

（一）重点城市科技发展战略"战略定位"比较

表15列出了15个重点城市科技发展战略的指导思想和总体思路。

表 15　15 个城市科技发展战略的指导思想和总体思路

城市	指导思想和总体思路
青岛	以加快推进"转方式、调结构"为主线,以创新型城市建设为目标;落实"环湾保护、拥湾发展"和"打造蓝色经济区、高端产业聚集区"战略部署;自主创新和产业结构升级相结合,优化创新发展环境与条件,夯实创新发展平台与基础,使科技创新更加全面、深入地融入经济社会发展主战场。 着力实施科技重大专项;建设完善城市创新体系;培育发展高端技术和产业;发展壮大海洋科技产业;加快提升城市智能水平;深入开展节能减排和生态保护;着力推进公共领域科技创新。
济南	把握"自主创新、重点跨越、支撑发展、引领未来"的科技工作方针,大力实施新型城市化、新型工业化、创新驱动和富民惠民战略。以创建国家创新型城市为总目标,以加强科技创新平台建设、加快高新产业发展、培育战略性新兴产业、提升传统产业为总抓手,以实现优势领域的技术突破和重点领域的技术跨越为重点,以科技体制创新为保障,进一步整合优化科技资源,加大科技投入,壮大高层次科技人才队伍,提高自主创新能力和综合科技实力,全面提升科技对全市经济社会发展的引领与支撑能力。 坚持自主创新;坚持重点突破;坚持市场导向;坚持超前部署;坚持以人为本。
北京	以促进自主创新和成果产业化为主线,以深化体制机制改革为动力,以统筹各类科技资源为抓手,以发挥高层次创新型人才作用为关键;促进首都持续创新能力提升,经济发展方式转变和产业结构升级,科技成果惠及民生,完善有利于自主创新的政策环境;走"创新驱动、内生增长"的可持续发展道路,建设"人文北京"、"绿色北京"。 坚持服务国家战略与支撑首都发展结合,坚持政府引导与市场配置结合,坚持成果突破与产业化结合,坚持机制创新与科技创新结合。
天津	贯彻"自主创新、重点跨越、支撑发展、引领未来"的科技发展指导方针,以建设创新型城市作为面向未来的战略选择,以提高自主创新能力作为科技发展的主线,坚持以人为本,创新体制机制,广泛集聚创新资源,着力培育创新主体,加强原始创新,突出集成创新和消化吸收再创新,努力实现科技的跨越式发展。 建成"水平高、消耗省、环境优、体制活"的创新型城市。
上海	以实施科教兴市、人才强市战略为导向,以知识竞争力为标杆,以提升科技创新效率、加快创新价值实现为主线,以科技体制机制改革为根本动力,抢占科技制高点,培育经济增长点,服务民生关注点,率先提高自主创新能力,建设更具活力的创新型城市。 实施新兴产业培育工程,促进产业能级提升。实施基础能力提升工程,增强持续创新能力。实施技术创新工程,完善创新体系建设。实施集成应用示范工程,加快科技成果推广。
哈尔滨	坚持"自主创新、重点跨越、支撑发展、引领未来"的科技工作指导方针,按"超越自我、再塑形象、奋起追赶、努力晋位,把哈尔滨建设成为现代化大都市"的目标要求,围绕"北跃、南拓、中兴、强县"发展战略和提高自主创新能力、建设创新型城市这条主线。努力当好全省科技创新的龙头,加强原始创新、集成创新、引进消化吸收再创新,以解决制约经济社会发展的重大技术瓶颈问题为重点,持续增强科技自主创新能力和产业核心竞争力,加快高新技术产业化,支撑引领经济社会又好又快发展,为把哈尔滨建设成为繁荣和谐、优美文明的现代化区域性创新型城市提供强有力的科技支撑。 创新引领,支撑发展,突出重点,开放合作,以人为本。
长春	深入实施科教兴市战略和人才强市战略,把增强自主创新能力作为科学技术发展的战略基点和调整产业结构、转变经济增长方式的中心环节,加强原始创新、集成创新和引进、消化、吸收再创新,深化科技体制改革,优化科技资源配置,完善科技创新服务平台,建设区域创新体系,进一步优化创新创业环境。 组织实施一批重大科技专项和"双百"工程,加快高新技术产业发展,振兴老工业基地,实现可持续发展,使长春进入国内主要的创新型城市行列。
沈阳	围绕实现老工业基地全面振兴和构建和谐沈阳两大主题,加强原始创新、集成创新和引进消化吸收再创新,构建城市核心竞争力;深化体制改革,强化企业科技创新主体地位,建设沈阳区域创新体系,构建以高新技术产业带为主要载体的先进装备制造基地和高新技术产业基地,率先把沈阳市建设成为国家创新型城市。

续表

城市	指导思想和总体思路
南京	把"人才第一资源、教育第一基础、科技第一生产力和创新第一驱动力"放在突出位置,以促进南京科学发展为主线,以实施创新驱动战略为契机,以推动南京市经济结构的战略性调整和提升科技惠民水平为重点,以深化科技体制改革为动力,以大力提升产学研合作水平和创新创业人才引进培养水平、加快高新技术产业和战略性新兴产业更好更快发展为主要着力点,以打造高水平的创新创业载体和平台、营造良好的科技创新服务环境、加快建立企业为主体、市场为导向的产学研合作技术创新体系为抓手,大幅提升南京市的自主创新能力、战略性新兴产业的原始培育能力和科技综合竞争力,使南京市成为我国科技成果的重要产出地、战略性新兴产业高地、科技支撑经济发展方式转变的典型示范地,为把南京市建设成为长三角科技创新中心、国内前列和国际有一定影响的创新型城市奠定坚实的基础。 按照"一心三核多点"的布局,打造长三角科技创新中心,大力发展科技创业特别社区和科技公共服务平台,进一步提升科技创新能力,全面发挥科技在全市经济社会发展中的支撑引领作用。
杭州	贯彻"八八战略"和"创业富民、创新强省"总战略,按照"自主创新、重点跨越、支撑发展、引领未来"的科技方针,以打造"天堂硅谷"为目标,以加快转变经济发展方式为主线,以推进高新技术产业发展、培育战略性新兴产业和科技型企业为重点,以推进"十大平台"建设和实施"十大专项、十大工程"为载体,以机制体制创新为动力,提升自主创新能力,实现创新驱动发展,把杭州建设成为创新体系全、创新机制活、创新环境优、创新绩效好、辐射范围广、引领作用强的创新型城市,发挥科技对经济社会发展的支撑引领作用,为共建共享"生活品质之城",全面建成惠及全市人民的小康社会提供科技支撑。
宁波	贯彻"六个加快"的战略部署,以基本建成国家创新型城市为目标,以支撑和服务转型发展为主线,以产业科技创新能力提升为核心,继续深入推进"三三"科技发展战略,集聚创新资源,强化创新辐射,引领现代产业体系建设,打造长三角南翼先进制造技术辐射区、战略性新兴产业先行区、科技服务业发展示范区和全国重要的海洋技术研究和产业化基地,为全面建成发展成果惠及全市人民的小康社会、现代化的国际港口城市、全国领先的智慧应用城市提供坚实的科技创新保障。 服务转型,引领发展;统筹兼顾,重点突破;集聚资源,优化配置;以人为本,科技惠民。
厦门	落实省委、省政府建设海峡西岸经济区的战略部署和市委市政府建设科学技术创新型城市的战略目标,启动一批促进厦门市经济社会发展的重大科技课题,以科技进步为动力,以增强自主创新能力为核心,以高新技术推广应用为导向,以实施重大科技项目为载体,以区域科技创新体系建设为保障,以对外、对台科技交流合作为手段,促进经济结构调整、实现经济增长方式转变,引领经济社会协调发展,为推进厦门市新一轮跨越式发展和建设海峡西岸重要中心城市提供强大科技支撑。 坚持以人为本与协调发展、产业优先与企业主体、自主创新与突出重点、政府主导与市场配置相结合的原则,促进科技产业化和产业科技化,不断提高自主创新能力,深化科技体制改革,加强科技交流合作。
深圳	以创造"深圳质量"为核心理念,面向创新链条高端,解放思想、先行先试,牢牢把握科技创新作为转变经济发展方式的第一推动力,牢牢把握人才作为科技创新的第一要素,牢牢把握创新环境作为集聚优势科技资源的第一吸引力,更加突出创新科技体制机制,更加突出科技引领城市转型发展,更加突出增强产业核心竞争力,更加突出科技成果惠及民生,实现科技创新质量大幅跃升,率先建成国家创新型城市。 开放创新,集聚资源;招研引智,人才为本;支撑发展,推动转型;优势优先,重点突破;先行先试,优化环境;科技推动,服务民生。
成都	紧紧围绕奋力打造西部经济核心增长极,加快建设城乡一体化、全面现代化、充分国际化的世界生态田园城市的战略目标,主动融入"五大兴市战略",整合科技资源、提升创新能力、加速成果转化,以科技支撑经济社会新一轮发展为方向,以培育战略性新兴产业和发展民生科技为重点,以攻克核心关键技术为突破口,以创新主体、载体和加强环境建设为保障,优化区域技术创新体系,全面推进科技创新体系建设,积极融入国家科技战略布局,建成国家重要的创新型城市和西部科技中心。 创新驱动,高端引领,服务民生,完善机制。
西安	以率先发展、科学发展、可持续发展为核心,围绕建设世界一流科技园区的总体目标,按照"两带四区七园(基地)"的战略布局,坚持"经济发展与社会发展、现有产业与新兴产业、园区拓展与集约用地、企业引进与自主培育"统筹协调发展,走"科技创新驱动发展、重大项目支撑发展、招商引资推动发展、一流人才引领发展、和谐环境保障发展"的发展路径,全力打造一流的服务、一流的人才、一流的产业、一流的环境,不断提升综合发展能力、科技创新能力、规模经济能力、要素聚集能力、国际竞争能力和辐射带动能力,建设国家统筹科技资源示范区、国家自主创新示范区和世界一流科技园区示范区。 发挥自身发展基础、资源禀赋和产业优势,将西安高新区建设成为优势突出、特色鲜明、带动力强、世界知名、全国一流的现代科技产业新城。

(1)各城市共性内容(相同点):强调自主创新,科技支撑经济发展方式及产业转型升级,科技惠民,科技体制改革,科技人才培养,科技创新平台和服务建设,优化创新环境,统筹各类科技资源,科技生态和节能减排,以人为本。

(2)各城市特殊性内容(差异点):深圳发挥改革先锋的机制优势,用足用好特区立法权。部分城市强调市场导向或是坚持政府引导与市场配置结合。部分城市强调强化创新辐射。天津市、东北三市加强原始创新,突出集成创新和消化吸收再创新。上海市提出实施集成应用示范工程,加快科技成果推广。东北三市还提出要科技振兴老工业基地。南京市更注重教育和人才的投入,把提升产学研合作水平和创新创业人才引进培养水平放在首位。杭州市提出"天堂硅谷"目标和创业富民战略。厦门坚持对外、对台科技交流合作。西安提出园区拓展与集约用地;成都提出科技支撑世界生态田园城市建设。

(3)给青岛市战略选择带来的启示:更应强调科技惠民;加大教育和人才的投入力度,加强知识竞争力,加强青岛的科技引领作用,强化创新辐射。

(二)重点城市科技发展战略"发展目标"比较

15个重点城市科技发展战略目标见表16。

表16　15个城市科技发展战略目标

城市	发展目标
青岛	把青岛打造成为以"创新、高端、蓝色、智能、生态、安全"为显著特征的创新型现代化城市。
济南	自主创新能力明显增强;传统产业全面提升;两型社会建设取得明显成效;建立健全多元化科技投入机制;整合优化科技资源,搭建科技创新平台;科技人才队伍不断壮大。
北京	初步建成具有全球影响力的国家创新中心,率先形成创新驱动的发展格局,自主创新能力显著增强。突破一批国际领先拥有自主知识产权的核心技术,创制一批先进技术标准;科技成果转化应用能力显著提高;科技对首都经济社会、民生事业的支撑及公众科学素养的提升效果突显。
天津	进一步提升知识创新与知识集成应用能力,加速城市知识化进程,基本实现以知识创新为基础的经济增长,使知识成为提升城市综合竞争力和可持续发展的主要推动力。
上海	成为科技研发的重镇、新兴产业发展的基地、创新创业的沃土、科技惠民的典范、科技开放的前沿。科技创新能力稳居全国前列,知识竞争力进入亚太地区前列,建设更具活力的创新型城市。
哈尔滨	在全省发挥科技创新先导的龙头作用,支撑和引领"北跃、南拓、中兴、强县"发展,使哈尔滨市成为创新资源集聚、创新体系完善、创新条件具备、创新能力较强的区域性科技创新中心。
长春	长春市科技发展要围绕提高自主创新能力、建设创新型城市的总目标,使科技基础条件平台达到国内一流水平,汽车及零部件、光电子、玉米化工、生物医药四个领域的研究开发能力达到世界先进水平,产业化规模均达到千亿元以上,使长春市成为全国实力较强、特色突出的创新型城市。
沈阳	科技创新体系更加完善,自主创新能力显著增强,科技促进经济社会发展的能力显著增强,引领经济社会和谐高效运转,形成功能完善、优势明显、以企业为主体的科技创新体系,把沈阳市建成东北地区技术创新中心、国内重要的科技研发基地和以高新技术产业带为主要载体的先进装备制造基地与高新技术产业基地。
南京	基本建成结构合理、功能完善、运行高效的区域科技创新体系;科技进步对经济发展方式转变的支撑引领作用得到彰显;人才高地效应显著体现;知识产权创造、运作、保护、管理能力显著增强;产学研合作水平大幅提升,科教资源优势得到更好的发挥;创新创业平台和载体建设水平大幅提升,科技创新创业环境显著改善,科技创新创业服务水平和能力快速增强。

续表

城市	发展目标
杭州	以杭州创新指数为导向,推进全市区域创新体系建设和科技进步工作;自主创新能力、科技竞争力和科技综合实力全面增强;科技进步对经济发展的贡献率有较大提高,战略性新兴产业增加值占工业增加值的比重有显著提高;在若干关键技术、核心领域、战略性新兴产业上具有国内领先优势,把杭州建成为我国高新技术研究开发及产业化的重要基地和区域创新中心;"一基地、四中心"建设取得重大进展,率先建成创新型城市。
宁波	基本建成国家创新型城市,形成资源集聚强、创新效率高、辐射影响宽、创新效益好的城市科技创新体系,企业创新能力明显提升,科技创新投入大幅增长,高新技术产业加快发展,科技支撑产业转型升级效果显著。
厦门	科技综合实力显著提高,创新能力明显增强,基本建成具有厦门特色的区域科技创新体系,成为重要的高新技术研发生产基地、对台科技交流合作基地。财政科技投入占财政支出的比例逐年增加自主创新能力全面提升。区域创新体系完善,涌现一批具有自主知识产权和国际竞争力的产品和产业,力争在光电子、软件和生物医药的核心技术领域重点突破,开创具有厦门市特色的海洋、生物、能源、新材料等未来产业新领域,成为海峡西岸先进制造业及高新技术产业的最佳研发基地,在海峡西岸发挥科技龙头带动作用。高新技术产品出口额占出口商品总值比重的45%,新兴产业年销售收入达千亿元以上,成为新的经济增长点。
深圳	科技创新生态体系显著完善,科技创新质量大幅提升,自主创新能力居全国前列,打造华南地区重大科技基础设施高地和东南亚地区科技创新中心,成为国际知名的区域科技创新中心。 跻身核心技术创新国家队,主要科技创新指标大幅提升,人才队伍不断壮大,科技基础设施充分完善。
成都	在重点领域和关键环节实现重大突破,自主创新能力显著增强,科技引领产业发展、科技支撑世界生态田园城市建设、科技服务民生的能力显著提升,建成国家重要的科技研发基地、高新技术产业化基地、科技创新创业人才基地。成为全国一流、中西部领先的国家创新型城市和全国科技支撑城乡统筹发展示范区。 形成中西部领先的科技创新能力;打造中西部领先的高新技术产业;创建全国一流的科技创新环境;建成全国一流的科技人才强市。
西安	园区综合实力实现新跨越,产业发展取得新突破,科技创新凸显新优势,人才发展孕育新活力,国际竞争力得到新提升,园区建设迈上新台阶,社会发展呈现新面貌,把西安高新区建设成为经济发展快速、创新动力强劲、人居环境优美、社会发展和谐安定的国际化现代化科技产业新城,成为国家统筹科技资源示范区、国家自主创新示范区和世界一流科技园区示范区。 设立综合经济目标,产业发展目标,科技创新目标,人才发展目标,国际竞争目标,园区建设目标,共服务目标。

(1)各城市共性内容(相同点):所有城市的目标都涉及自主创新能力、科技投入、科技创新平台、科技创新环境、科技人才队伍、产业转型升级、市民科技素养、科技对经济的贡献等方面的内容。

(2)各城市特殊性内容(差异点):每个城市的科技定位不同,根据自己目前所处的科技水平及资源状况来制定接下来的科技目标。像北京、天津、南京、上海、厦门、深圳等处于科技发展前沿的城市,科技发展战略目标都是突破一批国际领先拥有自主知识产权的核心技术,进一步提升知识创新与知识集成应用能力,加速城市知识化进程,加强科技的国际影响力。像东北三市、成都、西安等城市都强调在本地区的科技辐射带动作用,在国家科技创新中取得成就。

(3)给青岛市战略选择带来的启示:学习南京市的创新创业发展,增强创业的科技含量水平;可以学习杭州,创设一个针对青岛市的创新指标体系;进一步强化青岛市区在

（三）重点城市科技发展战略"战略措施"比较

15个重点城市科技发展战略的战略措施见表17。

表17 15个城市科技发展战略的战略措施

城市	战略措施
青岛	提升自主创新能力，建"创新青岛"；构筑高端产业体系，建"高端青岛"；加强海洋科技创新，建"蓝色青岛"；提高智能管理水平，建"智能青岛"；自然生态、产业生态、城市生态的良性发展，建"生态青岛"；强化民生科技支撑，建"安全青岛"；发展农业高新技术，建社会主义新农村。
济南	战略性新兴产业关键技术；制造业关键技术；现代服务业关键技术；现代农业关键技术；社会民生科技关键技术；科技创新平台与园区建设。
北京	实施全面对接工程，大幅提高持续创新能力；推进科技振兴产业工程，引领产业结构优化升级；强化科技支撑民生工程，推动科技成果惠及人民；全力推进中关村国家自主创新示范区建设。
天津	确定重点发展领域和优先发展技术；应用基础研究与前沿技术；科技创新体系建设；科技发展布局与国内外科技合作。
上海	新兴产业培育工程，着重在"四个上海"技术创新任务中进行布局。基础能力提升工程，充分依托上海地区拥有的先进科学设施和较深厚的研究基础，实施以点带面、夯实基础、集中突破、提升能力的布局策略。集成应用示范工程，布局若干技术水平领先、集聚效应显著、服务能力突出、区域分布合理的重大创新示范工程，打造创新网络关键节点，促成创新要素高效联动。技术创新工程。
哈尔滨	依照"项目—产业链—产业群—产业基地"的发展方向，着力突破一批重点领域核心关键技术，解决一批高新技术产业发展的技术瓶颈，提高自主创新能力。通过科技管理体制机制创新驱动，优化科技要素资源配置，依靠科技进步转变经济增长方式，创新发展模式，促进经济向低碳、节能、环保方向发展。
长春	通过发展10个重点领域，实施12项重大科技专项，研究6个技术领域前沿技术，切实增强长春市的原始创新、集成创新和引进消化吸收创新能力，全面提升城市的核心竞争力，引领经济与社会发展。
沈阳	加强原始创新、集成创新和引进消化吸收再创新，构建城市核心竞争力；深化体制改革，构建区域创新体系；优化配置科技资源，构建科技创新服务平台；坚持以人为本，构建创新人才高地；加强政策引导，构建激励创新创业的社会环境。
南京	大力推动区域创业创新体系建设；着力提高企业自主创新能力；加快推进产业结构的战略性调整；加速实现更高水平的科技惠民；深入贯彻实施知识产权战略。
杭州	集聚创新创业资源，建设创新型城市。加快"四大"建设，打造科技创新平台。实施重大科技专项，推进十大产业发展。改造提升传统产业，大力发展现代服务业。以创新指数为引领，完善区域创新体系。推进体制机制创新，优化创新创业环境。推进科技惠民，统筹经济社会协调发展。
宁波	优势产业科技支撑工程；战略性新兴产业科技引领工程；科技服务业培育发展工程；现代农业科技示范工程；社会事业科技惠民工程；创新人才集聚提升工程；创新体系整合完善工程；知识产权创造运用工程。 培育企业创新群体、科学研究群体、科技服务群体等三大创新群体；实施工业科技创新工程、新农村建设科技引领工程、社会发展科技支撑工程等三大创新工程；构筑研发园区和高教园区建设、区域创新服务中心建设、国家高新技术产业开发区创建等三大创新基地。
厦门	促进科技产业化和产业科技化。立足厦门市情和社会需求，以应用为导向，加强产业共性关键技术攻关。 不断提高自主创新能力。围绕厦门市重点高新技术领域，每年安排一批自主创新项目，按照国际、国家、省市技术先进性标准和成熟度，分批确定优先主题重点扶持，通过原始创新、集成创新和引进、消化吸收再创新，掌握更多核心技术和自主知识产权，在产业前沿技术上有所建树。 深化科技体制改革。充分发挥政府的主导作用和市场在资源配置中的基础性作用。建立多元化科技投入机制，规划建设科技基础条件平台。 加强科技交流合作。突出对台科技交流合作，重点承接台湾相关产业技术转移；主动利用全球科技资源，立足优势，缩小差距，引进、学习国外先进技术，促进科技成果转化，吸引高层次技术人才来厦创业。

续表

城市	战略措施
深圳	深化完善区域创新体系，加速集聚人才、知识、技术和资本等核心创新要素，促进技术链、产业链、服务链的多维互动交叉融合，紧扣市场需求，激发创新创业活力，打造出创新要素高速流通、创新活动高度活跃、技术成果高效转化、创新价值充分体现的科技创新生态体系，以科技创新质量的提升推动深圳经济建设、民众生活、城市环境、社会管理迈上新台阶，为开创"深圳质量"提供有力支撑。 　　增强科技创新能力；筑就科技创新人才高地；加快科技推动产业转型升级；拓宽科技服务民生领域；强化科技创新服务支撑。
成都	组织实施重点科技产业化工程；加强民生科技推广应用；加强基础科学研究支持前沿原创技术发展；加强科技创新主体与载体建设；优化创新环境；培育壮大科技人才队伍；扩大科技交流与合作。
西安	构建现代产业体系，提高区域整体竞争力；统筹科技资源，提升创新驱动力；创新招商模式，增强资源聚集力；完善园区建设，提升空间承载力；扩大对外开放，提高国际影响力；加强社会建设，提高发展的融合力。 　　实施科技发展重大专项：重点发展通信、太阳能光伏与半导体照明、软件与服务外包、汽车、创新型服务业等核心产业；突破发展移动互联网、卫星导航和激光应用等新兴产业；加快发展能源设备与技术服务、新材料、电子元器件、生物医药等优势产业。

（1）各城市共性内容（相同点）：提升自主创新能力；推进科技振兴产业工程；引领产业结构优化升级；强化科技支撑民生工程，推动科技成果惠及人民；深化科技体制改革；建设新兴产业培育工程；着力突破一批重点领域核心关键技术，解决一批高新技术产业发展的技术瓶颈；筑就科技创新人才高地；加强原始创新、集成创新和引进消化吸收再创新；加强科技交流合作；

（2）各城市特殊性内容（差异点）：不同城市根据自己的市情制定了不同的科技战略侧重点，如宁波市的三大创新群体、三大创新工程、三大创新基地，深圳市的促进技术链、产业链、服务链的多维互动交叉融合，杭州市的加快"四大"建设等。部分城市强调加强原始创新、集成创新和引进消化吸收再创新；加强科技交流合作。

（3）给青岛市战略选择带来的启示：学习南京实施科技创业特别社区（创新创业人才特别集聚区）计划。学习厦门加强与外界的科技交流合作，吸引高层次技术人才来青创业。学习深圳市促进技术链、产业链、服务链的多维互动交叉融合，紧扣市场需求，激发创新创业活力，打造出创新要素高速流通、创新活动高度活跃、创新价值充分体现的科技创新生态体系。

（四）重点城市科技发展战略"保障措施"比较

重点城市科技发展战略的保障措施见表18。

表18　重点城市科技发展战略的保障措施

城市	保障措施
青岛	着力实施技术创新工程；深入实施科技创新人才战略；加快建设科技领域重点项目；健全完善科技政策法规；全面实施知识产权战略；提高全社会科技创新投入规模。
济南	加强组织领导，健全科技工作绩效考核体系。增加科技投入，全面建立多元化投融资体系。加强创新科技管理，强化科技引领支撑作用。加强科技人才队伍建设，不断完善科技人才支撑体系。强化国内科技合作创新，不断推动国际科技交流合作。全面实施知识产权战略，做好科技创新宣传工作。

续表

城市	保障措施
北京	加强创新型人才队伍建设;促进科技资源整合;推进"国家技术创新工程"试点工作;实施知识产权和技术标准战略;加强国际科技交流与合作;营造创新软环境。
天津	制定落实鼓励企业技术创新的政策措施;建立科技投入稳定增长机制;加强科技人才队伍和创新文化建设;实施知识产权和技术标准战略;加强科技法规体系建设;加强科技发展的决策和组织协调。
哈尔滨	促进各项科技创新政策落实到位;完善科技创新服务体系;加大科技投入力度;加强科技园区和特色高新技术产业基地建设;优化科技人才培养环境;创新政产学研合作新模式;强化引进、消化、吸收再创新;加强知识产权培育和保护;深化科技管理体制机制创新;积极开展科普宣传活动。
长春	快速推进科学素质教育;广泛进行科普知识宣传;积极普及科学技术;进行活跃的科技成果交流。
南京	加强组织领导,为科技创新提供环境支撑;加大全社会科技投入,为科技创新提供金融支撑;激发科技人员活力,为科技创新提供人才支撑;完善产学研合作机制,为科技创新提供技术支撑;深化科技体制改革,为科技创新创业提供动力支撑。
杭州	加强规划组织实施力度,完善科技政策体系。继续加大科技投入力度,优化经费配置管理。培养引进相结合,造就一支创新型科技队伍。实施知识产权战略,建设知识市场服务基地。继续推进科技与金融创新,完善科技投融资。创新产学研机制,深化科技评价和奖励改革。集聚科技基础资源,提升科技国际合作水平。加强科技宣传普及,提高全民科学文化素质。
宁波	加强组织领导;加大科技投入;完善创新政策;优化创新环境;深化科技合作;强化科技普及;
厦门	营造区域创新环境;完善科技投入体系;加强人才队伍建设;搭建公共服务平台;强化科技交流合作;提高全民科学素质。
深圳	创新体制机制;完善法规体系;优化发展空间;加大资金投入;强化人才保障;加强组织实施。
成都	切实加强组织协调;持续增加科技投入;尽快完善政策法规;着力强化监测评估。
西安	增加科技投入;落实税收激励政策;引导金融支持和社会资金投入;加强自主知识产权的创造和保护;加快高新技术成果转化和先进适用技术推广;扩大科技交流与合作;加强科普工作;重视人才队伍建设。

（1）各城市共性内容（相同点）：政策支持，金融支撑，人才支撑，体制支持，法制支撑，科技宣传普及，知识产权保护。

（2）各城市特殊性内容（差异点）：济南市提出强化国内科技合作创新，不断推动国际科技交流合作。杭州市也提升科技国际合作水平。北京市促进科技资源整合，推进"国家技术创新工程"试点工作。天津市提出实施技术标准战略。哈尔滨提出创新政产学研合作新模式。长春进行活跃的科技成果交流。西安落实税收激励政策，引导金融支持和社会资金投入。

（3）给青岛市战略选择带来的启示：加强科技成果的国内国际交流，推动科技合作；资源整合，建立科技创新试点；尝试创新政产学研合作新模式；鼓励社会公益资金及金融资金在科技创新领域的活跃。

（五）重点城市科技体制改革实施方案比较

《中共中央、国务院关于深化科技体制改革加快国家创新体系建设的意见》中发[2012]6号文件发布之后，各省市配套发布了地方性"深化科技体制改革实施方案"，对新的科技体制改革提出了新的战略措施、重点任务，对青岛市"十三五"科技发展的战略定位和目标具有借鉴意义(表19)。

表19　2014年科技体制改革提出的战略措施和重点任务

城市	战略措施和重点任务
青岛	一是抓好科技体制改革顶层设计。围绕提升城市创新能力、推动科技成果转化、优化创新创业环境三个方面,提出十大改革任务和32项改革举措。将以深化科技体制改革为动力,以科技创新十大工程为抓手,加快推进创新型城市建设。 二是深化科技项目和资金管理改革。政府减少对微观科技创新活动的直接介入,充分让市场"说话",把主要精力放在完善创新激励政策、营造公平公正环境和吸引更多市场主体共同参与创新上。 三是大力发展技术市场。《青岛市技术转移促进条例》已列入重点推进立法项目。在高新区建设青岛技术交易市场"一厅一网"已全面运行。促进成果转化技术转移补贴将在去年的"四补"的基础上探索扩大为"六补",进一步加大激励力度。 四是海洋国家实验室科技体制改革试点加快推进。 五是高端创新资源进一步集聚。 六是科技创业孵化生态体系加快构建。建立孵化企业、孵化器、区市科技部门、市科技局四级数据管理架构。推动成立科技企业孵化器协会,加强行业自律,促进资源整合,催生孵化模式创新。
天津	2014年天津将实施科技支撑美丽天津建设、科技型中小企业发展跃升以及科技体制改革推进十大工程。 一是提高自主创新能力,加快攻克200项产业核心技术和共性技术,开发出"人无我有、人有我优、人优我特"的"撒手锏"产品200项,促进1 000项科技成果转化和应用,提升科技支撑经济社会发展能力。 二是加快科技小巨人新三年行动计划和万企转型升级计划实施,全年新增科技型中小企业1万家,达到6万家,新增科技小巨人企业500家,力争达到3 000家。 三是加快生物医药、新能源、航空航天、节能环保等高技术产业和战略性新兴产业发展,提升产业结构高端化、高新化、高质化水平。 四是科技创新体系更加完善,科技人才队伍不断发展壮大。 五是全社会R&D支出占GDP的比重达到2.9%,科技综合进步水平继续保持全国前列。
上海	从推动科技与经济紧密结合到加快构建企业为主体的技术创新体系,从实施战略性新兴产业技术创新专项工程到深化科研管理改革。 (1)加强科技创新前瞻布局。一是加快科技重大专项的任务实施。二是强化科学研究和人才培养。三是加强研发基地建设。 (2)培育发展战略性新兴产业。一是启动实施战略性新兴产业技术创新专项工程。二是完善应用技术体系。三是积极推进成果示范应用。 (3)深入推进区域创新体系建设。一是全面建设张江国家自主创新示范区。二是加快企业创新主体培育。三是加强科技创业服务。四是做好研发费用加计扣除、成果转化、高新技术企业认定等政策的落实。 (4)深化科技管理改革。一是着力转变政府职能。二是改革完善科技经费管理。三是进一步加强依法行政。 重点抓好以下工作: 一是实施国家和市级科技重大专项。二是培育发展战略性新兴产业。三是建设张江国家自主创新示范区。四是加快培育企业技术创新主体。五是加快构建创新服务体系。六是增强科技基础能力。七是深化科技管理改革。
深圳	2014年,深圳市将积极按照党的十八届三中全会的精神,锐意改革创新,继续深化科技体制改革,积极构建城市综合创新生态体系,努力创建国家自主创新示范区。 (1)加强科技创新基础条件建设。瞄准科技前沿和城市发展重大战略需求,加快推动未来网络中心等城市重大科技基础设施建设,提升原始创新和源头创新能力。推动多学科交叉集成、面向社会开放服务的科技资源平台建设。加强高校和科研院所的重点实验室建设,推进和港澳地区国家重点实验室本地伙伴实验室建设,打造国际一流的基础研究骨干基地。 (2)增强重点产业持续创新能力。加强制造业共性技术创新平台建设,提高重大成套技术装备开发能力,推动工业化和信息化深度融合,布局建设一批重大成果应用示范基地,建立和完善新兴服务业标准体系。

续表

城市	战略措施和重点任务
深圳	（3）提高重点社会领域创新能力。切实加强民生科技工作，加快发展开放灵活的教育资源公共服务平台，推动文化领域技术创新平台和产学研战略联盟建设，推进公共卫生、医疗服务、医疗保障、基本药物和综合管理等业务应用系统建设。 （4）推进创新主体能力建设。促进创新资源向企业集聚，整合高等院校优势创新资源，建设高水平研究型大学。加强协同创新，积极探索推进产学研相结合的有效模式，推进研究生培养校企双导师制。 （5）加强创新人才队伍建设。一是培养科技创新领军人才。二是培养产业创新紧缺人才。三是培养创新创业服务人才。四是培养科技管理优秀人才。 （6）完善创新能力建设环境。深化跨部门、跨行业开放合作，完善公共科技资源共建共享机制。加强科技项目知识产权全过程管理。加大引进国际科技创新资源的力度。大力推进科技和金融结合试点工作，构建覆盖创新全链条的金融支撑体系。
南京	（1）进一步完善政策、推进落实，力促科技成果转化。努力破除束缚创新、影响发展的思想观念和体制障碍；打破高校与企业之间的"藩篱"，破解高校现有评价体系"重成果产出，轻成果转化"的困局；鼓励高科技人才在职创业；切实抓好现有法规、政策的细化与跟进；积极发挥政府引领和市场引导两个方面的作用。 （2）着力提升企业自主创新能力，使企业真正成为科技创新的主体。加大对科技创新企业的扶持力度，提出"平台向企业集中、人才向企业集聚、政策向企业集成"的思路。加强企业研发机构建设，把引资与引智结合起来。推动企业建立产业技术联盟，支持企业联合攻关并走向海外。 （3）科技规划各类园区产业布局，提高创新载体建设和运行水平。对不同园区进行分类指导，力求因地制宜、错位发展、避免同质竞争。分类建设专业化的公共技术服务机构；加快建立会管理懂营销的经理人队伍建设，为孵化企业提供高水平的配套服务。高度重视科技园区建设的经济效益，在多渠道筹资的同时加强对财政科技资金的监督和问责。增强园区内生动力，防止有投入无产出和以贷还贷的现象。 （4）大力引进各类领军人才，为人尽其才创造良好的氛围。突出抓好"321"创新人才计划落实，吸引更多的全国乃至全球高端领军型人才；围绕南京产业需求和园区特色，有选择、有重点地引进高端人才；同时重视对本地人才的培养。 （5）发挥南京资源禀赋和区位优势，引领产业升级和区域发展。
杭州	围绕建设创新型城市这个总目标，大力实施创新驱动发展战略，加快推进自主创新示范区建设，着力推动高新技术产业和战略性新兴产业快速发展，将改革创新贯穿于科技工作各个领域每个环节，促进科技与经济更加紧密结合。 一是重落实。上报"实施科技西进行动计划"、"自主创新示范区建设"和"科技和金融结合"等"杭改十条"议事项目。 二是重调研。在拓展杭州自主创新示范区发展空间、建立健全示范区领导管理体制、完善示范区创新政策体系、建设杭州创新创业生态体系等方面提出了工作思路和对策。 三是重管理。制定出台"科技计划项目验收管理办法"、"科技计划专家咨询费使用规定"等，开展重大科技创新项目经费大检查活动，进一步规范项目立项和过程管理。
厦门	厦门市科技工作将以认真学习贯彻党的十八大精神为主题，大胆改革创新，勇于先行先试，围绕转方式调结构主线，突出科技成果产业化这个关键，在科技体制改革方面取得新的突破，率先建成国家创新型城市，实现创新驱动、产业结构调整和经济持续高速增长。 一是创新机制。创新科技投入机制，加强财政科技资金的引导带动，撬动企业资金、银行资金、风险投资、社会民间科技投资等对科技创新的投入；创新科技项目管理机制，由扶持一家企业向扶持一个产业转变、由无偿资助向贷款贴息、风险补助和提供担保转变，提高资金使用效益与效率；创新科技产业开发机制，建立科技成果产业化项目库，开展产业化基地的融资、开发、建设、招商与管理，解决科技招商和园区开发两张皮问题；创新科研机构改革机制，推动技术开发类科研事业单位产业化、市场化改革，建立研发人员激励机制及面向产业的研发机制和市场化、产业化机制。 二是建新阵地。创新规划理念，优化创新园区功能布局，明确不同平台载体功能定位、发展方向，推动创新资源集中集聚集约配置。实行"产业研究院＋产业中试示范基地1产业化基地"的运作模式，开辟新阵地，建设一批差异化科技产业化园区。实行市区联动、部门联动，加快建设科技创新园、海西生物医药港、海西微电子产业园、台湾创新科技园、两岸大学科技园、同安国家农业科技园等，争取经过五年的努力，全市打造一个新的2 000～5 000亿产能规模的科技成果产业化高地。

续表

城市	战略措施和重点任务
厦门	三是抓新产业。加快发展高新技术产业,扶持战略性新兴产业,培育科技先导产业,运用高新技术改造提升传统产业,营造科技产业的梯度可持续发展。支持产业重大科技创新平台建设和重大产业技术攻关。重点培育发展IC产业群、生物与新医药产业群、新材料产业群等三个千亿产业群以及科学仪器设备产业群、光通讯产业群、北斗产业群、航空航天等。推进视听通讯、钨材料、软件、半导体照明、电力电器、生物与新医药等六个国家特色产业基地建设。
西安	围绕产业转型升级、结构优化和科技支撑经济发展的迫切需求,紧盯科技企业小巨人"千企千亿带万家"和建设西安科技服务强市的目标任务,期望通过财政投入方式的改革,市、区、县联动工作机制的建立,项目组织方式的创新,实现西安市科技计划的支持方向由抓单个项目向抓企业整体发展的转变;由注重企业技术创新向注重企业综合创新能力的转变;由市级部门单兵作战向市区县一盘棋、共发力转变。 (1)完善投入方式,全力打造领军企业。将科技企业"小巨人"培育作为深化统筹科技资源改革的突破口,推动小巨人群体成为新兴产业快速发展、经济转型升级的重要力量。 (2)布局科技服务业,加快转型升级。大力发展科技服务业,围绕信息服务、生物医药、文化科技、新材料四大产业领域,及其涉及的研发设计、检验检测、知识产权、文化科技、创业孵化、技术交易六大服务业态,重点征集一批产业发展类项目、平台类项目以及科技服务业聚集区建设项目。 (3)科技金融结合,优化创新环境。科技计划遵循市场机制,注重顶层设计,注重创新环境建设,充分发挥政府在资源优化配置中的政策引导和财政资金杠杆作用,帮助企业提升获取各类科技资源的能力,提高自身创新能力。 (4)创新工作方式,简政放权出"实招"。将权力下放,让区县与开发区在项目推荐、甚至项目的组织评审、立项建议方面有更大的自主权。实现简政放权,职能转变。
成都	要把转方式调结构作为一项带有根本性和全局性的紧迫任务,坚持三产联动、创新驱动、政策推动相结合,加快打造成都经济升级版。其中,"大力推进区域创新体系建设"成为着力点之一。深化科技体制改革,充分激发科技创新创业活力。以健全技术创新市场导向机制为重点,以企业和市场为核心,充分发挥市场配置创新资源的决定性作用,进一步增强科技创新创业动力和活力。 着力产业技术创新,抢占技术链和产业链制高点。成都市将深化产业技术路线图研制和运用,完善产业技术路线图研制工作机制,完成新能源、航空、轨道交通、生物医药等产业技术路线图编研工作,启动节能环保、大数据、物联网、干细胞等领域产业技术路线图,进一步找准科技创新的切入点和突破口。市科技局(知识产权局)将在"增强科技创新创业承载能力""完善科技创新投融资环境""深化科技国际化开放合作""提升知识产权综合能力"四大方向着力。
武汉	一是高校、科研院所科技成果转化收益分段按比例留归单位所有,科技人员转化职务科技成果获得的股权形式奖励,暂不征收个人所得税。科技人员离岗创办科技型企业,经单位同意,保留编制、身份、人事关系,3年内可回原单位竞聘上岗。试点纳税人提供技术转让、技术开发和与之相关的技术咨询、技术服务,免征增值税。 二是建立"孵化器+加速器+产业园"的创业服务链,为科技人员提供创业导师、创业辅导、创业培训等全方位服务。 三是大力培养、引进一批与湖北省产业、企业发展需求紧密对接的高层次创新创业人才。 四是引导科技人才向经济社会发展一线聚集。 五是改革科技人才评价机制。 六是推进科技管理体制改革。 七是推进科技评价和奖励制度改革。

各个城市比较值得青岛市借鉴的地方如下。

上海市:优化科研经费预算管理,健全人员绩效激励机制,完善事中、事后补助投入方式,探索"投资"和"奖励"等新型投入方式,并进一步明确监管责任。优化完善"创业苗圃+孵化器+加速器"为载体的孵化服务链和"专业孵化+创业导师+天使投资"为核心的孵化服务模式。深化科技金融结合,加快发展创业投资,建立商业银行科技专营机构、担保机构,构建形成"3 + X"信贷融资服务体系(微贷通贷款、履约保证贷款、企业信用贷款和其他系列差异化产品),建成并开通科技金融信息平台。围绕大飞机、燃气轮机、新能源汽车、PM2.5治理、重大疾病等战略性新兴产业和社会民生领域,实施了一批重大应用性基础研究项目。

深圳市:提高重点社会领域创新能力,包括医疗、教育、文化、民生等与广大人民利益切实相关的领域。推进研究生培养校企双导师制。深化跨部门、跨行业开放合作,完善公共科技资源共建共享机制。加强科技项目知识产权全过程管理。

南京市:打破高校与企业之间的"藩篱",破解高校现有评价体系"重成果产出,轻成果转化"的困局;鼓励高科技人才在职创业;按照"平台向企业集中、人才向企业集聚、政策向企业集成"的思路,认真执行相关税收优惠政策,推进投融资软环境建设,落实企业创新配套资金。力争在大中型企业普遍设立研发机构。推动企业建立产业技术联盟,支持企业联合攻关并走向海外,鼓励企业参与制定国际标准、国家标准和行业标准。科技规划各类园区产业布局,提高创新载体建设和运行水平。努力构建以企业为主体、以产业为平台、以项目为载体的高端人才集聚新格局;加强对引进人才的考核管理和跟踪服务,让优秀人才能长期扎根园区、充分发挥作用。

西安市:为做好企业申报资格的审核工作,对要求专项审计的重点项目类别,市科技局和市财政局将通过公开招标方式确定提供审计服务的机构名单,为减轻企业项目申报成本,专项审计费用由市财政科发资金承担。成为国家现代服务业综合试点城市,通过3~5年的试点,推动科技服务业跨越式发展。支持产业龙头企业、科研院所、专业园区与市科技局建立技术转移专题资金,牵头开展产业链协同创新。

五、青岛市"十三五"科技发展的战略定位与目标选择

(一)指导思想

认真贯彻党的十八大精神,以全面深化改革部署为指导,贯彻落实创新驱动发展战略,立足市情,以人为本,深化改革,扩大开放,紧紧围绕创新驱动主线,以颠覆式业态变革和商业模式创新推动创新模式转变,将产业转型升级、城市功能优化、社会治理改善作为率先实现科技现代化的重点任务,全面实施科技创新发展的"一二三六"战略,将青岛市建设成为全球创新节点城市、区域性(东北亚)创新中心、蓝色科技领域全球创新枢纽、充满创新活力的智慧之城。

围绕创新驱动主线,实施创新驱动发展战略,增强自主创新能力,优化科技资源配置,破除体制机制障碍,最大限度解放和激发科技作为第一生产力所蕴藏的巨大潜能。

以颠覆式业态变革和商业模式创新推动创新模式转变。充分发挥互联网思维下全球化的两大重要表征引领的创新模式转变:颠覆式业态变革创造改变世界的大企业,推动政府引导下的大企业联合创新模式;商业模式创新催生原创性新兴产业,重塑全球价值链、产业链、金融链,带动线上、创客、创业的小微式包容性创新。

率先实现科技现代化的重点任务。一是创新驱动产业转型升级,实现科技创新与产

业创新的深度融合,以创新驱动战略性新兴产业、高科技产业高端化发展,以创新驱动制造业智能化转型,以创新驱动农业生态化、现代化升级。二是创新驱动城市功能优化,将创新作为城市的本质特征,以数字化、网络化、智能化提升城市功能,以生态科技助推城市绿色低碳发展,以科技创新引领城市公共服务创新。三是创新驱动社会治理改善,彰显科技创新与体制机制创新在社会治理现代化中的作用,以大数据技术支撑社会治理创新,以体制机制创新清晰各主体的治理空间,以创新驱动社会治理的升级版。

(二)总体思路

深化科技体制改革。完善政策措施,形成有利于科技创新发展的政策环境,吸引科技人才和科技公司,加强体制创新和机制创新,发挥市场配置科技资源的基础性作用和政府推动科技创新的主导作用,探索主要由市场决定创新项目和经费分配、成果评价和传导扩散的新机制,建立高层次、常态化的政府企业创新对话、咨询制度,扩大企业在创新决策中的话语权。创造良好的市场与政策环境,加大对企业的科技投入、实施促进创新创业的税收和金融政策、保护知识产权、调节各创新主体之间的关系、加强自主创新基础设施建设,牢牢把创新环境作为集聚优势科技资源的第一吸引力,促进青岛科技发展水平提高。

推进协同整合创新。确定若干重点领域与优先发展技术,积极发展战略新兴产业,全面提升科技支撑能力,加强自主性原始创新、集成创新和引进消化吸收再创新,建立以企业为主体、以市场为导向、"政、产、学、研、用"相结合的技术创新体系,增强协同整合创新能力。围绕产业链部署创新链,坚持有限有为,集中用好政府创新资源,重构企业主导、政府推动、联合高校和科研机构实施的创新模式,建立上下游企业利益分享和风险分担的协同创新机制。强化大企业整合"三链"的能力,提升重点骨干企业对全球创新链、资金链和产业链的协整配置能力,鼓励配置利用全球创新资源,"走出去"并购创新型企业和研发机构。

促进成果转移转化。将技术转移、科技成果转化作为全市创新驱动提质、增效、升级、增强发展后劲的重要环节,加快建立以应用为导向、以科技成果转化为核心的机制,努力在推动成果转化上实现突破。创建国家知识产权综合配套改革试验区,加快建设国家海洋技术交易市场和网上技术交易平台,完善科技成果确权、评估、交易、激励机制。大力实施重大科技成果项目的开发和储备,建设科技成果产业化项目库,进一步强化产学研协同发展互动机制,构建鼓励转化的利益导向机制,推动技术、设备等科技资源入股企业,提高科研人员成果转化收益比例。加快科技成果转化的服务体系建设,培育、引进服务科技创新的金融机构,鼓励民间资本、信贷资金、风险投资支持创新,探索股权众筹等支持创新的互联网金融模式,加快技术经济事务所、专利事务所等中介机构发展,支持企业和产业技术联盟构建专利池。

建设区域性创新中心。青岛市拥有丰富的科技资源,产生大量的创新成果,建立先进的制度机制,形成优良的创新环境,自主创新能力不断提高,科技支撑引领作用突出、创新驱动发展成效显著,对区域科技创新具有示范引领和辐射带动作用。青岛市要以实施创新驱动发展战略作为核心理念统领全局,突出蓝色硅谷、红岛高新区、西海岸新区的科技研发和转化能力建设,担当好区域经济增长极、科技创新引领者、蓝色经济先导区、创新创业首选地、多元文化融合都市等责任,利用国家政策优势,优化科技布局,增强科技资源利用与整合,促进区域科技合作,带动山东半岛区域协同创新,建设区域性创新中心。

打造创新创业服务平台。进一步优化区域创新创业资源环境,激活存量创新创业资源,促进创新创业要素的加速聚集,打造一个集服务链路扁平化、资源获取便捷化、机构服务标准化、管理决策精细化、数据采集自动化于一身的创新创业服务平台。加快科技服务业发展。培育和壮大科技服务市场主体,创新科技服务模式,延展科技创新服务链,促进科技服务业专业化、网络化、规模化、国际化发展。

大力发展海洋科学技术。着力推动海洋科技向创新引领型转变,大力发展海洋高新技术,依靠科技进步和创新,努力突破制约海洋经济发展和海洋生态保护的科技瓶颈,重点在深水、绿色、安全的海洋高技术领域取得突破,推进海洋经济转型过程中急需的核心技术和关键共性技术的研究开发。

(三)基本原则

坚持创新驱动原则。明确"以创新促转型,以转型促发展"的发展模式,把增强自主创新能力作为科技发展的战略基点和转变发展方式的中心任务,确立创新驱动在全市发展战略中的核心地位。充分发挥企业的创新主体作用,全面推进产学研结合的区域创新体系建设,为加速科技成果的创造和应用奠定基础。

坚持重点突破的原则。凝练一批战略性和针对性强的科技难题和需求,实施十大科技专项和十大科技工程,选择一批关键技术和核心技术作为主攻方向,集中力量,加大投入,加快实施,力争快见成效,以局部的突破和跨越带动青岛核心竞争力的整体跃升。

坚持机制体制改革与科技创新相结合。科技创新有赖于体制机制的不断完善,机制创新是为了更好地保证科技创新。要在大力推进原始创新、集成创新和引进消化吸收再创新的同时,注重消除创新发展的各种体制障碍,以体制机制创新带动科技创新,提升科技创新活力。

坚持以人为本,科技惠民。牢固树立人才是科技创新第一资源的发展理念,大力引进高层次研发人才和领军型人才,大力引进和培养符合产业发展要求的创新创业人才,引导企业用好人才。把改善和保障民生作为科技工作的重要内容,进一步强化科技惠民理念,着力解决关系民生的重大科技问题,使科技创新成果惠及普通百姓。

(四)发展愿景

创新驱动经济和社会发展的能力显著提升,最大限度解放和激发科技作为第一生产力所蕴藏的巨大潜能;实现创新模式转变,大企业联合创新和小微式包容性创新活跃。实现科技创新与产业发展的深度融合,创新已成为城市的本质特征之一,在社会治理现代化中发挥重要作用。率先实现科技创新现代化,初步将青岛市建成为全球创新节点城市、区域性(东北亚)创新中心、蓝色科技和白色家电领域全球创新枢纽、充满创新活力的智慧之城。

全球创新节点城市——抓住全球创新链空间转移的机遇,努力提升青岛科技创新的高端化、现代化、区域化和国际化水平,在全球知识体系、产业体系、创新创业体系、城市体系方面扮演节点角色,形成具有一定全球影响力的科技创新节点城市。

区域性(东北亚)创新中心——在区域创新体系建设中构建具有区域辐射力的创新中心,在创新资源的集聚力、创新成果的影响力、新兴产业的引领力、创新环境的吸引力,以及区域创新的辐射力等方面确立区域性创新中心地位,围绕创新功能形成和创新活动需求,调整优化青岛城市空间布局,立足于泛黄淮城市群发展,构建形成东北亚区域创新体系,辐射带动山东半岛、泛黄淮经济带、乃至东北亚地区加快实现创新驱动发展。

蓝色科技领域全球创新枢纽——在蓝色科技领域形成具有全球竞争力的创新型产业集群,产业发展方式向创新驱动型转型升级,创新链、产业链、价值链协同发展,集聚标志性的创新型领军企业,涌现具有标志性的原创性科技创新成果,具有标志性的重大科研基础设施和研究平台,具有国际化的科学研究人才、团队和机构,在国际相关科学研究、科学工程和科技组织中占有绝对竞争优势。

充满创新活力的智慧之城——在创新创业体系中,营造具有国际吸引力的创新创业环境,构建有利于创新的投资贸易体制,建立发达的科技创新服务业和多层次资本市场,健全与国际惯例接轨的人才流动机制,形成良好的创新生态系统,建设以互联、高效、便捷为特征,以绿色发展和数字惠民为灵魂的智慧城市。

(五)指标体系

创新驱动指标:产学研联盟数量;全市科技进步贡献率;知识密集型产业、战略新兴产业、高新技术产业、高端制造业、现代服务业占全市生产总值比重。

技术创新能力指标:每万人口年度发明专利授权量;每年新认定国家重点扶持的高新技术企业、各级重点实验室数量;万人专业技术人员数。

科技创新制度环境指标:促进科技成果转化(文件数量);深化科技体制改革(文件数量);

创新绩效指标:全社会科技投入占GDP的比重、政府科技投入占财政支出比重、每万人论文数、每万人发明专利授权数量。

技术转化转移指标:科技中介服务机构服务收入占GDP比例、科技成果转化率。

人才发展目标:新引进国际一流的高层次领军人、高层次留学人员、高级管理人才的数量;各类专业技术人员数量;全社会每万人口中R&D人员数。

创新环境指标:每万人互联网用户数;电子政务建设投入占政府固定资产投资比重;每百人公共图书馆藏书量。

社会治理指标:公共服务指数、市民幸福指数、环境可持续指数、社会和谐度指数。

课题承担单位:青岛科技大学　青岛市科学技术信息研究所
课题负责人:雷仲敏
课题组成员:姜　铭　吴　宁　周文鹏

青岛市"十三五"科技创新规划重大工程与重点领域的选择

一、国际科技发展形势

进入 21 世纪,新一轮科技革命和产业变革正在孕育兴起,全球科技创新呈现出新的发展态势和特征。信息技术、生物技术、新材料技术、新能源技术广泛渗透,带动几乎所有领域发生了以绿色、智能、泛在为特征的群体性技术革命,科技创新链条更加灵巧,技术更新和成果转化更加快捷,科技创新与金融资本、商业模式融合更加紧密,产业更新换代不断加快。

（一）各国科技发展战略综述

面对新一轮科技革命和产业变革的浪潮,世界主要国家为提升和保持本国科技与产业的国际竞争力,都制定和发布了面向未来的科技创新战略,争夺人才、资本、市场、专利等战略资源,加快战略性新兴产业发展,抢占未来经济科技发展的先机。对世界主要国家面向未来的科技发展方向进行了梳理分析,情况如下。

1. 美国

美国政府高度重视科技创新对促进就业和经济增长以及提升美国竞争力的重要作用,2011 年对《创新战略：推动可持续增长和高质量就业》(2009 年发布)进行深化与升级,出台了《美国创新战略：保障经济增长和繁荣》,提出了未来一段时期推动美国创新的战略规划和措施。从"创造就业"到"保障经济增长和繁荣",体现了美国政府对创新的倚重和实施创新战略的决心。

《美国创新战略：保障经济增长和繁荣》提出了五个新的行动计划：无线网络计划(Wireless Initiative),在未来 5 年内使美国高速无线网络接入率达到 98%；专利审批改革计划(Patent Reform Agenda),将专利的平均审批时间从 35 个月缩短到 20 个月；教育改革计划,要在未来 10 年内新培养 10 万名科学、技术、工程和数学教师；清洁能源计划,到 2015 年使美国成为全球第一个电动车数量过百万的国家,2035 年使清洁能源发电占全国发电总量的比例提高到 80%；创业美国计划(Startup America),要帮助中小企业创业并提振就业,使科研成果能尽快走出实验室走向市场,从而增加新公司成功的机会。这些新的计划措施反映了美国政府对科技创新发展趋势的新观点,主要涵盖了呈金字塔形、逐步递进的三个关键领域,即夯实创新基础、培育市场环境、突破关键技术。

2. 欧盟

作为欧盟2020战略"创新型联盟"旗舰计划的重要部署,欧盟委员会于2011年11月公布了(2014~2020)研发框架计划——"地平线2020"。该计划没有按惯例沿袭欧盟第8研发框架计划的名称,而是决定建立一个能够包含欧盟所有研发和创新投入的共同战略框架。"地平线2020"要求欧盟成员国所有的研发与创新计划聚焦于加强科学研究的卓越性、加强企业竞争力和迎接经济社会面临的重大挑战三大战略目标。

与以前的研发计划相比,"地平线2020"具有以下特点。资金投入显著加大:将在2014~2020年计划投入800亿欧元支持研发与创新活动,比第7研发框架计划的532亿欧元增加了50.38%,到2020年欧盟研发与创新投入要占欧盟总财政预算的8.6%。统筹管理力度加大:"地平线2020"计划统一了以前各自独立的欧盟研发框架计划、欧盟竞争与创新计划及欧洲创新与技术研究院3个研发计划的预算,并将欧盟结构基金中用于创新的部分也囊括进来,加强统筹管理,避免条块分割和重复资助。项目申请及管理大为简化:"地平线2020"将简化项目申请及管理流程,对不同的计划和项目,实行标准化、规范化管理,实行"一站式"服务,无论申请什么项目,都是一个窗口、一个网站,规划统一、流程类似。资助形式更加多样化:"地平线2020"将资助从基础研究到创新产品市场化的整个"创新链"所有环节的创新机构和创新活动,并根据研发活动的不同性质灵活实行拨款、贷款、政府资金入股和商业前采购等多种资助形式。

3. 德国

2010年,德国政府发布了《2020高技术战略》报告,出台了一系列高技术战略创新的整体方案和创新政策,确定了集群竞争、创新联盟等不同领域创新目标的优先顺序和新方式。2012年7月,德国联邦政府发布了《高技术战略行动计划》,该行动计划是对《2020高技术战略》中规划的德国未来15年高科技发展目标、主题领域和重点任务的贯彻落实,将围绕《2020高技术战略》设定的未来五大需求领域,投入约83.45亿欧元支持10个未来项目。

《德国2020高技术战略》强调技术变革为人类利益服务,重点关注5个领域:气候/能源、保健/营养、机动性、安全性和通信。在每一个领域,德国都将确定一些"未来项目",制定要达到的社会和全球目标,在未来10至15年跟踪这些目标。其中工业4.0(Industrie 4.0)战略利用信息通信技术把产品、机器、资源和人有机结合在一起,通过信息通信技术建立一个高度灵活的个性化和数字化的智能制造模式。通过实施工业4.0战略,确保德国制造业的国际竞争力,争夺新一轮技术与产业革命的话语权,是最受关注的"未来项目"之一。其他已经确定的"未来项目"包括二氧化碳中性、高能源效率和适应气候变化的城市的建设,智能能源转换,作为石油替代品的可再生资源的发掘;个性化的疾病治疗药物研究;通过有针对性的营养保健获得健康;在晚年过独立的生活;德国

2020年拥有100万辆电动车；通信网的有效保护；互联网的节能；全球知识的数字化及普及；未来的工作环境和组织。

4. 法国

近年来，法国在贯彻和落实法国国家创新战略中采取了多项主要举措，从大力推行科研税收信贷政策、完善创新体系布局、实施投资未来计划、鼓励创新、加速技术转移、加强科研管理和积极开展国际科技合作等方面，加强科研体制、机制和科研能力建设。

法国科研税收信贷覆盖了几乎所有研发活动的企业。截至2011年，享受科研税收信贷优惠的企业已达到15 749家，其中10 000家为中小企业，并且中小企业比重还在不断增加。法国科研税收信贷已成为法国支持私营研发的主要手段。法国实施竞争力集群计划，调动和支持在同一地区的经济和研发主体的积极性，通过产学研的紧密结合，激发该地区在经济和科技领域的创造活力，加快技术转移，增强该地区的吸引力和竞争力。2011年，已确认竞争力集群的总数为71个，其中世界级的竞争力集群5个，接近世界水准的有7个，主要研究领域为新能源、新材料、信息技术、生物技术、生命科学和节能减排等。通过建立研发联盟（ALIANCE），消除各创新主体之间的隔阂，促进伙伴关系，协调相关领域内的主要研究。国家创新战略确定的5个优先领域，即生命科学与健康、能源、环境、数字科学与技术和人文与社会科学，都已分别成立了研发联盟。法国政府在"科研成果价值化国家基金"中设立专项，组建加速技术转移公司。技术转移公司负责帮助将实验室成果转向工业或社会应用，其职能是向成熟阶段的发明和设计提供资金支持，联合当地高校和科研机构的推广队伍，使科研成果尽快转移，获取经济回报。法国把国际化战略看作国家创新体系的重要组成部分，通过世界范围内科学家之间的交流合作，使法国的科技创新与世界同步。

5. 俄罗斯

2012年12月，俄罗斯批准实施《俄罗斯国家科技发展规划（2013～2020年）》，该计划主要目标是要形成高效、有竞争力的研究部门，保障其在俄罗斯经济技术现代化中的主导作用。具体任务：发展基础科学研究；在科技发展优先方向建立前沿性的科技储备；统筹科技研发部门的发展，完善其结构、管理体系及经费制度，促进科学和教育的结合；构建科技研发部门现代化的技术装备等基础设施；保障俄罗斯研发部门与国际科技平台接轨。

《俄罗斯国家科技发展规划（2013～2020年）》还包含《基础科学研究计划》《促进有前景的科技领域开展应用问题研究、发展科学技术储备计划》《科研部门体制发展计划》《研发领域跨学科基础设施发展计划》《科学领域国际合作计划》和《俄罗斯2013～2020年科技发展计划实施计划》六个子计划。优先选择高技术产业（如核技术产业、航空产业、航天产业等），依托于科技的新型经济产业、医疗、农业、交通、能源、建筑等经济领域创新和科研活动，企业内部科学的发展和科研成果在经济领域的应用等为重点发展方向。为保证该计划的实施，俄罗斯政府还制订了财政投入计划。

6. 印度

2013年1月，印度正式颁布《科学技术和创新政策》（STI2013），这是印度独立后的第4个国家科学政策决议，目标是建立STI体系，为印度开辟高科技主导的发展道路，以实现更快、可持续和包容性增长。该政策提出要改善私营部门投资环境，使未来5年公共和私营部门投资从当前的3∶1转变至1∶1以内，实现科技投入倍增，并且在2020年进入全球五大科技强国之列。

未来，印度将重点关注卓越性与实用性结合、科技创新生态系统变革、加大包容性创新支持力度以及制定创新导向的产业政策等几个方面。STI体系的卓越性、相关性和绩效在国家发展中处于中心位置，学术界和研究活动必须利用有限的科技资源优先解决经济转型所遇到的主要挑战，直接面向国家发展需求。通过科技创新实现社会包容，促进科技创新成果向社会转移，从主观直觉转向基于证据的科技投资决策等。创新不是科技的附属物。印度的全球竞争力将取决于本土的科技创新型企业在多大程度上进行垂直整合，以及能够通过创新创造出多少社会财富和经济财富。包容性增长需要创新作为保证。科技创新系统要努力解决国家面对的紧迫挑战，包括能源和粮食安全、营养、负担得起的医疗保健、环境、水和卫生设施、就业等。低收入群体应该成为创新受益者，也是社会化创新的参与者。印度设立了包容性社会创新基金，鼓励草根创新得到推广应用。通过适当支持工具刺激高科技产品创新和高科技产业发展，以实现市场份额的倍增。

其他发达国家和新兴经济体也制定了各自的科技发展规划。英国在《创新研究战略》的基础上，进一步挖掘和探索，形成了英国国家产业战略雏形。2010年，韩国出台《至2040年科学技术未来愿景与战略》。日本《第四期科学技术基本计划》于2009年编制完成，并根据形势变化于2011年进行了修订。

表1 主要国家与地区科技战略及优先领域

国家/地区	科技战略名称	时间	优先领域
美国	美国创新战略：保障经济增长和繁荣	2011年	基础研究、人力资本开发和基础设施建设；创新型企业发展；清洁能源、先进汽车、医疗信息技术
	美国创新战略：推动可持续增长和高质量就业	2009年	
	i6挑战计划	2010年	生物技术；纳米技术；信息技术；教育应用等
	能源技术商业化推广计划	2010年	清洁能源；绿色技术
	先进制造伙伴关系计划	2011年	信息技术；生物技术；纳米技术
日本	2025创新战略	2007年	生命科学；纳米；基础研究；环境与能源；信息技术；材料
	新增长战略	2010年	能源/环境；智能电网；新材料；信息通信；低碳经济
	第四期科学技术基本计划	2011年	信息通信；纳米技术；材料技术；航空航天；海洋探测

续表

国家/地区	科技战略名称	时间	优先领域
德国	德国2020高技术战略	2009年	气候/能源;保健/营养;交通;安全;通信
	2050能源技术研究与发展重点	2010年	电动汽车;可再生能源
	信息与通信技术战略:2015数字化德国	2010年	信息网络;信息通信技术;网络设施;集成新媒体技术
	生物经济2030:国家研究战略	2010年	全球粮食安全;可持续农业;食品安全;可再生资源
	保障德国制造业的未来:关于实施工业4.0战略的建议	2013年	信息物理系统;智能工厂;智能生产
法国	国家研究与创新战略	2009年	健康、福祉、食品和生物技术;环境、自然资源、气候生态、能源、交通运输;信息通信、互联网、计算机软硬件、纳米技术
	绿色产业增长战略	2010年	清洁汽车;海洋能源;生物燃料;海上风力发电;节能建筑;二氧化碳捕获和封存
	可持续发展2010~2013战略	2010年	绿色技术;可再生能源;绿色化工
	生物多样性2020战略	2011年	保护生物多样性
英国	技术与创新的未来:2020年代英国的增长机遇	2010年	材料与纳米技术;能源与低碳技术;生物与制药技术;数字与网络技术
	英国生命科学战略	2011年	粮食安全;生物能源与工业生物技术;支持健康的基础生物科学
	英国研究愿景	2010年	激励探索性研究的发展;激励应用性研究的商业化
俄罗斯	创新2020:至2020年俄罗斯联邦创新发展战略	2010年	核能;航空航天;无线电;复合材料;基础研究
	经济发展5大战略方向	2009年	节能与提高能效;宇宙航空和核能技术;医疗和医药;通信基础设施;大型计算机
	俄罗斯联邦科学、技术与工程优先发展方向	2011年	安全与反恐;纳米系统产业;信息通信系统;生命科学;先进武器装备、军事和特种技术;自然资源合理利用;交通运输系统与航天系统;能源效率、节能与核能
	俄罗斯联邦关键技术清单	2011年	新能源与可再生能源技术;环境监测与预测、环境污染防治与消除技术;分布式计算、高性能计算系统技术与软件;信息系统、控制技术和导航系统技术;生物催化、生物合成和生物传感技术;纳米材料、纳米器件和纳米材料的计算机模拟;纳米材料和纳米器件诊断技术;先进武器、军事和特种设备所需的基础与关键的军事技术与工业技术;高速车辆制造技术和新型交通智能控制系统;航天火箭制造技术和新一代运输设备

续表

国家/地区	科技战略名称	时间	优先领域
韩国	新增长动力战略	2009年	绿色技术产业;高科技融合产业;高附加值服务产业
	科学技术未来愿景与战略	2010年	新能源与可再生能源技术;气候变化监测与应对技术;先进功能材料技术;新技术融合制造与生产技术;知识服务业相关技术;新概念医药技术;普适计算技术;虚拟现实技术;服务型机器人技术
印度	科学技术和创新政策	2013年	农业;能源与水安全;劳动密集型制造业;卫生与健康系统
欧盟	欧盟2020能源战略	2010年	节能;加快欧洲能源网络建设;积极推动低碳技术升级;强化能源服务管理
	欧盟2050能源战略路线图	2011年	可再生能源;提高能效;智能电网;能源储存;碳捕获及储存(CCS);核能安全;第四代核电;热核聚变等低碳技术
	"地平线2020"计划	2011年	信息技术;纳米;先进材料;生物;先进制造;空间科技
	2050低碳经济路线图	2011年	绿色经济;智能经济

（二）世界科技发展特点

世界主要国家和新兴经济体未来科技发展战略和计划,体现出以下鲜明特征。

1. 发挥科技创新在产业转型升级和质量提升中的重要作用,提升本国科技和产业国际竞争力

世界主要国家面向未来的科技创新战略都将促进经济增长和解决社会发展问题作为主要的战略目标之一。美国政府很早就认识到创新在经济增长中的核心作用。为提升"再工业化"的科技含量,美国相继启动了《先进制造伙伴计划》和《先进制造业国家战略计划》等计划,规划建设十五个创新中心,调整传统制造业结构,提升传统制造业竞争力,发展高新技术产业。德国则提出了工业4.0战略,将信息技术融入制造业中,在高端制造技术上对抗美国,同时与新兴经济体为代表的低端制造业拉开差距。英国、法国、日本和俄罗斯也出台了"高价值制造"战略等有关政策,促进本国产业转型升级。

《美国创新战略:保障经济增长和繁荣》(2011)发布了以创新确保经济增长的战略,确保企业尽可能发挥创新活力,在未来继续引领世界经济。《英国研究愿景》报告中提出在确保英国高水平基础研究的同时,使其产出的效益最大化,促进知识交流和研究成果向经济的转化。德国《2020高科技战略》中强调要利用科学技术解决德国所面临的最严峻的经济与金融环境挑战,同时发挥科学研究的潜能,应对国际国内挑战。韩国通过制定《科学技术未来愿景与战略》,凝聚科技领域的力量并强化科技的社会作用,以解决未来社会面临的公共福利、国家安全、国民生活质量提高等主要问题,建设与自然和谐相处、富饶、健康和便利的社会。

2. 通过科技创新促进产业转型升级

世界都把通过提高科技创新能力、促进传统产业转型升级、发展新兴增长型未来产业、强化国家综合国力和竞争力作为重要战略选择。美国政府一直高度重视创造有利于创新和创业的环境，从而使美国企业能够推动未来经济增长和持续领导全球市场。美国2011年国情咨文中提出，解决短期的就业和长期的竞争力问题将成为政府工作的重点，而赢得未来首先要鼓励创新。德国在《2020高技术战略》中提出，科技必须为支撑德国未来经济发展而发掘潜力、开辟新增长点。法国强调通过加强基础研究、科研成果转移转化、跨学科研究等提高国家创新能力，为法国产业竞争力的提升提供技术支撑。澳大利亚《驱动创新思想：21世纪创新议程》指出创新是使澳大利亚具有更高生产力和更强竞争力的关键。印度提出，科学必须处于未来国家发展的战略核心地位，使印度成为全球科技领先国家，以促进未来二十年的经济繁荣。

3. 通过科技创新培育新兴增长型产业提升国家竞争力

各国由于在未来的竞争发展中所面临的挑战不尽一致，所要解决的战略科技问题不同，科技发展的基础条件和环境各异，所以努力集中有限的科技资源，确保优先发展和突破的科技领域，创造最大的科技产出。美国试图实现在清洁能源、生物与纳米科技、先进制造、空间应用、医疗卫生科技等领域的突破。日本通过推动环境、能源、医疗与健康等重点领域的发展培育新的增长点。德国聚焦气候、能源、健康、营养、安全和通信领域，提高关键技术，改善创新环境。法国重视生物制药、生物多样性、资源保护等领域的创新发展。英国重点发展生物与制药、先进制造、新能源等领域。加拿大提出重点在环境、资源、能源、生命与信息技术领域实现突破。俄罗斯特别强调国防与安全、航空航天等领域的研究与开发。

分析世界主要国家科技战略中优先突破的重点科技领域，能源科技、环境与可持续发展科技、信息与网络科技、生命科学与医疗保健科技、纳米与新材料科技、先进制造科技和航空航天科技等是各国共同关注的优先发展和重点突破的领域。

表2 主要国家科技战略中的优先领域布局

国家/地区	生物与制药技术	纳米与材料技术	信息技术(包括通信、数字与网络)与智能经济	能源(清洁、可再生能源)	可持续发展技术(环保汽车、低碳排放)	粮食安全	太空与海洋探索	生物多样性与生态	国防与安全(包括先进武器等)	医疗与保健技术
美国	√	√	√	√			√			√
日本	√	√	√	√	√	√	√			√
德国			√	√	√					√
英国	√		√	√						
法国	√							√		
俄罗斯	√		√				√		√	
韩国			√	√						
欧盟	√		√	√	√					√

4. 建设和完善适应未来全球化科技竞争的国家创新体系

政府在支持创新活动方面起着至关重要的作用,各国通过优化政府管理体制,建立有效的政府机构来实施创新发展战略。美国为支持能源领域的科技创新,对能源科技创新管理的体制机制进行了系列化改革,组建能源先进研究计划署(APRA-E),建立能源创新中心和能源前沿研究中心等研究机构,启动实施《能源制造业系统伙伴关系计划》。通过这些措施整合跨学科能源创新研究,开展研发与示范阶段的跨边界工作。日本2012年设置了"科技创新本部"并设立科技顾问,对相关科技部委的职能进行统筹协调;针对重要科技领域设立战略协议会,在产学官广泛参与的基础上进行决策。韩国将教育人力资源部与科学技术部合并为教育科学技术部,将产业资源部、信息通信部等部委合并后成立了知识经济部,打破部委间、科研机构间的壁垒,避免相关研发领域的重复投资,促进跨学科交叉研究,应对新兴研究领域的挑战,增强国家战略任务的执行力。

(三)主要政策措施

1. 加强顶层设计,大力推进国家科技决策机制和科技管理体制改革

科技创新是推动未来经济社会可持续发展的主要驱动力。为推动国家创新体系的建立与完善,主要发达国家和组织制定并完善了支持创新的专门法规和规划。在一些热点领域也加大引导力度,促进战略性新兴产业的发展。同时,不断加大科技创新投入和税费支持,保持科技研发投入的刚性增长。为适应当今经济和科技形势发展的新变化,各国大力推进科技决策机制和管理体制改革。美国政府恢复和加强总统科技顾问的地位,任命拥有坚实科技背景的人出任高级管理职位和政府要职。日本、英国、韩国等国则通过积极推进科技行政机构的改革,加强综合性科技决策协调机构的职能,提高决策效率。

2. 科技创新投入不断提高

科技创新投入是一个国家的未来战略性投资,各国均提出要加大研发投资。美国提出的目标是把研发强度(研发资金占GDP的份额)提高到3%,政府对基础研究的资助在2006~2016年的十年间要翻一番。欧盟提出的目标是到2020年科技创新投入为700多亿欧元,研发强度提高至3%。日本提出要把研发强度提高到4%,政府研发资助占GDP的份额达到1%,对《第四期科学技术基本计划》的资助达到25万亿日元。韩国提出到2040年把研发强度提高到5%。俄罗斯提出到2020年将研发强度要达到3%,财政研发经费占国内研发经费的比例提高至57%。印度提出至2018年将研发强度提高到2%。南非提出至2018年将研发强度提高到2%。

3. 采取税费减免、知识产权保护等措施鼓励企业技术创新

企业是技术创新主体,是维持国家产业技术竞争力的关键。因此,美国、日本、法国等国家主要采取税收减免与信贷优惠措施、为企业技术研发提供启动经费、支持企业承担国家战略性项目任务等具体措施,加大对企业的技术创新支持。《美国创新战略:保障经济增长和繁荣》提出要对企业税收抵免永久化立法,给美国企业界尤其是制造业继续投资于研发和创新活动带来更大信心;并通过有效的知识产权政策激励独创性,鼓励高

增长和创新型创业。德国创新纲领提出，到 2020 年把研发企业和创新企业的数量从现在的 3 万和 11 万分别提高至 4 万和 14 万。为此德国将采取措施营造更加有利于创新的环境，并通过提供风险资本投资补贴、设立新"欧洲天使基金"、对企业发起的创新集群给予专业支持等加强中小企业的技术创新。法国于 2012 年 2 月宣布实施《战略投资基金（FSI）投资 2020 计划》，以加强对中小企业的直接投资，增强法国企业的创新能力与竞争力。计划的主要目标是对新的创新型企业提供长期资助以推动创新；为具有国际化视野的成熟中小企业提供支持。英国 2011 年《增长计划》中提出，建立在 G20 国家中最具竞争力的税收制度，使英国成为欧洲最适合创业、融资和企业成长的地区。澳大利亚《驱动创新思想：21 世纪创新议程》为提高中小企业的创新业绩，采取逐渐增加投入研发的企业数量，支持企业的创新商业化活动，增加风险资本投入等措施。

4. 规划与政策引导加强创新集群建设

创新集群是随着科技与经济一体化趋势日益加深应运而生的一种新型科技创新与应用开发活动组织模式。区域创新集群有利于最大效益地利用各种创新要素，引发产品创新和产业创新。美国政府 2010 年宣布发起联邦跨机构联合资助的能源区域创新集群计划；通过建立和示范可持续的、具有能源效率的典型，实现国家战略目标。德国联邦教研部 2011 年在评估分析创新集群的形势时指出，联邦政府的"尖端集群竞争"活动正在促使德国最有能力的集群成为国际顶级创新集群。要求迅速建立国家集群支撑平台，以改善集群计划及其效果，并促进经验交流。法国提出"竞争力集群计划"，至 2011 年已设立 71 个竞争力集群。法国在竞争力集群的建设中强调产学研紧密结合，注重对中小企业的扶持，将财政金融手段引入创新发展机制，强调项目评估与监测制度等。俄罗斯政府提出，要制定支持区域创新发展的机制，在科技园、科学城的基础上构建区域中心促进创新和实施创新成果的商业化应用。日本、英国、瑞典、芬兰、韩国、印度等国家都出台了创新集群建设与发展的相关规划与政策措施。

5. 强化科技成果转移转化

为充分发挥科技创新对经济的促进作用，主要国家都非常重视促进产学研合作和成果转移转化，通过开展科技转化，推广科技成果，加强技术转移，进一步加强学术界与企业界在高层次上的优势结合。美国信息技术与创新基金会（ITIF）2010 年对技术商业化提出了建议：创建"推动美国研究成果商业化计划"（SCNR 计划），为大学、州和联邦实验室的技术商业化计划提供支持；加大对商业化活动的资助力度；实行合作研发税收抵免政策。英国技术战略委员会 2011 年公布了投资额为 2 亿英镑的"国家技术与创新中心网络建设计划"，计划分三个阶段建设 6~8 个不同领域的、具有世界水平的国家技术与创新中心。欧洲研究理事会（ERC）2011 年提出"概念验证计划"（Proof of Concept），提供总额为 1 000 万欧元的资助经费，为促进研究成果走向市场提供过渡性经费支持。资助对象为已经获得 ERC 资助的研究人员，可获得最高 15 万欧元的资金用于基于项目研究成果所开展的市场研究、技术验证、分析知识产权地位和商业机会等方面的活动。

6. 强化科学教育投入与创新、创造、创业人才培养

经济增长主要依靠知识的更新和技术的进步,拥有特殊的技能、专业化的知识以及对知识和技术的集成使用能力的人力资本成为经济增长的真正源泉。作为科技活动的最核心资源,各国在未来科技规划中高度重视人员的培养、建设和引进。《美国创新战略:保障经济增长和繁荣》(2011)提出要加强科技教育,计划到2020年拥有本科学位的人所占比例位居世界第一。印度2013年《科技与创新政策》指出,到2018年,印度研发人员全时当量要比现在至少增加66%,届时印度研发人员总数将仅次于美国和中国,位居世界第三。俄罗斯致力于科研人员的年轻化,提出到2020年39岁以下科研人员占科研人员总量的比例提高至35%。南非提出的目标是到2018年全时当量研究人员将达2万名。各国在强化创新人才培育的同时,加强对创业人才的培养和扶持,如美国启动了"创业美国"计划、英国启动年轻创业者培育计划,将创业培训包含在学校教育中,并设立创业扶持基金。为解决专业人才匮乏问题,发达国家在全世界范围内网罗接受过高层次教育的人才,如德国"欧盟蓝卡"计划、加拿大"创业签证"计划等。

7. 重视开展国际科技合作与交流

为解决共同面临的全球性科技挑战,积极配置全球科技资源,世界主要国家都非常重视开展国际科技合作与交流活动。美国于2009年通过《国际科学技术合作法》,确定设立跨部门的委员会,作为美国国家科技委员会(NSTC)的专委会。2010年制订美国全球科技计划,提出国际科技合作是美国的一项重要外交政策。英国《国际合作战略》(2010)强调加强英国在国际研究战略和政策发展上的影响,鼓励优秀研究人员参与国际合作,提高国际合作研究的价值和影响。韩国强调要通过国际合作,建设国际开放型创新体系,包括加强韩国对全球科技的领导作用,建立全球开放型研发体制,培育具有全球竞争力的知识集群。俄罗斯重点强调企业的国际科技合作与交流,提出要支持俄罗斯高新企业进入国际市场,增加对出口与购买国外高新技术企业的金融支持;鼓励企业与国外技术合作,促进实施与技术发达国家的合作项目、新技术开发和高新技术产品生产。日本2010年发布《科技外交战略》,利用海外优秀研究资源,强化日本研发体系。巴西、南非、印度等国家也积极寻求与发达国家和周边国家的科技合作与交流。

二、国内经济与科技形势

(一)国内经济与科技形势

当前中国经济将告别过去两位数的增长率,而进入一个中速发展的新阶段,即"经济新常态"。国家不再强调经济增长的速度,而十分看重发展质量。进入新常态,也进入了转型升级的关键时期,打造中国经济升级版,就要从粗放到集约,从低端到高端,结构调整的任务更加艰巨。正因为客观条件的变化,中国经济必然从高速增长转向中高速增长,从结构不合理转向结构优化,从要素投入驱动转向创新驱动,从隐含风险转向面临多种挑战。

当今世界科学和技术发展存在多点群发的新态势,新一轮科技革命和产业革命也正在日益兴起,形成了一些历史性的交汇,需求引领更为明显,创新驱动更为迫切。实践多次证明,科技创新是经济转型升级的必由之路。

1. 需求引领更加明显

传统的经济发展方式难以持续,人类迫切需要依靠科技创新,解决面临的问题,引领和驱动经济社会可持续发展。世界主要国家都把科技创新作为战略核心,出台一系列创新战略,在新能源、新材料、信息网络、生物医药等重要领域加大投入,加强布局,抢占制高点;通过科技创新来优化产业结构,驱动可持续发展和提升国家的竞争力。

2. 学科交叉融合发展,群体突破态势初显

基础研究、应用研究、高技术研发边界日益模糊,从科学发现到技术应用的周期越来越短。随着新兴交叉学科的发展以及各种新的理论体系和研究方法的建立,人类已经进入到大学科的时代。转移转化、工程示范、企业孵化、风险投资、高技术园区等受到空前重视。

3. 科技创新前沿领域酝酿革命性突破,孕育了跨越式发展的重大机遇

信息科学和技术在未来30年内仍将具有广阔的发展空间,将表现出以技术应用和市场需求为主导,通信、计算机与内容产业不断融合的发展趋势,屏幕化、人机交互、资源分享、大数据、访问权以及价值转移等新形态,引发经济和社会形态的深刻变革。另外,五代移动通信、超级计算机、北斗系统、太阳能、智能电网、洁净煤、3D打印、智能机器人、第三代半导体材料、下一代新能源汽车系统集成、车用燃料电池、固定源颗粒物控制、疫苗与抗体、先进生物制造、深水油气勘探开发、绿色超级杂交稻等重点领域的核心关键技术,也将占领未来发展的战略制高点。

4. 科技体制改革将不断深化,科技活动体制和机制正在发生变革和转型

经济社会发展出现以要素驱动、投资驱动为主转向以创新驱动为主的转变。科技资源的配置从行政配置为主过渡到市场配置为主。科技政策的制定更多地强调竞争政策,旨在放宽准入、激活市场、强化竞争、倒逼创新,用竞争政策推动资源要素流动,用制度创新促进创新链、产业链和市场需求有机衔接,推动科技创新,推动产业升级。

5. 技术创新模式发生转变,科学技术活动日超社会化、规模化和全球化

科学技术将成为庞大的社会建制,研究与发展将成为一项重要的社会职业,科学共同体出现了由政府间转向民间的新的国际组织形式。创新资源和创新链条将面向全球进行整合,协同创新、集成创新成为重要的创新方式。

(二)部分省市科技创新最新动向和举措

1. 全面推进科技体制改革

加强创新驱动发展战略顶层设计,研究制定整体性政策意见,贯彻落实十八大和十八届三中全会精神。广东率先出台了深化科技体制改革的纲领性文件,推出具体措施强化市场配置资源的决定性作用和推动政府从主导创新向服务创新的转变。上海提出

围绕技术创新的市场导向谋划科技体制改革,围绕产业转型升级部署科技体制改革,围绕治理体系和治理能力的现代化推进科技体制改革。浙江根据创新链部署建设重点企业研究院,把将重点研究院建在企业作为建设企业为主体技术创新体系的重大举措。在深化科技计划管理改革方面,各地纷纷调整科技计划体系,浙江由 35 个调整为 14 个,山西由原 15 个重组为 8 个,以解决科技计划"分散化、碎片化"问题;湖北推进科技资金竞争性分配改革,推行重大项目招标,实现公平竞争,多中选好,好中选优。项目组织、评审专家、立项结果、资金安排等实行阳光作业,全过程追溯问责。江苏组建产业技术研究院,构建新型产业技术研发机构的体制机制,加强重点产业研发力量统筹布局,促进企业、高校和科研机构在产业链、创新链等战略层面的有机融合。

2. 各出奇招力推科技成果转化

完善技术成果转化服务体系,引进高端研发机构、建设孵化器、技术交易等各类服务平台,采取各种措施促进技术成果产业化。北京、武汉制定股权激励、科技成果管理权改革等政策,将科技成果转让处置权完全下放至高校院所,促进科技成果转化为现实生产力。苏州发挥科技镇长团的积极作用,利用派出人员所在高校、院所的科研和人才优势,深入县区、乡镇企业调研,深化产学研合作。

3. 强力打造创新型企业梯队

通过设立各类科技计划支持培育创新型企业集群。江苏启动科技企业"小升高"计划,面向企业不同成长阶段的创新需求,扶持一批初创期小微企业,提升一批成长期中小企业,促进一批成长期中小企业成为高新技术企业,构建以高新技术企业为主体的创新型企业集群。宁波实施"科技领航"计划,着力形成科技型企业→高新技术企业→创新型企业→上市公司的培育梯队。杭州的"雏鹰计划"、"青蓝计划"、"蒲公英计划"则针对不同创新主体的需求进行支持。天津将发展科技型中小企业作为创新驱动的突破口,大力实施科技小巨人发展战略,促进科技融入经济。

4. 突出各类创新载体建设模式特色

湖北创新产业技术创新平台建设模式,新组建省级工程技术研究中心。江苏组建成立省产业技术研究院,加强全省重点产业研发力量统筹布局,着力构建多元共建、开放融合的新型产业技术研发体系。武汉实施"创新平台建设工程",全市工业技术研究院已达 10 家。南京设立科技创业特别社区,常州建成科教城,广聚各类创新资源,施行先行先试优惠政策,成为引领城市创新产业的增长极。

5. 促进科技和金融结合

通过财政资金撬动银行信贷等社会资本支持科技创新和科技成果转化。上海加快建设科技信贷、股权投资、资本市场和科技保险"四大功能板块"。江苏推进科技支行、科技小贷公司在省辖市和高新区实现"全覆盖"。浙江推进科技型中小企业贷款保证保险工作,科技企业购买保险公司的履约保证保险,同时政府拿出贷款风险补偿准备金,通过"政府 + 保险 + 银行"的风险共担模式,使无担保、无抵押的科技型中小企业获得银行贷款。杭州加大"拨改贷、拨改投、拨改保"等科技间接投入力度。苏州1/4的财政投入以"拨、改、投、贷"的方式用于科技金融，集中向间接投资和后补助方式靠拢。

6. 大力引进培养高层次人才

通过设立各种人才引进计划，引进集聚海内外高层次人才。上海针对从刚毕业不久的博士到最高层次的科技领军人才，实施扬帆计划、启明星计划、学术和技术带头人计划等进行支持。浙江修订了科技奖励办法，完善以绩效为导向的科技成果评价和奖励机制，激发人才创新创业活力。南京实施321人才计划，并责任分工到具体单位且列入考核。

7. 大力发展战略性新兴产业

深圳制定了生物、互联网、新能源、新材料等六大战略性新兴产业振兴发展规划与政策，设立了180亿元专项资金，规划建设12个产业基地和11个产业集聚区，集中力量开展重大产业共性技术和关键技术的研究开发与应用示范。武汉实施"重点产业提升工程"，以重大科技专项和科技政策促进战略新兴产业快速发展。成都强化集成创新和商业模式创新，引领新兴产业倍增式发展，培育新的经济增长点。宁波以建设新材料科技城为突破口，设立10亿元新材料产业发展专项基金，大力培育具有区域特色的战略性新兴产业。苏州设立专项科技计划支持重大关键技术突破，发展纳米技术、医疗器械和新医药战略新兴产业。

（三）对青岛的启示

1. 进一步明确科技创新的战略定位

把科技创新摆在发展全局的核心位置，实施创新驱动发展战略，是未来发展的根本出路、活力源泉和希望所在。要突破自身发展瓶颈、解决深层次矛盾和问题，根本出路就在于创新。

2. 在前瞻布局中抢抓发展机遇

着眼于本地区经济社会发展需求和科技发展趋势，科学研判凝练出重点发展领域、重大关键技术和技术路线，以企业为主体，优先部署实施一批具有战略意义、带动作用强的重大科技专项，建设若干国内外一流的研发基地、创新平台和产业园区。

3. 深化体制机制改革

上海、广东等地全面推进科技体制改革，破除体制机制障碍，最大限度解放和激发科技第一生产力蕴藏的巨大潜能，鼓励科研人员潜心突破原始创新的"最初一公里"问题。鼓励产学研用、大中小微企业有机结合，加强新产品消费引导，突破创新成果进入生产生活的"最后一公里"问题，消除科技经济之间的"中梗阻"，放手让市场"说话"、让企业发力。

4. 创新治理能力现代化

一些省市在工作理念上还提出了由科研管理向创新管理转变、由项目科委向资源科委转变的新的工作思路，推动科技管理由单纯的项目管理向综合的资源管理方式转变。同时以产业思维指导科技工作，围绕产业链配置创新链，完善资金链，围绕产业发展需求开展创新服务。

5. 强化企业主体地位

各省市把推动企业成为技术创新主体、增强企业创新能力作为重中之重,对不同发展期的企业给予资金、政策支持,引导各类创新要素向企业集聚,力促企业真正成为研发活动和成果转化的主体。

6. 积极培育发展战略性新兴产业

各省市通过规划建设产业园区、搭建公共服务平台、引进培养高端人才,大力推动战略性新兴产业的发展,培育形成未来新的经济增长点。

三、青岛科技创新发展现状

自 2010 年成为全国首个国家技术创新工程试点城市以来,青岛市科技工作抢抓蓝色经济发展战略机遇,强化企业技术创新主体地位,构建完善城市知识创新、技术创新、科技服务创新体系,优化创新创业发展环境,充分发挥科技对经济社会发展的支撑引领作用,城市自主创新综合实力显著提升,先后获批国家促进科技和金融结合试点城市、国家新能源汽车推广应用城市、国家智慧城市技术和标准试点示范城市、国家知识产权示范城市等一批试点示范,成为全国唯一一座承担国家技术创新工程和创新型城市"双试点"的城市。

(一)创新体系进一步完善

青岛海洋科学与技术国家实验室与国家深海潜水器基地等重大平台建成投入运行。与中科院开展战略合作,形成"2 所、7 基地、1 中心"发展格局。山东大学、哈尔滨工业大学、天津大学、航天科工、中船重工等一批高校、央企研发园区启动建设。惠普、日东株式会社等国际知名公司在青岛设立产业基地及研发中心。目前,全市现有公办普通本科高校 7 所,国家驻青科研机构 19 家,省属科研机构 6 家;科研与技术开发机构近 800 家,其中,国家省部级重点实验室达 89 家、市级重点实验室 66 家。全市人才资源总量达到 155 万人,共有两院院士 27 人、外聘院士 33 人,R&D 活动人员 67 503 人。

(二)企业技术创新能力不断提高

高速列车、新型显示、智能家电等一批产业关键技术取得重大突破。拥有国家企业重点(工程)实验室 11 家,国家级工程(技术)研究中心 20 家,企业研发中心培育基地 324 家。组建各级产业技术创新战略联盟 68 家,其中省级以上 10 家。高新技术企业 737 家,科技型中小企业达到 7 309 家。企业 R&D 投入 192.48 亿元,占全社会的 79%。有 65 家企业主持和参与制定了国际、国家或行业标准 562 项,拥有 64 个中国驰名商标、69 个中国名牌产品、2 个世界名牌产品。

(三)科技投入体系日趋完善

建立了科技投入与社会资金搭配机制和市场选择项目机制,调整财政科技资金投入方向和创新投入方式，撬动各类社会资本支持创新创业。2014年全市研发经费投入244.3亿元，占GDP比重达到2.81%，较2010年分别增加了120亿元和0.61个百分点。获批国家科技金融试点城市，创业投资日趋活跃，科技金融被赋予新内涵。在全国首创专利权质押保证保险贷款"青岛模式"，组建9支天使投资引导基金，累计为35家初创型企业投资1.9亿元。建立13个风险补偿金池，累计为近200家企业提供组合贷款26亿元。

（四）新兴产业快速发展

积极应对国际金融危机，抢占产业制高点，着力培育海洋装备、新能源、新材料、新一代信息等新兴产业。2014年，战略性新兴产业产值3 019.2亿元，年均增长20%以上。高新技术产业产值6 618.95亿元，占规模以上工业产值比重40.73%。获批海洋新材料、机器人、橡胶等6个国家高新技术和现代服务业产业化基地，石墨烯、海洋生物医药等4个国家火炬特色产业基地。加快新能源汽车推广应用，累计推广新能源汽车10 000辆，建成充换电站点百余个，充电终端9 000个，有效促进新能源汽车产业集聚与发展。

（五）科技服务初显成效

科技服务业总体发展势头良好，不断涌现科技服务新模式，形成了较为完善的科技服务业体系。目前，全市科技服务业增加值突破200亿元，科技服务业总规模达到450亿元。全市范围各类科技服务机构总数超过1 500家。2014年技术合同交易额62.5亿元，全市孵化器建设面积达1 100万平方米，投用使用560万平方米，市级孵化器超过90家，入驻企业4 091家，集聚创新创业人才近万人。获批国家科技服务业行业和区域试点、服务业综合改革试点、"智慧城市"技术和标准试点城市。

（六）创新环境不断优化

全面推进创新型城市建设，成为全国首个国家技术创新工程和国家创新型城市双试点城市。推动科技创新管理体制机制改革，成立全市科技创新委员会和办公室，加强科技创新的统筹协调能力。先后出台《关于加快创新型城市建设的若干意见》《关于大力实施创新驱动发展战略的意见》《关于实施"千帆计划"加快推进科技型中小企业发展的意见》等30多项科技政策，为优化创新环境提供了有力政策支撑。大力弘扬鼓励创新、宽容失败的创新文化，全社会创新创业氛围日益浓厚。

当然，青岛市科技创新还存在不少问题，如企业技术创新主体地位还没有真正确立，产学研结合不够紧密，创新资源的质量和水平不高等，科技有效供给能力与经济社会发展提质增效的要求还不相适应，科技管理方式与快速增长的科研资金和日益复杂的科技创新活动还不相适应，政策环境与有效激发科研人员创新活力的要求还不相适应。

四、青岛"十三五"科技创新应解决的主要问题

（一）全面深化科技体制改革

党的十八大明确提出实施创新驱动发展战略，而实施创新驱动发展战略，最根本的是要增强自主创新能力，最紧迫的是要破除体制机制障碍，最大限度解放和激发科技作

为第一生产力所蕴藏的巨大潜能。当前的科技体制仍存在一些弊端,束缚了科技生产力发展,制约着自主创新和科技支撑引领经济社会发展的能力的提升。例如,科技与经济"两张皮"问题没有得到很好解决,产学研协同创新机制不够健全和有效,科技资源配置分散重复封闭低效,企业没有真正成为技术创新主体,基础前沿领域的自主创新能力不强,科技评价导向不够合理等。青岛市科技体制存在同样的问题。因此,要推动创新驱动发展战略的实施,亟须深化科技管理、评价和转化等方面的体制改革,认真解决创新主体、创新动力、创新成果应用等关键问题,解决好科技创新的"最初一公里"和"最后一公里",打通科技与经济社会发展的通道。

(二)培育发展战略性新兴产业

当前,全球经济竞争格局正在发生深刻变革,新一轮科技革命和产业革命正在孕育兴起,发展战略性新兴产业已成为世界主要国家抢占新一轮经济和科技发展制高点的重大战略,能源、环境与可持续发展、信息与网络、生命科技与医疗保健、纳米与新材料、先进制造业等新兴增长型产业成为各国共同关注的重点领域。同时,培育和发展战略性新兴产业也成为我国推进产业结构升级、加快经济发展方式转变的重大举措。2010年,我国从国情和科技、产业基础出发,选择节能环保、新一代信息技术、生物、高端装备制造、新能源、新材料和新能源汽车七个产业进行重点培育和发展。

2012年,青岛市政府发布《关于加快培育和发展战略性新兴产业的意见》,将海洋开发、节能环保、新一代信息技术、生物、高端装备制造、新材料、新能源及新能源汽车确定为青岛市重点发展的七大战略性新兴产业。该文件的发布有力推动了战略性新兴产业的发展。全市战略性新兴产业产值由2011年的2 912.1亿元增长到2014年的3 019.2亿元,年均增速超过20%,成为新的经济增长点。但同时各产业发展存在严重不均衡,海洋开发、节能环保、新能源、生物等产业企业数量偏少,产值较小,创新能力较弱,相当一部分企业生产的产品处于产业链的低端,高端产品少,而生产高端产品的企业带动力相对较弱,与国内先进城市相比有较大差距。因此,需要继续培育和发展知识技术密集、物质资源消耗少、成长潜力大、综合效益好的战略性新兴产业,围绕产业链部署创新链,完善资金链,提升价值链。

(三)提升中小企业技术创新能力

中小企业是市场的主体,是最具创新活力的企业群体,在促进经济增长、推动创新、增加税收、吸纳就业、改善民生等方面具有不可替代的作用。各国都出台专门政策促进中小企业的发展,从创业指导、科技金融、税费减免等多方面对中小企业创业、创新、发展提供支持。

当前,我国正处于从高速到中高速的增长速度换挡期、结构调整阵痛期、前期刺激政策消化期"三期叠加"阶段,经济进入新常态,实体经济特别是小微企业利润低、融资难问题更为突出,央行、银监会等部门密集出台了定向降准、调整存贷比口径、设立循环贷款等一连串支持小微企业融资的办法。各省市也把推动企业成为技术创新主体、增强企业创新能力作为重中之重,对不同发展期的企业给予资金、政策支持,引导各类创新要素向企业集聚,力促企业真正成为研发活动和成果转化的主体。

目前,青岛市中小企业科技创新能力不足,具有一定科技水平和创新能力的中小企业,仅占中小企业总数的3.7%;产业结构不尽合理,多数中小企业处于产业链、价值链低端,传统行业比重偏高,产品附加值较低;产业配套率较低,未形成大企业的配套集群。因此,需要针对企业不同成长阶段的创新需求,继续加大对中小企业的支持力度,提升中小企业科技创新能力,推进产业分布结构的进一步优化。

(四)促进科技成果转移转化

为充分发挥科技创新对经济的促进作用,世界主要国家都非常重视促进产学研合作和成果转移转化,通过支持技术商业化计划、实行合作研发税收抵免政策、设立专项经费支持针对项目研究成果开展市场研究、技术验证、分析商业机会等方面的活动,推动研究成果产业化,加强学术界与企业界在高层次上的优势结合。2014年7月,国务院决定在国家自主创新示范区和自主创新综合试验区,开展科技成果使用处置和收益管理改革试点,允许试点单位采取转让、许可、作价入股等方式转移转化科技成果,所得收入全部留归单位自主分配,更多地激励对科技成果创造做出重要贡献的机构和人员,进一步调动科技人员创新积极性。

近年来,青岛市通过大力发展技术市场,促进科技与金融结合,建设科技孵化器,有力推动了科技成果转移转化力度。但与同类城市相比,青岛市科技成果转化能力仍偏低,2013年全市技术合同交易额35亿元,在同类城市中排名第10位,其中高校、科研院所的技术交易额为5.35亿元,仅占总额的15%。其深层次原因在于科技成果转化存在体制障碍,高校、科研院所科技成果转化被等同于国有资产处置,事业法人单位没有对成果的处置权、收益权和支配权,造成高校、科研院所等创新主体缺乏将科研成果转化为新技术、新产品的主动性和积极性。因此,需要借鉴北京、武汉改革科技成果管理权经验,开展科技成果转化体制改革,打破体制障碍,促进科技成果转化。

(五)大力发展科技服务业

科技服务业作为现代服务业的重要组成部分和推动力量,是为科技创新主体提供社会化、专业化服务以支撑和促进创新活动,为人才、成果、资金、市场等创新资源合理配置提供专业科技服务的新兴产业。作为传统产业转型升级和新兴产业发展的加速器,科技服务业对经济社会的发展具有巨大引领能力与辐射带动作用。发达国家积极采取税收优惠、直接财政援助等措施,推动大学、研究机构等提供研发、设计服务,以及知识产权、创业孵化服务等。

虽然青岛市产业结构逐步优化,第三产业产值比重已超过第二产业,达到50.1%,但其中科技服务业增加值占GDP的比重仅为1.4%,与杭州市(2%以上)、上海市(2.3%以上)、天津市(3%以上)、深圳市(5%以上)相比,对区域经济发展的贡献差距明显;服务业体系建设不够完善,在工业设计、创意设计、成果转化、创业孵化、科技金融等科技服务业新型业态发展方面存在不足;专业化服务程度不高,难以满足创新主体对科技服务专业化、多样化的需求。因此,需要大力发展科技服务业,不断完善科技服务业体系,提高专业化服务能力,建设创新型科技园区和科技服务产业基地,使青岛市科技服务业发展拥有更充足的推动力。

(六)建立健全以知识产权战略为核心的创新政策体系

当今世界,随着知识经济和经济全球化深入发展,知识产权日益成为国家发展的战略性资源和国际竞争力的核心要素,成为建设创新型国家的重要支撑和掌握发展主动权的关键。国际社会更加重视知识产权,发达国家已将知识产权作为维护和保持竞争优势的战略性武器,限制和阻碍新兴市场国家发展。从国内和社会经济发展需求上看,加快推进经济发展方式转变,亟待为大力实施知识产权战略提供支撑。

青岛市虽然在实施知识产权战略、保护知识产权等方面取得了一定的成效,同时也面临着一些挑战和不足。一是全社会尊重和保护知识产权的意识仍然比较薄弱,尤其是社会公众的知识产权基础知识和法律知识有待提高和增强。二是产业结构不平衡,自主创新能力不足,企业拥有自主知识产权核心技术数量较少,多数企业所需的关键技术和关键设备需要进口,在国际市场的竞争力受到限制。三是知识产权的行政与司法保护能力仍然偏低,协同高效的知识产权行政执法体系和机制还有待加强,长效监管机制还需进一步完善。总之,目前青岛市知识产权工作还不能很好地适应创新型城市建设和经济社会发展的需要。无论是外部环境带来的严峻挑战还是经济发展的内在需要,青岛市都迫切需要大力实施知识产权战略,不断完善创新政策体系。

五、科技创新重大工程和重点领域的确定

"十三五"期间,围绕经济社会发展重大需求,以深化科技体制改革为动力,大力实施创新驱动发展战略,充分发挥市场配置资源的决定性作用,强化企业创新主体地位,加强创新链与产业链、资金链的融合,突破制约产业发展的关键核心技术,推动科技服务业快速发展,促进科技成果产业化,培育新兴产业和新生业态,优化创新资源配置,构建富有活力的创新创业生态体系,加快科技创新治理能力现代化建设,打造海洋科技创新领航区、蓝高新产业集聚区、创新创业孵化区、科技惠民示范区、科技体制改革先行区,充分激发创新创业活力,使创新成为新常态下经济升级版的核心动力,形成"大众创业、万众创新"新局面,支撑引领经济转型升级、生态文明进步、民生品质提升和社会管理创新,率先科学发展、实现蓝色跨越,把青岛建设成为具有全球影响力的蓝色科技创新中心。

为此,提出组织实施海洋科技创新领航工程、新兴产业支撑引领工程、科技惠民品质提升工程、企业创新能力提升工程、科技成果转移转化工程、科技服务业态培育工程、高端创新资源集聚工程和知识产权创新保障工程"八大工程",加快关键技术攻关,强化企业主体地位,促进产业能级提升,促进科技与经济结合,促进民生改善,构建较为完善的科技创新体系,培育新的经济增长点,打造青岛经济升级版。

(一)海洋科技创新领航工程

统筹协调海洋科技创新资源在蓝色硅谷核心区、西海岸新区和红岛高新区的布局,

全力促进海洋创新要素整合集聚,推进青岛海洋国家实验室、国家深海基地等国家级开放式综合创新平台建设,构建全球海洋科技创新网络;重点突破船舶与海洋工程装备制造、海洋生物医药、海水种苗与健康养殖、海洋电子信息、海洋新材料、深海技术装备、海洋新能源、海水淡化及综合利用、海洋环境监测与生态保护等领域核心关键技术,培育壮大海洋科技产业,形成链条完整、特色鲜明的现代海洋产业体系。

(1) 核心关键技术与创新资源建设。

船舶和海洋工程装备制造。突破设计和总装制造关键技术,重点发展海洋工程装备、高端船舶及关键配套设备。开发深水钻井平台、浮式生产储卸装置(FPSO)、水下生产系统、海洋科考装备、深海资源开发等海洋工程装备;发展大型油轮、大型集装箱船、液化天然气船(LNG)、军用舰艇、特种船舶等高端船舶;研制动力定位系统、集成控制系统、船用中低速柴油机、船舶压载水处理装备、通讯导航系统、电力推进系统、甲板机械等关键配套设备和系统。推进中乌特种船舶研究设计院、中船重工青岛海洋装备研究院、中挪深海工程设计院、海工装备孵化器、TSC集团海工装备和页岩气产业基地、海洋装备产业园等建设。引进培养3~5个海洋工程装备人才团队。

海洋生物医药及制品。围绕海洋药物先导化合物与创新药物、海洋高端生物制品开发,重点开展海洋药用生物新资源挖掘、海洋天然产物高通量活性筛选、海洋药物先导化合物靶向发现、海洋创新药物及现代海洋中药等开发,研发用于重大疾病防治的海洋药物、新型疫苗和诊断试剂、现代中药等;突破新型海洋生物功能材料改性、新型海水养殖动物疫苗研发、海洋绿色农用生物制剂产业化、高附加值海洋生物酶制剂等关键技术,开发海洋生物功能材料、农用制品、食品、保健品及化妆品等海洋生物制品。加快建设海洋药物研究开发院、国家海洋生物医药工程技术研究中心、公共生物技术服务平台、动物用生物制品研发中试服务平台、青岛生物医学工程与技术孵化器、海藻生物产业孵化器和蓝色生物医药产业园。

海洋新材料。突破浪花飞溅区复层矿脂包覆技术、高效牺牲阳极阴极保护、海洋生物污损防治技术、海洋平台阴极保护监测、3 000 m级钛合金耐压结构技术、海藻酸钠深加工等关键技术,推进舰船及海洋工程防腐防污新涂料、环保型树脂、抗菌防污剂以及防污涂料、水性化系列海洋涂料、深水耐压浮力材料、耐蚀合金材料、耐压密封防水材料等研发与产业化,发展海洋新型防护材料、海洋化工材料和海洋深潜材料三大产品系列。建设国家海洋新材料工程技术研究中心、中船重工海洋新材料研究院、日东电工海洋防腐研发及产业化基地、明月集团海藻纤维产业化基地。

海洋电子信息。重点在船舶电子、海洋仪器仪表和海洋通信等领域实现突破。开发基于北斗卫星导航系统的船舶通信和导航设备、智能微小型海洋动力参数传感器、海洋生态参数传感器、水下焊接材料及设备、海洋遥感探测设备、海洋生态监测设备、基于4G技术、水下声学等的海洋专用通信设备以及军民两用高端通信器材等产品。建设海洋仪器装备国际合作研发中心和国家海洋设备质检中心,引进培养2~3个海洋电子信息高层次创新团队。

海水种苗与健康养殖。开展分子育种养殖技术、海洋动物饲料、生物技术农药(无残毒杀虫剂、植物促进激素、海洋前列腺素等)研究,重点发展高端优质海产品的育种、病害防治、工厂化养殖等技术,着力发展优质农产品良种培育及病害防治等技术。重点支持高端优质海珍品工厂化养殖、育种,禽畜疫苗、生物农药、动物药剂和诊断试剂等项目。建设海水种苗养殖产业技术创新平台、青岛正大海洋科技研究院、青岛国家海洋科学研究中心水产种苗产业化基地、高档海水苗种繁育基地、工厂化养殖示范基地、蓝色粮仓科技发展基地。

海水淡化及综合利用。重点发展海水淡化装备和海水综合利用技术。研发低成本反渗透海水淡化膜材料及膜组件、浓海水综合利用纳滤膜产品及工艺、超大型膜法海水淡化系统集成和安全供水、正渗透海水淡化系统及工程技术、大型低温多效蒸馏海水淡化装置以及高压泵、能量回收装置等关键配套装备,海水直接利用、海水资源提钾、提溴、浓海水资源化利用等关键技术。建设反渗透膜生产基地、中空纤维超(微)滤膜与水工业装备产业化基地。

深海技术装备。重点发展深海运载装备以及拖曳类、调查类、取样类设备。研发浮力驱动的新型自治水下机器人(AUV)、3 000 m 深海水下滑翔机、水下推进器、全海深环境模拟与检测装置技术、声学拖曳系统、连续浮游生物记录仪、声学多普勒测流仪、温盐深剖面仪、深海底采样平台及其控制技术、全海深(万米)监测取样 Lander 系统等。加快推进国家深海基地、观测海洋学与深海研究中心、中船重工青岛深海装备试验基地建设。引进培养 3~5 个深海技术及装备高层次创新团队。

海洋新能源。突破海上风电场建设、大模块化百千瓦级波浪能发电、复合型越浪式波浪能电站、微藻生物柴油等技术,开发大型海上风电机组、与海岸工程相结合的波浪能发电装置、兆瓦级的潮流发电机组及设备、温差能发电成套装备、海洋能集成供电系统等产品,建设国家海洋新能源工程技术研究中心。

海洋环境监测与生态保护。加强海洋环境监测和海洋生态保护,研发胶州湾近海环境监测系统,近海环境养殖污染监测、控制及修复技术;建立西太平洋-南海的"透明海洋"、海洋牧场和海洋生态补偿机制。健全海洋科考船、大型实验仪器设备及海洋科学数据等海洋科技创新资源的共享体制机制,建成开放协作、特色突出、高效运行的海洋大型科学仪器设备共享平台。

(2)示范工程。

军民融合示范基地。依托大型军工集团驻青研究机构、重点实验室,以及地方军工企业和海尔、海信等有实力的企业,重点突破船用电力推进系统、特种船舶、军用海洋水文气象装备、无人艇、军用潜标及水下机器人、4G 军用北斗安全加密信息终端、北斗卫星导航系统、氟橡胶材料、军用吸波材料、轮边减速器及转向节总成用自紧油封及防尘罩、大型舰船用高压双向密封件、高速牵引回撤系统、海军战场战位急救包和海军单兵救生系统、羟基自由基空气净化等军民融合关键共性技术,并实现产业化。加快古镇口军民科技融合创新示范园等军民融合科技创新基地和平台的建设,打造特色鲜明、技术高端的军民两用技术创新与转移示范区。

海洋能示范基地。开展 500 kW 海洋能独立电力系统示范工程,突破海洋能装备长期运行的关键技术与核心问题,实现海洋能的规模化开发利用,建设海洋能综合示范与测试基地。

(二)新兴产业引领支撑工程

在新形势、新常态、新科技革命孕育兴起的大背景下,面向创新驱动和转型升级发展的需求,立足青岛战略定位,着眼科技前沿,聚焦新一代信息技术、先进装备制造、新材料、生物技术、新能源和节能环保等六大重点领域,加快核心关键技术攻关,延伸产业链,构筑创新链,提升价值链,引领支撑经济社会快速发展。到2020年,全市国家高新技术企业达到2 000家,战略性新兴产业年总产值超过5 000亿元,新兴产业占工业总产值比重超过50%。

1. 新一代信息技术

依托数字化家电国家重点实验室、数字多媒体技术国家重点实验室、公共云计算服务平台等研发服务平台,重点开展新型显示、新一代网络通信及终端设备、高端通用芯片及行业基础软件、卫星导航与惯性导航、物联网、微电子与集成电路、云计算与大数据、电子商务与现代物流等关键技术研究,实现信息器件向网络化、高速化和微型化方向发展。

(1)核心关键技术。

新型显示。突破激光显示高可靠性、低成本、长寿命等技术;掌握裸眼、非裸眼、真三维和全息等三维显示的节目源、发射、传输、接收、显示等集成技术;研发有机发光显示的发光材料、薄膜晶体管阵列等关键核心技术;开展电子纸和场致发射等前沿显示技术研究。

微电子与集成电路。重点发展激光元器件、高光谱成像探测器、光通讯模块、太赫兹器件研发和制造技术,以及极大规模集成电路制造技术及成套工艺;着力培育应用电子及消费类电子产品芯片设计、制造、封装、测试技术;加快开展基于片上系统(SoC)的整机设计和产业化研究,开发采用先进技术的片上系统(SoC)芯片。

物联网。重点发展高端传感器、MEMS、智能传感器和传感器网节点、传感器网关,超高频RFID、有源RFID和RFID中间件产业等,以及物联网相关终端、设备、软件和信息服务。

高端软件及网络信息服务。重点发展智能嵌入式软件、高端软件服务外包、企业移动电子商务、移动电子政务,移动农业信息服务、虚拟现实与视景仿真、动漫产品制作等的设计开发。

(2)示范工程。

云计算示范工程。突破高效能海量(EB)级存储、大规模并行处理等技术,推进云计算应用服务开发和运行环境、用户信息管理、运行管控、安全管理与防护的研发和技术创新。建设公共云计算服务平台、绿色云计算服务中心、电子政务云计算中心、中国联通青岛云计算中心和青岛软件科技城云计算中心等云计算应用支撑平台,培育发展云计算应用和服务产业。

智能交通示范工程。物流网技术可应用于智能交通、智能监控、手机支付和导航等。

在智能交通领域,有效结合导航定位与视频监控。促进全市物联网产业快速发展。

(3)创新资源建设。

加快建设青岛市软件与信息服务公共研发平台、国际动漫游戏产业专业技术服务平台等,引进培养5个高端研发团队。

2. 先进装备制造

在智能制造装备、轨道交通装备、新能源汽车、机械装备、航空航天装备等领域,依托高速列车系统集成国家工程实验室(南方)、山东省工业控制技术重点实验室、山东省机器人与智能技术重点实验室等研发平台,重点突破先进制造关键技术、先进制造模式技术,装备数字化技术,制造过程自动化技术,数字化设计、制造与管理技术,绿色制造及微纳制造技术,流程再造技术等。

(1)核心关键技术。

智能机器人。重点支持智能工业机器人整体设计及集成制造、水下机器人、服务机器人,以及机器人用伺服电机、驱动器、控制器、传感器等核心部件研发;加快建设工业机器人公共研发服务平台、智能机器人工程技术研究中心和服务机器人示范应用平台;推进青岛国际机器人产业园建设。

轨道交通装备。大力发展时速350千米及以上动车组相关产品和技术,研制和发展新型高附加值城市轨道交通车辆及相关零部件配套系统,推动产品向高端化发展。抓好高附加值机车、牵引控制系统和网络监控系统、铁路专用变配电产品、轨道交通综合监控系统、动车组核心关键配套产品、城市轨道交通车辆制动系统以及再生制动能量储存利用系统等产品的研发生产。

智能制造装备。研究开发智能基础共性技术、智能测控装置与部件技术、智能制造成套装备技术等智能制造关键共性技术;发展3D打印技术及装备,以及智能传感器、五轴数控机床等智能制造关键装备。

新能源汽车。突破动力电池系统、动力控制系统以及新能源汽车共性技术等新能源汽车发展瓶颈,重点发展电池正负极材料、电解液、隔膜及大容量锂离子电池制造技术;研究纯电动力能量管理系统、电池系统综合管理、电机和电子控制与智能技术;研制电机变速箱总成、轮毂轮边电机驱动等燃料电池汽车的关键基础器件;开发纯电动汽车整车技术和样车。

机械装备和航空航天装备。重点开展合成橡胶生产设备、数字化轮胎成套装备、检验检测设备和新型纺织机械的研制。突破制约直升机设计制造、航空新材料及其零部件制造和航空设备及系统配套设备产业化的关键技术。

航空航天装备。重点支持直升机设计制造、航空新材料、航空轮胎、航空零部件设备制造等。

(2)示范工程。

新能源汽车试点示范工程。加快基础设施与示范(充电桩)等技术的研究,推进国家新能源汽车试点示范工程,加大引进和培育力度,完成新能源汽车推广目标,实现青岛市新能源汽车整车制造领域零的突破,带动电控、电池及相关材料产业的快速发展。

(3)创新资源建设。

加快建设西安交通大学青岛研究院、吉林大学汽车研究院等,引进培养8个高端研发团队。

3. 新材料

在高性能复合材料、合成橡胶材料、半导体照明材料、特种金属材料和纳米材料等领域,依托轮胎先进装备与关键材料国家工程实验室、橡塑材料与工程省部共建教育部重点实验室、国家橡胶与轮胎工程技术研究中心等研发服务平台,重点突破高性能复合材料、光电电子材料、纳米材料、特种金属材料、信息功能材料、超导材料、生物医用材料、能源材料、生态环境材料等的合成和产业化关键技术。

(1)核心关键技术。

高性能复合材料。研究开发高性能碳纤维、超高分子量聚乙烯、水处理反渗透膜、特种分离膜等材料的原料制备、工业化生产及配套装备等共性关键材料和技术,发展风电叶片、高压容器、复合导线等专用材料,加快在新能源、高速列车和海洋工程等领域的应用。

先进高分子材料。扩大反式异戊橡胶、顺式异戊橡胶及相关弹性体等生产规模,加快开发丁基橡胶、耐寒特种橡胶和耐高、低温特种橡胶等新品种,积极发展专用助剂,加强为汽车、高速铁路和高端装备制造配套的高性能密封、阻尼等专用材料的开发。

特种金属材料。研究开发高性能钢、高温合金及金属间化合物、铝镁基轻合金、结构钛合金。重点开发耐高温、耐腐蚀、耐磨损、高轻质的新型高强合金(铝、镁、钛等)材料及其结构件的生产技术;积极发展超导金属材料及其应用生产技术;加快镁合金结构件、超导线材、非晶带材等产品的研发生产。

新一代光电材料。研究开发先进激光材料、柔性显示材料、光学薄膜关键材料、电气绝缘材料等,提高蓝光、紫外LED外延片生长及应用技术。

纳米材料。重点开展纳米线、纳米管等纳米材料制备技术,纳米材料在复合材料中的分散技术,非晶及纳米合金等纳米材料的制备和应用研究。

(2)示范工程。

石墨烯产业示范基地。重点支持低成本、低缺陷、大尺寸的高品质石墨烯制备技术、石墨烯新产品的研发应用,加快建设石墨烯科技创新园,推进青岛高新区国家石墨烯产业创新示范基地建设。

(3)创新资源建设。

加快中科华联高分子材料孵化器、LED研发中心、南墅石墨产业孵化器和青岛市非晶合金重点实验室等研发服务平台的建设,引进和培养8个高端研发团队。

4. 生物技术

围绕生物医药、生物制造和农业生物技术,依托山东省糖科学与糖工程重点实验室、国家动物用保健品工程技术研究中心、山东省海藻多糖提取与应用工程技术研究中心、山东省生物农药工程技术研究中心、山东省海洋药物工程技术研究中心、青岛市酶制剂制备与生物催化重点实验室等研发服务平台,重点突破良种选育、海洋生物活性物质、生物酶、精细化海藻化工等领域的关键技术。

(1) 核心关键技术。

生物医药。重点开展天然药物与保健品、基因工程药物和心脑血管病、代谢性疾病等重大疾病合成药物的创制,以及肿瘤、遗传疾病等重大疾病早期诊断试剂的研发。通过结构和组方优化,开展活性物质主要药效学研究,进行有效性、安全性等临床前研究和Ⅰ、Ⅱ、Ⅲ临床研究。

生物制造。重点突破生物基化学品,如医药中间体、农药中间体等精细化学品和长链醇、多元醇、有机酸等大宗化学品的合成技术;重点开展新菌种工业酶制剂、食品工业酶制剂、饲用酶制剂、能源用酶制剂等新型酶制剂和工业用功能微生物菌剂,食用、药用微生态制剂等微生物制剂研制及生产工艺开发。

农业生物技术。重点突破动物用疫苗及诊断试剂(如基因工程动物疫苗、新型疫苗佐剂和乳化剂、重大动物疫病诊断试剂盒、大菱鲆细菌病诊断试剂)、生物农药和肥料(如功能生物有机肥、生物源(寡糖类)农药、农业面源污染生物修复及制剂)、生物反应器(如转基因山羊乳腺生物反应器)、饲料添加剂(如霉菌毒素脱毒剂、替代抗生素添加剂)等产品产业化关键技术。

(2) 创新资源建设。

加快建设青岛大学创新药物研究院、生物医学工程与技术公共研发服务平台、生物医药产业技术研究院、青岛生物医药公共检测服务产业园、山东省检验检疫局检验检疫技术中心高科技综合检测服务基地等平台和孵化器,引进和培养6个高端研发团队。

5. 新能源

围绕太阳能、风能、生物质能的利用,依托中科院生物能源与过程研究所、山东省生物燃油工程技术研究中心、青岛科技大学新能源与环保科技研究所等研究机构和平台,重点突破光伏太阳能高效利用,风能、生物质能源、太阳能和智能电网开发等关键共性技术。

(1) 核心关键技术。

储能电池。重点开发满足纯电动汽车动力需求的高性能动力型锂电池正极、负极、隔膜制备技术,研究动力型锂离子电池设计组装技术及电池组组装管理;开展燃料电池制备研究;推进青岛储能产业技术研究院建设。

高效光伏太阳能利用。研究开发非晶硅太阳能电池、CIGS(铜铟镓硒)、染料敏化薄膜等太阳能电池制造技术和高效、低成本光伏电池等太阳能发电技术。开展分布式太阳热发电、光伏建筑一体化、太阳能级多晶硅半连续冶金制造技术的研发、光伏农业的试点示范工作。

风能装备。开展大容量并网型风电装备制造技术研发,提高风电控制系统、变桨控制系统、偏航系统以及轴承、叶片等关键零部件配套制造技术的开发能力,研制生产

7兆瓦级风力发电机组。

生物质能源。重点开展多组分多相微乳化生物柴油混合燃料技术、低成本纤维素酶、纤维素制乙醇和微藻生物柴油的研发；大力发展大型生物质能沼气工程技术和设备，研制大型自动化秸秆收集机械、以有机废弃物为原料的小型可移动沼气提纯罐装设备、节能型生物质废弃物干法厌氧发酵装备。

智能电网。重点开展智能电网输配电技术、超导带材、高饱和磁通密度铁基非晶带材及智能电网传感、测量和控制等关键共性技术研究。

（2）示范工程。

生物质能源利用示范工程。开展农村有机废弃物综合整治技术集成创新、城乡一体化农业生物质燃气生产与利用、10万吨/年生物柴油项目等试点示范工作。

新能源热泵示范工程。支持热泵成套技术设备产业化，推广地源、水源和空气源等低品位清洁新能源热泵应用。

（3）创新资源建设。

加快太阳能光伏科技企业孵化器和昌盛日电光伏农业研究院建设。

6. 节能环保

围绕工业流体节能与污染控制省部共建教育部重点实验室、山东省臭氧工程技术研究中心等研发平台，重点突破高效节能技术装备、新型环保设备、绿色建筑和资源循环利用等领域的关键技术，加快青岛市固体废物资源化工程技术研究中心等平台的建设，加强技术的集成和推广应用，提高节能环保领域技术能力。

（1）核心关键技术。

高效节能技术及装备。加快发展有自主知识产权的节能型商用电源、照明、取暖等设备，重点突破节能家电、绿色建筑材料、生物质锅炉、高效节能锅炉窑炉、高效电机和空压机、高效储能装置的开发生产和余热余压利用、节能监测、能源计量等关键技术；开展建筑节能改造、绿色建造规范和标准体系的制定等。

新型环保设备。重点开展赤潮、海上油气污染和海洋风暴潮等海洋环境灾害的监测、防控、应急处理技术的研究；着重发展大容量智能臭氧设备、海上溢油回收成套设备、车载制氧机、大气及水域污染自动监测、污染防控等技术和设备的研发生产。

资源循环利用产业。重点开展再制造技术、固体废物综合利用、再生资源利用、餐厨废弃物资源化利用、农林废物高效利用等技术的研究。

（2）示范工程。

资源循环利用示范工程。实施大宗固体废物大掺量高附加值利用、废弃电器电子产品资源化利用、废旧车用动力电池及蓄电池回收处理和利用、汽城市及产业废弃物的生产过程协同资源化处理等项目的试点示范工作。

（3）创新资源建设。

加快青岛市固体废物资源化工程技术研究中心等建设。

（三）科技惠民品质升级工程

实施科技惠民品质提升工程，围绕人口健康、智慧城市、现代农业、社会管理、环境保护与治理等方面，着力开展关键技术攻关，建立科技企业孵化器、创业中心、产业技术创新技术战略联盟等科技创新创业载体，构建服务于民生的科技工作体系，积极培育发展民生科技产业，大力提高科技创新对民生领域的支撑引领作用。

（1）核心关键技术与创新资源建设。

人口健康。围绕临床医学、基础医学与预防医学和现代中医药领域，重点开展心脑血管疾病、代谢紊乱性疾病等重大疾病的诊断，儿童多发疑难疾病诊断治疗，肿瘤预防与诊断治疗，流感、手足口病、出血热、性传播疾病等重大传染病的预防与治疗，出生缺陷诊断治疗，重要环境污染物导致生殖健康疾病诊断治疗；开展耐药性病原菌和新发传染病等重大疾病的预防控制与诊断治疗，基因变异和耐药机制研究，海域环境污染与青岛市多发疾病相关性研究，妇女儿童精神、心理疾病的干预与康复等研究；开展重大和多发疾病的中医和中西医结合治疗，中药药效、制剂基础研究及中药产业化质量控制等研究。加快建设生物医学工程与技术公共研发服务平台、自身免疫性疾病和神经退行性疾病药物临床试验技术平台、青岛市公共检测平台、区域协同医疗信息服务共享平台、临床医学研究中心和转化医学研究中心、临床试验和技术支持服务平台、青岛蓝色生物医药产业园和生物医药公共检测服务产业园。

现代农业。以现代种业和病虫害防治为重点，开展花生、玉米、蔬菜、茶叶等新品种良种选育，以生态烟叶为核心的现代农业种植模式研究与烟叶生态村建设，苹果矮砧苗木快繁与集约化栽培新模式配套技术的研究、示范及推广，蔬菜良种丸粒化包衣技术及成套设备研发，应用雄性不育系技术选育开发顺直大果辣椒新品种的研究，病虫害防治、生物农药、新型微量高效植物源肥料增效剂研发，植物源杀虫杀螨剂氨基香豆素的研发与产业化。加快建设青岛大沽河流域国家农业科技园区和西海岸现代农业示范区。

社会治理。在公共安全、食品安全、生产安全三个方面，开展公共安全风险评估与监测、情报信息研判、网络虚拟社会安全防范与管控，食品危险性评估与溯源、快速预警系统、安全食品控制、食品安全市场准入、实验室和现场快速检测等的技术、装备和标准研究；进行重大危险源企业与高危行业风险识别、多参数传感器及视频监控、事故发展及演化预测、事故预警与防范、应急管理流程设计等研究；搭建基于云计算模式的公共安全预警监测、信息报告和应急管理网络、食品药品安全性评价检测公共研发平台、重大危险源安全监控系统，建立食品安全溯源技术体系和示范基地。

环境保护与治理。围绕空气污染控制与治理、水污染控制与治理、土壤污染与修复三个方向，开展PM2.5等有毒有害物质排放监测、大气污染控制、有毒有害污染物防治与安全处置、浒苔监测防治与高值化利用、重金属废水污染防治、污水处理、近海水环境生态健康评价与生态修复、海洋溢油原位修复、电子电气产品有毒有害物质替代与减量化、重金属污染治理与土壤生态修复等的技术研发。建立工业废弃物循环利用等工程技术研究中心。

(2) 示范工程。

智慧城市示范工程。推进国家智慧城市技术和标准试点城市建设,围绕智慧城市运行管理和智慧民生服务,开展智能社区、智能家庭、快速公交智能系统、绿色农产品溯源系统、智能医疗等应用示范,建设"智慧青岛"。

(四) 企业创新能力提升工程

企业创新能力提升工程以大型企业研发活动骨干作用的进一步发挥和科技型中小企业的培育为重点,整合各类科技资源,优化创新创业环境,使青岛市企业技术创新主体地位更加凸显。到2020年,企业研发投入占主营业务收入的比重持续提高,国家级企业重点实验室、工程技术中心150家以上,科技型中小企业10 000家。

1. 进一步发挥大中型企业的技术创新骨干作用

支持大型企业创建国家认定企业技术中心、国家重点实验室、国家工程技术研究中心、国家级工程中心(实验室),鼓励建立院士、专家工作和博士后科研工作站以及各类新型研发组织。大力实施企业研发中心培育计划。到2020年,大中型骨干企业普遍建有企业研究开发中心,高新技术企业普遍建有省级以上工程技术研究中心、技术中心、企业重点实验室等研发机构。引导企业完善创新投入制度,落实国有企业研发投入视同利润的考核措施,国有资本经营预算应当安排适当比例的资金用于国有企业自主创新并逐年增加。

2. 加快培育科技型中小企业

深入实施"千帆计划"(表3),整合各类科技资源,优化创新创业环境,加快培育一批拥有自主知识产权、创新能力强、成长性好的科技型中小企业,带动形成一批高新技术产业和战略性新兴产业集群。深化科技金融融合发展,创新科技金融产品和服务模式,解决中小企业融资难、融资贵的难题。探索实行科技创新券制度,对科技型中小企业购买创新服务、购置研发设备、开展技术合作等给予支持。加强高新技术企业培育和认定服务,不断壮大高新技术企业队伍。

表3 "千帆计划"支持政策细分表

序号	支持方向	具体政策
1	财政资金支持	通过科技资本运营公司以出资参股、出资引导等方式,广泛吸纳社会资本,组建一批科技金融机构和投资基金,重点支持企业首投、首贷、首保。
		债权融资、投资基金规模均达到100亿元,全方位支持企业融资发展。
2	在孵企业	对优秀初创企业给予50~300万元启动资金支持。
		对孵化器按在孵企业数量给予一定比例房租补贴。
		对投资于初创期企业的投资机构按其实际投资额的10%给予风险补助,最高50万元。
		为企业开展研发与成果转化提供低息贷款,给予放贷银行一定比例的利息补助,单个银行年最高1 000万元。

续表

序号	支持方向	具体政策
3	科技信贷风险补偿资金	对银行、融资担保等金融机构为企业贷款发生的信贷损失给予一定比例补偿,单一机构年最高补偿1 000万元。
		加大风险补偿金池规模,重点支持企业首贷和信用贷款。
4	科技保险	鼓励企业购买责任保险、财产保险、保证保险、信用保险、意外和健康保险等科技保险系列产品,对保险公司发生的赔偿损失给予一定比例补偿。
5	企业研发投入	建立企业研发信息管理系统,加强宣传辅导,指导企业规范研发费用财务管理,用足用好企业研发费用税前加计扣除政策。
		对企业当年加计抵扣确认研发费用给予不超过10%的奖励,年最高奖励100万元。
6	高新技术企业	对通过高新技术企业认定或首次申报未通过的企业,按申报过程中实际发生的中介服务费用分别给予40%、60%的补贴,最高补贴10万元。
		切实落实高新技术企业所得税减免等税收优惠政策,每年向社会公示各区(市)政策兑现情况。
7	企业创新国际化	鼓励企业走出去建立海外研发中心,对收购海外研发机构的给予补助。
		支持企业联合海外知名企业、高校和科研机构来青设立研发中心,或通过国际技术转移开展科技合作。
8	企业承接技术转移	企业购买高校、科研院所技术成果的,按技术合同交易额的10%给予补助,年最高补助30万元。
		鼓励中介机构为企业提供技术转移服务,按服务量给予定额后补助。
9	专利	引导和支持知名专利运营机构对科技成果进行专业打造,通过专利许可、转让等方式,实现专利市场价值。
		支持企业购买专利质押履约保险,对保险公司保险费前三年分别给予一定比例的补助,单个项目年最高补助8万元。
10	技术交易	企业在获得财政科技资金资助后,应到青岛蓝海股权交易中心展示,对挂牌企业优先给予科技金融支持,对开展融资活动的给予一定风险补偿。
11	共享研发公共服务平台资源	对企业使用大型科学仪器共享协作平台发生的测试费用给予20%的补贴。
		鼓励企业通过融资租赁方式取得研发服务设备,对发生的融资费用(租息和手续费)给予20%补贴,年最高补贴50万元,最多补助3年。
12	创新创业	鼓励高校院所开办创业学院,通过创业教育、创业训练等多种形式,对创业者及高级管理人员进行管理、金融、营销等专业培训,培养一大批懂科技、善经营、悉金融的新型企业家。

3. 加快构建产业技术创新战略联盟

围绕全市重点产业和战略性新兴产业发展需求,探索建立企业主导产业技术研发的机制,支持企业牵头联合高校、科研院所建立产业技术创新战略联盟。优先支持联盟申报各级科技计划项目,重大科技产业化项目原则上由联盟承担。

4. 加强高校、科研院所对企业创新的支持

支持高校、科研院所设立市场导向、机制完善、运行高效的技术转移转化机构。鼓励高校、科研院所科研人员开展科技创业或到企业进行有利于本职工作的兼职活动,所得收入归个人所有。鼓励高校、科研院所将从事科技创业、兼职活动所取得的业绩作为职称推荐、岗位聘用、绩效考核的重要依据。

5. 加快公共研发服务平台建设

加快建立健全技术创新、工业设计、质量检测、知识产权、信息网络、电子商务、创新孵化、企业融资、人才培训等公共服务平台,为中小企业提供全方位与全过程的创新服务。在高端装备制造、新信息、新材料、新能源、新医药和海洋开发领域,建设一批国内一流、达到国际水准的市级公共研发服务平台。

(五)科技成果转移转化工程

科技成果转化促进工程以全面推进科技成果转移转化体制改革为动力,以完善技术转移体系、激活大学科研机构创新活力、繁荣技术市场、强化科技金融支撑为重点,实现科技成果和技术产品化、商业化和资本化,加快科技成果转移,促进科技与经济紧密结合。到2020年,技术合同交易额达到200亿元,年均增长超过14%。

1. 推动科技成果的使用权、处置权和收益权改革

鼓励高校和科研院所等事业单位科技人员在岗或离岗转化科技成果、创办或服务科技型企业,支持科技人才在企业、高校、科研院所之间流动或双向兼职。制定导向明确、激励和约束并重的评价和奖励标准,充分调动科研单位和科研人员的积极性、创造性。

2. 完善技术转移转化服务体系建设

围绕重点产业领域技术需求,在现有蓝海技术交易网建设的基础上,借助"互联网+",通过线上线下、网内网外的有机融合,汇聚各地资源,搭建协同创新平台,为科技成果供、需、中介三方打造成果转移转化整合方案。积极推进由政府出资引导的公共技术服务平台、中试熟化平台的建设,鼓励高校、科研院所、企业、产业联盟、工程中心等组建产业中试基地并开展中试和技术熟化等集成服务。协助各区市组建具有区域特点和行业特色的子平台体系,通过市场化运营,解决技术交易信息不对称问题,降低技术交易综合成本,探索技术成果、技术需求挂牌交易机制,推行成果标准化评价,打造全国知名、海洋特色鲜明、高度活跃的独立、公正、开放、高效的第四方服务平台。

3. 创新技术转移服务模式

探索科技成果转化基金管理运营模式,通过转化基金扶持政策的出台,以"做市商"的方式,探索科技成果转化技术转移制度新模式,改变技术项目融资难,资本寻找项目难的局面。制定科技成果挂牌交易规则和科技成果作价入股技术合同规程,规范青岛技术交易市场的交易合作行为,推出技术转移机构"主协调人(TMC)"的商业模式。充分发挥科技中介和技术经纪人的作用,探索科技成果集中拍卖规则。

4. 加强科技成果转化人才队伍建设

尝试市场化的运作方式,由行业服务机构组织,全面开展科技中介机构、技术经纪人和科技成果评估师的培训、认定和考核,打造培养复合型的科技成果转化人才队伍。

建立一批科技特派员队伍,组建由高校、科研院所研发人员组成的科技特派员队伍,按"一对一"的方式,委派到企业担任科技创新顾问。

(六) 科技服务业培育工程

按照"突出重点,市区联动,资源统筹,特色鲜明"的原则,构建以蓝色经济为核心,以家电、石化、服装、食品、机械装备、橡胶、汽车、轨道交通装备、船舶海工、电子信息等为重点的科技服务体系。到2020年,全市培育科技服务业示范项目100个,科技服务业示范企业100家,科技服务业示范基地20家,建立2至3个科技服务业集聚区,科技服务业增加值占现代服务业增加值的比重达10%。

1. 研究开发及其服务

发挥研发设计服务对提升产业创新能力的关键作用,培育集聚一批社会化投资、专业化服务的第三方研发机构,建立支撑加快产业结构转型升级的研发设计服务体系,促进专业研发设计服务企业发展壮大。推动产学研合作,鼓励成立研发服务联盟,开展技术和服务模式创新,制定行业技术标准,建立重点行业产品设计通用数据库、试验平台及设计服务平台,促进设计资源共享利用。引导重点高校、国家级科研院所与青岛市重点产业联合构建面向产业关键共性技术研发的公共服务平台和产业技术研究院,重点布局建设一批工程(技术)研究中心、企业重点实验室、工程实验室、企业技术中心等高水平研发平台,突出平台服务带动作用。鼓励和支持企业专业设计部门在壮大人才队伍,提高设计能力、完成本企业设计研发任务的同时,面向国内外承揽工业设计业务,提高市场竞争力和盈利水平,在条件成熟后与企业分离,成为面向社会服务的市场主体,独立承接研发设计任务。引进国内外著名工业设计机构,重点建设青岛工业设计园等科技服务机构,打造一批具有国际竞争力的研发设计企业和知名品牌。

2. 技术转移服务

完善科技成果转化服务体系,大力发展专业化、市场化的科技成果转化服务。鼓励社会资本建立具有科技咨询、科技评估、成果推介、创业培训、市场开拓等技术转移服务功能的机构。大力发展技术评估、技术咨询、技术转移、专利代理等科技中介服务机构,提升技术转移机构市场化运作能力,支持服务机构与企业之间探索新型技术转移合作模式。提升技术转移机构专业化、特色化功能和增值服务能力,强化产学研合作过程中技术成果的中试熟化服务。加强技术转移信息服务平台、技术合同网上登记系统和技术合同网上信息发布系统建设,提高技术产权交易信息服务能力。构建以国家海洋技术交易服务与推广中心、市技术转移中心、市知识产权交易中心等市场平台为主体,以区市、高校、科研院所技术转移机构为支撑,以各类技术经纪人队伍为基础的技术市场体系,打造国家科技成果转化服务(青岛)示范基地。推动生产力体系建设,建设国家级和省级示范生产力促进中心。

3. 检验检测认证服务

推进检验检测公共平台建设和检验检测机构市场化运营,提升专业化服务水平。加快食品药品、节能减排、海洋环保、纺织、家电、橡胶等检验检测公共服务平台建设。大力培育省级以上质检和技术中心,开展认证、计量、技术培训、标准化等服务。加强测试方法、测试技术等基础能力建设,发展面向设计开发、生产制造、售后服务全过程的分析、测试、检验、计量、标准化等服务,培育第三方质量和安全检验、检测、检疫、计量、认证技术服务。鼓励检验检测技术服务机构由提供单一认证服务向提供综合检测服务延伸。推进全市大型科学仪器设备共享服务平台建设,整合全市大型科学仪器设备及实验设施资源,配套专业技术和管理人才,构建布局合理、功能齐全、开放高效、体系完备的大型设备共享服务体系。

4. 创业孵化服务

以蓝色、高端、新兴为导向,构建以专业孵化器和创新型孵化器为重点、综合孵化器为支撑的创业孵化生态体系。建设一批战略性新兴产业专业孵化器,搭建专业化服务体系,面向跨区域创业者和高端人才提供创业服务,发现、遴选和培育具有前瞻性、成长性、带动性的"源头"企业。打造科技型企业孵化器,培育一批有发展前景的科技型小微企业。培育、支持创新创业服务新业态发展,推动投资主体多元化、运行机制多样化的孵化器建设。开展"创业苗圃-孵化器-加速器-产业基地"科技创业孵化链条建设,形成从项目初创到产业化发展一体化创业孵化服务体系。大力推广"创业导师 + 专业孵化 + 创业投资"孵化模式,提升创业成功率、孵化器可持续发展能力。进一步完善青岛市科技企业孵化器综合服务网,鼓励建设科技企业加速器,整合创新创业服务资源,加大与专业科技服务机构合作,为高成长企业做大做强提供资本、人才、市场等深层次服务。

5. 科技咨询服务

推动科技发展战略研究、科技评估、产业生态评估、科技招投标、科技情报信息等科技咨询服务机构规范有序发展,鼓励承接政府委托的科技咨询服务职能。建立共建共享的科技资源信息库,建设智能化科技信息收集、加工分析、共享应用的现代化信息网络服务平台,形成科技咨询业现代化信息网络系统,提升科技咨询服务机构服务能力。全面推进企业管理和战略咨询服务,推动本土管理咨询服务企业的品牌化、国际化发展。支持和引导信息咨询、会计律师事务所、投资和管理咨询等专业服务机构重点服务科技型中小企业。

6. 科技金融服务

统筹协调科技金融资源,搭建科技金融合作平台,探索科技和金融结合服务新模式,发挥财政资金的引导带动作用,吸引社会资本参与科技创新,拓宽科技型中小企业融资渠道,更好地满足初创期科技型中小企业融资需求。鼓励银行等金融机构在科技资源集聚地区通过新设或改造分(支)行作为从事中小科技企业金融服务的专业分(支)行或特色分(支)行。大力开展科技金融产品创新,开展科技型中小企业信贷风险补偿,引导银行等金融机构加大对科技型中小企业的信贷支持。探索知识产权质押融资新模式,推广股权质押、应收账款质押、存货质押、订单融资等创新型融资工具,开展知识产权评估、质押融资,鼓励融资性担保机构为知识产权质押融资提供担保,拓宽科技型中小企业融资渠道,更好地满足初创期科技型中小企业融资需求。

7. 科学技术普及服务

加强科普能力建设,支持有条件的科技馆、博物馆、图书馆等公共场所免费开放,开展公益性科普服务。引导科普服务机构采取市场运作方式,加强产品研发,拓展传播渠道,开展增值服务,带动模型、教具、展品等相关衍生产业发展。推动科研机构、高校向社会开放科研设施,鼓励企业、社会组织和个人捐助或投资建设科普设施。整合科普资源,建立区域合作机制,逐步形成全国范围内科普资源互通共享的格局。支持各类出版机构、新闻媒体开展科普服务,积极开展青少年科普阅读活动,加大科技传播力度,提供科普服务新平台。

8. 综合科技服务

以市场化方式整合现有科技服务资源,促进科技服务机构的跨领域融合、跨区域合作,创新服务模式和商业模式,发展全链条的科技服务,形成集成化总包、专业化分包的综合科技服务模式。促进科技与文化融合发展,加快科技服务业聚集区建设,培育一批科技服务企业和文化科技企业。加快建设国家级文化和科技融合示范基地,推动软件与信息服务公共研发平台建设。支持科技服务机构面向军民科技融合开展综合服务,推进军民融合深度发展。

(七)高端创新资源集聚工程

高端创新资源集聚工程以构建全球创新网络、引进高端研发机构、加强科技合作交流、建设协同创新平台等为抓手,加快高端创新资源集聚,促进与全球创新资源链接,统筹整合优化全市各类创新资源,为科技创新提供有力支撑。

1. 建立多主体协同创新机制

加强与中央、省有关部委和职能部门的联系,与发改委、科技部、教育部、工信部、中科院、工程院及中央直属企业和高校建立协同创新战略合作机制,构建部门协同、省市联动的协同创新协调机制,完善工作制度,积极争取国家、省科技重大专项,争取重大科技基础设施和战略性新兴产业重大项目在青岛落地。深化与驻青央企所属科研院所的创新合作,加快引进高端创新资源。统筹协调高新区、蓝色硅谷、西海岸新区区域间的发展,提升科技资源利用效率。

(1) 引进国内研发资源。推进落实与中国船舶重工集团、中国电子科技集团、中国兵器工业北化集团、中国航天科工三院的科技合作协议,引进中船重工712所、719所、航天科工35所、北京理工大学、山东大学国防科学技术研究院等研究机构和高校落户青岛。加快中科院长春应化所青岛研发基地、中科院自动化所青岛智能产业技术研究中心、机械科学研究总院青岛分院、西安交大青岛研究院、哈工大青岛科技园、天津大学青岛海洋技术研究院、中船重工710所青岛海洋装备产业园和吉林大学汽车研究院等产学研协同项目建设。

(2) 集聚国外创新资源。推进日东(青岛)研究院、中以埃克赛特孵化器等机构建设。

推进德国史太白、牛津 ISIS 创新公司、阿斯图联盟、韩国电力公社等科技服务机构落户。

2. 强化国内外科技交流与合作

加强与美国、欧盟国家等技术领先国家和硅谷等国际知名创新中心、地区的合作，大力引进国际顶尖人才团队和知名研究机构、产业组织，探索建立世界级的联合实验室和创新中心。支持企业"走出去"，与境外著名研究机构开展研发合作、参与国际科技重大合作项目、建立海外研发中心、承接国际技术转移和促进自主技术海外推广。促进区域科技协同创新合作，加强与北京中关村、上海张江、武汉东湖、深圳等区域的科技创新资源共享和产业链合作，联合孵化项目，共建协同创新产业化基地。落实与中国科学技术交流中心合作，建立起畅通的海外交流合作机制。

3. 加强协同创新平台建设

大力推进产学研协同创新，培育一批市场化导向的高校协同创新中心、产业研究开发院、行业技术中心等新兴研发组织；借鉴北京中关村等国家自主创新示范区经验，组建协同创新服务平台，鼓励产学研协同创新产业化园区建设。支持由产业技术创新联盟主导协同创新，提升联盟产学研合作水平，推进产业链、创新链的上下游对接。

4. 建立健全科技资源开放共享机制

完善科技资源共享体系，统筹协调国家、省、市、区（市）和企业科技资源，优化重点实验室、工程技术（研究）中心等各类研发基地的布局。通过合作共建、资源共享、强化服务等举措，支持高等院校、科研院所、行业协会、专业学会及其他产业促进组织为企业提供急缺人才和最新技术知识和管理知识的培训，开展交流与合作，加大科技信息和资源共享力度；进一步提升研发实验服务基地专业服务机构的服务能力，促进政府引导和市场机制的有机结合，推进科技人才、科技成果等科技资源的有序流动和开放共享，实现从"硬件"开放向"软件"开放转变。建立健全科技资源配置、使用的全程化、常规化监管体系，加快对产业共性技术的推广应用，加强行业基础性工作。支持高校、研究所、重点实验室、工程中心和企业实验室共享研发公共服务平台资源，提高企业使用共享仪器设备费用补贴比例。支持企业自主创新，探索形成政府主导、所有权和经营权相互分离的科技资源共享模式。

（八）知识产权创新保障工程

实施知识产权改革创新工程，加快提升全市知识产权创造及保护水平，促进知识产权有效运用，形成完善高效的知识产权创造、保护、运用、管理体系；大力发展知识产权服务业，培育科技服务新业态，为全市产业发展提供战略支撑和环境基础。

1. 加强知识产权创造和运用

优化专利申请资助政策，重点资助发明专利的授权、国外有效发明专利的维持。加强知识产权贯标工作，引导企业建立健全知识产权管理制度。建立知识产权监测、预警制度，围绕海洋科技产业和新兴产业，扩大实施知识产权导航试点工程，将知识产权运用嵌入产业技术创新、产品创新、组织创新和商业模式创新，推动相关产业的知识产权协同运用。加强重点领域的知识产权信息检索和专利信息分析工作,完善知识产权侵权预警和风险防范机制。探索知识产权质押融资新模式,推广股权质押、应收账款质押、存货质押、订单融资等创新型融资工具,开展知识产权评估、质押融资,鼓励融资性担保机构为知识产权质押融资提供担保。出台并完善青岛市知识产权评估准则体系,健全中小企业知识产权评估服务机制。

2. 加强知识产权保护

探索建立知识产权法院,健全行政执法与刑事司法衔接机制,提升知识产权保护意识和水平。在高新区、蓝色硅谷、西海岸新区分别开展海洋科技产业及新兴产业(部分领域)专业市场知识产权保护培育试点,规范行业或区域知识产权市场秩序。在青岛西海岸新区开展专利、商标、版权"三权合一"试点。依托中德生态园,探索建立集"申请、保护、交易、维权、仲裁"五位一体的涉外知识产权工作体系和运行机制,形成知识产权保护国际示范基地。

3. 培育发展知识产权服务业

发挥国家知识产权局专利局济南代办处青岛分理处的作用,带动中介服务机构在青集聚与发展。引进国内外高端知识产权服务机构,对科技成果进行专业打造与运营。建立完善知识产权代理服务体系,加速发展专利、商标、著作权等各类代理服务。完善以金融机构、创业投资、产业投资为主,民间资本广泛参与的知识产权投融资体系,推动金融机构拓展知识产权质押融资业务,鼓励融资性担保机构为知识产权质押融资提供担保服务,探索开展专利保险工作。建立健全知识产权法律服务体系,鼓励和引导有资质的服务机构开展法律服务,形成覆盖全社会的知识产权法律服务体系。

课题承担单位:青岛市科学技术信息研究所
课题负责人:蓝　洁
课题组成员:王志玲　燕光谱　吴　宁　周文鹏

青岛市"十三五"进一步优化创新创业环境的对策研究

一、创新创业的总体背景

(一)国际总体背景

国际上非常重视创新创业。在美国,创业型就业是本国经济发展的主要动力之一,是美国经济政策成功的核心。从1990年以来,美国每年都有100多万个新公司成立,创业者们彻底改变了美国经济,创造出前所未有的商业价值。美国为完善创业教育、融资和创业投资体系,设立美国小企业管理局(SBA)及小企业投资公司(SBIC);实施小企业创新研究计划(SBIR)和小企业技术转移计划(STTR);为创业投资行业提供税收优惠,如2000年推出的《新市场税收抵免方案》(NMTC)。2012年4月5日,美国总统奥巴马签署了旨在通过金融创新支持创业型中小企业的JOBS(Jumpstart Our Business Startups Act)法案,又称《初创期企业推动法案》。该法案的一个突出特点是大众募集,也称众投,是一种面向创业和创新型小企业的新型融资模式。众投与现有创新创业融资方式最大的不同主要有两点:一是众投使得创业者募集启动资金的方式由私募走向众募,汇集大众的力量,尤其是汇集志同道合者的力量,使得创业者募集资金的门槛和公众支持创新的投资门槛都大大降低,从而提高了创新创业的数量;二是众投将投资人和创业者的距离缩到最小,从而使得创新被大大加速,如Kickstarter网站上的一些优秀创新项目,在24小时之内就能募集到期望的资金。美国JOBS法案的颁布使得通过众投来募集资金的方式合法化,加速了资金的流动和创新型项目的产业化和市场化。

2008年华尔街金融危机爆发,影响波及全球。为尽快摆脱金融危机,持续提升美国的创新能力,将创新主体系统化连接起来,实现知识与实务以及人力与金融的高度融合,美国提出了创新的空间力量。美国科技园区协会等组织发布了《空间力量2.0:创新力量》《空间力量:建设美国创新共同体体系的国家战略》等报告,提出了"协同创新共同体"的概念。协同创新共同体主要由科技园区、私营研发企业、大学、联邦实验室等构成,美国政府在区域协同创新的过程中起了积极的作用。政府作为主要的推动力量,在美国科技创新发展史上产生巨大的推动作用,如互联网建设、原子弹等技术。美国政府作为协同创新的发起者,集中各方资源,促进各方的互信和合作交流,使企业、大学、科研机构等的合作更加密切,这在基础研究和初期合作中显得尤为重要。美国总统每年都会举办美国国家小企业周,表扬小企业对美国经济繁荣的贡献。美国小企业管理局会对做出贡献的优秀创业人士和小企业主进行表彰,鼓励小企业创新和充分利用信息技术。2009年美国政府开展的小企业周活动大力弘扬创业精神,以促进美国大量创业者和小企业的发展,从而创造就业、推动创新和促进生产力发展;具体的支持政策包括提供贷款担保、降低贷款费用、简化申请程序、开放二级市场等。

另外,美国政府高度重视小企业的创新发展,不仅建有功能完备的管理服务体系,而且设立了小企业专项扶持资金,是当今世界上扶持小企业发展力度最大的国家之一。美国政府的主要举措如下。① 建立权责统一的小企业管理机构。隶属联邦政府的小企业署(SBA),约有4 000多名工作人员,并在全美设有10个区域办公室,69个地区办公室,17个分支办公室和96个服务点。② 制定法律法规为小企业保驾护航。美国非常重视小企业立法工作,现已施行的与小企业直接相关的法律法规有12部之多。③ 始终把扶持小企业摆在突出位置。一是积极实施小企业税收优惠政策。二是开辟小企业融资多元化渠道。联邦小企业署与全美700多家商业银行签署了为小企业提供资金援助的合作计划,并利用政府订货政策在财政上给予小企业支持。三是鼓励支持小企业进行技术创新。各级政府建立的风险投资基金,优先用于小企业发展高新技术产业,对小企业设备更新准予特别折旧,对小企业购置现代化设备给予长期无息或低息贷款。四是注重为小企业办事提供便利条件。

从20世纪中叶开始,随着欧洲一体化进程的展开,欧洲各国开始纷纷制定以提升国家科技实力和国际竞争力为主要内容的创新政策。到目前为止,欧盟创新政策大体经历了三次演变的过程。第一代创新政策以推动公立研究机构的研究与发展为主要目标,以经费资助、提供试验场地和设备为主要形式。第二代创新政策,其模式从传统的线性模式转变为"学术研究界-产业界-政府"三方合作并形成良好的螺旋模式。第三代创新政策建立在第二代创新政策对创新系统的发展和理解的基础之上,将创新看作是个人、组织和各种环境因素相互作用的系统,而不是从新知识到新产品的一条直线。进一步意识到必须加强所有与创新有关的政策领域之间的相关性,随着知识经济的演进而对政策的制定和实施过程进行变革,并把创新置于每一个政策领域的中心。近些年来欧洲非常重视区域协同创新,先后出台了一系列的政策,提倡合作的"协同创新"、产学研用的"协同创新"、资源的"协同创新"以及人才的"协同创新"。

欧盟为支持中小企业创新创业,主要做法如下。第一,行政管理支持。通过简化行政程序,为兴办技术创新型中小企业和中小企业兴办新兴产业提供方便。充分利用中小企业在技术创新中的灵活性和对环境的适应性的优势,使中小企业所具有的本能创新精神得到发挥。第二,财政、税收、金融等支持,实行了风险投资或软贷款等制度,并利用私人技术创新贷款制度。例如开发服务系统,筹集私人贷款,组织科学家、投资者或金融机构共同参加的国际性会议,方便中小企业吸引投资。第三,信息服务支持。为中小企业在金融、质量、研发和技术创新等领域提供高质量的咨询服务。还推出了"合作技术研究行动"计划,鼓励和支持中小企业的参与。对两个中小企业之间的合作,在起草项目建议书时进行市场调查、项目可行性研究和合作伙伴寻找等环节所需费用,欧盟提供部分补贴,最高可达 45 000 欧元或全部费用的 75%,从而使缺乏足够研究和技术开发能力的中小企业能够从欧盟官方补助中获益。第四,资源支持。欧盟为中小企业管理人员提供在职培训,并要求各国努力改善培训系统,为培养人才创造条件。第五,技术创新成果的保护、转让和利用。加强中小企业在创新创业过程中产生的技术成果的保护,建立便利的鉴定机制和设计机制,保证中小企业的知识技术产权及其成果的利用或转让。

(二)国内总体背景

1. 国内概况

近些年来,国内非常重视创新创业。从创业大赛方面,为提高我国创新创业水平,1989 年以来,中国科协、教育部联合国内著名大学,每年举办"挑战杯"全国大学生课外学术科技作品竞赛;科技部、教育部、财政部和中华全国工商业联合会自 2012 年开始举办以"科技创新,成就大业"为主题的中国创新创业大赛,旨在提升创新创业水平、营造创新创业氛围、弘扬创新创业文化、促进科技和金融结合。

2004 年 7 月,国务院办公厅转发了科技部、国家发展和改革委员会、教育部、财政部等四部委联合制定的《2004~2010 年国家科技基础条件平台建设纲要》。根据《2004~2010 年国家科技基础条件平台建设纲要》,科技基础条件平台是创新体系的重要组成部分,是科技进步与创新的重要支撑体系。2006 年发布的《国家中长期科学和技术发展规划纲要(2006~2020 年)》,进一步强调了加强科技基础条件建设的重要性。国家"十二五"规划明确指出应当重点支持企业研发与区域科技建设,增强科技创新能力。党的十七大提出要加快建立以企业为主体、市场为导向、产学研相结合的技术创新体系。国务院 2009 年 9 号文件对大力支持企业提高自主创新能力,加快推进技术创新工程提出明确要求。为落实 9 号文件任务,科技部等六部门共同制定了国家技术创新工程实施方案并联合发布了《关于推动产业技术创新战略联盟构建的指导意见》。为加快山东产业技术创新战略联盟的建设发展,山东科技厅根据科技部等六部门《关于推动产业技术创新战略联盟构建的指导意见》,结合山东产业发展实际,以国家战略产业和山东优势支柱产业的发展为导向,以形成国际上有核心竞争力的产业为目标,2009 年出台了《山东省关于推动产业技术创新战略联盟构建的实施意见》。

为贯彻落实党的十七大提出的"实施扩大就业的发展战略,促进以创业带动就业"的总体部署,全面实施《中华人民共和国就业促进法》的有关规定,2008 年 9 月国务院办公厅转发了人力资源与社会保障部门《关于促进以创业带动就业工作指导意见》的通知,力争用 3 到 5 年时间,基本实现以创业带动就业的政策和制度。

十八大报告提出,要坚持走中国特色自主创新道路,以全球视野谋划和推动创新,提高原始创新、集成创新和引进消化吸收再创新能力,更加注重协同创新;引导劳动者转变就业观念,鼓励多渠道多形式就业,促进创业带动就业。创业可以增加就业机会,是落实建设新型国家战略的需要。

党的十八届三中全会对深化科技体制改革进行了新部署,强调要"建立健全鼓励原始创新、集成创新、引进消化吸收再创新的体制机制,健全技术创新市场导向机制,发挥市场对技术研发方向、路线选择、要素价格、各类创新要素配置的导向作用"。这既强调了今后要对科技创新体制机制进一步深化改革,又强调了这种改革的方向是以市场导向为基本原则。习近平总书记在中国科学院第十七次院士大会、中国工程院第十二次院士大会上的讲话指出要着力围绕产业链部署创新链、围绕创新链完善资金链,聚焦国家战略目标,集中资源、形成合力,突破关系国计民生和经济命脉的重大关键科技问题。2014年全国科技工作会议上,全国政协副主席、科技部部长万钢指出按照建立技术创新市场导向机制的要求,推进重点改革取得实质性突破是2014年科技工作重点任务。科技部党组书记王志刚(2013)认为,深刻认识健全技术创新市场导向机制的重要作用,全面落实相关重大举措,对于实施创新驱动发展战略,打造中国经济升级版,为实现中华民族伟大复兴的中国梦提供强大科技支撑具有重大意义。

2014年6月国务院总理李克强主持召开国务院常务会议,确定进一步简政放权措施,促进创业就业。精简了关系投资创业的34项审批事项,这有利于减少中间不必要环节,让优惠政策落地,释放市场活力;减少了社会组织业务的10项审批事项,扩大高校办学研究自主权,推动科研创新创业。

2. 青岛市背景

近年来,青岛市高度重视创新创业的发展,2011年制定了《青岛市科技创新促进条例》;2012年制定了《青岛市引进高层次优秀人才来青创新创业发展的办法》。为促进青岛孵化器、蓝色经济和战略性新兴产业专利工作,推动专利技术产业化、加强专利中介服务体系建设,提高发明专利创造能力,青岛先后出台了《青岛市人民政府办公厅关于加快推进全市专利工作发展的指导意见》(青政办发〔2012〕14号)、《青岛市专利专项资金管理暂行办法》(青财教〔2010〕4号)以及《促进青岛市专利工作发展的补充政策》等。2012年青岛市制定了激励创新创业加快科技企业孵化器建设与发展的十条政策(青政字〔2012〕76号)。2014年青岛市科技局首次组织完成《青岛科技创新政策词典》。《青岛科技创新政策词典》是目前青岛市收录科技创新政策最全、检索效率最高的科普工具书。

青岛市出台了一系列扶持创业的优惠政策。在提供小额担保贷款政策中,高校毕业生和本市失业人员、未就业退役军人、残疾人、未就业随军家属、被征地农民、返乡农民工从事个体经营的,可申请最高10万元的小额担保贷款;创办企业的,贷款额度最高不超过30万元。对申请小额担保贷款并从事微利项目的,由财政给予贴息。为鼓励和引导大学生自主创业,营造大学生创业的良好环境,青岛市人力资源和社会保障局在2010年成功创建青岛市高校毕业生创业孵化基地的基础上,2011年又在市北区泰山路新建一个建筑面积约3万平方米的青岛市大学生创业孵化中心。2011年青岛市制定了《关于实施青岛市大学生创业引领计划的通知》。2012年以来,青岛市继续进行创新,全力搭建一体化大学生创业服务平台——青岛创业大学,培训与服务并举,构建一条龙创业服务链条,探索全程化大学生创业孵化发展新模式,为创业带动就业工作的开展注入了新的生命力。青岛创业大学的建设实现了大学生创业孵化五大创新:"创业大学 + 孵化基地 + 加速器"孵化模式、"大学生创业培训四级课程体系"、"网上创业大学"创业实践平台、"政府 + 高校 + 创业大学"运营模式、企业注册绿色通道——小微企业集中办公区管理模式。在创业大学的带动下,截止到 2013 年 6 月,青岛创业大学本部和 5 所驻青高校教学点已完成建设,培训大学生 2 000 余人,成功扶持大学生创业项目 605 个,其中规模最大的是青岛航远工业装备股份有限公司的助力机械手项目,年产值 4 400 万元,年利润达 500 万元。

同时人力资源和社会保障局、科技局组织了大学生创业大赛等活动。科技部火炬高技术产业开发中心、青岛市科技局、共青团青岛市委、青岛市委高校工委、青岛市财政局、青岛市人力资源和社会保障局、青岛市工商联合会共同主办"2013 第二届中国创新创业大赛[青岛赛区]暨'软控杯'首届青岛市创新创业大赛"。2014 年 11 月成功举办第二届大学生高分子材料创新创业大赛,大赛以"创新·创业 - 中国化工新材料"为主题,吸引了来自全国 25 个省市的 130 所高校报名,参赛项目达 432 个,项目内容涵盖新材料、新工艺、新能源、节能环保、高端装备制造等,部分项目具有较好的产业化前景。本届大赛还向国际化迈进一步,吸引了俄罗斯、美国、泰国等国外高校的关注,并特邀俄罗斯沃罗涅日大学副校长尤里·布勃勒夫为国际观察员,有 3 支俄罗斯代表队参加了决赛。参赛团队通过大赛,对青岛市孵化器建设以及创新环境、创业政策等有了进一步了解,有很多较好的项目决定在青岛发展。也正是在创新创业大赛的带动下,青岛市的创新创业取得了较多成就。

二、新的经济科技形势下创新创业环境的影响因素

(一)创新创业环境的构成要素和影响因素

创新创业环境是创新环境和创业环境的总称,按照是否为实体因素,可分为硬环境和软环境。硬环境主要包括自然环境、基础设施和生态环境,软环境则主要包括国际环境、政策环境、法律环境、服务环境、人才环境、社会文化环境、教育培训和家庭。软、硬环境构成一张无形的社会网络,每一个内容都是网络上的节点,都为创新创业服务。

(1)硬环境是创新创业环境中所有有形要素的总称,属于能看得见摸得着的那部分构成要素,是构成创新创业环境的基础要素,对于创新创业有着至关重要的作用和影响。从根本上构成创新创业环境的基本格局,是在研究、改善创新创业环境时所首要注重的基本构成要素。作为物质基础,硬环境对创新创业、科技革命以及产业变革背景下的企业发展、行业发展、经济发展等起着十分重要的作用。

自然环境。自然环境是指某特定区域所处的地理位置以及不同的地域包含的不同的气候条件和资源环境。气候和资源是自然环境的两大重要组成部分。一个国家或地区的创新创业环境与其所特有的气候和资源条件密不可分。气候和资源条件会直接影

响高新技术的产生及其产业的发展,并制约着高新技术成果的转化。然而资源是否能够持续供应决定着高新技术成果是否能够稳定持续地转化为产品或服务。所以,企业在创新创业时,还必须承担企业社会责任,同时考虑环境和资源的负载能力,维护生态平衡和可持续发展。

基础设施。基础设施是企业创业所必须具备的有形设施,是创新创业的必备条件。主要包括创业所在地的道路设施、交通设施、通信设施和生活设施等,从企业自身出发主要包括厂房、办公室、生产车间、生产线等。基础设施的好坏直接决定创新创业环境的好坏,是创新创业环境的载体和物质保证,是一切创新创业活动的前提。没有优质的基础设施做支撑,其他的要素很难形成。一个地区或企业的有形基础设施越好,则创新创业环境越好。

生态环境。除了考虑基础设施外,创新创业还需要考虑一个地区的环境承载能力,需要对环境容量进行分析,因为生态环境也是构成创新创业环境的基本要素。在新的经济形势和产业变革的背景下,生态环境决定了一个地区或企业后续能否持续发展。新时代生态环境成为创新创业环境里一个越来越重要的构成要素,只有摸清环境,才能创业,才能创好业。

(2) 软环境与硬环境相对应,是构成创新创业环境的无形要素的总称。软环境通常是以非物质形态呈现出来的,其以硬环境为依托,具有硬环境所不能替代的作用。在科技革命和产业变革背景下,创新创业环境构建的重点是软环境。软环境是构成创新创业环境的关键核心要素,是创新创业环境的灵魂。

国际环境。全球经济发展的势头和发展趋势会在宏观上对人们的创业态度产生一定程度的影响。国际经济环境良好并适合创业,会激发大量的创业者;相反,国际经济环境低迷可能会削弱人们的创新创业意愿。

政策环境。政策环境是指各级政府对创新项目和创业企业的一些针对性的优惠政策,是指一系列可以激励创新创业活动的就业政策、海关政策、税收政策、金融政策等方面的规定。宽松的政策环境能够使各种要素在短时间内迅速聚集,加快推进创新创业步伐,有利于调动潜在创业者的积极性,有效地鼓励创新创业。政府可以通过对政策的把握来调控影响创新创业环境的负面因素。总之,一个地区的政策环境越好,其创新创业环境也越好。从某种意义上来说,政府政策对创新创业活动的影响是导向性的。各级政府对创新创业活动所持的态度、支持的程度都通过制度、政策层面体现出来。现有的一些调查研究发现,当政府显著降低税收后,创业者数量明显增加,占总人口的比例甚至增至原来的二倍。另外,政府增加创业补助、推出强有力的创业优惠政策等,也会刺激创新创业意愿和创业行为。当然,在创业意愿和创业能力都比较低的地区,政府还必须同时采取措施,增强人们的创业意愿,提高创业者的创业能力。政策优惠,规章制度合理便捷能够在很大程度上激励创业;相反,如果创业者需要遵守很多的规章制度,经历很繁杂的创业程序,很可能打击创业者的积极性,使创业者感到气馁,如此则不利于良好的创新创业环境的构建。

法律环境。法律环境与政策环境类似,都是由各级政府营造的。国家、省、市政府制定的各项相关的法律法规等组成了创新创业环境的重要构成要素。法律环境为创新创业活动提供强有力的保障。

融资环境。融资环境是创新创业环境中至关重要的一个构成要素,融资环境的好与坏直接决定了创新企业能否成立以及成立之后的运营和发展情况,与创业的成败密不可分。融资环境又可以分为各种渠道融资的环境,例如政府补助、财政拨款渠道,银行贷款渠道,风险投资渠道,民间众筹渠道等等。一个行业或企业融资的难易程度、融资成本的高低、融资政策的支持程度共同构成了创新企业的融资环境。

服务环境。创新创业不仅需要政策支撑和金融支持,还需要一系列的企业服务,包括信息服务、资产评估服务、专利代理服务、金融信贷服务、培训服务、经营租赁服务、交通和通讯服务等一系列综合服务。好的服务机构为新创企业提供低价的场所和设施、迅速精准的咨询管理服务、便捷的交通通讯服务等,对新创企业有非常大的帮助。服务环境是创新创业环境中比较基础的构成要素。

人才环境。人才作为创新创业的主体,是创新创业环境的重要构成要素。创业主体所拥有的商业技能和创业能力以及创业者的眼光和对市场的敏锐度,近乎是创业成败与否的决定要素。人才环境可以通过教育和培训的途径加以改善,即通过教育和培训,提高创业者的商业技能和将想法转化为现实的能力。并且,让创业者持续学习,也是提高人才素质、改善人才环境的必要方式。人才环境越好,则创新创业环境也会相应越好。

社会文化环境。社会文化环境是指在当前的社会背景下,人们对创新创业的态度和看法,主要包括价值观念、创新精神、竞争意识和创业意识等。社会文化环境是一个地区几代人甚至几十代人共同形成的特殊的文化氛围,共同的价值观念,对人们的创新创业意识有潜移默化的影响。如果一个地区的文化氛围鼓励和支持人们创业,那么可能产生一大批的创业者和创新行为。

教育培训。教育培训是在人们有了创业意识和创业意愿之后,提升创业技能和创业能力的一种重要手段,是创新创业环境的一个重大影响因素,对创新创业活动的成败有着重大影响。一方面,创业教育培训要针对在校大学生,在校期间就要学生对创业有一定的了解,并根据兴趣使之掌握一定的创业技能,对创业有着清醒的认识,不至于毕业之时迷惘盲目;另一方面,创业教育培训要面向社会,针对有一定工作经验,积累了一定技能的人群,为他们提供帮助和培训,使之创业能力整合提升,发挥到极致,提升创业的成功率。

家庭。家庭背景对人们的创业意识和创业意愿有着不可磨灭、耳濡目染的影响。如果家族中有创业的榜样,或者父母是创新创业的践行者,那么子女的创业意愿通常是比较高的。也就是说,父母的职业、家庭背景会对子女的人生观、价值观、职业观的形成有着深远的影响。有学者研究证明,企业家的子女相比行政事业单位家庭的孩子有更高的创业意向。另外,父母对子女的教育方式也是影响创新创业环境的一个因素。严厉、专制的父母对孩子的教育会形成子女"谨慎、胆小、按部就班"的性格,不利于其形成创业意愿;而宽容、民主的父母通常会培养出"大胆、创新、不拘一格"的孩子,这样的心理特点往往容易形成积极的创业态度和一触即发的创业倾向。

(二) 创新创业环境对产业和科技创新发展的作用

科技革命和产业变革背景下，创新创业环境对产业和科技创新发展起着巨大的推动作用。任何事物的发展，首先要有良好的环境和土壤，创新创业活动也离不开其所处的环境和氛围。好的创新创业环境能够从根源上带动人们的创新创业意愿和创业意识，带动人们的创业热情。良好的环境能够给创业者以信心，鼓励创业者持续地创新。另外，值得一提的是，创新创业不仅包括创新初创，还包括已创立的企业内部的二次创业，总的创新创业的大环境对企业内创业也起着十分重要的作用。良好的创新创业环境若培育出大量创新企业，那么对原有已创立企业的冲击与威胁势必会推动已创立企业进行企业内创新以谋求长远发展。如此一来，良好的创新创业环境不仅能够带动、激励整个社会的创新意识和创业氛围，培育大批的创新创业者和高新技术企业，还能间接地推动已创立企业的企业内二次创业，促进高质量的创新创业活动的产生。

人类科技的进步和创新创业活动的产生依赖于基础科学的发展。新的思路、新的科技首先来源于基础科学的不断进步。与此同时，创业活动是科技成果实现转化，是将科学技术转化成新的产品和新的服务的主要方式之一。一般来说，创新创业活动都包含着一种新的技术、产品或新的服务的产生，而新的技术、新的产品或服务又会反过来推动产业和科技创新的发展，对整个经济社会的演进与发展具有巨大的促进作用。从这个角度看，创新创业活动又能够反作用于创新创业环境，首先良好的创新创业环境带动高质量的高新技术创新与发展，新技术、新产品的出现又带动整个社会创新创业环境的优化，长此以往，形成创新创业的良性循环，创新形式的创业活动层出不穷，创新创业环境不断改善。

三、青岛市创新创业的现状及存在的问题

(一) 青岛市创新创业的现状

十八大以来，青岛市坚持"市场主导，政府引导，分类扶持"的原则，颁布了《青岛市孵化器发展规划纲要（2012～2016）》《青岛市激励创新创业加快科技企业孵化器建设与发展的若干政策》等创新创业政策，整合各类科技资源，优化创新创业环境。为加快培育一批拥有自主知识产权、创新能力强、成长性好的科技型中小企业，带动形成一批高新技术产业和战略性新兴产业集群，同时为了给转方式、调结构、创新驱动发展奠定坚实基础，青岛市采取了一系列措施。

1. 积极建设产业技术创新战略联盟等产学研合作组织

2013年，青岛市大力推动产业技术创新战略联盟的构建和发展。一是认真组织申报国家级联盟。南车青岛四方牵头的高速列车联盟和省海洋仪器仪表所牵头的海洋监测设备联盟入选2013年度国家产业技术创新战略试点联盟名单，全市国家级联盟总数达到3家。中科院海洋所牵头的海洋腐蚀联盟进入国家产业技术创新战略试点联盟重

点培育联盟名单,将优先纳入后续批次国家试点联盟。二是积极构建市级联盟体系。认定海尔3D打印、海信激光显示等10家联盟为第五批市级产业技术创新战略联盟,全市市级产业技术创新战略联盟总数达到42家。

联盟推进产学研协同创新作用明显。自2012年以来,各联盟累计承担科技计划项目1 370项,500万元以上的在研项目达109项,千万元以上的在研项目83项。项目研发资金总计29.38亿元,其中争取中央财政经费13.78亿元,占46.9%;地方财政经费2.3亿元,占7.8%。已建设国家、省、市级研发机构及各类创新平台142个;申请专利4 269件,授权专利2 259件;累计制定修订国际技术标准3项,国家标准64项,行业标准77项,地方标准26项;获得国家、省部级科技成果奖励107项。

构建产业技术创新战略联盟,需要中小科技企业进行协同创新。基于产业集群的中小科技企业协同创新模式能够促进企业发展。虽然产业集群内中小科技企业在创新过程中会遇到很多的困难,但中小科技企业如果能根据自身的情况选择恰当的协同创新模式进行新产品的研发,不仅可以弥补自身创新能力的不足,而且还会使企业的创新效率大幅度的提高。产业集群内中小科技企业可以采用企业创新联盟模式,以实现创新所需要资源的共享,完成由单个企业无法承担完成的创新。采用该种协同创新模式,中小科技企业必须具备的条件是各企业在资源以及技术方面具有互补性;在资金方面,不要求各个中小科技企业具有充裕的资金,因为众多中小科技企业可以组成联盟进行协同融资活动;在技术方面,创新联盟要求各个中小科技企业必须具备较好的专业水平和学习能力,从而可以提高创新联盟的技术水平。这种创新模式具有纵向创新联盟和横向创新联盟两种模式。纵向创新联盟模式指的是由供应链上游与下游之间企业的基于供求关系组成的联盟,横向创新联盟模式是指生产的产品具有相互替代性的中小科技企业之间组成的创新联盟。

2. 大力发展科技企业孵化器等研发平台

青岛市为激励创新创业、加快科技企业孵化器建设与发展颁布了若干政策。例如,鼓励和支持多元化主体投资建设孵化器,尤其是在用地审批上放宽条件;孵化器自认定之日起三年内,对考核合格的给予一定资金补助;对认定为国家级和市级孵化器的,分别一次性给予200万元、100万元资金补助;在孵企业被认定为高新技术企业的,每认定1家给予孵化器10万元奖励;建立天使投资引导资金,参股引导孵化器、民间投资机构等共同组建天使投资基金,为在孵企业提供不超过500万元天使投资支持;允许和鼓励在青高校、科研院所科技人员(包括担任行政领导职务的科技人员)在完成本单位工作任务前提下,到孵化器从事高新技术成果转化,参与企业技术创新,兼职兼薪。在政策的激励下,青岛市科技企业孵化器事业获得稳步发展,规模和数量不断扩大,结构不断优化。截止到2013年底,全市累计新上孵化器建设支撑项目94项,开工616万平方米,竣工409万平方米,投入使用173万平方米。2013年新增国家级孵化器2家,拥有国家级孵化器数量达到12家,在副省级城市中排第5位。新认定市级孵化器6家和孵化器资质27家。全市经认定的各级孵化器数量达到47家,包括综合孵化器22家,专业孵化器25家,孵化场地面积 144 万平方米,孵化器从业人员 764 人。自 2012 年起,孵化器新引进本科或中级职称以上人员 8 000 余人,包括院士 1 人,"千人计划"专家 9 人,泰山学者特聘专家 2 人。

3. 建立政府引导下的多元化投融资机制

青岛市 2013 年出台企业技术中心创新能力建设专项资金扶持项目申报指南,通过专项资金支持企业依托技术中心,更新完善设计、试制、检测、试验等关键仪器设备和专用软件,建设在同行业处于国内先进水平的专业实验室、中试基地等研发平台。同时提出构建多层次、多元化的投融资体系,建立以政府投资为主导的、银行和社会资本共同投资的多元化投资体制。

目前关于中小科技企业投融资困难的问题比较突出,应当通过各级监管部门和商业银行共同优化中小科技企业融资体系,才能更好促进青岛市中小科技企业的创新发展活动。相比于大中型科技企业,中小科技企业的企业规模小、抗风险能力差,具有比较高的不确定性;同时,大多数中小科技企业缺乏抵押资产,无法向银行提供有效地抵押物品;因此,中小科技企业向银行贷款困难,这严重限制着中小科技企业的发展。

为了解决中小科技企业融资困难的问题,产业集群内中小科技企业可以组成产业联盟,组建针对中小科技企业的投融资公共服务平台。这个平台可以由一些中小科技企业投融资咨询担保机构、中小科技企业风险评估机构以及中小科技企业信用机构等比较权威的机构组成,以网络为平台,方便中小科技企业与金融机构之间的信息交流。

政府制定金融支持政策。风险投资与中小科技企业之间存在着必然的经济联系,因此,政府应当制定倾向于中小科技企业的金融支持政策,加大投资力度,支持产业集群内中小科技企业发展,助推产业集群内中小科技企业快速升级。

4. 重视人才引进,完善人才队伍管理

青岛市作为蓝色经济区的龙头城市,启动了蓝色人才聚集计划,推动青岛"人才特区建设",大量引进博士、硕士,五年时间引进万名高技术产业等发展需要的优秀人才,建设青岛高层次人才创业中心,加大财政扶持力度、引导风险投资方向,重点扶持科研人员、产业技术人员、大学生和留学生带头创业,并积极推动建设人才公寓。

2014 年,青岛市大力实施"千帆计划"。千帆计划将在未来三年内重点培育和扶持科技型中小企业 2 000 家,其中,年营业收入过亿元企业("小巨人")超过 500 家,高新技术企业超过 1 000 家,带动全市科技型中小企业总数突破 10 000 家,形成千帆竞发、蓬勃向上的集群发展态势。对符合条件的高新技术企业实施一系列的扶持措施:创新财政科技资金支持企业方式;为在孵企业提供资金支持;给予科技信贷风险补偿资金支持;为企业提供科技保险支持;支持企业加大研发投入;支持企业成长为高新技术企业;支持企业创新国际化;支持企业承接技术转移;开展专利运营试点;鼓励企业到青岛蓝海股权交易中心展示挂牌;支持企业共享研发公共服务平台资源;加大新型企业家培养力度;实施企业动态管理。

具备以下 4 个要求的高新技术企业、孵化器在孵企业和毕业企业,可列入"千帆计划":符合《中华人民共和国中小企业促进法》和《中小企业划型标准规定》中关于中小企业的要求;符合国家产业政策,企业产品(服务)属于《国家重点支持的高新技术领域》和《战略性新兴重点产品和服务指导目录》的范围;企业掌握自主知识产权(专利、软件著作权、集成电路步图设计、植物新品种、新药生产证书)或专有技术;企业当年研发费用占企业总收入的3%以上。在入选条件方面,根本上是注重发挥以点带面的示范引领作用,选择培育一批拥有自主知识产权、创新能力强、成长性好的科技型中小企业。

在"千帆计划"的金融扶持政策方面,青岛市将促进科技与金融结合,加大对企业融资支持。具体来说,一是青岛市将创新财政科技资金支持企业的方式,建立财政科技投入与社会资金搭配机制,发挥四两拨千斤的作用,引导社会资本进入。根据规划,三年内,债权融资、投资基金规模均达到100亿元,全方位支持企业融资发展。此外,还将为在孵企业提供资金支持,对优秀初创企业给予50万~300万元启动资金支持;对孵化器运营机构按在孵企业数量给予一定比例房租补贴;对投资于初创期企业的投资机构给予一定风险补助;对企业开展研发与成果转化提供低息贷款的银行给予一定利息补助。

2012年,中共青岛市委组织部印发《青岛市加快引进海外高层次创新创业人才专项计划的实施意见》,紧紧围绕青岛市学科建设和产业发展需求,优先引进具有领军作用的学科带头人和项目负责人,优先引进能够在青岛市重点产业领域和关键共性技术方面实现突破的实用型人才,优先引进掌握自主知识产权、有望形成新的经济增长点的创新创业人才和团队,优先引进具有金融管理和资本运作经验的高层次管理人才。在引进人才的地域分布上,重点向各级各类高新区、加工区、开发区等经济园区和科技园区倾斜;在引进人才的行业分布上,重点向先进制造业和现代服务业领域倾斜,特别是要做好青岛市重点发展产业急需紧缺人才的配套,积极采取措施促进企业和高校、科研院所发挥引进人才的主体作用;在引进人才的专业结构上,着眼于半岛蓝色经济核心区建设的需要,结合青岛实际,在进一步强化海水良种培育、海水养殖、水产品加工等传统优势产业人才支撑的同时,重点向海洋船舶、海洋化工、海洋医药、海水综合利用、海洋新材料、海洋工程建筑、海洋装备制造、海洋矿产与新能源、海洋交通运输物流、海洋文化旅游、海洋生态环保等新型蓝色经济产业倾斜,以人才优势支撑蓝色经济发展,以人才优势争取国家蓝色经济发展重大项目布局青岛。

2008年,青岛市颁布《青岛市引进高层次优秀人才来青创新创业发展的办法》,包括拓宽引进优秀人才渠道,充分发挥用人单位主体作用,依托市级重点产业和新兴产业,利用网络媒体优势,适时组织举办优秀人才专场招聘会;鼓励用人单位灵活采用多种方式引进国内外优秀人才。除正式调动外,可采取签约聘用、技术合作、技术入股、合作经营、投资兴办实业或与国内外高校、科研院所、医疗机构合作设立技术中心、研究所和实验室等柔性流动方式引进人才;鼓励和支持企事业单位通过搭建创新创业平台,吸引国内外优秀人才来青创新创业发展。对引进的优秀科技创新创业人才,经市科技主管部门组织认定,其创业项目符合科技资金支持条件的,从市科技财政专项资金中给予30万~100万元的科研项目启动资金等支持政策。

2008年，颁布《青岛市引进高层次优秀人才来青创新创业发展的办法》，启动资金资助对象为具备下列条件的归国来青创新创业的留学人员和创新团队（不限国籍）：① 归国留学人员一般应具有海外硕士以上学历，在海外学习、工作3年以上，年龄在55岁以下；② 创业项目须符合青岛的产业发展规划和经济社会发展需求，有利于蓝色经济区、高端产业聚集区和"三个基地、三个中心"（先进制造业基地、高新技术产业基地、现代服务业基地和区域性经济中心、东北亚国际航运中心、国家海洋科研中心）建设；③ 归国留学人员和团队创办科技型企业的，须拥有与项目相关的独立自主知识产权和发明专利，且其技术成果国际先进、能够填补国内空白；创办现代服务业企业的，其主要负责人须在世界500强企业中的海外企业（或机构）工作，且具有3年以上（含3年）担任中层以上（含中层）经营管理领导经历；④ 在本市创办企业注册资本不低于50万元人民币。

5. 加强公共服务平台运行机制建设

2013年，青岛市公共研发平台建设全面启动，梯次推进，成效显著。平台建设针对不同性质的建设主体，大胆突破，积极探索以融资租赁、贷款直购、投资管理、无偿资助等不同方式的建设模式，充分发挥财政资金杠杆作用，调动社会资源积极参与。全年共启动10个公共研发平台建设，7个进入实质性建设阶段，财政资金共将投入2.53亿元，带动社会投入16亿元。其中软件与信息服务、橡胶新材料2个平台完成融资租赁程序，一期研发仪器设备投入试运行，软件与信息服务平台已为46家企业提供云通道平台服务及宽带接入等各类信息化服务；橡胶新材料平台已为10余家单位提供检验、分析等服务；海洋药物、生物技术药物、食品药品安全性评价检测3个平台进入研发仪器设备招标采购阶段，按计划推进建设；海洋设备检验、深海技术装备公共研发平台已完成立项程序，正在进行基础设施建设；特种船舶研究设计、资源材料化学、石油化工与高性能膜材料等3个平台已完成建设方案的细化与修改完善。

（二）青岛市创新创业存在的问题及制约瓶颈

1. 融资环境不理想

目前，尽管企业新的融资渠道层出不穷，青岛市融资环境仍存在一定的问题。首先，融资渠道狭窄，被普遍运用的融资方式仍较单一，大多数企业的主要融资渠道仍是银行贷款，众筹、p2p、第三方支付模式、电商金融模式等新兴的融资模式并没有被广泛应用，其运用并不灵活，不能有效地满足筹资主体的要求。中小企业融资难仍是一个大问题，在吸收社会多元化投资方面，与一些全国先进城市相比，青岛市还存在一定的差距。其次，风险投资机制不成熟。投资主体比较单一，风险投资机构主要是政府的财政部门、科技部门等创办的，风险投资的主要资本来源仍是政府的财政拨款、银行科技贷款等。由于对风险的不可预见以及对高风险的畏惧等原因，民间投资主体较为罕见，民间资本则很少进入风险投资领域。风险投资者的缺乏，风险机构的严重不足，使得初始创新成果很难筹集转化资金，创新创业举步维艰。长此以往，大大消磨了潜在创业者的士气，阻碍了创新创业的推行。

2. 服务环境有待改善

青岛市的服务环境仍有待改善主要表现在两个方面。首先,现代服务业发展相对不足。近年来,随着城市化建设的推行,青岛市的服务业发展迅速,但是与上海、深圳等大城市相比,青岛市的现代服务业还处于相对落后的状态。金融、信息、咨询、会计和法律服务等现代服务行业仍需进一步发展。这些现代服务业的落后,使得无法强有力地为创新创业提供完善的现代服务,严重影响创新技术成果的转化。

促进服务业加快发展,是减少经济发展中能源资源消耗和环境污染、加快增长方式转变的迫切需要,也是有效增加就业、扩大消费需求对经济增长带动作用的重大举措。现代服务业具有高人力资本含量、高技术含量和高附加值等特点,主要以基础服务、生产和市场服务、个人消费服务三类服务为载体。

大力发展现代服务业,必须按照其内在要求,寻求有效的发展途径。一是通过市场深化,奠定现代服务业发展的雄厚市场基础,提高社会专业化分工程度。二是通过现代技术运用及服务创新,形成现代服务业发展的良好技术基础。三是通过产业区位集聚,优化现代服务业发展的生态基础。在多样化、多层次的现代服务业集群基础上,拓展服务辐射空间,使服务价值链向外延伸。四是通过网络化架构,培育现代服务业发展的组织基础。在信息化条件下,现代服务业发展必须依赖网络化优势,服务企业要向连锁化、联盟化、集成化等方向发展,形成网络型组织结构。五是通过主动接受国际服务业的转移,促进现代服务业跨越式发展。

3. 创新文化相对薄弱

相对于温州、深圳等一些较为开放的城市来说,青岛市缺乏南方城市的创业底蕴。自古南方人就喜欢从商,而北方人则热衷于从政,几千年来遗留的创业氛围比较单薄,创新创业热情不高。人们追求安稳,厌恶冒险,这种价值观所造就的文化氛围严重阻碍了创新创业活动。

到目前为止,在青岛仍然有相当数量的企业仍认为企业的根本所在就是创造经济价值,从来没有从管理理念上有过任何改变,简单地认为企业文化尤其是创新文化是可有可无的,对企业价值没有任何实际作用,无视企业文化尤其是创新文化的正常建设,只任其自然发展。虽然一些企业明白创新文化建设的重要性,但在实际实施过程中存在很大随意性,企业的其他工作都能按照制订的年度计划进行执行,而创新文化建设根本就没有相应的年度计划。再者,在日常的企业创新文化建设过程中,一些企业只简单操作,没有详细系统的策划方案,无法建成完善的企业创新文化制度体系,并且企业领导部门对此不够重视,不将企业创新文化建设作为企业战略规划之一,也没有列入日常的工作活动之中。由此,上述企业无视企业创新文化建设的重要性,在未来的持久竞争中,将会处于劣势。

虽然很多企业认识到企业创新文化的重要性,开始学习国内外知名企业的经验或找专家进行咨询,但结果往往都差强人意。现在,许多企业的文化建设理念十分类似,这正是由于企业缺乏创新文化意识,缺乏对自身进行深层次的分析、提炼与概括,只知盲目照搬一些知名的国内外企业创新文化的经验的结果。这样形成的企业创新文化与本企业的发展要求不相应，甚至可能阻碍了企业的发展。部分人安于长期形成的稳定局面，害怕变革、抵制变革，从而使企业文化建设不能切实地落实下去。企业的文化趋于相同，缺少行业特色与创新，无法给消费者留下深刻印象，并进一步与其他同行企业加以区分，从而不利于培养自己产品的忠诚顾客。

4. 孵化环境有待完善

尽管青岛市科技企业孵化器事业获得稳步发展，规模和数量不断扩大，但是目前具体的实施情况还不是很理想，孵化环境有待进一步完善，孵化能力有待进一步加强。科技企业孵化器的社会认知程度低，没有形成多元化、市场化的运营模式。一方面，包括不少政府部门在内的整个社会各界对科技企业孵化器的概念、功能和作用的了解不多，重视程度不够。在实践中，多数孵化器的管理者来自于政府部门，他们更偏重于政府管理，对企业管理不熟悉，并且没有创业经历，缺乏实际的企业管理经验，也不能对孵化企业给予经验性的指导，影响孵化器的产出水平。另一方面，科技企业孵化器软件服务体系欠缺，运营能力与水平不高，孵化效率还不明显。科技企业孵化器发展起点低，孵化器的业务还主要停留在场地出租和物业管理方面，高层次的经营管理咨询与创业风险投资业务还很薄弱；孵化器的收入主要来自房租及拨款，商业性的运营模式还未有效确定。这些都在很大程度上制约了增值服务水平的提高。

单从基本功能来看，民营和国有两种体制的孵化器并无太大差异，但它预示着一种新的态势，即民营资本已经开始角逐高新技术成果转化市场。与传统的国营科技企业孵化器相比，民营企业运营孵化器有其优势，如更注重对入驻项目经济效益的考查，更熟悉企业成长各阶段所需要的服务。但这也对投资经营者本身提出很高要求。政府要给民营孵化器优惠政策，包括民营科技企业孵化器需政府部门帮助解决的重大事项，按"一事一议"的原则给予支持；民营孵化器可按有关规定在工商行政管理部门注册为企业法人；鼓励民营孵化器设立扶持在孵企业的创业种子资金，采用孵化基金、房租入股、孵化服务投入等多种形式开展风险投资等。

5. 中小科技企业协同创新平台体系不完善

由于受到市场不良价格的影响，中小科技企业对科技创新平台的关注不够，科技创新平台仅仅维持检测等企业日常经营活动，科技创新动力不足，不敢也不愿冒险。而且，中小企业由于资金和技术力量的限制，不关注长期利益，更无力从事前沿科技成果的研究开发。这些中小企业大多处于国际价值链分工的中低端位置，无法在研发和制造方面和跨国企业竞争。中小企业协同创新公共服务平台不健全，一定程度上制约了科技企业创新研发平台和产业化平台的运行。

协同创新是提高区域创新力，培育产业竞争力的有效途径。根据美国和欧盟等协同创新建设的经验，为了推进区域协同创新，了解区域协同创新机理，建立区域协同创新机制，推进区域协同创新共同体的建设非常重要。区域协同创新是通过相关政策和制度安排，使区域内大学、企业以及科研机构发挥各自优势，相互整合优势资源，协同开展技术研发并加速推进成果的产业化,提升科技成果的转化率。

围绕产业链部署创新链,围绕创新链优化资金融链,构建技术创新的市场导向机制,实现"三链融合"对促进科技资源的优化配置,促进研发、产业化以及公共服务平台在市场导向下一体化发展具有重要的作用。

科技创新平台协同创新的建立应该从传统的管理思想转变为科学化、现代化、专业化的管理理念,平台管理体系应调动社会各界共同参与,建立相关部门协调管理机制,成立专门的独立平台建设协调小组来协调并促进整个创新平台的建设与运营,而且还有利于促进资源的高效利用和提高资金的使用效率。为了推进蓝色经济区科技创新平台协同创新,应重视以下协同创新机制的建设。

6. 中小科技企业聚集区的建设需要加强

青岛市中小科技企业聚集区的集聚效应没有发挥出来,聚集区的建设需要加强。同时,青岛市产业集群建设应面向高端发展。海尔集团和动车集团等的产业集群形成过程中,由于中小企业的创新能力不能满足大企业的需要,导致集群发展的动力不足。

加快中小科技企业聚集区建设是产业发展规律的内在要求。从理论上来讲,产业集聚是产业发展的内在规律,是市场经济条件下工业化发展到一定阶段的必然产物。传统农业社会具有自给自足的特征,传统农业在空间上必然是分散的;而工业社会的发展是以分工和市场交换为基础,交易成本决定了工业化时代的产业活动必然要在空间上集中,以有效节约土地、综合利用资源、提高基础设施利用率、促进企业技术进步、培育优势产业等。

加快中小科技企业聚集区建设是实现科学发展的必经途径。科学发展观的第一要义是发展,我们通过中小科技企业聚集区建设,可以培育经济增长极,更好地带动经济社会加快发展。科学发展观的根本方法是统筹兼顾,我们通过中小科技企业聚集区建设,可以促进就业,带动人口集中,加快城镇化进程,增强以城带乡能力,实现城乡统筹发展。科学发展观的基本要求是全面协调可持续,我们通过中小科技企业聚集区建设,既可以将土地和其他资源集约利用,保护生态环境,推动循环经济和可持续发展,还可以吸引更多人才、技术,发挥产业相互关联的集聚作用,增强创新动力,为自主创新提供条件和载体,促进经济发展方式的根本转变。

加快中小科技企业聚集区建设是应对区域竞争、加快建设区域性中心强市的重大举措。中小科技企业聚集区作为现代产业、现代城镇和自主创新体系的有效载体,产业高度关联、功能相互补充、资源充分共享,可以实现由孤立发展向聚合发展、单体循环向整体循环的转变,产生巨大的规模效应、聚集效应、辐射效应、互动效应、带动效应,成为引领区域经济发展的核心力量。可以说,中小科技企业聚集区发展的水平代表着区域经济社会发展的水平,决定着区域竞争的话语权和主动权。

加快中小科技企业聚集区建设,必须以科学发展观为指导,创新方法、健全机制,打拼新的发展模式。①以新型管理机构领导集聚区建设。中小科技企业聚集区是产业集中区、现代化城市功能区和科学发展示范区,也是改革创新试验区,必须积极探索科学的管理体制和运行机制。② 以科学规划引领集聚区建设。实现中小科技企业聚集区的预期目的,精心设计、科学规划非常重要,规划的优劣直接关系着中小科技企业聚集区建设和发展的成效。③ 以重大项目支撑集聚区建设。项目承载投资支撑发展是经济发展的基础和关键,中小科技企业聚集区尤其需要项目的支撑。④ 以要素集聚加速集聚区建设。⑤ 以产城融合推进中小科技企业聚集区建设。⑥ 以强化服务体系优化集聚区建设。要利用基础设施资源便于共享的特性,采用专业化、社会化、市场化的办法搞服务配套。

四、国内外创新创业环境分析

(一) 美国及欧洲创新创业的环境分析

当今美国和欧洲之所以能够表现出强劲的竞争力,源于美国和欧洲对于创新环境的营造和对创新的高度重视,当今的竞争是科技的竞争,是创新的竞争,只有掌握科技的制高点,才能让一国的经济和影响力稳居前列。

1. 美国的创新创业环境分析

美国之所以是创新创业的天堂,源于美国对于创新创业环境的重视,为创新创业者提供了良好的成长环境。美国以硅谷为代表和引擎,通过硅谷等科技园区的带动辐射作用促进美国创新创业的快速发展。通过不断地培育,在硅谷内产生了大量的科技型创新企业,例如坐落在旧金山 Pinterest 公司,Airbnb 公司,Uber 公司等。这些公司在硅谷等园区中获得了快速发展,逐渐形成了一套完善的融资方式,成熟的创新创业文化氛围和通过技术打造出的核心产品。美国的创新创业环境总结起来有以下几点。

首先,美国创新创业环境的营造注重和高校结合。美国高校被作为新发明、新思想和创新型人才的聚集地,得到充分的重视,美国科技园区、生产力中心等因此有了一个完美的"智能库"。科技园区接近"智能库"能够将人才汇聚在一起,协商解决问题,使得科技和生产力充分结合,迅速市场化并产生大量的社会经济效益。为方便高校对于科技发展的支持,美国将科技园区设在诸多高校的旁边,例如 128 公路园区有哈佛大学和麻省理工学院的支持,盐湖城园区有犹他州立大学、犹他大学、杨伯翰等大学的支持。

美国具备良好的创业环境。美国不仅拥有完善的创业政策环境,而且注重科技园区地理位置的选址。美国的科技园区多位于阳光地带,完善的生活设施和良好的气候吸引了大量的科技型人才。在此基础上美国还注重对技术基础设施的完善,通过高效的技术体系大大缩短了高新技术产品的生产周期。并且美国特别是科技园区内部营造出一种对于新点子和新思想尊重的氛围,在这样的氛围中不分高低贵贱,任何一个有创新性思想的人都会得到充分的尊重。另外,美国建立起扁平式的组织管理结构,办事机构的效率明显提高。而且,完善的知识产权保护机制使得每一个人的创造得到充分的保障。正是这样一种全面且完善的创新环境让美国创新创业领先于世界。

独特的创新文化氛围。在美国人的创业思想中,"失败孕育着成功";成功自然会受到尊重,但是失败者不会受到任何歧视。这样整体的文化创造氛围使得美国人热爱创新,不惧失败。而且美国人崇尚竞争,也讲求合作,尤其在科技园区内部。在激烈竞争文化中不断快速提升自身技能和学习效率,在激烈的竞争环境中越来越多的人感受到个人战斗的局限性,团队合作才是发展的主流。

完善而独特的文化环境和全面的基础设施与机制保障使得美国的创新创业发展迅速。

2. 德国创新创业环境分析

2013年欧盟发布了"创新经济体"排名,德国作为第一档次的"创新领导者",在全球经济创新排名中也十分靠前。德国的创新创业之所以如此领先源于德国对创新创业教育的重视和创新体制的建设。

首先德国高度重视本国创新创业教育。德国的创新创业教育起步较早,在长期的实践中,认识到创新和创业之间的密切联系,在充分把握创新和创业的基础上将大学的教育进行划分,分为研究型、教学型和创业型,使得大学的教育更加专业化,更利于创业型人才的培育,诞生了慕尼黑大学、慕尼黑工业大学等一大批"创业型"大学,引领和支持整个国家的经济社会发展。创业型大学会在研究创新的基础上开展创业教育,培养"引领性"人才。大学已成为国家和企业的智库,也成为国家创新创业的原动力。

其次,德国通过完善创新创业法律体系来创造良好的创新创业氛围。为了给科技创新平台营造良好的发展环境,不同的州颁布了适合本州发展的政策,其中萨克森州规定高等院校和科研院所的研究成果必须要转化。因此,每个高校院所都设立有技术转移或成果转化机构,定期发布成果信息并主动与企业进行对接。通过政策的支持和法律的不断完善,保护和调动了科技人员科研创造的积极性和主动性,在法律的大框架下营造出良好的创新创业环境,保障德国企业创新创业成果的顺利产业化,同时也提高了整体的创新创业的积极性。

再次,德国也十分重视对创新平台的建设。德国的创新平台建设以政府为主导,进行银行、高校、企业、院所联盟式发展,面向产业集群(如慕尼黑生物技术产业集群),通过创新平台的建立促进成果的迅速转化。德国对于创新创业的发展并不只是集中在国内,而且注意和其他国家联合,例如著名技术转移服务机构史太白技术转移中心在全球16个国家设立了810个分中心,拥有专业人员4 700余人,通过充分地联合来获取不同的资源,从而促进本国创新创业的快速发展。

(二)深圳、武汉、苏州、天津等城市创新创业的环境分析

2014年以产业环境、政策环境、人才环境、金融环境、中介服务等为指标对我国城市的创新创业环境进行了综合排名,排名显示长三角和珠三角地区的几大城市排在前列,如深圳、广州、苏州、杭州等。良好的创新创业环境使得以上几大城市成为国内的创新型城市,每年的创新成果使得经济快速发展,国内城市GDP贡献率一直名列前茅。为借鉴以上城市发展的经验,我们对以上城市的创新创业环境进行深入分析。

1. 深圳创新创业环境分析

深圳市位于东南沿海地区,是改革开放发展的龙头城市之一,借着改革开放的东风获得了快速发展。20世纪80~90年代以"前店后厂"和OEM作为发展模式,取得一定成效。但随着发展,这种仅靠贴牌生产的模式不能适应深圳创新发展和建设创新型国家的需要,因此,深圳开始对创新创业环境进行改造。经过不断改造,近年来,深圳在全国城市创新创业环境排行榜上综合排名第一。

首先,充分发挥政府在创新创业环境建设中的关键作用。通过借鉴欧美等先进国家的经验,深圳政府开始强化对创新创业的投入,不仅直接加强资金补助,而且注重资金引导,通过融资政策的颁布,解决深圳企业发展的资金问题。2013年,全社会研究和发展经费支出首次超过500亿元,占GDP比重提高到4%,保障了企业发展资金链的稳定,解决了多数企业家的后顾之忧。

其次,深圳政府还注重政策、人文、生活和社会等方面环境的营造。政策上,在2014年度深圳市科技技术创新计划——《创业资助项目申请通知及指南》中详细列明了审批内容,对科技型小微企业和留学回国人员在深圳创业,以及中国创新创业大赛、中国(深圳)创新创业大赛、全国农业科技创新创业大赛竞赛优胜者在深圳实施竞赛优胜项目进行资助;重点支持领域是互联网、生物、新能源、新材料、新一代信息技术等战略性新兴产业,通过政策导向带动创新创业发展。同时深圳十分注重创新创业大赛的举办,每年举办不同类型的创业大赛,如2014年11月8日在深圳举办了中国创新创业大赛互联网及移动互联网行业总决赛,通过创业大赛来培育未来之星。深圳因而形成了"创赛 + 科技 + 创投 + 政府资助"的深圳发展模式,充分发挥法律的约束性和引导性,严格执行每一项政策规定,注重通过各种手段解决不同主体之间的关系,如产学研、企业间等关系,为创新创业发展提供了良好的渠道。

第三,加强公共创新平台建设。深圳市努力发展综合型、开放式公共创新平台,推动符合条件的重大科研基础设施向社会开放。2014年,新增各类创新载体100家,其中国家级3家。同时加强对重点实验室、公共基础设施、信息网络的建设。深圳市对于创新平台的建设,没有进行遍地开花的形式,而是讲求以点带面最终实现全面发展,这里的点就是各种各样的园区和创新平台的建设,通过园区建设起到了良好的带头和示范作用,实现深圳市经济的快速增长。

最后,注重对科技创新型人才的引进和培养。20世纪80~90年代,因深圳采取"前店后厂"的发展模式,人才并没有得到充分的重视。但是随着经济发展的转型和创新型城市建设的需要,深圳开始认识到新时代的竞争是人才的竞争,有了人才才有了创新,才有了创新型城市建设和发展的未来,因此深圳市开始引进高精尖人才。2013年深圳出台"千人计划"和"孔雀计划",完善高层次人才遴选机制和评审办法,全年引进10个海外高层次人才团队。成功举办第15届高交会和第12届国际人才交流大会,给予高层次人才优厚的福利待遇和社会保障,给外来的创新型人才提供廉价住房,为其充分发挥才能做好全面的保障。深圳市也加强本市创新型人才的培养,加大对高校创新型人才的扶持力度,为创新型人才提供全方位的创新和就业引导,培育了人才,发展了城市。

2. 苏州创新创业环境分析

政策先行。为推进创新创业的发展和创新创业环境的优化,苏州出台促进创业带动就业的实施意见:"按照创业者所办企业的类型,或自谋职业的实际情况,为符合税收优惠政策规定的纳税人办理减免税收手续"。通过切实的税收减免政策推进苏州创新创业的快速发展,为一些新创企业提供发展的肥沃土壤。对于符合条件的孵化器基地企业给予退税、补贴等优惠,而且苏州的税收政策具有针对性,对发展到不同阶段的孵化器基地企业提供不同的支持政策。

注重国际化、产业化、专业化发展。苏州注重结合自身的发展现状,进行孵化器的专业化建设,成立了江苏苏州新药创制中心,耗资几千万建设研发大楼和开放性实验室系统等。创制中心在近年来的发展中取得显著成果,开发出5类一级新药和几十种其他级别的新药。在国际化方面,苏州在国内率先提出国际研发中心的基本概念,通过分析发现近年来呈现外资研发机构登陆的趋势,抓住机遇,将华硕、佳能等国际品牌研发中心引进苏州;每年派遣大量的留学人员进驻外国企业进行学习,通过与国外知名研究中心合作不断拓宽国际发展空间。在产业化方面,苏州建立产业基地,加快产业化培植,通过科创投资、风险基金、担保公司等平台进行融资,对重点产业进行重点扶持加速产业化进程,帮助大量企业突破发展的瓶颈。目前,苏州在医药、环保、电子等领域全国领先。

优化创新创业服务文化环境。苏州创新性地提出了低位、换位和品位的服务理念,低位就是放低姿态搞服务,换位即讲求换位思考进行服务,品位即强调服务的品牌创新。苏州创业中心和美国硅谷的创业文化相似,坚持"鼓励创新,容忍失败"的理念,以优厚的待遇来吸引大量的高端人才。在人才引进上,注重引进的创新创业领军人才具有硕士研究生及以上学历或学位,年龄一般不超过55周岁,引进后每年在苏州工作时间原则上不少于6个月,并具备下列条件:① 掌握核心技术,拥有自主知识产权,且技术成果达到国际先进或国内领先水平,具有较好的市场前景和产业化潜力;② 有丰富的创新创业经历,具有较强的企业经营管理能力;③ 为所办企业的主要负责人,现金出资一般不少于100万元人民币。在换位服务中,建立起全面而且规范化的服务制度,从注册到保障再到后勤服务全面而具体。苏州还强调以创新创品牌,通过特色成就发展路,建立起知识培训服务项目、推荐申报,特色咨询服务等服务内容,通过文化体系的建立,使得苏州的创新创业环境不断优化,创新创业企业获得了快速发展。

大力发展创业投资。充分发挥苏州市新兴产业创业投资引导基金作用,通过阶段参股、跟进投资、投资保障和风险补助等方式,推进地方设立引导资金,吸引境内外股权投资基金、社保基金、保险公司等投资机构在苏州市开展创业投资业务,拓宽创业投资资金来源,努力形成政府资本为引导、社会资本为主体的多元化格局,推动天使投资加快发展,支持成立"天使投资联盟",探索建立政府引导资金和与社会资本共同支持种子期、初创期企业成长的联动机制和风险分担机制,确保政府资金有效引导创业投资机构向初创期企业投资。

不仅如此,通过良好政策和创新创业文化环境的培育,苏州市聚集了大量的科技资源,为产学研地融洽合作打下坚实的基础,实现了科技和经济的双赢。

3. 武汉创新创业环境分析

近年来武汉创新创业发展十分迅速,成为创新创业的典范城市。其中以光电子产业著称的武汉东湖新技术开发区,有着"中国光谷"的美誉,是我国第二个国家自主创新示范区,带动了整个武汉市的创新创业发展。面对经济和社会转型的双重压力,中国光谷深入实施创新驱动发展战略,推进创新机制体制建设,以高新产业为依托,全方位实施对外开放,打破制度梗塞,打造创新创业乐土,实现创新、开放双轮驱动,建设享誉全球的"世界光谷"。

近年来武汉也积极申办光电子博览会。2014年11月6日成功举办武汉市光电子博览会,吸引了来自全球的光电子产业大佬,本届参展企业超过400家,创下历史新高,首日成功签约133亿元。武汉市因此形成了"光谷"的创新创业模式。

"光谷"的建立有着雄厚的人才基础。中国光谷聚集着近百所高校和科研院所、58名院士及20多万名技术人才。2009年成立的武汉生物技术研究院是囊括高校院所、政府部门及高新企业的新型研究院,其借鉴日本等地同类院所的先进机制,研究团队基本来源于高校,教师身份不变。通过分成的方式吸引人才和项目,2013年政策允许高校师生休岗休学"下海"创业,科技成果转化收益可"七三开",研发者得70%,尺度之大,一度引发全国关注。2013年新政实施以来,光谷已有300多项成果入园转化。

制度和保障支持。进入科技研究院并非高枕无忧,制度规定科技成果必须在一定时间内实现市场化。由专家委员会经过评议,选取科技水平高、市场前景广的项目入驻,研究院为其免费提供实验设备、生产厂房以及紧缺的实验器材。通过免费的基础设施和政策优惠支持吸引大量的潜力项目入驻,不仅给企业创造了发展的机会,也为研究院的发展创造了活力。2013年武汉市委出台《关于加快构筑国际性人才高地的若干意见》提出"力争用5年时间,转化拥有自主知识产权、形成自主创新产品、在国内具有领先水平的重大科技成果项目累计达到100项";在"鼓励各类科技人才创新创业"方面,提出"对科技人员在汉获得国家授权的发明专利,每件给予5 000元的资金补贴,在汉获得发达国家和地区的发明专利,每件可给予3万~10万元的资金补贴";在"鼓励人才在汉转化创新成果"方面,"允许和鼓励科技人员以高新技术成果和知识产权作为无形资产投资入股创办科技型企业,无形资产可按至少30%的比例折算为技术股份"、"充分发挥和调动企业主体作用,实施"企业知识产权优势培育工程",使企业真正成为转化创新成果的需求主体、投入主体和应用主体"。在"建立人才创业兴业扶持体系"方面,提出"为人才创业提供法律知识产权、资金、财务等方面的帮扶。武汉深化政策性采购试点工作,通过首购、订购、实施首台(套)重大技术装备试验和示范项目等措施,推广应用人才研究和生产的自主创新产品"、"建立"银证合作"机制,提供"知识产权质押融资",为人才和企业提供创业融资支持"。以上对知识产权、以及个人收益方面都提供了保障,因此吸引大量的人才。2013年武汉市通过颁布光谷"黄金十条"来激发高校创新创业,鼓励大学

(武汉大学、华中科技大学等)教师科技成果的转化,其中江汉大学宣布80%的收益归个人或团队,充分激发了大学教师的创新创业激情。另外,武汉将武汉市九所高校进行联合,入驻光谷科技城,构建了湖北大学科技园。

4. 天津市创新创业环境分析

天津市不断深化科技体制改革和机制创新,强化宏观协调和科技资源整合。拓宽科技投融资渠道,实施知识产权战略,健全科技政策与法规体系,加强科学普及,激发全社会的创新创业创造活力。

(1) 不断完善科技金融体系。

积极推动科技金融业务创新,支持中小企业融资。支持商业银行开办科技支行。发展科技小额贷款公司。加强和完善"银企科合作",推动中小企业利用中期票据、短期融资券等银行间债券市场产品融资,利用集合贷款、集合信托、集合票据、集合债券等债券产品融资。推动中小企业股权融资,每年完成100家科技型中小企业股份制改造,上市的科技型中小企业累计达到100家。推广知识产权质押贷款等新型金融产品。发行科技债券,支持长期的开发建设和科技创新投入。利用贴息、担保等方式,建立多元化、多渠道的科技投融资保障体系。

完善科技投融资服务平台。支持建立科技型企业担保公司和再担保机构,建立科技贷款风险控制与补偿机制。建立科技型企业征信系统,开展科技型企业信用辅导、征信、评级等服务。健全多层次资本市场体系,在现有股权交易市场基础上增加高新技术企业的挂牌数量,建立面向高新技术企业的柜台交易市场。创新知识产权份额化交易模式,建立知识产权柜台交易平台。支持科技金融经纪服务公司发展,建立科技型企业与金融机构融资的对接平台。

推动科技融资租赁、科技保险业务发展。支持融资租赁公司发展,研究风险租赁业务的运行方式和途径。积极引进国内外融资租赁机构入驻天津,尝试融资租赁与天津大型仪器设备整合利用相结合的体制机制、科技贷款与风险投资相结合的体制机制。继续完善科技保险试点工作,探索开发高新技术企业小额贷款保证保险、高新技术项目研发保险等新险种,为中小企业融资提供保障服务。

推动科技投融资与创业投资发展。天津市以创业投资发展中心为基础,设立天津科技融资控股集团公司,完善科技投融资机制,增强科技投资实力和效率。扩展创业风险投资引导基金,筹建科技成果转化基金,支持天使投资基金和区县风险投资基金发展,引导风险资本投入战略性新兴产业。创新创业投资基金募集、设立和管理的新模式,积极探索公司制、非法人制、有限合伙制、契约制等有效的治理结构及经营管理模式。

(2) 进一步推进知识产权与技术标准战略。

大力实施天津市知识产权战略纲要。重点加强优势产业、新兴产业和关键技术领域的专利工作,形成一批具有核心技术和关键技术的专利技术,引领产业结构优化升级。强化政策支持和引导,增强企事业单位专利战略意识。扩大有效专利数量,提高专利质量,优化专利结构,大幅度提升专利创造、运用、保护和管理能力。强化科技管理人员的知识产权意识,不断改进科技计划项目实施中的知识产权工作,将知识产权管理纳入科技管理的全过程,利用知识产权制度提高科技创新能力和水平。加强企业运用知识产权战略的能力建设,鼓励和保护科技人员创造与转化拥有自主知识产权的科技成果。

大力发展基于专利的技术标准。建立完善与技术标准相关的知识产权政策,支持企事业单位、行业组织以自主知识产权参与行业、国家、国际标准的制订,努力形成一批掌握核心自主知识产权的技术标准,提升企业对国际和国内标准的采标率。加强对国外技术性贸易壁垒措施的跟踪研究,为企业开展国际贸易提供标准服务。

(3) 深化科技体制改革和机制创新。

完善科技部与天津市政府的部市会商制度。加强与国家相关部委的密切合作,共同实施一大批重大项目,推动国家生物医药国际创新园、滨海高新区、863伙伴城市成果转化基地等重大平台建设。

建立健全多层面的协调共建机制。以大项目、大平台建设为切入点,加强相关部门的协作,强化多级联动,优化市级、区县、功能区科技经费配置。建立部门联席会议制度,定期交流各部门科技重点工作,加强部门之间科技发展情况的沟通和协调,推动科技资源共建共享,减少重复、分散和浪费。

完善高校、科研院所科技成果转化机制。引导大学、科研院所建立制度化的技术转移(知识产权许可)办公室,负责全校(院所)科技成果转化、技术转移和专利许可,建立和完善职务开发人(教师职工)与大学、学院的利益分配制度。支持大学、科研院所与区县合作建立面向区域特色产业、科技型中小企业集群的科技创新服务平台,组织科技人员为企业开展长期的战略咨询、技术创新、产品创新等科技服务工作,探索广大科技人员服务企业发展的长效机制。教育部门要对高等院校学科、专业实行分类考核评价制度,把服务企业和产业技术创新、推进产学研用相结合的成效作为高校应用性学科或专业的重要评价考核指标,改变重学术研究、重论文发表、轻成果转化应用的评价导向。与教育部共建全国高校科技成果转化基地,举办全国高校科技成果创新成果展洽会,吸引国内外大学进行成果转化、孵化科技企业和开展科技服务。

2013年天津建立起科技特派员制度。科技特派员是指从天津市有关高等院校中选拔,通过市科委、市教委认定,派驻到天津市各区县、功能区的科技型中小企业开展产学研结合工作的科技人员。市科委、市教委建立特派员信息库、需求特派员企业信息库,进行分类整理,建立特派员与企业对接方案。其中,企业特派员的资格具有严格的限制,要满足以下四个条件:① 有关高等院校拟重点培养的中青年教师、科技人员;② 具有博士学位或副高以上职称;③ 具有扎实的相关产业领域专业知识、较强的研发能力、组织协调能力和工作责任心;④ 有志于从事产学研结合工作,对服务科技型中小企业有浓厚兴趣,能帮助解决科技型中小企业发展中的科技问题。对特派员权利和义务也进行了规定。特派员派出期间,工资、职务、职称晋升和岗位变动与所在高等院校在职人员同等对待。特派员入驻企业期间,应按要求遵守企业相关管理制度;入驻企业应积极创造特派员必需的生活条件、开展工作的便利条件,认真履行承诺,把特派员作为企业创新资源,加快建立产学研合作的长效机制。特派员也要根据企业技术需求和技术发展战略,面向国内外寻找优势科技资源,努力促成企业与高等院校的有效对接和结合;推动企业完善以知识产权为核心的知识、技术管理制度,发挥典型示范效应,加快提升产学研结合的层次和水平。

(4)优化科技创新政策和法制环境。

完善地方科技法规和政策体系。修订天津市科技进步条例、科普条例、成果转化条例等地方法规,开展科技资源开放共享、科技投入等方面的地方性法规或政府规章调研及起草工作。研究制定支持科研院所做大做强、促进高校和科研院所等科技人员职务科技成果转化、科技特派员选派和鼓励、战略性新兴产业发展、科技对内对外开放等政策措施。

加大各项创新政策的落实力度。依托公共科技服务机构,提升政策研究、政策跟踪评估和政策实施等环节的服务能力。简化和规范政策的操作实施,搞好相关政策的各项配套服务。深入开展国家和天津市的自主创新政策宣讲工作。编制年度科技创新政策实施情况报告。开展企业研发经费加计抵扣项目认定、国家和天津市自主创新产品认定、高新技术企业认定、技术先进型服务企业认定等重要政策服务工作。

(5)加强科学普及工作。

深入实施科普能力提升行动。提高科普教育基地的科技传播能力和公众接待能力,形成科普场馆、科普主题公园、青少年科普活动站、研发单位等四大类型基地。扶持优秀科普作品创作与开发,加大各类媒体传播的力度。组织开展天津市科技周和全国科普日天津活动等品牌活动。整合基层科普资源,大力推进基层科普设施示范工程。围绕科技创新、节能环保、卫生保健、公共安全与防灾减灾、气候变化等科普主题,动员全社会广泛开展形式多样、丰富多彩的科普活动。

深入实施全民科学素质行动计划。利用中小学科技创新操作室、青少年科技竞赛、科技专家下乡、创新方法职工培训等多种载体和形式,提高青少年、农民、城镇劳动人口、各级干部和社区居民等重点人群的科学素质。

(6)营造创新创业良好环境。

推动全民积极参与创新。建设面向广大居民的知识创新、知识转化和知识应用等开放式网络创新平台,推动软件、动漫、信息网络及通讯、文化及传媒等软、硬件环境设施建设,强化应用创新平台和技术进步平台的对接,实现创新环境的整体升级。促进知识、科技与经济发展的紧密结合。

营造激励全社会创业的氛围。加大对创业活动的宣传力度,培育创新创业文化和企业家精神。通过举办创业大赛和高层次创业与孵化国际论坛等方式,在全市形成浓厚的创业氛围,吸引创业者来津创业发展,实现创业梦想。

改善城市生活环境与质量。推动各区县创建市级和国家级可持续发展实验区,开展涵盖面更广、技术水平更高、综合效果更加突出的可持续发展示范。实施可持续发展科技专项,集成并应用一批先进适用技术,突破一批制约实验区可持续发展的瓶颈问题,使广大人民群众更多地享受经济社会发展与科技进步的成果，提升改善生活环境和质量，为天津市可持续发展和社会事业全面进步提供科技支撑。

五、创新创业模式与路径

（一）国内外创新创业模式与路径

1. 美国硅谷模式

硅谷是美国创新创业的集中地。通过对硅谷的创新创业环境分析了解到，美国的创新创业模式是与大学紧密结合，充分利用美国高校的人才资源，建立起良性循环发展的人才创新创业生态系统，为美国科技创新创业发展提供源源不断的人才支持。例如斯坦福、伯克利等世界知名学府汇集硅谷，成为硅谷天然的人才来源地。世界上最好的风投公司、最好的法律咨询公司等创业服务机构也在这里汇集，为硅谷人才创新创业提供资金支持及法律顾问、创业指导等社会服务。专业、成熟的孵化器兴起，成为人才创新创业的服务发展综合体。各种协会为人才创新提供了交流互动的资讯平台。政府严格缜密的法律制度为人才创新创业营造了公平公正的法制环境。人才、资金、技术等创新要素集聚，以市场为主导配置资源，形成了硅谷良性循环发展的创新创业生态环境。建立了多元化、多方式的公共支撑平台，硅谷的创新公共支撑平台主要有孵化器建设运营、大企业提供租用、专业机构外包服务和军用转民用。特别是在专业机构外包服务方面，硅谷有丰富的中介服务机构资源，如法律、财会、投资、专利、人才猎头、技术转移等，为中小企业提供了一个完善的创业环境。在不断的发展中形成了硅谷模式。

2. 德国"联盟"模式

在德国的创新创业模式中，高度重视联盟式发展，以政府为主导，进行银行、高校、企业、院所联盟式发展。联盟通过集合不同主体的创新优势来形成发展的合力，面向产业集群，促进成果的迅速转化。德国的联盟式发展并不只是集中在国内，而且注重国家联合，通过国际联合打破国内创新创业瓶颈。德国还建立起由四大非营利科研机构、公立科研院所和大学科研机构等构成的公共科研体系，各机构分工有序、特色鲜明。马普学会（MPG）主要从事自然科学、生物科学和人文科学中的基础研究；赫尔姆霍兹联合会（Helmholtz-Gemeinschaft）主要在物质结构、地球与环境、交通和太空、健康、能源和关键技术等6个领域从事具有应用前景的高技术基础研究；莱布尼茨科学联合会（Leibniz-Gemeinschaft）从事具有国际水平、面向实际应用的基础研究；弗朗霍夫学会主要从事应用研究，致力于科研成果的转化，为企业提供有偿的技术开发和技术转让。德国的公立科研院所主要从事竞争前技术研究、政府行政开发研究和人文科学研究等。另外，德国的高等教育机构已成为公共科研的第二主力军，同时肩负着培养后备人才的重任。这一完整的、定位清晰的公共科研体系，为德国的科技发展与创新奠定了坚实的基础。

3. 深圳市政策＋创赛＋平台＋金融＋宜居

深圳是中国当前创新创业的龙头城市，在近几年创新创业环境的评价中蝉联冠军。分析深圳的创新创业环境可知，深圳市创新创业发展之所以国内领先，首先离不开政府对于创新创业在政策和资金等方面的大力支持；其次是对创新平台的重视，通过整体创新创业平台的建设，形成全面的创新网络；并且深圳市十分重视融资管理和创业大赛的举办。重视公共平台建设，加大投入并引导社会资本，打造了近千个公共技术服务平台，为企业特别是中小微企业的技术创新试验或应用等创造有利条件。给企业家应有的社会地位，安排优秀企业家担任人大代表、政协委员，提供其充分发表意见和建议的渠道。推动企业组成不同的行业协会，使之成为政府联系企业的桥梁和纽带。改革来往香港的签证制度。深圳人凭身份证即可办理一年无限次到香港的往来证，为深圳企业走向国际创造了便利条件。拥有近千个公园、1 000 千米的绿道、200 多千米地铁，环境优美，空气清新，是适合养生的宜居之地。深圳市创新创业在不断的发展中也形成了自己的发展模式。

4. 武汉市"光谷"模式

近年来武汉市的创新创业环境发展迅速，起到了模范带头作用。分析武汉市创新创业环境可知，武汉在多年的发展中逐渐形成了自身的发展模式即光谷模式。光谷模式的特点在于其创新性的招商引资。首先是环境招商。武汉作为中部最大的城市，地理位置优越，交通便捷，各种基础设施完善；而光谷又是国家创新示范区，因此享有国家和地方政府的双重专利政策，各种创新要素十分活跃。另外，有"中国索尼"之称的雅图微显示投影仪产业、中国航空科工锐科光纤等大型电子巨头的加入，带来大量的发展资金。因此武汉市的创新创业环境是其成功的一大秘诀。其次，通过产业链进行招商引资，通过引进龙头企业来延伸产业链，加快产业集聚。例如，国内最大的玻璃产业巨头北京东旭集团，投资 52 亿在光谷建设做大的 TFT 液晶玻璃基板项目。成功的招商引资模式促进了武汉光谷的形成和快速发展。

（二）青岛创新创业模式与路径

1. 创新创业大赛引导下的创新创业模式

通过对青岛市创新创业模式调研发现，当前青岛市每年都举办不同规模的创新创业大赛，如由创新创业大学举办的创业大赛。创新创业大学通过对赛程进行详细规划，分为海选、初赛、复赛、24 强赛、半决赛和决赛。在不同的赛程中邀请来自青岛的企业参与，企业的老总可以作为评委参加大赛。创新创业大赛吸引大量的创新型项目和创投资金的进入，不仅为创新型项目赢得了展示的机会，也为创新项目的拥有者带来发展的机遇，使之在创业大赛的引导下为创新项目融资，进而在创新文化氛围中逐渐发展成具有活力的科技型企业（图1）。

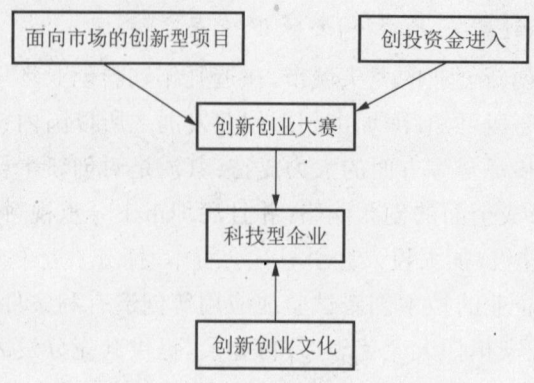

图1 创新创业大赛引导下的创新创业模式

2. 协同创新下的创新创业模式

青岛市也将协同创新作为创新创业发展的新模式,通过融合政府、科研机构、中介组织、大学的力量来培育新的企业(图2)。政府通过财政、税收以及法律等政策支持科技型企业的发展。政府政策或者创新型项目吸引大量的创投资金的进入,为科技型企业的发展提供良好的政策和资金支持。大学和科研机构能够为科技型企业提供技术和智力支持;而且大量的科技型项目源于大学和科研机构,因此大学和科研机构也是创新的源地。中介组织能够为科技型企业的发展提供法律、检验等方面的便利,因此为创新创业企业发展提供各种保障。通过政府、大学、科研机构、中介组织的支持,培育出大量的创新创业企业,形成了创新创业的新模式。

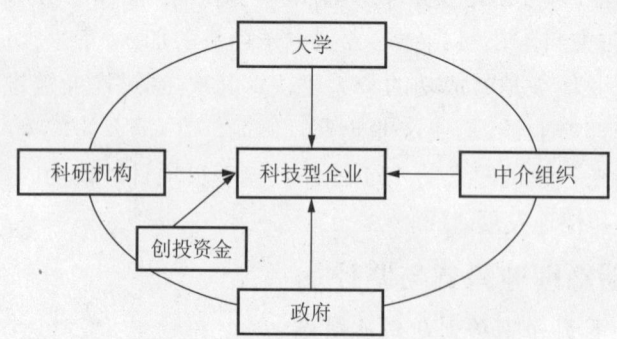

图2 协同创新下的创新创业模式

3. 孵化视角下的创新创业模式

青岛市也在大力发展作为培育创新创业企业的优良基地的孵化器,近年来取得一定成效(图3)。孵化器通过提供优良的基础设施和技术支持等吸引大量具有潜力的待孵化企业进入,进而吸引创投资金进行投资,从而促进相关待孵化企业的发展和创新创业人才及企业的培育。在这样的创新文化和创新条件下使得待孵化企业获得良好的发展机遇,经过不断地培育逐渐成长为实力强劲的科技型企业。

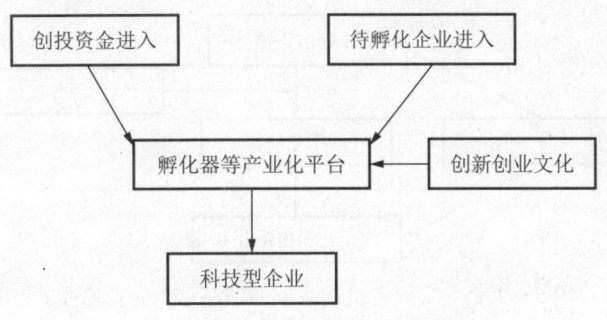

图3　孵化视角下的创新创业模式

4. 产业联盟支撑下的创新创业模式

产业技术创新战略联盟是指由企业、大学、科研机构或其他组织机构,以企业的发展需求和各方的共同利益为基础,以提升产业技术创新能力为目标,以具有法律约束力的契约为保障,形成的联合开发、优势互补、利益共享、风险共担的技术创新合作组织(图4)。它是实施国家技术创新工程的重要载体。推动产业技术创新战略联盟的构建和发展,是整合产业技术创新资源,引导创新要素向创新创业企业集聚的迫切要求,是促进产业技术集成创新,提高产业技术创新能力,提升产业核心竞争力的有效途径。通过联盟的形式将大型企业和中小型企业的实力集合起来,通过合力以及创新创业文化来促进科技型企业的成长。

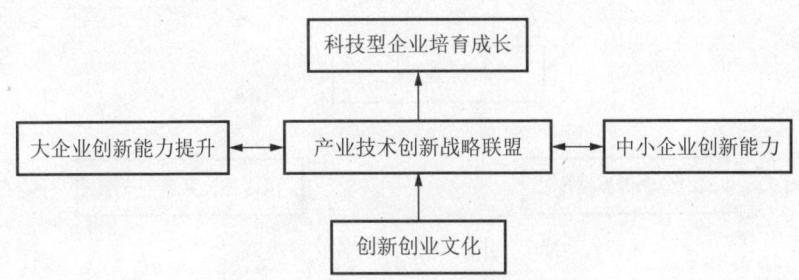

图4　产业联盟支撑下的创新创业模式

5. 大企业支撑下的海尔内企业家模式

海尔集团作为青岛市实力强劲的创新型大型企业,在多年的发展中不断完善自身,通过创新发展模式在企业内部形成内企业家模式(图5)。海尔集团为鼓励创新,允许企业内部达到标准的创新项目独立成立发展团队进行研发创新。这样一个团队以一个小企业的身份存在于集团内部,并且海尔集团给予创新团队以资金、技术等方面的支持。在这样一个创新文化氛围的激励下,催生了大量的内企业和内企业家,成功的项目与海尔集团共享利润。

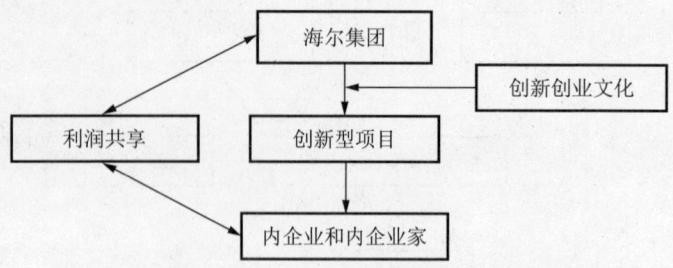

图 5　大企业支撑有机创新创业的海尔内企业家模式

6. 引进聚集下的橡胶谷模式

近年来,位于市北区的橡胶谷发展十分迅速。橡胶谷作为一个行业协会、大学、科研结构、知名橡胶企业和相关中介服务为支撑的高端产业集聚区,通过引进国内外的孵化中心、研究发展中心和服务平台,借鉴国内外的前沿发展经验,在良好的创新创业文化氛围中逐渐培育起大量的创新创业企业,具备了科研教育、创业孵化、文化博览、会展商务、信息平台、中介融通六大功能。入驻企业彼此之间为上下游、供需方关系,相融共生,资源共享,形成了一个贸易、技术、人才、信息、文化、服务高度聚集的橡胶行业生态圈(图6)。

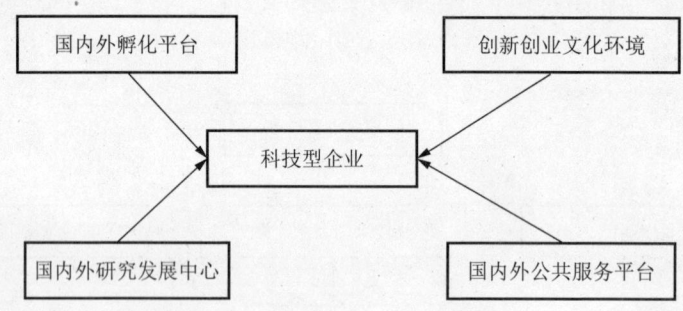

图 6　引进聚集下的橡胶谷模式

7. 系统创新创业模式

区域协同创新平台体系的主体是大学、科研机构、政府、企业及科技中介组织等(图7)。这几个区域创新主体的有效沟通,协同创新,才能促进区域创新系统的有效运转。在区域创新系统中,政府的作用主要是政策引导、宏观调控,通过有效的政策措施促进其他区域协同创新平台体系的互动沟通和科学发展;大学的主要作用是科学研究、培养人才和服务社会;科研机构的主要作用是科学研究和服务社会;企业的主要作用是产品研发及成果的产业化等,是区域创新的重要主体;科技中介组织主要作用是发挥着黏合剂的作用,在科技成果的研发及产业化的过程中发挥着重要的桥梁和纽带的作用。通过平台体系中各个主体的协同,在创新创业文化环境中,共同培育科技创新型企业并全面提升企业的创新能力。

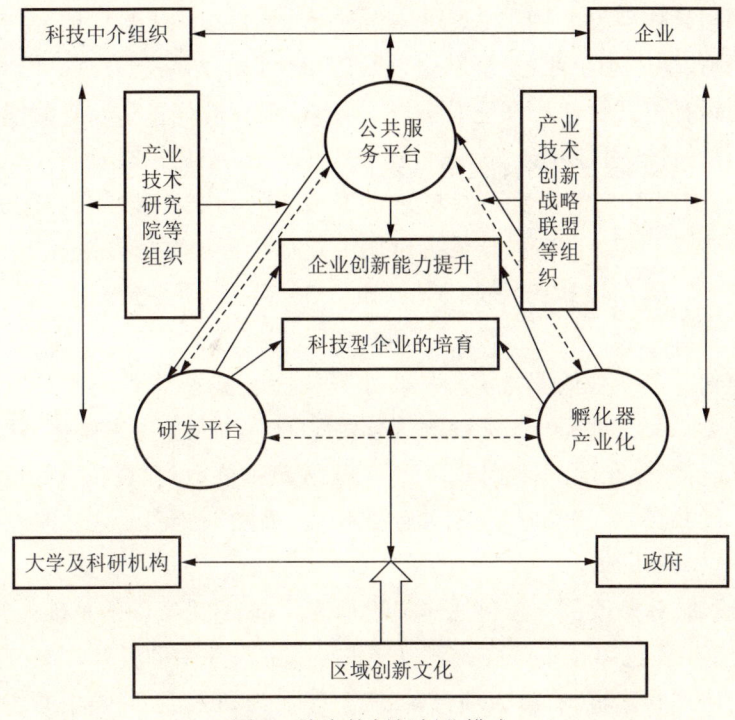

图 7 综合的创新创业模式

六、优化青岛市创新创业环境的对策

（一）完善创新创业政策措施

宏观政策的制定对整体创业环境的形成和发展至关重要，应通过制定不同阶段性政策来减少创业障碍。

首先，加强政策的落实和政策的引导性。《天津港保税区天津空港经济区关于鼓励和支持创新创业的扶持政策》为青岛提供了可借鉴的经验：通过依托公共科技服务机构，提升政策研究、政策跟踪评估和政策实施等环节的服务能力；通过调查等方式全面追踪政策落实效果，对发现政策存在问题并提出创新性建议的人员给予不同程度的奖励，全面提高政策受众对政策的满意度，从而改善政策的落实状况。青岛市应积极学习以上经验，建立起全面的政策回馈体系，来检验并提高政策的效果。

突破高校平台科研成果归属问题的政策瓶颈，用成果产权政策调动研发人员公开积极地从事研发和产业化。例如，要积极推广"科研人员可兼职兼薪，职务发明收益最高95%可归个人及团队所有"的突破性政策，强化青岛市"使用工业用地建设的孵化器，可按规定分割转让"的执行力度。

要根据《国家科技成果转化引导基金管理办法》，制定《青岛市科技成果转化引导基金管理暂行办法》。科技部出台了国家科技成果转化引导基金管理暂行办法，并且启动实施国家科技成果转化引导基金，通过设立创业投资子基金、银行贷款风险补偿和绩效奖励等模式引导和带动金融资本和民间投资支持科技成果的产业化。同时，科技部与深交所正在积极合作建设"中国高新科技金融网"等科技成果转化的公共服务平台,促进科技成果、科技型中小企业、投资基金以及上市公司的网络化发展。国家科技成果转化引导基金的运行模式目前还在完善中,根据招行银行前任董事长马蔚华介绍,大体上是"国家出30%的钱,引导社会70%的钱,组成子基金,然后去投资科技成长型项目,并且在退出时候,国家30%的基金不参与分红"。根据《国家科技成果转化引导基金管理暂行办法》,在青岛制定《青岛科技成果转化引导基金管理暂行办法》,设立青岛科技成果转化引导基金。青岛市和相关部门共同出资30%作为引导资金,引导社会资本投入70%的资金。

完善政府对新创企业的服务流程。转变服务管理观念,向服务型政府转变,提高办事效率。制定《大学生创新创业支持政策》,对刚创业的大学生来简化审批流程和资金申请流程,降低收费标准,给予无息贷款支持;即使创业失败,允许贷款的偿还延期3~5年,减少创业者的后顾之忧,减少和消除创业障碍,鼓励创新创业人才的成长,为大学生创业提供全方位保障机制。

积极进行科技体制改革。在科技体制改革方面,在立足实际的基础上要积极借鉴天津市《关于进一步促进科技型中小企业发展的政策措施》中的科技体制改革经验,建立健全多层面的协调共建机制,以大项目、大平台建设为切入点,加强相关部门的协作,强化多级联动,优化市级、区县、功能区科技经费配置。建立包括科技局、政策法规处、创新型企业代表等联席会议制度,定期交流各部门科技重点工作,加强部门之间科技发展情况的沟通和协调,推动科技资源共建共享,减少重复、分散和浪费。青岛市也应该建立起包括科技局、信息局、政策法规处等为一体的联席制度,定期举行联席会议,促进信息的沟通和政策的全面解读。

要解决当前青岛市孵化器和科技园区利用率低以及通过原始的租赁和物业费方式得以维持发展的现象。首先政府要制定孵化器长远发展的支持政策,不论是孵化器内部还是校园内的创新项目,在其不同的发展阶段,给予不同程度的支持,制定符合其发展需求的政策来规定孵化器的正常运行要求,并派专员进行定期检查孵化器是否按标准运行。孵化器要严守门槛关,不能让不符合标准的企业进入孵化器,防止不符合标准的企业占用大量资源,排挤有潜力的待孵企业,创造一个有序的孵化环境。

从《2013年全国创新创业环境综合竞争力评价》中发现青岛市当前存在对中介组织建设不足和大型企业带动为主的固化问题。政府要从政策环境上给予中介组织以支持,减低中介组织服务税收,通过政策规定不断简化中介组织服务流程,更快速地将科技成果推向市场化。其次为解决大型企业带动为主的固化模式,必须首先从政策上鼓励引进具有潜力的科技型中小企业,对引进的企业给予无偿的场所和资金支持,促进创新创业企业快速在青岛扎根发展;也要通过创业大赛的方式加强文化氛围营造和创新型企业的入驻。形成中小型企业和大型企业双头带动的发展模式。

(二)营造创新创业文化氛围

美国的硅谷以及我国的中关村等区域科技创新的成功一方面取决于研发平台和科

技园区等产业化平台的协同创新机制,模块化生产的分工体系以及完善的风险投资的政策体系;另一方面取决于重视创新意识和创新活动的营造,重视培育区域科技创新文化。青岛市创新创业的发展在立足实际的基础上必须借鉴先进的经验。

首先政府在营造创新创业环境中起到带头作用,不仅仅是制定政策方面,而且在营造整个青岛创新创业氛围中起到关键作用。市政府应对符合青岛产业扶持方向、具有潜力的发展项目提供无偿资金资助及孵化场地优惠。充分调动各方的资源、发挥积极性,实现资源有效对接、共享,使创业团队、创新企业在创投机构投资和政府扶持下,生根发芽,茁壮成长,直至开花结果。

通过政策的激励和举办创业大赛的模式来营造创新创业文化氛围。积极申办全国创新创业大赛,诚挚邀请众多驻青企业作为投资方参与到大赛当中,创新项目拓展到全国范围内进行评选,将符合青岛发展方向并且具有潜力的创新创业企业引进青岛。创业大赛要引起政府的高度重视,因为这是创新创业发展的源泉,也是营造青岛创新创业文化的关键一步,不要泛泛为举办而举办,应该积极认真地对待。通过举办创业大赛模式为高新技术产业发展注入新鲜血液、增添新生力量,催生出一批又一批的优秀创业团队和创业企业。完善系列配套扶持措施,在吸引大批优秀创新型企业和创业团队落户青岛的同时,促进本土企业提升创新能力和竞争力。通过大赛,不断发现、培育和催生新技术、新产品和新商业模式,为青岛的高新技术产业注入新的活力,推动青岛新兴产业和新经济的发展,加快产业结构优化升级。

其次,高校在创新创业环境的营造方面也十分关键。德国将大学学生学习方向划分为科研型、教学型和创业型,对学生进行专业培训,充分培养热爱创新创业学生的创新热情,为其进一步创业打下坚实的基础。借鉴德国经验,青岛高校可以划分科研型、就业型和创业型的学习方向,在创业型学生和学院的带动下营造良好的创新创业氛围。高校作为人才的聚集地,必然不乏创新型人才和潜力项目,所以应在政府政策的导向下,形成青岛市的创新创业网站平台,并且在每所高校建立起正式的创新创业研究院。研究院每年定期举行高校内和高校间的创新创业大赛,推荐符合资格的创新项目参加全国竞赛,并给以一定的资金支持和奖励,还要将优秀的项目与孵化器对接,促进优秀项目的快速企业化、市场化和产业化。在青岛形成"创赛 + 高校 + 网络化 + 孵化器 + 政府支持"的发展模式。通过模式的不断优化和与时俱进来营造出良好的创新创业氛围。

加强科普宣传,提高科普教育基地的科技传播能力和公众接受能力,形成科普场馆、科普主题公园、青少年科普活动站、研发单位四大类型基地。积极学习天津市经验,建立青岛的科普日,让科普知识和创新意识深入到中学以及大学学生的潜意识里,为未来的创新和创业打好基础。积极学习天津市经验,推动全市群众积极参与创新。建设面向广大居民的知识创新、知识转化和知识应用等开放式网络创新平台,推动软件、动漫、信息网络及通讯、文化及传媒等软、硬件环境设施建设,强化应用创新平台和技术进步平台的对接,实现创新环境的整体升级。

（三）推进孵化器体系建设

根据调查发现，当前国内较多的科技企业孵化器仍然以物业服务、房屋租赁等方式作为企业孵化器得以正常运营的资金来源。为改变这种不良现状必须首先成立一个或多个城市孵化器辅导体系，让不论是管理孵化器企业机构或者待孵企业充分认识到科技企业孵化器的价值、运作流程和模式等。这样一个辅导孵化体系的建立必须以大量的专家人才作为支持，成立一个专门的孵化器咨询机构。这样一个辅导体系必然会促进孵化器和待孵企业的发展。对于取得一定成就的孵化企业给予政策或者资金激励，使成熟的孵化企业给予待孵企业指导，成熟孵化企业带动新入孵企业，形成这样一个良性的循环体系。

进一步完善公共服务平台，通过服务平台的构建为在孵企业提供全面支持。目前，世界上发达国家都建立广泛的科技成果交易体系，建立面向全国、有效运行的科技成果交易组织网络。为了提高科技成果交易的效率和成功率，让科技成果需求方或潜在的技术需求方尽快了解到他们能够获得科技成果的渠道和需要的科技成果，建立完善的、有效连通的科技成果交易信息网络，是发达国家科技成果交易运行的共同特点。发达国家科技成果交易机构除了建立起广泛的科技成果交易信息网络外，还十分注意面向全国乃至于全世界建立有效运行的成果交易组织网络。青岛海洋科研机构众多，有大量的海洋科技成果，但由于缺乏科技机构与企业之间互动的科技成果交易平台，同时由于存在科研机构重研究、轻市场的问题，科研成果不能实现产业化。因此青岛应积极完善科技成果交易网络，将青岛的科技成果转化网络与国际知名转化网链接，让青岛的科技成果得到迅速转化。任何一个在孵企业都会遇到各种发展瓶颈，会遇到设备、技术等方面的困难，通过建立起孵化公共服务平台，让在孵企业充分利用外部资源。充分学习天津市的科技特派员制度，或成立孵化器协会和孵化服务联盟。为解决孵化器综合性、缺乏专业化分工的问题，应该进行专业的孵化器建设，通过专业化的孵化器建设促进孵化服务的全方位发展格局，进而通过专业化来提高孵化企业的竞争力和专业集群发展。可以积极借鉴天津市建立的科技特派员制度，成立青岛市孵化器特派员研究院，充分引进一些具有实践经验的科技特派员，尤其是在中关村、张江科技园区等具有五年以上工作经验的特派员；通过专业特派员的指导使得孵化器的建设和运营走向正轨，并规范化发展。

对孵化器功能进行双向延伸。首先是选择潜质较好的企业进行孵化，设置合适的入孵门槛并严格执行；只有这样才能保障孵化企业的质量。其次还要对孵化毕业企业进行一定支持，不能对刚毕业的企业置之不管。只有这样才能保障孵化企业的质量和市场竞争力。

提升科技企业孵化器的运作理念和水平。重视山东半岛城市群内各个城市科技企业孵化器之间的联盟式的协同发展，构建完善的统一信息网络平台，实现信息、人力资源等的共享，并进行统一的品牌宣传。

（四）加强人才培育和激励机制建设

加强人才培养和引进模式的创新，将人才实引进与软引进、虚拟引进相结合，将传统的分散式个体引进与研发机构、研发团队的整体引进相结合，重点引进科技创新急需的高端人才，特别是"领军型"的拔尖人才。采取人才刚性和柔性引进的双轨并行制，大力推进资本移民、项目移民和技术移民的策略，给予以上符合标准的移民特殊优惠（住房，保障，医疗等），为创新型创业人才开辟"绿色通道"。

通过构建立体化、多元化、覆盖面广的奖励体系，建立起长效激励机制，吸引大量的科技创新型人才。从政府层面建立起面向其他领域的创新创业奖励和激励机制，使各类创新型人才都能得到政府的激励，进而发挥自身的才能让创新最大化。财政资金支持的一些高校主管的研发平台的科研成果的产权份额要大部分归属高校，重要的研发人员一定要给予一定知识产权的份额。并且为科技创新型人才改善医疗、教育、生活、科技文化基础条件等配套环境，使各类人才在青岛能够安居、乐业，从根本上解决人才的后顾之忧。建立起鼓励创新、宽容失败的机制，为企业和个人的创新型创业活动化解部分风险。探索科技人才经纪人制度，鼓励猎头公司的发展。建立起人才投诉和拔尖人才与政府主管领导对话、约见机制，保持拔尖人才、领军型人才与政府高层的沟通。

在人才培养方面，要坚持与当地大学紧密合作，借鉴美国硅谷的方式，通过对科技园区的选址和规划，使得科技园区的发展有坚实的人才基础。还要加强对大学中的创新型人才的支持力度，尤其是通过资金和政策支持使得具有潜力的项目获得迅速发展并产业化，建立起校园创新创业人才与项目和孵化器的"绿色通道"，让没有资金、基础设施和技术的大学科技型创新创业人才发挥最大价值，创造更多的社会和经济价值。

（五）构建多元化市场化的投融资体系

完善产业关键技术研发和产业化的引导资金机制。积极学习武汉市融资策略，在优化融资环境的基础上，通过龙头企业延伸产业链的方式进行融资，尤其是国际和国内的一些领军型企业。通过创造良好的环境吸引龙头企业入驻发展，充分发挥其产业链效应带动整个产业链的集团性投资，为整个青岛市的产业链企业的发展注入充足的发展资金。在产业关键技术发展上，青岛创新创业企业要联合建立引导资金，引导资金的形式要多元化。通过设立青岛创新创业风险投资基金以及运行补贴的专项基金等激励措施，推进科技创新平台建设。对关键技术的研发和产业化进行重点基金资金支持，无息贷款资金支持，天使风险投资基金支持等。同时，建立全过程的重点技术研发和产业化资金自持效果的评价监督体系。

根据"投资和收益"融合的原则，根据"政府引导、多元化融资、多业态经营、市场化运作、社会化服务"的理念，探索科技金融资本运营模式，加快构建多元化、多层次的科技金融服务体系，由单一的政府投入转为引导社会化投资，鼓励和支持吸引社会团体、企业、个人、投资公司、银行、证券公司、保险公司等在法律允许的范围内投资到科技创新平台体系的建设。

应积极开展技术使用许可、成果转让以及联合开发等模式，吸引社会资本和风险资金的加入。要改善青岛科技创新的投融资环境，完善青岛创新创业科技投入的政策措施，通过合理的融资制度来保障多元化投资者的利益，调动银行、证券公司、保险公司以及民间资本等相关利益者加大科技金融投资，尤其是调动民间资本参与到科技创新。为了调动民间资本参与到科技创新，科技管理相关部门要定期和一些民营企业和社会投资人进行沟通，及时交流主导产业、产业的关键技术以及关键技术产业化的前景等情况。同时政府相关部门要制定出保障民营企业和社会投资人的投资收益保障政策；注重调动民营企业和社会投资人积极参与产业技术创新联盟建设；鼓励民营资本参与到实验室等协同创新的研发平台、孵化器和科技园区协同创新的产业化平台、产权交易市场等公共服务平台中来，参与到项目的研发和产业化的全过程中来。

要重点发展天使投资、孵化器基金、风险投资、科技租赁公司、科技信贷和科技保险等组成的科技创新投融资支撑体系并形成相互间的互动机制，共同提升青岛创新创业能力。

建立由相关部门和个人出资的天使投资基金，通过资金引导、低息贷款和股权投资的方式支持有潜力的科技项目和科技型中小企业。目前国内外建立了多种形式的天使投资基金，投资的主体有个人、企业团队以及政府等。天使投资的发展趋势是由个人、企业和政府共同出资建立天使投资基金，支持科技项目和中小企业的发展。

通过创新科技信贷促进科技创新平台体系的建设与发展。今后要进一步扩大风险投资的主体，形成政府的引导资金、民间资金以及银行的资金共同组成的多元化科技信贷资金源。政府的科技信贷资金数额有限，只是起到了一定的引导作用，要充分发挥民间资金以及银行的资金在科技信贷中的作用。支持和鼓励在青岛银行及担保公司设立科技支行，设定专门的客户准入制度、审查审批流程等，支持科技产业的发展。还要建立起完整的研发及产业化绩效的评价体系，评价出有发展潜力的项目和科技企业进行科技信贷。民间资本可通过股权投资等方式和其他投资主体共同投资科技企业或科研项目。银行通过直接贷款或者通过向风险投资机构进行贷款间接向有潜力的科研项目、关键产业化的技术以及科技企业提供资金支持。

同时，投资机构等要积极和青岛创新创业内的各大研发平台、孵化基地等互动沟通，了解近阶段这些机构的最新研究成果，对其市场价值进行评估，对具备可行性和营利性的技术进行投资。

  课题承担单位：青岛大学 青岛市科学技术信息研究所
  课题负责人：王庆金
  课题组成员：徐屹嵩 代同亮 田代善 肖 强 王春莉 张卓群 尚 岩

青岛市"十三五"科技创新资源统筹与优化配置机制研究

一、科技资源配置的基本概念

（一）科技资源的分类

科技资源是指科技创新主体为实现经济和社会效益而用于科技创新活动的各种资源的综合，包括科技人力资源、科技财力资源、科技物力资源、科技信息资源、科技组织资源等。各种资源具体界定如下。

（1）科技人力资源主要是指直接从事科技活动和为科技活动直接提供知识产生、传播、应用以及服务的人员，通常以科技活动人员指标来测算，采用R&D人员数量指标。

（2）科技财力资源主要是指研发经费及其占国内生产总值的比重。

（3）科技物力资源主要包括各种机器设备、仪器、基地和实验室等；对于区域而言，还要包括研究机构、大学、科技服务机构以及工程研究中心等。

（4）科技信息资源是指各种科学研究和技术创新成果，这些成果主要是以知识信息的形式表现，如专利、期刊、论文等等。

（5）科技组织资源主要是指政府、企业以及其他独立的研究机构、高校和私营研究机构等。

（二）科技资源配置概念

科技资源配置是指在特定经济、科技体制下，科技资源在各个科技活动主体、领域、过程、空间、时间上的分配、组合和使用，是实现其正向效果与效率的调配方式。科技资源配置主要包括配置规模、结构、强度、效率以及方式等问题。

（1）科技资源配置规模主要指科技资源配置的总量，包括人员、财力、物力等方面，主要是从科技资源总量对科技资源的投入进行分析。

（2）科技资源配置结构主要指不同科技主题对科技资源的投入占有比重，主要包括内、外部结构。

(3) 科技资源配置强度主要指科技资源配置量占所有总量的比重,表明科技活动主体对科技活动支持和强度。

(4) 科技资源配置效率主要指考察科技资源配置过程中相对于同类区域的科技资源配置投入产出效率的高低,充分反映科技资源的有效利用程度。

(5) 科技资源配置方式包括计划、市场和混合配置。

(三) 青岛市科技资源配置现状分析的架构

根据上述目标要求,结合青岛市科技资源配置现状,以 2011～2013 年十五个副省级城市科技资源配置现状为参照对象,系统地分析青岛市科技资源配置规模、结构、方式、强度以及效率等问题,同时也对青岛市企业、高校以及科研机构的科技资源配置效率作比较,全面分析青岛市科技资源配置的现状。

二、青岛市科技资源的配置规模的现状

(一) 青岛市科技资源的配置规模

根据调查统计得到 2011～2013 年我国 15 个副省级城市的各种科技资源指标数据,计算得到 15 个副省级城市各年各种科技资源指标的平均值、各城市三年来的各种科技资源指标平均值及 2012 和 2013 年相对上年度的增长速度;同时将青岛市各种科技资源指标值与我国 15 个副省级城市的各种科技资源指标值的平均值以及最大值进行比较,分析青岛市科技资源的配置规模存在的问题。

(二) 科技投入配置规模

(1) 全社会 R&D 经费。

我国 15 个副省级城市 2011～2013 年全社会 R&D 经费的数据统计分析如表 1 所示。

表 1 我国 15 个副省级城市 2011～2013 年全社会 R&D 经费的统计描述

城市	全社会 R&D 经费(亿元)及排名						三年整体情况		增长速度(%)	
	2011	排名	2012	排名	2013	排名	平均值(亿元)	排名	2012	2013
成都	162.83	8	170.2	8	202	8	178.34	9	4.5	18.7
大连	97.4	11	102.8	11	123.4	11	107.87	12	5.5	20.0
广州	238.1	2	262.87	2	350	2	283.66	2	10.4	33.1
哈尔滨	69.9	13	83.94	15	97.32	15	83.72	16	20.2	15.9
杭州	202.35	4	228	4	248.73	4	226.36	4	12.7	9.1
济南	95.5	12	98.95	12	111.2	12	101.88	13	3.6	12.4
南京	178.8	5	209.97	6	236.35	6	208.37	6	17.4	12.6

续表

城市	全社会R&D经费（亿元）及排名						三年整体情况		增长速度（%）	
	2011	排名	2012	排名	2013	排名	平均值（亿元）	排名	2012	2013
宁波	114.29	10	134.46	10	157.33	9	135.36	11	17.6	17.0
青岛	164.31	7	190.45	7	218.73	7	191.16	7	15.9	14.8
厦门	68.86	14	89.53	13	99.23	14	85.87	14	30.0	10.8
深圳	416.4	1	493.4	1	572.4	1	494.07	1	18.5	16.0
沈阳	140.6	9	141.42	9	141.85	10	141.29	10	0.6	0.3
武汉	177	6	212.9	5	248	5	212.63	5	20.3	16.5
西安	202.53	3	229.47	3	256.77	3	229.59	3	13.3	11.9
长春	61.22	15	87.18	14	105.96	13	84.79	15	42.4	21.5
年度平均值	159.334	—	182.3693	—	211.2852	—	184.33		15.5	15.4

从表1可以得出，2011～2013年深圳的全社会R&D经费远远超过其他副省级城市，青岛市的全社会R&D经费与深圳差距较大，而且此差距呈现逐年增大的趋势。青岛市与其余城市的差异不大，差值均少于75亿元。青岛市各年度及总体均值排名都是第7，青岛市各年度R&D经费配置总量数值略高于各年度15个副省级城市的平均值。

青岛市三年来R&D经费出现递增趋势，但是增长速度放缓。2012年稍微高于15个副省级城市增长速度的平均值，而2013年略低于15个副省级城市增长速度的平均值。

（2）全社会R&D人员。

我国15个副省级城市2011～2013年全社会R&D人员的数据统计分析如表2所示。

表2 我国15个副省级城市2011～2013年全社会R&D人员的统计描述

城市	全社会R&D人员（万人）及排名						三年整体情况		增长速度（%）	
	2011	排名	2012	排名	2013	排名	平均值（万人年）	排名	2012	2013
成都	3.89	9	4.21	8	4.21	10	4.10	9	8.2	0.0
大连	2.2	15	2.03	15	2.59	15	2.27	15	-7.7	27.6
广州	6.6	6	7.08	4	5.24	7	6.31	6	7.3	-26.0
哈尔滨	2.86	14	2.99	14	4.84	8	3.56	11	4.5	61.9
杭州	8.17	3	7.83	3	8.16	3	8.05	4	-4.2	4.2
济南	3.68	10	3.68	10	3.68	11	3.68	10	0.0	0.0

续表

城市	全社会R&D人员(万人)及排名						三年整体情况		增长速度(%)	
	2011	排名	2012	排名	2013	排名	平均值(万人年)	排名	2012	2013
南京	7.41	4	8.45	2	8.45	2	8.10	3	14.0	0.0
宁波	7.14	5	6.05	6	7.04	4	6.74	5	−15.3	16.4
青岛	3.91	8	4.1	9	4.5	9	4.17	8	4.9	9.8
厦门	2.91	13	3.44	12	3.64	12	3.33	14	18.2	5.8
深圳	29.62	1	29.62	1	29.62	1	29.62	1	0.0	0.0
沈阳	3.25	11	3.41	13	3.53	14	3.40	12	4.9	3.5
武汉	5.12	7	5.42	7	5.42	6	5.32	7	5.9	0.0
西安	14.78	2	6.37	5	6.37	5	9.17	2	−56.9	0.0
长春	3.06	12	3.56	11	3.56	13	3.39	13	16.3	0.0
年度平均值	6.97	—	6.55		6.72		6.75		0.0	6.9

青岛市R&D人员的规模三年来一直呈现上升趋势,平均值为每年4.17万人;各年度及总体均值排名稳定在第8～9名。青岛市各年度数均低于各年度15个副省级城市的平均值,但是差距逐渐缩小。青岛2011～2013年与R&D人员最多的深圳的差距基本相同,在25万多人,差额较大。

青岛市R&D人员数量三年来均出现递增趋势,且增长速度有明显提高。青岛R&D人员增长速度2012年比15个副省级城市增长速度的平均值高4.8%,2013年比15个副省级城市增长速度的平均值高2.9%,说明2013年青岛市R&D人员增幅相对于15个副省级城市的平均增幅减少。

1. 科技产出

(1)专利申请数量。

我国15个副省级城市2011～2013年专利申请数量的分析数据如表3所示。

表3 我国15个副省级城市2011～2013年专利申请数量的统计描述

城市	专利申请数量(项)及排名						三年整体情况		增长速度(%)	
	2011	排名	2012	排名	2013	排名	平均值(项)	排名	2012	2013
成都	37 466	4	59 339	2	36 706	6	44 503.7	3	58.4	−38.1
大连	16 324	11	21 381	11	7 634	14	15 113.0	12	31.0	−64.3
广州	28 097	5	39 784	6	39 751	7	35 877.3	6	41.6	−0.1
哈尔滨	13 005	12	20 241	12	12 907	11	15 384.3	11	55.6	−36.2

续表

城市	专利申请数量(项)及排名						三年整体情况		增长速度(%)	
	2011	排名	2012	排名	2013	排名	平均值（项）	排名	2012	2013
杭州	40 892	3	58 315	3	34 006	7	44 404.3	4	42.6	−41.7
济南	18 564	10	22 598	10	16 163	10	19 108.3	10	21.7	−28.5
南京	28 043	6	55 103	4	38 282	5	40 476.0	5	96.5	−30.5
宁波	47 582	2	83 144	1	43 494	3	58 073.3	2	74.7	−47.7
青岛	19 816	9	27 009	8	48 610	2	31 811.7	7	36.3	80.0
厦门	8 315	14	11 169	14	9 327	12	9 603.7	14	34.3	−16.5
深圳	63 522	1	32 232	5	58 181	1	51 311.7	1	−49.3	80.5
沈阳	11 906	13	13 192	13	9 049	13	11 382.3	13	10.8	−31.4
武汉	21 879	8	25 686	9	19 352	8	22 305.7	9	17.4	−24.7
西安	27 717	7	47 068	2	16 969	9	30 584.7	8	69.8	−63.9
长春	5 391	15	7 109	15	5 684	15	6 061.3	15	31.9	−20.0
年度平均值	25 901.3	—	34 891.3		26 407.7	—	31 389.5	—	34.70	−24.30

青岛市专利申请数量三年来一直呈现上升趋势，平均值为每年 31 389.50 项，各年度排名分别为第 9 名、第 8 名、第 2 名，排名呈现上升的趋势，总体均值排名在第 7 名。青岛市 2011 年、2012 年的申请专利数量低于 15 个副省级城市的平均值，而在 2013 年度明显高于平均值，并且与专利申请数量最多的城市相比，2013 年差距有了明显缩小。

三年来青岛市专利数量一直保持高速增长，2013 年青岛市专利数量的环比增长速度高达 80%；2012 年基本和 15 个副省级城市增长速度的平均值持平，2013 年明显高于 15 个副省级城市增长速度的平均值，高达 104.30%，略低于专利数量榜首的深圳市。据悉，青岛市政府重要领导首抓专利申请工作，充分反映了青岛市对专利申请的重视程度，使得专利申请数量提升速度较快，这也反映了青岛市具有良好的专利申请潜力。

（2）发明专利申请。

我国 15 个副省级城市 2011~2013 年发明专利申请数量的分析数据如表 4 所示。

青岛市发明专利申请数量三年来基本呈现上升趋势，平均值为每年 22 579.75 项，各年度排名分别为第 9 名、第 8 名、第 1 名，排名呈现逐渐上升的趋势，并已处于副省级城市中的领头羊地位，总体均值排名在第 3 名。青岛市 2011 年的发明专利申请比 15 个副省级城市的平均值低 2 315.5 项，2012 年差距缩小为 617.3 项，2013 年发明专利申请数量逆转成为 15 个城市中最多的城市 32 901 项，比平均值多 22 817 项，由此可见，青岛市注重专利申请的质量，以发明专利为主。

表4 我国15个副省级城市2011～2013年发明专利申请数量的统计描述

城市	发明专利申请数量（项）及排名						三年整体情况		增长速度（%）	
	2011	排名	2012	排名	2013	排名	平均值（万）	排名	2012	2013
成都	8 645	5	17 327	4	12 994	4	12 989	5	100.4	-25.0
大连	7 418	7	13 919	6	3 336	13	8 224	9	87.6	-76.0
广州	8 173	6	12 174	7	9 839	6	10 062	7	49.0	-19.2
哈尔滨	3 964	13	8 724	12	6 389	11	6 359	12	120.1	-26.8
杭州	9 719	4	14 054	5	10 610	5	11 461	6	44.6	-24.5
济南	5 125	10	11 344	9	8 328	8	8 266	8	121.3	-26.6
南京	11 597	3	22 482	3	18 452	3	17 510	2	93.9	-17.9
宁波	4 360	12	9 811	10	7 220	10	7 130	11	125.0	-26.4
青岛	5 347	9	12 092	8	32 901	1	16 780	3	126.1	172.1
厦门	1 982	15	2 971	15	2 798	15	2 584	15	49.9	-5.8
深圳	28 823	1	32 200	1	21 585	2	27 536	1	11.7	-33.0
沈阳	4 880	11	7 572	13	4 850	12	5 767	13	55.2	-35.9
武汉	6 362	8	9 735	11	8 031	9	8 043	10	53.0	-17.5
西安	11 689	2	23 534	2	9 197	7	14 807	4	101.3	-60.9
长春	2 505	14	3 398	14	2 802	14	2 902	14	35.6	-17.5
平均值	7 662.5	—	12 709.3	—	10 084.1	—	12 069.3	—	78.3	-16.1

三年来,青岛市发明专利数量一直保持高速增长;2013年达到高峰,增速高达172.1%。2012年和2013年发明专利申请数量的增长速度远大于15个副省级城市增长速度的平均值,2013年发明专利申请数量居于15个副省级城市的首位,因此,青岛市发明专利的申请发展较快。

（3）专利授权量。

我国15个副省级城市2011～2013年发明专利授权数量如表5所示。

青岛市发明专利授权数量三年来一直呈现上升趋势,平均值为每年1 525项,各年度排名分别为第12名、第12名、第8名,排名呈现逐渐上升的趋势,总体均值排名在第11名。青岛市三年的发明专利申请数均低于15个副省级城市的平均值,但2013年差距较2011、2012年明显缩小。青岛与第1名深圳市相比,差距仍巨大。由此可见,尽管2013年青岛市专利申请数高居榜首,但是发明专利授权数量相对较少,一方面可能是由于申请到授权的时间滞后造成,另一方面也说明需要注意提升申请的质量。

表5　我国15个副省级城市2011～2013年专利授权数量的统计描述

城市	专利授权数量(项)及排名						三年整体情况		增长速度(%)	
	2011	排名	2012	排名	2013	排名	平均值(项)	排名	2012	2013
成都	2 403	7	3 196	6	2 996	6	2 865	6	33.0	−6.3
大连	1 116	13	1 331	13	997	13	1 148	13	19.3	−25.1
广州	3 146	4	4 057	4	3 312	4	3 505	4	29.0	−18.4
哈尔滨	1 663	8	1 837	10	1 470	11	1 657	10	10.5	−20.0
杭州	4 511	2	4 915	2	3 982	2	4 469	2	9.0	−19.0
济南	1 623	10	2 165	9	1 927	9	1 905	9	33.4	−11.0
南京	3 452	3	4 735	3	3 929	3	4 039	3	37.2	−17.0
宁波	1 625	9	2 246	8	1 918	10	1 930	8	38.2	−14.6
青岛	1 135	12	1 510	12	1 930	8	1 525	11	33.0	27.8
厦门	617	15	890	15	733	15	747	15	44.2	−17.6
深圳	11 826	1	10 987	1	8 846	1	10 553	1	−7.1	−19.5
沈阳	1 302	11	1 574	11	1 199	12	1 358	12	20.9	−23.8
武汉	2 585	6	3 171	7	2 807	7	2 854	7	22.7	−11.5
西安	2 738	5	3 708	5	3 212	5	3 219	5	35.4	−13.4
长春	925	14	1 167	14	848	14	980	14	26.2	−27.3
平均值	2 711	—	3 166	—	2 674	—	3 059	—	25.66	−14.45

三年来,青岛市发明专利授权数量保持正增长,但增长速度小于15个副省级城市增长速度的平均值,尤其是在2013年,只有青岛市发明专利授权数是正增长,其他城市均是负增长。因此,青岛市发明专利授权数量增长较快,青岛市需继续保持良好的发展势头。

(4)技术交易额。

我国15个副省级城市2011～2013年技术交易额及分析结果如表6所示。

青岛市技术交易额三年来一直呈现上升趋势,平均值为每年20.39亿元,总体均值排名在第13名,青岛市技术交易额排名靠后,各年度排名分别为第14名、第13名、第11名,青岛市技术交易额均低于相应年度15个副省级城市的平均值,且差距逐渐加大,并且三年总体平均值比技术交易额最多的城市西安少209.72亿元,相差数额较大,且差额呈现扩大趋势。

表6 我国15个副省级城市2011～2013年技术交易额的统计描述

城市	技术交易额（亿元）及排名						三年整体情况		增长速度（%）	
	2011	排名	2012	排名	2013	排名	平均值（亿元）	排名	2012	2013
成都	60.84	7	106.49	8	144.3	6	77.91	7	75.0	35.5
大连	44.2	10	134.47	6	52.28	9	57.74	8	204.2	-61.1
广州	159.52	2	198.1	2	222.84	3	145.12	2	24.2	12.5
哈尔滨	57.6	8	64.2	9	70.48	8	48.07	9	11.5	9.8
杭州	48.5	9	62.91	10	48.29	10	39.93	10	29.7	-23.2
济南	27.4	12	30.38	12	29.05	13	21.71	12	10.9	-4.4
南京	120.27	3	145.38	5	169.83	5	108.87	5	20.9	16.8
宁波	10.92	15	10.64	15	9.87	15	7.86	15	-2.6	-7.2
青岛	20.75	14	25.37	13	35.42	11	20.39	13	22.3	39.6
厦门	38.71	11	59.28	11	31.1	12	32.27	11	53.1	-47.5
深圳	111.2	4	153.05	4	275.88	2	135.03	3	37.6	80.3
沈阳	86.4	6	120.67	7	127.9	7	83.74	6	39.7	6.0
武汉	107.51	5	169.69	3	220	4	124.30	4	57.8	29.6
西安	204.52	1	300.22	1	415.7	1	230.11	1	46.8	38.5
长春	21.05	13	20.87	14	26.03	14	16.99	14	-0.9	24.7
年度平均值	74.6	—	106.8	—	125.3	—	76.67	—	43.1	17.3

2012年、2013年青岛市技术交易额增长速度分别为22.3%、39.6%。与2012年相比，2013年增幅加大，但仍低于15个副省级城市增长速度的平均值，而且与15个副省级城市平均增长速度差距越来越大。由此可见，尽管青岛市技术交易额在加速增长，但是由于基数相对较低，相对其他副省级城市来看，仍然呈现出了相对后退的趋势，值得相关部门注意。

2. 科技信息

从《中国城市统计年鉴2012》《中国城市统计年鉴2013》以及15个副省级城市2013年国民经济和社会发展统计公报统计得到15个副省级城市互联网宽带用户数。我国15个副省级城市2011～2013年万人互联网宽带用户数的数据分析如表7所示。

青岛市2012年万人互联网宽带用户数相比2011年呈现下降现象，而2013年出现上升趋势，变化幅度不大，各年度排名分别为第5名、第11名、第7名。2011～2013年平均每年互联网宽带用户数为2 141.7户/万人，总体均值排名在第10名，相对其他城市表现为中等偏下，青岛市各年度数值均低于对应年度15个副省级城市的平均值，差额分别为220.6、546.0和628.3户/万人,可见差值逐渐加大。青岛与万人互联网宽带用户数最多的城市相比,三年的差额均非常大,并且未有减缓趋向。

青岛市2012年和2013年万人互联网宽带用户数增长速度分别为-2.2%、4.6%,分别出现了负增长和小幅度增长,但与2012年、2013年度各城市增长速度的平均值相比,均偏低,尽管2013年增速差距缩小,但均未达到各年度万人互联网宽带用户数的平均增长速度。青岛市有必要提升万人互联网宽带用户数,缩小与其他城市的差距。

表7 我国15个副省级城市2011~2013年万人互联网宽带用户数的统计描述

城市	万人互联网宽带用户数(户/万人)及排名						三年整体情况		增长速度(%)	
	2011	排名	2012	排名	2013	排名	平均值(户/万人)	排名	2012	2013
成都	1 176.5	14	1 331.0	14	1 462.1	14	1 323.2	14	13.1	9.8
大连	1 968.4	7	2 254.9	9	1 719.8	12	1 981.0	11	14.6	-23.7
广州	1 961.6	8	4 437.5	2	6 876.1	1	4 425.1	2	126.2	55.0
哈尔滨	1 223.4	13	5 558.8	1	1 575.3	13	2 785.9	7	354.4	-71.7
杭州	2 493.6	3	2 739.6	6	1 930.3	10	2 387.9	9	9.9	-29.5
济南	1 703.7	11	1 909.5	12	2 026.1	8	1 879.7	12	12.1	6.1
南京	1 822.0	9	3 031.0	4	3 466.4	4	2 773.1	8	66.4	14.4
宁波	2 254.9	4	3 115.8	3	2 988.7	6	2 786.5	6	38.2	-4.1
青岛	2 140.9	5	2 093.8	11	2 190.5	7	2 141.7	10	-2.2	4.6
厦门	9 916.9	1	2 743.1	5	1 843.2	11	4 834.4	1	-72.3	-32.8
深圳	2 498.2	2	2 659.6	7	3 391.3	5	2 849.7	5	6.5	27.5
沈阳	1 668.9	12	1 829.8	13	1 990.0	9	1 829.6	13	9.6	8.8
武汉	2 115.8	6	2 460.5	8	4 306.4	3	2 960.9	4	16.3	75.0
西安	1 717.1	10	2 152.5	10	5 415.5	2	3 095.0	3	25.4	151.6
长春	761.4	15	1 280.0	15	1 100.5	15	1 047.4	15	68.1	-14.0
年度平均值	2 361.6	—	2 639.8	—	2 818.8	—	2 606.7	—	11.8	6.8

3.科技条件

(1)国家级孵化器数量。

调查统计得到2011~2013年我国15个副省级城市的国家级孵化器数量,如表8所示。

青岛市 2011～2013 年国家级孵化器数量分别为 8 个、10 个和 12 个,三年来呈现上升趋势,各年度排名基本稳定在第 7～8 名;总体均值 10 家,排名在第 8 名。青岛市 2011 年、2012 年各年度数值均低于对应年度 15 个副省级城市的平均值;2013 年国家级孵化器数量略高于 15 个副省级城市的平均值,但仅为第 1 名哈尔滨的国家级孵化器数量的一半,存在较大差距。

表 8　我国 15 个副省级城市 2011～2013 年国家级孵化器数量的统计描述

城市	国家级孵化器数量(家)及排名						三年整体情况(家)		增长速度(%)	
	2011	排名	2012	排名	2013	排名	平均值	排名	2012	2013
成都	13	3	6	12	6	12	8.3	10	−53.8	0.0
大连	10	6	14	5	14	6	12.7	7	40.0	0.0
广州	7	10	9	9	9	9	8.3	11	28.6	0.0
哈尔滨	8	8	9	9	24	1	13.7	4	12.5	166.7
杭州	9	7	15	4	15	4	13.0	6	66.7	0.0
济南	4	14	16	2	6	12	8.7	9	300.0	−62.5
南京	13	3	13	6	15	4	13.7	5	0.0	15.4
宁波	5	12	6	12	7	11	6.0	13	20.0	16.7
青岛	8	8	10	8	12	7	10.0	8	25.0	20.0
厦门	3	15	3	15	3	15	3.0	15	0.0	0.0
深圳	20	1	11	7	11	8	14.0	3	−45.0	0.0
沈阳	6	11	9	9	9	9	8.0	12	50.0	0.0
武汉	15	2	16	2	18	2	16.3	1	6.7	12.5
西安	11	5	17	1	17	3	15.0	2	54.5	0.0
长春	5	12	6	12	6	12	5.7	14	20.0	0.0
年度平均值	9.1	—	10.7	—	11.5	—	10.4	—	16.8	7.5

青岛市 2012 年、2013 年的增长速度分别为 25% 和 20%,呈现正增长,且都高于 15 个副省级城市增长速度的平均值;2013 年比 15 个副省级城市增长速度的平均值高 12.5%,说明青岛市国家级孵化器的建设近几年有了很大的提高,但仍有待进一步加强。

(2)国家级孵化器面积。

利用《中国火炬统计年鉴》等补充了部分城市国家级孵化器面积的缺失数据,数据分析如表 9 所示。

三年之间 15 个副省级国家级孵化器面积数据变化的差异性较大;有的城市未变化,

如大连、杭州、宁波、厦门等；有的城市变化较大，如青岛、深圳等。对于青岛市，国家级孵化器面积三年来呈现下降而后又上升趋势，平均值为74.59万平方米，2011～2013年度排名基本稳定分别为第1名、第8名、第8名，总体均值排在第3名。青岛市2011年、2012年的数值均高于对应年度15个副省级城市的平均值；2013年国家级孵化器数量低于15个副省级城市的平均值，这是由于武汉市扩建较多，导致本年度青岛市与本年度的15个副省级城市平均值相比相差43.08万平方米。

表9 我国15个副省级城市2011～2013年国家级孵化器面积的统计描述

城市	国家级孵化器面积(万平方米)及其排名						三年整体情况		增长速度(%)	
	2011	排名	2012	排名	2013	排名	平均值(万米²)	排名	2012	2013
成都	66.22	3	48.4	4	48.4	8	54.34	7	-26.9	0.0
大连	31.047 8	6	31.047 8	6	31.047 8	9	31.05	10	0.0	0.0
广州	74.8	2	80.315 3	7	80.315 3	4	78.48	2	7.4	0.0
哈尔滨	12.561 9	15	52.87	12	28.92	10	31.45	9	320.9	-45.3
杭州	25.763 1	9	25.763 1	5	25.763 1	11	25.76	11	0.0	0.0
济南	22.92	11	22.92	9	22.92	13	22.92	14	0.0	0.0
南京	26.834 4	7	94.16	3	94.16	3	71.72	4	250.9	0.0
宁波	22.239 7	12	22.239 7	10	22.239 7	15	22.24	15	0.0	0.0
青岛	128	1	47.16	8	48.61	7	74.59	3	-63.2	3.1
厦门	22.941 7	10	22.941 7	15	22.941 7	12	22.94	13	0.0	0.0
深圳	17.381 1	14	37.686 4	1	143.5	2	66.19	5	116.8	280.8
沈阳	26.221 5	8	22.84	13	22.8	14	23.95	12	-12.9	-0.2
武汉	53.61	5	59.98	11	659	1	257.53	1	11.9	998.7
西安	55.29	4	55.29	2	55.29	6	55.29	6	0.0	0.0
长春	19	13	69.51	14	69.51	5	52.67	8	265.8	0.0
年度平均值	40.32	—	46.21	—	91.69	—	59.41	—	58.0	82.5

从国家级孵化器面积的增长速度看，青岛市2012年呈现下降，2013年开始上升。青岛市2012和2013年的国家级孵化器面积增长速度均小于15个副省级城市增长速度的平均值，但是差距逐渐变小。因此，青岛市国家级孵化器的建设有待进一步加强。

(3)工程技术中心。

利用《中国火炬统计年鉴》等补充了部分城市国家级工程技术研究中心数量的缺失数据，数据分析如表10所示。从国家级工程技术研究中心数量规模看，三年里，各城市变化范围均不大。2011～2013年青岛市分别为7个、9个和9个,排名分别为第9名、第6名和第6名,总体均值排名在第8名,均略低于对应的15个副省级城市的平均值,居于副省级城市的中间位置。青岛市国家级工程技术研究中心有待增加。

表10 我国15个副省级城市2011～2013年国家级工程技术研究中心的统计描述

城市	国家级工程技术中心(个)及其排名						三年整体情况		增长速度	
	2011	排名	2012	排名	2013	排名	平均值(个)	排名	2012	2013
成都	9	5	9	6	9	6	9.0	6	0.00	0.00
大连	8	7	8	7	8	9	8.0	9	0.00	0.00
广州	13	4	15	3	18	3	15.3	3	15.38	20.00
哈尔滨	5	11	4	12	4	12	4.3	11	−20.00	0.00
杭州	8	8	10	5	10	5	9.3	5	25.00	0.00
济南	3	13	3	14	3	14	3.0	14	0.00	0.00
南京	14	2	16	2	17	2	15.7	2	14.29	6.25
宁波	7	9	8	9	8	9	7.7	10	14.29	0.00
青岛	7	10	9	6	9	6	8.3	8	28.57	0.00
厦门	2	15	2	15	2	15	2.0	15	0.00	0.00
深圳	4	12	4	12	4	12	4.0	13	0.00	0.00
沈阳	14	3	14	4	14	4	14.0	4	0.00	0.00
武汉	23	1	25	1	26	1	24.7	1	8.70	4.00
西安	9	6	9	6	9	6	9.0	7	0.00	0.00
长春	3	14	5	11	5	11	4.3	12	66.67	0.00
年度平均值	9	—	9.4	—	9.7	—	9.2	—	—	—

注:由于大连和深圳2011年数据缺失,用该城市其他两年数据平均值代替。

(4)国家级重点实验室。

根据统计资料,得到我国15个副省级城市2011～2013年国家级重点实验室个数,如表11所示。

从国家级重点实验室的规模看,三年里,各省市变化范围均不大。2011～2013年青岛市分别为6个、6个和7个,与相应年度15个副省级城市平均值(分别为11.5个、10.7个和11.3个)差距较大,排名分别为第10名、第11名和第11名;三年总体均值6.3个,低于对应的15个副省级城市的平均值10.9个,排名在第11位,在15个副省级城市中处于落后地位。

表 11 我国 15 个副省级城市 2011～2013 年国家级重点实验室的统计描述

城市	国家级重点实验室(个)及其排名						三年整体情况		增长速度	
	2011	排名	2012	排名	2013	排名	平均值（个）	排名	2012	2013
成都	10	9	10	7	10	7	10.0	7	0.00	0.00
大连	12	6	8	9	8	9	9.3	9	−33.33	0.00
广州	15	3	15	4	17	4	15.7	3	0.00	13.33
哈尔滨	8	10	8	9	6	9	7.3	10	0.00	−25.00
杭州	11	7	1	14	1	14	1.0	15	−90.91	0.00
济南	2	14	1	14	1	14	1.3	14	−50.00	0.00
南京	24	2	25	1	25	1	24.7	2	4.17	0.00
宁波	5	12	5	12	8	12	6.0	12	0.00	60.00
青岛	6	11	6	11	7	11	6.3	11	0.00	16.67
厦门	4	13	4	13	4	13	4.0	13	0.00	0.00
深圳	—	—	9	8	11	8	10.0	8	—	22.22
沈阳	14	4	14	5	14	5	14.0	5	0.00	0.00
武汉	25	1	25	1	27	1	25.7	1	0.00	8.00
西安	11	8	16	3	16	3	14.3	4	45.45	0.00
长春	14	5	14	5	14	5	14.0	6	0.00	0.00
年度平均值	11.5	—	10.7	—	11.3	—	10.9			

注：2011 年深圳数据缺失，用其他两年数据平均值代替。

（5）独立科研机构。

根据统计资料，得到我国 15 个副省级城市 2011～2013 年独立科研机构数量，如表 12 所示。

表 12 我国 15 个副省级城市 2011～2013 年独立科研机构的统计描述

城市	独立科研机构(个)及其排名						三年整体情况		增长速度(%)	
	2011	排名	2012	排名	2013	排名	平均值（个）	排名	2012	2013
成都	102	6	88	9	99	5	96.3	6	−13.73	12.50
大连	61	10	61	10	61	9	61.0	10	0.00	0.00
广州	155	1	152	1	148	1	151.7	1	−1.94	−2.63
哈尔滨	131	2	132	2	132	3	131.7	2	0.76	0.00
杭州	37	11	37	11	37	10	37.0	11	0.00	0.00

续表

城市	独立科研机构(个)及其排名						三年整体情况		增长速度(%)	
	2011	排名	2012	排名	2013	排名	平均值(个)	排名	2012	2013
济南	118	3	118	4	30	11	88.7	8	0.00	-74.58
南京	106	4	131	3	140	2	125.7	3	23.58	6.87
宁波	18	13	18	13	17	13	17.7	13	0.00	-5.56
青岛	26	12	26	12	—	12	26.0	12	0.00	0.00
厦门	12	14	17	14	17	14	15.3	14	41.67	0.00
深圳	—									
沈阳	106	5	104	5	104	4	104.7	4	-1.89	0.00
武汉	101	7	100	6	98	6	99.7	5	-0.99	-2.00
西安	100	8	69	8	70	8	79.7	9	-31.00	1.45
长春	98	9	95	7	95	7	96.0	7	-3.06	0.00
年度平均值	83.64	—	82	—	80.62	—	80.8	—	0.96	-4.57

注:大连2011年数据缺失,取其他两年平均值代替;深圳市缺少历年数据,未参与分析。

从独立科研机构的规模看,三年里,各城市变化范围均不大。2011~2013年青岛市都是26个,与相应年度15个副省级城市平均值(分别为83.64个、82个和80.62个)差距较大;去除深圳后,青岛市各年排名均为第12名;三年总体均值26个,远低于15个副省级城市的三年总平均值80.8个,总排名在第12位,居于15个副省级城市的落后地位。

5. 高新技术产业

(1)高新技术产值。

我国15个副省级城市2011~2013年高新技术产业产值的数据分析如表13所示。

表13 我国15个副省级城市2011~2013年高新技术产业产值的统计描述

城市	高新技术产业产值(亿元)及排名						三年整体情况		增长速度(%)	
	2011	排名	2012	排名	2013	排名	平均值(亿元)	排名	2012	2013
成都	2 902.5	12	4 022.2	8	3 556.0	10	3 493.57	9	38.6	-11.6
大连	6 530.0	2	8 210.0	2	5 828.6	5	6 856.20	2	25.7	-29.0
广州	6 461.7	3	6 457.0	3	5 306.9	9	6 075.20	3	-0.1	-17.8
哈尔滨	2 452.0	13	2 942.0	13	6 457.0	3	3 950.33	10	20.0	119.5
杭州	3 211.8	8	3 556.0	9	3 350.0	12	3 372.60	12	10.7	-5.8
济南	1 976.7	14	1 702.0	15	8 210.0	2	3 962.90	11	-13.9	382.4

续表

城市	高新技术产业产值（亿元）及排名						三年整体情况		增长速度（%）	
	2011	排名	2012	排名	2013	排名	平均值（亿元）	排名	2012	2013
南京	4 861.0	4	5 600.0	4	3 431.0	11	4 630.67	7	15.2	-38.7
宁波	3 076.9	9	3 431.0	11	2 162.0	14	2 889.97	14	11.5	-37.0
青岛	4 640.0	5	5 199.8	5	5 828.6	5	5 222.80	6	12.1	12.1
厦门	3 011.2	10	3 464.0	10	12 932.0	1	6 469.07	5	15.0	273.3
深圳	11 875.6	1	12 932.0	1	1 930.2	15	8 912.60	1	8.9	-85.1
沈阳	4 617.7	6	5 026.6	6	6 307.5	4	5 317.27	4	8.9	25.5
武汉	3 448.9	7	4 556.0	7	5 624.7	7	4 543.20	8	32.1	23.5
西安	1 705.0	15	2 010.0	14	5 604.5	8	3 106.50	15	17.9	178.8
长春	2 950.0	11	3 350.0	12	2 500.0	13	2 933.33	13	13.6	-25.4
年度平均值	4 248.1	—	4 830.6	—	5 268.6	—	4 845.75	—	13.7	9.1

从高新技术产值的规模看，青岛市三年来一直呈现上升趋势，平均值为 5 222.80 亿元，各年度排名都是第 5，总体均值排名为第 6 名。青岛市各年度数值略高于各年度 15 个副省级城市的平均值，但是与高新技术产值最多的城市相比，三年来的差距很大，且差值相对稳定，都在 7 000 多亿元。

从高新技术产值的增长速度看，青岛市三年来均出现递增趋势，且增长速度稳定，均为 12.1%。2012 年稍微高于 15 个副省级城市增长速度的平均值，而 2013 年略低于 15 个副省级城市增长速度的平均值，说明其他副省级城市的高新技术产值平均增幅较大。

（三）青岛市科技资源的 R&D 经费配置结构

根据《青岛市科技统计报告 2013》得到青岛市 2004～2013 年 R&D 经费的统计资料，从总量、经费来源、经费内部支出等方面进行 R&D 经费的配置结构分析。

1. R&D 经费的配置总量变化分析

青岛市 2004～2013 年 R&D 经费的增长幅度以及增长速度如表 14 所示，变动示意图如图 1 和图 2 所示。

表 14　青岛市 2004～2013 年 R&D 经费的增长幅度以及增长速度

项目＼年度	2004	2005	2006	2007	2008	2009	2010	2011	2012	2013
总计（亿元）	46.54	62.49	69.96	76.86	86.89	96.70	124.47	164.31	190.45	218.73
增长幅度（亿元）	—	15.95	7.47	6.90	10.03	9.81	27.77	39.84	26.14	28.28
增长速度	—	34.3%	12.0%	9.9%	13.0%	11.3%	28.7%	32.0%	15.9%	14.8%

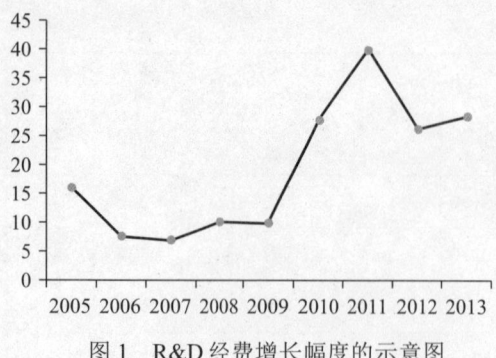

图 1　R&D 经费增长幅度的示意图

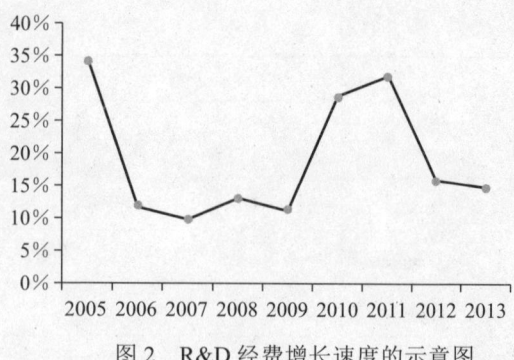

图 2　R&D 经费增长速度的示意图

由此可见，青岛市 R&D 经费 2007～2011 年之间增长幅度呈现逐年上升趋势，2012 年的增长幅度变小，2013 年增长幅度又开始上升。对于增长速度而言，2005 年相对 2004 年增速度最大，2006～2009 年的增长速度保持在 9.9%～13.0%，而在 2010～2011 年增长速度突然加大到 30% 左右，2012～2013 年增长速度开始下降。

2. R&D 经费来源构成分析

R&D 经费主要来自政府、企业资金、国外资金以及其他资金，其中其他资金来源主要包括非工业企业、事业单位、服务性机构。数据分析如表 15 所示。

表 15　青岛市 2004～2013 年 R&D 经费各种来源构成及其所占比例的统计

项目	年度	2004	2005	2006	2007	2008	2009	2010	2011	2012	2013
总额		46.54	62.49	69.96	76.86	86.89	96.7	124.47	164.31	190.45	218.73
各种来源构成金额（亿元）	政府资金	6.06	5.11	5.83	6.45	8.68	14.31	16.51	23.37	29.49	31.77
	企业资金	39.53	56.28	62.05	69.11	74.33	80.38	105.49	137.92	156.91	183.07
	国外资金	0.33	0.29	0.37	0.34	0.06	1.03	1.25	0.96	1.66	2
	其他资金	0.61	0.82	1.71	0.96	3.82	0.98	1.22	2.07	2.39	1.89
各种来源构成比例（%）	政府资金	13.0	8.2	8.3	8.4	10	14.8	13.3	14.2	15.5	14.5
	企业资金	84.9	90.1	88.7	89.9	85.5	83.1	84.8	83.9	82.4	83.7
	国外资金	0.7	0.5	0.5	0.4	0.1	1.1	1	0.6	0.9	0.9
	其他资金	1.3	1.3	2.4	1.2	4.4	1	1	1.3	1.3	0.9

从构成比例来看，政府 R&D 经费投入比例呈现逐年增加的趋势，2005～2008 年政府投入比例在 8%～10%，在 2009～2013 年在 13.3%～15.5%。企业 R&D 经费投入比例一直比较稳定，多数年份集中在 82%～86%，2005 年和 2007 年在 90% 左右；因此，企业是 R&D 经费的投入主体。国外资金和其他资金所占比例较少，二者之和在 2%～3%。由此可见，政府 R&D 经费投入比例增加，体现出政府对科技创新的重视，同时也通过政府引导企业 R&D 经费的投资方向，并起到拉动企业增加 R&D 经费的作用。

3. R&D 经费内部支出构成比例分析

计算青岛市 2004～2013 年 R&D 经费支出及其构成比例如表 16 所示。从构成比例来看,企业的 R&D 经费支出占总额的比例在 76.4%～86.4%,2009～2013 年比例持续下降,但均维持在 76% 以上;科学研究与技术开发机构的 R&D 经费支出占总额的比例有所上升,2011～2013 年比例在 9% 以上;高校的 R&D 经费支出占总额的比例稳定在 3.5%～7.3% 之间。由此可见,企业的 R&D 经费支出比例最大。

表 16 青岛市 2004～2013 年 R&D 经费支出构成及其所占比例的统计

项目	年度	2004	2005	2006	2007	2008	2009	2010	2011	2012	2013
总额(亿元)		46.54	62.49	69.96	76.86	86.89	96.7	124.47	164.31	190.45	218.73
支出构成(亿元)	企业	40.21	47.75	55.82	62.17	66.96	81.69	97.58	128.57	146.84	167.44
	科学研究与技术开发机构	2.16	2.82	2.98	3.87	5.32	10.15	10.2	15.96	17.89	20.1
	高等学校	1.61	2.64	3.05	3.1	4.32	4.56	5.13	6.51	12.33	15.91
	其他	2.55	9.28	8.12	7.72	10.29	0.3	11.56	13.27	13.39	15.28
支出比例(%)	企业	86.4	76.4	79.8	80.9	77.1	84.5	78.4	78.2	77.1	76.6
	科学研究与技术开发机构	4.6	4.5	4.3	5.0	6.1	10.5	8.2	9.7	9.4	9.2
	高等学校	3.5	4.2	4.4	4.0	5.0	4.7	4.1	4.0	6.5	7.3
	其他	5.5	14.9	11.6	10.0	11.8	0.3	9.3	8.1	7.0	7.0

(四)青岛市科技资源的配置强度分析

1. R&D 经费占 GDP 比例分析

R&D 经费占 GDP 比例主要是指科技资源配置量占所有总量的比重,表明科技活动主体对科技活动支持的力度。本课题调查获取 2011～2013 年全国 15 个副省级城市的 R&D 经费支出占 GDP 比例,如表 17 所示。

表 17 2011～2013 年全国 15 个副省级城市的 R&D 经费支出占 GDP 比率的统计分析

城市	R&D 经费占 GDP 比例分析(%)及排名						三年整体情况	
	2011	排名	2012	排名	2013	排名	平均值(%)	排名
成都	2.42	8	2.09	9	2.22	9	2.24	8
大连	1.58	14	1.47	15	1.61	15	1.55	15
广州	1.92	12	1.94	13	2.27	8	2.04	12
哈尔滨	2.1	11	1.84	14	1.94	14	1.96	13
杭州	2.88	4	2.92	5	2.95	5	2.92	5
济南	2.17	10	2.06	10	2.13	11	2.12	10
南京	2.91	3	2.92	4	2.95	4	2.93	4
宁波	1.89	13	2.04	11	2.21	10	2.05	11
青岛	2.48	7	2.61	7	2.73	7	2.61	7

续表

城市	R&D经费占GDP比例分析（%）及排名						三年整体情况	
	2011	排名	2012	排名	2013	排名	平均值（%）	排名
厦门	2.71	5	3.18	3	3.29	3	3.06	3
深圳	3.62	2	3.81	2	4.00	2	3.81	2
沈阳	2.38	9	2.14	8	1.98	13	2.17	9
武汉	2.62	6	2.66	6	2.74	6	2.67	6
西安	5.24	1	5.25	1	5.26	1	5.25	1
长春	1.53	15	1.96	12	2.12	12	1.87	14
平均值	2.56	—	2.59	—	2.69	—	2.62	—

2011～2013年青岛市R&D经费支出占GDP比例逐年提高，从2012年起高于全国15个副省级城市的R&D经费支出占GDP比例的平均值，但是三年来总体平均值低于全国15个副省级城市的三年平均值。尽管青岛各年与最高的西安市相比低很多，但是应该指出这是西安市的GDP相对较低的缘故；而事实上，青岛市全社会R&D经费与西安相比相差不大。

2. 财政科技经费投入占财政支出比例分析

财政科技经费投入占财政支出比例反映地方政府对科技活动支持的力度。本课题调查获取2011～2013年全国15个副省级城市的财政科技经费投入占财政支出比例，如表18所示。

表18 2011～2013年全国15个副省级城市的财政科技经费投入占财政支出比例的统计分析

城市	财政科技经费投入占财政支出比例（%）						三年总体情况	
	2011	排名	2012	排名	2013	排名	平均值（%）	排名
成都	1.71	13	1.94	13	1.64	13	1.77	13
大连	4.51	3	4.41	4	4.27	5	4.40	4
广州	3.61	6	3.88	6	3.91	6	3.80	6
哈尔滨	2.07	10	1.99	12	1.68	12	1.91	12
杭州	4.67	2	5.11	1	4.70	3	4.83	2
济南	1.90	12	2.17	11	2.10	11	2.06	11
南京	3.61	5	4.55	3	4.71	2	4.29	5
宁波	4.44	4	3.91	5	4.90	1	4.42	3
青岛	2.45	9	2.26	10	2.56	10	2.42	10
厦门	3.13	8	3.00	8	3.13	8	3.09	8
深圳	4.84	1	5.06	2	4.69	4	4.86	1
沈阳	3.18	7	3.22	7	3.11	9	3.17	7
武汉	2.00	11	2.33	9	3.16	7	2.49	9
西安	1.06	14	0.99	14	1.08	14	1.04	14

续表

城市	财政科技经费投入占财政支出比例(%)						三年总体情况	
	2011	排名	2012	排名	2013	排名	平均值(%)	排名
长春	0.89	15	0.85	15	1.04	15	0.93	15
平均值	2.94	—	3.04	—	3.11	—	3.03	—

2011~2013年青岛市财政科技经费投入占财政支出比例所起伏,2012年的比2011年的低,而2013年又提高了很多,各年度均低于全国15个副省级城市的平均值,总体排名为第10。青岛市财政科技经费投入占财政支出比例三年来总体平均值低于全国15个副省级城市的三年平均值。因此,青岛市财政科技经费投入相对其他省市的较低。

三、青岛市科技资源配置效率评价

(一) 科技资源配置效率评价目的

科技资源包括科技人力资源、科技财力资源、科技物力资源、科技信息资源以及科技组织资源等要素,这些要素在区域内相互作用转换形成科技资源产出。科技资源配置效率评价的目的就是测算青岛市科技资源配置相对我国其他副省级城市的科技资源配置是否合理,组合与分配是否有效,找出科技资源配置效率的关键影响因素,从而实现有的放矢地提出相应的政策。

(二) 科技资源的配置效率评价指标体系的选取

根据科技资源的定义,选取科技人力资源、科技财力资源、科技物力资源、科技信息资源以及科技组织资源等指标,构建科技资源的配置效率评价指标体系,并将指标体系的指标分为投入指标和产出指标,如表19所示。

表19 科技资源的配置效率评价指标体系

指标取向	一级指标	二级指标	标记
投入指标	科技财力资源	R&D经费(亿元)	X1
		全社会研发投入占GDP比重(%)	X2
		财政科技经费投入占财政支出比重(%)	X3
	科技人力资源	R&D人员全时当量(万人年)	X4
	科技条件	孵化面积(万平方米)	X5
		国家级工程技术研究中心(家)	X6
		国家级重点实验室(家)	X7
	科技信息资源	万人互联网宽带用户数(户/万人)	X8
产出指标	科技资源产出	专利申请总数(件)	Y1
		发明授权专利(件)	Y2
		成交总额(亿元)	Y3
	高新技术产业	高新技术产业产值(亿元)	Y4

(三)基于 DEA 的青岛市科技资源配置效率评价

数据包络分析方法(Data Envelopment Analysis, DEA)是由著名的运筹学家 A. Charnes 和 W. W. Cooper 等人于 1978 年创立的,是一种针对具有多指标输入和多指标输出的同类型部门,进行相对有效性综合评价的方法,能有效地处理多输入多输出的复杂系统。DEA 方法一出现就以其独有的特点和优势受到人们的关注,不论在理论研究,还是在实际应用方面都得到迅速发展,并取得多方面的成果,现已成为管理科学、系统工程和决策分析、评价技术等领域中一种常用而且重要的分析工具和研究手段。DEA 之所以发展如此迅速,是因为 DEA 方法具有很多优点。首先,DEA 特别适用于具有多输入多输出的复杂系统。假定每个输入都关联到一个或多个输出,而且输入输出之间确实存在某种关系,使用 DEA 方法则不必确定这种关系的显式的函数表达式,因此,DEA 方法排除了很多主观因素,具有很强的客观性。其次,DEA 作为一种新的非参数统计方法,较回归分析等方法有着明显的优点,尤其是在生产函数的确定方面更为突出。另外,DEA 方法是纯技术的,与市场(价格)可以无关。正是 DEA 的上述优点,吸引了众多学者深入地探讨了 DEA 理论及其应用。

针对青岛市科技资源配置效率问题,选取 15 个副省级城市作为参照城市,由于评价指标过多,而决策单元数目相对较少,为了使 DEA 能够有效区分各城市科技资源配置效率的相对有效性,以及 DEA 效率的变化具有可比性,将三年来的数据一起评价,并且采用一种改进的 DEA 模型,具体步骤如下。

(1)假设有 n 个决策单元,对其评价所建立的评价指标体系含有 $m+s$ 个指标,其中有 m 个输入指标,s 个输出指标,用 x_{ij}、y_{rj} 分别表示第 j 个决策单元的第 i 个输入指标 F_i 的值和第 r 个输出指标 F_r 的值 $(i=1,\cdots,m; j=1,\cdots,n; r=1,\cdots,s)$,记 $X_j=(x_{1j},\cdots,x_{mj})^T \geq 0$,$Y_j=(y_{1j},\cdots,y_{sj})^T \geq 0$,可以 (X_j,Y_j) 表示第 j 个决策单元。

(2)构造虚拟的决策单元,其指标值规定如下:输入指标的指标值取这 n 个决策单元的相应指标值的最小值,输出指标的指标值取 n 个决策单元的相应指标值的最大值。现在我们的评价决策单元变为 $n+1$ 个。

(3)采用 C^2R 模型评价多输入多输出问题的技术有效性和规模有效性,即第 j_0 个决策单元的输入输出效率由下列数学规划决定:

$$(D)\begin{cases} \min \theta = V_D \\ s.t. \sum_{j=1}^{n} X_j \lambda_j + S^- = \theta X_{j_0} \\ \sum_{j=1}^{n} Y_j \lambda_j - S^+ = Y_{j_0} \\ \lambda_j \geq 0, j=1,\cdots,n+1 \\ S^+ = (S_1^+,\cdots,S_m^+) \geq 0 \\ S^- = (S_1^-,\cdots,S_s^-) \geq 0 \end{cases} \quad (1)$$

(D) 的最优值即为第 j_0 个决策单元的有效性,我们可以通过求解 $n+1$ 个线性规划

求出 $n+1$ 个决策单元的有效性，记作 $G_0 = (\theta_1, \theta_2, \cdots, \theta_{n+1})$。

（4）各决策单元在 DEA 生产相对有效面上的投影，确定了提高决策单元的效率的方案。如果第 j_0 个决策单元的效率小于为 1，则通过以下方法计算其在有效前沿面上的"投影"：

$$\hat{X}_{j0} = \theta^0 X_{j0} - S^{-0} = \sum_{j=1}^{n} X_j \lambda_j^0 \tag{2}$$

$$\hat{Y}_{j0} = Y_{j0} + S^{+0} = \sum_{j=1}^{n} Y_j \lambda_j^0 \tag{3}$$

按照投影所确定的多输入多输出方案是 DEA 有效的。

该模型的特点如下：避免了同时出现多个决策单元相对有效性达到 DEA 有效；直接反映出如何调整决策方案使各个决策达到 DEA 有效。

根据收集到的 2011～2013 年我国 15 个副省级城市科技资源配置评价指标数据，相对于三年的数据构造虚拟城市，分别利用 DEAP2.1 软件，计算得到各年我国 15 个副省级城市科技资源配置效率，如表 20 所示，其中虚拟城市的各种效率均为 1，这里不再列出。

表 20　2011～2013 年我国 15 个副省级城市科技资源配置效率

年份	城市	综合效率	综合排名	纯技术效率	排名	规模效率	排名
2011	成都	0.292	6	0.647	10	0.451	7
	大连	0.470	2	0.930	4	0.505	3
	广州	0.383	5	0.766	7	0.500	4
	哈尔滨	0.190	12	1.000	1	0.190	15
	杭州	0.251	7	0.510	14	0.492	5
	济南	0.151	14	0.677	9	0.223	14
	南京	0.190	13	0.505	15	0.376	8
	宁波	0.445	3	0.778	6	0.572	2
	青岛	0.213	11	0.593	12	0.359	9
	厦门	0.233	8	1.000	1	0.233	12
	深圳	0.723	1	0.723	8	1.000	1
	沈阳	0.223	10	0.625	11	0.357	10
	武汉	0.150	15	0.561	13	0.267	11
	西安	0.395	4	0.802	5	0.492	6
	长春	0.228	9	1.000	1	0.228	13
	平均	0.302	—	0.741	—	0.416	—

续表

年份	城市	综合效率	综合排名	纯技术效率	排名	规模效率	排名
2012	成都	0.502	5	0.703	10	0.714	4
	大连	0.635	3	1.000	1	0.635	7
	广州	0.378	7	0.758	8	0.499	8
	哈尔滨	0.194	15	0.799	7	0.243	15
	杭州	0.701	2	1.000	1	0.701	5
	济南	0.272	9	1.000	1	0.272	12
	南京	0.334	8	0.503	14	0.663	6
	宁波	0.721	1	0.721	9	1.000	1
	青岛	0.226	13	0.563	12	0.402	10
	厦门	0.268	10	1.000	1	0.268	13
	深圳	0.500	6	0.500	15	1.000	1
	沈阳	0.267	11	0.687	11	0.389	11
	武汉	0.226	14	0.553	13	0.408	9
	西安	0.620	4	0.859	6	0.722	3
	长春	0.259	12	1.000	1	0.259	14
	平均	0.407	—	0.776	—	0.545	—
2013	成都	0.292	12	0.662	10	0.441	13
	大连	0.412	4	0.913	4	0.451	12
	广州	0.347	10	0.648	11	0.536	6
	哈尔滨	0.378	6	0.758	7	0.499	9
	杭州	0.409	5	1.000	1	0.409	14
	济南	0.635	3	1.000	2	0.635	4
	南京	0.229	14	0.498	15	0.460	11
	宁波	0.348	9	0.665	9	0.523	8
	青岛	0.315	11	0.538	12	0.585	5
	厦门	1.000	1	1.000	3	1.000	1
	深圳	0.374	7	0.500	14	0.748	3
	沈阳	0.362	8	0.742	8	0.488	10
	武汉	0.284	13	0.536	13	0.529	7
	西安	0.787	2	0.787	6	1.000	2
	长春	0.158	15	0.817	5	0.193	15
	平均	0.422	—	0.738	—	0.566	—

从综合效率来看,三年来青岛市科技资源配置综合技术效率分别为 0.213、0.226 和 0.315;三年来青岛市科技资源配置综合效率呈现不断上升趋势,三年排名分别为第 11 名、第 13 名和第 11 名,均低于相应年份 15 个副省级城市综合效率的平均值,在 15 个副省级城市中处于偏后位置,仍有很大的提升空间。因此,青岛市科技资源配置能力、资源使用效率等多方面的能力实现综合提高。

从纯技术效率来看,青岛市三年来科技资源配置纯技术效率分别为 0.593、0.563 和 0.538,纯技术效率一直下降,但下降幅度不大;纯技术效率三年排名均为第 12 名,三年来排名一直未变,均低于相应年份科技资源配置纯技术效率的平均值,说明青岛市科技资源配置过程中由于管理和技术等因素的影响,生产效率不断下降,需要加强管理,优化技术,提高生产效率。

从规模效率来看,青岛市三年来规模效率分别为 0.359、0.402 和 0.585,呈上升趋势,三年排名分别为第 9 名、第 10 名和第 5 名,2011 年、2012 年低于相应年份 15 个副省级城市规模效率的平均值,但 2013 年青岛市规模效率高于相应年份 15 个副省级城市规模效率的平均值。因此,青岛市科技资源配置规模上呈现递增趋势,其综合效率是由于青岛市科技资源配置效率的拉动而提升的。

四、青岛市科技资源配置效率的关键影响因素分析

(一)科技资源配置效率的关键影响因素分析模型

青岛市科技资源配置效率研究的目的不仅限于探讨青岛相对于其余副省级城市的科技资源配置效率的有效性及其确定提高科技资源配置有效性的改进方案,更重要的目的是确定改进哪些指标能够最有效地提高科技资源配置的投入产出效率。在实际决策中,不可能对所有的指标都进行调整,因此,寻求科技资源配置投入产出效率的关键影响因素具有重要的现实意义。为此,将科技资源配置投入产出效率分析的每一个评价指标看作对其效率的影响因素,利用灰色关联度分析方法计算各个影响因素对其效率指标的灰色关联度,以期找出主要影响因素,具体步骤如下。

(1)记各副省级城市的效率指标为 F_0,取 2011~2013 年的各副省级城市的效率构成的向量为 $G_0 = (\theta_1, \theta_2, \cdots, \theta_{n+1})$,这里 $n = 45$。

(2)为了消除各变量的量纲的影响,将各指标值的取向统一为越大越好,分别对每一指标建立隶属度函数,将各指标值转换为 0 到 1 之间的数,记 $n + 1$ 个副省级城市的每一指标 F_i 对应的向量分别为

$$G_i = (g_{i1}, g_{i2}, \cdots, g_{i,n}, g_{i,n+1}), \quad i = 1, 2, \cdots, m + s$$

这里

$$m = 8, \quad s = 4$$

(3)求各序列初值像:

$$G'_i = G_i / g_{i1} = [G'_i(1), G'_i(2), \cdots, G'_i(n+1)], \quad i = 0, 1, 2, \cdots, m, m+1, \cdots, m+s$$

其中

$$G'_i(k) = g_{ik}/g_{i1}, \quad k = 1, 2, \cdots, n+1$$

(4) 求逆序差:

$$\Delta_i(k) = |G'_i(k) - G'_0(k)|, \quad i = 1, 2, \cdots, m, m+1, \cdots, m+s$$

$$\Delta_i = [\Delta_i(1), \Delta_i(2), \cdots, \Delta_i(n), \Delta_i(n+1)]$$

$$k = 1, 2, \cdots, n+1$$

(5) 求两级最大差与两级最小差:

$$a = \max_{1 \leq i \leq m+s} \max_{1 \leq k \leq n+1} \{\Delta_i(k)\}, \quad b = \min_{1 \leq i \leq m+s} \min_{1 \leq k \leq n+1} \{\Delta_i(k)\}$$

(6) 求关联系数:

$$r_i(k) = \frac{b + \zeta a}{\Delta_i(k) + \zeta a}, \quad \zeta \in (0,1), i = 1, 2, \cdots, m+s, k = 1, 2, \cdots, n, n+1$$

其中

$$\zeta = 0.5$$

(7) 计算关联度:

$$r_i = \frac{1}{n+1} \sum_{k=1}^{n+1} r_i(k), \quad i = 1, 2, \cdots, n+1$$

r_i 为因素 F_i 对 F_0 的关联度,它反映了科技资源配置投入产出效率与其评价指标体系之间关系的密切程度。将关联度按照从大到小排列就可以看出各评价指标对科技资源配置投入产出效率的影响程度,关联度大的那些指标即为关键影响因素。这样可以根据实际情况管理和控制这些主要影响因素,达到有效提高科技资源配置投入产出效率的目的。

(二) 科技资源配置效率的关键影响因素分析

根据我国 15 个副省级城市 2011～2013 年科技资源配置效率的评价指标数据,计算得到各年度各副省级城市各指标的隶属度如表 21 所示。

表 21 2011～2013 年我国 15 个副省级城市各指标的隶属度

年份	城市	Y1	Y2	Y3	Y4	X1	X2	X3	X4	X5	X6	X7	X8	效率
2011	成都	0.447	0.203	0.136	0.223	0.801	0.749	0.798	0.933	0.917	0.708	0.654	0.955	0.292
2011	大连	0.191	0.094	0.095	0.504	0.929	0.971	0.141	0.994	0.971	0.750	0.577	0.868	0.47
2011	广州	0.333	0.266	0.376	0.499	0.654	0.881	0.352	0.834	0.904	0.542	0.462	0.869	0.383
2011	哈尔滨	0.151	0.140	0.128	0.188	0.983	0.834	0.714	0.970	1.000	0.875	0.731	0.950	0.19
2011	杭州	0.488	0.381	0.106	0.247	0.724	0.628	0.103	0.777	0.980	0.750	0.615	0.811	0.251
2011	济南	0.218	0.137	0.054	0.151	0.933	0.815	0.754	0.940	0.984	0.958	0.962	0.897	0.151
2011	南京	0.333	0.292	0.280	0.374	0.770	0.620	0.352	0.805	0.978	0.500	0.115	0.884	0.19
2011	宁波	0.569	0.137	0.014	0.236	0.896	0.889	0.157	0.815	0.985	0.792	0.846	0.837	0.445
2011	青岛	0.233	0.096	0.038	0.357	0.798	0.734	0.624	0.932	0.821	0.792	0.808	0.849	0.213
2011	厦门	0.094	0.052	0.082	0.231	0.985	0.673	0.465	0.968	0.984	1.000	0.885	0.000	0.233

续表

年份	城市	Y1	Y2	Y3	Y4	X1	X2	X3	X4	X5	X6	X7	X8	效率
2011	深圳	0.762	1.000	0.258	0.918	0.305	0.433	0.063	0.000	0.993	0.917	0.654	0.810	0.723
2011	沈阳	0.137	0.110	0.198	0.356	0.845	0.760	0.453	0.956	0.979	0.500	0.500	0.901	0.223
2011	武汉	0.258	0.218	0.249	0.265	0.774	0.697	0.730	0.888	0.937	0.125	0.077	0.852	0.15
2011	西安	0.329	0.231	0.486	0.130	0.724	0.005	0.951	0.538	0.934	0.708	0.615	0.896	0.395
2011	长春	0.058	0.078	0.039	0.226	1.000	0.984	0.991	0.963	0.990	0.958	0.500	1.000	0.228
2012	成都	0.712	0.270	0.247	0.309	0.787	0.836	0.744	0.921	0.945	0.708	0.654	0.938	0.502
2012	大连	0.252	0.112	0.315	0.634	0.919	1.000	0.164	1.000	0.971	0.750	0.731	0.837	0.635
2012	广州	0.475	0.343	0.470	0.498	0.606	0.876	0.289	0.817	0.895	0.458	0.462	0.598	0.378
2012	哈尔滨	0.238	0.155	0.144	0.226	0.956	0.902	0.732	0.965	0.938	0.917	0.731	0.476	0.194
2012	杭州	0.699	0.415	0.141	0.273	0.674	0.617	0.000	0.790	0.980	0.667	1.000	0.784	0.701
2012	济南	0.267	0.183	0.062	0.130	0.926	0.844	0.690	0.940	0.984	0.958	1.000	0.875	0.272
2012	南京	0.660	0.400	0.342	0.432	0.709	0.617	0.131	0.767	0.874	0.417	0.077	0.752	0.334
2012	宁波	1.000	0.190	0.013	0.264	0.857	0.850	0.282	0.854	0.985	0.750	0.846	0.743	0.721
2012	青岛	0.320	0.127	0.049	0.401	0.747	0.699	0.669	0.925	0.946	0.708	0.808	0.854	0.226
2012	厦门	0.128	0.075	0.132	0.266	0.945	0.549	0.495	0.949	0.984	1.000	0.885	0.784	0.268
2012	深圳	0.383	0.929	0.360	1.000	0.155	0.383	0.012	0.000	0.961	0.917	0.692	0.793	0.5
2012	沈阳	0.153	0.133	0.281	0.387	0.843	0.823	0.444	0.950	0.984	0.500	0.500	0.883	0.267
2012	武汉	0.304	0.268	0.401	0.351	0.703	0.686	0.653	0.877	0.927	0.042	0.077	0.814	0.226
2012	西安	0.563	0.313	0.719	0.153	0.671	0.003	0.967	0.843	0.934	0.708	0.423	0.848	0.62
2012	长春	0.079	0.098	0.038	0.257	0.949	0.871	1.000	0.945	0.912	0.875	0.500	0.943	0.259
2013	成都	0.438	0.253	0.339	0.273	0.725	0.802	0.815	0.921	0.945	0.708	0.654	0.923	0.292
2013	大连	0.086	0.084	0.115	0.449	0.878	0.963	0.197	0.980	0.971	0.750	0.731	0.895	0.412
2013	广州	0.474	0.280	0.530	0.409	0.435	0.789	0.282	0.884	0.895	0.333	0.385	0.332	0.347
2013	哈尔滨	0.149	0.124	0.159	0.498	0.929	0.876	0.805	0.898	0.975	0.917	0.808	0.911	0.378
2013	杭州	0.405	0.336	0.105	0.257	0.633	0.609	0.096	0.778	0.980	0.667	1.000	0.872	0.409
2013	济南	0.189	0.163	0.058	0.634	0.902	0.826	0.707	0.940	0.984	0.958	1.000	0.862	0.635
2013	南京	0.457	0.332	0.401	0.264	0.657	0.609	0.094	0.767	0.874	0.375	0.077	0.705	0.229
2013	宁波	0.520	0.162	0.012	0.165	0.812	0.805	0.049	0.818	0.985	0.750	0.731	0.757	0.348
2013	青岛	0.582	0.163	0.074	0.449	0.692	0.668	0.599	0.910	0.944	0.708	0.769	0.844	0.315
2013	厦门	0.106	0.062	0.063	1.000	0.926	0.520	0.465	0.942	0.984	1.000	0.885	0.882	1
2013	深圳	0.698	0.748	0.659	0.147	0.000	0.332	0.099	0.000	0.797	0.917	0.615	0.713	0.374
2013	沈阳	0.103	0.101	0.299	0.487	0.842	0.865	0.469	0.946	0.984	0.500	0.500	0.866	0.362
2013	武汉	0.227	0.237	0.523	0.434	0.635	0.665	0.458	0.877	0.000	0.000	0.000	0.613	0.284
2013	西安	0.199	0.271	1.000	0.432	0.617	0.000	0.946	0.843	0.934	0.708	0.423	0.492	0.787

续表

年份	城市	Y1	Y2	Y3	Y4	X1	X2	X3	X4	X5	X6	X7	X8	效率
2013	长春	0.062	0.071	0.051	0.191	0.912	0.828	0.955	0.945	0.912	0.875	0.500	0.963	0.158
—	虚拟	1.000	1.000	1.000	1.000	1.000	1.000	1.000	1.000	1.000	1.000	1.000	1.000	1

利用灰色关联分析方法,测算得到各指标与效率之间的关联度,如表22所示。

表22 各指标与效率之间关联度

编号	名称	差值关联度	排名
1	专利申请总数(件)	0.8239	3
2	发明授权专利(件)	0.7949	9
3	成交总额(亿元)	0.703	12
4	高新技术产业产值(亿元)	0.7803	10
5	R&D 经费(亿元)	0.8126	8
6	全社会研发投入占 GDP 比重(%)	0.8283	2
7	财政科技经费投入占财政支出比重(%)	0.7694	11
8	R&D 人员全时当量(万人年)	0.8203	5
9	孵化面积(万平方米)	0.8325	1
10	国家级工程技术研究中心(家)	0.8136	7
11	国家级重点实验室(家)	0.8153	6
12	万人互联网宽带用户数(户/万人)	0.8204	4

(三)青岛市科技资源配置效率的关键影响因素的验证

选取"孵化面积"作为关键影响因素,选择"财政科技经费投入占财政支出比重"为非关键影响因素,以2013年青岛市科技资源配置为例,验证青岛市科技资源配置效率的变化情况。

2013年青岛市孵化面积和财政科技经费投入占财政支出比重的原指标值和隶属度以及两个指标隶属度分别加上0.05后,再计算各指标值,如表23所示。当调整关键影响因素"孵化面积"时,青岛市科技资源配置效率的效率由0.315提升到0.451,而当调整非关键影响因素"财政科技经费投入占财政支出比重"时,青岛市科技资源配置效率的效率还是0.315,没有变化。因此,控制关键影响因素能够有效地提升科技资源配置效率。

表23 青岛市2013年专利申请总数和R&D人员数据

编号	名称	原指标值	原隶属度	调整后指标值	调整后隶属度	调整后DEA效率
9	孵化面积	48.61	0.944	16.29	0.994	0.451
7	财政科技经费投入占财政支出比重	2.56	0.599	2.347	0.649	0.315

五、青岛市科技资源配置情况与其他同类城市的比较分析

为促进青岛经济社会健康平稳发展,根据市政府主要领导指示要求,在全市政府系统深入开展全方位对标成都研究工作。我们选择了研发经费投入、技术合同成交额、万人发明专利拥有量、高新技术企业数、孵化器面积、高新技术产业产值等20个与创新驱动发展相关的指标进行对比分析,并参照成都的创新举措提出了青岛市下一步的对策措施。

(一)与成都的比较分析

1. 创新指标对比分析

表24　青岛与成都主要创新指标(2014年)

指标		青岛	成都
创新投入	研发经费支出(亿元)	218.7	201.7
	研发经费支出占地区生产总值比重(%)	2.73	2.22
	财政科技投入(亿元)	25.93	20.6
	财政科技投入占公共财政预算支出比重(%)	2.4	1.83
创新产出	技术合同成交额(亿元)	60.53	147.87
	专利申请量(万件)	5.5	6.5
	发明专利申请量(万件)	4	2.2
	发明专利授权量(件)	2 864	4 021
	PCT国际专利申请量(件)	225	238
	万人发明专利拥有量(件)	9.76	3.4
创新人才	R&D人员(万人年)	约4.8	约5.18
	院士(人)	28	33
	国家千人计划引进人数(人)	90	102
创新企业	国家级孵化器数(家)	14	10
	认定孵化面积(万平方米)	160	240
	国家级孵化器在孵企业(家)	约800	1061
	高新技术企业数(家)	746	1 480
	国家级创新企业数量(家)	18	5
创新产业	高新技术产业产值(亿元)	6 618.95	5 306.9
	高新技术产业产值占规模以上工业总产值比重(%)	40.73	51.44

(1)创新投入。

从表24和图3可以看出,青岛市创新投入的各项指标数值均高于成都,但相差不大。研发经费支出方面,青岛市比成都多出17亿,但两城市研发经费支出占地区生产总值比

重相近,都在2.7%左右。财政科技投入方面,青岛市比成都多5.33亿,这一差额近成都市投入的1/4,两城市有一定差距。

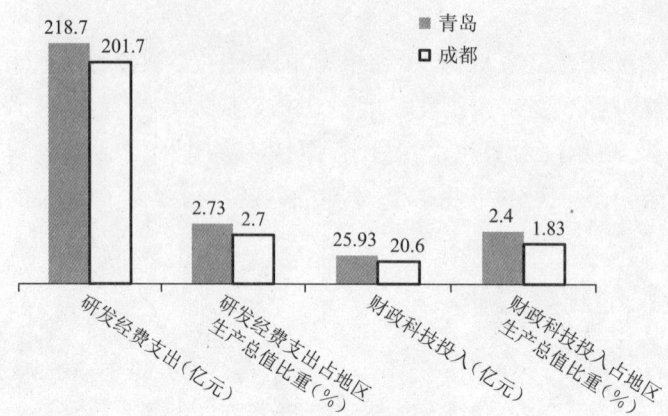

图3 青岛与成都创新投入指标对比

(2) 创新产出。

从表24和图4可以看出,青岛市的技术合同成交额远远低于成都,与西安、武汉、深圳等城市动辄数百亿的规模相比,成都的技术市场相对比较先进,但青岛市的技术市场发展却处在相对落后的位置。青岛市的专利申请量总体低于成都,但发明专利申请量却远高于成都,万人发明专利拥有量是成都的近3倍。需要指出的是,青岛市的发明专利申请量虽多,但最终授权的发明专利远远少于成都。PCT国际专利申请量指标上,青岛市略次于成都,相差不大。

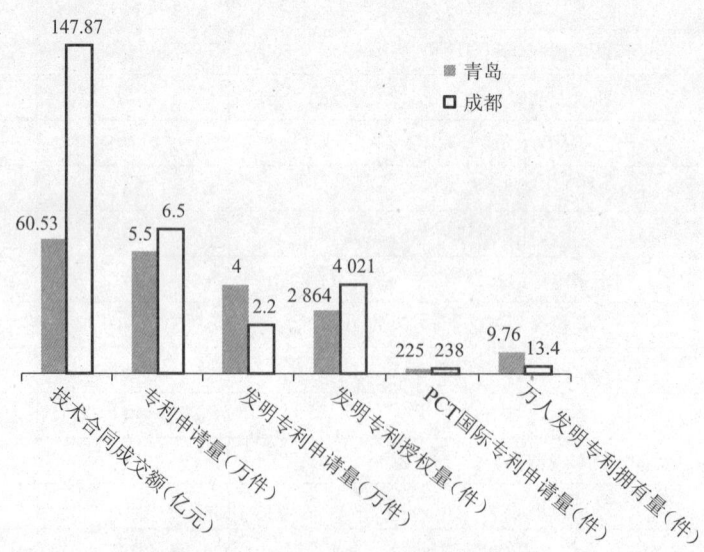

图4 青岛与成都创新产出指标对比

(3) 创新人才。

从表24和图5可以看出,青岛市在创新人才方面的各项指标上,都低于成都,但各指标的差距并不是特别大。青岛市 R&D 人员约 4.8 万人,成都约有 5.18 万人;青岛市拥有院士 28 人,成都有 33 人,比青岛市多 5 人;青岛拥有的国家千人计划引进人数比成都少 12 人。

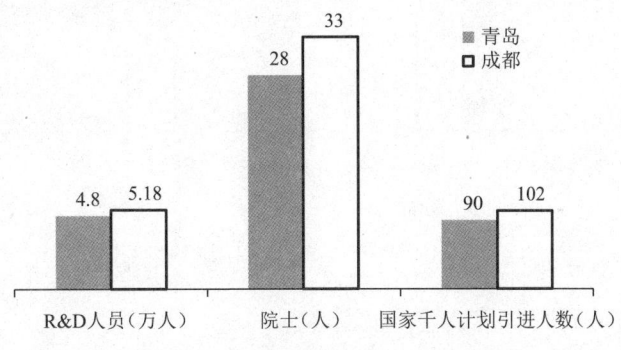

图 5　青岛与成都创新人才指标对比

(4)创新企业。

从表 24 和图 6 可以看出,青岛市除国家级创新企业数量和国家级孵化器数量多于成都外,其余的创新企业指标值均低于成都。其中,高新技术企业数,与成都差距最大,仅为成都市的 1/3。在国家级孵化器领域,青岛市虽然在数量上占优势,但无论是认定孵化面积,还是在孵企业数量,均低于成都,说明青岛市对国家级孵化器的利用率不够高。

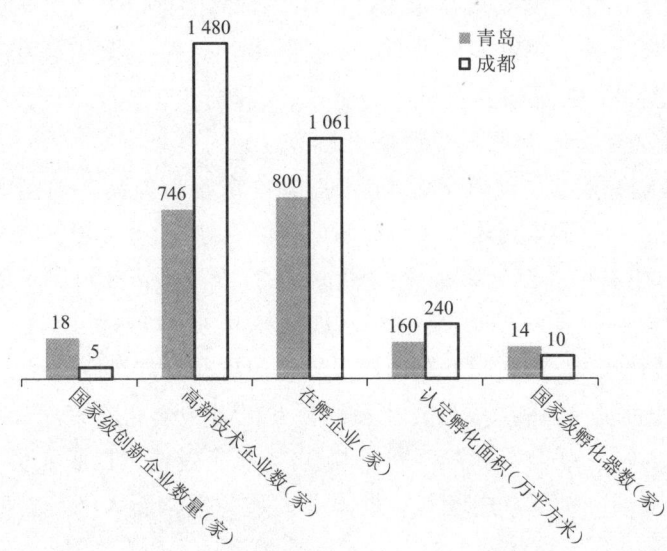

图 6　青岛与成都创新企业指标对比

(5)创新产业。

从表 25 和图 7 可以看出,青岛市在创新产业方面与成都差距不大,两城市各有优势。青岛市的高新技术产业值比成都多出 1 300 余亿;而成都的高新技术产业产值占比为 51.44%,高于青岛市的 40.73%,其产业结构优于青岛市。

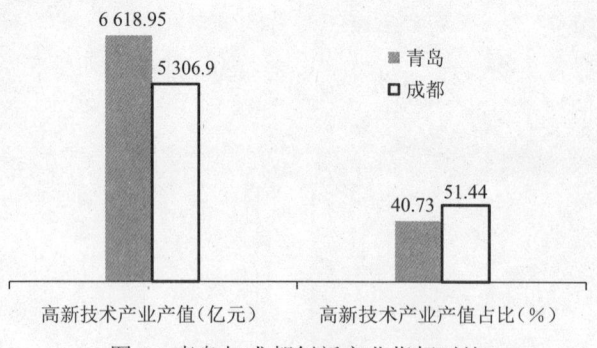

图 7　青岛与成都创新产业指标对比

2. 成都主要创新举措

(1) 建立科学创新体制,营造城市创新氛围。

一方面,在市场经济这个大环境下,政府应该把工作重心放在为企业培育一个有利于创新的环境,而不是直接参与企业工作为其制订工作计划和对其生产活动进行干预。政府不可能直接指导企业的技术创新活动,更多的职能还是为企业提供服务。因此,政府职能要转变,关键就是要从依赖计划转向营造好的城市创新氛围,打造好的创新环境,以此来推动城市的创新发展。另一方面,要有一套专门的创新机制,保障和提高创新人才的经济与社会地位。让创新人员自身事业发展有前途,同时要让企业能从科技创新中切实得到经济上丰厚的回报,最终形成良性循环。在市场经济下,投入越少获得收益越丰厚的产业,能吸引的生产要素就越多。收入水平越高的地区其人才的流失率就越小,从某种意义上来讲,收入是决定人才去留的主要因素。另外,市场经济条件下,供求关系是影响价格的决定性因素,而价格又驱动着金钱、人和资源在不同地区之间流动。

(2) 鼓励科技人员在职创业或者到企业兼职。

首先,成都鼓励高层次人才在蓉创新创业,对在成都创新创业的国家"千人计划"、四川省"千人计划"和"成都人才计划"长期项目的人才,给予100万元专项资金资助;对人才带项目、带技术在成都创办独立纳税企业的,给予最高100万元科研经费支持。其次,成都建立市校(院)会商机制,支持在省属高校、科研院所建立科研人员自主处置、全面放开的成果转化机制,建立职务发明成果转化股权和分红激励制度。鼓励科技人员在完成本单位工作前提下,围绕成果转化在职创业或者到企业兼职,全部收入归个人所有。最后,建立市、校、企联合培养博(硕)士制度,支持企业选派在职人员攻读博(硕)士,采取企业、高校"双导师制"方式培养一批产业发展急需创新人才,给予攻读人员最高50%的学费资助。

(3) 设立企业债权融资风险资金池。

首先,成都鼓励社会资本组建"天使投资基金",对获得天使基金投资的本市种子期、初创期企业,给予所获投资额的10%、最高100万元的创业补助。同时,设立企业债权融资风险资金池,引导和鼓励金融机构科技金融产品创新。最后,支持企业上市融资方面,成都市首次设立全国中小企业股份转让系统挂牌补贴专项,对在"新三板"实现挂牌的企业将给予50万元经费补贴。同时,对在主板、中小板、创业板及海外证券市场发行上市的企业分阶段给予最高 500 万元的奖励。

（4）鼓励创新与研发。

一是努力提升成都高校办学质量，进一步加强成都高校、职业教育学院与企业的合作，建设校企联合研究中心、开展职业培训等，加强技术开发，培育和输送专业技术。积极培养和引进高层次、复合型和紧缺型急需人才，为成都建设创新型城市提供强有力的人才支撑。二是鼓励院所研究人员和商界成功人士到高校讲课，传授相关学科知识在实践领域的应用，介绍目前实践中还需要解决的相关难题。高校与院所研究机构科研人员可到企业建设研发中心，紧贴实践需要，提高研发项目与市场的紧密度，以提高企业的自主研发能力。最后，为激励上述行为，成都市政府可对上述活动进行一个运行期的补贴，如果运行情况良好，产出科技效益高，可再根据其科技交易额提供后续补贴，使勇于创业、创新者获得来自政府与市场两方面的收益。

（5）第一批"技术路线图"已编制出炉。

围绕产业链部署创新链，成都市正在着手制订面向未来和全球竞争的"技术路线图"，据此进一步明晰成都产业升级的科技主攻和参与世界分工的技术比较优势，为企业"指路"。目前，移动互联网、3D 打印、汽车产业技术路线图已编制出炉，第二批技术路线图已启动编制。下一步，成都将重点突破新一代信息技术、生物医药、汽车、轨道交通、航空等领域的关键核心技术，加快战略性新型产业和先进制造业发展。

（二）与广州创新指标对比分析

1. 创新指标对比分析

表25　青岛与广州主要创新指标（2014年）

创新指标		青岛	广州
创新投入	研发经费支出（亿元）	218.7	292.1
	研发经费支出占地区生产总值比重（%）	2.73	2.27
	财政科技投入（亿元）	25.93	54.19
	财政科技投入占公共财政预算支出比重（%）	2.4	9.4
创新产出	技术合同成交额（亿元）	60.53	240.94
	专利申请量（万件）	5.5	4.6
	发明专利申请量（万件）	4	1:5
	发明专利授权量（件）	2 864	4 597
	PCT 国际专利申请量（件）	225	547
	万人发明专利拥有量（件）	9.76	6.7
创新人才	R&D 人员（万人年）	约 4.8	约 7.08
	院士（人）	28	40
	国家千人计划引进人数（人）	90	100

续表

创新指标		青岛	广州
创新企业	国家级孵化器数（家）	14	16
	认定孵化面积（万平方米）	160	500
	国家级孵化器在孵企业（家）	约800	1 125
	高新技术企业数（家）	746	1 601
	国家级创新企业数量（家）	18	14
创新产业	高新技术产业产值（亿元）	6 618.95	6 457
	高新技术产业产值占规模以上工业总产值比重（%）	40.73	42.2

（1）创新投入。

从表25和图8可以看出，青岛市与在创新投入的各项指标上，与广州有一些差距。青岛市的研发经费以及财政科技投入在数量上都低于广州市，只在研发经费支出占地区生产总值比重一项指标上略高于广州。其中，青岛市财政科技投入经费只是杭州的1/2左右，占公共财政预算支出比例不足广州的1/3，差别很大。

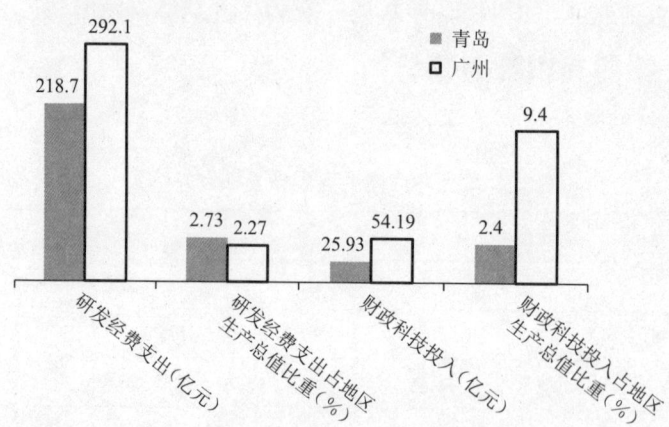

图8　青岛与广州创新投入指标对比

（2）创新产出。

从表25和图9可以看出，青岛市的技术合同成交额仅为60.53亿，与西安、武汉、深圳等城市动辄数百亿的规模相比，技术市场发展处在相对落后的位置；而广州的技术合同成交额为240.94亿，技术市场发展处于领先地位。青岛市在专利申请量、发明专利申请量、万人发明专利拥有量这三个指标上，相较于广州，略占优势；特别是发明专利的申请数量上，是广州的2倍多。但是在发明专利授权量、PCT国际专利申请量这两个指标上，青岛市远落后于广州，指标数值仅为广州的一半左右。

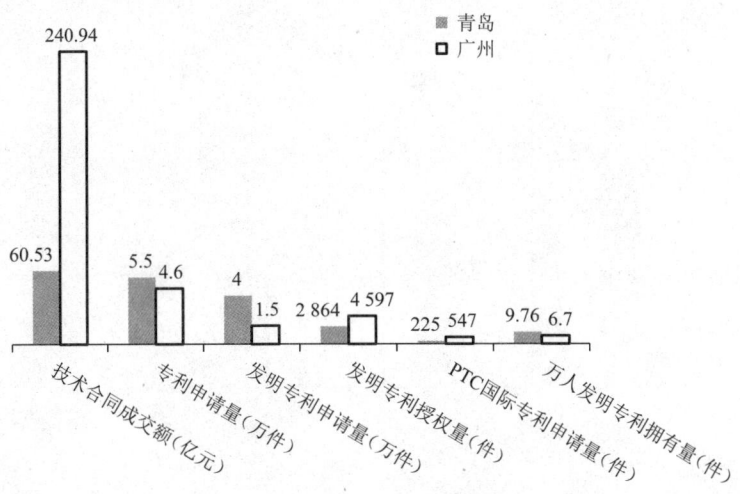

图9 青岛与广州创新产出指标对比

(3)创新人才。

从图10可以看出,青岛市与广州相比,不论是在人才总量上,还是人才质量上都有较大差距。青岛市R&D人员比广州的少2.28万,近乎青岛市科研人员数量的一半;院士比广州的少12人;国家千人计划引进人数少10人。

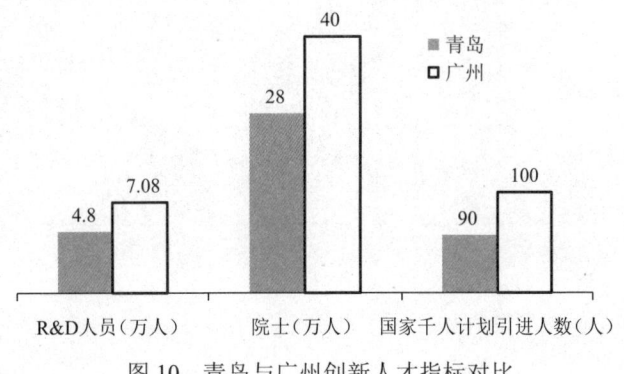

图10 青岛与广州创新人才指标对比

(4)创新企业。

从图11可以看出,青岛市的各类创新企业指标,除国家级创新企业数略高于广州外,其他的指标,包括高新技术企业数、国家级孵化器数、认定孵化面积、在孵企业等,均低于广州市相应指标的数值。其中,青岛市的高新技术企业数不足广州市的一半。青岛市近年来大力发展科技企业孵化器,所以孵化器数与广州相近,但认定孵化面积和在孵企业数量却远远低于广州,分别是广州的32%和71%。

(5)创新产业。

从图12可以看出,青岛市在创新产业方面与广州相近,差距不大。青岛市高新技术产业产值为6 618.95亿元,比广州的6 547亿元多161.95亿元,但高新技术产业产值占规模以上工业总产值的比重低于广州近1.5个百分点。

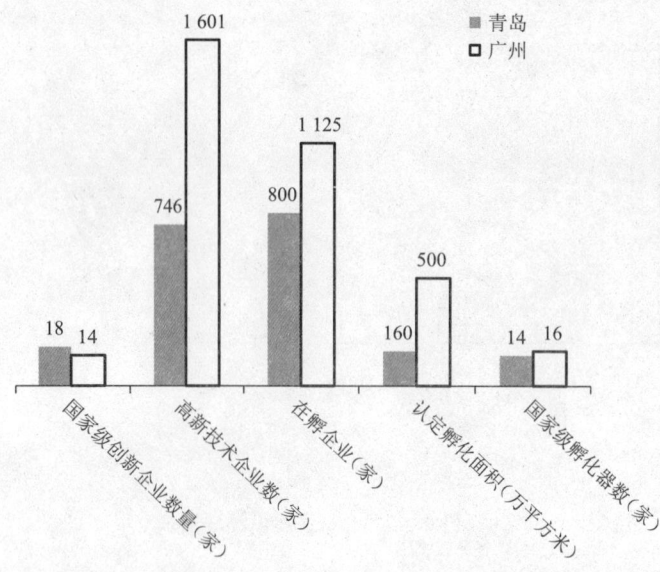

图 11　青岛与广州创新企业指标对比

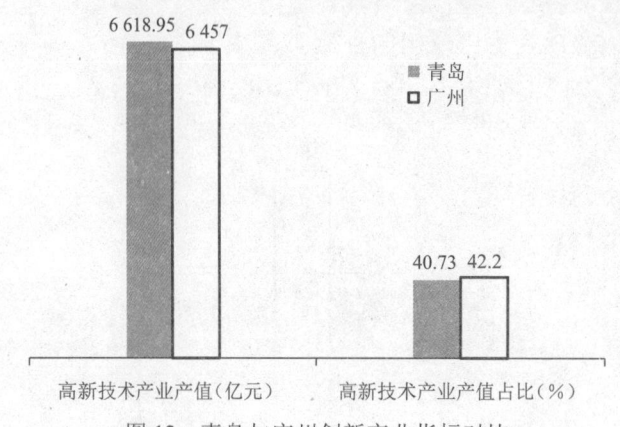

图 12　青岛与广州创新产业指标对比

2. 广州主要创新举措

（1）瞄准价值链高端环节，提升产业竞争力。

2014 年，广州进一步提高了商贸会展、金融保险、现代物流这些有基础、有规模的服务业的层次和水平，努力提升辐射周边发展的能力；通过工业化与信息化融合，进一步做强汽车、精细化工、重大装备这些传统支柱产业，使它们向支柱智造型产业发展；尽快完善和大力实施促进服务业新业态发展的政策措施，重点推动健康服务、互联网金融、工业设计、软件和信息技术、冷链物流、电子商务、检验检测、节能环保、人力资源、融资租赁等 10 大服务业新业态加速发展，使服务业新业态成为广州市经济产业转型升级新动力。此外，广州市加强金融改革创新，提升金融辐射力。深入推进产融结合、大力促进金融改革创新、加强金融功能区和交易平台建设。

（2）信息资源共享机制。

一方面，要通过优化管理体制、争取政策支持、提高招商实效、优化政务环境等举措,加快平台资源集聚和项目落地,打造成为集聚高端要素资源的"聚宝盆";引导全市工业园区由功能单一的第一代园区为主,向功能完善、产城融合、公共服务配套齐全的第二代园区转型。要优化平台环境,加快推进重大平台相关交通、医疗、文化、教育等公共服务配套建设。另一方面,激活科技研发资源,提升创新驱动力。深化科技体制改革、协同创新,集聚创新资源,建立健全产学研协同创新机制;强化企业创新主体地位,大力发展科技金融,加强科技企业孵化器和创新平台建设。最后,建立在企业、科研机构、高校之间本着优势互补、互惠互利、共同发展的原则进行产学研合作。采用产学研合作形式既能推动高校和科研机构的研发成果产业化、实现科研项目与企业对接,又能弥补企业科研能力和自主创新能力的不足。高校、企业与科研机构合作的根本出发点是互补优势,而根本动力在于资源的稀缺性。

(3) 加速重大科技基础设施及其应用机构的布局。

一方面,2015年5月,广州市政府与国家自然科学基金委签订协议,依托"天河二号"超算中心,分5年共同出资3亿元,联合实施国家大数据科学研究中心项目,为广州市开展大数据科学研究提供了强力支撑。另外,广州正在加快推进珠三角大科学工程创新体系建设,中国(东莞)散裂中子源、中微子实验室(二期)、"加速器驱动嬗变系统研究装置"、"强流重离子加速装置"等大科学工程进展顺利。另一方面,新型研发机构正迅速崛起。广州智能机器人研究院、华南智能机器人研究院、北京大学华南产业创新研究院、清华大学粤港澳研究院等一批新型研发机构的筹建工作进展顺利。截至目前,广州拥有各类新型科研机构122家,接近2007年的11倍,累计服务企业3万多家。

(4) 打造重大发展平台,提升资源集聚力。

一是广州市通过优化管理体制、争取政策支持、提高招商实效、优化政务环境等举措,加快平台资源集聚和项目落地,打造成为集聚高端要素资源的"聚宝盆"。二是完善科技服务"政策链"。该区不断深化科技创新体制机制,基本形成了适应创新驱动发展的政策体系。深化科技体制改革,调整资金扶持方向和科技资金使用绩效,在全市率先推行"创新券"制度,助力小、微企业放飞梦想。三是激活科技研发资源,提升创新驱动力。深化科技体制改革、协同创新,集聚创新资源,建立健全产学研协同创新机制。强化企业创新主体地位,大力发展科技金融,加强科技企业孵化器和创新平台建设。

(5) 激发企业热情,发挥主体作用。

一是开展创新主体培育。大力培育高新技术企业,目前,已组织企业申报2015年高企认定、复审和入库培育,组织百余家企业开展申报培训,共推荐27家企业申报高企认定,45家企业申报入库培育。二是发展新型研发机构。通过政企合作的方式,大力发展新型研发机构,重点联合TCL、德赛、华阳、科锐等集团企业建设云计算、移动互联网、新型光电等若干产业研究院。目前,TCL集团工业研究院、惠州市德赛工业研究院、惠州市亿纬新能源研究院三家新型研发机构已建成并进入广州新型研发机构行列。三是鼓励大企业孵化。引导TCL、德赛、元晖光电建成若干民营孵化器,实现内部创业,搭建创客平台,鼓励大企业开展内部孵化。TCL云创科技有限公司已投入运营。

（三）与杭州的对比分析

1. 创新指标对比分析

表26　青岛与杭州主要创新指标（2014年）

创新指标		青岛	杭州
创新投入	研发经费支出（亿元）	218.7	248.73
	研发经费支出占地区生产总值比重（%）	2.73	2.95
	财政科技投入（亿元）	25.93	43.26
	财政科技投入占公共财政预算支出比重（%）	2.4	4.8
创新产出	技术合同成交额（亿元）	60.53	58
	专利申请量（万件）	5.5	4.9
	发明专利申请量（万件）	4	1.48
	发明专利授权量（件）	2 864	5 559
	PCT国际专利申请量（件）	225	381
	万人发明专利拥有量（件）	9.76	10.6
创新人才	R&D人员（万人年）	约4.8	约8.16
	院士（人）	28	33
	国家千人计划引进人数（人）	90	—
创新企业	国家级孵化器数（家）	14	21
	认定孵化面积（万平方米）	160	260
	国家级孵化器在孵企业（家）	约800	1 085
	高新技术企业数（家）	746	1 758
	国家级创新企业数量（家）	18	13
创新产业	高新技术产业产值（亿元）	6 618.95	1 997.12
	高新技术产业产值占规模以上工业总产值比重（%）	40.73	27.6

（1）创新投入。

从表26和图13可以看出，青岛市在创新投入的各项指标，研发经费支出、研发经费支出占地区生产总值、财政科技投入以及财政科技投入占公共预算支出比重等，都要落后于杭州。其中，青岛市财政科技投入经费是杭州的1/2左右，占公共财政预算支出比例是杭州的一半，差距极大。

（2）创新产出。

从表26和图14可以看出，青岛市的技术合同成交额略高于杭州，但与西安、武汉、深圳等城市动辄数百亿的规模相比，两市的技术市场发展都处在相对落后的位置。尽管青岛市的专利申请量与发明专利申请量均高于杭州，但发明专利授权量、PCT国际专利申请量都低于杭州，特别是发明专利授权量，仅为杭州的一半左右。在万人发明专利拥有量这一指标上，青岛市也低于杭州，平均每万人就比杭州少一件发明专利。

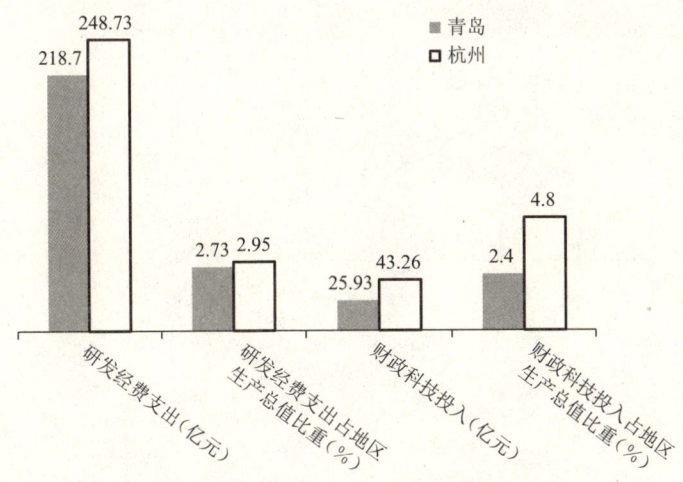

图 13　青岛与杭州创新投入指标对比

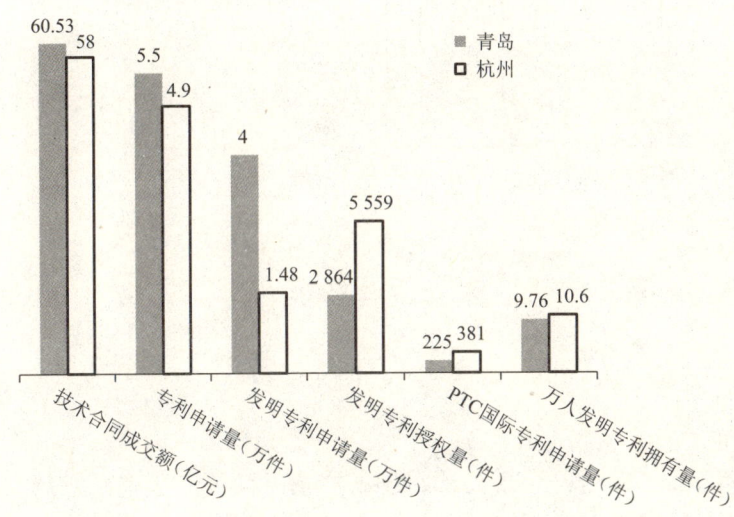

图 14　青岛与杭州创新产出指标对比

(3) 创新人才。

从表 26 和图 15 可以看出,青岛市的 R&D 人员远远低于杭州,比杭州少了 3.36 万,差距甚大。在院士数量上,青岛市也低于杭州的 33 人,仅有 28 人。由于杭州市在国家千人计划上缺乏数据,因此此处不再比较。总体上看来,青岛市的创新人才指标数据相较于杭州而言,并不理想,与杭州有一定的差距。

(4) 创新企业。

从表 26 和图 16 可以看出,青岛市除国家级创新企业数外,其他各类创新型企业数量都远低于杭州,特别是高新技术企业数仅为杭州的 41.8%。虽然青岛市近年来大力发展科技企业孵化器,但杭州的国家级孵化器数量位居全国第一,加上青岛市的孵化器发展时间较短,所以无论是国家级孵化器数量,还是认定孵化面积,抑或是国家级孵化器在孵企业数量上,青岛市与杭州都有极大的差距。

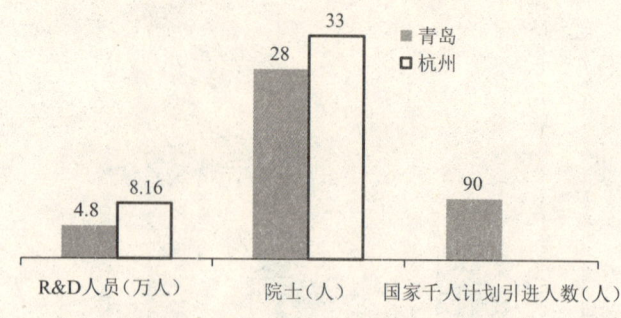

图 15　青岛与杭州创新人才指标对比

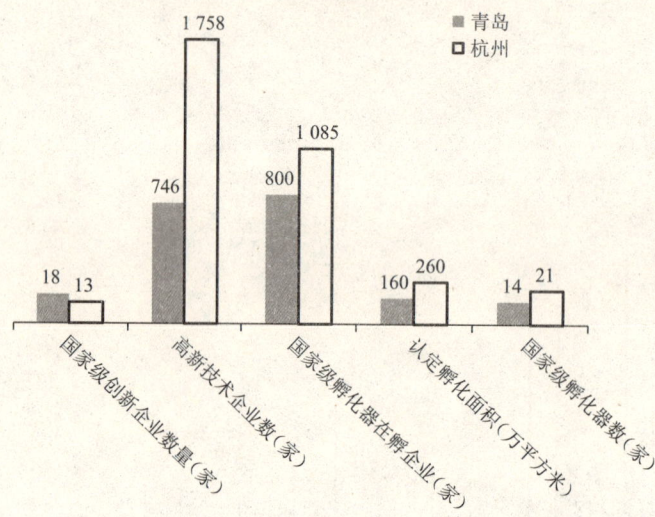

图 16　青岛与杭州创新企业指标对比

（5）创新产业。

从表 26 和图 17 可以看出，青岛市在创新产业方面要远远优于杭州。高新技术产业产值是杭州的 3.3 倍，高新技术产业产值占规模以上工业总产值的比重高出杭州 13 多个百分点。

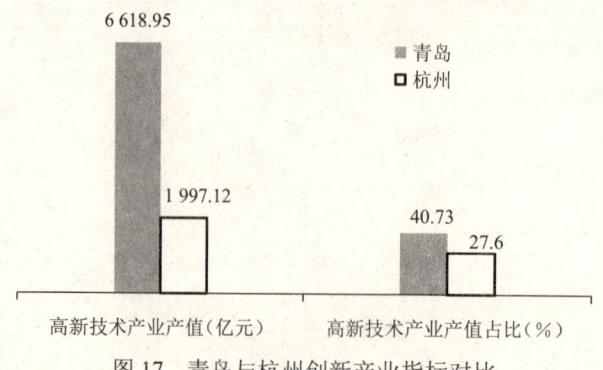

图 17　青岛与杭州创新产业指标对比

2. 杭州主要创新举措

(1) 统筹协调政策资源。

一是统筹整合政府部门的政策和服务信息资源,梳理并发布科技创新政策(包括国家、省、市政策),方便企业查询各类科技创新政策,形成服务全市企业创新发展的统一服务平台。研究发布产业链整合、共性关键技术、协同技术攻关等。二是进一步整合本市各类投融资资源,为企业提供贷款、风险投资、科技担保、知识产权质押、贷款贴息、集合债券、VC/PE投资引进、多层次资本市场(新三板、创业板、浙江股权交易中心)挂牌上市及科创小贷政策咨询等投融资服务。三是整合链接"高新技术企业认定管理工作网"相关信息,发布并落实"青蓝计划"、"雏鹰计划"以及高新企业、技术先进型服务企业认定标准和扶持政策。

(2) 创新供需对接机制。

一是强化需求导向,推动科技创新由"成果供给主导"转为"产业需求主导"。同时进一步加大对高校、科研院所的支持。包括集成各类科技资源,在科技创新平台建设、重大基础设施建设、推进科研院所创新国际化、实施重大科技成果转化,以及共建产业技术研究院等方面对高校院所大力支持。二是加强政策引导,推广创意杭州工业设计大赛的做法,政府搭台,设立产业集群创意奖。创意杭州工业设计大赛至今已举办5届。5年来,大赛共收到参赛作品15 000余件,其中300多件作品以专利形式向企业转移,作品产学研合作实施产值达2亿元,发掘了大量优秀创新人才。最后,建立面向全球的网站平台,在阿里巴巴网站平台上增加适应网络众包的交互功能,建立一个借全球创新资源为杭州服务的窗口,形成开放、协同、繁荣的创新生态系统,为用户提供一站式的专业服务,最大限度地适应多样化的用户需求。

(3) 实施政府采购服务。

首先,弱化经费资助、强化政府服务,发挥财政科技经费的杠杆引导作用,通过政府补贴等方式,推动科研仪器设备拥有方、实验室、专业服务机构,面向企业开展市场化运营服务。发行科技服务消费券。对政府重点扶持的产业化项目和重大科技攻坚项目,适当安排科技服务消费券专项资金。其次,完善科技创新服务。采用政府采购服务的方式,为青岛市的科技综合服务平台整合包含财务、审计、法律、评估、代理等中介机构的专业服务、知识产权维权援助服务,以及为企业提供贷款、风险投资、科技担保、知识产权质押、贷款贴息、集合债券、VC/PE投资引进、多层次资本市场(新三板、创业板、浙江股权交易中心)挂牌上市以及科创小贷政策咨询等投融资服务。最后,推动科技中介服务组织体系的建设与完善。积极培育和鼓励科技中介服务机构的发展,从科技成果产生到实现产业化整个过程中,为科技与经济结合提供必要的信息、资源、服务。整合社会资源参与科技公共服务平台建设,调动多方积极性。

(4) 典型引路、推进开放式创新。

一方面,培养标杆企业,通过降低其开放式创新后带来的风险,补贴其溢出的收益等税收优惠政策、财政投入政策、政府采购政策,选择若干有一定规模、具有足够的实力、在行业内处于领先地位、在研发能力和知识管理上有一定积累且具备转型基础的企业进行开放式创新平台的运营示范,并对示范平台的成果进行宣传推广,以期吸引更多企业参与建设和使用开放式创新平台进行科技创新与发展。另一方面,提高全社会对开放创新的宽容度。完善政府科技担保补偿机制,降低担保公司为科技型企业融资担保的风险。

(5)构建有利于校企协同创新的环境和氛围。

一是激活校企协同创新的原动力。对高校而言,大学要有"开放"的办学理念。要引导学校和教师把对科学研究的价值定位转化到研究成果应用于实际中来,使其自发产生与企业合作的内驱力。二是增强校企协同创新的外驱力。积极推进共性技术扩散。建议由政府出资购买高校研发的产业共性技术专利,对高校闲置发明专利进行免费推广。由市科委或其他相关部门设立专项基金,对闲置3～5年的高校发明专利进行筛选后统一收购,作为公共技术资源供企业免费使用。三是重点加强知识产权保护制度建设,强化利益机制建设。支持知识产权纠纷仲裁机构建设,强化市科委及有关部门知识产权法律援助机制建设,并在高等院校设立工作服务站(可设在科研部门、重点实验室、工程中心等),为高校科研队伍提供合约完整性等法律咨询和法律援助服务。同时建设好校企合作的诚信记录机制,降低知识产权交易的机会成本。

(四)青岛市下一步的对策措施建议

(1)加大创新型企业培育支持力度。

进一步落实"千帆计划"各项优惠政策,支持企业自主创新能力建设,提升孵化器综合服务水平,建设创客空间,吸引更多的科技型企业入驻,打造主体大众化、空间多样化、服务专业化的创业孵化生态体系,提高孵化器的使用效率。

(2)加快培育和引进各类人才。

深化"青岛英才211计划",深入实施"111引才工程",加快引进一批与青岛市产业发展需求紧密对接的创新创业团队和人才。探索建立人才引进三方合作联盟,加大引才引智力度。制定更加开放的海外人才引进政策,鼓励海外人才来青创新创业。鼓励科技人才在企业、高校院所之间流动或双向兼职。制定创新人才股权激励办法,鼓励各类企业通过股权、期权、分红等方式,调动科技人员创新积极性。

(3)加强技术市场建设。

进一步完善技术市场体系,支持中介机构发展,培育技术经纪人。高等院校和科研院所应设立技术转移机构,开展科技成果转化,强化知识产权申请、运营权责。鼓励高等院校和科研院所将职务发明成果转让收益在重要贡献人员、所属单位之间合理分配。

(4)完善科技金融体系。

完善"首投"、"首贷"、"首保"机制,引导科技型中小企业在多层次资本市场融资。鼓励企业上市融资,支持在"新三板"挂牌企业发行中小企业私募债和优先股。支持蓝海股权交易中心做大做强,为企业提供股权融资、债权融资、并购融资、资产证券化等产品和服务。支持天使投资发展,落实促进创投机构发展优惠。争创国家级科技金融服务中心,完善科技金融服务体系。

(5) 继续深化科技体制改革。

改革科技经费使用方式,从事前支持、直接支持更多地转向事后补助、间接支持,逐渐提高后补助、间接补助在科技专项经费中所占比例。扩大企业在创新决策中的话语权,对市场导向明确的科技项目,由企业牵头,政府引导,联合高等院校和科研院所组织实施。加强部门联动,统筹全市创新经费的规划与使用。

六、青岛市科技资源效率的提升策略分析

(一) 基于关键影响因素的分析

根据科技资源配置效率的关键影响因素,我们提出以下对策。

(1) 要加大孵化器的建设力度。

认真落实《青岛市孵化器发展规划纲要(2012～2016)》规定的建设任务,通过提供创业培训辅导、研发试验场地、共享设施以及政策、法律、财务、投融资、人力资源、市场推广和加速成长等方面的服务,降低创业风险和创业成本,提高企业的成活率和成长性,培养成功的科技企业和企业家,使得青岛市科技创新成果得以顺利转化,促进科技资源的产出。

(2) 增加全社会投入占 GDP 比重。

青岛市 R&D 经费支出占 GDP 比例在 15 个副省级城市中排名第 7,处于中间位置。因此,需要进一步采取措施加大全社会投入占 GDP 比重,以有效提高青岛市科技资源配置效率。

(3) 提高申请专利的申请数量。

近几年青岛市申请专利数剧增,呈现出良好的发展势头,因此,需要在保持现有发展速度基础上,进一步制订有效的措施,增加青岛市专利申请数量。与此同时,也要加大专利技术转换的支持力度,使得专利转换为实际生产力。

(4) 进一步加强互联网宽带基础设施的建设。

互联网技术的发展为企业信息获取与交流提供了良好的技术。随着大数据、云计算等新兴技术的发展,互联网对企业科技创新与发展产生更大的影响,因此,需要进一步加强互联网宽带基础设施的建设,促进科技资源配置效率的提升。

(二) 基于同类副省级城市对比的分析

(1) 加大创新型企业培育支持力度。

进一步落实"千帆计划"各项优惠政策,支持企业自主创新能力建设,提升孵化器综合服务水平,建设创客空间,吸引更多的科技型企业入驻,打造主体大众化、空间多样化、服务专业化的创业孵化生态体系,提高孵化器的使用效率。

(2)加快培育和引进各类人才。

深化"青岛英才211计划",深入实施"111引才工程",加大相关科技专项资金支持力度,促进企业、学校、院所等科技攻关研发平台的建设发展、仪器设备购置等,重点突出成果奖励、专利申请资助、引进院所建设、孵化将设补贴、科技服务企业补贴、引进人才补贴等,实现加快引进一批与青岛市产业发展需求紧密对接的创新创业团队和人才的目标。探索建立人才引进三方合作联盟,加大引才引智力度。制定更加开放的海外人才引进政策,鼓励海外人才来青创新创业。鼓励科技人才在企业、高校院所之间流动或双向兼职。制定创新人才股权激励办法,鼓励各类企业通过股权、期权、分红等方式,调动科技人员创新积极性。

(3)加强技术市场建设。

进一步完善技术市场体系,支持中介机构发展,培育技术经纪人。高等院校和科研院所应设立技术转移机构,开展科技成果转化工作,强化知识产权申请、运营权责。鼓励高等院校和科研院所将职务发明成果转让收益在重要贡献人员、所属单位之间合理分配。调整市场税收机制,采取对研发投入、税收加计除减负的措施以及高新技术企业税收优惠,减轻企业税收负担,引导企业积极研发。

(4)完善科技金融体系。

完善"首投"、"首贷"、"首保"机制,引导科技型中小企业在多层次资本市场融资。鼓励企业上市融资,支持在"新三板"挂牌企业发行中小企业私募债和优先股。支持蓝海股权交易中心做大做强,为企业提供股权融资、债权融资、并购融资、资产证券化等产品和服务。支持天使投资发展,落实促进创投机构的发展优惠政策。争创国家级科技金融服务中心,完善科技金融服务体系。

(5)继续深化科技体制改革。

改革科技经费使用方式,从事前支持、直接支持更多地转向事后补助、间接支持,逐渐提高后补助、间接补助在科技专项经费中所占比例。扩大企业在创新决策中的话语权,对市场导向明确的科技项目,由企业牵头,政府引导,联合高等院校和科研院所组织实施。加强部门联动,统筹全市创新经费的规划与使用,实现降低重复投入、多头投入,提高资金使用率,加大大型仪器设备的开放共享力度。

课题承担单位:山东科技大学 青岛市科学技术信息研究所
课题负责人:李洪伟
课题组成员:李洪伟 陈玉和 陶 敏 付 晓 王淑玲
　　　　　　李汇简 檀 壮 王 栋 姜 静

青岛市"十三五"科技创新支撑引领产业发展的措施研究

一、世界科技和产业发展趋势

(一) 世界科技研究热点和突破

当今世界科技正呈现新的发展态势和特征,孕育着新一轮科技革命。科技发展呈现多点突破、交叉汇聚的态势,大数据科学成为新的科研范式,人类可持续发展的重大问题成为全球科技创新的焦点。世界各国更加重视利用科技创新培育新的经济增长点,一些重要科学问题与关键技术发生革命性突破的先兆已显。大数据浪潮、信息技术和制造业的融合,以及能源、材料、生物等领域的技术突破,将催生新的产业,引发产业革命性变革。对于新科技革命的重大创新突破可能发生在哪些方面,科学预测也不会很准,但是大的方向是可以预期的,具体有八个方面:一是基础前沿领域,二是能源与资源领域,三是信息网络领域,四是农业领域,五是人口健康领域,六是材料与制造领域,七是生态与环境领域,八是空间与海洋领域。

(1) 基础前沿领域,数学、物理学、生物学、化学等基础科学理论与方法以及其他领域的结合依然是学科交叉的主要方向;信息科学与生命科学、脑科学及其他领域的交叉结合发展出新的前沿方向,并改变着科研范式;多个基本科学问题面临突破。

(2) 能源与资源领域面临再次转型和革命。未来30年全球能源消费总量将增加56%,受化石能源日渐耗竭和环境保护要求的双重约束,现代社会将实现由主要依赖化石能源向依靠核能、新能源的逐步转变。人类必然从根本上转变无节制耗用化石能源和自然资源的发展方式,迎来后化石能源时代和资源高效、可循环利用时代。一方面,可再生能源和安全、可靠、清洁的核能将逐步取代化石能源,成为人类社会可持续发展的基石。另一方面,要不断提升传统资源开采技术,拓宽资源获取渠道,保障能源供应。能源输送效率、稳定性、安全性和智能化技术将全面提升,多种能源将实现互补与系统融合,信息技术与新能源相结合将产生新型工业模式。

(3) 信息网络领域的新时代正在到来。信息技术和产业正在进入一个转折期,2020

年前后可能出现重大的技术变革,信息技术将突破语言文字壁障,发展新的网络理论;新一代计算技术在信息化、数字化、网络化的基础上将建立教育、科研、制造、贸易服务、公共治理等新模式。新型信息功能材料、器件和工艺不断创新,智能传感器、大数据存储将取得突破。云计算、物联网、工业互联网等技术的兴起促使信息技术渗透方式、处理方法和应用模式发生变革,促进人－机－物融合,消费者将在更大程度上参与设计和制造过程,甚至成为生产过程的一个重要环节。

（4）农业领域向确保粮食安全和农产品供给发展。高产稳产、高效安全、优质生产始终是农业科技创新的主题;生命科学重大理论创新成果推动农业基础科学快速发展,农业生物学和动植物分子设计育种已成为农业科技的前沿和热点。未来农业必然进入生态、高效、可持续的时代,不仅将继续发挥其保障食物安全和国民经济发展等传统功能,还将负担起缓解全球能源危机、提供多样化需求和优良生态环境等新使命。

（5）人口健康领域孕育重大理论突破和产业发展。预计21世纪中叶,全球人口将达80亿～100亿人,人类将面临传统传染病新的变异和传播,新发传染病如禽流感、心理障碍和精神性疾病、代谢性疾病、老年退行性疾病等的挑战。未来将需控制人口增长,提高人口质量,保证食品、生命和生态安全,通过疾病早期预测诊断与干预、干细胞与再生医学等方面的研发,攻克影响健康的重大疾病,将预防关口前移,走一条低成本普惠的健康道路。人类基因组及其在生命过程中的功能调控,特别是细胞命运调控机制等基本问题面临重大理论突破;传统医学模式正在发生深刻变化,健康医学将迎来全新发展机遇。

（6）材料与制造业领域凸显绿色和智能。未来30～50年,能源、信息、环境、人口健康、重大工程等对材料和制造业的需求将持续增长,全球化、绿色化、智能化将加速发展,制造过程的清洁、高效、环境友好日益成为世界各国追求的主要目标。材料设计与性能预测科技发展迅速,环境协调和低成本合成制备技术受到重视,材料制造的工艺、流程以及结构与性能关系的研发面临新突破,材料更加绿色、高效、可循环利用。新材料领域需要重点关注的是石墨烯。石墨烯是目前最薄、最硬的纳米材料,几乎完全透明,电阻率比铜和银更低。预计2024年前后,石墨烯器件有望替代CMOS器件。其未来的应用领域还包括纳米电子器件、光电化学电池、超轻型飞机材料等。在智能制造领域,将从分子层面设计、制造和创造新材料,这种新材料与直接数字化制造结合,将产生爆炸性的经济影响。制造领域需要关注的是3D打印技术,由于3D打印处于制造业数字化、网络化、智能化的关键连接点,未来将与其他智能化、人性化生产技术一起,推动整个工业系统的变革。除此之外,还需要重点关注机器人技术和远程自动交通工具。

（7）生态与环境领域形成全球监测与研究。全球范围的生态环境监测体系与系统模拟正在形成,全球生态与环境研究正逐步向可测量、可报告、可评价和可动态模拟的方向发展。

（8）空间与海洋领域向纵深发展。空间探测以月球、火星和小行星探索为主线,向更深、更遥远的宇宙迈进,持续探索宇宙起源、演化、暗物质暗能量的本质;国际空间站主体建造完成,将不断产生新的科学认知和效益。在海洋领域,围绕国家安全与海洋权益、资源可持续利用和深海探索三大方向,建立基于生态系统的近海管理体系和走向深海大洋,海洋新技术突破正催生新型蓝色经济的兴起与发展。空间-海洋立体化实时观测已成为国际海洋科技发展的主流。

在上述八大领域中,任何一个领域的突破性原始创新都会为新的科学体系的建立打开空间,引发新的科学革命;任何一个领域的重大技术突破,都有可能引发新的产业革命,为世界经济注入新的活力,加速现代化和可持续发展进程。

(二)世界科技发展的趋势

当前,世界科技领域前沿不断拓展,新兴学科不断涌现(图1),基础研究、应用研究、高技术研发相互促进融合,成果应用转化周期越来越短,全球创新要素加速流动,科技创新组织模式正在发生深刻变化。基础科学、能源与资源、信息网络、先进材料和制造、农业和人口健康等领域正孕育重大创新突破,将会成为新科技革命的突破口。

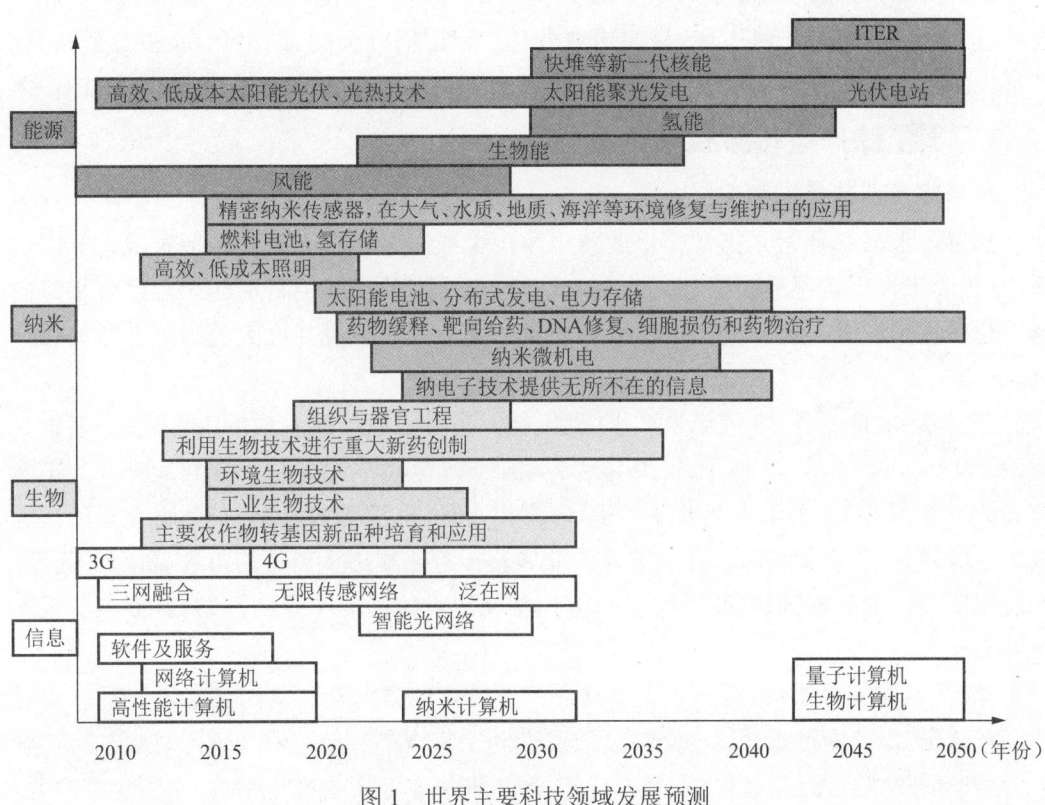

图1 世界主要科技领域发展预测

(1)领域前沿不断拓展,学科间交叉、融合、汇聚,新兴学科及前沿领域不断涌现。科学和技术之间的高度融合,是当代科学技术发展的一个基本特征。科学和技术的结合和相互作用、相互转化更加迅速,逐步形成了统一的科学技术体系。数学和定量化方法的广泛应用是当代科学技术发展的又一个基本特征,标志着人类对自然的认识已从定性阶段全面进入到定量阶段。量子力学的突破促使量子化学、量子生物学应运而生,使化学、生物学进入了定量化阶段,深化了人类对于化学、生物学基本原理的认识。自然科学和人文社会科学的相互渗透,极大地改变着人类的生活方式。今天,科学不仅在物质生活层面上支持和促进人和文化的发展,而且在精神生活层面上关注和推动人和文化的发展,从而给人的生存和发展注入更加完整和深刻的内涵。

(2) 基础研究、应用研究、高技术研发边界日益模糊,并相互促进融合为前沿研究,从科学发现到技术应用的周期越来越短,如巨磁电阻效应(2007年诺贝尔物理学奖),从发现到成功应用于硬盘读出磁头,间隔仅8年,使硬盘容量发生了从MB到GB、到TB的巨变。

(3) 全球科技竞争日益剧烈,产学研合作也更加广泛,知识共享和知识产权保护同时发展。

(4) 目标导向的基础研究和应用研发结合的模式倍受重视,转移转化研究、工程示范、企业孵化、风险投资、高技术园区等兴起。

(5) 科技创新组织模式正在发生重大变化,网络和信息技术提供了强大的工具和平台,使创新无处不在、无时不在,呈现出专业化、个性化、社会化、网络化、集群化、泛在化特征。

(三) 全球产业转移和结构调整

1. 国际产业转移浪潮

国际产业转移通常是指某个产业从一个国家或地区转移到另一个国家或地区的过程,是国际生产力发展的必然结果。与此同时,国际产业转移也将引起国际经济格局的新变化和生产要素在世界范围内的重新配置。历史上曾出现几次大的国际产业转移浪潮。

第一次:时间是在18世纪末至19世纪初。当时工业革命完成后,英国成为名副其实的"世界工厂"。在19世纪前70年中,英国控制着世界工业生产的1/3到1/2,国际贸易的1/5到1/4。由于生产效率的提高,国内市场、资源等的限制,英国将大量的资金投向法国、德国和北美大陆。此次国际产业转移一方面解决了英国的市场、资源等问题,实现了国内产业结构的转换升级;另一方面优化了承接国的产业结构布局,提高了生产效率。

第二次:时间是20世纪五六十年代。产业转移的方向是从美国到日本、德国(当时的联邦德国)。美国把钢铁、纺织等高能耗、劳动密集型产业转移给了日本、德国,自己则致力于发展集成电路、精密机械、精细化工、家电和汽车等资本密集型、技术密集型产业。这次国际产业转移使日本、德国实现了"二战"之后经济的高速发展。

第三次:时间是20世纪七八十年代。美国、日本把纺织、服装等劳动密集型产业和部分高耗能、污染大的重化工业转移到亚洲"四小龙"等东亚国家或地区,自己则重点发展钢铁、化工、汽车和机械等出口导向型、资本密集型工业,以及电子、航天等部分高附加值技术、资本密集型进口替代工业。此次产业转移使韩国、新加坡、中国台湾地区、中国香港成为亚洲"四小龙",并实现了进口替代型产业向出口加工型产业的过渡,成为新型工业化国家或地区。

第四次：时间是 20 世纪 90 年代以来。本次国际产业转移的重要特征是产业转移的输出地和输入地等都发生了较大变化：输出地有日本、美国，也有亚洲"四小龙"；输入地有东盟四国（泰国、菲律宾、马来西亚、印度尼西亚），但主要是中国内地。美国、日本主要发展新材料、新能源等高新技术产业，将产业结构的重心向高技术化、信息化和服务化方向发展，把劳动、资本密集型产业和低附加值的技术密集型产业转移到海外。而亚洲"四小龙"在经过 20 世纪 80 年代的发展之后面临着境内市场狭小与生产能力扩张的矛盾、生产成本上升与企业追求更多利润的矛盾、产业发展与资源环境瓶颈的矛盾，把一些劳动密集型产业和部分资本密集型产业转移到东南亚国家，也有一些转移到中国内地。

产业转移是经济全球化的必然趋势，而承接产业转移是各国扩大开放的快捷通道，是加快经济社会发展的必然选择。近些年，发达国家向发展中国家转移生产能力达到了一个新的阶段。但是，发达国家向发展中国家和地区转移生产能力的分布很不平衡。接受发达国家转移来的生产能力的发展中国家和地区非常集中。国际产业转移所必需的前提和条件主要有产业转移国与接纳国之间存在成本差异，产业转移国与接纳国之间存在产业级差。此外，还必须有能适应全球化经营的载体和环境。新一轮产业转移则是产业梯度转移规律的具体体现。事实上，国际产业转移呈现出明显的梯度性、阶段性规律和趋势，主要表现在：一是国际产业转移通常是从劳动密集型产业转移开始，进而到资本、知识技术密集型产业的转移；二是国际产业转移通常是从发达国家向发展中国家梯度推进；三是国际产业转移通常是以加工装配开始，经过资本、技术、管理经验等的积累，最终过渡到中间产品和最终产品本地化生产，实现产业转移；四是国际产业转移通常是从进入成熟阶段的技术开始，最终过渡到标准化阶段的技术。

2. 中国承接国际产业转移的现状及应对策略

（1）中国承接国际转移的现状。

① 制造业是国际产业转移的主体。

改革开放以来，制造业一直是我国承接国际产业转移的主导产业，外商对我国制造业实际直接投资额占当年全部外商实际直接投资额的比重均在 50% 以上。多年来，外商在华投资主要是将中国作为其低技术含量的加工组装基地。20 世纪 90 年代后期以来，外商在华投资发生了一些重要变化，中国正在由跨国公司的加工组装基地向制造基地转变。外商直接投资的重点从劳动密集型初级加工制造业转向资本和技术密集型制造业。通信设备、计算机及其他电子设备制造业、化学原料及化学制品制造业、通用设备制造业、专用设备制造业、交通运输设备制造业、纺织业是外商投资的主要行业。其中通信设备、计算机及其他电子设备制造业尤为突出，已累计使用外商直接投资超过 300 亿美元。

② 国际产业转移的区域流向不平衡。

由于我国市场开放的梯度性与渐进性，导致我国承接国际产业转移的区域呈现出东高西低、南多北少的格局。东部沿海地区成为承接国际产业转移的重点地区，特别是长三角、珠三角和环渤海经济圈一带，已经形成若干以外资企业为主导的制造业集群。外商投资在地域上的聚集进一步加大了东部沿海地区和中西部在发展水平上的差距，也使东部地区在发展过程中面临能源、环境等资源的巨大压力。区域间在承接国际产业转移方面由于拼优惠政策,产生了较为严重的内耗,出现较为明显的产业同构现象,不利于形成合理的分工协作体系。

③承接国际产业转移与引进国际先进技术并不同步。

在实际产业转移中,发达国家转移出的产业并不是国内技术最先进的产业,而是在产品生命周期中,技术进入标准化阶段的产业。中国企业研发力量薄弱、自主创新能力不足使中国的产业发展更多依赖外来技术的供给,对外技术依存度达50%以上。由于发达国家不同程度地强化了对技术输出的控制,外资企业采取较为严格的技术控制策略,关键技术仍被跨国公司控制,我们以市场换技术的外资战略并没有取得预期的成效。例如,我国虽然成为世界彩电、计算机、手机、DVD等产品的第一大生产国,但并没有掌握核心技术和关键部件,无法分享到更多利润。

④国际产业转移的方式以新设投资为主。

目前,国际产业转移的方式主要是通过新设投资方式,并购方式占的比重很小,只占约5%。我国承接国际产业转移的方式主要有中外合资、中外合作和外商独资三种,其中以中外合资和外商独资为主,中外合作经营为辅。1997年,在华的外商独资企业的数量开始超过合资企业,其后外资强化了对企业的股权控制,外商投资的独资化倾向呈上升趋势。2003年以后,独资方式逐步成为主要方式。近年来,随着股权限制的不断放开,并购、重组、股权合作等方式也逐步成为我国承接国际产业转移的重要方式,我国承接国际产业转移的方式渐趋多样化。

⑤国际服务业向中国转移的速度逐渐加快。

受服务成本、服务质量、转出国的政策限制、产业承接国的配套环境等客观条件的约束,我国服务业以前吸收的外商直接投资并不多,规模大大低于制造业。2003年以来,服务业向我国的转移明显加快。我国服务业吸引的外商直接投资继续呈快速增长态势,合同外资金额大幅上升。外商投资领域进一步扩大,外商投资结构进一步优化。从具体的行业来看,外商直接投资集中在我国服务业中的房地产、金融保险、交通运输、电信、批发零售贸易等行业。

(2) 中国承接国际转移的应对策略。

①腾笼换鸟,加速产业转型升级。

产业的价值链可分成产品设计、原料采购、仓储运输、订单处理、生产制造、物流管理、批发与终端零售等7个环节,目前中国的制造业大多数都处在附加值最低、浪费资源和破坏环境的制造环节,即处在"微笑曲线"的最底端,而其他6个附加值高的环节则被发达国家所控制。这种分工造成了我国与发达国家制造业企业创造价值能力之间的巨大差距。目前我国应抓住第四次产业转移的机会,加速原有产业的转型升级,以把握住价值链中附加值更大的环节,创造更大的价值,获得更多的利润。加速产业转型升级,首先要调整现有的产业结构。我国应着力吸引跨国公司,把具有更大附加值含量的环节尤其是处于价值链中较高地位的产品设计等环节转移到我国。其次,应加强利用高新技术来改造传统产业,提高产业的国内增值率和配套率,延长相关产业的国内价值链。

②挖掘潜力,引导产业中迁西进。

我国东南沿海地区的产业转移为我国中东部地区承接相关产业提供了巨大的机遇。与其他地区相比,我国中西部地区(如安徽、湖南、湖北等地)拥有较低的土地成本和相对廉价的劳动力资源,有很大空间承接产业转移。与此同时,对于我国中西部地区来说,新一轮的产业转移是对其区域产业结构升级调整的难得机遇。对于相对发达的东部沿海地区,某些转移而来的产业和技术设备是相对落后的,但对欠发达的中西部地区而言则是先进的。通过承接东部沿海地区的产业转移可以激活中西部地区的生产潜力,填补中西部地区原有产业结构中的空白,改变原有落后的生产方式,还有利于实现产业规模效应,并对中西部地区的经济结构转型升级起到十分积极的作用。

③完善政策,优化产业发展环境。

面对全球新一轮的产业转移,政府应完善并落实相关政策,为产业的转移和生存提供良好的环境。首先,对于东部沿海地区,应该结合区域的技术优势、区位优势和人才优势,有针对性地策划更高端的产业承接项目。出台税收、人才、土地等相关优惠政策,吸引并承接更多处于价值链高端产业的转移。鼓励跨国公司在华设立研发中心、地区管理总部、尽量延伸产业承接的链条,将研发、管理等产品工序与制作、销售等一并引入到国内,促进我国产业的综合发展。其次,对于中西部地区,出台促进产业转移的相关政策,对从东部沿海地区转移而来的产业给予政策上的支持。以政府为主导建立工业园区和产业转移示范区,并对工业园区和示范区的经济发展给予相应的税收优惠。通过以上措施,使从东部沿海地区转移而来的产业在中西部地区落地生根,提升区域综合经济实力。

3. 国际新兴产业发展动向

世界主要经济体加大新型技术创新和产业发展投入,遵循绿色、低碳和可持续发展理念,力图抢占新兴产业发展先机,把握全球产业转型升级主动权。

欧盟2012年发布新版欧盟工业政策,大幅增加对影响未来发展战略新技术的研发投入,优先发展清洁生产中先进制造技术、关键使能技术(KETs)、生物基础产品、可持续产业政策与原材料、清洁车辆和智能电网等六大领域战略高新技术。2013年6月,英国政府出台《投资英国未来》,重点推动高速路网及交通运输装备、大数据、机器人、超高速宽带等领域的技术研发及产业创新发展。德国2010年7月发布《德国2020高技术战略》,重点发展气候/能源、健康/营养、交通、安全和通信五大领域。法国政府2013年12月发布工业优先发展领域,重点支持信息、通信、能源、健康、先进制造等。

美国总统奥巴马2009年签署了《2009年美国复苏和再投资法案》,重点支持基础建设和科研、教育、可再生能源及节能项目、医疗信息化、环境保护等。2010年以来,政府相继出台《美国国家宽带计划》(2010)、《美国制造业促进法案》(2010)、《先进制造伙伴计划》(2011)、《美国创业计划》(2011)、《国家制造业创新网络》(2012)、《跨部门网络和信息技术研发计划》(2012)等,以创造高质量就业并增强国际竞争力。

日本政府2009年12月30日公布到2020年的"增长战略"基本方针,着重拓展有望带来额外增长的六大领域：环境及能源、医疗及护理、旅游、科学技术、促进就业及人才培养。另外，日本政府还把信息通讯、节能和生物工程、宇宙航空、海洋开发等产业作为发展重点。2013年6月发布《日本复兴战略：日本回来了》，涉及健康服务业、清洁能源供需、下一代基础设施等。

韩国政府2013年4月提出实施"创造经济"战略，力图实现从"追赶型经济增长"模式向"领先型经济增长"模式转变。新设立的未来创造科学部启动"十大创造型新兴产业"项目，内容涉及卫星影像大数据处理和分析、干细胞技术和未来新材料技术等；分阶段废除移动电话入网费用，支持通信产业发展；制定《云计算发展法》，建立大数据分析中心，并建立基金以培养网络内容产业。

4. 国际产业转移的特点和新趋势

进入21世纪以来，伴随着信息技术的迅猛发展和经济全球化的日益深入，全球范围内产业结构进行了新一轮的大调整，国际产业转移进入新的阶段，又呈现出新的趋势和特点。

（1）国际产业转移结构高度化。

知识经济的发展，国际产业结构知识化、高度化步伐日益加快。为了继续保持竞争优势，发达国家大力发展更高附加值、创新性技术密集型产业和现代服务业，而将附加值较低的一般劳动、资本和技术密集型产业向其他国家和地区大规模转移，并呈现出从劳动密集型产业向资本技术密集型产业、传统产业向新兴产业、制造业向服务业、低附加值产业向高附加值产业不断提升的趋势。高新技术产业、金融保险业、服务贸易业、电子信息业、房地产业等日益成为国际产业转移的重要领域。当今社会，知识经济将进入快速发展阶段，国际产业转移结构高度化、知识化有进一步加强的态势。

（2）产业转移方式多样化。

对外投资是国际产业转移的重要途径。目前，跨国公司突破了原来对外直接投资的单一形式，实施多元化的对外投资战略，投资形式大致有独资、合资、收购、兼并、建立战略联盟、贴牌等。与在国外投资新建企业相比，收购合并国外企业时间短、见效快，能充分利用收购企业的资源、技术、设备和人才，因此它越来越受到跨国公司的青睐，正日益成为国际产业转移的重要方式。一方面发达国家向外转移成熟产业，为本国高新技术产业的发展腾出空间；另一方面，接受转移的发展中国家也能加速完成本国的工业化，有助于发展中国家建立起较完整的产业结构，从而加快了世界各国产业结构调整的步伐。

跨国公司采取多样化的投资方式，其目的就是为了在更大的范围内、更高的层次上实现资源的最优配置、有效地参与国际竞争。这在客观上也推动全球经济一体化进程，进一步密切各国之间的经济文化联系，为东道国承接国际产业转移提供了多种途径。

（3）服务业投资成为国际产业转移中的新热点。

传统国际产业转移集中在制造业领域，当代国际产业的转移除了制造业以外，服务业越来越成为新的热点。例如，金融保险、物流服务、电信业、技术咨询、研发设计等都出现了跨国界转移的新趋势，一方面是因为跨国公司的带动，一方面是因为服务企业本身有跨国界经营的冲动。东道国往往劳动力成本较低或者市场潜力巨大,跨国经营可以实现利润最大化。这种趋势使输出国海外投资扩张、海外市场扩大,使东道国的产业结构得到优化和提升。

服务业国际转移表现为三个层面:一是服务外包,即企业把非核心辅助型业务委托给国外其他公司;二是跨国公司业务离岸化,即跨国公司将一部分服务业务转移至低成本国家;三是战略合作或者联盟,即一些与跨国公司有战略合作关系的服务企业,为给跨国公司在新兴市场国家开展业务提供配套业务而将服务业进行国际转移,或者是服务企业为了开展国际服务贸易而进行服务业国际转移。

(4)国际产业转移出现组团式、产业链整体转移趋势。

由于跨国公司社会化协作程度高,横向联系广,一家跨国公司的投资往往会带动一批相关行业的大量投资。跨国公司从规模经济和降低成本的角度出发,改变以前单一的产业转移模式,转而对与转移产业相关的配套产业也进行投资,如在产业转移承接国投资设立跨国公司所需的生产服务企业和供应商,发展配套产业并建立产业群,将整条产业链搬迁、转移到发展中国家,实现产业的整体转移。跨国公司除了转移传统的制造业外,对其他生产经营环节如研究与开发、设计等也开始向其他地区转移。这种新的产业转移趋势是伴随着企业规模的不断扩张以及区位条件的变化而出现的,它将有利于提高企业的资源配置效率,提升整体企业的竞争力。这种全球化网络体系的构建,有利于跨国公司在全球范围内寻求生产资源,提高企业国际竞争力,也使得国际产业转移规模空前扩大,产业转移的速度和范围都达到了一个新的水平。

(5)跨国公司成为国际产业转移的主体。

20世纪90年代以来跨国公司迅猛发展。借助于信息技术而进行全球开发、生产与物流的指挥和协调,在全球范围内配置资源,跨国公司的国际化程度不断提高,已发展成为国际产业转移、国际贸易和投资的主要承担者。最近的估计表明,遍及全球的6.5万家跨国公司支配着85万家国外分支机构,控制着全球1/3的生产和2/3的世界贸易,发达国家的跨国公司控制着海外直接投资的90%,国际贸易额60%,80%以上的新技术、新工艺、专有权和70%的国际技术转让。发达国家的跨国经营推动了世界各国产业结构的调整,使原有国家之间的生产分工国际化,传统贸易形式发生了根本性转变。跨国公司已经成为世界经济发展的新动力。发展和利用跨国公司的能力将成为今后促进世界各地经济发展和增强国际竞争力的重要因素,成为发展中国家接纳国际产业转移,实现产业结构转型和升级的重要契机。因此,跨国公司不仅主导着国际产业转移,而且影响着全球产业分工。

(6)国际产业转移的"高技术化"特征日趋显现。

在技术创新扩散速度加快以及发展中国家不断提高知识产权保护水平的今天,为了最大限度地降低成本和加快成本回收,缩短从研发到赢利的周期,发达国家不仅将高新技术产业加工组装环节转移到发展中国家,且将配套零部件生产、物流、营销、研发外移,甚至有些高技术产品生产线刚研发出就转移至发展中国家。国际产业转移这种"高技术化"特征将日趋明显。

(7)高新技术产业成为国际产业转移的重要组成部分。

高新技术产业通常包括生物技术产业、信息产业、新材料产业、新能源产业等。20世纪90年代以来,全球经济一体化进程不断加速,跨国公司不再囿于传统的以寻求比较优势、延长产品生命周期为动机而向外转移某些产业,开始注重全球市场布局、利润最大化的实现、国际竞争力的提高等。在坚持对东道国封锁核心技术的前提下,跨国公司向东道国转移部分技术密集型产业和知识密集型产业,自己则加大研发力度,继续在新技术方面领跑世界。

(四) 世界产业发展趋势

进入21世纪,特别是国际金融危机后,经济发展对技术创新成果的需求和科学技术"原始积累"能量释放相结合,引发以信息技术为支撑,由新能源、生物、纳米等领域的群体性技术突破为标志的新技术革命,信息技术与各产业领域技术的深度融合,推动新一轮产业变革,使国际产业发展呈现新变化和新趋势,既给我国产业机构升级带来了机遇,也带来了严峻挑战。

第一,新技术革命推动新一轮产业变革。发源于20世纪50年代的信息技术革命,先后经历了集成电路、个人电脑、互联网等几波创新浪潮。当前,信息技术发展正在孕育新的重大突破和变革,云计算、物联网、移动互联网、大数据、3D打印等新的技术,推动信息技术升级换代。信息技术与新材料、新能源、生物技术各领域技术深度融合,引发工业、能源、农业、医疗等领域的技术变革,推动内涵丰富、形式多样的产业变革,形成高效能计算、宽带网络、新材料、智能制造、基因工程药物、生物医学工程、太阳能电池、纯电动汽车等一批新兴产业领域,深刻改变传统农业生产方式和生活方式。

第二,新的制造业范式和商业模式加快形成。新一轮产业变革推动制造范式发生新变化,传统的"规模化、多元化、标准化"和以成熟主流技术为基础的生产方式,转向"灵活性、多元化、分散化"和以创新技术为支撑的生产方式,向客户提供"最终解决方案",使价值链增值中心从生产环节转移到服务环节。与新的制造范式相适应,商业模式创新风起云涌,电子商务、移动互联、大数据、云计算、免费搜索和合同能源管理等新兴商业模式迅速涌现,互联网金融、新媒体服务和电子商务等新兴业态和产业跨界发展,极大地改变了市场结构和竞争格局。

第三,新的产业变革与制度创新互相调试。西方发达国家的制度调整和变革是推动新的产业变革的制度条件。金融危机后,西方发达国家为了增强经济活力,促进技术创新成果向生产领域的转移,对产业制度安排进行系统性调整,包括调整政府政策,加强信息基础设施建设,从宏观政策上为产业变革创造新的政策环境;创新企业组织制度和治理结构,从微观基础上为产业变革创造新的市场环境。没有这些制度变革和体制创新,产业变革就难以形成突飞猛进的发展之势。

第四,全球产业分工格局继续深刻调整。国际金融危机后,以美国为主的欧美发达国家纷纷实施"再工业化"战略,力图寻找新的科技创新战略支撑点,加快突破先进制造技术来驱动制造业发展,抢占全球制造业的制高点,继续强化产业链高端地位,进而促进经济长期稳定发展。与此同时，新兴经济体正在加快推进工业化进程，推动产业升级和对外直接投资，延伸、扩展产业链，力图突破传统国际产业分工对发展空间的约束。新兴经济体依靠比我国更低的成本优势，吸引劳动密集型产业转移，从而替代和挤占我国的市场份额。我国产业发展受到发达国家和新兴经济体的两头挤压，面临"前有围堵，后有追兵"的局面。

第五，新的发展理念推动产业绿色低碳发展。为应对全球气候变化和资源环境问题，欧美国家大规模开发可再生能源和清洁能源。奥巴马政府的"绿色新政"中，新能源开发利用及能源改造投资几乎占全部新政计划投资70％以上。与此同时，采取一系列政策措施，发展混合动力汽车、电动车、智能电网、太阳能发电，改造推行绿色建筑，促进产业绿色低碳发展。

当前，新的产业变革正处在孕育和突破阶段，各国基本都处在同一起跑线上，这为我国后来居上，实现跨越发展提供了"百年一遇"的机遇。新的产业变革，有利于我国在云计算、物联网、移动物联网、互联网应用等新兴领域与发达国家开展竞争，在更高起点走新型工业化道路。与此同时，我国原有的产业比较优势逐步减弱，新的优势短期内又难以确立，新的产业革命也带来新的挑战。在信息技术、新能源技术、生物技术领域，我国仍有较大差距，而且面临跨国公司知识产权壁垒和技术封锁，要在操作系统、大规模集成电路等核心技术领域打破现有垄断格局，难度很大。

在既有国际分工体系下，中国是加工制造中心，是世界工厂。但"第三次工业革命"为发达国家重塑制造业和实体经济优势提供了战略机遇，导致制造业重心再次向发达国家偏移，我国原有的赶超发达国家的产业发展路径面临被封堵的风险而需要调整，我国的工业化进程也会受到影响。发达国家为维护自身利益，必然强化对技术、专利、品牌等无形资产的保护，控制技术转移尤其是关键核心技术，强化无形资产优势。"第三次工业革命"背景下制造技术的突破发展，很可能是影响未来中国长期经济社会发展方向和全球产业竞争力的最重要的技术性因素。

二、科技创新和产业发展互动机理研究

（一）产业革命发展历程

从世界科技发展角度看，16世纪以来，世界科技大致发生了五次革命（两次科学革命和三次技术革命），包括近代物理学诞生、蒸汽机和机械革命、电力和运输革命、相对论和量子论革命、电子和信息革命等。伴随科技革命世界经济大致发生了三次产业革命，包括机械化、电气化、自动化和信息化革命等。从世界经济角度看，现代产业革命可以追溯到18世纪，产业革命的划分大致有三种观点，除前述的三次产业革命观点外，还存在四次产业革命和五次产业革命观点，即三次产业革命、四次产业革命和五次产业革命（表1、图2）。本文研究者较为认同三次产业革命的观点。

中国曾错失前四次科技革命的机遇，并在第五次科技革命中表现平平，收获不多。目前，第六次科技革命的核心专利争夺已经展开，第四次产业革命的来临已进入倒计时，

这将决定一个民族的世界地位，将影响一个国家的兴衰成败。

表 1　世界几次产业革命情况

产业革命	产业革命各时期的主要发展特征		
	三次产业革命观点	四次产业革命观点	五次产业革命观点
第一次产业革命	18～19世纪，机械化，包括蒸汽机、纺织机和工作母机应用等	18～19世纪，蒸汽机和机械应用，涉及采矿、机械、冶金、运输等，机械化	1780～1848年（第一次康德拉季耶夫长波），纺织工业、棉花、铁和水利时代
第二次产业革命	19～20世纪，电气化，包括电力技术、内燃机和电讯技术应用等	19～20世纪，电力技术和电讯技术应用，电气化	1848年～1895年（第二次康德拉季耶夫长波），钢铁工业、铁路、蒸汽机和机械化时代
第三次产业革命	20世纪40年代以来，自动化和信息化，包括电子技术、信息技术和高技术的应用等	20世纪40～90年代，自动化、电子、核电、航天工业等	1895年～1940年（第三次康德拉季耶夫长波），电力工业、钢铁、重化工和电气化时代
第四次产业革命		20世纪90年代以来，互联网、电子商务等	1941～1992年（第四次康德拉季耶夫长波），汽车工业、石油、自动化和大规模生产时代
第五次产业革命			1992年至今（第五次康德拉季耶夫长波），信息产业、互联网、通信和信息化时代

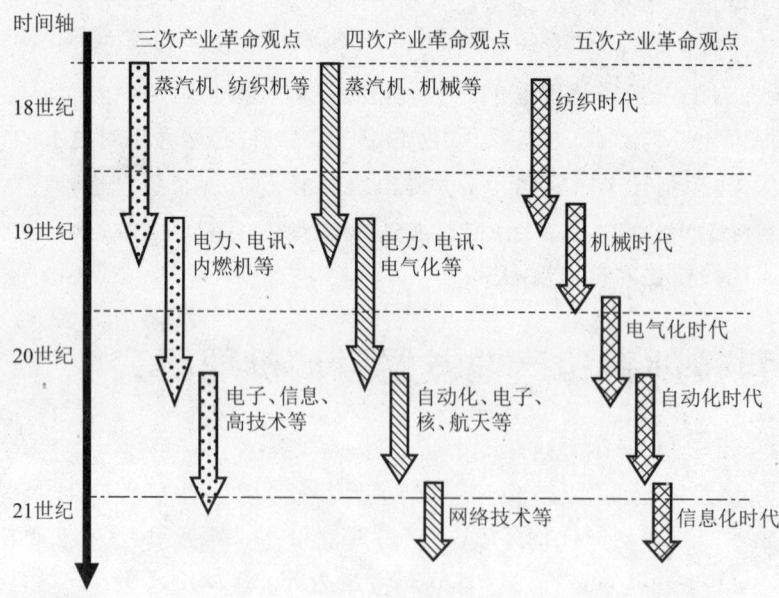

图 2　产业革命发展阶段划分图

第三次产业革命大致起步于20世纪40年代。在1945～2020年期间，第三次产业革命大致可以分为三个阶段：自动化、信息化和智能化等。简单地说，第三次产业革命是由信息技术和绿色技术推动的一次产业革命，它包括自动化、信息化、智能和绿色化三个阶段（表2）；三个阶段的划分是相对的，它们在时间、内涵和特点等方面有一些交叉。第三次产业革命持续大约70年,每个阶段的关键技术、主导产业、工业政策、战略机遇和社会影响有很大不同。

表2 第三次产业革命的三个阶段

阶段	大致时间	关键技术	主导产业	工业政策	世界影响
第一阶段	1945～1990年	自动化技术 电子技术 航天技术 原子能技术等	工业自动化 微电子工业 航天工业 机械工业等	军工工业向民用工业转化	自动化, 高技术
第二阶段	1970～2020年	信息技术 激光技术 新材料技术 海洋技术等	微电机及信息产业 空间技术产业 生物技术产业 新材料技术产业 新能源技术产业 海洋开发产业等	大力促进电子商务和高技术产业园	信息化, 全球化
第三阶段	1990～2020年	大数据、云计算 智能制造(3D打印) 智慧城市 智能交通 智能电网 绿色能源 绿色技术等	云服务、信息产业 物联网、三网融合 分布式制造 可再生能源产业 环保产业 新能源技术产业 生物技术产业等	积极复制高新技术产业和产业集群	智能化, 绿色化

第三次产业革命第一阶段:自动化和高技术阶段。主要技术有:自动化技术、电子技术、航天技术和原子能技术等。相关科学基础包括系统论、控制论、信息论、量子论等。主导产业包括电子产业、计算机产业、原子能产业、航天产业等。

第三次产业革命第二阶段:信息化和全球化阶段。关键技术有:信息技术、激光技术、能源技术、新材料技术和海洋技术等。主导产业:信息产业、高技术产业等。

第三次产业革命第三个阶段:智能化和绿色化阶段。这一时期的关键技术主要有两类:一类是新信息技术。信息技术已经进入大数据时代,处理能力和数据存储机会已无所不能,互联网正在向"云计算"演进。另一类是信息技术在其他领域的渗透和应用,包括数字化、智能化和绿色化的先进制造、智能交通、智能电网、智慧城市、绿色能源和绿色技术等。主导产业包括新一代信息产业、高级电子商务、智能制造业、先进能源和生物产业等。

第六次科技革命将是一次"新生物学和再生革命",将提供提高人类生活质量和满足精神生活需要的最新科技;它将是生命科学、信息科技和纳米科技的交叉融合(主要发生在交叉结合部),将是第三次科学革命、第四次技术革命和第四次产业革命的交叉融合。

从科学角度看,它有可能是一次"新生物学革命",涉及五大学科:整合和创生生物学(解释生命本质);思维和神经生物学(解释人脑工作原理);生命和再生工程(生命体的工程化和产业化);信息仿生工程(人脑的信息仿生);纳米仿生工程(人体的躯体仿生)。

从技术角度看,涉及五项关键技术:

(1)信息转换器技术(生物信息与电子信息的整合),相关技术包括:人脑的信息获取技术、信息储存技术、信息传输技术、信息转换技术、信息分解技术、信息再现技术、信息生成技术、信息处理技术、人脑反向工程等。

(2)人格信息包技术:人脑的电子备份与虚拟再现。相关技术包括:知识工程、人工智能、人性化软件、虚拟现实技术、虚拟人体技术、虚拟心理技术、虚拟思维技术、虚拟自主意识技术、虚拟人格技术等。

(3)仿生技术:人体的仿生备份和躯体仿真。相关技术包括:纳米仿生、信息仿生、智能仿生、仿生材料、仿生设计、仿生制造、仿生工程、仿真智能机器人、动物仿真、人体仿真、仿生组织和仿生器官(人造物质性的仿生组织和器官)等。

(4)创生技术:创造新的生命形态和生命功能。相关技术包括:合成生命、合成生物性的组织和器官、遗传工程、细胞反向工程、生物与非生物的耦合技术、生物与非生物的整合技术、生物与非生物信息的整合技术等。

(5)再生技术:生物体的体内和体外再生。相关技术包括:生物组织和器官的体外再生、生物体的体外再生、人体组织和器官的体外再生、人体的体外再生、人造子宫、生物和人体组织和器官的体内诱导再生等。

(二)科学研究与技术创新引领新兴产业

世界经济发展的历史表明,每次重大的技术变革都会引起和带来新的产业革命,进而推动经济增长。16世纪以来共发生了五次科技革命、三次产业革命。技术变革带来新产品、新服务、新系统和基础设施的变化,形成新部门和新产业(表3)。技术创新在积极地改造着原有产业和产业部门的同时,也引领了新兴产业的诞生。技术创新使得传统产业部门有可能采用新技术、新工艺和新装备来提高其技术水平,改变其生产面貌,促进原有生产部门和产品的更新换代,甚至创造出全新的产业和产品。技术创新使这些传统产业以新的面貌出现在新的产业结构中,使整个产业结构的内涵具有了新的内容。

第一次科技革命发生在16世纪的英国,以近代物理学的诞生为标志,后来逐渐形成包括天文学、化学、生物学等在内的近代科学体系,时间跨度从16世纪中叶到19世纪末。这次科技革命重在科学理论体系的飞跃,由于没有直接体现为社会生产力的提高,也未直接催生产业革命,因此有不少学者在总结时往往将其忽略。

第二次科技革命发生在18世纪初的英国,以蒸汽机和机械革命为标志。纺织机器的发明和蒸汽机的广泛使用,使机器工业代替了以手工劳动为基础的工场手工业,促进了从农业社会向工业社会的转变,生产力发生了质的突破。纺织工业的兴起,运输业的跃进(轮船和火车),钢铁和机械工业的崛起等都是第一次技术革命的成果。这次科技革命影响巨大,引发了世界历史上的"第一次产业革命",这次科技革命距离上次约150年。

第三次科技革命发端于19世纪的美国,以电力发明和运输革命为标志。电力的广泛使用,发电机和电动机的发明,使生产力再次跃升。在内燃机技术基础上建立了汽车工业和航空工业;电力工业崛起(发电、输电、配电系统),"弱电"工业产生("弱电"技术出现,相应产生了电讯业、广播业等)。这次科技革命引发了世界历史上的"第二次产业革命"。这次科技革命距离上次约130年。

第四次科技革命始于20世纪初,以原子能的利用、电子计算机的诞生和发展、高分子合成技术及空间技术等为标志。原子能技术的出现,带动一大批生产和应用原子能工业的崛起,其中有与原子能相关的机械设备、材料、燃料等工业;高分子合成技术引致塑料、橡胶、纤维、合金材料工业的发展;电子计算机技术的出现,所产生的巨大影响众所周知,人类拥有了以电子计算机为代表的崭新的生产手段,大大节省了人的体力,而且在一定程度上代替了人的脑力,使人们能用"电脑"代替各种重复性的脑力劳动,这是革命性的变化,极大地提高了劳动生产率。计算机技术发展和计算机广泛应用,社会管理和企业管理的信息系统得以普遍建立,信息产业逐渐成为主导产业。显而易见,这次技术革命带来了产业结构的进一步调整和升级。

第五次科技革命始于20世纪中期,通常也称为新技术革命,以生物工程技术、信息网络技术、软件技术、新材料技术(如纳米技术)等为主要标志。近年来高新技术的涌现和高新技术产业的崛起,对产业结构升级产生了重大影响,引发了人类历史上第三次产业革命——信息产业革命。

第六次科技革命正在酝酿当之中。当下,以物联网、大数据、3D打印技术、仿生技术、外太空、新能源传递、新生物技术等为主要标志的第六次科技正在酝酿之中,而这也必将引领第四次产业革命的到来。

表3 科技革命与产业革命的发展阶段

发展阶段	第一次科技革命	第二次科技革命	第三次科技革命	第四次科技革命	第五次科技革命	第六次科技革命
时间	16世纪	18世纪	19世纪70年代	20世纪初	20世纪中叶	21世纪以来
科技创新	物理学	蒸汽机、纺织机	发电机、电动机	原子能技术、量子力学、高分子合成技术、空间技术	生物工程技术、软件技术、新材料技术、信息网络技术	物联网、大数据、3D打印技术、核聚变
发生领域	形成科学体系(天文学、化学、生物学)	纺织业、运输业(轮船&火车)、钢铁、机械工业	汽车工业、航空工业、电力工业	机械设备、材料、燃料工业	高新技术产业	仿生技术、再生技术、外太空、新能源传递、新生物技术
工业革命		引起"第一次工业革命"	引起"第二次工业革命"		引发"第三次工业革命"	引发"第四次工业革命"

可以看出,新兴产业的产生往往是技术革命的产物,技术革命催生了新的产业部门。新技术的诞生,导致新产品开发,随着新产品市场容量的扩大,往往围绕新产品而逐步形成新的产业。如在第三次技术革命中,机械、电气技术发展迅速,众多新产品不断问世,生产规模逐步扩大,达到一定数量后就构成了汽车制造业、电器设备制造业、电讯业等新兴产业。技术革命促成产业由劳动密集型向资本和知识技术密集型的转变,第二次

技术革命中的纺织工业基本上属于劳动密集型产业,而第三次技术革命中发展起来的汽车、化工、钢铁等产业群则具有资本密集的特征,在第四次和第五次技术革命中诞生的新的产业,如计算机工业、宇航工业等属于知识技术密集或资本—技术密集型产业。新技术革命不仅促成了各个时期主导产业的变化,使各产业在产业结构中的地位发生变动,而且引起劳动力就业结构的调整。

全球科技发展正处于急剧变革的前夜。信息技术正在孕育着新的重大突破,集成电路等微电子技术即将进入"后光刻时代",计算机技术向多极化方向发展,通信技术与网络技术相互融合,构成了以无线保真技术为基础的无线联网。绿色和可持续为特征的低碳发展模式成为世界发展主流趋势。新生物学、生物医药、新材料&制造业、核聚变、外太空等技术正在酝酿大的突破。在今后的5~20年,这些领域的重大创新突破,将有可能引发第六次科技革命,并带动第四次产业革命的发生。

(三) 技术创新支撑产业发展

科学技术的迅猛发展深刻改变着经济发展方式,科技创新已经成为解决人类面临的能源资源、生态环境、自然灾害等全球性问题的重要途径,成为经济社会发展的主要驱动力。党的十八大明确提出实施创新驱动发展战略,指出科技创新是提高社会生产力和综合国力的战略支撑,必须摆在国家发展全局的核心位置。

我国技术创新能力的大幅度提高,推动在水电装备、高速列车、特高压输变电等方面居于世界前列。同时精密制造、清洁能源、信息安全、环境保护等一批关键共性技术的开发应用,有力支撑了相关产业的发展。如秸秆造纸产业作为传统产业,一直受到环境污染的困扰。利用农作物秸秆生产制浆造纸在我国有着千年历史,但由于长期以来秸秆造纸的污染问题得不到解决,国家产业政策不予鼓励,使得近年来秸秆造纸工业不断萎缩。而"秸秆清洁制浆技术""制浆废液资源化利用技术"和"环保型秸秆本色浆制品技术"的出现,突破了制约行业发展的纤维原料、环境保护、水资源三大技术瓶颈,使多年来受污染问题困扰的、以麦草等农业秸秆为主要原料进行造纸生产的产业发展问题得以解决。

又如在传统水泥行业,北京水泥厂在借鉴发达国家利用水泥回转窑处置城市废弃物及有毒有害废弃物工艺的基础上,自主研发了一系列关键技术,建成了国内首条消纳工业废弃物、部分城市废弃物和危险废弃物的环保水泥生产示范线。目前,该企业已探索出了废矿物油、污水厂污泥、垃圾焚烧厂飞灰、污染土处置,尾矿综合利用等废弃物资源综合利用途径,可处置的废弃物种类不断增多。

科技创新在服务国家重点产业、重大工程建设等方面也发挥了重要作用。在青藏铁路、西气东输、三峡工程、西电东送等一批国家重大工程的建设和运行中,科技创新都发挥了不可或缺的作用;在服务"三农"、抗震救灾、重大传染病防控中,在应对国际金融危机、加快培育和发展战略性新兴产业、促进节能减排、应对气候变化、保障粮食安全等重大问题中,科技支撑经济社会发展的作用显著增强。随着科技创新能力的不断增强,科技进步对我国经济增长的贡献率越来越高,从2001年的39%提高到2014年的51.7%。

(四)科技创新和产业发展互动案例研究

1. 美国"硅谷"

硅谷位于美国加利福尼亚州旧金山以南,总面积约3 880平方千米,人口近250万,气候迷人、四季如春,被誉为"大自然的空调"。硅谷形成于20世纪50年代,现已成为世界信息技术和高新技术产业中心,被评为全球最具影响力的高技术园区。

高端人才集中地。硅谷高科技的发展,就像一块磁铁,吸引着来自世界各地的高科技人才,集结了世界各国100万以上的科技人员,近千名美国科学院院士在这里任职,其中获诺贝尔奖的科学家达30余人。硅谷高学历的专业科技人员占公司员工的80%以上,许多人才是相关领域的技术权威或创新者。

高新技术集聚之地。从20世纪60年代的半导体工业,70年代的处理器,到80年代的软件和90年代的互联网,硅谷都走在世界高科技的前列。从最早于车库中诞生的半导体公司惠普,到个人电脑时代最重要的公司如英特尔、苹果、思科、甲骨文,再到学生宿舍里创办的网络巨头们如网景、雅虎、谷歌、脸谱(Facebook),硅谷孕育了一批深刻影响世界同时创造巨额财富的公司。硅谷的中心圣荷西就有11 400多家高科技公司,其中全球前100大高科技公司有30%总部位于硅谷,许多全球500强企业总部也驻扎在这里。

最具创造力之地。几十年来,硅谷一直引领全球科技创业浪潮,正如约翰·杜尔说:"硅谷是一种思维状态",它混合了大胆梦想、竭力创造、创意引导、燃烧青春等诸多元素。如思科公司是由其创始人用25美元注册成立的。硅谷不仅开拓了新的产业,还开拓了高新技术产业的发展模式。硅谷的创造力既体现在技术创新和高科技新产品的研发方面,又体现在产品创新和企业模式创新诸多方面,著名的有:亿贝拍卖、广告互联网搜索、媒体服务平台及应用、社交网络等。硅谷的建立是一个不断演化发展的过程,文化氛围、人力资源、风投机制、孵化服务以及政府的引导扶持等发挥了重要作用。

一是独特的创业文化氛围。硅谷文化是在高技术产业发展的特殊环境中逐步形成的。硅谷文化不以失败为耻,而把失败作为宝贵财富,把创业失败者称之为"有经验的人",鼓励创新,宽容失败,崇尚竞争,激发了大胆尝试、勇于探索、独具特色的创业创新热情,许多在车库和出租屋里萌发的创意,实现了从"丑小鸭"到"白天鹅"的神话般转身,成为全球创新园地里的参天大树。

二是丰富的人力资源支撑。硅谷的诞生起源于高校,周边的斯坦福大学、加州大学伯克利分校、南加州理工大学等世界一流高校和其他各类大学,为硅谷初创提供了强大的人力支撑。硅谷的人才招聘可以说是在世界范围内选拔的。高效的人力资源网络为企业和个人及时提供信息,促进了人才的交流和流动。斯坦福大学和伯克利大学为硅谷提供更高素质的研究人员;而圣何塞州立大学工程系则源源不断地为硅谷提供应用工程师,正是这些高素质的实干工程师们使企业创新的蓝图变为现实。

三是成熟的风险投资机制。风险投资为硅谷创造了崭新的金融环境。硅谷风险投资成功的原因,有敢冒风险的创业精神,集中了一批既懂业务又富经验的风险投资家;有发达的高新技术证券市场,如著名的纳斯达克(Nasdaq);有成熟的风险投资机制,既为高科技企业提供资金支持,还为企业的经营进行咨询服务和指导,如与斯坦福大学一墙之隔的沙丘路,被誉为"西海岸的华尔街",密布着300多家风险投资公司,掌管着2 300亿美元的市场力量,并呈现出逐步上升的趋势,成为硅谷高科技产业兴起与发展的重要支撑。

四是完善的孵化服务体系。硅谷的服务型企业数量庞大,门类齐全,有金融服务类行业、中介服务类行业、生产性服务业、商业服务类行业、生活服务类行业等,构成了硅谷的"孵化器体系"。在硅谷,技术转让服务机构主要是由大学的技术转让办公室(TLO)和一些技术咨询、评估、交易机构组成,TLO的主要工作是将大学的研究成果转移给合适的企业,同时把社会和产业界的需求信息反馈到学校,推动学校研究与企业的合作。

五是政府的大力引导扶持。政府对企业的发展采取宽松态度,并对硅谷的大学、实验室和企业的投入有力地支持了硅谷的技术创新。政府制定了比较强硬的反垄断政策,允许企业进行权益融资,但对质量有很高要求,特别对以股票市场进行融资的企业有严格的规定。作为硅谷中心的圣何塞市政府在土地使用、税收等方面对高科技公司,尤其对近年来专门从事环保研究的公司给予优惠政策,鼓励吸引这些企业家来圣何塞创业发展。

2. 印度"硅谷"——班加罗尔

地处印度南部内陆的班加罗尔是一座"IT化"的城市,号称印度"硅谷"。与我国大多数一线、二线城市相比,班加罗尔的基础设施可以用"相对落后"来形容,城市交通拥堵严重,但班加罗尔却是一座奇迹之城,也是印度最富裕和最有活力的城市。在印度"硅谷"创立的高科技企业已达到4 500多家,其中1 000多家有外资参与。班加罗尔已成为全球第5大信息科技中心、全球第二大"硅谷",被IT业内人士认为已经具备了向美国硅谷挑战的实力。这里不仅有印度知名的印孚瑟斯公司,还创造了"印度的比尔·盖茨"——该国首富普雷吉姆,有131家国际大型IT公司在此落户。全球有5 000家软件开发公司,分为1至5等,5等为最高。目前全世界大约有75家资质为5等的软件研发企业,其中有45个在印度,而这其中又将近30个在班加罗尔。归结班加罗尔的成功要素,有以下几点。

(1) 班加罗尔有良好的自然环境。

班加罗尔气候四季宜人、干净整洁美丽、空气质量很好,符合精密制造业研究发展的要求。此外,由于环境、气候条件好,大批科技人才愿意前来这里定居,有利于吸引人才。正是从50年代开始,印度负责火箭和卫星空间研究的国防研究发展组织、印度科学研究组织、国家航空实验室、印度斯坦飞机制造公司等一批国字头的高科技研究机构在班加罗尔安营扎寨,形成了以空间技术、电器和通信设备、飞机制造、机床、汽车等产业为龙头的一批产业,逐步奠定了班市雄厚的科研基础,成为印度有名的"科学城"。

(2) 教育环境。

班加罗尔所在的卡纳塔克邦从20世纪70年代开始进行教育改革,目前是印度平均受教育程度最高的邦之一。现在,卡纳塔克邦共有工程学院125所,在数量上居印度首位,是美国工程学院数量的一半。班加罗尔还云集了如印度理工学院、印度管理学院、国家高级研究学院和印度信息技术学院等许多名牌大学。因此,班加罗尔吸引了国际软件和高科技公司的注意。IBM、通用电气等纷纷在此设立研发中心。

(3)政府推动。

班加罗尔创业伊始,班市的基础设施还比较落后,面临的一个最主要问题是"最后一英里障碍",即所有管道都铺设好了,如果只有最后一英里没有通,整个系统就无法工作。当时对于软件公司来说,这个"最后一英里障碍"就是数据传输问题。为解决这个问题,印度政府于1991年投资兴建了可高速传输数据的微波通讯网络,"这在当时是个创举,至少满足了10年内软件企业的发展需求,这也为后来班市能够不断吸引其他著名企业前来提供了很重要的帮助"。

3. 韩国大德科技园

韩国大德科技园(Daedeok Valley)规划始建于20世纪70年代初期,位于韩国中部的忠清南道大田附近。在大田的大德科技园区里有79个研究机构和28个韩国政府主管的研究所,拥有研究人员多达5万人,其中就包括三星集团研发中心、韩国电子和电信研究所(ETRI)、韩国航空宇宙研究院(KARI)等。同时,大田还拥有众多大学,韩国科学技术院(KAIST)、培材大学、忠南国立大学、又松大学、韩南大学等等。大德科技园区内有近2 200家高科技企业,相当于中国的中关村科技园和美国的"硅谷"。大田市已发展成为国民经济总额占韩国23%的关键城市,并成为支撑韩国实现经济腾飞的典范。因此,人们称其为"韩国的硅谷"。

大德科技园的重点研发领域为生命工学、信息通信、新材料、精细化学、能源、机械航空等国家战略产业技术、大型复合技术和基础科技。电子产业高度聚集,光电、航天航空、生物医药等产业的高速发展引领韩国高端产业发展。大德科技园区重视基础研究等创新研发活动,其主导产业处于价值链的上游,企业以创新和研发活动为主,作为大德特区的研发核心区,大德科技园区是韩国最大的产学研基地和产业圈。大德科技园的成功源于以下几个方面。

(1)合理的人才培养模式。

大德科技园的企业采取"人才本地化"与高薪请人相结合的政策。大德科技园非常重视研发人才的培养,园区内的韩国科学技术院(KAIST)等教育科研机构为有才华、有前途的科学家开设以研究为重点的硕博研究生课程。此外,园区中各种政府资助的研究所还开办各种技术讲座和研讨班,为产业界培养人才队伍。人才本地化使员工对企业有更高的归属感,本地人才也更加了解当地市场消费需求。由此,大德科技园内聚集了韩国电子、宇航、通信、生命科学等高科技领域的经营人才,成为名副其实的"人才源泉地"。

(2)切实落实激励企业自主创新的相关政策。

大德科技园在创新发展中,鼓励创新、宽容失败、注重政策的有效落实,特别是与激励企业自主创新相结合。大田市在创新发展中,鼓励创新、宽容失败、注重政策的有效落实。特别是与激励企业自主创新相关的税收优惠、金融支持、政府采购等政策功能作用的发挥,使企业能真正享受到政策带来的优惠,激励企业增加研发投入,提高自主创新能力。同时,大田市还做好政策实施的评估督促,加强政策的宣传和培训,建立政策跟踪研究和不断完善的长效机制,在实践中健全和完善政策体系。

(3) 加大对企业技术创新的支持力度。

大田市科技机构多,政府十分重视发挥其独特作用。鼓励科研机构和高等院校面向企业开放共享科技资源,支持高等院校、科研机构、企业更多地承担国家及地方重大科研项目。建设一批面向企业的技术创新服务支持中心,帮助企业开发新产品、调整产品结构、创新管理和开拓市场,提升核心竞争力。构建一批产业技术创新战略联盟,促进产学研紧密结合。逐年加大对科技型中小企业技术创新的财政支持力度,扶持和壮大一批具有创新能力和自主知识产权的中小企业。

(4) 着力培育崇尚创新、宽容失败的创新文化。

自主创新为大田市这座快速发展中的城市增添了新的活力,卓有成效地推动了经济增长方式的转变。作为一座开放城市,大田市在创新方面有着特有的积极性和包容性。创新就意味着常与失败相伴,为了给创新创造宽容的氛围,大田市还制定法规宽容创新失败者。

三、青岛市产业定位和发展战略

(一) 国家产业发展指导思想

1. 面对"新常态",打造经济升级版

中国经济经历了 30 多年的高速增长,经济总量已经跃居世界第二。从历史来看,中国经济发展的过程本身就是一个连续性与阶段性相结合的过程。在经济升级这一重大问题上,党和国家领导人具有丰富的历史记忆。改革开放以来,中国经济已先后经历了两次大的升级:

第一次是改革开放初期。这次升级旨在寻求一条发展经济的新路,着力建立"充满生机的社会主义经济体制",为迎来改革开放后中国经济发展的第一个黄金时期奠定了基础。第二次升级是 20 世纪 90 年代中期。经济体制从传统的计划经济体制向社会主义市场经济体制转变,经济增长方式从粗放型向集约型转变。经济增长方式转变以及产业结构战略调整方面初战告捷。

转变经济发展方式极其复杂和艰难,存在巨大的阻力和曲折。"十五"期间在加速发展的过程中,"提高经济增长质量和效益"的设想未能实现,"九五"时期已经初步转变的经济增长方式又出现向高消耗、重污染、低就业的旧有模式的逆转。从计划主要目标和指标完成率看,"十五"计划实施"答卷"取得 64.3 分[①]。在现代化建设过程中,中国经济发展方式转变既是一场"持久战",又是一场"攻坚战",需要打破对传统发展方式的路径依赖与路径锁定,具有过程的复杂性和任务的艰巨性,很难毕其功于一役。以十年前党中央明确提出科学发展观为打造中国经济升级版的开端,经过"十一五"规划五年实践和"十二五"规划前两年实践看,特别是中国成功地应对国际金融危机的实践经验看,

---

① 胡鞍钢,鄢一龙,杨竺松.关于"十三五"规划基本思路的建议[J].经济研究参考,2013(55):71-75.

中国已经具备了打造中国经济升级版的条件。中国经济将步入一个"新常态"特征的新时代。习近平主席在2014年11月9日亚太经合组织(APEC)会议首次系统阐述了"新常态",表明"中国经济呈现出新常态"。向世界发出了这样的信号:走向新常态的中国也将给处于缓慢且脆弱复苏中的全球经济注入持久动力。

(1)"新常态"的内涵。

① 经济速度——从高速增长转为中高速增长。

我国发展仍处于重要战略机遇期,我们要增强信心,从当前我国经济发展的阶段性特征出发,适应新常态,保持战略上的平常心态。GDP增速从2012年起开始回落,2012年、2013年、2014年上半年增速分别为7.7%、7.7%、7.4%,告别过去30多年平均10%左右的高速增长(图3)。

② 经济结构——经济结构不断优化,正发生转折性变化。

加快推进经济结构战略性调整是大势所趋,刻不容缓。国际竞争历来就是时间和速度的竞争,谁动作快,谁就能抢占先机,掌控制高点和主动权;谁动作慢,谁就会丢失机会,被别人甩在后边。从2013年开始,我国第三产业增加值占GDP比重达46.1%,首次超过第二产业;而2014年上半年经济数据显示,第三产业占GDP比重升至46.6%(图4和图5)。

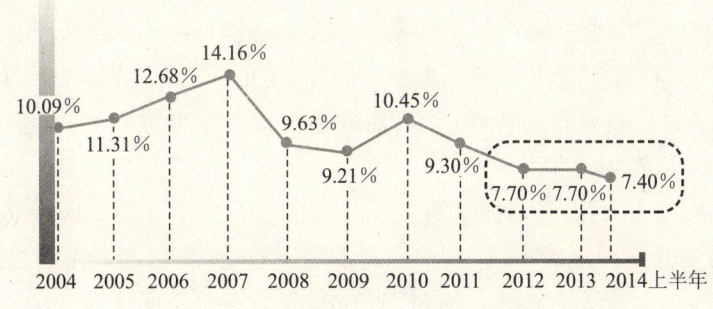

图3　2004~2014年上半年GDP增速

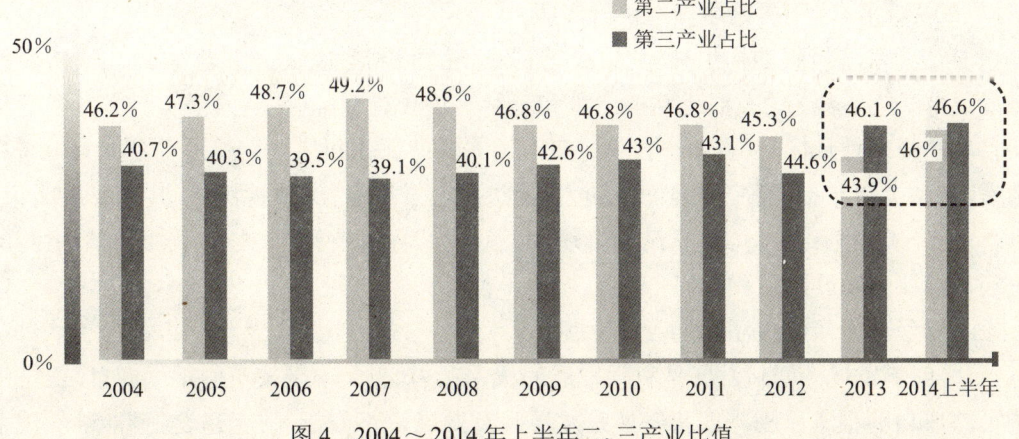

图4　2004~2014年上半年二、三产业比值

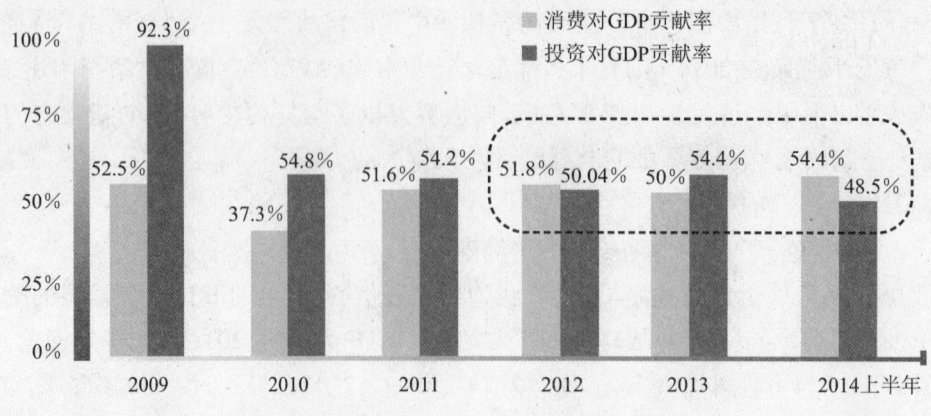

图5 2009～2014上半年消费/投资对GDP贡献率

③ 经济动力——从要素、投资驱动转向创新驱动。

新常态下,"传统的手段不好用了"。过去,经济增长主要依靠投资、资源要素的投入推动,依靠出口、投资的拉动。一旦经济增速慢下来,宏观调控常用的手段之一是宽松货币政策,用以扩大贷款、刺激投资。现在,我国的存量货币规模相当可观,经济运转的效率越来越低——投入了大量的货币,却产出很少的GDP。

④ 经济特殊期——"三期叠加"时要保持"平常心"。

我国发展仍处于重要战略机遇期的基本判断没有变,但面对日趋严峻的国际经济形势和国内改革发展稳定的繁重任务。重要战略机遇期的内涵和条件发生很大变化,但发展仍然具备难得的机遇和有利条件。"三期叠加",增长速度进入换挡期,结构调整面临阵痛期,前期刺激政策进入消化期。

面对新常态,首先要强调抢抓机遇。现在我们拥有城镇化的广阔空间、"四化"融合的巨大动力、消费升级的庞大市场、技术创新的突飞猛进,还有远未得到充分发挥的资本潜力、劳动力潜力、土地潜力等等。面对新常态,我们还要全面提升开放型经济水平,创建新的竞争优势。

(2)"新常态"下打造中国经济升级版。

打造经济升级版的构想,是党中央、国务院对"以科学发展为主题""以加快转变经济发展方式为主线"的发展思路的继承和延续。这一构想,既是全面落实科学发展的重要目标和阶段性目标,也是加快转变经济发展方式的深化和拓展。就是立足扩大内需和消费,推动经济结构调整,增强创新动力,促进绿色发展,持续改善民生,共享发展成果,到"十三五"规划结束时,建立结构合理、充满活力、环境友好、分配公平、民生幸福的国民经济与社会发展体系。

中国经济升级版内涵就是五大发展。

① 创新发展。创新发展是科学发展的根本动力,也是中国改革的不竭源泉,还是中国道路成功的根本原因。创新发展是发展观及发展道路创新、制度建设创新、科学技术创新、文化文明创新的有机统一,制度建设更加依靠原始创新,经济发展更加依靠创新驱

动,科技发展更加依靠自主创新,文化发展更加依靠自觉创新,它们共同构成了"中国创新"。创新发展要求我们提高创新自主性、自觉性和原创性,继续开创中国共产党领导的全体人民的全面创新道路。

② 绿色发展。低消耗、低排放和低污染将成为经济活动的主要环境特征,经济活动创造的生态盈余大幅增加,资源节约、环境友好特点突出。主体功能区布局基本形成,资源循环利用体系全面建成,单位国内生产总值能源消耗和二氧化碳排放量大幅下降,与经济增长脱钩,主要污染物排放总量显著减少。国土森林覆盖率提高,生态系统稳定性增强,人居环境明显改善,人与自然共处更加和谐,逐步建成美丽中国。

③ 协调发展。要正确认识和统筹协调发展中的重大关系,要坚持改革发展稳定协调、城乡协调、地区协调、中央地方协调、经济社会协调、经济文化协调、经济国防协调、国内国际协调、个人集体国家协调。调动一切积极因素,化消极因素为积极因素,调动一切和谐因素,化不和谐因素为和谐因素。

④ 共享发展。共享发展就是坚定不移走共同富裕道路,促进人的全面发展,做到发展为了人民,发展依靠人民,发展成果由人民共享。

⑤ 共赢发展。共赢发展就是和平发展、开放发展、合作发展、互利发展。坚持在和平共处五项原则的基础之上,同所有国家友好合作,求同存异,平等互信,对话协商,扩大共识。坚持在平等互利的原则基础之上,同所有国家发展经贸关系。中国与世界各国已经成为利益、命运和发展的共同体,共同构建一个和平、和谐、绿色的世界。

科学发展观的"五大发展"。它们相互关联,相互促进,相互支撑,使得科学发展进一步具体化,更具指导性,更具针对性,更具可操作性,更有效地将科学发展主题与加快转变发展方式主线有机结合。科学发展观主题是根本方向,转变发展方式主线是贯彻主题的突破口和切入点。

2. 产业发展指导思想

"十二五"规划的中期进展情况表明:中国经济发展方式转变进一步加快,进一步纳入科学发展轨道,但是成效还尚未巩固,存在反复和逆转的可能。因此,"十三五"规划要积极面对经济出现的"新常态",以"全面纳入"科学发展轨道为主题,打造经济升级版为主线。中国经济从"中国制造"向"中国创造""中国服务"转型已成定势。党的十八大以来,我国的发展进入了新的阶段,面临的机遇前所未有,面临的风险和挑战也前所未有。

未来的"十三五"与此前制订五年规划存在着明显不同。过去的五年规划虽然在发展思路上也有调整,但基本上是延续经济高增长的发展思路,推动经济增长的套路没有变,差别只是投资资源的多少。但是,当前及"十三五"面临的形势则有很大的不同。"十三五"时期是我国现代化建设进程中非常关键的五年,要确保全面建成小康社会目标胜利实现,确保全面深化改革在重要领域和关键环节取得决定性成果,确保经济发展方式转变取得实质性突破。

"十三五"期间既是中国经济转型升级的巨大挑战,也是重大的历史性机遇。通过加快转变经济发展方式,打造中国经济升级版。产业发展要深入贯彻落实科学发展观,把握世界新科技革命和产业革命的历史机遇,以科学发展为主题,以加快转变经济发展方式、创新驱动为主线,深化改革开放,保障和改善民生,促进经济长期平稳较快发展和社会和谐稳定,确保全面建成小康社会目标的实现。

以创新驱动、加快转变经济发展方式为主线,是推动科学发展的必由之路,是我国经济社会领域的一场深刻变革,是综合性、系统性、战略性的转变,必须贯穿经济社会发展全过程和各领域,在发展中促转变,在转变中谋发展。今后五年,要确保科学发展取得新的显著进步,确保转变经济发展方式取得实质性进展。基本要求如下。

坚持把经济结构战略性调整作为加快转变经济发展方式的主攻方向。构建扩大内需长效机制,促进经济增长向依靠消费、投资、出口协调拉动转变。加强农业基础地位,提升制造业核心竞争力,发展战略性新兴产业,加快发展服务业,促进经济增长向依靠第一、第二、第三产业协同带动转变。统筹城乡发展。积极稳妥推进城镇化,加快推进社会主义新农村建设,促进区域良性互动、协调发展。

坚持把科技进步和创新作为加快转变经济发展方式的重要支撑。深入实施科教兴国战略和人才强国战略,充分发挥科技第一生产力和人才第一资源作用,提高教育现代化水平,增强自主创新能力,壮大创新人才队伍,推动发展向主要依靠科技进步、劳动者素质提高、管理创新转变,加快建设创新型国家。

坚持把保障和改善民生作为加快转变经济发展方式的根本出发点和落脚点。完善保障和改善民生的制度安排,加快发展各项社会事业,推进基本公共服务均等化,加大收入分配调节力度,坚定不移走共同富裕道路,使发展成果惠及全体人民。

坚持把建设资源节约型、环境友好型社会作为加快转变经济发展方式的重要着力点。深入贯彻节约资源和保护环境基本国策,节约能源,降低温室气体排放强度,发展循环经济,推广低碳技术,积极应对全球气候变化,促进经济社会发展与人口资源环境相协调,走可持续发展之路。

坚持把改革开放作为加快转变经济发展方式的强大动力。坚定推进经济、政治、文化、社会等领域改革,加快构建有利于科学发展的体制机制。实施互利共赢的开放战略,与国际社会共同应对全球性挑战、共同分享发展机遇。

(二)青岛产业现状及发展趋势

1. 总体发展现状

2013年青岛市全市生产总值8 006.6亿元,按可比价格计算,增长10%。其中,第一产业增加值352.4亿元,增长2.1%;第二产业增加值3 641.4亿元,增长10.2%;第三产业增加值4 012.8亿元,增长10.5%。三次产业比例为4.4∶45.5∶50.1。人均GDP达到89 797元(图6和图7)。

(1)产业结构进一步优化升级。

逐步构建以现代服务业为主体,先进制造业为支撑,战略性新兴产业为引领,现代农业为基础的新型产业体系,加快产业结构调整,提高产业核心竞争力。

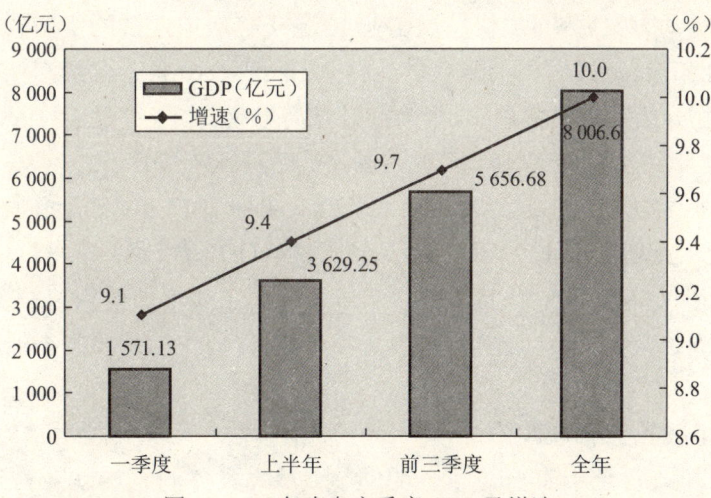

图6　2013年青岛市季度GDP及增速

(2) 现代农业快速发展，农业发展方式转变。

加快转变农业发展方式，加大了现代农业投入力度，构建高产、优质、高效、生态、安全的现代农业产业体系，促进农业生产经营专业化、标准化、规模化、集约化，实现农业向生产、生活、生态等综合功能转型。

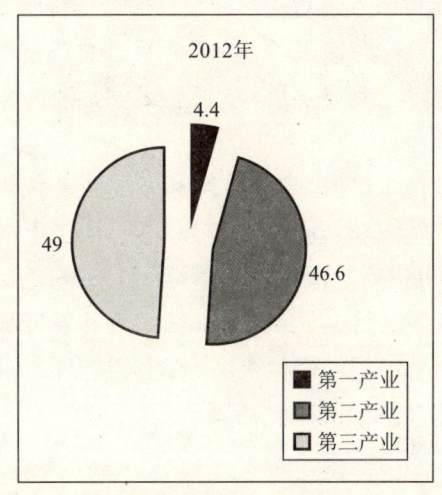
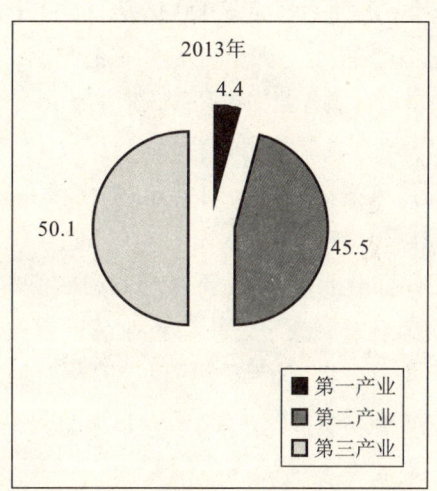

图7　2012、2013年青岛市GDP三次产业增加值构成

(3) 制造业进一步提升改造。

青岛工业呈现出从传统工业向现代工业、从一般轻工业向高端制造业，从低附加值向高附加值产业转变和提升的发展轨迹。2010年青岛出台《关于加快经济发展方式转变若干重要问题的意见》，明确提出了传统产业抓重组改造升级，主导产业抓集群配套，战略性新兴产业抓特色规模的工业优化升级的要求，"十一五"期间，青岛形成家电电子、石化化工、汽车机车、船舶海洋工程、纺织服装、食品饮料、机械钢铁等7大产业。同时，重点发展新能源、新材料、生物医药、节能环保、信息产业等5个新兴产业的"7+5"产业发展格局。"十二五"以来，产业结构调整步伐继续加快，2012年又出台了《青岛市

工业转型升级行动方案》和《加快发展工业10条千亿级产业链的实施意见》,着力构建特色鲜明、产业集聚、链式发展的现代产业体系,把工业10条千亿级产业链建设作为青岛加快工业转型升级的重要突破口,全力推进青岛工业发展由"要素投入,规模扩张"的外延式战略向"集约发展,创新驱动"的内涵式战略进行转型升级。

经济总量扩大,综合实力稳步提高。从2006年到2013年,工业增加值总量增长了2.3倍,共创造工业增加值1.9万亿元,占全市8年GDP合计的43.8%,对全市经济增长的年均贡献率保持在46%以上。2013年规模以上工业增加值增速在全国15个副省级城市中居第5位,在5个计划单列市中居第2位,青岛作为重要制造业基地的位置得到进一步巩固。

(4) 加快了服务业结构调整。

服务业增加值占全市生产总值比重达到57%,服务业新增就业占全部新增就业70%以上。加快服务业结构调整,全面发展生产性服务业、生活性服务业和新兴服务业,其中生产性服务业重点发展金融业、物流业、科技和信息服务业、中介服务业等;生活性服务业重点发展旅游业、商贸流通业、房地产业、家庭服务业等;新兴服务业重点发展服务外包业、文化创意业、会展业等。

做强服务业发展载体。加快服务业集聚区建设,集聚区实现增加值占全部服务业比重40%以上。推进总投资6 000亿元的500个市级服务业重点项目建设。大力扶持服务业领军企业,20家企业进入全国服务业企业500强,20家跨国服务业企业地区性总部落户青岛市。加快培育服务业知名品牌,新培育30个省级以上服务名牌、45件省级以上著名商标。

(5) 培育发展战略性新兴产业。

加强政策支持和规划引导,强化核心关键技术研发,重点培育和发展新一代信息技术、生物、高端装备制造、新材料、节能环保、新能源和新能源汽车等产业,加快形成先导性和支柱性产业,战略性新兴产业增加值占全市生产总值比重力争达到15%左右。

我国对发展战略性新兴产业高度重视,国务院制定了《关于加快培育和发展战略性新兴产业的决定》,把节能环保、新一代信息技术、生物、高端装备制造、新能源、新材料、新能源汽车等七大产业作为新时期重点培育和发展的战略性新兴产业。

2. 农业发展现状

2013年青岛全市粮食播种面积50.0万公顷,下降2.7%,粮食总产量达到322.4万吨,其中,小麦151.8万吨,玉米165.8万吨(见表4)。

表4 青岛市主要畜产品产量及增速

产品名称		产量(万吨)	比2012年增长(%)
肉类		61.49	0.3
其中:猪肉		27.93	3.0
	禽肉	32.06	−2.6
牛、羊奶		37.14	−1.3
禽蛋		19.02	−0.5

2013年全年完成造林面积1万公顷,增长7.8%;森林覆盖率39.4%,提高0.8个百分点。全年完成幼林抚育面积2.6万公顷,增长14.5%。

水产品总产量110.5万吨,下降1.8%,其中,捕捞产量26.7万吨,下降2.0%;养殖产量83.8万吨,下降1.7%。海、淡水养殖面积5.1万公顷,下降2.1%。

年末全市拥有农业机械总动力809.3万千瓦,增长1.5%。农用拖拉机20.6万台。农田有效灌溉面积30.3万公顷,其中,节水灌溉面积9.9万公顷。

3. 工业发展现状

(1)基本情况。

2013年全年全部工业完成增加值3 248.4亿元,增长10.4%。规模以上工业企业4 856家,增加值增长11.3%,按轻重工业分,重工业增长12.2%,轻工业增长10.1%;按类型分,国有控股企业增长7.6%,集体企业增长12.4%,股份制企业增长13.0%,外商及港澳台商投资企业增长9.8%。

2013年全年规模以上工业企业完成工业总产值16 104.1亿元,增长10.6%。其中,高新技术产业产值增长13.0%,占比为39.9%,较2013年年初提高0.4个百分点;十条工业千亿级产业链产值增长10.4%,占比为75.4%;战略性新兴产业产值增长8.6%,占比为24.1%(表5)。

表5 规模以上工业战略性新兴产业发展情况

产业名称	企业户数(户)	总产值(亿元)	增速(%)	主营业务收入(亿元)	增速(%)
战略性新兴产业	1 088	3 884.5	8.6	3 752.3	8.6
节能环保产业	33	70.5	24.9	62.3	23.5
新一代信息技术产业	176	1 060.1	5.7	1 146.7	9.5
生物产业	47	113.8	14.6	104.7	14.1
高端装备制造产业	507	1 756.1	9.0	1 600.2	5.2
新能源产业	42	88.6	7.7	87.6	14.8
新材料产业	283	795.4	9.4	750.9	12.4

表6 规模以上工业主要产品产量及增速

产品名称	产量(单位)	比2012年增长(%)
彩色电视机	1 512.1万台	5.0
家用电冰箱	524.4万台	-8.8
家用洗衣机	606.7万台	4.0
房间空气调节器	637.2万台	36.9
卷烟	541.8亿支	2.2
啤酒	183.0万千升	12.9
纱	3.4万吨	21.3
布	5.2亿米	7.1

续表

产品名称	产量（单位）	比2012年增长（%）
碳酸钠（纯碱）	61.7万吨	-2.7
农用氮、磷、钾化学肥料总计（折纯）	5.1万吨	-19.1
橡胶轮胎外胎	5 407.6万条	-6.4
水泥	575.7万吨	15.2
平板玻璃	610.2万重量箱	23.6
粗钢	235.5万吨	-6.8
汽车	70.9万辆	23.4

规模以上工业实现利税总额 1 488 亿元,增长 17.3%；利润 826.4 亿元,增长 21.5%。主营业务收入 15 283 亿元,增长 10.2%。资本保值增值率 114.96%,产品销售率 98.05%（表 6 和表 7）。

表7 规模以上工业分经济类型利润情况

指标名称	利润总额（亿元）	增速（%）
总计	826.4	21.5
其中,国有控股经济	127.0	35.7
集体经济	64.7	20.2
股份制经济	394.8	27.6
外商及港澳台投资经济	226.9	15.7

全年建筑业实现增加值 393.0 亿元,增长 8.3%。实现利税总额 70.8 亿元,增长 7.2%；其中,国有及国有控股企业实现利税 21.6 亿元,增长 7.8%。

（2）运行特点。

①利润增长面进一步扩大。

2013 年,规模以上工业 36 个行业大类中,35 个行业实现盈利,占 97.2%,比 2012 年同期提高 2.8 个百分点；有 31 个行业实现利润增长,占 86.1%,比 2012 年同期提高 22.2 个百分点。从利润增长贡献率看,规模以上工业 36 个行业大类中,有 32 个行业利润增长,占 88.9%。其中,贡献率居前五位的行业分别是石油加工、炼焦和核燃料加工业,为 13.8%；电气机械和器材制造业,为 11.6%；金属制品业,为 9.2%；农副食品加工业,为 6.7%；计算机、通信和其他电子设备制造业,为 6.2%。

②国有控股企业利润增长较快。

2013 年,规模以上工业国有控股企业实现利润 127.0 亿元,同比增长 35.7%,高于全市利润增幅 14.2 个百分点；集体企业实现利润 64.7 亿元,增长 20.2%,低于全市利润增幅 1.4 个百分点；股份制企业实现利润 394.7 亿元,增长 27.6%,高于全市利润增幅 6.1 个百分点；外商及港澳台投资企业实现利润 226.9 亿元,增长 15.7%,低于全市利润增幅 5.8 个百分点。

③ 企业亏损有所好转。

从亏损面看,2013年12月末,全市规模以上工业4 856家企业中,亏损企业486家,亏损面为10.0%,比2012年下降0.02个百分点,亏损面逐季收窄。分行业看,规模以上工业36个行业大类中,有9个行业亏损企业同比减少,占25%。从亏损额看,全市规上工业亏损企业亏损额为43.5亿元,同比减少16.6亿元,下降27.4%。分行业看,规模以上工业36个行业大类中,有19个行业亏损,企业亏损额出现同比减少,占52.8%。

④ "两项资金"占用增幅收窄。

2013年,全市规模以上工业"两项资金"占用达1 803.2亿元,同比增长13.6%,比2012年下降4.5个百分点。"两项资金"占流动资产的比重为35.0%,比2012年同期下降0.4个百分点,"两项资金"占用比例呈现缩小趋势。其中,产成品资金占用408.0亿元,增长3.5%,比2012年同期下降2.4个百分点;应收账款为1 395.2亿元,增长16.9%,比2012年同期下降5.9个百分点。

⑤ 成本费用上涨压力尚未缓解。

2013年,规模以上工业企业应付职工薪酬为554.7亿元,同比增长12.2%,比上半年提高3个百分点,高于主营业务收入2个百分点。期间费用增速高于主营业务收入,规模以上工业销售费用、管理费用、财务费用分别为500.0亿元、524.0亿元和110.3亿元,分别比2012年同期增长16.1%、22.8%和23.8%,分别高于主营业务收入增速5.9个、12.6个和13.6个百分点。

⑥ 装备制造业利润利税低于全市平均增速。

2013年,全市装备制造业实现主营业务收入6 941.5亿元,增长11.4%,比2012年提高0.9个百分点,增幅高于全市主营业务收入增速0.3个百分点;实现利润415.6亿元,增长15.8%,比2012年提高7.8个百分点,增幅低于全市利润增速5.7个百分点;实现利税663.8亿元,增长14.3%,比2012年提高3.2个百分点,增幅低于全市利税增速3.0个百分点。

⑦ 十条千亿级产业链拉动乏力。

2013年,十条千亿级产业链效益状况总体平稳,实现利润632.2亿元,同比增长19.7%,增幅比2012年同期提高12.7个百分点,但低于全市规模以上工业利润增速1.8个百分点(表8)。其中,家电、机械装备、汽车、轨道交通装备、服装、橡胶、食品等六条产业链低于全市规模以上工业利润平均增速,船舶海工产业利润呈现负增长。只有石化产业受原油价格下降及国内成品油价格上涨的影响利润增长较快为114.7%,电子信息产业利润增速达37.2%。

表8 2013年十条千亿级产业链利润表

企业名称	利润总额		
	全年(亿元)	上年同期(亿元)	增减(%)
规模以上工业	826.43	680.06	21.52
千亿级产业合计	632.22	528.19	19.7

续表

企业名称	利润总额		
	全年(亿元)	上年同期(亿元)	增减(%)
家电产业	107.27	89.29	20.14
石化产业	44.96	18.37	144.73
机械装备产业	140.91	117.82	19.6
汽车产业	37.30	34.93	6.8
轨道交通装备产业	40.71	40.62	0.24
船舶海工产业	12.48	14.43	−13.53
服装产业	90.27	80.93	11.54
橡胶产业	27.85	26.17	6.42
食品产业	105.74	87.61	20.69
电子信息产业	24.73	18.02	37.18

(3) 发展趋势。

① 突出发展蓝色经济,实现蓝色跨越。

青岛具有独特的海洋资源优势、海洋科技优势、海洋区位优势和雄厚的海洋产业基础。2013 年青岛海洋生产总值突破 1 300 亿元,为 1 316.9 亿元,增长 18.2%（现价）,对 GDP 增长的贡献率达到 28.7%,较 2012 年提高 1.8 个百分点;海洋生产总值占 GDP 比重达到 16.5%,较 2012 年提高 1.2 个百分点,自 2009 年年均提高 0.7 个百分点。青岛加快工业转型升级,就应充分放大自身已具备的基础优势。一是依托青岛市海洋科技优势抢占制高点,提升青岛市重点企业在全球蓝色创新链中地位,增创蓝色科技优势,带动相关产业创新升级。二是依托海洋优势产业提升核心竞争力。实施海洋传统产业升级工程、新兴产业培训计划和潜力产业发展计划,壮大发展海洋工程装备制造、海洋生物医药、海水综合利用三大新兴产业,加快形成海洋优势产业集群。

② 改造提升传统产业,优化产业结构。

一直以来,家电、食品饮料等传统产业是青岛市工业的重要支撑,占到 10 条工业千亿级产业链总规模的 62%。但是,随着经济发展水平的提高和外部环境的变化,青岛市传统产业层次偏低、产业链条偏短、创新水平不高、能源资源消耗大、部分产业产能严重过剩等问题日益凸显。为此,只有改造提升传统产业,才能优化产业结构,打造青岛工业的升级版。一是应以市场需求为导向,以产业禀赋为基础,根据不同产业的实际情况,选准主攻方向和工作重点,努力提升传统产业的核心竞争力,培育产业发展的新优势。使这些传统产业继续焕发强大的生机和活力,继续为全市经济持续健康发展做出新的贡献。二是推动中小企业"凤凰涅槃、腾笼换鸟"。逐步从资源、劳动密集型的低端传统产业,转入到资本、技术密集型的蓝色、高端、新兴产业,抢占产业制高点。

③ 加大企业技改创新,激发转型活力。

产业创新能力是产业发展的内生动力,发明专利数量是反映产业创新能力的一个重要指标。2013年,尽管青岛市在发明专利申请数量上首次超过深圳跃居全国副省级城市首位,达到32 901件,但是发明专利授权量仅1 930件,有效发明专利总数为6 254件,在15个副省级城市中分别排第10位和第11位,而同期的深圳市,发明专利授权量高达1.1万件,有效发明专利总数为6.2万件。以上数字说明,青岛企业技改创新能力作为转型升级的内在驱动力,远远不能满足青岛工业转型升级的需要。为此,加大企业技改创新,激发转型活力成为重要举措之一。一是应解决好科技经费投入不足与经费使用效率不高并存的矛盾;二是应解决好科技成果数量不多与成果转化率偏低并存的矛盾;三是应改进政府科技专项资金的使用方法,强化企业在技术创新中的主体地位,引导人才向产业和科研一线流动,建立主要由市场决定项目设立、经费分配和成果评价的机制,大力推进科研投入成果化、科技成果产业化。

④ 推进企业上市,壮大资本市场。

经济的发展与转型升级离不开资本的有效运作,企业上市能使企业和地方获得巨额资金,是企业和地方经济快速发展的重要阶梯。从省内17地市看,青岛的上市公司数量(20家)少于烟台(27家)、济南(24家),与淄博、潍坊(各19家)相当(2013年8月数据);从15个副省级城市的上市公司来看,深圳已超过了80家,宁波接近60家,南京、成都接近50家,青岛排名靠后;从5个计划单列市来看,青岛的上市公司数量居末位。青岛作为山东半岛蓝色经济区核心区龙头城市,就区位和经济基础看,青岛上市公司的数量明显偏少,因此,加快企业上市的迫切性十分突出,推进企业上市的空间很大,应不遗余力地推进企业上市,拓展资本市场,提高企业在资本市场上直接融资的比重,实现由自我积累、滚动式发展向资本运作、跨越式发展转变,打造青岛工业升级版。

4. 重点服务业发展现状

(1)基本情况。

2013年,全市年营业收入超过1 000万元以上的1 336家重点服务业企业经济总量实现了较快增长。以交通运输、仓储和邮政业为代表的主要行业增长态势良好,为全市服务业发展打下了坚实的基础。"一超、多强"格局已现雏形,产业集中度的提高有利于增强青岛市重点服务业的整体竞争力。

(2)运行特点。

① 整体发展速度比较快。

据调查,2013年1~5月份,青岛市重点服务业实现营业收入488.1亿元,增速为10.1%,实现营业利润48.7亿元,增长32.1%,实现增加值147.1亿元,增长20.6%(表9)。

表9 2013年1~5月青岛市重点服务业发展状况

项目	绝对量(亿元)	增长速度(%)
营业收入	488.1	10.1
营业利润	48.7	32.1
增加值	147.1	20.6

②主要行业发展较快。

作为沿海开放城市,交通运输、仓储和邮政业一直是青岛市的重点行业。交通运输、仓储和邮政业中重点企业的营业收入、营业利润和增加值增速分别达到了12.2%、39.3%和22.6%,其快速增长为全市重点服务业较快增长打下了坚实的基础,营业收入的贡献率接近80%,营业利润的贡献率达到66.4%,增加值的贡献率达到57.4%。

③企业集中度较高,"一超、多强"格局已现雏形。

青岛市服务业企业发展集中度增强,"一超、多强"的发展格局初现。营业收入大于100亿元的企业有1家,占全部限上单位的0.1%,营业收入占比达到18.2%;营业收入大于10亿小于100亿有19家,占1.4%,营业收入占比达到32.2%;营业收入大于1亿小于10亿的占9.9%,营业收入占比达到29.2%;88.6%的企业营业收入小于1亿,营业收入占比仅为20.4%（表10）。

表10 青岛市重点服务业企业规模分布

营业收入	企业数量占比(%)	营业收入占比(%)
100亿元以上	0.1	18.2
10亿~100亿	1.4	32.2
1亿~10亿	9.9	29.2
1亿以下	88.6	20.4
合计	100.0	100.0

④与对标城市相比,青岛市重点服务业载体建设差距较大。

青岛市与杭州、南京、苏州三个对标城市重点服务业企业的差距主要体现在载体的数量上,青岛市重点服务业企业仅有1 336家,而杭州、南京、苏州分别为2 358家、2 010家和2 274家(表11),青岛市分别相当于杭州、南京、苏州的56.7%、66.5%和58.8%。而且杭州、南京、苏州许多企业已经成为业界有影响力的龙头企业,青岛市龙头企业偏少。

从重点服务业企业规模上看,青岛市与杭州、南京、苏州也存在较大差距。亿元以上重点服务业企业的营业收入总量仅分别相当于杭州、南京、苏州的40.2%、30.7%和87.3%。

表11 青岛市与杭州、南京、苏州重点服务业数量情况(单位:个)

营业收入	杭州	南京	苏州	青岛
100亿元以上	0	0	0	1
10亿~100亿	39	54	14	19
1亿~10亿	296	276	194	132
1亿以下	2 023	1 680	2 066	1 184
总和	2 358	2 010	2 274	1 336

⑤行业发展不平衡。

重点服务业包括交通运输、仓储和邮政业,租赁和商务服务业,信息传输、软件和信息技术服务业,科学研究和技术服务业,水利、环境和公共设施管理业,居民服务、修理和其他服务业,教育,卫生和社会工作,文化、体育和娱乐业,物业管理和房地产中介服务业。

从营业收入来看,交通运输、仓储和邮政业,信息传输、软件和信息技术服务业,租赁和商务服务业等7个门类处于增长状态,科学研究和技术服务业,教育两个门类处于下降状态。

从营业利润来看,交通运输、仓储和邮政业,信息传输、软件和信息技术服务业,科学研究和技术服务业等5个门类处于增长态势。租赁和商务服务业,卫生和社会工作营业利润处于下降状态。其他行业仍未摆脱亏损。

从增加值来看,尽管所有行业都增长,但是增幅差距很大,其中文化、体育和娱乐业增长速度最快,达到了37.4%,卫生和社会工作最低,仅有8.4%。

⑥大部分企业规模不大,抵御风险能力不强。

规模较小企业的蓬勃发展有利于缓解就业压力,是稳定就业的重要力量。并且,规模较小企业操作便利、转型方便、改革成本较低,敢于在一些环节先行先试,成为改革的窗口和试验田,有利于先进体制机制形成,从而为大企业的改革提供宝贵的改革经验。但是规模较小企业由于资产较少、人才缺乏,抵御风险的能力非常薄弱。在国际国内经济压力较大的背景下,很多规模较小企业无法维持正常运营,持续亏损之下,必然退出经济序列。从重点企业看,青岛市营业收入小于1亿的1 184家企业454家处于亏损状态,亏损面达到了40%。

(3) 发展趋势。

①加大重点企业支持力度。

重点企业科技研发创新实力强、资金雄厚、人力资源储备丰厚,抵御风险的能力也较强。为了实现跨越式发展的目标,青岛市要在财政、金融和公平的市场环境方面给予足够的支持,促进重点服务业企业的发展壮大,培育一批有实力、有影响、有前景的大企业、大集团,使其为青岛市的服务业发展做出更大的贡献。

②优先发展蓝色行业。

青岛市的发展优势在于蓝色,发展重点也在于蓝色。以海洋运输为代表的蓝色行业是青岛市服务业发展的战略支点。未来一段时期,应着力把握蓝色行业发展规律,创新蓝色行业发展理念,破解蓝色行业发展难题,尽快形成有利于蓝色行业发展的体制机制,开创蓝色行业平稳较快发展的有利局面。

③调整宏观布局,促进重点服务企业全面发展。

投资、消费、进出口是经济的宏观布局,只有合理调整三驾马车的前进方向才能保证经济能够按照正确的轨道前进。必须进一步加大对重点服务业企业的投资,发挥重点服务业企业的消费引领作用,激发重点服务业企业的进出口潜力,推动重点服务业企业的全面发展。

（三）青岛市产业发展战略定位

1. 青岛市城市发展定位

党的十八大提出了建设海洋强国的战略目标,并明确了"提高海洋资源开发能力、发展海洋经济、保护海洋生态环境、坚决维护国家海洋权益"四个战略支点。青岛市作为半岛蓝色经济区的中心城市,其蓝色经济的龙头城市地位更加凸显。青岛市第十一次代表大会上,李群书记在题为"率先科学发展实现蓝色跨越加快建设宜居幸福的现代化国际城市"的报告中,为青岛梦赋予了第一种迷人的色彩——蓝色。青岛把蓝色引领作为主导战略,通过蓝色经济区建设彰显城市特色,优化经济结构,壮大经济规模,抢占蓝色经济制高点,加快建设全国蓝色经济领军城市。按照《山东半岛城市群总体规划》,青岛市定位为山东和黄河中下游地区的龙头城市,现代制造业和现代服务业发达的国际性港口城市和国际性海滨旅游城市。

青岛向海而生,因海而兴,青岛有个长久的梦想——"蓝色之梦",蓝色将成为青岛城市的特征色彩。蓝色之梦的胸怀造就了宽广的世界性视野,曲折蜿蜒数百千米的海岸线是走向全球的根基,比肩世界级的"国际湾区都市"是青岛梦的目标。凭借得天独厚的区位优势,世界级的湾区资源,青岛目光瞄准新的目标:建设国际湾区都市,进入 β 级[①]国际城市行列。

青岛市城市发展综合定位表现为:"追求一个梦想,瞄准一个目标,突出四个特色,建设六个基地和中心";即追求蓝色梦想,瞄准 β 级国际性湾区都市,突出创新、高端、海洋、宜居(突出科技创新、高端制造、蓝色海洋产业、环境优美宜居)四个特色,建设国家海洋产业基地、国家高端制造业基地、国家区域服务及文化中心、东北亚航运中心、国家区域航空中心、宜居修养旅游胜地。

全国经济将进入一个"新常态"时代,"科学、创新、人本、和谐"成为发展的主旋律。发挥半岛蓝色经济区建设的优势,青岛市的城市发展定位凸显"率先科学发展、实现蓝色跨越、宜居宜业"的现代化国际城市"。充分发挥蓝色经济战略的带动作用,突出科学发展、率先发展,坚持走向深蓝、走向高端,加快西海岸经济新区和蓝色硅谷建设以释放发展潜力,促进产业结构调整以增强竞争实力,加强创新和人才保障以强化内生动力,推动海洋经济创新发展,加快壮大县域经济实力,促进三次产业在更高水平上协调发展,实现经济总量和发展质量双跨越,力争五年在经济规模上再造一个新青岛。

城市的发展首先是人的发展。"建设宜居幸福的现代化国际城市"的发展目标,把"宜居"和"幸福"放到了核心位置,意味着"青岛梦"的最终指向。要瞄准建设宜居幸福现代化国际城市的目标,对照世界知名湾区城市标准,继续拓展、深化和提升全域统筹、三城联动、轴带展开、生态间隔、组团发展,拉开城市空间发展大框架,加快建设组团

[①] 按影响力大小,国际城市常被分为三个等级集团:α级、β级、γ级。例如,纽约、伦敦处于最高级别的$\alpha++$级,包括中国的香港、北京、上海在内的一些城市为$\alpha+$级。按计划,2015年青岛将达到γ级(深圳现在的等级),2020年达到$\beta-$级(广州现在的等级),从而成为真正意义上的与中国蓝色战略相匹配的国际湾区都市;2030年达到$\beta+$级(迪拜现在的等级)。

式、生态化的海湾型大都市,让青岛真正具有国内领先、世界知名的大城市品质。承担起"中国东部沿海的区域经济中心、现代化服务中心、文化中心,国家海洋科研及海洋产业开发中心,国家重要的现代化制造业及高新技术产业基地,东北亚国际航运中心,国家重要的区域性航空港,国际滨海旅游度假胜地"。

（1）率先科学发展。就是要在转方式、调结构上走在全国全省前列,在统筹城乡发展、区域发展、经济社会发展、人与自然和谐发展以及国内发展与对外开放上走在全国全省前列,在增长的平衡性、协调性和可持续性上走在全国全省前列,率先基本实现现代化。

（2）实现蓝色跨越。就是把蓝色引领作为主导战略,通过蓝色经济区建设彰显城市特色,优化经济结构,壮大经济规模,抢占蓝色经济制高点,加快建设全国蓝色经济领军城市。

（3）建设宜居幸福的现代化国际城市。就是要在加快经济发展、持续壮大经济实力的同时,着力打造生活舒适便捷、生态景观怡人、公共安全良好的环境,让城市更加宜居;着力增进社会和谐与人民福祉,让居民生活更加幸福;着力提升城市发展水平、发展质量和文明程度,加快城市现代化进程;着力增强对国际要素的聚集、服务和辐射能力,将城市不断做优、做强、做大、做美,努力使生活在这里的每一个人,都能在安居乐业中创造自己的幸福生活和美好未来。

（4）构筑道德高地提升城市精气神。要大力推进文化改革发展,努力把青岛建设成为文化品位高雅、文化底蕴丰厚、文化事业繁荣、文化产业发达的现代海洋文化名城。大力推进社会主义核心价值体系建设。把社会主义核心价值体系融入国民教育、精神文明建设和党的建设全过程,贯穿到率先科学发展、实现蓝色跨越各领域,体现到精神文化产品创作生产传播各方面。

2. 青岛市产业发展思路

青岛是全国重要的经济中心城市之一,也是半岛蓝色经济区的龙头,在培育和发展战略性新兴产业、蓝色海洋产业、高技术产业和改造升级传统产业方面具有较好的基础和条件。围绕青岛市建设"科学发展、蓝色跨越、建设宜居"国际化都市的蓝图,青岛的产业发展必将以"创新驱动、科学发展、产业高端、蓝色跨越"的理念。为此,必须抢抓机遇,科学规划,发挥优势,突出重点,培育和发展富有特色的产业发展体系,扎实做好升级换代传统产业,强力推进高技术产业和战略性新兴产业,构建现代产业体系,抢占未来产业发展制高点,提升城市核心竞争力,促进经济社会全面、协调和可持续发展。

突出蓝色经济引领作用。彰显蓝色经济核心优势,加快建设我国海洋经济科学发展先行区、山东半岛蓝色经济核心区、海洋自主研发和高端产业集聚区、海洋生态环境保护示范区。培育壮大海洋产业,加快形成链条完整、技术先进、特色鲜明、国内领先的现代海洋产业体系。

加快产业转型步伐。坚持工业与服务业、传统产业与新兴产业、实体经济与虚拟经济并重,引导产业高端发展和集群发展,大力培育品牌企业和创新型中小企业,努力构筑以先进制造业为支撑、战略性新兴产业为引领、服务经济为主导、现代农业为基础的新型产业体系。

强化创新和人才支撑。坚持把人才强市作为核心战略，深入开展国家创新型城市试点，加快推进科教兴市，着力营造育才、聚才、用才的良好环境，打造人才荟萃的高地和创新创业者的乐园。

3. 青岛市产业发展原则

（1）转变方式，科学发展。依托青岛市的科技研发优势，引进培养高端科技人才，不断提高原始创新、集成创新和引进消化吸收再创新的能力。以企业为研究主体，推进"产、学、研"合作机制，加快形成一批具有自主知识产权、国际领先的海洋高科技、高新技术、新兴产业成果，以科技创新为驱动力，实现持续快速发展。要充分发挥市场配置资源的基础性作用，以市场需求为导向，着力营造良好的市场竞争环境，激发各类市场主体的积极性。

（2）高端引领，蓝色跨越。密切跟踪世界科技技术、海洋经济发展趋势，突出海洋科技支撑引领作用，科学开发海洋资源，加快培育海洋优势产业，调整优化产业布局，推动海洋经济发展由粗放增长型向集约效益型转变。

（3）重点突破，整体推进。坚持突出科技创新、海洋产业、新兴产业发展方向，选择最有基础、最有条件的重点方向作为切入点和突破口，明确阶段发展目标，集中优势资源，促进重点领域和优势区域率先发展。总体部署产业布局和相关领域发展，统筹规划，分类指导，促进新技术、新业态、新模式的发展壮大，适时动态调整，促进协调发展。

（4）创新驱动，开放发展。坚持自主创新，加强原始创新、集成创新和引进消化吸收再创新；加强高素质人才队伍建设，掌握关键核心技术，健全标准体系，加速产业化，增强自主发展能力。充分利用全球创新资源，加强国际交流合作，探索国际合作发展新模式，走开放式创新和国际化发展道路。把创新作为推动产业经济发展的根本动力，加大重点领域和关键环节改革力度，形成有利于蓝色经济、高新经济的科学发展的体制机制，进一步提高海洋经济对外开放水平，积极优化发展环境，努力拓展发展空间。

（5）生态保护，宜居发展。发挥半岛地理优势，把海洋和陆地作为一个整体，实行资源要素统筹配置、优势产业统筹培育、基础设施统筹建设、生态环境统筹整治。依据不同海域生态、陆域生态的综合环境承载能力，合理安排开发时序、开发重点与开发方式，美化优化人居环境，推动以蓝色经济为特色的新青岛走上产业发展、生活富裕、生态良好的文明发展道路。

4. 青岛市产业发展定位

城市的功能定位和布局优化决定了城市的产业选择。"蓝色、高端、新兴"将成为青岛产业的显著特征。围绕建设半岛蓝色经济龙头、国家沿海重要中心城市、国际性的港口与滨海旅游度假城市、国家高新产业重要基地，青岛市产业发展定位为：

以高端技术、高端产品、高端产业为引领,强化港口、园区、城市和品牌的带动作用,加快发展海洋高新技术产业、战略性新兴产业,培育新的产业增长极,进一步优化产业结构,利用高新技术改造提升传统产业,培育壮大海洋优势产业集群,建设具有自主创新能力和国际竞争力的现代海洋产业、高端产业集聚区。加快现代金融、现代物流、服务外包等服务业的发展,特别是生产性服务业,率先建成以服务业为主的产业体系和智慧城市的城市服务体系,瞄准服务山东、辐射沿黄流域、面向东北亚的区域服务业中心,建设区域性金融中心、东北亚国际航运综合枢纽和航空枢纽、国际滨海旅游度假中心、区域性科技信息中心。

(1) 山东半岛蓝色经济区的引擎。通过科技创新、实现蓝色经济飞跃,提高海洋科技研发和海洋高技术企业培育能力,不断为山东半岛蓝色经济区提供科技创新成果,输出技术、人才和高新技术企业,成为带动山东半岛蓝色经济区快速发展的引擎。着力加强海洋科技自主创新体系和重大创新平台建设,突破一批关键、核心技术,努力在海洋基础科学、近海应用技术和深海应用技术领域取得重大研究突破,增强我国海洋自主创新能力和集成创新能力,建设中国海洋科技城和深海科技城。加快海洋科技成果孵化区和海洋科技成果产业化推广区建设,成为全国海洋高新技术产业示范基地。

(2) 国家重要的先进制造业中心基地。青岛要立足于半岛城市群龙头的发展定位,承担区域经济发展的制造业引领功能,先进制造业发展必然是制造业发展的核心。以蓝色经济区建设发展为背景,以半岛都市带链接为纽带,创新先进制造业发展模式。以体制、机制和管理创新为动力,大力推进自主创新,发展新型制造产业,加快传统制造的升级改造,转变制造业的增长方式,推动半岛先进制造业聚集区建设。到2020年年末,青岛将形成以高新技术产业为先导、现代装备先进制造业为骨干、战略性新兴产业为依托的先进制造业产业结构。成为青岛经济增长的持久动力源泉,半岛先进制造业科技创新示范区。

(3) 半岛传统产业科技创新支撑升级的示范区。对于传统产业而言,我们不能轻言淘汰传统产业,片面追求高新技术产业。高端产品肯定有高新技术含量,但高新技术并不一定都只存在于高端产品中,其实在传统产业中产品同样也可以高新技术化。通过科技创新,政策引领,可让传统产业成为有优势的传统产业,做出高端产品。因此,我们要致力于科技创新,鼓励和推进传统产业的发展,促进传统产业优化升级,找准市场需求,实现产品创新,把传统产业做成高端产业,做出高端产品。要通过科技创新能力的大幅提升,嫁接新技术,带动传统优势产业优化升级,促其迈向高端化、先进化,促进高新技术产业做大做强,用高新技术带动武装传统产业走上整体"变脸"之路,依托科技创新,实现半岛传统产业升级的引领示范区建设,为青岛加快发展提供强有力支撑。

(4) 区域服务业中心。加强生产性服务业、生活性服务业和公共服务业的全面发展。以发展金融业和完善金融服务功能为主线,完善多层次的资本市场体系,加快形成银行、保险、证券、期货、信托、投资并举的金融体系,建成区域性金融中心。以发展现代物流业、提升青岛在国际合作和东北亚区域一体化发展中的航运、航空、贸易和信息服务功能为主线,打造东北亚国际航运服务枢纽。发挥旅游、休闲度假产业的带动作用,建设以海洋旅游、度假、休闲、文化等为特色的国际滨海旅游度假中心。大力发展科技信息、科技服务产业,为科技创新和产业发展提供坚实的科技和信息服务功能基础,推进国家重要的区域性科技信息服务中心的建设。

5. 青岛市产业发展目标

(1) 战略性新兴产业。青岛战略性新兴产业2012年增加17.6%,2013年增长8.5%,完成产值3 884.5亿元。未来经过5年的建设,青岛战略性新兴产业规模、创新能力显著提高,产品结构、产业配套不断改善,建成优势明显、特色鲜明、辐射力强的战略性新兴产业领先城市。力争每年增长13%以上,到2020年产业规模达到9 000亿以上。新一代信息技术、高端装备制造、节能环保和海洋生物产业成为全市国民经济的支柱产业,新材料、新能源和新能源汽车产业成为先导产业。产业发展对改善民生的贡献进一步提高,形成区域资源集中和产业高端发展优势,使青岛成为带动半岛、辐射全国、国际领先的战略性新兴产业聚集区,战略性新兴产业增加值占全市生产总值的比重力争达到25%左右。

(2) 蓝色海洋经济产业。紧紧围绕"率先科学发展,实现蓝色跨越,打造全国蓝色经济领军城市"总目标,创新驱动,园区集聚,产业支撑,企业带动,项目保障,加快构建现代海洋产业新体系,实现重点产业发展新突破,形成蓝色经济发展新优势。到2020年,建成海洋经济发达、产业结构优化、人与自然和谐的蓝色经济区,率先基本实现现代化。海洋经济综合实力和竞争力位居全国前列,建成具有世界先进水平的海洋科技教育人才中心,经济开放水平大幅提升,成为我国参与经济全球化发展的重点地区,海洋生态文明建设取得显著成效,单位地区生产总值能耗达到国内先进水平,主要污染物排放总量得到严格控制,区域、海洋生态环境质量不断改善,实现基本公共服务均等化,人民生活更加富裕。海洋生产总值年均增长12%以上。

大力组织四大领域科技攻关。① 海洋生物医药,组织开展海洋创新药物、功能保健品两大领域关键技术攻关;② 海洋新材料,组织开展海洋舰船涂料、海洋工程防腐防污涂料、深水耐压浮力材料、仿生材料等领域关键技术攻关;③ 海洋装备制造,组织开展海洋工程辅助船设计制造与维修改造、LNG 与 LPG 船设计制造、海洋能发电设备、船用中低速大型柴油机、深水半潜式平台关键结构等领域关键技术攻关;④ 现代海水种苗,组织开展高端海珍品种苗培繁育、病害监控预警、重大病害快速诊断及综合防治等领域关键技术攻关。

一是壮大海工装备制造业。大力发展海洋船舶、海洋工程装备、海洋仪器仪表三大产品系列。实施双瑞船舶压载水处理系统、宝石重工海洋钻井装备、712 所船舶电力推进系统、潍柴动力高档游艇制造等重点项目。

二是发展海洋生物医药产业。重点培育发展海洋药物、生物功能制品两大产品系列。实施博智汇力和龙润天力海洋寡糖、蔚蓝生物酶制剂等重大产业项目。

三是培育海洋新材料产业。重点培育发展海洋工程、防腐防污、医用纺织三大产品系列。实施中皓人工眼角膜、佐敦船舶涂料、明月海藻纤维材料、三泰膜海水淡化新材料等重点项目。

四是提升现代海洋渔业。重点培育发展水产种苗、海洋牧场、远洋渔业三大行业,实施中国北方国际水产品交易中心和冷链物流基地、崂山湾公益型海洋牧场、国家级金乌贼良种场等大项目建设,建造20艘以上大型拖网远洋捕捞船。

(3)服务业。青岛服务业近年来得到快速发展,2010和2011年增长率达到19%以上,2011年服务业增加值首次超过第二产业,2012年、2013年储蓄保持12%以上的速度。到"十三五"末期,服务业增加值将达10 000亿元,占全市社会生产总值的比重将提升稳定在65%~70%。形成服务业高度发达、体制机制完善、空间布局合理,与蓝色高端制造产业相互促进、协同发展,建成具有较强智慧服务的城市服务体系,具有较强国际竞争力的区域性服务业中心。

(四)青岛市战略性新兴产业选择

1. 国家战略性新兴产业发展方向

国家层面上将战略性新兴产业主要发展方向划分为7大领域:节能环保产业、新一代信息技术产业、生物产业、高端装备制造产业、新能源产业、新材料产业和新能源汽车产业。

(1)节能环保产业。

节能环保产业主要包括高效节能产业、先进环保产业、资源循环利用产业。

① 高效节能产业。发展高效节能锅炉窑炉、电机及拖动设备、余热余压利用、高效储能、节能监测和能源计量等节能新技术和装备;鼓励开发和推广应用高效节能电器、高效照明等产品;提高新建建筑节能标准,开展既有建筑节能改造,大力发展绿色建筑,推广绿色建筑材料;加快发展节能交通工具;积极开发和推广用能系统优化技术,促进能源的梯次利用和高效利用;大力推行合同能源管理新业态。

② 先进环保产业。以解决危害人民群众身体健康的突出环境问题为重点,加大技术创新和集成应用力度,推动水污染防治、大气污染防治、土壤污染防治、重金属污染防治、有毒有害污染物防控、垃圾和危险废物处理处置、减震降噪设备、环境监测仪器设备的开发和产业化;推进高效膜材料及组件、生物环保技术工艺、控制温室气体排放技术及相关新材料和药剂的创新发展,提高环保产业整体技术装备水平和成套能力,提升污染防治水平;大力推进环保服务业发展,促进环境保护设施建设运营专业化、市场化、社会化,探索新型环保服务模式。

③ 资源循环利用产业。大力发展源头减量、资源化、再制造、零排放和产业链接等新技术,推进产业化,提高资源产出率。重点发展共伴生矿产资源、大宗固体废物综合利用,汽车零部件及机电产品再制造、资源再生利用,以先进技术支撑的废旧商品回收体系,餐厨废弃物、农林废弃物、废旧纺织品和废旧塑料制品资源化利用。

(2) 新一代信息技术产业。

① 下一代信息网络产业。实施宽带中国工程,加快构建下一代国家信息基础设施,统筹宽带接入、新一代移动通信、下一代互联网、数字电视网络建设;加快新一代信息网络技术开发和自主标准的推广应用,支持适应物联网、云计算和下一代网络架构的信息产品的研制和应用,带动新型网络设备、智能终端产业和新兴信息服务及其商业模式的创新发展;发展宽带无线城市、家庭信息网络,加快信息基础设施向农村和偏远地区延伸覆盖,普及信息应用;强化网络信息安全和应急通信能力建设。

② 电子核心基础产业。围绕重点整机和战略领域需求,大力提升高性能集成电路产品自主开发能力,突破先进和特色芯片制造工艺技术,先进封装、测试技术以及关键设备、仪器、材料核心技术,加强新一代半导体材料和器件工艺技术研发,培育集成电路产业竞争新优势。

③ 高端软件和新兴信息服务产业。加强以网络化操作系统、海量数据处理软件等为代表的基础软件、云计算软件、工业软件、智能终端软件、信息安全软件等关键软件的开发,推动大型信息资源库建设,积极培育云计算服务、电子商务服务等新兴服务业态,促进信息系统集成服务向产业链前后端延伸,推进网络信息服务体系变革转型和信息服务的普及,利用信息技术发展数字内容产业,提升文化创意产业,促进信息化与工业化的深度融合。

(3) 生物产业。

① 生物医药产业。提高我国新药创制能力,开发生物技术药物、疫苗和特异性诊断试剂;推进化学创新药研发和产业化,提高通用名药物技术开发和规模化生产水平;继承和创新相结合,发展现代中药;开发先进制药工艺技术与装备,发展新药开发合同研究、健康管理等新业态,推动生物医药产业国际化。

② 生物医学工程产业。整合医产学研优势资源,推进医学与信息、材料等领域新技术的交叉融合,构建生物医学工程技术创新体系,提升新型生物医学工程产品开发能力。研究开发预防、诊断、治疗、康复、卫生应急装备和新型生物医药材料的关键技术与核心部件,形成一批适合大中型医院使用、具有自主知识产权的高端诊疗产品;大力开发高性价比、高可靠性的临床诊断、治疗、康复产品,促进基层医疗卫生机构建设和服务能力提升;发展数字医疗系统、远程医疗系统和家庭监测、小区护理、个人健康维护相关产品等。

③ 生物农业产业。围绕保障粮食安全和促进现代农业发展,完善育种科学设施体系,加强生物育种技术研发和产业化,加快高产、优质、多抗、高效动植物新品种培育及应用,推动育繁推一体化的现代育种企业发展,着力提升种业竞争力。积极推进生物兽药及疫苗、生物农药、生物肥料、生物饲料等绿色农用产品研发及产业化,为我国农业发展提供重要支撑。

④ 生物制造产业。以培育生物基材料、发展生物化工产业和做强现代发酵产业为重点,大力推进酶工程、发酵工程技术和装备创新。突破非粮原料与纤维素转化关键技术,培育发展生物醇、酸、酯等生物基有机化工原材料,推进生物塑料、生物纤维等生物材料产业化。大力推动绿色生物工艺在化工、制浆、印染、制革等领域关键工艺环节的应用

示范,积极推进工程微生物与清洁发酵技术应用,提升大宗发酵新产品的国际竞争力。

(4) 高端装备制造产业。

① 航空装备产业。统筹航空技术研发、产品研制与产业化、市场开拓及服务提供,加快研发和制造具有市场竞争力的大型客机,推进先进支线飞机系列化产业化发展,适时研发新型支线飞机;大力发展符合市场需求的新型通用飞机和直升机,构建通用航空产业体系;突破航空发动机核心关键技术,加快推进航空发动机产业化;促进航空设备及系统、航空维修和服务业发展;提升航空产业的核心竞争力和专业化发展能力。

② 卫星及应用产业。紧密围绕经济社会发展的重大需求,与国家科技重大专项相结合,以建立我国自主、安全可靠、长期连续稳定运行的空间基础设施及其信息应用服务体系为核心,加强航天运输系统、应用卫星系统、地面与应用天地一体化系统建设,推进临近空间资源开发,促进卫星在气象、海洋、国土、测绘、农业、林业、水利、交通、城乡建设、环境减灾、广播电视、导航定位等方面的应用,建立健全卫星制造、发射服务、地面设备制造、运营服务产业链。推进极地空间资源开发。

③ 轨道交通装备产业。大力发展技术先进、安全可靠、经济适用、节能环保的轨道交通装备,建立健全研发设计、生产制造、试验验证、运用维护、监测维修和产品标准体系,完善认证认可体系等,提升牵引传动、列车控制、制动等关键系统及装备自主化能力。巩固和扩大国内市场,大力开展国际合作,推动我国轨道交通装备全面达到世界先进水平。

④ 海洋工程装备产业。面向海洋资源特别是海洋油气资源开发的重大需求,大力发展海洋油气开发装备,重点突破海洋深水勘探装备、钻井装备、生产装备、作业和辅助船舶的设计制造核心技术,全面提升自主研发设计、专业化制造、工程总包及设备配套能力,积极推动海洋风能利用工程建设装备、海水淡化和综合利用等装备产业化。促进产业体系化和规模化,增强国际竞争力。

⑤ 智能制造装备产业。重点发展具有感知、决策、执行等功能的智能专用装备,突破新型传感器与智能仪器仪表、自动控制系统、工业机器人等感知、控制装置及其伺服、执行、传动零部件等核心关键技术,提高成套系统集成能力,推进制造、使用过程的自动化、智能化和绿色化,支撑先进制造、国防、交通、能源、农业、环保与资源综合利用等国民经济重点领域发展和升级。

(5) 新能源产业。

① 风能产业。加强风电装备研发,增强大型风电机组整机和控制系统设计能力,提高发电机、齿轮箱、叶片以及轴承、变流器等关键零部件开发能力,在风电运行控制、大规模并网、储能技术方面取得重大突破。建设东北、西北、华北北部和沿海地区的八大千万千瓦级风电基地。在内陆山地、河谷、湖泊等风能资源相对丰富的地区,发挥距离电力负荷中心近、电网接入条件好的优势,因地制宜开发中小型风电项目,积极推动海上风电项目建设。

② 太阳能产业。以提高太阳能电池转化效率、器件使用寿命和降低光伏发电系统成本为目标,大力发展太阳能光伏电池的生产制造新工艺和新装备;积极推动多元化太

阳能光伏光热发电技术新设备、新材料的产业化及其商业化发电示范；建立大型并网光伏发电站，推进建筑一体化光伏发电应用，建立具有国际先进水平的太阳能发电产业体系。大规模推广应用高效、多功能太阳能热水器，推动太阳能在供暖、制冷和中高温工业领域的应用。建立促进光伏发电分布式应用的市场环境，推进以太阳能应用为主、综合利用各种可再生能源的新能源城市建设。

③ 生物质能产业。统筹生物质能源发展，有序发展生物质直燃发电，积极推进生物质气化及发电、生物质成型燃料、沼气等分布式生物质能应用。加强下一代生物燃料技术开发，推进纤维素制乙醇、微藻生物柴油产业化。开展重点地区生物质资源详查评价，鼓励利用边际性土地和近海海洋种植能源作物和能源植物。

（6）新材料产业。

① 新型功能材料产业。大力发展稀土永磁、发光、催化、储氢等高性能稀土功能材料和稀土资源高效综合利用技术。积极发展高纯稀有金属及靶材、原子能级锆材、高端钨钼材料及制品等，加快推进高纯硅材料、新型半导体材料、磁敏材料、高性能膜材料等产业化。着力扩大丁基橡胶、丁腈橡胶、异戊橡胶、氟硅橡胶、乙丙橡胶等特种橡胶及高端热塑性弹性体生产规模，加快开发高端品种和专用助剂。大力发展低辐射镀膜玻璃、光伏超白玻璃、平板显示玻璃、新型陶瓷功能材料、压电材料等无机非金属功能材料。积极发展高纯石墨、人工晶体、超硬材料及制品。

② 高性能复合材料产业。以树脂基复合材料和碳复合材料为重点，积极开发新型超大规格、特殊结构材料的一体化制备工艺，推进高性能复合材料低成本化、高端品种产业化和应用技术装备自主化。加快发展高性能纤维并提高规模化制备水平，重点围绕聚丙烯腈基碳纤维及其配套原丝开展技术提升，着力实现千吨级装备稳定运转，积极开展高强、高模等系列碳纤维以及芳纶开发和产业化。着力提高专用助剂和树脂性能，大力开发高比模量、高稳定性和热塑性复合材料品种。积极开发新型陶瓷基、金属基复合材料。加快推广高性能复合材料在航空航天、风电设备、汽车制造、轨道交通等领域的应用。

（7）新能源汽车产业。

以纯电驱动为新能源汽车发展和汽车工业转型的主要战略取向，当前重点推进纯电动汽车和插电式混合动力汽车产业化，推进新能源汽车及零部件研究试验基地建设，研究开发新能源汽车专用平台，构建产业技术创新联盟，推进相关基础设施建设。重点突破高性能动力电池、电机、电控等关键零部件和材料核心技术，大幅度提高动力电池和电机安全性与可靠性，降低成本；加强电制动等电动功能部件的研发，提高车身结构和材料轻量化技术水平；推进燃料电池汽车的研究开发和示范应用；初步形成较为完善的产业化体系。建立完整的新能源汽车政策框架体系，强化财税、技术、管理、金融政策的引导和支持力度，促进新能源汽车产业快速发展。

2. 青岛战略性新兴产业发展思路

根据国家对战略性新兴产业的界定和重点研究领域，青岛市新兴产业发展需要着眼科技发展和世界新产业潮流,充分发挥青岛在建设山东半岛蓝色经济区中的核心作用,依据青岛市的自身发展条件和实力,选择"重点突破领域,有所为有所不为,突出重点,合理布局,有序推进",在最有基础、最有条件的领域率先突破。强化区域海洋科技创新与产业化能力,全力打造高技术含量、高附加值、高成长性的新型区域海洋产业体系。

深入贯彻落实科学发展观,以科学发展为主题,以加快转变经济发展方式为主线,按照世界眼光、国际标准,发挥本土优势,把握世界新科技革命和产业革命的发展趋势,抓住半岛蓝色经济区建设上升为国家战略的重大机遇,面向经济社会发展的重大需求,着力提升自主创新能力,抢占发展先机,推动新一代信息技术、高端装备制造、节能环保、生物、新材料、新能源和新能源汽车等战略性新兴产业成为青岛市国民经济的支柱产业和先导产业。

重视培育壮大本地优势企业,积极扩大对外交流合作,引进一批核心关键技术、重点产业项目和龙头企业,提升青岛市战略性新兴产业发展的国际化水平。

3. 青岛战略性新兴产业发展重点

据国家确定的七大战略性新兴产业,结合青岛的产业基础、科研基础、与青岛产业定位吻合度、与蓝色经济关联型、以及对传统产业升级的作用5个方面考虑(表12),选择突出发展新一代信息技术产业,加快发展新材料产业、高端装备制造产业和生物产业,培育发展节能环保产业和新能源产业,引导发展新能源汽车产业。

(1)突破发展新一代信息技术产业。

以建设"智慧青岛"为目标,加快推进国家级电子信息产业基地、家电电子产业园、通信产业园的建设步伐。依托海尔、海信、朗讯等实力雄厚、技术创新能力强的骨干企业,重点发展物联网与云计算、"两化融合"及"三网融合"支撑产品、高端软件及信息服务、微电子与集成电路关键产品。

表12 青岛战略性新兴产业发展重点选择表

领域/项目	国家发展重点	青岛产业条件	青岛科研基础	与青岛产业定位吻合度	与蓝色经济关联性	对传统产业升级作用	重点发展结论	排序
节能环保	1. 高效节能	B	B	A	B	A	①新型环保设备 ②新型节能产品 ③循环综合利用	5
	2. 先进环保	B	B	A	A	A		
	3. 资源循环利用	B	B	A	A	B		
新一代信息技术	1. 下一代信息网络	A	B	A	A	A	①物联网云计算 ②高端软件和信息服务 ③微电子与集成电路	1
	2. 电子核心基础	A	B	A	B	A		
	3. 高端软件和新兴信息服务	B	A	A	A	A		

续表

领域/项目	国家发展重点	青岛产业条件	青岛科研基础	与青岛产业定位吻合度	与蓝色经济关联性	对传统产业升级作用	重点发展结论	排序
生物	1. 生物医药	A	A	A	A	B	①海洋生物医药 ②生物农业（育海产品种、生物农药、生物肥料等） ③海洋生物制造	4
	2. 生物医学工程	B	B	C	B	C		
	3. 生物农业	B	A	A	A	A		
	4. 生物制造	B	A	A	A	B		
高端装备制造	1. 航空装备	C	B	C	B	B	①高速轨道交通 ②海洋工程装备 ③智能装备制造	3
	2. 卫星及应用	D	D	C	C	C		
	3. 轨道交通装备	A	A	A	A	A		
	4. 海洋工程装备	A	A	A	A	A		
	5. 智能制造装备	A	B	A	A	A		
新能源	1. 核电技术	D	D	C	D	D	①风能 ②太阳能 ③生物质能 ④海洋能	6
	2. 风能	B	B	A	B	A		
	3. 太阳能	B	B	A	B	A		
	4. 生物质能	B	C	B	A	A		
新材料	1. 新型功能材料	B	B	A	A	A	①新型海洋工程材料 ②新型高分析材料 ③新一代光电电子材料 ④新型金属材料	2
	2. 高性能复合材料	B	B	A	B	A		
新能源汽车	1. 纯电驱动汽车	A	B	A	B	A	①动力电池 ②新能源汽车关键配件 ③新能源整车	7
	2. 插电式混合动力汽车	B	B	A	B	A		
	3. 燃料电池汽车	B	B	A	A	A		

注：A：良好；B：较好；C：一般；D：差。

重点开展物联网与云计算核心技术研究，突破关键技术瓶颈。进一步加强信息化与工业化的深度融合，推进生产装备智能化、质量控制信息化在企业中的广泛应用，对重要基础设施进行智能化技术改造，推进"两化融合"及"三网融合"支撑产品。重点发展高端软件开发，积极支持服务外包领域向软件、设计、研发方向发展，打造高端服务外包产业集群。着力发展新型显示等核心基础产业；大力培育应用电子及消费类电子产品芯片设计、制造、封装、测试技术。

（2）大力发展高端装备制造产业。

以建设国家高端装备制造业基地为目标，依托中国北车青岛四方车辆研究所有限公司、国家海洋监测设备工程技术中心，发挥中国南车青岛四方机车车辆股份有限公司、青岛北船重工等骨干企业的龙头带动作用，重点发展高速轨道交通车辆、海洋装备制造、智能装备制造。

(3) 加快发展节能环保产业。

以建设国家节能环保产业基地为目标,依托驻青高校和科研院所的专业力量,引进高水平的科研团队,培育壮大新天地生态循环科技公司等骨干企业,重点发展新型环保设备、新型节能产品和综合利用产业。

(4) 加快发展生物产业。

在青岛市现有的海洋生物制药、良种选育、禽畜疫苗及药剂、生物农药、生物肥料、海洋生物活性物质、生物酶、精细化海藻化工等方面的基础上,依托国家生物产业基地崂山核心区、高新区生物产业聚集区等重点园区,结合国家海洋药物工程技术研究中心、国家花生工程中心、以及青岛海洋科学与技术国家实验室等科研机构的建设,着力推动海洋生物医药、生物农业以及生物制造等领域的进一步发展。

(5) 加快发展新材料产业。

以建设国家新材料产业基地为目标,依托中国海洋大学、中国科学院海洋研究所、国家海洋涂料重点实验室、国家轮胎工艺与控制工程技术研究中心、软控股份有限公司等驻青科研院所和重点企业,重点发展新型海洋工程材料、新型高分子材料、新一代光电电子材料、新型金属材料。

(6) 培育发展新能源产业。

依托中国科学院青岛生物能源与过程研究所等科研机构,做大做强青岛华创风能有限公司、德枫丹公司、大唐风电、青岛昌盛日电太阳能科技公司等重点企业,积极开发风能、太阳能、生物质能、海洋能和地热能,努力改善全市能源供应结构。

(7) 引导发展新能源汽车产业。

依托中国第一汽车集团青岛汽车研究所、青岛海霸能源集团、新正锂业有限公司等重点企业,重点开发高功率、高容量锂离子电池制造技术、新型锰酸锂和磷酸铁锂等材料制造技术,发展动力型锂离子电池以及燃料电池。通过发展新能源汽车关键配套产品,提升青岛市汽车产业发展水平。同时,重点引进新能源汽车整车生产企业、电机及控制系统制造企业。

(五) 青岛市主导产业及发展选择

青岛市是我国重要的工业城市之一,过去曾与上海、天津并称"上青天"轻纺工业基地。改革开放30多年来,青岛发展成为东部沿海重要的综合性城市,旅游、金融、贸易等服务业得到快速发展,但制造业依然是重要的经济支柱,且在相当长时期保持这个格局。2013年全市具有工业企业73 522家,其中规模以上工业企业4 917家;从业就业人员达109万人,工业完成15 512.7亿元,完成利润总额895.7亿元,完成利税合计1 732.5亿元。

收集青岛市2009～2013年统计数据(来源:《青岛统计年鉴》),从产业发展贡献角度,分析青岛传统制造产业的主导产业及发展重点。

1. 主导产业分析指标

产业发展贡献度是衡量经济发展各产业综合竞争能力的积累,是经济发展的现实支柱和未来经济发展的基础。它一方面表明现有行业竞争力总体发展已达到的水平层次,另一方面又表现为未来发展的平台基础。经济发展的规模与总量贡献指标由工业总产值贡献度、主营业务收入贡献度、资产规模贡献度、从业人员就业贡献度和利税贡献度五项指标构成。

产业总产值贡献度 = 该行业总产值/所属产业部门总产值。该指标反映某产业的产值规模在区域整个产值中的位次,是生产能力的具体体现。

产业主营业务收入贡献度 = 该行业主营业务收入/所属产业部门主营业务收入总额。该指标反映产业主营业务收入在主营业务收入总额的贡献程度和产业的经营效果。

产业资产规模贡献度 = 该行业资产年净值平均余额/所属产业部门资产净值年平均余额总和,其中行业资产净值年平均余额用固定资产净值年平均余额与流动资产净值年平均余额之和计算,该指数主要反映行业的资本规模,是生产发展物质基础的一个重要指标。

产业就业贡献度 = 该行业就业人数/所属产业部门总就业人数。该指标反映产业的就业贡献程度,产业就业规模贡献反映该行业对社会就业的贡献,是经济发展和社会稳定、和谐的重要指标。

产业利税贡献度 = 该行业利税额/所属产业部门利税总额。其中,利税总额 = 产品销售税金及附加 + 利润总额 + 本年应交增值税。该指标反映某产业对区域社会发展的利税贡献程度,是社会生产发展资金的源泉。

2. 主导产业分析数据处理

依据 2009~2013 年青岛的统计数据资料,第二产业对应统计口径的 37 个行业,按照工业总产值、固定资产净值年平均余额和从业人数进行筛选合并,并剔除烟草行业,保留合并成 26 个行业。由于产业的市场和调控政策的因素,可能产生部分产业在不同年份的较大差异。为了消除这种差异,一般采用多年数据综合后的数据进行分析。将 2009~2013 年间的产业发展数据采用梯级递减方法:即 2009~2013 年的权重依次为:1/15、2/15、3/15、4/15、5/15,即为:0.333、0.267、0.200、0.133、0.067,进行加权平均得到一个产业发展的综合状态,为区别普通年份的状态,称为"综合年份"。

单指标评价方法:对指标进行标准化处理,得到第 i 个产业第 j 个指标评价结果值 x_{ij},其评价是区域内各产业间的相对评价。采用如下单指标隶属度计算方法。

对于正向指标:

$$x_{i,j} = \frac{X_{ij} - X_{\min j}}{X_{\max j} - X_{\min}}$$

对于负向指标：

$$x_{i,j} = \frac{X_{\max j} - X_{ij}}{X_{\max j} - X_{\min}}$$

其中

$$X_{\max j} = \max_i X_{ij}, X_{\min j} = \min_i X_{ij} \quad x_{ij} \in [0,1]$$

如果 $x_{ij} = 1$，则第 i 个行业的第 j 指标评价为第一位置；如果 $x_{ij} = 0$，则第 i 个行业的第 j 指标评价为最末位置。

3. 主导产业分析选择

利用青岛市 2009～2013 年统计数据，计算各年份的贡献度评价指标数据，然后利用梯级递减权重进行加权平均，得到综合年份指标数据。对指标变量数为 5、样本容量为 26 的一组数据，利用 SPSS 统计分析软件，进行主成分分析。得到综合评价权重见表 13。

表 13 产业贡献指标评价权重确定

指标	工业产值贡献度(%)	主营业务收入贡献(%)	资产贡献(%)	就业贡献(%)	利税贡献(%)
权重	0.209	0.212	0.202	0.176	0.201

依据评价模型、表 14 和表 15 数据，计算得到产业发展综合年份贡献度评价指数（表 16）。

综合年份贡献度排序分析（2009～2013 年）见图 8、图 9 和图 10。

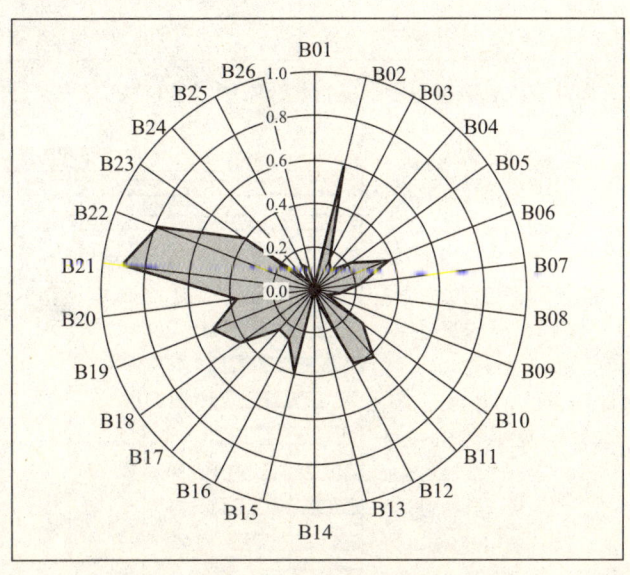

图 8 综合贡献度指数分布图（2009～2013 年）

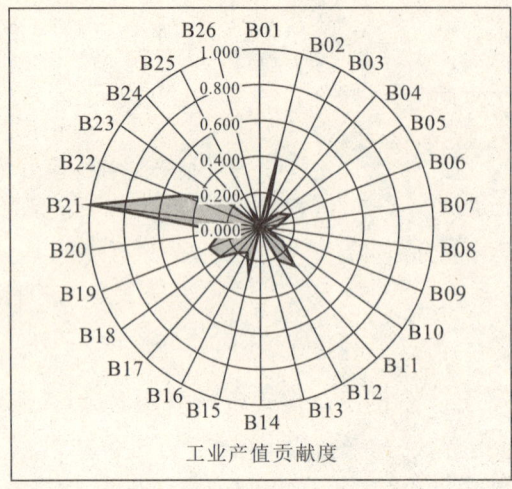
工业产值贡献度

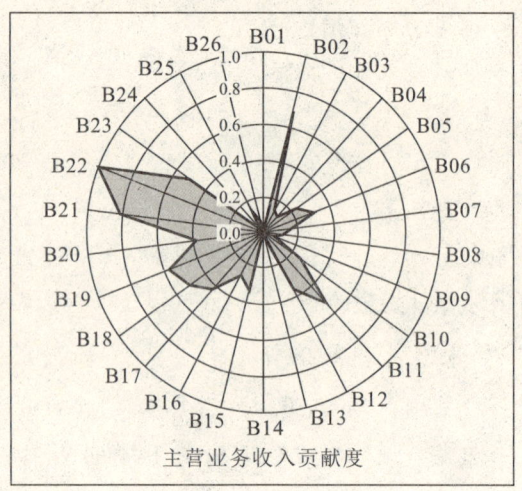
主营业务收入贡献度

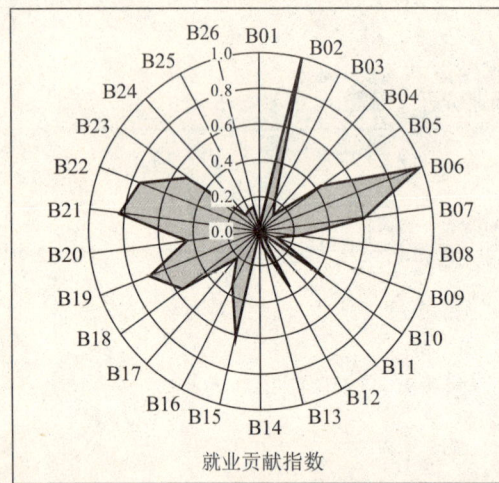
就业贡献指数

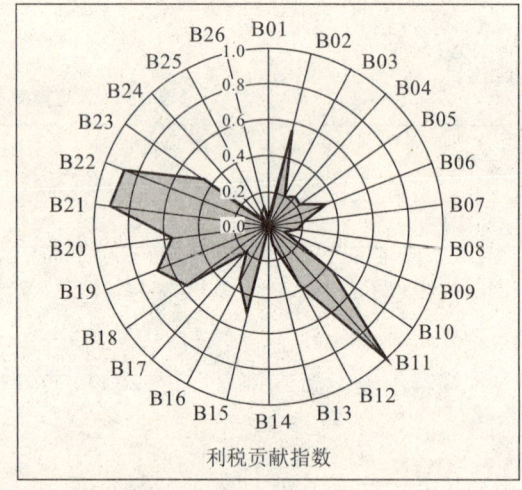
利税贡献指数

图9　综合数据各贡献度指数分布图（2009~2013年）

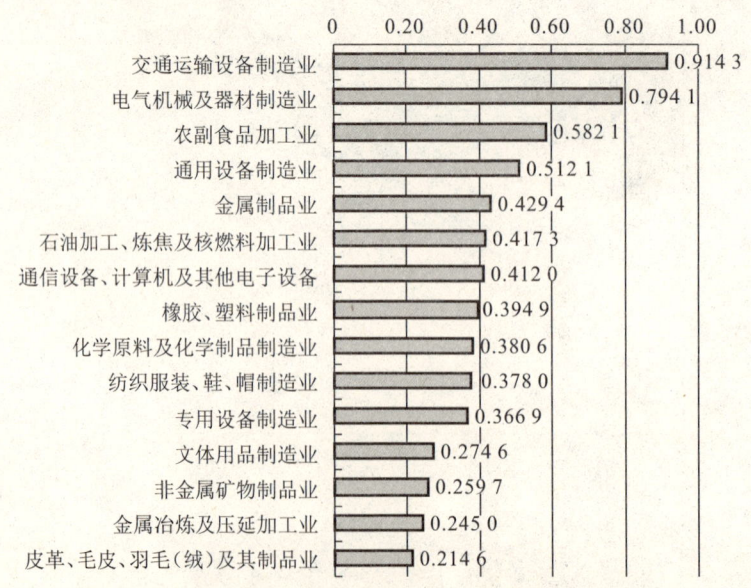

图10　2009~2013年综合贡献度指数前15位的行业

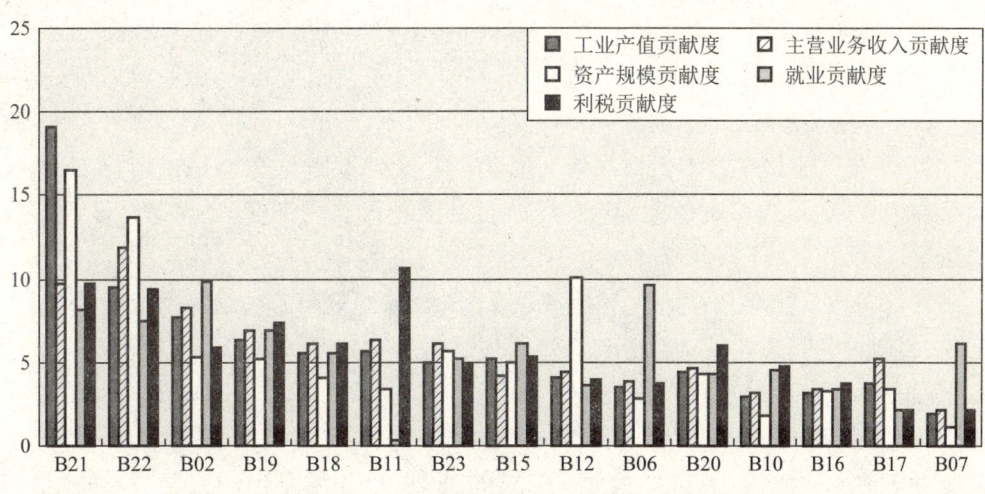

图 11　2009~2012 年综合分析贡献度前 15 位贡献度状态

由表 14 中计算数据可知，综合贡献度前 15 个产业的工业总产值、主营该业务收入、资产规模、就业人数和利税贡献累计贡献分别为 87.92%、86.37%、85.55%、83%、85.77%；主要集中在交通运输设备制造业，电气机械及器材制造业，农副食品加工业，通用设备制造业，金属制品业，石油加工、炼焦及核燃料加工业，通信设备、计算机及其他电子设备。前 7 个产业的工业总产值、主营业务收入、资产规模、就业人数和利税贡献累计贡献分别为 58.9%、55.5%、53.8%、43.2%、54.0%。

贡献度前五大行业的工业总产值、主营业务收入、资产规模、就业人数和利税贡献均在 4% 以上。前十大行业依次为交通运输设备制造业，电气机械及器材制造业，农副食品加工业，通用设备制造业，金属制品业，石油加工、炼焦及核燃料加工业，通信设备、计算机及其他电子设备，橡胶、塑料制品业，化学原料及化学制品制造业，纺织服装、鞋、帽制造业。

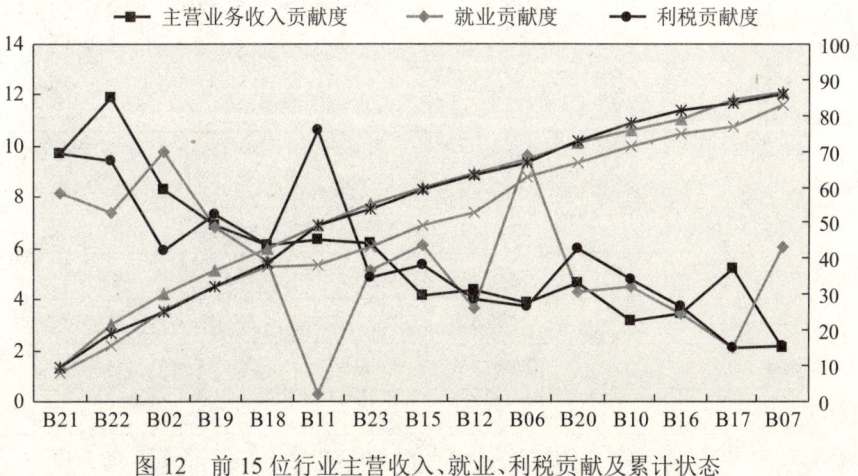

图 12　前 15 位行业主营收入、就业、利税贡献及累计状态

交通运输设备制造业位居第一,工业总产值、主营收入值、资产最高,均占 8% 以上。工业总产值占总额 19.11%,资产规模占 16.48%,均位居行业第一;就业位居第三位,达到 8.18%;利税位居第二,占总额 9.73%。

15 个行业工业总产值排名依次为交通运输设备制造业,电气机械及器材制造业,农副食品加工业,通用设备制造业,石油加工、炼焦及核燃料加工业,金属制品业,橡胶、塑料制品业,通信设备、计算机及其他电子设备。

主营业务收入贡献依次为电气机械及器材制造业,交通运输设备制造业,农副食品加工业,通用设备制造业,石油加工、炼焦及核燃料加工业,通信设备、计算机及其他电子设备,金属制品业,金属冶炼及压延加工业。位居第一位的行业占总额 11.88%,位居第 8 位的行业占总额 5.20%。

就业贡献最大产业为农副食品加工业,占 9.79%;第二是纺织服装、鞋、帽制造业,占 9.61%;第三是交通运输设备制造业,占 8.18%;第四位是电气机械及器材制造业,占 7.42%;第五位是通用设备制造业,占 6.85%;其次依次是橡胶、塑料制品业,皮革、毛皮、羽毛(绒)及其制品业,金属制品业,通信设备、计算机及其他电子设备。

利税贡献依次如下:石油加工、炼焦及核燃料加工业,占 10.63%;交通运输设备制造业,占 9.73%;电气机械及器材制造业,占 9.44%;通用设备制造业,占 7.43%;金属制品业,专用设备制造业,农副食品加工业,橡胶、塑料制品业,通信设备、计算机及其他电子设备分别占 6.09%、6.0%、5.92%、5.36%。

综合 2009~2013 年加权综合数据分析,从贡献度角度来看,青岛市的工业利税的主要来源是石油加工、炼焦及核燃料加工业、交通运输设备、电气机械及器材制造、通用设备制造业类领域。青岛市的就业贡献主要是农副食品加工业,纺织服装、鞋、帽制造业等服装纺织品,农产品加工类等传统产业;但设备制造类也是主要的就业领域,特别是以交通运输设备制造业为代表的装备制造业。前 15 个行业分别贡献了 87.9% 的工业总产值,86.4% 的主营业务收入,85.6% 的资产份额,83.0% 的制造业就业和 85.8% 的制造业利税收入。

表 14　2009~2013 年产业贡献综合数据表

序号	指标	工业总产值（万元）	主营业务收入（万元）	资产规模（万元）	就业人数（人）	利税额（万元）
B01	采矿业	490 051	511 463	93 124	4 052	63 945
B02	农副食品加工业	11 463 206	10 750 571	3 583 913	108 406	827 841
B03	食品制造业	2 455 690	2 420 882	1 321 283	22 959	295 423
B04	饮料制造业	1 400 841	2 069 644	947 135	14 404	338 142
B05	纺织业	3 749 474	3 664 410	1 245 143	47 842	329 385
B06	纺织服装、鞋、帽制造业	5 214 069	4 968 890	1 884 929	106 444	520 278
B07	皮革、毛皮、羽毛(绒)及其制品业	2 913 536	2 735 620	772 731	67 138	302 065
B08	木材加工及家具制造	2 101 032	2 020 699	664 475	25 575	248 478

续表

序号	指标	工业总产值（万元）	主营业务收入（万元）	资产规模（万元）	就业人数（人）	利税额（万元）
B09	造纸及纸制品业	1 521 026	1 429 491	535 147	13 431	159 710
B10	文体用品制造业	4 304 957	4 116 726	1 261 271	49 836	667 394
B11	石油加工、炼焦及核燃料加工业	8 430 467	8 213 435	2 311 820	3 494	1 486 523
B12	化学原料及化学制品制造业	6 048 199	5 673 248	6 834 998	40 256	556 887
B13	医药制造业	915 993	848 351	649 891	10 974	166 006
B14	化学纤维制造业	149 046	345 321	109 467	1 562	8 560
B15	橡胶、塑料制品业	7 651 043	5 351 060	3 327 768	67 455	749 719
B16	非金属矿物制品业	4 701 688	4 439 820	2 217 243	38 006	517 653
B17	金属冶炼及压延加工业	5 596 364	6 721 155	2 263 752	23 419	294 081
B18	金属制品业	8 276 254	7 930 239	2 783 618	61 156	851 416
B19	通用设备制造业	9 337 879	8 933 334	3 500 079	75 879	1 022 991
B20	专用设备制造业	6 526 708	5 980 263	2 867 018	47 927	838 744
B21	交通运输设备制造业	28 274 515	12 585 275	11 137 353	90 598	1 361 306
B22	电气机械及器材制造业	14 006 536	15 373 586	9 271 751	82 216	1 319 929
B23	通信设备、计算机及其他电子设备	7 367 578	7 968 894	3 797 002	57 256	680 137
B24	工艺品及其他制造业	780 226	740 242	287 324	15 448	84 081
B25	电力、热力的生产和供应业	2 992 561	2 313 529	2 432 810	15 724	127 750
B26	其他行业	1 318 946	1 264 440	1 482 212	16 415	168 274
	合计	147 987 884	129 370 589	67 583 256	1 107 868	13 986 717

注：行业划分含义见《国民经济行业分类与代码》(GB/T 4754-2002)。资产规模 = 流动资产 + 固定资产净值；利税额 = 主营业务税金及附加 + 利润总额 + 本年应交增值税额。

表15 2009～2013年产业贡献度综合数据表

序号	指标	综合排序	工业产值贡献度（%）	主营业务收入贡献度（%）	资产规模贡献度（%）	就业贡献度（%）	利税贡献度（%）
B01	采矿业	25	0.33	0.40	0.14	0.37	0.46
B02	农副食品加工业	3	7.75	8.31	5.30	9.79	5.92
B03	食品制造业	17	1.66	1.87	1.96	2.07	2.11
B04	饮料制造业	20	0.95	1.60	1.40	1.30	2.42
B05	纺织业	16	2.53	2.83	1.84	4.32	2.35
B06	纺织服装、鞋、帽制造业	10	3.52	3.84	2.79	9.61	3.72
B07	皮革、毛皮、羽毛（绒）及其制品业	15	1.97	2.11	1.14	6.06	2.16
B08	木材加工及家具制造	19	1.42	1.56	0.98	2.31	1.78
B09	造纸及纸制品业	22	1.03	1.10	0.79	1.21	1.14

续表

序号	指标	综合排序	工业产值贡献度（%）	主营业务收入贡献度（%）	资产规模贡献度（%）	就业贡献度（%）	利税贡献度（%）
B10	文体用品制造业	12	2.91	3.18	1.87	4.50	4.77
B11	石油加工、炼焦及核燃料加工业	6	5.70	6.35	3.42	0.32	10.63
B12	化学原料及化学制品制造业	9	4.09	4.39	10.11	3.63	3.98
B13	医药制造业	23	0.62	0.66	0.96	0.99	1.19
B14	化学纤维制造业	26	0.10	0.27	0.16	0.14	0.06
B15	橡胶、塑料制品业	8	5.17	4.14	4.92	6.09	5.36
B16	非金属矿物制品业	13	3.18	3.43	3.28	3.43	3.70
B17	金属冶炼及压延加工业	14	3.78	5.20	3.35	2.11	2.10
B18	金属制品业	5	5.59	6.13	4.12	5.52	6.09
B19	通用设备制造业	4	6.31	6.91	5.18	6.85	7.31
B20	专用设备制造业	11	4.41	4.62	4.24	4.33	6.00
B21	交通运输设备制造业	1	19.11	9.73	16.48	8.18	9.73
B22	电气机械及器材制造业	2	9.46	11.88	13.72	7.42	9.44
B23	通信设备、计算机及其他电子设备	7	4.98	6.16	5.62	5.17	4.86
B24	工艺品及其他制造业	24	0.53	0.57	0.43	1.39	0.60
B25	电力、热力的生产和供应业	18	2.02	1.79	3.60	1.42	0.91
B26	其他行业	21	0.89	0.98	2.19	1.48	1.20
	合计		100.00	100.00	100.00	100.00	100.00

表16 2009~2013年产业综合数据贡献度指数表

序号	指标	排序	综合指数	贡献度指数				
				工业产值（万元）	主营业务收入（万元）	资产规模（万元）	就业人数（人）	利税额（万元）
B01	采矿业	25	0.017	0.012	0.011	0.000	0.023	0.037
B02	农副食品加工业	3	0.582	0.402	0.692	0.316	1.000	0.554
B03	食品制造业	17	0.143	0.082	0.138	0.111	0.200	0.194
B04	饮料制造业	20	0.115	0.045	0.115	0.077	0.120	0.223
B05	纺织业	16	0.215	0.128	0.221	0.104	0.433	0.217
B06	纺织服装、鞋、帽制造业	10	0.378	0.180	0.308	0.162	0.982	0.346
B07	皮革、毛皮、羽毛(绒)及其制品业	15	0.215	0.098	0.159	0.062	0.614	0.199
B08	木材加工及家具制造	19	0.121	0.069	0.111	0.052	0.225	0.162
B09	造纸及纸制品业	22	0.074	0.049	0.072	0.040	0.111	0.102
B10	文体用品制造业	12	0.275	0.148	0.251	0.106	0.452	0.446

续表

排序	编号	名称	综合贡献指数	主营收入贡献度（%）	增加值贡献（%）	资产贡献（%）	就业贡献（%）	利税贡献（%）
12	B10	文体用品制造业	0.2746	2.91	3.18	1.87	4.50	4.77
13	B16	非金属矿物制品业	0.2597	3.18	3.43	3.28	3.43	3.70
14	B17	金属冶炼及压延加工业	0.2450	3.78	5.20	3.35	2.11	2.10
15	B07	皮革、毛皮、羽毛(绒)及其制品业	0.2146	1.97	2.11	1.14	6.06	2.16
		累计		87.92	86.37	85.55	83.00	85.77

（六）青岛市社会发展与服务业发展

"建设宜居幸福的现代化国际城市"是青岛市发展的既定目标，"宜居"和"幸福"居于核心位置。通过实现蓝色跨越，发展海洋产业、高端制造业、战略性新兴产业等奠定坚实的社会经济基础，通过发展社会服务事业、现代服务产业，以海洋文化为特色文化产业，推进现代服务产业和社会服务体系的发展，建设"产业发达、服务完善、文化繁荣、人民幸福的宜业宜居的现代国际海湾区都市"。

将大力推动生产性服务业集聚化、生活性服务业便利化、公共服务业均等化，加快发展主导服务产业，壮大提升高端服务产业，积极培育新业态、新模式的新兴服务产业，构建现代服务产业和社会服务体系。

1. 社会事业和城市服务业发展

建设覆盖城乡、功能完善、分布合理、服务高效的社会事业服务体系更加完善，服务能力和均等化程度进一步提升，社会服务产业进一步壮大，社会管理更加科学，群众满意度明显提高。积极塑造传承历史文化、突出地域特色、突显时代要求、引领未来发展的新时期青岛城市精神，构筑道德高地，全面提升城市的精气神。加强公共文化设施建设，率先建成国家公共文化服务体系示范区。突出青岛蓝色文化特色，打造全国海洋文化新高地。提升文化产业在全市经济中的支柱产业地位。提高优秀文化产品的数量和质量，更好地满足全市人民群众多方面、多样化、多层次的文化需求。着力培育自尊自信、理性平和、积极向上的社会心态，引导形成开放包容、风清气正、奋发进取的社会风气，积极塑造传承历史文化、突出地域特色、突显时代要求、引领未来发展的新时期青岛城市精神，构筑道德高地，全面提升城市的精气神。

围绕青岛作为国家"智慧城市"技术和标准试点城市建设，在"数字城市""两化融合""无线城市""3G/4G试点城市"，均走在全国前列。"十三五"期间，要着力建设"智慧城市"城市智能服务体系，成为全国智慧城市建设的示范。通过智能交通、智能社区、智能医疗等服务体系，实现民生、环保、公共安全、城市服务、工商业活动在内的各种需求做出智能响应，为居民创造更美好的城市生活。

建设"智慧城市"的驱动力是技术和服务需求两方面的因素,是高端技术和城市服务的有机融合,一是以物联网、云计算、移动互联网为代表的新一代信息技术,二是知识社会环境下逐步孕育的开放的城市创新生态。可见创新在智慧城市发展中的驱动作用。依托高性能整体智能交通系统,实现所有运营商的良性互动,才能有效控制和解决都市交通问题。通过智能社区建设将建立覆盖社区居民、功能完善、便捷高效的社区服务体系,健全社区服务网络,完善社区服务功能。智能医疗将极大地实现医疗服务效率,消除医疗资源的不平衡,将以满足群众多样化医疗保健服务需求为导向,充分发挥青岛医疗资源和海滨疗养资源优势,大力发展现代医疗服务业。

2. 现代生产性服务业发展

以蓝色经济和高端制造业产业发展为导向,大力推进生产性服务业的聚集发展,实现服务业和高端制造业及高新技术产业的无缝衔接,加快构建现代生产性服务产业体系。李克强总理指出,大力发展服务业,既是当前稳增长、保就业的重要举措,也是调整优化结构、打造中国经济升级版的战略选择。中国经济从"中国制造"向"中国服务"转型已成定势。

(1) 现代物流服务业。物流服务业将以建设东北亚国际航运综合枢纽和物流中心为目标,推进国内外合作,拓展海陆空经济腹地,加快提升航运资源配置、现代物流和国际贸易服务功能。依托前湾港区、董家口港区、胶东国际机场空港区,延伸物流产业链,围绕生产产业和城区及铁路和公路网络,建设物流园区、配送中心,形成布局合理和功能配套的物流设施群,完善现代物流服务体系,建设青岛国际物流公共服务平台、国际航运交易中心和航运服务集聚区,健全现代航运服务体系和物流信息支撑体系,实现对产业发展和城市发展的强大基础性支撑。

(2) 现代金融服务业。金融业将以建设区域性金融中心为目标,在完善金融与实体经济融合发展的同时,优化金融空间布局,强化金融区域带动功能,培植金融市场交易和定价功能。完善金融市场体系,进一步提升以货币、外汇、证券、期货、黄金交易为主的金融类要素市场功能,支持建设董家口油品期货交割库、西海岸新区股权交易系统、高新区代办股份转让系统,探索建立区域性非上市公司股权场外交易市场,探索发展蓝色金融、离岸金融、财富管理、第三方金融外包服务和电子支付新型业务。

(3) 软件信息服务业。软件与信息服务业将以建设区域性信息中心为目标,突出基础网络设施建设、信息资源开发利用与共享,建设"数字青岛"。围绕高新技术和智慧城市建设,进一步提升软件产业公用技术服务平台的服务功能和水平,扶植工业软件的快速发展,打造"国家软件和信息服务业示范基地"。

(4) 科技服务业。科技服务业将以建设区域性科技中心为目标,完善科技服务支撑体系,突出科技创新和成果转化,提升自主创新能力。科技中介服务业将以建设区域性服务中心为目标,推动科技中介服务业规范专业化转变。

(5) 房地产。房地产业将以建设生态宜居城市为目标,以改善居民居住条件为着力点,落实国家宏观调控政策。支持工业地产、商业地产、旅游地产的合理开发,实现地产业与城市发展、产业推进、商业扩展相匹配的联动发展格局,促进房地产业稳定健康发展。

(6) 中介服务。以建设区域性中介服务中心为目标,推动中介服务专业化发展,重点发展咨询、评估、金融、科技、人力资源、法律、经纪等服务,形成种类齐全、分布合理、功能完善、运作规范、与国际接轨的现代中介服务体系。

3. 现代高端服务产业发展

(1) 旅游业。旅游业将以建设国际海滨旅游度假中心为目标,大力促进观光旅游向度假旅游转变,努力将旅游资源优势转化为市场优势,充分发挥旅游产业的龙头带动作用,实现旅游业的高端化发展。

(2) 现代商贸服务业。商贸流通业将以建设区域性商贸中心为目标,加快提升商贸流通业现代化、便利化和连锁化水平,增强区域商贸辐射带动作用。要支持和发展商业服务业的网络化,支持网络营销、贸易等新业态、新模式的发展。服务于生产企业和居民的电子商务模式已显露锋芒。

(3) 文化创意产业。以建设现代海洋文化名城和区域性文化中心为目标,加快实施"文化青岛"战略,推动文化与城市、经济、社会的融合发展,全面提升城市软实力。

(4) 服务外包产业发展。完善服务外包产业体系,实现业务高端化发展。推动"青岛服务"品牌在国内外的高知名度,建设国际著名的服务外包基地。重点开拓日本和韩国市场,积极拓展欧美市场,推动全市服务外包市场规模和业务层级同步提升;发挥优势,重点承接软件业、研发设计、物流、金融、医疗等外包业务;大力引进国内外知名的服务外包企业,培育本土重点服务外包企业,形成行业龙头;大力引进国内外专业培训机构,完善人才教育培训体系。嵌入式软件和应用软件的开发和测试外包业务,动漫影视外包业务,国际数据备份中心,金融、保险、财会等数据处理外包业务。

(5) 健康服务。健康产业主要包括医疗服务、健康养老、健康管理、疗养康复、养生健身、健康保险、生物医药、医疗器械、健康食品、体育健身用品等。将以国际化、高端化、集聚化为引领,以信息化、智能化为手段,建设国内领先、国际一流的健康产业基地,塑造国际知名的健康青岛品牌,打造具有较强国际影响力和区域特色的国际健康城。到2020年,健康产业实现重点发展领域明显突破,优势特色领域不断拓宽,产业规模显著扩大,研发创新能力明显增强,基本建成覆盖全生命周期、特色鲜明、结构合理、具有较强国际竞争力的健康产业体系,成为国际知名的疗养康复中心,国内重要的养生休闲基地,将青岛市打造成为全国健康产业发展的领先城市。

4. 科技服务业发展

科技服务业是产业不断细化和结构调整过程中从第一、二产业分离而形成的新的服务业态,科技服务业是以技术和知识向社会提供服务的产业,其服务手段是技术和知识,具有人才智力密集、科技含量高、产业附加值大、辐射带动作用强等特点,是推动产业结构升级优化的关键产业。主要包括科学研究、专业技术服务、技术推广、科技信息交流、科技培训、技术咨询、技术孵化、技术市场、知识产权服务、科技评估和科技鉴证等活动。青岛要实现以蓝色经济为主,以高端、新兴产业为特色的现代产业体系,必须有发达的科技服务业为支撑。建设半岛现代科技服务业中心、全国重要科技创新服务聚集节点成为青岛科技服务业必然的发展定位。青岛市科技服务业要围绕"蓝、高、新"创新的全链条来重点发展研究开发、技术转移、检验检测认证、创业孵化、知识产权、科技咨询、科技金融、科学技术普及等专业科技服务和综合科技服务,提升科技服务业对科技创新和产业发展的支撑能力。

（1）研究开发及其服务。支持对蓝色科技基础性投入,支持企业与专业研究机构、高效开展合作,整合科研资源,面向市场提供专业化的研发服务。鼓励研发类企业专业化发展,积极培育市场化新型研发组织、研发中介和研发服务外包新业态。加强科技资源开放服务,建立健全驻青高校、科研院所的科研设施和仪器设备开放运行机制,引导驻青国家重点实验室、国家工程实验室、国家工程（技术）研究中心、大型科学仪器中心、分析测试中心等向社会开放服务。

（2）技术转移服务。发展多层次的技术（产权）交易市场体系,鼓励技术转移机构创新服务模式,为企业提供跨领域、跨区域、全过程的技术转移集成服务,促进科技成果加速转移转化。

（3）测试和检测认证服务。结合青岛蓝色硅谷和高新技术创新需求,鼓励企业建立大型仪器设备的公共测试平台,加快发展第三方检验检测认证服务。

（4）创业孵化服务。整合创新创业服务资源,支持建设"创业苗圃＋孵化器＋加速器"的创业孵化服务链条,为培育新兴产业提供源头支撑。

（5）知识产权服务。以科技创新需求为导向,大力发展知识产权代理、法律、信息、咨询、培训等服务,提升知识产权分析评议、运营实施、评估交易、保护维权、投融资等服务水平,构建全链条的知识产权服务体系。

此外,加强科技咨询服务、科技金融服务、科学技术普及服务、综合科技服务领域。

四、科技引领支撑产业和社会发展研究

科技创新是经济发展的核心动力,它决定着经济发展的质量与速度。我国经济社会发展形势和基本国情决定了我国必须把科技创新作为国家发展战略,把走创新型国家发展道路作为我国面向2020年的战略选择。历史的实践证明,科技创新发展能够引起一系列性的技术突破,继而造就新兴行业的形成,而传统产业的发展离不开科技的不断创新,而科技创新反过来又推动生产技术和产品不断升级扩展。同时,社会人文科学与自然科学的交叉研究,对社会综合进步起到极大的作用,为科学和生产的发展提供强有力的支撑,极大地影响着社会经济结构和人们的思维模式和生活方式。目前,在综合国力竞争日趋激烈的形势下,创新能力不足将对经济社会发展和国家安全构成严重制约,采取重点突破,全面发展,引领新兴产业、支撑传统产业脱胎换骨升级、支持社会和谐繁荣发展具有积极的意义。

（一）科技创新引领战略性新兴产业发展需求

青岛市首先在最有基础、最有条件的领域率先突破,强化区域海洋科技创新与产业

化能力是青岛市科技引领新兴产业发展的战略选择。选择突出发展新一代信息技术产业,加快发展新材料产业、高端装备制造产业和生物产业,培育发展节能环保产业和新能源产业,引导发展新能源汽车产业。

1."新一代信息技术"领域关键技术

未来15年,信息技术仍将是带动世界经济增长和经济结构变化的主要动力。在信息器件向高速化、微型化、一体化和网络化发展的同时,软件和信息服务成为发展重点。"新一代信息技术"重点开展物联网与云计算核心技术研究,高端软件和信息服务,微电子与集成电路,突破关键技术瓶颈(表18)。

表18 新一代信息技术产业链分析

领域	上游	中游	下游
物联网	芯片制造、传感器设备、执行器设备、RFID、二维码、智能装置等设备制造	系统集成、信息处理、云计算、解析服务、网络管理、Web服务等	电信运营服务、管理咨询服务、M2M服务、原始设备制造服务等
云计算	OS、数据库、虚拟化、信息安全、芯片制造设备、服务器设备、存储设备、网络设备	云平台开发、系统集成、云应用服务、云计算服务、云平台服务	云平台、云计算用户服务
微电子、高性能集成电路	单晶片、多晶硅、外延片、单晶棒、芯片粘结材料、感光树脂材料、陶瓷/塑料等材料的研制	芯片制造、高性能集成电路制造设备研制、芯片封装测试设备研制	计算机制造、消费电子、通信设备、工业控制、智能卡等应用
下一代通信网络	芯片制造、网络测试	网络设备制造、终端制造、系统集成服务、内容提供、服务提供、应用软件开发等	电信运营服务
新型平板显示	ITO导电玻璃、偏光片、掩膜、彩色滤光片、镀膜设备、衬垫料、液晶材料等	TN面板、VA类面板、IPS面板、CPA面板(ASV面板)、电阻式模块触摸屏、红外模块触摸屏等	电脑、通信、仪器、音响、工业、车用、消费类电子

(1)物联网。重点发展高端传感器、MEMS(微机电系统),智能传感器和传感器网节点、传感器网关;超高频RFID、有源RFID和RFID中间件产业等,重点发展物联网相关终端和设备以及软件和信息服务。物流网技术可应用于智慧城市领域,包括智能交通,智能监控,智能社区、手机支付和导航等。在智能交通领域,有效地结合了导航定位与视频监控。可应用于智能社区、智能家庭、快速公交智能系统、绿色农产品溯源系统、智能医疗、数字海洋、智能交通等产品的设计开发,促进全市物联网产业快速发展。

(2)云计算。云技术是网格计算、分布式计算、并行计算、效率计算、网络存储、虚拟化、负载均衡等计算技术和网络技术发展融合的产物。其关键技术包括:虚拟化技术、多租户技术、资源调度、编程模型技术、存储技术、数据管理技术等。云计算也将是一种全新的商业模式,其核心部分依然是数据中心。将在智能家居、绿色IT与节能降耗、4C融合(computer,communication,consumer eletronics,content)和终端融合、便携移动娱乐低功耗PC等领域具有广阔前景。

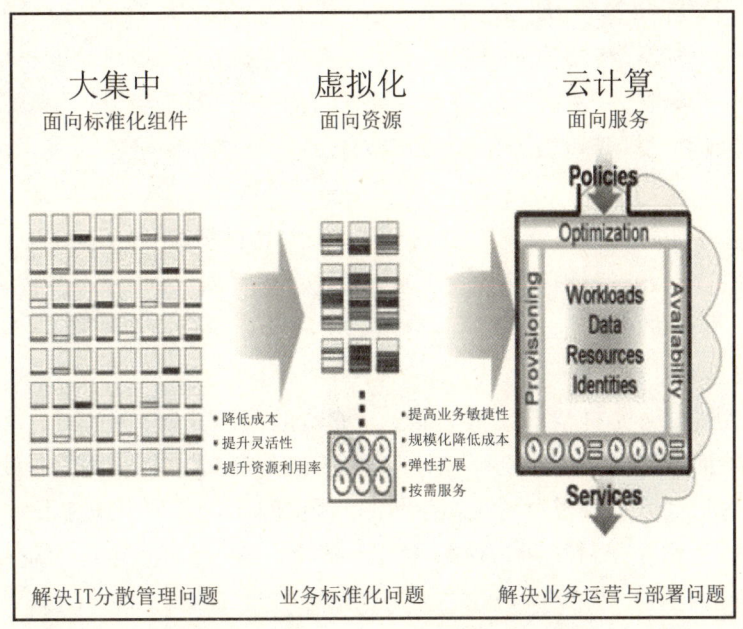

图13 企业IT向云计算演进路线图

(3) 高端软件及网络信息服务。重点发展智能嵌入式软件、集成工程软件、高端软件服务外包、企业移动电子商务、移动电子政务、移动农业信息服务、虚拟现实与视景仿真、动漫产品制作等产品的设计开发。

(4) 微电子与集成电路。着力发展新型显示等核心基础产业；大力培育应用电子及消费类电子产品芯片设计、制造、封装、测试技术；加快开展基于片上系统(SoC)的整机设计和产业化研究，开发采用先进技术的片上系统(SoC)芯片。新型平板显示技术是发展趋势，在不远的将来逐渐取代TFT-LCD，目前我国相关企业的技术和世界一流水平的差距正在缩小，产品未来的替代空间巨大。新型平板显示技术包含多个方面，不仅仅局限于显示技术本身，同时还包括与显示设备关系密切的其他技术。目前的关注热点主要有有机电激光显示(OLED, Organic Light-Emitting Diode)、电子纸、LED背光、高端触摸屏和平板显示上游材料等。

2. "新材料"领域关键技术

(1) 新材料主要领域和关键技术。

新材料是新能源、信息技术、生物技术以及改善人类生存环境的物质基础。新材料主要包括高性能结构材料、新型功能材料、电子信息材料以及纳米材料等。

① 高性能结构材料是具有高比强度、高比刚度、耐高温、耐腐蚀、耐磨损的材料，对支撑交通运输、能源动力、电子信息、航空航天以及国家重大工程起关键性作用。高性能钢、高温合金及金属间化合物、先进结构陶瓷、铝镁基轻合金、结构钛合金、新型高分子结构材料和复合材料是高性能结构材料发展的重点。

② 新型功能材料是一大类具有特殊电、磁、光、声、热、力、化学以及生物功能的新型材料，包括微电子材料、光电子材料、传感器材料、信息材料、生物医用材料、生态环境材

料、能源材料和智能材料等,是信息技术、生物技术、能源技术和国防建设的重要基础材料。当前国际上功能材料及其应用技术正面临新的突破,诸如信息功能材料、超导材料、生物医用材料、能源材料、生态环境材料及其材料的分子、原子级设计正处于日新月异的发展之中。发展功能材料和相关技术,已成为发达国家强化经济实力及军事优势的重要手段。

信息功能材料发展的重点是磁性材料、电子陶瓷材料、压电及光电晶体、高性能封装材料等方面;高温超导材料的研究工作已在薄膜、体材料、线带材制备技术和应用研究等方面取得了重要进展,处在大规模应用前的工程验证阶段,日本、美国、中国和法国等国家居国际先进水平。

世界生物医用功能材料的发展方向:一是模拟人体软硬组织、器官和血液等的组成、结构和功能而开展的仿生或功能设计与制备,二是提高生物医用材料的生物相容性、生物功能性、仿生性以及赋予材料生命活性,以适应临床对各种组织和器官修复的需求,在不久的未来,生物医用材料所占份额将赶上药物市场,是社会经济效益和技术含量极高的材料行业。

太阳能电池材料和从水中提取氢的技术和材料是新能源材料研究开发的热点,另外,清洁能源的发展,核聚变能材料日益得到各国的高度重视;生态环境材料未来的重点主要集中在天然材料、超高性能材料等的研发,研发门类相对齐全、可持续发展的生态环境工程材料,发展材料的循环再生和废弃物资源化技术等方面。

③ 电子信息材料方面,以硅为代表的半导体是目前集成电路和光电子元器件制造的基础材料。为了提高单片的集成度和降低成本,半导体芯片正朝着大尺寸、晶格高完整性、掺杂元素浓度精确控制的方向发展。从20世纪末开始,宽带隙半导体一直是国际研发的热点领域,但到目前为止,仍处于探索研究阶段。当前主要有碳化硅、金刚石等材料。信息转换、传输和显示材料发展迅速。世界光纤用量正以年均25%以上的速度增长;光功能晶体研究获得了重大突破。

④ 纳米材料方面,目前已经发展成为尺度为1~100 nm时物质特性和操纵(原子、分子操纵)技术的独立科学领域,备受关注和重视。科学家预言,物质纳米层次已经和将要揭示出的许多新的物理、化学效应,将对21世纪的基础科学和几乎所有工业领域产生革命性的变革。纳米材料学、纳米电子学、纳米生物医学将为合成新材料、信息通讯和生物工程科学提供崭新的原理和技术,深刻地影响未来人们的生产方式和生存质量。

(2)青岛新材料领域关键领域和技术。

青岛"十三五"在新材料领域将瞄准世界新材料前沿,与蓝色经济发展融合。重点在海洋工程领域发展新型功能材料,在高分子和金属材料领域发展高性能结构材料、纳米材料,在电子材料领域发展新型电子信息材料。简称为:新型海洋工程材料、新型高分子材料、新一代光电电子材料、新型金属材料。

① 新型海洋工程材料。

大力开展新型船舶及海洋工程用系列多功能防护材料技术研究;积极发展深海浮力材料、以及深海水下耐压、耐温、耐腐蚀结构材料。抓好海洋浮体材料、海洋防腐材料以及海洋耐压材料等产品的研发生产(表19)。

表19 新型海洋工程材料研究内容

海洋工程材料领域	主要研究内容
海洋新型防护材料	主要围绕长效新型环保型树脂、防污剂以及防污涂料,满足海洋设施设备防护领域需求
海洋深潜材料	针对深海开发需求,研究设计深水耐压浮力材料、高性能耐腐蚀钛合金材料、非晶态耐腐蚀材料、高耐压密封防水材料、可在6 000~10 000 m深海使用的新型海洋专用材料
海水淡化基地配套关键材料	配合青岛国家海水淡化基地的建设,为海水泵体及叶轮叶片制造配置的关键材料
海洋环境材料	即海洋环境保护新型材料研究,防油污新型围栏材料、新型油污吸附材料(高分子絮凝材料、可降解型油吸附材料等)
海洋监测材料	研究具有唯独敏感、化学敏感、生物敏感的功能材料,用于海洋监测和海洋研究领域
探索海洋新概念材料	包括智能海洋材料、海洋能源新材料,生物海洋材料

② 新型高分子材料。

高性能高分子材料及应用技术,研究开发高阻隔复合膜材料生产技术;聚四氟乙烯高匀质膜生产技术、成纤工艺及表面涂覆技术;高压超高压电缆用绝缘料超净化控制技术;农用新型塑料材料制备技术。目标产品:医用非PVC软包装膜、高匀质聚四氟乙烯膜及纤维织物、大型建筑篷盖材料、高压超高压电缆用超净绝缘料、农用新型塑料棚膜。

异戊橡胶合成技术。研究开发反式异戊橡胶合成技术、顺式异戊橡胶合成技术及橡胶改性技术;异戊橡胶在轮胎产品中的应用技术。目标产品:顺式异戊橡胶、反式异戊橡胶、形状记忆医用夹板。目标产品:顺式异戊橡胶、反式异戊橡胶、形状记忆医用夹板。

③ 新一代光电电子材料及新能源材料。

半导体照明技术研究开发大功率高亮度蓝光LED外延片生长技术;紫外LED外延片生长技术及应用技术;大功率LED芯片封装技术。目标产品:大功率蓝光LED外延片及芯片、紫外LED外延片等。

清洁能源材料技术。研究开发改性锰酸锂、磷酸铁锂等锂电池正极材料生产技术;石墨负极材料加工技术;动力型锂离子电池设计组装技术及电池组组装管理。目标产品:改性锰酸锂、磷酸铁锂、动力型锂离子电池等。

④ 新型金属材料。

研究开发高性能钢、高温合金及金属间化合物、铝镁基轻合金、结构钛合金。重点开发耐高温、耐腐蚀、耐磨损、高轻质的新型高强合金(铝、镁、钛等)材料及其结构件的生产技术;积极发展超导金属材料及其应用生产技术。抓好镁合金结构件、超导线材、非晶带材等产品的研发生产。

3. 高端装备制造领域关键技术

(1)高端装备制造关键技术。

高端装备制造需要先进的制造技术来引领支撑。先进的制造技术包括:先进制造关

续表

序号	指标	排序	综合指数	贡献度指数				
				工业产值（万元）	主营业务收入（万元）	资产规模（万元）	就业人数（人）	利税额（万元）
B11	石油加工、炼焦及核燃料加工业	6	0.417	0.294	0.524	0.201	0.018	1.000
B12	化学原料及化学制品制造业	9	0.381	0.210	0.355	0.610	0.362	0.371
B13	医药制造业	23	0.060	0.027	0.033	0.050	0.088	0.107
B14	化学纤维制造业	26	0.000	0.000	0.000	0.001	0.000	0.000
B15	橡胶、塑料制品业	8	0.395	0.267	0.333	0.293	0.617	0.501
B16	非金属矿物制品业	13	0.260	0.162	0.272	0.192	0.341	0.344
B17	金属冶炼及压延加工业	14	0.245	0.194	0.424	0.197	0.205	0.193
B18	金属制品业	5	0.429	0.289	0.505	0.244	0.558	0.570
B19	通用设备制造业	4	0.512	0.327	0.571	0.308	0.696	0.686
B20	专用设备制造业	11	0.367	0.227	0.375	0.251	0.434	0.562
B21	交通运输设备制造业	1	0.914	1.000	0.814	1.000	0.833	0.915
B22	电气机械及器材制造业	2	0.794	0.493	1.000	0.831	0.755	0.887
B23	通信设备、计算机及其他电子设备	7	0.412	0.257	0.507	0.335	0.521	0.454
B24	工艺品及其他制造业	24	0.047	0.022	0.026	0.018	0.130	0.051
B25	电力、热力的生产和供应业	18	0.131	0.101	0.131	0.212	0.133	0.081
B26	其他行业	21	0.093	0.042	0.061	0.126	0.139	0.108

表17 2009～2013年综合年份贡献指数居于前15位的行业

排序	编号	名称	综合贡献指数	主营收入贡献度（%）	增加值贡献（%）	资产贡献（%）	就业贡献（%）	利税贡献（%）
1	B21	交通运输设备制造业	0.9143	19.11	9.73	16.48	8.18	9.73
2	B22	电气机械及器材制造业	0.7941	9.46	11.88	13.72	7.42	9.44
3	B02	农副食品加工业	0.5821	7.75	8.31	5.30	9.79	5.92
4	B19	通用设备制造业	0.5121	6.31	6.91	5.18	6.85	7.31
5	B18	金属制品业	0.4294	5.59	6.13	4.12	5.52	6.09
6	B11	石油加工、炼焦及核燃料加工业	0.4173	5.70	6.35	3.42	0.32	10.63
7	B23	通信设备、计算机及其他电子设备	0.4120	4.98	6.16	5.62	5.17	4.86
8	B15	橡胶、塑料制品业	0.3949	5.17	4.14	4.92	6.09	5.36
9	B12	化学原料及化学制品制造业	0.3806	4.09	4.39	10.11	3.63	3.98
10	B06	纺织服装、鞋、帽制造业	0.3780	3.52	3.84	2.79	9.61	3.72
11	B20	专用设备制造业	0.3669	4.41	4.62	4.24	4.33	6.00

键技术;先进制造模式技术;装备数字化技术;制造过程自动化技术;数字化设计、制造与管理技术;绿色制造及微纳制造技术;流程再造技术等。

① 先进制造关键技术。先进制造关键技术是制造业中将机械工程技术、电子信息技术、自动化技术、现代管理技术以及材料技术等相关科学技术综合交融,应用于产品计划、设计、准备、制造、加工、检测、管理、供销、物流、使用和售后服务的集成生产技术的总称。

② 先进制造模式技术。自从柔性制造、精益生产、并行工程、计算机集成(CIM)、智能制造、虚拟制造、敏捷制造等许多先进制造技术、模式与系统研究和应用的推广。20世纪以来,各种制造理论、制造技术逐渐成熟,分布式计算技术、网络技术的迅猛发展,使得网络化敏捷制造逐渐成为21世纪企业所应采用的先进制造模式。

③ 装备数字化技术。在机械技术与信息技术、机械产品与电子信息产品深度融合的装备或系统中,引入信息技术,嵌入了传感器、集成电路、软件和其他信息元器件,从而开辟了机械制造柔性自动化的新纪元,其普及应用推动了生产方式、管理体制、产品结构和产业结构的改变。

④ 制造过程自动化技术。制造过程自动化技术是一种融先进制造技术、控制技术、信息技术和管理技术等于一体的综合技术,通过对制造过程实现自动化的检测、控制、调度、优化、管理和决策,以达到增加产量、提高质量、降低消耗、优化与改善制造过程和提高效率等目标。

⑤ 现代装备技术。装备制造技术是任何国家工业体系的中枢,包括除交通装备、通用装备、机电装备外,能源装备、农业装备、环保装备和海洋装备等成为新的技术发展领域。超临界和高效超临界发电术、重型燃气轮机联合循环发电技术、洁净煤燃烧技术等高效、清洁发电技术已成为发电技术的主要发展方向。

(2)青岛重点发展领域。

青岛"十三五"要围绕半岛高端制造基地的建设,科技创新重点支持发展高速轨道交通车辆、海洋装备制造、智能装备制造和航空装备制造。

① 高速轨道交通车辆。大力发展时速350千米及以上动车组相关产品和技术,研制和发展新型高附加值城市轨道交通车辆及相关零部件配套系统,推动产品向高端化发

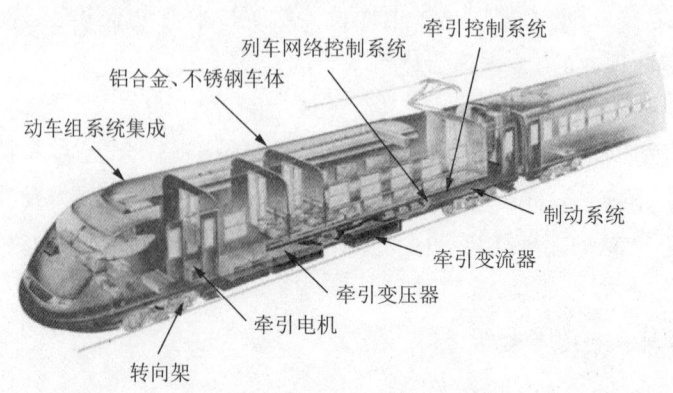

图14 高速动车组的九大关键技术

展。抓好高附加值机车、牵引控制系统和网络监控系统、铁路专用变配电产品、轨道交通综合监控系统、动车组核心关键配套产品、城市轨道交通车辆制动系统以及再生制动能量储存利用系统等产品的研发生产(图14和表20)。

表20　高速轨道交通关键技术表

		关键技术
车体系统		实现高速度的核心技术体现在列车运行控制和列车运行动力学控制两个方面 ① 解决有行车阻力、行车稳定性(包括列车交会和风的影响)、列车出隧道时的微气压波及在隧道内的瞬变压力波和空气噪声等 ② 解决的是弓网关系和轮轨关系
轨道系统和路基系统		保持轨道的高平顺和高稳定以及轨道与基础工程刚度的合理匹配 ① 轨道的高精度,要求轨道的几何尺寸控制在毫米级的误差范围内 ② 轨道下的路基、桥梁、隧道等基础工程的沉降变形控制,要求最大工后沉降 15 mm,两个相邻墩台或相邻不同结构物之间最大不均匀沉降 5 mm,只有基础稳固了,轨道才能平顺和稳定 ③ 振动传递及其噪声,特别是高架结构低频噪声问题,其传播距离要比空气噪声、轮轨噪声和机电噪声远,这就需要研究合理的轨道刚度、桥梁支座刚度和降噪措施 ④ 线下工程的稳定性,即保持轨道高平顺性的能力,关键技术是结构耐久性和材料耐久性
牵引供电	高速接触网设计技术	① 高速弓网配合受流技术 ② 仿真技术 ③ 道岔及电分相布置、装配设计技术
牵引供电	主要装备	① 接触网导线及悬挂、定位、连接装置 ② 牵引变压器及 AT 变压器 ③ GIS 开关柜 ④ 电动隔离开关 ⑤ 断路器 ⑥ 综合自动化及保护装置
通信信号		① 列车运行控制系统 ② 计算机连锁系统 ③ 调度集中系统 ④ 防灾安全监控系统 ⑤ GSM-R 无线通信系统 ⑥ 视频监控系统

表21　海洋工程装备关键技术表

装备类型	关键技术领域	备注
主力海洋工程装备	主要包括:物探船、工程勘察船、自升式钻井平台、自升式修井作业平台、半潜式钻井平台、半潜式生产平台、半潜式支持平台、钻井船、浮式生产储卸装置(FPSO)、半潜运输船、起重铺管船、风车安装船、多用途工作船、平台供应船等。重点突破自主开发设计的关键核心技术,具备概念设计、基本设计和详细设计能力	指量大面广、占市场总量80%以上的海洋工程装备
新型海洋工程装备	主要包括:液化天然气浮式生产储卸装置(LNG-FPSO)、深吃水立柱式平台(SPAR)、张力腿平台(TLP)、浮式钻井生产储卸装置(FDPSO)、自升式生产储卸油平台、深海水下应急作业装备及系统,以及其他新型装备。重点突破总装建造技术,逐步提升集成设计能力,填补国内空白	指近年来国际上新发展起来的、国内尚处空白、有广阔市场前景的海洋工程装备

续表

装备类型	关键技术领域	备注
前瞻性海洋工程装备	主要包括：多金属结核、天然气水合物等开采装备，波浪能、潮流能等海洋可再生能源开发装备，海水提锂等海洋化学资源开发装备，以及其他新型装备。重点开展概念性技术研究，提高前瞻性技术开发能力，为未来装备发展做好技术储备	指代表当今国际海洋工程装备新兴技术，可能改变当前海洋资源开发模式的新装备
关键配套设备和系统	主要包括：自升式平台升降系统、深海锚泊系统、动力定位系统、FPSO单点系泊系统、大型海洋平台电站、燃气动力模块、自动化控制系统、大型海洋平台吊机、水下生产设备和系统、水下设备安装及维护系统、物探设备、测井/录井/固井系统及设备、铺管/铺缆设备、钻修井设备及系统、安全防护及监测检测系统，以及其他重大配套设备。重点突破系统集成设计技术、系统成套试验和检测技术、关键设备和系统的设计制造技术等	指海洋工程平台和作业船的配套系统和设备，以及水下采油、施工、检测、维修等设备
关键共性技术	主要包括：设计建造标准体系研究、海工工程管理技术、深海设施运动性能及载荷分析预报技术、深海设施动力响应及强度分析技术、深海锚索/立管等柔性构件的动力特性分析技术、深海海洋工程装备风险控制技术、深海设施长效防腐及防护技术、深水浮式结构物恶劣海况下安全性评估技术、海上构筑物寿命评估及弃置技术等	指制约我国海洋工程装备自主创新能力的关键技术和共性技术

② 海洋工程装备制造。海洋工程装备制造业既是新兴产业，也是高端装备制造业的重要方向，具有知识技术密集、物资资源消耗少、成长潜力大、综合效益好等特点，是发展海洋经济的先导性产业。

青岛"十三五"期间应该重点发展技术含量高、附加值高的豪华邮轮、液化天然气船（LNG）、军用舰艇、特种船舶等高端船舶设计制造技术，提升船舶配套的国产化率；研究开发深海海洋工程装备设计制造技术，适时引进动力定位系统、中央集成控制系统等高端配套技术，提升海洋工程装备配套能力；大力发展深海水下探测等海洋探测、监测设备的设计制造技术。抓好超级油轮、大型集装箱船和散货船、大型船舶推进系统、自升式钻井船、深海浮式生产储油船、水声探测系统等产品的研发生产（表21）。

③ 智能装备制造。智能制造装备的发展，从市场驱动力看，高度依赖于高端、精密、技术密集、集成制造发展需求，这种需求根本上源自有效缩短产品生产周期、大大提高产量的需求。从内在支撑力看，高度依赖于工程制造科学、技术基础与发展经验的积累，由此导致行业垄断性普遍很强，垄断力量主要来自发达国家领先跨国企业。目前主要的发展方向包括：数控机床、工业机器人、智能控制系统、自动化仪器仪表、3D打印设备等领域。其支撑关键技术包括：智能基础共性技术、智能测控装置与部件技术、智能制造成套装备技术等（表22）。

表22 智能制造关键技术表

类型	主要关键技术
关键智能基础共性技术	针对测控装置、部件和重大智能制造成套装备的开发和应用，突破新型传感原理和工艺、高精度运动控制、高可靠智能控制、工业通信网络安全、健康维护诊断等一批共性、基础关键智能技术，为实现制造装备和制造过程的智能化提供技术支撑

续表

类型	主要关键技术
核心智能测控装置与部件	开发机器人、感知系统、智能仪表等典型的智能测控装置和部件并实现产业化。在充分利用现有技术和产品的基础上，进一步实现智能化、网络化，形成对智能制造装备产业发展的有力支撑
重大智能制造成套装备	针对石油化工、冶金、建材、机械加工、食品加工、纺织、造纸印刷等制造业生产过程数字化、柔性化、智能化设备需求，开发一批标志性的重大智能制造成套装备，保障产业转型升级

青岛市"十三五"期间重点开展以数字化、柔性化及系统集成技术为核心的智能装备的研究与产业化推广，着重支持开发适应水下复杂环境的高精度、高可靠性水下智能作业成套装备。抓好机器人、数字化纺机、橡胶智能制造系统、深海作业智能控制系统等智能共性技术和成套设备设计制造技术的研发生产。

4. 海洋生物产业领域关键技术

（1）生物技术产业主要领域和关键技术。

生物技术产业主要领域包括生物医药（服务产业）、生物农业（资源产业）、生物能源、生物环保等，以及生物工业（生物制造产业）等。生物药物技术已广泛用于治疗癌症、艾滋病、冠心病、多发性硬化症、贫血、发育不良、血友病、糖尿病和一些罕见的遗传疾病。由于生物技术在医药领域的发展最快，产值、利润快速增加，被称为生物技术第一浪潮。

表23　生物产业关键领域

技术领域	关键技术方向	目标产品
生物催化技术	选育高产菌种，开发新型生物制造、能源用酶，优化发酵工艺及后提取技术，开发酶制剂应用技术及工艺，优化升级能源、纺织、制革、制浆等传统产业	碱性果胶酶、角质酶、酸性纤维素酶以及配套应用工艺与技术；漆酶、碱性脂肪酶、过氧化物酶以及配套应用工艺与技术
医药创制技术	重点发展创新型药物的发酵技术、中药现代化技术和新型药物制剂技术，针对心脑血管、精神性疾病等重大疾病，通过结构和组织优化，开展活性物质主要药效学研究，阐明成药特征，进行有效性、安全性等临床前研究和Ⅰ、Ⅱ、Ⅲ期临床研究	聪智颗粒、酪酸梭菌胶囊、吸收性止血生物蛋白；抗凝血酶Ⅲ原料药、壳聚糖止血愈创材料、紫锥菊提取物及制剂、生物分析仪器
动物用基因工程药物及抗体制备技术	研究动物病毒类和细菌类疾病疫苗基因重组表达技术，以及疫苗发酵、纯化、乳化等生产技术与工艺；重点突破种属特异性的复合型高表达、高活性、易纯化的抗病毒抗菌用基因工程药物及微囊化疫苗；开发具有高生物利用度的活性抗体，突破抗体冻干工艺，完成安全性评价试验	干扰素抗菌肽复合体、基因工程口蹄疫黏膜免疫疫苗、禽流感及鸡新城诊断试剂盒、微囊化疫苗、基因工程猪圆环病毒Ⅱ型疫苗、基因工程鸡传染性法氏囊病疫苗、猪繁殖与呼吸综合征诊断试剂
生物添加剂制备技术	重点开发微生物制剂、安全高效的新型饲用抗生素替代产品；利用生物发酵技术和组织细胞体外培养技术，研制益生菌、酶制剂等新型高效生物添加剂；利用生物大分子络合及生物物理等方法创制微量元素、维生素等复合型、络合型添加剂；天然生物制剂和添加剂	微生态制剂、木聚糖酶、富硒酵母及配套工艺；富硒益生菌、β-葡聚糖酶、硫酸化葡聚糖硒及配套工艺

海洋技术是生物技术的重要分支,是指利用海洋生物及其组分生产有用的生物产品以及定向改良海洋生物遗传特性的综合性科学技术。海洋生物技术的研发主要体现在海水养殖、海洋药物与海洋功能食品、海洋环境修复、生物保护与腐蚀、生物新材料与水产品加工等方面。未来20年中国将在海洋生物材料、海洋生物酶的研究与应用方面取得重大突破,并形成新的产业。将形成一批海洋药物与保健品,在抗艾滋病、抗肿瘤、卫生保健方面发挥重要作用。

海洋生物技术和产品的交叉融合共同组成海洋生物技术产业的产业链。其中。海洋生物制药和海洋水产养殖是两大主要产业类群(图15)。

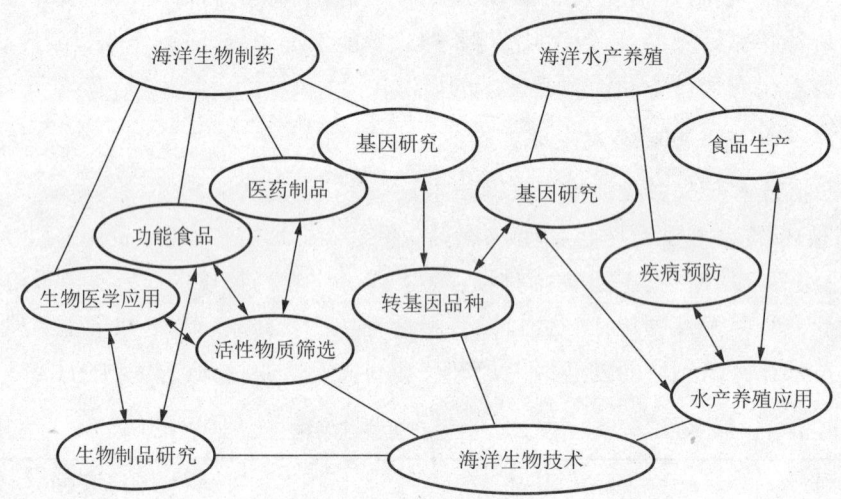

图15 海洋生物技术产业结构(仿 Colgan & Baker)

我国海洋生物制药产业化发展的重点领域如下。

海洋生物抗癌药物。科学家预言,最有前途的抗癌药物将来自海洋。

海洋生物心脑血管药物。现已研究出多种海洋生物药物,可有效预防和治疗心脑血管疾病。

海洋生物抗菌、抗病毒药物。海洋动植物共生的微生物,是丰富的抗菌药用资源。

海洋生物消化系统药物。从多棘海盘车中分离的海星皂甙,罗氏海盘车中提取的总皂甙,提取壳聚糖的羧甲基衍生物等。

海洋生物镇痛抗炎药物。

海洋生物泌尿系统药物。褐藻多糖硫酸酯,具有抗凝血、降血脂、防血栓、改善微循环、解毒、抑制白细胞及抗肿瘤等作用。临床用于治疗心脏、肾血管疾病、慢性肾衰等。

海洋生物免疫调节作用药物。具有免疫调节活性的角叉藻聚糖,被广泛用于肾移植的免疫抑制剂和细胞应答的修饰剂。

海洋生物毒素先导化合物。

海洋生物功能食品的研究开发。

(2)青岛重点发展领域。

青岛是在"十三五"期间,在现有海洋生物制药、良种选育、禽畜疫苗及药剂、生物农药、生物肥料、海洋生物活性物质、生物酶、精细化海藻化工等方面的基础上,围绕蓝色经济特色建设,重点发展海洋生物医药、海洋生物农业、海洋生物制造等领域。

① 海洋生物医药。目前我国生产的主要海洋药物有60多种,尚有如新型抗艾滋病海洋药物"911"、抗心脑血管疾病药物"D-聚甘酯"等多个拟申报一类新药的产品进入临床研究。山东初步形成以青岛、烟台、威海为核心的海洋药物产业聚集地,海洋药物产业是半岛蓝色经济重要支柱产业之一,形成以青岛为核心的海洋药物产业聚集地。

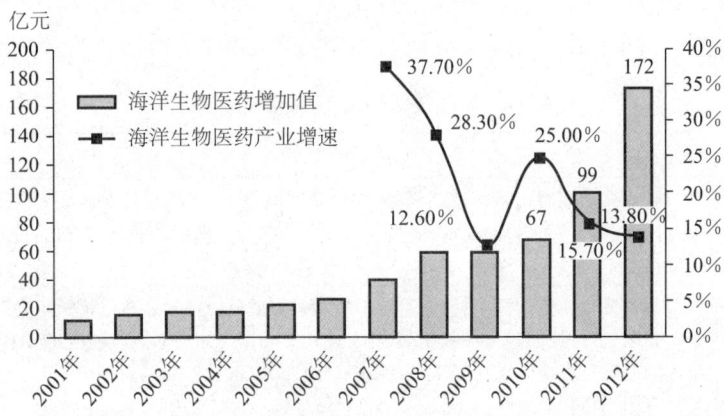

图16 中国海洋生物医药行业2001～2012年增加值及增长率(来源:前瞻网)

青岛市海洋医药大力发展用于重大疾病防治的生物技术药物、新型疫苗和诊断试剂、化学药物、现代中药等创新药物的研制和生产,重点发展海洋创新药物、海洋医用生物材料、海洋生物功能材料、干细胞产品等领域的研发和产业化。

② 海洋生物农业。大力开展分子育种养殖技术、海洋动物饲料(添加微藻饲料)、生物技术农药(无残毒杀虫剂、植物促进激素、海洋前列腺素等)研究,重点发展高端优质海产品的育种、病害防治、工厂化养殖等技术,着力发展优质农产品良种培育及病害防治等技术。重点支持高端优质海珍品工厂化养殖、育种,禽畜疫苗、生物农药、动物药剂和诊断试剂等项目。

③ 海洋生物制造。以海洋的生物资源为对象,运用生物工程、酶工程、细胞工程和发酵工程等现代生物技术手段,开发生产海洋药物、海洋食品、海洋保健品、海洋化妆品和海洋生物功能材料等海洋生物产品的产业。重点发展海洋功能食品、精细化海藻化工、海洋生物功能材料、海洋生物低温酶分子改造和催化及转化产品、海洋生物活性肽脂质体技术的深度开发等技术和产品。

5. 节能环保产业领域关键技术

节能环保产业包括:节能技术和装备、高效节能产品、节能服务产业、先进环保技术和装备、环保产品、环保服务、资源循环利用七大领域。高效节能技术和装备,包括锅炉窑炉、电机及拖动设备、余热余压利用装备、节能监测技术和装备;高效节能产品,包括家用和商用电器、照明产品、建材产品和汽车等;节能服务产业在于推动节能服务公司为用能单位提供节能诊断、设计、融资、改造、运行等"一条龙"服务,以节能效益分享方式回收投资的市场化节能服务模式;先进环保技术和装备,包括污水、垃圾处理,脱硫脱硝,高浓度有机废水治理,土壤修复,监测设备等;环保产品包括环保材料、环保药剂,重点研发和产业化示范膜材料、高性能防渗材料、脱硝催化剂、固废处理固化剂和稳定剂、持久性有机污染物替代产品等;环保服务,建立以资金融通和投入、工程设计和建设、设施运营和维护、技术咨询和人才培训等为主要内容的环保产业服务体系,加大污染治理设施特许经营实施力度;资源循环利用重点发展共伴生矿产资源、大宗工业固体废物综合利用,汽车零部件及机电产品再制造,再生资源回收,风能,太阳能,空气能的利用,餐厨废弃物、建筑废弃物、道路沥青和农林废弃物资源化利用,重点解决共性关键技术的示范推广(表24)。

表24　节能技术与装备重点关键技术

产业领域	关键技术
锅炉窑炉	重点突破煤炭高效清洁燃烧、锅炉自动控制技术、节能高效循环流化床技术、主辅机匹配优化、锅炉智能燃烧控制技术、锅炉系统能效诊断与专家咨询系统、燃料品种适应、高效换热等关键技术
电机系统	集中突破高效电机新材料、绝缘栅极型功率管(IGBT)、高效电机专用制造设备、稀土永磁无铁芯电机、特种非晶电机和非晶电抗器、特大功率高压变频、无功补偿控制系统、高效风机水泵等机电装备整体化设计等核心技术瓶颈,推动电机及拖动系统与电力电子技术、现代信息控制技术相融合
内燃机及汽车	重点攻克汽油直喷、涡轮增压柴油直喷、汽车轻量化、高效变速器、新型混合动力汽车机电耦合等核心关键技术,提高国产化水平
余能回收利用	重点攻克余热余压直接转换为机械能回收利用、中低品位余能有机朗肯循环发电、基于吸收式换热的集中供热和低浓度瓦斯安全利用等重大技术
家电照明	推动高效压缩机及节能控制器、高效换热与相变储能装置、家电节能自动控制、低待机能耗技术、温湿度独立调节系统、动态冰蓄冷、发光二极管(LED)用大尺寸开盒即用蓝宝石、高纯金属有机化合物(MO源)、生产型金属有机源化学气相沉积设备(MOCVD)

2013年8月1日,国务院办公厅正式印发《国务院关于加快发展节能环保产业的意见(国发[2013]30号)》,将节能环保产业发展提升到是扩内需、稳增长、调结构,打造中国经济升级版的一项重要而紧迫的任务。青岛市节能环保产业领域重点发展新型环保设备、新型节能产品和综合利用技术研究和产业化方式。

(1)新型环保设备。重点开展赤潮、海上油气污染和海洋风暴潮等海洋环境灾害的监测、防控、应急处理技术及设备的研制和生产;着重发展大气及水域污染自动监测、污染防控等技术和设备;积极扩大生物环保技术和设备在水污染控制、大气污染治理、有毒有害物质的降解等方面的应用。抓好水域油污染防控设备、地表水在线监测设备、海洋环境监测设备、集装箱一体化污水处理设备、环境监测仪器等产品的研发生产。

(2)新型节能产品。加快发展有自主知识产权的节能型商用电源、照明、取暖等设备,大力发展节能家电、节能玻璃建材等新产品;培育海水利用市场,积极发展海水淡化与海水直接利用等领域的关键技术和成套设备。抓好新型化合物半导体照明、白光LED及照明器具产业化、大功率LED及功能性照明灯具、家电节能新技术、海水淡化设备、发电机组的脱硝技术和装备等产品和技术的生产及推广应用。

（3）循环再利用产业。加快推进废旧家电、废旧橡胶及废旧汽车的综合利用。抓好废旧家电回收处理技术、废旧轮胎回收再造橡胶以及废旧汽车回收利用等项目的开发建设。

6. 新能源领域关键技术

（1）新能源与可再生能源重点领域与关键技术。

新能源与可再生能源主要包括：风能、太阳能、生物质能、海洋能和地热能等，是我国能源发展的重要内容和组成部分。生物质能的开发利用关键技术是生物质转化生物燃油和生物氢能源转化技术。利用开发新能源发电需要解决的关键问题是电能的转换、电能存储、电能管理和电能质量控制，其核心是采用电力电子技术、自动控制技术、计算机技术和人工智能技术等，特别是上述技术的集成和融合。

① 电能变换。通过电力变换装置使发电设备输出的电能在形式上与现有的用电设备的要求相匹配，在品质上满足用户的需求。如何采用电力电子开关器件构造合适的电力变换装置是解决上述问题的根本出路。目前电能变换主要是 DC/DC 变换和 AC/DC 变换技术。

② 电能储存。由于太阳能、风能等能源受自然环境和气候条件的影响较大，具有不稳定性和不确定性。为了提高电源质量，应该在新能源发电系统中设置储能装置，以便在外部能源充足时储存多余的电能，而在能源不足时提供电能。目前有：电感储能器、超级电容储能和飞轮储能等技术。

③ 电能管理。电源管理系统（PMS）技术是提高电源效率和系统可靠性的新方法。核心技术是：计算机技术，如数据库、网络通信、现场总线等；自动控制技术，如过程监控、最优化算法、容错控制等；人工智能，如模式识别、专家系统、模糊逻辑、神经网络、遗传算法等。特别重要的是这些技术的融合，包括各种技术自身内部的融合，以及各种技术之间的融合。

④ 分布式发电系统。新能源发电系统结构采用多种能源并联组成的分布式发电系统。小型分布式发电系统中，存在着风能、太阳能、燃料电池、微型燃气轮机和储能系统多种能源的组合供电，其大部分都需要通过逆变电源并联的形式接入微型公共电网。其中主要关键技术问题包括：电源系统结构、关键部件和微网技术中的运行控制、能量管理与故障检测与保护技术等。关键部件技术有并网逆变器技术、静态开关技术、电能质量控制装置技术。

（2）青岛市重点发展领域与技术。

青岛市"十三五"期间重点围绕风能、太阳能、生物质能开发技术，拓展海洋能、地热能技术研究，引领支撑风能、太阳能、生物燃料产业发展，为海洋能、地热能产业化奠定理论支撑。

① 风能设备制造技术。加强大容量并网型风电装备制造技术研发，加强风电控制系统、变桨控制系统、偏航系统以及轴承、叶片等关键零部件配套制造技术开发能力。引领产品：3.0 兆瓦以上大功率风电设备。

② 高效光伏电池制造技术。研究开发薄膜太阳能电池硅基、CIGS（铜铟镓硒）、CdTe（碲化镉）三种电池薄膜太阳能电池制造技术,研发高效低成本光伏电池等太阳能发电技术。太阳能光伏发电组件、太阳能光伏照明组件、太阳能集热系统等。引领产品：多晶硅生长设备、薄膜太阳能电池、光伏薄膜电池。

③ 生物质燃料。研究开发制备多组分多相微乳化生物柴油混合燃料技术；乳化生物柴油的稳定性、燃烧性、抗腐蚀性和节能环保技术；纳米级微乳化剂与生物柴油复合技术。大力发展大型生物质能沼气工程技术和设备；积极支持利用海藻生产生物柴油及生物氢能源关键技术和核心设备的技术研发。

利用秸秆等生物质制备生物燃料技术。研究开发纤维素发酵乙醇、丁醇技术；秸秆气化合成新型醇醚液体燃料技术。目标产品：纤维素丁醇、纤维素丁醇分离精制工艺装置、低碳醇、二甲醚。

④ 海洋能和地热能。大力开发海洋能发电机组与海洋环境适配、总体性能优化的关键技术,研发海洋能发电系统关键设备,着重解决海洋可再生能源利用工程的设计、建造、施工以及运行中的海洋工程技术问题；大力发展地热能产业化项目,鼓励地热能相关设备的研制和生产。

7. 新能源汽车关键技术

根据汽车动力的来源不同,新能源汽车可以分为以下五类：混合动力汽车、纯电动汽车、燃料电池汽车、燃气汽车、醇燃料汽车等。青岛市新能源汽车主攻方向为：油电混合动力和纯电动力汽车关键技术研发和生产（表25）。

几年来我国鼓励发展电动汽车的相关政策规划基本"落空","弯道超车"梦想也未能如愿。而"并非没有市场需求,而是市场在等待合适的产品"。回过头反思,看似是过渡产品的油、电混合动力汽车开始走俏,国外车企也抢占了市场。国内电动汽车产业发展受到多重制约,主要涉及技术突破难、产业规划落实难、市场公平竞争难等三大瓶颈。电池续航问题一直得不到有效解决,充电站建设与推广电动汽车迟迟不能协调,这些都制约了纯电动汽车的发展。传统汽车的一些关键技术水平仍将在很大程度上决定混合动力汽车的发展水平。油电混合动力汽车虽然增加了电动机作为动力源,但传统的内燃机依然需要发挥重要作用。因此,电池、电机、电控系统等关键核心技术和传统汽车核心技术制约新能源电动汽车的发展。

青岛"十三五"期间为引领新能源汽车产业的发展,重点研究的关键技术领域主要包括：动力电池系统、动力控制系统等动力电池系统：重点突破电池正负极材料、电解液、隔膜及大容量锂离子电池制造技术,研究动力型锂离子电池、燃料电池以及电池组管理模块,拉长动力型电池产业链。

动力控制系统：重点突破驱动系统总成匹配和控制,以及关键配件生产技术,大力发展电动汽车、混合动力汽车等生产制造技术。

表25 新能源汽车(混合动力和电动力)关键情况

类型	主要关键技术	备注说明
电池系统	动力电池系统集成、电控等技术	目前本田汽车的弱混合动力汽车可节能38%,而中国产品只能达到节能20%的水平。
	生产动力电池隔膜的技术和装备	我国尚无一家企业具备生产占新能源汽车电池成本约30%的隔膜,全靠进口。这是西方国家对我们限制出口的清单内容。
动力和控制系统	动力控制技术,驱动系统总成匹配和控制,分配与优化控制、能量回收、高速减速器技术等	动力蓄电池同时涉及混合动力、纯电动和燃料电池三种电动汽车,因此动力系统的转型将强烈依赖电池技术的突破。
安全系统	乘客安全系统技术	现在电动汽车电池的电压约为100伏至600伏,一旦发生汽车落水事故,如何保证乘客不触电,也是当前亟待突破的技术难题之一。
配套系统	充电技术	
共性技术	整车和系统动态协调控制、专用发动机、自动变速箱等	

(二)科技创新支撑传统产业发展需求

青岛市曾是我国重要的工业生产基地,虽然青岛产业结构一直在优化之中,但传统产业在国民经济中依然占据着十分重要的地位。同时考虑中国制造业的总体规模,至少目前全球还没有出现能够承接中国传统制造产业的地区。因此,在中国的产业结构中传统产业必将占有相当的份额,其发展方向是转型升级、产品升级。传统产业转型升级就成为青岛市新阶段经济发展的关键之一,但传统产业转型升级是一项十分复杂的系统工程。依靠科技创新,利用新技术支撑传统产业的转型升级是必然的选择。

1.传统产业转型升级的含义

提起传统产业人们有不同的认识,学者们的解释也很多。姚强、李鲲鹏(1999)认为,所谓传统产业,一般是指自工业革命发展起来的钢铁工业、汽车工业、纺织工业、机械制造工业和化学工业等产业,这些产业经过不断发展壮大,已经成为社会经济的强大支柱。赵强、胡荣涛(2002)认为,所谓传统产业,一般是指应用不具有自主知识产权的传统技术占所有技术的比重较大,并以传统产品为主要产品的产业。从生产要素密集度来看,传统产业大多是劳动密集型或资本密集型的产业。可以说纺织、冶金、化工、食品制造、农副产品加工等是典型传统行业。

产业升级主要是指产业结构的改善和产业素质与效率的提高。产业结构的改善表现为产业的协调发展和结构的提升;产业素质与效率的提高表现为生产要素的优化组合、技术水平和管理水平以及产品质量的提高。产业升级必须依靠技术进步。因此,传统产业升级的含义也可以指传统产业结构的改善和传统产业素质与效率的提高。

2.传统产业转型升级的路径

传统产业要摆脱劳动力密集、生产和产品技术含量低、产品附加值低等困境,必须依靠改革和科技创新,实现转型或者生产、产品技术升级、产品附加值升级,以及管理思想、经营模式的变革。传统产业转型升级的路径,苏朝文等(2013)讨论了传统产业转型升级的机理和路径(图17)。从产业的发展过程来看,传统产业面临灭亡和转型升级重生的两种命运。传统产业升级通过转型高技术化、产业升级高端化、高新技术反哺升级三种方式。

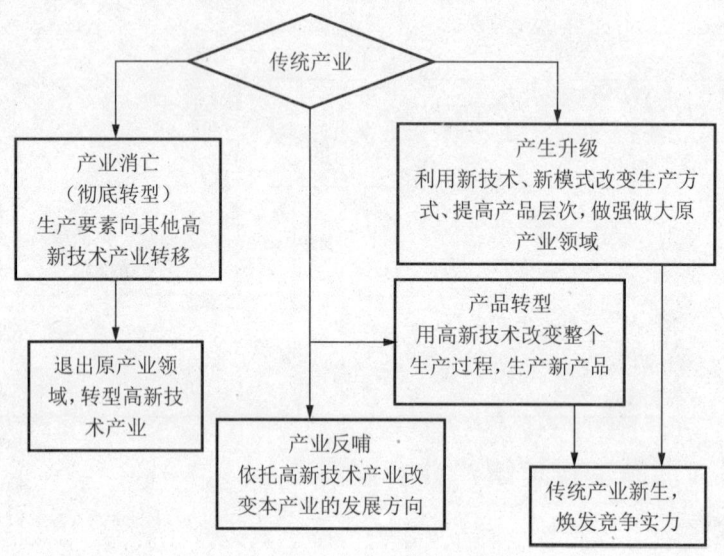

图 17　传统产业发展路径图

转型高技术化就是企业通过全新技术创新,拓展新的高新技术领域,逐步将生产要素和资源转移到新产业中,最终实现放弃全部原有产业,蜕变成一个全新的高新技术产业;产业升级高端化就是传统产业通过引进新研究成果,改变原有的生产工艺、产品结构、产品质量,以及市场模式和经营方式,达到产品高品质化、产业价值链位置高端化,实现在传统行业中的重生;高新技术反哺升级就是依托高新技术产业改变企业的发展方式,实现生产过程、产品的高端化、高技术化,逐步转型升级为原有行业内高端制造商。传统产业转型升级不论哪种方式,新技术、新模式、新理念的融入是必经之路。高新技术的反哺和扩散对传统产业升级至关重要。高新技术产业具有外部溢出效应,不仅能促进本产业的发展,而且对相关传统产业有反哺刺激作用,能提高其产业技术水平。

从宏观层面来看传统产业转型升级主要有产业间转型升级和产业内转型升级两种途径。

(1)产业间转型升级就是从第一产业为主向第二、三产业为主转变,从劳动密集型产业为主,向资本、技术密集型产业为主转变,就是从落后产业向高级产业转变。主要包括由高能耗产业向低能耗产业转变,劳动密集型产业向技术密集型产业转变,产业由低技术含量向高技术含量转变。

(2)产业内转型升级主要指全球价值链视角下的产业升级,其升级也有两条路线。一条是遵循工艺流程升级、产品升级、功能升级和链条升级的路线,就是运用先进的生产技术或者管理手段对传统产业改造,改变传统产业生产方式,增强产品竞争力,提高产业的生命活力。用高新技术改变传统产业的核心生产技术或关键生产环节,对传统产业生产过程或生产设备进行现代化改造,更新换代,使得产业的技术水平、能耗水平及污染标准符合现代化产业要求。另一条是指从 OEM(贴牌生产)—ODM(自主设计生产)—OBM(自主品牌生产)。在当今经济全球化的环境下,传统产业的升级离不开全球产业链,只有恰当地融入全球产业链,占据有利的产业链价值地位才能有综合的竞争实力。

　　Humphery 和 Schmitz(2000,2002,2003)在深入分析了发展中国家的产业嵌入全球价值链的目的时提出了第一条遵循工艺流程升级、产品升级、功能升级、链条升级的产业升级方式。其中工艺流程升级是指通过生产系统重组或是采用先进技术提高投入/产出比来提高生产效益,比如缩短供应时间;产品升级是指通过引进新产品或改进已有的产品,提高单位产品的增加值,转向更高端的生产线,用以超越竞争对手;功能升级是指通过逐步重新组合价值链中各增值环节,来获取竞争优势的升级方式,调整嵌入价值链的位置或组织方式,放弃原有低附加值环节而专注于能带来更多附加值的环节,如营销或品牌;链条升级是指从所在价值链中获得的能力或资源延伸至价值量更高的相关价值链。全球价值链理论下的第二种产业升级路线是 IDS 的日本访问学者 Chikashi Kishimoto(2002,2003)以中国台湾地区产业集群为例总结出来的升级路线。这种升级路线实际上属于功能升级的范畴,是实现功能升级的路径,见图 18。

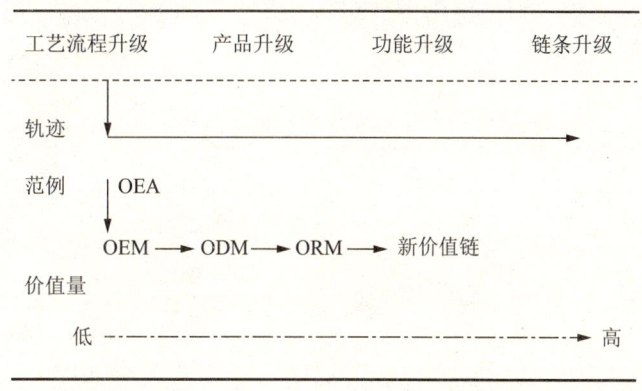

图 18　全球价值链理论的产业升级路径

　　对于外向型产业,通常是先嵌入到全球价值链的某个环节中,然后沿着全球价值链实现升级。地方产业嵌入全球价值链的方式有以下四种:① 科层嵌入,即一方行为主体完全被另一方行为主体所控制或者是完全控制另一方行为主体,如通过并购或被并购的方式嵌入全球价值链;② 市场嵌入,经济行为主体通过货币直接买卖各种商品或服务的形式嵌入全球价值链,各方权力完全对称,只需通过价格机制进行交易,如通过国际贸易方式直接把货物销售到海外市场;③ 网络嵌入,一方行为主体凭借其他行为主体所需要的互补优势嵌入全球价值链,各方权力对称,但经常通过非价格机制对一些活动进行协调;④ 准科层嵌入,一方行为主体凭借某些优势成为链上的主导者,其他行为主体则处于从属地位,比如通过 OEM、ODM 等方式嵌入全球价值链。准科层嵌入又包括两种:嵌入购买者驱动的和嵌入生产者驱动的价值链。

　　国务院发展研究中心企业研究所所长陈小洪(2009)认为,通过产业链创新,可以有效促进中国制造业转型升级。李建中(2009)认为,产业升级有两个路线,一是贸易发展战略转变带动产业升级,以出口导向为主向以出口导向战略和进口替代战略并重的方式,推动产业升级。二是基于全球价值链视角的升级,包括工艺流程升级、产品升级、功能升级和价值链升级。基于全球价值链的升级就是遵从工艺升级→产品升级→功能升级→价值链升级的路径,实现价值链由低端向高端的攀升。童相娟,殷庆坎(2009)指出纺织业升级应当要牢牢抓住"微笑曲线"的两端,即设计、研发和品牌、营销,在制造环节中选择提升和转移,着力提高产品科技贡献率和品牌贡献率。

3. 青岛传统产业升级科技支撑需求

长期以来,高新技术产业自主创新被认为在各国经济领域发挥着"制高点"的作用,而传统产业自主创新却被各国政府以及学界严重忽视。青岛的传统产业升级改造起步近20年,依然没有彻底扭转综合竞争力较弱的局面,在很大程度上是由于对创新认识和实践的严重不足。

(1)青岛传统产业转型升级重点范围和思路。

在本报告第三部分"主导产业分析选择"中关于青岛市制造业领域分析,从工业产值、业务收入、资产、就业、利税5个方面指标入手,选择了各项指标占制造业总体累积贡献达78%以上的前15个行业,作为创新驱动传统产业升级改造的重点支撑的选择范围(表26)。

表26 青岛市主导产业升级转型发展路径

排序	行业	升级路径	产业转移或升级目标
1	交通运输设备制造业	产业内升级,产业反哺	高端制造业
2	电气机械及器材制造业	产业内升级,产品转型	先进制造业
3	农副食品加工业	产业间转型,产业升级	高品质,高价值链
4	通用设备制造业	产业内升级,产品转型	先进制造业
5	金属制品业	产业间转型,产业升级	高品质,高价值链
6	石油加工、炼焦及核燃料加工业	产业内升级,产品转型	先进制造业
7	通信设备、计算机及其他电子设备	产业间转型,产业升级	高新技术,新兴产业
8	橡胶制品业	产业内升级,产品转型	先进制造业
9	化学原料及化学制品制造业	产业内升级,产品转型	先进制造业
10	纺织服装、鞋、帽制造业	产业间转型,产业升级	高品质,高价值链
11	专用设备制造业	产业内升级,产业反哺	高端制造业
12	非金属矿物制品业	产业间转型,产业升级	高品质,高价值链
13	金属冶炼及压延加工业	产业内升级,产品转型	先进制造业
14	皮革、毛皮、羽毛(绒)及其制品业	产业间转型,产业升级	高品质,高价值链
15	纺织业	产业间转型,产业升级	高品质,高价值链

传统产业由于行业的差异性,其转型升级的路径各不相同,支撑转型升级的科技创新动力来源也存在巨大差异。一般情况下,传统产业在知识链、产业链、产品链、用户和

分销渠道、以及企业内部和外部的重要网络等方面与新兴产业和高技术产业有交叉融合，或者技术易于延伸的行业，更容易培育和发展成战略性新兴产业或高新技术产业。相对比较而言，重化工业易于向新材料、新能源进行产品升级，电子信息制造及服务行业易于向新一代信息技术产业升级，传统装备制造业易于向智能装备制造业、新能源装备制造、高效节能产业升级，汽车能源及传统汽车行业易于向新能源汽车升级。因此，青岛市传统产业的转型升级亦将呈现多路径、多模式的发展格局。一部分传统产业依靠科技创新，转型为战略性新兴产业，类似交通运输装备制造中的机车制造可以通过技术创新转化为高速轨道交通设备为主的先进制造业；另一部分通过利用新技术，与高新技术融合，改变生产工艺和产品结构，逐步转型为智能装备制造业；还有一部分需要依赖市场创新，生产工艺创新，提高产品质量，逐步从传统制造升级为"设计＋营销＋服务"，占据全球产业价值链的有利地位。

（2）供应商、市场主导型科技创新模式。

传统产业中重要的关系民生和国际竞争中具有显著优势的产业，产品对于繁荣市场、满足和丰富人民生活必不可少的领域，供应商、市场主导型科技创新模式正式适合于这类传统产业升级改造，通过产业间延伸转型和产业技术升级，达到产业链价值高端化和产品高品质化，提高产业综合竞争能力。青岛市转型升级适用于这种模式的传统产业如下。

农副食品加工业。对于人民生活至关重要，目前是青岛综合第 3 制造行业。

金属制品业、非金属矿物制品业。是制造业重要的配套产业，对经济发展具有重要地位，目前位居第 5 制造业。

纺织服装、鞋、帽制造业。具有传统的竞争优势，目前是就业最多的制造业，综合第十大制造业。

皮革、毛皮、羽毛（绒）及其制品业。具有传统的竞争优势，是目前重要的制造业。

纺织业。曾是全国三大轻纺基地之一，现在综合位居第 16 位。

这类传统产业的科技创新方向和知识源主要来源于市场、设备供应商，创新的对象是设计创新、工艺创新、产品创新和市场模式创新。下面以纺织业创新为例说明。

① 自主创新的知识源：以供应商为主。供应商在传统产业创新过程中的作用不可替代，因为相对于高新技术产业，传统产业内部创新能力较弱，造成传统产业的创新严重依靠外部设备供应商，供应商往往比知识、信息、需求更重要。例如纺织工业作为劳动密集程度很高的产业，劳动生产率的提高极度依赖上游的纺织设备供应商。

② 自主创新的主驱动：市场需求。作为满足人们衣着消费的基础产业，市场需求对于纺织工业的重要性不言而喻。坚持以市场需求为导向研发产品，其通过参加国内外展会来展示自己自主创新的技术和产品，同时最大限度地贴近客户的需求。针对客户对产品选择的多元化、差异化、功能复合化的趋势，加快了产品升级换代的节奏，做到生产一代、开发一代、研制一代，形成了层出不穷的新品链，需求日益成为传统产业自主创新的主要驱动力。

③ 自主创新的类型：设计创新、工艺创新、市场创新。创新的模式主要有企业自主

创新、产学研创新、区域战略联盟创新。中国纺织服装产业的竞争,已从单纯的产品竞争走向更高层次的风格竞争,乃至对生活方式解读与引领的竞争。实施工艺创新,打破传统原料配比,积极应用新材料、新技术,融入纳米技术、新材料制造技术、新装备制造技术,将毛、丝、棉等各种原料进行"魔方"式组合,开发生产了能够替代进口面料的高档、高技术含量的毛纺织产品,使产品不仅技术领先,还富有创意。

青岛市此类传统产业升级创新需求的主要方向如下。

农副食品加工业、食品制造。重点发展粮油、果蔬、畜禽、水产和啤酒饮料五大行业,农副产品加工向"精深加工""绿色食品""标准化"和"国际化"方向发展,粮油加工重点发展小麦、花生、玉米、甘薯的深加工,巩固农产品加工出口优势地位。饮料业大力扶持啤酒、葡萄酒、白酒骨干企业和名优品牌,积极提升黄酒产品档次;非酒精饮料突出发展矿泉水、保健饮料、果蔬饮品、乳制品等,通过差异化战略提升产品知名度。

金属制品业。重点是吸收新技术研究成果,研发高技术含量产品。例如矿山救生用结构钢材、深海用冶锻线材、高级弹簧钢丝(阀门钢丝、气门簧)等高附加值线材制品仍需进口。开发高速电梯用钢丝绳、港口和石油钻采用钢丝绳、多股不旋转钢丝绳等的钢丝绳品种向预张拉、高速化、压实股类、异型股、密封绳、复合型股类方向发展;开发金属芯电梯钢丝绳、无机房电梯用扁带钢丝绳品种;开发铝包钢绞线产品为我国 500 千伏、750 千伏、1 000 千伏超高压输电线路和光纤复合架空地线配套,提供大截面铝包钢铝绞线导线、高强度(1 670~1 770 兆帕)超长定尺的铝包钢丝及绞线、光纤复合架空地线;开发为造船、集装箱、钢结构和石油化工、压力容器、医药配套的高级焊丝等。

纺织、服装、皮革类产业。重点加快高新技术纤维、生物质纤维材料和多功能、复合型差别化纤维等新兴合成纤维及其产业链应用开发,进行产品开发,优化产品结构,探索实践新商业模式、市场模式,全球纺织服装产业价值链下的产业布局和价值定位。

非金属矿物制品业。非金属材料在当今高速发展的科技产业中具有重要的经济地位,其涵盖范围极广,包括了陶瓷材料(如日用陶瓷、建筑卫生陶瓷、工业陶瓷、特种陶瓷、电子陶瓷等)、水泥、玻璃、建筑材料、能源材料、薄膜材料、粉体材料、以及各种非金属纳米材料等。新型陶瓷材料、玻璃材料新技术、能源材料、新型薄膜材料技术、以及纳米材料技术等均是战略性新材料研究的重点。因此,传统的非金属材料制品业一方面通过高新技术的融入,转化为战略性新兴产业,另一方面可通过产品升级和价值链建设重整市场竞争能力。

家具制造。重点发展结合光电技术、遥测感应技术、遥控技术、计算机与自动控制技术等先进技术手段,提供满足现代生活和工作的行为需求的绿色、安全、无污染、无危害的高品位、高品质家具。

(3)生产过程主导型科技创新模式。

传统产业中的类似钢铁工业等是国民经济的基础产业,涉及多个生产工序,但产品种类相对较少,其产品是众多工业行业的中间产品。是支撑工业化进程不可替代的基础产业,其发展水平已成为衡量一国工业化水平的重要标志之一。这类型传统产业不可轻言放弃,必须通过研发创新,以生产流程和产品研发为主线推动产业向高端化、清洁化、高价值化发展。其主要的创新过程可归纳为过程创新模式。青岛市传统产业转型升级适用于这种模式的如下所述。

石油加工、炼焦及核燃料加工业。主要是石油加工。青岛是我国一期石油储备的基地之一，也是近年来出问题较多的行业，目前综合排位居第15位，是制造业第4利税大户。

橡胶制品业。具有规模优势的传统行业，目前借助青岛橡胶谷研发基地技术支撑，逐步向先进制造业升级发展。

化学原料及化学制品制造业。具有传统的优势，特别是盐化工领域，目前是制造业综合排第6位，随着产业聚集主要集中在新河化工区和董家口产业基地区。

金属冶炼及压延加工业。以青钢为代表的金属冶炼和加工行业综合位居青岛制造业第14位，目前结合整体搬迁机会力推技术改造，董家口新的产业基地即将形成。

下面以钢铁工业（或者化工）为例说明以过程创新为主线的产业创新特点。

① 过程创新与精细管理交叉融合。钢铁工业属于典型的流程制造业，即上工序的输出是下工序的输入，任何一个工序出现的问题都会反映到最终产品上。制造流程对钢铁工业具有决定性的影响，既影响企业产品的质量、成本和效率等市场竞争力因素，又影响企业的资源、能源等可供性因素，更影响排放、环境负荷等与工业生态、可持续发展有关的因素。因此，钢铁工业的特殊性决定了过程创新成为自主创新的主要模式。过程创新和精细管理总是交叉融合的，高效的精细化管理是提升和发展过程创新能力的重要保证。

② 自主创新与技术引进择善而从。在引进国外先进技术和设备的基础上，通过自主创新，对引进的设备进行改造升级，实现"引进—消化—再创新"，通过科技创新支撑产业追赶世界先进水平。

③ 低碳环保与循环经济相得益彰。化工、钢铁行业是典型的污染高、能耗高的行业。必须把节能减排、资源回收综合利用、发展低碳经济作为自主创新和转型升级的重要内容，贯彻循环经济理念，将钢铁制造流程转变为"资源—产品—再生资源"的循环型低碳经济新模式。引进最先进的清洁生产、环保及节能技术和设备，改革生产工艺，采用清洁能源和原材料，从生产的源头抓起，实施全过程控制，辅以末端治理措施，确保污染物排放达标，实现节能、降耗、减污、增效的有机统一，有效地保护了企业及周边地区的生态环境。通过延长和拓宽生产技术链，将污染物尽可能地在企业内部处理消化；同时把节能、环保、清洁生产和发展循环经济有机结合起来，实现分厂内的小循环、分厂间的中循环和企业与社会间的大循环。

④ 发展智能仪表和现场总线技术，实现智能化生产。石油化工网络化和智能化时代技术发展的主流则是测量信息数字化、检测仪表智能化和现场控制与过程管理一体化。

（4）核心主导协同型科技创新模式。

装备制造领域中的传统产业升级，主要是依靠高新技术的融入，通过产业内升级转化为高端装备制造业。由于产品涉及多产业多领域的合作，高质量的产品需要相关产业高技术高质量产品配套，因此科技创新就呈现为核心创新主导的多领域多产业协同共进的创新模式。这种创新过程的完成首先需要形成创新核心。青岛市传统产业升级适用于这种模式的如下所述。

交通运输设备制造业。以铁路设备、汽车、船舶等为主体的装备制造业是青岛的产业支柱和发展核心之一。目前交通运输设备制造业是青岛的第一大制造业，其中以高速列车、海工装备为代表的领域已经向高端装备制造深度发展。

电气机械及器材制造业。

通用设备制造业。

专用设备制造业。

下面以交通装备制造中船舶分析其协同创新的特点。船舶工业是为航运业、海洋开发及国防建设提供技术装备的综合性产业，涉及钢铁、石化、轻工、纺织、装备制造、电子信息等重点产业，其发展具有较强的带动作用。形成以船舶设计制造为核心的产业创新协同群是船舶工业升级的关键。

① 推行协同创新，带动关联产业共同发展。作为高风险的中间产业，船舶工业在国民经济116个产业序列中，其产业链涉及97个行业，其影响力系数居前十名。其制造技术除特有的船体建造技术外，涉及机械、电气、冶金、建筑、化学以及工艺美术等各个领域。

② 重视技术驱动，着力增进自主创新能力。在积极进行技术引进的同时，要不断自主创新核心技术，并提出对相关配套产业的技术要求和产品标准，与相关产业领域协同技术攻关。

青岛市此类传统产业升级创新需求的主要方向如下。

交通装备制造业（机车车辆制造、汽车制造）：抓住国家推进交通装备制造业发展的新机遇，突破关键零部件，抢占行业制高点，重点发展高速动车组、地铁列车、城轨、中高档轿车、中重型卡车、改装车，以高新技术和先进制造能力创造高附加值，实现汽车机车产业全面持续快速发展。

船舶海洋工程：以重点项目建设和研发机构引进为主线，以大型船舶、海工、集装箱企业为龙头，引进央企、民资、外资企业，发展船舶配套、特种船舶、游艇和特种集装箱，努力打造船舶海工装备制造强市。

（5）技术推动、市场引导的创新模式。

以计算机、家电电子为代表的"通信设备、计算机及其他电子设备"产业，在长期的生产和经营中积累了丰富的生产制造技术，掌握了重要的知识产权，具备了三大特点：一是现有知识结构与新兴产业技术知识具有相关性。二是具有创新投入的能力和基础或者得到政府等部门的资金政策支持。三是企业具有良好的创新文化环境。它们就具备了向新兴产业转型的能力和潜力。这类传统该产业的发展方向就是通过科技创新向新兴产业发展。其升级转化过程见图19。

首先知识驱动，通过独立研发或共同合作，攻克关键技术，进行原始创新。其二生产推动，从知识生产到转化为生产力的过程，对于传统企业来说，是应用研究及实验室发展环节所产生的战略性新技术、新装置的应用形成新产品或新业务。这阶段传统企业可以通过企业内部自行转化模式、支付专利费获得技术转让、产学研合作转化、依托孵化器转化等模式实现成果的转化。其三市场带动,直接面向市场,通过商业模式创新,实现新兴技术和产品的市场化和规模化,由于直接面向市场,驱动的创新形式也更加多样化。

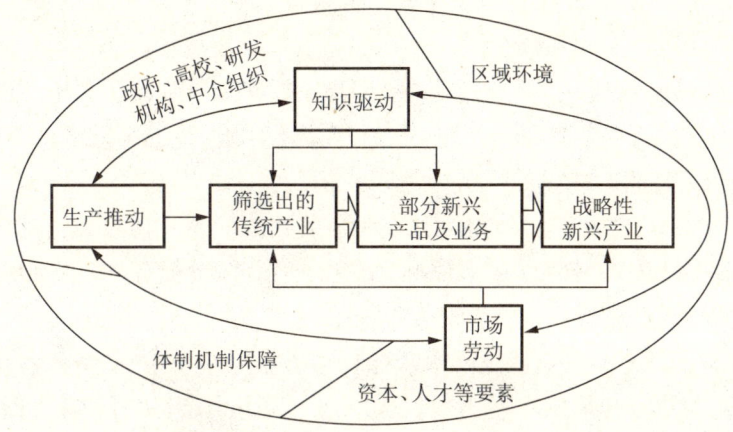

图19　创新驱动传统产业向战略性新兴产业转型升级过程

通信设备、计算机及其他电子设备行业的企业可以通过以上创新模式逐步向新兴产业(下一代信息网络产业、智能电子、家电产业)。

电子信息与家电制造主要产业转型技术需求:

以节能环保、4C融合(计算机、通信、消费电子、内容)为方向,重点发展节约能源资源、安全健康、环境友好、数字化、网络化的家用、商用电器产品,建立专利和技术标准优势。开发手机/电脑/电视"三屏合一"的应用软件及中间件、集成多服务功能的数字家庭智能终端等产品,支撑构建基于云计算的开放式数字服务平台。

(三)科技创新支撑蓝色经济产业发展需求

青岛市作为蓝色经济发展的龙头城市,坚持海陆统筹联动、科技创新支撑、高端产业带动、开放合作共建、坚持保护开发并重的原则,发展以海洋产业为代表的蓝色经济产业。

1. 海洋第一产业关键技术需求

海洋第一产业:包括:现代水产养殖、渔业增殖、远洋渔业、水产品加工等。重点为提升水产苗种、海水养殖、远洋捕捞等核心层产业的技术需求。

远洋渔业发展需要装备先行,目前发展趋势有渔船大型化、机械化、自动化和节能化,甲板工作机械化,驾驶、捕捞、加工、生产自动化,导航助渔电子仪器设备先进齐全;网渔具趋于大型化;捕鱼技术现代化,新装备、新技术不断引进到渔船上应用,装备有全自动鱼类处理系统的捕捞船,鱼能被准确定位;去头吸内脏机精确有效地去除鱼头和鱼尾;渔具材料向高强度发展等。

2. 海洋第二产业关键技术需求

海洋第二产业:包括:海洋生物、海洋装备制造、海洋新材料、海洋新能源、海洋节能环保、海洋工程建筑业等）。重点突破海洋生物、海洋高端装备制造、海洋新材料、海洋新能源、海洋节能环保等核心层战略性新兴产业，发展壮大现代海洋化工、海洋工程建筑等外围层优势产业。

海洋工程装备制造、海洋工程材料、海洋生物产业、海洋新能源关键技术需求在本报告第四部分"科技创新引领战略性新兴产业发展需求"中已经做过介绍，此处仅补充介绍其他相关领域。

（1）海洋微藻生物质能利用研究。重点研发高效产油海藻及利用海藻生产燃料乙醇、微藻油脂提取冶炼生物柴油、分离纯化海洋微藻种质、筛选高效产油海洋藻株、大规模化微藻养殖、微藻细胞多级收获、光生物反应器等技术。

（2）深海、远海海洋环境立体监测与实时监测研究。重点研发海洋动力环境和移动目标雷达探测、多功能新型海洋锚系浮标、实时传输潜标、自沉浮式剖面测量漂流浮标、自持式海面飞行器、无缆自治水下机器人等技术。

（3）海水淡化研究。重点研发海水淡化反渗透膜材料及组件、海水淡化材料和装备标准化检测、面向特定环境的小型高效低成本海水淡化装置、基于多种能源供给的海水淡化装置等技术及装备。

3. 海洋第三产业关键技术需求

海洋第三产业是为海洋生产和消费提供服务的部门，如海洋物流运输业、海洋旅游业、海洋服务业、乃至于海洋金融、互联网等。海洋产业结构的优化标准与陆域产业结构存在着一定的差异，产业的发展方向是以海洋资源是否得到合理的开发为标准，兼顾海洋第一产业、海洋第二产业和海洋第三产业的地位和作用。

海洋第三产业：包括：海洋运输物流、海洋文化旅游、海洋科技研究服务等。着力发展港口物流业、海洋文化和创意产业、滨海文化旅游业、涉海金融服务业、海洋信息服务业等核心产业。

（1）港口物流。国家物流业调整与振兴规划中，青岛是全国重点发展的九大物流区域之一的山东半岛物流区域的中心城市。依托港口主业，加强与陆运、空运等不同运输方式的衔接和合作，积极开展以港口为龙头的全程物流服务业务，密切青岛港口与内陆腹地和周边港口的合作，有效提升港口综合服务功能和双向辐射作用。提高港口的吞吐量与服务能力，完善以港口为中心的集疏运系统。扩展青岛港口向纵深腹地的物流服务辐射，加快青岛国际航运信息服务中心建设，扩展保税港区对国内外的需求吸引力与服务辐射能力，增强国际物流发展的原动力。

（2）海洋文化和创意产业。扶持发展创意设计、文艺创作、影视制作、动漫游戏等海洋文化创意产业，打造一批产业示范园区和项目，拓展海洋会展业。青岛海洋文化产业主要门类包括涉海影视业、动漫游戏业、出版发行业、滨海演艺业、滨海文化旅游、休闲渔业、海洋节庆、海洋民俗、海洋主题公园、滨海娱乐业、海洋工艺品业等，特色十分鲜明。

（3）滨海海洋文化旅游业。大力促进观光旅游向度假旅游转变，努力将旅游资源优势转化为市场优势，挖掘自然海洋旅游资源和人文海洋旅游资源，实现滨海观赏性旅游向体验型、康乐型转变,观赏型是以优美的海洋自然风光及自然奇观为主;体验型是以海洋民风民俗、海洋饮食、海洋宗教仪式等为主;康乐型是指以度假疗养、康复保健、人造乐园为主,如水上乐园、水上度假村等等。围绕奥帆基地、客运港口开展帆船、游艇等高端海上运动产业,以及游轮等休闲娱乐旅游产业。以唐岛湾海上嘉年华、国际游艇会、港中旅海泉湾滨海度假城、红岛华强科技文化产业园、华谊兄弟青岛影视基地及滨海影视城、四方欢乐滨海城等重大海洋文化产业项目为核心拓展滨海旅游休假服务产业。

(4) 涉海金融保险服务业。以往专门针对海洋产业的金融产品、保险产品较少,涉海金融保险市场急需培育。发展重点是创新海洋金融服务产品。探索建立面向中小微型涉海企业的专业金融机构,拓展涉海金融保险服务。

(5) 海洋信息处理与应用研究。基于"数字海洋"、信息化、数字化等高新技术,重点研发海洋信息同化处理技术、海洋数据仓库与数据挖掘技术、可视化模型构建、分布式海洋空间决策支持、网格 GIS 体系信息共享、海洋科技信息共享服务等技术,为海上航运、滨海旅游、海洋资源开发等提供智能化服务。加快青岛"三网融合",发展涉海信息服务研发机构。

(四) 科技创新支撑社会发展与环境保护

"十三五"期间,青岛市要以国家服务业综合改革试点为抓手,优先发展现代服务业,增强城市综合服务功能。集聚发展生产性服务业,提升发展生活性服务业,壮大发展新兴服务业。促进服务业与制造业融合发展。

1. 生产性服务业发展创新需求

(1) 金融服务业。

青岛市要加快发展金融业,从金融机构、金融业务、金融市场、金融监管四方面共同发力,努力建设区域性金融中心,成为全市支柱产业之一。必须加强与国际金融市场对接,提高区域金融市场的国际化程度,完善保险市场和基金、股票、债券市场,提高资金融通能力。关键技术突破体主要现在四个方面:金融机构的国际化对接、金融业务的国际化对接、金融市场的国际化对接以及金融监管的国际化对接(表 27)。

表 27 青岛市金融业关键突破技术

突破方面	内容涵盖面	关键技术突破
金融机构的国际化对接	① 本地金融机构向区域外发展 ② 区域外金融机构准入	① 本地金融机构公开上市 ② 本地金融机构跨区域经营 ③ 外资金融机构的准入 ④ 金融衍生品服务机构的培育和引入
金融业务的国际化对接	① 在岸金融业务 ② 离岸金融业务	① 解决中小企业融资难题 ② 开办离岸金融业务 ③ 创新保险资金管理模式
金融市场的国际化对接	① 发展证券市场 ② 发展外汇市场 ③ 发展期货市场	① 建设蓝色经济区证券市场中心 ② 对建设外汇市场和期货市场做有益的探索,如低碳交易所等 ③ 发展航运金融业 ④ 健全专业金融服务体系

续表

突破方面	内容涵盖面	关键技术突破
金融监管的国际化对接	① 避免抑制金融活力 ② 消除金融风险	① 监管机制向上海、深圳等地看齐 ② 逐渐学习国际标准和惯例 ③ 建设社会信用体系

(2) 外包服务业

目前,服务外包在全球发展迅猛,市场空间巨大,服务外包已广泛出现在信息技术、人力资源、金融、保险、物流、医疗服务等多个领域。青岛市"十三五"加快发展服务外包产业,拓宽服务外包的产业领域和服务范围,成为服务本地,影响长三角、京津冀,辐射日韩的国际外包重要支点。重点承接软件业、研发设计、物流、金融、医疗等外包业务(表28)。

表28　青岛市服务外包重点领域

类型	依托条件优势	发展重点
嵌入式软件和应用软件的开发和测试外包业务	信息家电、通信设备和智能控制设备等的优势	嵌入式软件和集成电路的开发、设计和测试外包业务
动漫影视外包业务	动漫和影视产业方面的优势	国外网络游戏、数字动漫、影视传媒等产品的设计、加工、汉化、制作等方面的外包业务
国际数据处理与备份	韩国语和英语等语种语音人才,通信光缆、软件产业优势	国家数据备份中心 客户服务呼叫中心
金融、保险、财会等数据处理外包业务	金融保险业相对发达	国外银行类、保险类、基金类、投资类、经纪类等金融保险业和大公司的财务管理、账户管理、客户服务、信息录入等数据处理方面的外包业务
物流外包业务	陆海空联运、港口和仓储发达	订单管理、物流信息系统维护、资源整合等方面的物流外包业务

(3) 其他生产服务业。

城市传感网、物联网建设。重点研发面向行业领域的射频电子标签二次封装、中间件、读写设备、无线传感器组网以及综合集成应用等技术,突破数据智能采集及可靠传输等关键技术,推进 RFID、传感网、物联网在先进制造业、现代服务业、社会公共事业等领域的应用。

以文化创意提升旅游档次;将工业设计产业作强,大力发展电影摄制和发行、动漫产品市场运作、视觉艺术创作与制作、出版物的编辑和制作产业;以青岛高新技术产业区为基地,参照国内外知名影视城的发展模式,争取引进数家国内顶级影视相关高校、影视制作大企业,影视产业初具国际竞争力。文化创意产业成为青岛经济实现战略性转型和增长的核心。

加快发展现代物流业,以发展物流金融、物流信息技术为契机做大做强规模以上企业,鼓励中小物流企业发展创意特色物流服务。加强青岛的对外窗口经济优势,打造物流业成为全市支柱产业之一。

旅游业作为青岛市服务业支柱产业的地位不能动摇,在"十二五"期间要将其提升到全市支柱产业的地位。核心是以文化创意产业为先导,大力发展度假、蓝色、文化、乡土、购物、会展和体育等创意旅游,打造国际旅游名市。

大力发展会展产业,政府切实帮助企业举办高档次会展和特色会展,培育和引进一批具有国际知名度的品牌会展,打造国际知名会展城市。

2. 生活性服务业发展创新需求

(1) 智能交通研究与应用。重点研发城市交通动态信息智能感知、交通信号控制与交通诱导、多信息融合应用等技术,加强在隧道、轨道、道路等交通领域的应用推广,支撑实现城市交通的智能化管理。

(2) 数字医疗研究与应用。重点研发医学影像存储传输系统与医院信息系统等异构数据源环境下的医疗信息融合等技术,促进医院、社区、家庭的健康、医疗信息共享,支撑建设区域协同医疗信息服务共享平台。

(3) 城市无线网建设及三网融合。重点研发无线自组织网络、新一代无源光网络及高速并行光互连等技术与产品,解决面向区域、社区、家庭的高速网络接入技术瓶颈,为青岛市建设大容量、高速率的通信网络和高宽带、高覆盖的接入光纤网络提供技术支撑。

(4) 开展数字家庭研究与应用。重点研发无线智能数据终端技术及产品,加强传感器、城市 GIS 管网、GPS 定位系统、视频监控、通信系统等集成应用,支撑实现对城市电力、水、热力、燃气等重点设施和地下管线现场信息的实时采集、监控管理。

(5) 食品安全溯源、检测及预警处置技术研发。重点研发标准化多网络农产品快速溯源、农产品适用电子标签等技术和产品,支撑建设青岛市食用农副产品质量安全信息数据库和食品安全溯源预警平台,实现农产品质量安全可追溯。

(6) 加快发展商贸流通产业,开展商业新模式、新业态的研究,探讨和实践电子商务运营模式。大力扶持本地商贸龙头发展物流信息技术,增强商贸物流竞争力,出台相关鼓励政策支持创办深挖蓝色、崂山、帆船、日韩、总部等创意点子的商贸特色新星。

(7) 中介服务业要重点理顺完善其发展体制,并催生融资担保、法律仲裁、信用服务、知识产权服务和新型租赁服务业。

加强房地产市场发展、廉租等福利房产的管理方式的研究。重视房地产业发展,以安居和争取人才入青为旨,实现房地产健康发展和福利住房的公平分配。

3. 生态和环境保护发展需求

在当今社会,资源的有效利用与配置已经上升为决定国家稳定、高效、持续、安全的实现经济社会发展的重大战略问题。

(1) 在水资源调控技术方面,主要通过开源、优化配置和节流对水资源进行控制。通过清洁生产和循环使用减少污染排放以及通过对排放的废(污)水进行处理和回收利用。重点研究水资源节约技术和优化配置方法,加大污水处理技术研究和中水回用技术和管理方法。废水深度处理及资源化综合利用技术研究,土壤污染控制与治理技术研究。

(2) 煤炭资源的清洁利用、加工技术。实施"洁净煤发电计划和蓝天计划",为商业化的先进、洁净、可靠而经济的煤发电提供技术,从而大量减少污染物的排放量。研究开发中小型高效节能超细煤粉锅炉、水煤浆流化悬浮高效洁净燃烧新技术。

（3）在固体矿产资源方面，重点研究废弃回收利用技术和管理方式，加大对废弃电池、电器安全、清洁拆解利用技术的研究。研究开发废旧 CRT 显示器拆解技术、危险废弃物（医疗废物、有毒化学品）稳定化/固化及熔融资源化安全处置技术、老工业场地污染土壤修复技术。

目标产品：废旧 CRT 显示器拆解成套设备、危险废弃物（医疗废物、有毒化学品）稳定化/固化及熔融资源化安全处置装置、老工业场地污染土壤修复后可用土地，废机油处理技术和装置。

（4）家电 3C 产品有毒有害原料替代技术。

研究开发 3C 产品中应用环境友好型膨胀阻燃剂技术、3C 产品用无卤阻燃剂及阻燃塑料的关键生产技术。

目标产品：新型不含多溴联苯、六价铬等有害物质阻燃剂和膨胀型阻燃剂；家电 3C 产品用无卤聚烯烃阻燃塑料。

（5）海藻加工废渣综合利用技术。

研究开发利用分离技术、生化发酵技术、稀土络合技术、超微粉碎技术处理海藻加工废渣，生产岩藻多糖及其复合生物制剂、海藻胶、海藻饲料。

目标产品：海藻废渣提取岩藻多糖、海藻多糖复合物、海藻胶、海藻生物基肥和海藻饲料等产品。

（6）生态保护技术研发。重点开展胶州湾入湾河流生态恢复技术研究，饮用水源地环境保护技术研发，临湾城区生态规划建设技术研发。近海水域生态养护与修复研究。重点研发重要生物资源放流增殖、新型海洋牧场建设、近海渔业资源持续开发、近海生态安全监测与评价管理、海岸带污染状况监测、海岸带生态分区管理与数据信息系统、近海自然保护区适应性经营与资源可持续利用、海上污染事件应急预报及处置、海上污染物收集装备、浒苔处置与综合利用等技术。

（7）海洋生物灾害预防与治理研究。重点研究确定赤潮、绿潮及海星、海蜇等生物大面积、大数量暴发的主要生态环境控制因子，建立生物暴发灾害的敏感指标体系；研究开发生物灾害评估模型和预测预报、海洋生物灾害治理、排海污水脱氮脱磷等技术。

五、科技创新引领支撑产业发展措施

（一）科技创新及产业发展政策措施

当今世界正在孕育新一轮的科技革命，必将引起和促进产业的变革。在未来的 20 年里，新兴产业会不断产生和发展，传统产业将更多地融入新的科技成果，焕发出新的生机和风貌。在"十三五"期间，青岛市必须明确思路，选准方向，结合本地实际制定合理的引领政策和促进措施，发挥科技产业政策和措施的组合拳的综合效应，从政策支持、税收激励、金融支持、人才培养、知识产权创造、保护与应用等方面对企业技术进步与创新提供支撑。促进科技对产业的引领和支撑作用，推进"创新驱动、科学发展、产业高端、蓝色跨越"的理念,创建"宜业、宜居"的国际性滨海湾区都市。

1. 国外科技推动产业发展政策借鉴

(1) 政府高度重视,注重发挥科技政策的引导作用。

① 美国。美国政府高度重视科技创新,一直将科技创新视为国家经济未来发展的关键。在促进美国经济发展方式转变的各种因素中,以信息技术革命为主导的技术创新处于首位。在科技政策方面,政府出资支持大量的科研活动,制订了以"信息高速公路"计划为代表的科技发展规划,对技术创新活动给予正确的引导。据测算,战后资本主义世界重大科技发明有65%是美国首先研究成功的,75%是美国首先付诸应用的,美国产业新技术和产品服务的诞生都离不开科技创新,科技创新已成为推动美国经济发展方式转变的强大动力,而美国科技创新获得的巨大成就得益于其科技政策引导与扶持。

② 韩国。韩国历届政府都非常重视科技创新。早在20世纪80年代,韩国就提出了"科技立国"口号,2003年韩国新政府又提出"科学技术第二次立国"和建立"以科技为中心的社会"的政策方向,2005年完成了第三次科学和技术规划纲要的制定。韩国科学技术政策任务导向性强,到20世纪90年代以后,为了适应经济增长方式的转变,韩国又建立了政府主导型的科技创新体系。可以说,韩国能在落后条件下迅速实现经济发展方式转变与韩国政府重视科技创新,适时制定和调整科技政策、加强政策引导是密不可分的。

③ 日本。日本作为一个经济濒临崩溃的战败国能够迅速地实现经济增长方式转变,成为世界集约化程度最高的国家,与其拥有一套相对完整、高效的科技创新政策体系有着密切关系。战后日本的科技政策一直坚持特定时期解决实际社会问题的直接需要这一目标,在经历了20世纪70年代之前的"技术模仿"和20世纪70、80年代的"技术引进和开发"之后,从20世纪90年代开始实施"科学技术创新立国"的基本国策,并在科技立法、人才战略、促进产学研联动等方面形成了较为完善的科技政策体系,大大加快了日本科学技术的发展,技术进步又为经济发展方式转变提供了动力。

(2) 注重通过科技政策发挥政府的服务职能。

综观国外推进经济转型的科技政策体系,可以看出,政府在科技发展方面的作用主要表现为"推进","推进"的手段是"鼓励"和"服务"。"鼓励"和"服务"的主要做法是采取金融、税收等手段,为科技创新提供良好的环境。比如日本,加快科技创新发展的一个重要措施就是对企业技术创新和研究开发给予税收优惠或政府补贴支持,对科技创新重点产业和相关企业给予优惠融资,增加对新兴产业和企业的投资等等。此外,日本政府更多地为企业提供信息服务,促使企业把握产业的发展动向和变化趋势、改善经营、采用新技术、开发新产品、向集约型部门转移,加快实现经济发展方式转变。

澳大利亚政府为加强和增加研究开发投入,实施了研究与实验经费的税收减让政策,其目的也在于通过给企业提供一定数量的研究开发支出的税收利益,鼓励企业更多地创新和具有国际竞争力。此外,澳大利亚政府从1997年就开始建立创新投资基金项目,专门为小企业提供在商业化科技成果发展的前期所需的风险资本资金,鼓励应用商业化科研成果的新技术企业的发展。并建立科学技术推广项目,帮助工业企业和研究者采用国内外最前沿的技术。

(3)注重产学研合作,加快科技成果转化。

在政府的引导下,将企业和高校、科研机构联合起来,实现官产学研合作是科技创新的必由之路。国际上,官产学研合作成就突出的主要有美国、英国和日本等国家。美国政府非常重视科技成果在经济上的应用,支持国家实验室、大学、科研院所与企业合作,促进科技成果商业化。

美国的产学研合作计划强调以项目、资金为纽带,促进若干大学机构与企业、科研院所组成新的研究实体,通过扶持、培育形成坚实的研发能力,在竞争环境下进入良性循环,进而走上独立自主的发展道路。美国的科技政策天平更多向大学机构倾斜,培育研发实体的竞争力是其最终目标,与英国及日本的产学研实践相比,政府干预相对较弱,更具有自由竞争意味。

在发达国家中,日本政府对产学研政策的推行最为认真和全面。日本政府积极引导,把产学研合作上升到基本国策的高度。在日本,政府是产学研合作的主要推动者,其政策意图往往由"研究开发专门委员会"、"研究协作室"等中介机构加以贯彻。政府通过建立辅助金制度、完善相关法律等配套措施,扶持各地的专门技术学校、中小企业、大学等,加强了对企业专业人才的培养,实现了大学与企业之间的联动。此外,日本政府还通过设立"高科技市场"等中介机构来促进大学科研成果向民间企业转移和研究成果产业化。企业为主体、大学为骨干,政府研究机构起促进作用的产学研联动体系是日本促进科技创新发展的有效机制。

(4)注重国情,适时调整科技政策目标。

国外制定科技政策的经验表明,由于发展阶段不同,任务重点不同,科技政策的制定没有固定的模式和方法,必须适应科学、技术、经济社会的发展变化,而且制定科技政策时应充分考虑目标的具体性、可行性、规范性和协调性,并根据形势发展需要进行制定并予以调整的。此外,它们还有一个共同点就是科技政策的制定非常重视从本国国情出发,使政策更宜于实施。虽然发达国家科技政策制定的目的都是为了提高科技竞争力,但由于各国历史、文化、经济状况各不相同,因此科技政策制定的出发点、管理体制等各不相同,美国科技政策的主要出发点是力图保持其科学技术的全面领先地位,成为创新型科技强国。日本则成功地选择了先模仿后独创,先低科技后高科技的正确科技发展战略和政策导向,依靠创新立国成为当今世界上仅次于美国的第二经济大国和科技大国。韩国采取后发赶超、芬兰靠重点突破来实现自己的强国之梦。

2.青岛市科技创新促进产业发展政策建议

美、欧、日等传统工业强国和一些亚洲新兴工业国家的科技政策对我们的启示是多方面的。我国的科技政策还存在不适应加快经济发展方式转变的诸多环节,这就需要我们在充分借鉴世界经济强国与后发赶超国家的科技政策经验基础上,结合我国国情和青岛市实际特色,努力走出一条具有新的科技创新推进经济发展方式转变之路。

(1)完善细化化科技政策。

相对完善的科技政策法规体系对加快经济发展方式转变具有重要推动作用。科技政策具有导向、协调和控制功能。通过制定完善科技政策法规体系来加快经济发展方式转变，是国外政府的普遍做法。目前我国科技政策法规体系还不够完善，还无法与经济发展方式转变的需求相适应。在国家和山东省不断完善宏观科技政策的环境下，青岛市要做好科技政策的落地问题，制定具体的政策落实方法、完善科技政策的指挥棒作用。并在环境和条件允许的情况下，对促进科技创新的一些政策和做法做好积极的率先试点工作，制定相应的试点政策。构建支撑产业发展方式转变的科技政策法规体系，营造有利于科技创新的制度、文化环境。

（2）做好科技促进产业发展规划，实现重点突破。

为适应科技创新浪潮，促进产业升级转型，国家和省市将不断推出更多科技政策和产业政策。青岛市应抓住这一机遇，综合考虑青岛市市情和科技、产业基础和特色，在确立战略性新兴产业、蓝色经济、高技术产业的突破方向基础上，依据青岛市相应城市定位和经济发展规划，政府部门要进一步明确各产业领域的重点发展方向和任务，制定科技促进规划。引进或扶持相关理论研究和产业技术创新的发展，并储备相应的产业发展技术资源；引导科技资源在这些新产业领域合理配置，促进高端产业的相互协调、协同共进、全面发展。支持本地企业向低碳新经济转型，扩展国家和地方政府科技政策的社会影响，提升新技术发展的溢出效应，为青岛市经济发展创造可持续发展的新动力和增长空间。

（3）制定产学研合作鼓励政策及各方利益的相关保护政策。

产学研结合是促进科技创新进而加快推进经济发展方式转变的有效途径。国外经验表明，科技创新离不开在政府积极引导下企业和高校、科研单位的合作。目前我国产学研之间缺乏合作，科研成果转化率很低。因此，必须采取有效措施促进产学研相结合。一是政府要积极探索产学研合作机制，制定激励保护政策，特别是对合作方利益保护的相关法规及细则。并积极推动，建立一批为产学研合作服务的机构。二是政府要加强政策引导，推动企业研发机构发展壮大，使企业的创新能力不断提高，促进大学、科研机构的成果向企业转移和科研成果产业化。

促进企业与高校合作，为此，将采取下列措施：通过立法手段要求技术开发者明确阐述将如何与潜在的技术使用方共享研究成果；聘用来自高校的专业技术人员负责合作研发工作，肩负起向企业传达重要知识、技术和技能的职责。

（4）制定"理论原创—技术研发—产业孵化"创新链的联动政策。

科技创新理论研究是技术创新的源泉，技术研发是理论创新的延续，产业孵化是技术创新的具体实践和最终目的，产业发展壮大为技术创新和理论原创提供动力。它们三者的相互作用形成紧密的创新循环链。政府公共资金在理论原创中要发挥根本的作用；技术研发的主体是企业，政府的作用是引导和激励；产业孵化必须以市场为导向，最终的选择权由市场机制来决定，政府主要是提供平台，特别是公正的市场环境和对其初期的保护。同时，支撑社会发展的重点领域、和谐社会构建是创新型城市建设的重要内容。以决策科学化、信息化建设为主线的现代服务业的科技支撑等问题，都需要结合青岛市的实际制定相应的科技政策与措施促进其发展。经济和社会发展是综合结果，有关社会发展存在的经济管理、法律和相关社会学研究政府也需要发挥主导作用,促进社会发展和产业创新的决策水平。青岛市作为地方政府要明确在创新不同环境的地位和作用,探索制定科技创新链协同发展的政策和促进规章。

(5) 制定产业集群创新扶植政策。

必须充分发挥企业在技术创新的主体地位,以市场为导向激励企业行为,引导和创造有利于加大企业研发资金投入的宏观环境,使大、中、小企业都能够真正活跃起来并成为自主创新的主体。面对战略性新兴产业的发展制约于高新科技的研发、开发和成果转化的现实,科技管理部门应制定并实施相应的科技创新激励政策,加强企业自选项目与科技计划重大项目的整合,减少重大研究项目的市场转化障碍。围绕蓝色经济发展、新兴产业、高新技术产业选择的重点领域,组织产业创新集群,制定协同扶植相关政策,实现技术创新产业化的综合效应,极大地促进产业系列创新发展。

(6) 不断完善科技政策,加大宣传推广力度。

不断优化与改善科技政策体系建设环境。科技行政部门应定期与不定期地对青岛市科技政策的制定与实施情况进行专门研究,以对创新型城市建设中不断出现的科技进步与创新问题及时进行政策设计、制定与调整,并与各相关部门和单位建立畅通的协调机制,协同组织各项科技政策与措施的有效实施。科技政策作用的发挥,既取决于科技政策制定的科学性,更有赖于公众对科技政策的了解和认知度。广大企事业单位和科技人员是科技政策的受益者,他们对科技政策的掌握程度直接影响着科技政策的实施效果。因此,加大宣传力度,让社会各个方面在开展各项科技活动时都主动寻求科技政策的支持。

(7) 增加作用于需求面的政策。

创新具有高风险性,并非企业的天然偏好,需要政策激励和环境营造以支持。国际研究和实践表明,政府作用于需求面的政策可有效弥补市场动力机制的不足。青岛市现有的科技政策主要作用于供给面和环境面,政策重心放到了创新链的前部,忽视了后端。应加强需求面政策的制定和实施的能力,如通过补贴、税收优惠、价格优惠等激励企业推出新产品,鼓励用户购买新产品;通过制定标准和引导措施,迫使企业提高创新投入;利用政府采购手段引导企业投入创新活动。需求面政策需要科技与经济部门更紧密地合作,因此对科技管理部门提出了更高的要求。

美国是最早利用政府采购,对技术创新进行扶持和推动的国家之一。20世纪30年代以来,美国政府相继制定了购买产品法、联邦采购法等,其中专门制定了针对创新技术和产品进行采购的内容。从我国情况看,目前政府采购仍主要规范资金使用为目的,对促进自主创新的作用不甚明显。应进一步完善政府采购的相关法律法规,把优先考虑采购本国技术和产品,鼓励和保护自主创新作为政府采购的主要目的,把支持中小企业创新作为经济政策和科技政策的重点。

(二) 创新投入保障措施

资本是经济增长的核心推动力,科技投入是科技进步与创新的重要保障条件之一,其投入强度与结构历来是衡量一个国家或地区科技实力的一项重要指标。面对

"十三五"期间创新驱动的新需求和战略性新兴产业的大发展,必需建立可靠的资本投入平台,解决目前存在的创新创业资金不足、融资渠道单一、金融产品缺乏等约束因素,抓住国家赋予青岛新海岸新区在金融领域先行先试的机遇,拓宽投融资渠道,推动金融制度改革,建立支持创新产业发展的金融服务保障体系、财税支撑体系、民营投资参与机制和资本市场资金募集与运作平台。

1. 金融服务保障措施

金融服务支持措施,包括:创新金融支持措施,鼓励银行业以项目贷款、银团贷款等模式,满足知识产权产业对发展资金的迫切需求。

(1)制定并落实科技型中小企业贷款政策,设立支持科技载体建设和发展的引导资金,重点支持符合青岛建设总体布局和与青岛重点支柱产业结合紧密的重点载体。将青岛民生银行、兴业银行、中信银行实施的"三方联保机制"植入知识产权产业领域,促进实业界与科教界、实业界、科教与金融界、商务界的合作,解决目前普遍存在的金融渠道不畅、金融支撑手段不足等困难。

(2)鼓励相关企业利用企业债、公司债、可转换债、短期融资债等融资工具筹措发展资金,加快创新成果产业化进程,提升知识产权产业投资强度和规模收益应设立专项发展资金。

(3)采取多元化投入的方式,加大载体建设与发展的投入,确保每年的财政科技经费的增长比例高于财政一般预算收入的增长比例,应积极与金融机构沟通协调,采取各种措施鼓励和支持民营资本和社会闲散资金向科技相关项目聚集。

2. 政府财税服务保障措施

(1)科技创新生产端财税服务措施。结合青岛市的实际情况,制定合理、科学、实用的财税措施。除了国家和山东省规定的相关优惠政策之外,依据确立的"创新-产业"创新链组,应再单独另行制定优惠措施,鼓励科技型企业的发展。尝试允许科技创新设施、公共服务平台设施等实行加速折旧,以促进相关设备的更新和改造;学习外地先进经验,有条件的企事业单位可以实行经营者和管理层的股权制等,以此激励优秀人才投身科技事业;在国家给予的政策范围内可以按一定比例给予地方配套补助或者另行补助。

(2)科技创新市场端服务措施。市场是创新的重要驱动力量,科技型中小型企业没有足够的精力投注于市场的开拓,为鼓励科技型企业的创新活力,通过一定的财税措施扶植科技型产品在市场的活力,回笼销售资金就是对技术研发最好的资金保障和创新激励。政府拨款购买创新产品和服务,从而凭借政府强大的购买力鼓励企业积极开发和改进技术产品及服务。财税市场端服务支持措施如下:建立财政性资金优先采购自主知识产权产品,支持知识产权产业发展的制度,并发挥财政、审计和其他部门对财政预算中政府优先采购项目的监督力度;建立对新产品的消费者补贴制度(例如新能源汽车补贴),鼓励消费行为,促进产品技术提升。同时,组建政府主导、担保机构的资本金补充和多层次风险共担的知识产权产业投资担保公司,并充分发挥其引导和带动各类社会资金投资知识产权产业的积极性;发挥各级政府设立的创新创业基金、高技术产业引导资金对知识产权产业的支持作用,并带动社会资金的投资积极性;扶持风险投资企业增强项目评价能力和风险承担能力,对主要投资知识产权产业的风险投资公司给予创业资助和税收减免激励,为自主知识产权成果产业化营造良好的市场环境。

(3) 发挥财税资金的杠杆作用,促进创新投入体系优化。为保障各项科技创新工程的实施,青岛市应进一步强化创新驱动战略,建立和完善以企业持续投入为主体、政府财政稳定投入为保障、民间资本积极投入的科技投入增长机制。应进一步培育企业在科技投入中的主体性地位,增强企业投入科研的动力。通过财政补助、税收减免、贴息等措施鼓励支持企业增加研发和技改投入,并将科研项目经费的一定比例用于企业科技投入奖励和支持科技型中小企业 R&D 活动。

3. 激活社会资金投入措施

激活民营资本投资潜力,鼓励民营企业投资参与科技创新,鼓励民营企业的产业升级和投入新兴产业。未来一个时期民营经济将有望进入的新产业领域包括电信、航空、电力、石油、铁路等国家将逐步打破行政性垄断的行业,投资主体多元化进程加快,竞争活力和经营效率将得到改善。为适应这一变化,青岛市应进一步贯彻落实国家促进中小企业发展的各项政策措施,减轻中小企业税费负担,改善民营中小企业融资环境,降低民营企业抵押担保贷款门槛,从管理制度和体制上为民营企业融资及民间资本进入提供更多便利。同时,应积极推行"负面清单"管理制度,赋予企业和相关经营机构更大权限;应通过中小企业公共信息服务平台为中小企业转型升级提供信息支持和指导,落实科技型中小企业技术创新基金及其他鼓励政策。

此外,应共度重视资本市场的作用,支持有条件的企业积极上市,利用二级资本市场募集企业发展资金,集聚企业转型升级的能量,同时,也接受社会的公开监督,全面提升企业的规范化管理水平。

(三) 人力资源保障措施

1. 国外科技人才战略的借鉴

高素质科技创新人才队伍是加快经济发展方式转变的核心资本。增强创新能力,促进经济发展方式转变,造就高素质的创新人才队伍是关键。人力资源已经成为决定在未来国家竞争中能否取胜的关键因素,发达国家都非常重视创新人才队伍建设,在培养、引进、使用人才等方面都采取了许多积极措施,值得我们学习借鉴。

美国科技创新获得的巨大成就是以高质量的人力资本作为保证的。美国非常重视科技创新的人才队伍建设,一方面依靠多层次的教育大量培养本国具有较强创新精神和基础研究能力的开拓型人才科技人员,另一方面采取多种措施吸引国外优秀人才来美国发展,比如长期执行有效的移民政策等,为美国经济发展方式的转变提供了强有力的智力支持。

日本长期以来十分重视对高科技、高素质人才的培养,并逐步建立起了良性的人才培养、选择、竞争、交流和充满竞争的研究环境。日本非常重视高等职业教育的实质性发展,倡导终身学习。此外,日本还注重培养多元化的技术人员和科研人才,尤其重视理工科人才培养,为经济增长方式转变储备了数量大、质量高的劳动资源。

欧盟比较重视研究团队建设和内部各国人才素质发展的辐射和带动作用。在共同体研究计划中,以研究团队选择上的一定倾斜促进聚合,即在研究项目满足卓越原则的前提下,优先考虑包含来自聚合国家研究人员的研究团队。这提供了一种导向作用,使来自发达国家的研究团队在申请共同体项目时会更多地考虑吸收欠发达地区的研究伙伴参与。并通过促进中小企业参与,支持研究人员的培训与流动,以及创建研究人员与机构间的网络关系促进经济与社会聚合目标的实现。

2. 青岛市创新人才保障措施

"十三五"期间,青岛市经济和社会发展对各类人才的规模和层次提出了更高的要求,实施人才带动战略,已经成为落实科技创新支撑引领产业发展的关键环节。为适应"十三五"期间科技进步和产业发展对人才的需求,借鉴一些发达国家的人才战略做法,青岛市应重点解决制约人力资源优化配置的三个瓶颈。

一是解决人才培养缺乏科学规划,部门责任不明确的瓶颈,完善相应的职业人才考核机制,调动各类社会组织集聚产业发展人才的积极性,同时形成符合知识产权人才特点的执业资格认证、职称评定和能力评价制度。

二是解决专业人才培养结构不合理,社会对各类实践型、复合型人才认识不到位、培养不用力的瓶颈,协同相关方面制定科学合理的专业人才培养目标,并监督培养目标的落实和发展规划的实施。

三是解决目前从事专业人才培养的师资数量和质量难以满足社会发展需求的瓶颈,采用多种手段、多种模式、多个层次的培训方式,包括借用国内外高端培训组织和民间教育机构的力量,满足新时期科技进步和产业发展对人力资源的需求。

为解决创新人才瓶颈问题,需要加强以下几个方面的工作措施。

(1) 多方式聚集人才,提高人才队伍规模和素质。依托驻青科学研究机构和高等学校的人才优势,集聚一批高水平专家和高端人才,充实科技进步和产业发展所需的专家人才库。一方面实施人才培养工程,出台相应配套措施,加快培育一批科技领军人才和创新型科技人才。另一方面制定有效地吸引人才政策,积极引进海外高层次科技创新人才,壮大科技创新人才队伍,优化人才队伍结构,提升人才队伍层次。

(2) 加强人才培养和培训,增强人才后备实力。支持高等学校完善专业设置和培养方向调整,提升针对青岛经济和社会发展需求的专业人才的培养层次和规模。提高高等院校为地方经济服务服务的意识,完善科研考核体系,鼓励专业人员团队合作,积极参与企业科技研发活动,扭转以往"为研究而研究、为职称而研究、为完成科研考评指标而研究"的研究与应用脱节的状态,促进高素质人才培养水平和科学研究的产业化水平。

(3) 采取多种形式帮助中小企业引进所需要的各类人才,并为之提供包括档案管理代理、劳务中介、职称申报等服务。实现人才"愿意来、留得住、用得好、有前景"的良性循环。

(4) 建设专业齐全、手段先进、水平一流、应用性强、与国际接轨的创新人才培训基地;建立统一开放的各类人才市场,健全高级人才流动推荐体系。

(5)注重国际、国内科技合作与交流。科技创新离不开国际科技合作与交流的支撑。科研的国际化已经成为发达国家的一种趋势,主要表现在科学交流、人员聘用、科研评估方面。通过加强国际、国内合作与交流的高水准基地建设,加大外籍研究员的聘任力度,为国内研究人员出国交流提供方便,努力营造有利于人才交流国际化开展的环境和条件。通过设立国家科学技术情报中心进行科技信息的搜集、整理和加工。同时,要开展学校与企业的合作,实现科技创新发展。利用好青岛市内科技资源,也要合理利用国内外的科技资源,多与国家大院大所、重点高校、兄弟省市进行科技合作,加强国际科技合作计划项以及科技招商、科技兴贸、科技会展与国际学术会议等方面的投入。

(四)科技服务保障措施

在市场经济条件下,科技中介服务体系是构建技术转移和扩散的桥梁,将成为推动科技成果转化和产业化的纽带。新型的科技服务体系,是面向社会提供为研发设计、科研条件、创业孵化、技术交易、知识产权、投融资等专业化科技服务产业提供的服务。科技服务体系建设对于转变政府科技管理职能、发挥市场机制作用、合理配置科技资源,对于大力发展中小企业、提高企业技术创新能力和市场竞争力等具有显著作用。"十三五"期间,青岛产业发展将面临创新能力提升的严峻考验,提升产业内生的创新能力将成为青岛市经济增长活力和竞争力的关键支撑要素。完善新型公共科技服务体系,是构建创新社会环境、理顺创新结构、保护创新者权利的"牛耳"。

1. 科技服务平台服务措施

"十三五"期间,激活对科技服务的社会需求,大力促进科技创新服务体系市场化发展。大力引进和培育科技服务企业,促进公共服务与市场化服务并行发展。理顺政府与市场的关系,引入具有专业化服务能力的社会机构,参与政府服务性事项的管理。通过政务服务外包、智慧城市建设以及其他各类服务示范项目的政府采购,支持服务企业的业务拓展和能力建设。增强社会对科技服务业的认知度,促进信息服务、业务流程和知识流程外包,激活区域对知识密集型服务业的需求。顺应事业单位改革的要求,推动事业单位性质的科技创新服务机构进行企业化改革,鼓励生产力促进中心、技术转移机构、创业服务中心等开展市场化运作,对机构为企业提供的公共服务通过政府购买服务等形式给予补贴。通过政府和市场合理分工、共同协作,从科技服务组织、科技服务基础平台、科技成果管理等方面打造科技服务体系。

(1)构建科技服务组织平台。

构建以中介机构为重点的科技创新服务体系。培育科技中介机构,建立生产力促进中心、行业协会等多种类型的中介服务组织,为企业提供技术服务。建立以中小企业为主要服务对象,以咨询诊断、科技培训、技术开发与推广等为主要服务内容的生产力促进中心。

推动组织网络化。政府应通过计划、基金,以及适当行政措施,推动科技中介机构在组织、信息、人才等方面实现网络化,打破多年来形成的行业条块分割、资源分散的状况,在更大的范围内进行有效的资源整合。

(2) 科技基础条件平台建设。

围绕建设创新型城市,对科技基础条件资源进行战略重组,是提高整体科技创新能力的重要手段。构筑国际先进、国内领先的科技创新公共服务平台,从科技研发平台、人力资源服务平台、科技创业投资服务平台、科技信息服务平台、知识产权服务平台、科技企业孵化器和科技产业孵化器等几个方面,出台相关政策,促进科技资源共享,降低科技创新成本,加快科技成果转化、利用和扩散。

要建立全社会参与创新型社会建设,政府支持建立能够供各类服务机构共享的重要数据库,如科技成果数据库、专利数据库等,为科技文献的共享提供支持和扶植,促进科技创新效果。

(3) 科技成果的管理服务平台。

科技成果的管理是科技转化的非常重要的一个环节。首先,要明确权利关系,权责双方权利和义务的明确是科技成果管理的前提。其次科技成果对于社会经济发展的推动是强有力的。因此,应对科技成果管理的政策高度重视,制订详细政策,例如对于科技成果可以采取委托或采购服务的方式提供给有能力、有实力的公众,政府只负责营造公平、公正的交易环境即可。以市场为导向,积极推进科技成果商业化。重视和支持促进科技成果转化的中介机构的发展,政府应建立覆盖成果转化全过程的政策支持系统和服务系统,包括人才、资金、信息、市场开拓等一系列的服务。

2. 知识产权服务措施

据有关方面调查,2013 年,青岛市知识产权产业的增加值在青岛市 GDP 中的占比为 8.34%,而美、日等工业发达国家的专利产业化率却高达 20% 以上。青岛市海洋经济等关键性产业领域的自主知识产权转化率仅为 8%,其中本地转化率为 4.6%。造成这一局面的原因有三:一是高校和科研院所科研活动与市场需求脱钩;二是知识产权运用动力缺乏、环境条件不足[①];三是知识产权中间服务体系不够完善,限制了知识产权创造与运用的对接。更深层的原因则是受现行体制制约,企业尚未真正成为科技创新的主体。

为此,"十三五"期间,必须将具有低能耗、低污染、高附加值等发展优势和显著的知识产权产业纳入战略性新兴产业发展规划,并充分发挥其特有的财富属性、产品属性和高附加值属性,使之成为推进科技创新和经济发展的战略资源和核心要素。为此,需要进一步做好如下工作:一是将知识产权产业纳入《青岛市"十三五"国民经济和社会发展规划》,并围绕知识产权产业重点领域,制定产业发展扶持政策,建立产业指导、协调和服务机制,调动社会各种力量推动知识产权产业发展的积极性。二是建立知识产权产业发展指导目录,并依据目录指导,做好重大产业项目的遴选和培育。措施包括,创新招商引资路径,完善优势资源整合机制,以重大项目投资和优质资源流入为契机,引导技术、

---

① 据不完全统计,美国投入替代能源、电动汽车等新兴产业方面的研发及知识产权保护费用每年已达到 700 多亿美元;欧盟则强调"绿化"的创新和知识产权,加速向低碳经济转型;日本大幅提高新能源研发和知识产权转化的预算,年投入由原先的 882 亿日元增加到 1 156 亿日元。我国实施创新型国家战略,更需要具有优良的创新环境来支撑。

人才、资金向产业基地集聚,优化知识产权产业形态和布局。三是将知识产权产业纳入专项产业统计体系。包括,依据世界知识产权组织提出的概念和框架,借鉴相关机构和学者的研究经验,建立知识产权产业分类名录、分类编号、指标体系和评价方法,以切实发挥产业政策对其的引导、激励和约束作用,为知识产权产业的可持续发展提供基础数据平台和评价体系等方面的支持。

(五) 推进产业创新集群工程措施

创新型产业集群是指围绕区域产业发展定位和方向,通过制度建设和机制创新,以科技资源带动各种生产要素和创新资源集聚,以知识或技术密集型产品为主要内容,以科技型中小企业、高新技术企业和创新人才为主体,以创新组织网络、商业模式和创新文化为依托的产业集群。建设创新型产业集群能够有效整合区域创新主体和要素,是推进区域创新的重要途径。"十三五"期间,青岛市围绕蓝色经济、新兴产业和高新技术产业组织数个创新集群工程,实现科技资源的高校配置和功倍效应,促进科技创新对产业发展的引领和支撑作用。

1. 产业创新集群工程任务

(1) 制定创新产业集群发展规划。围绕蓝色经济、战略性新兴产业、高新技术、现代服务业的产业定位和发展目标,以"一谷两区"为主要的空间布局。前瞻性地谋划青岛创新产业集群建设发展规划。

(2) 培育科技型中小企业。支持科技型中小企业技术创新;推动科技型中小企业与龙头企业开展配套产品开发及技术协作,促进以龙头企业或关键产品为核心的连接上下游企业的产业创新集群;支持科技型中小企业积极参与制定国家标准和行业标准;支持科技型中小企业积极参与政府采购;帮助中小企业落实相关优惠政策。

(3) 完善科技服务体系。建立健全与集群产业链相配套的专业孵化器等企业培育载体,吸引大学院所等进驻设立研发中心或技术转移机构,加强公共技术服务和科技金融服务等平台建设,形成科技型企业快速成长和集群化发展的环境。

(4) 促进集群形成和发展。发挥政府主导作用,加大招才引智和招商引资力度,集聚科技资源和生产要素,吸引企业聚集,加速形成产业集群;注重发展战略和竞争战略研究,加强评价和指导,提升产业集群发展水平。

2. 创新集群构成和布局

面对激烈国际竞争和技术发展的不确定性,世界各国更加重视利用产业创新集群培育新的经济增长点,更加重视集聚优势资源、创新产业发展布局。青岛市应进一步加大资源和优势产业整合力度,提升产业集聚程度,创建全新的产业发展布局,谋求长远的竞争优势和综合的发展效益。

依托青岛西海岸新区、自由贸易港区、蓝色硅谷海洋科技创新示范区、红岛科技创新示范区,打造青岛战略性新兴产业发展新增长极的创新集群;依托现有的集聚区以及规划建设的产业综合载体,打造低污染、高收益的创新产业发展高地;发挥国家高新技术产业开发区优势,促进现代制造业发展,促进青岛北部生态型新城的快速建设。

结合青岛市产业聚集区布局规划的思路和布局,组织建立相对应的科技创新集群。为全力打造"一带展开,三城集聚"的高端产业集聚区,沿滨海蓝色经济发展带,以青岛高新区生态科技城、崂山科技城、黄岛国际生态智慧城为基地,拉开蓝色经济和战略性新兴产业创新集群滨海湾区(图20)。按照集产业集聚规划的22个战略性新兴产业集聚区,

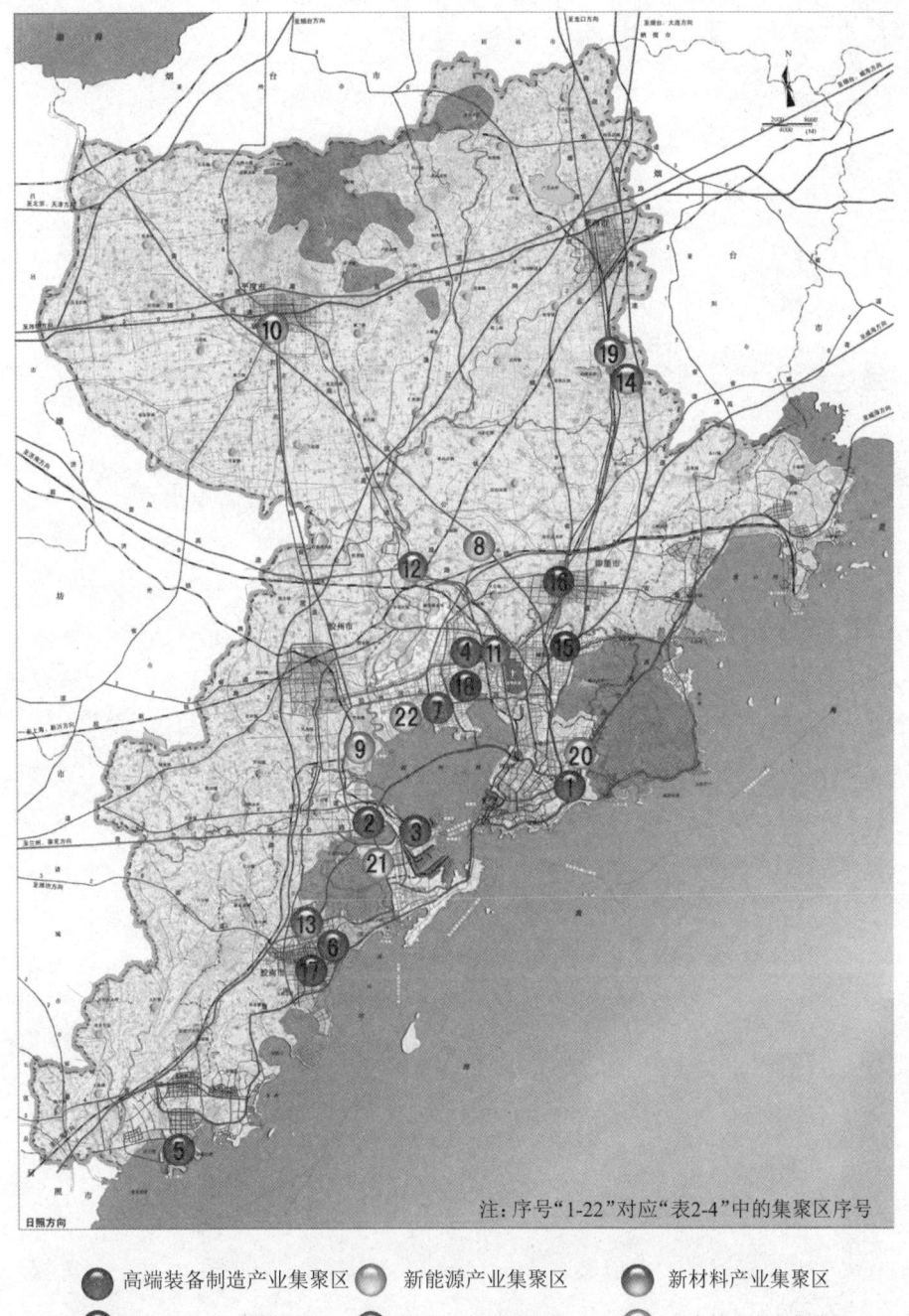

注:序号"1-22"对应"表2-4"中的集聚区序号

● 高端装备制造产业集聚区　　● 新能源产业集聚区　　● 新材料产业集聚区
● 生物医药产业集聚区　　● 节能环保产业集聚区　　● 信息技术产业集聚区

图20　战略性新兴产业创新集群空间布局
(来自《青岛市工业产业聚集区布局规划》)

28个高新技术产业特色园区，集聚发展船舶制造、海洋工程、海洋生物医药等三大蓝色制造业及高端装备制造、新能源、新材料、生物医药、节能环保、新一代信息技术等战略性新兴产业的创新集群。以青烟威、青潍济轴线建设"两轴辐射"的主导与传统产业布设28个产业集聚区，组建家电电子、石化化工、汽车、船舶、纺织服装、食品饮料、机械（钢铁）等主导与传统支柱产业升级换代创新集群（图21）。

图21 主导及传统产业创新集群空间布局

（来自《青岛市工业产业聚集区布局规划》）

围绕蓝色经济创新核心,优先组织四大领域科技攻关和产业化合作集群。海洋生物医药,组织开展海洋创新药物、功能保健品两大领域关键技术攻关;海洋新材料,组织开展海洋舰船涂料、海洋工程防腐防污涂料、深水耐压浮力材料、仿生材料等领域关键技术攻关;海洋装备制造,组织开展海洋工程辅助船设计制造与维修改造、LNG 与 LPG 船设计制造、海洋能发电设备、船用中低速大型柴油机、深水半潜式平台关键结构等领域关键技术攻关;现代海水种苗,组织开展高端海珍品种苗培繁育、病害监控预警、重大病害快速诊断及综合防治等领域关键技术攻关。

课题承担单位:青岛科技大学　青岛市科学技术信息研究所
课题负责人:张志耀
课题组成员:房学祥　宋福杰

青岛市"十三五"海洋科技发展战略定位和对策建议

一、全球海洋新产业与新科技发展现状及趋势

海洋是生命的摇篮、资源的宝库、风雨的温床、贸易的通道以及国防的屏障。海洋和国家安全与权益维护、人类生存与可持续发展、全球气候变化、油气与金属矿产等战略性资源保障等全局性、重大性和长久性问题息息相关。海洋资源的开发利用和海洋环境安全将成为世界各国经济与科技竞争的焦点之一。海洋科技水平和创新能力在未来的竞争中将占据主导地位。20世纪90年代以来,世界海洋经济高速增长,海洋经济正在并将继续成为全球经济新的增长点,也成为世界临海国家争夺海洋资源、重新划分蓝色国土的主要动机。进入21世纪以来,为应对新的形式需求和挑战,沿海各国普遍从战略全局的高度关注海洋。美国、日本等国家和地区性组织都在加紧调整或制定新的海洋战略和政策,加大对海洋科技研究与开发的投入力度,以便在新一轮国际海洋竞争中抢占先机。

(一) 全球海洋新科技发展的现状和趋势

1. 海洋科学发展

海洋是地球最独特和最重要的系统,海洋中发生的各种自然过程,在不同程度上同大气圈、岩石圈和生物圈都有耦合关系,构成一个具有全球规模的、多层次的自然体系。因此,海洋科学研究具有多学科综合交叉的特点,同时呈现出日益增强的整体化趋势。目前,海洋科技发展主要涉及七大前沿领域:海洋与海岸带生态系统、海洋生物技术、海洋能源开发、深海环境与生命过程、海洋观测技术、北极海洋科学综合研究和海洋环流过程和气候。

(1) 海洋(海岸)生态系统研究,包括海洋生态系统健康发展与海洋渔业资源开发,人类活动和全球环境变化对海洋生态系统的影响,基于生态系统的海岸带管理三个前沿方向。把海岸带作为一个海—陆—人类相互作用的整体系统,开展海岸带生态系统研究,成为引领海岸带研究的前沿领域。研究这样一个海岸生态系统的变化需要多学科的综合,需要科学与技术的融会,需要自然科学和社会科学的融合,由此带动海岸带科学研究

和技术开发的全面发展。全球主要的研究计划为IGBP和SCOR于2003年共同发起的"海洋生物地球化学和海洋生态系统综合研究计划"(IMBER)。

(2) 海洋生物技术,包括基因组学与转基因、病原生物学与免疫、发育与生殖生物学基础、海洋环境生物技术和生物活性物质五个方向。21世纪是海洋的世纪,更是生物技术大发展的世纪。开发海洋与发展生物技术的有机结合必将推动海洋生物技术的快速发展。

(3) 深海环境与生命科学研究,包括深海生物的演化——生命起源问题、深海环境特征和深海微生物研究三个方向。已有许多国家和国际组织开展深海海底观测网络计划,如海王星海底观测计划、欧洲海底观测网络。通过实施深海重大研究计划,了解深海生物多样性,刻画深海生物地球化学过程,掌握深海特殊生态系统关键过程及其资源环境效应,探索生命起源,开发海底油气和战略金属资源以及基因、活性物质等新型生物资源,为开发深海资源、利用深海空间、发展深海产业提供科技支撑。

(4) 海洋能源开发,包括深水油气资源勘探开发、海洋天然气水合物开发和海洋新能源开发利用三个方向。海洋新能源通常指海洋中所蕴藏的可再生的自然能源,主要为潮汐能、波浪能、海流能(潮流能)、海水温差能和海水盐差能等。更广义的海洋新能源还包括海洋上空的风能、海洋表面的太阳能以及海洋生物质能等。英国计划其未来所需电力的五分之一都能从环绕它的海洋中获取,从而使英国成为"海洋能源中的沙特阿拉伯"。

(5) 北极海洋综合研究,包括北极油气资源勘探开发、北极环境影响评价、北极海洋地质研究三个方向。地球的南北极蕴藏着丰富的矿产资源。据初步估算,人类目前尚未发现的石油和天然气资源中大约有25%分布在北极地区。同时,由于极地的特殊环境,南北极必将在全球环境变化中发挥举足轻重的作用。

(6) 海洋观测技术发展,包括卫星海洋遥感、深水观测和表面观测三个方向。全面深入了解和认识海洋是保护、开发和利用海洋的根本需要。因此,观测技术的发展是国际海洋研究计划的重要组成部分,如国际综合大洋钻探计划(IODP)的立管和非立管技术的发展、全球大洋中脊行动(Inter Ridge)的海底连续观测任务、国际大陆边缘计划(Inter Margin)等;另外,还有若干专门的海洋观测计划被实施,如全球海洋观测系统(GOOS)、全球海洋实时观测计划(ARGO)、海王星海底观测网络计划、欧洲海底观测网络计划以及美国的海洋观测站行动(OOI)等。

(7) 海洋环流与气候,包括西边界流动力学、热带海洋动力学、海洋模式发展。海洋是全球气候系统的一个重要组成部分,在维持地球气候方面发挥着重要作用。在地球气候系统的几个组成部分中(大气、陆地表层、生物圈、海洋以及冰冻圈),大气变化最为迅速,是天气变化的重要影响因素,而海洋表面温度的缓慢变化则是几个月甚至年气候变化的影响因素。厄尔尼诺和南方涛动以及北太平洋涛动等通过海气相互作用深刻影响着全球气候。西太平洋暖池是世界上驱动大气环流的最大热源之一。海气相互作用理论的发展以及海洋大气耦合系统的模拟研究为预测全球气候年际变化提供了有力的支持。在过去30年间,围绕海洋环流与气候变化的问题,国际组织开展了多项大型研究计划,如世界大洋环流试验(WOCE)、热带海洋全球大气试验(TOGA)等,在海洋环流变化与气候变化之间关系研究方面取得了许多重大研究成果。

经专家综合分析,未来海洋科技发展的7个趋势如下:① 国家社会经济安全的需求导向更加突出,成为推进海洋科技发展的强大动力;② 将地球系统科学贯穿到海洋科学研究,形成海洋大科学整体研究思想;③ 海洋技术的发展成为海洋科学取得突破的关键因素;④ 重大海洋研究计划的组织方式已经并还将继续成为海洋科学研究的重要方式;⑤ 对海洋能源的开发利用技术发展将成为未来20年海洋科技关注的重要焦点之一;⑥ 从单一学科和局部区域的分散观测向综合的全球海洋观测系统发展;⑦ 从单纯自然科学研究向注重结合人文科学和综合管理研究发展。

我国从"九五"以来,在973计划、国家自然科学基金等国家科技计划的持续支持下,海洋科学研究水平稳步提高。围绕海洋环境、海洋资源和生态及全球气候变化等热点问题,取得一系列具有世界先进水平的研究成果。提出了海浪-环流耦合理论和数值计算模型;构建了中国近海生态系统动力学理论体系、中国边缘海形成演化理论的基本框架;揭示了东海大规模赤潮潜在危害性及危害机理,提出了宏观调控措施和治理技术;建立了鱼、虾、贝免疫、遗传特性的理论基础,完成了牡蛎、半滑舌鳎全基因组测序和遗传图谱绘制;揭示了冰穹A是南极冰盖的起源地及其早期演化过程和气候历史情景;发现了大洋碳储库的长期性,证明了热带驱动和碳循环对古气候演变的重要性;海洋初级生产力结构及微型生物生态学研究取得重要进展。

从文献分析的结果来看,我国海洋领域研究水平与国际先进水平的差距呈现出逐渐缩小的趋势。根据科学计量分析结果显示,海洋领域SCI发文量前5个国家为美国、英国、中国、澳大利亚与法国;其中,美国的论文数量遥遥领先,占论文总量的33%,相当于排名前五位中其余四个国家的总和,占据绝对统治地位。值得注意的是,汤姆森路透集团发布的世界排名前30位的海洋学研究机构显示科研优势主要集中在美欧。

2. 海洋技术发展

海洋技术是人类认知海洋、开发利用海洋所应用的技术,主要包括对海洋环境的观测与探测技术和对海洋资源的开发与利用技术两大类。研究海洋的自然现象和过程、探索海洋自身规律离不开海洋环境观测与探测技术以及仪器装备。20世纪60年代以来,几乎所有主要的海洋科学重大进展都与新的观测技术、装备发明及应用有着紧密关系。传感器技术、平台技术、系统控制和信息网络以及数据处理技术等构成了这类技术的主体。海洋资源开发利用技术是把基础理论研究成果应用到实践中去,解决海上产业活动和作业的实际问题。由于现代科学技术发展很快,海洋资源开发技术与日俱新,目前主要开发利用的资源包括海洋油气资源、海洋天然气水合物、海底固体矿产资源、海洋生物资源、海水资源、海洋能和海洋空间资源等。海洋技术既具有鲜明的海洋特质,又是集机械、材料、电子、信息、生物等众多领域之大成的高度综合的技术领域,其发展水平依赖于国家的科技、经济发展综合实力。

目前,全球海洋技术发展迅速。在技术层面,建立区域性和全球性海洋环境监测与信息系统,实现海洋环境实时、立体监测,已成为海洋环境监测技术的发展趋势。深海探测与作业技术一方面朝着作业水深更深、作业功能可扩展、作业能力更强大、装备系列化和体系化方向发展,另一方面小型化、低成本、智能化也是一个重要的发展趋势。海洋油气资源开发技术向着深水、两极、合作方向发展。海洋生物资源开发利用逐步从近海、浅海向远海、深海发展,各种陆地高新技术得到高效利用,以企业为主导的海洋生物产品研发体系成为主流。固体矿产资源开发与利用技术从单一多金属结核勘探开发技术向三种深海矿产资源(多金属硫化矿、富钴结壳等)的勘探开发技术发展;海水资源利用正向技术系统化、集成化、综合化方向发展,海水淡化费用逐步降低,正在成为部分沿海缺水国家和地区的重要水源,海水直接利用和海水化学资源综合利用逐渐成为工农业以及国防安全的重要原料保障。海洋能技术向着大型化、低成本、高效率、高可靠性以及商业化方向发展。海洋技术领域国际发展趋势如下。

(1)发展先进的海洋环境监测传感器和监测平台,建立区域性和全球性海洋环境监测与信息系统,通过空间、海面、水下和海底等平台实现海洋环境信息的实时、立体监测,提供全球或区域实时基础信息和信息产品服务,已成为海洋环境监测技术的发展趋势。

(2)深海探测与作业技术一方面朝着作业水深更深、作业功能可扩展、作业能力更强大、装备系列化和体系化方向发展,另一方面小型化、低成本、智能化也是一个重要的发展趋势。

(3)海洋油气资源勘探开发技术向深水、两极、合作方向发展。全球几乎一半的新增油气储量都来自深海,在新开发的油田中将有25%是深海石油;据估计,仅北冰洋海底蕴藏的石油和天然气就可能占到世界总储量的25%,南极也有大量的石油、天然气和煤炭等资源;海洋特别是深海油气的勘探开发技术要求高,各国需要加强合作,攻克一系列的技术难题。

(4)随着天然气水合物形成、集聚机理和资源评价研究的日趋成熟,天然气水合物开发与利用的研究逐渐成为热点。目前天然气水合物开发领域的研究向可采储量评价、工业化开采工艺技术、高效率的开采方法和模式、最大化商业效益评估等方向发展。

(5)随着深海技术的发展,深海矿产资源勘查技术的主要发展趋势是高精度、全覆盖、大深度、高效率和多技术综合勘查,资源开采技术则从单一多金属结核开采技术向三种主要深海矿产资源(多金属结核、富钴结壳和多金属硫化物)的采矿和输运技术全面发展。由于相对较高的经济价值、相对较浅的埋藏水深和相对集中的矿体形态,未来5至10年多金属硫化物采矿技术突破的可能性较大,目前小规模商业试开采正在进行中。

(6)海洋生物资源的利用逐步从近海、浅海向远海、深海发展,开发深海生物观察、采样工具,完善船载和实验室深海环境模拟培养/保藏体系,发展相应的深海(微)生物培养、遗传操作和环境基因组克隆表达等生物技术手段是开发新型海洋生物产品的重要前提;大力发展海洋新型生物产品产业化集成技术,培育与发展以企业为主导的海洋生物新产品创新体系,将是实现我国海洋生物资源高效开发利用飞跃的重要保障。

(7)海水资源利用技术方面,国际上多级闪蒸、低温多效和反渗透海水淡化技术日趋成熟,产业规模不断升级,水电联产、热膜耦合等集成新技术的发展呈现良好态势;海水直接利用规模越来越大,如海水作为工业冷却水的年利用量已经超过7 000亿立方米;海水逐渐成为海盐、镁化物、溴素等化学资源的主要来源;

(8)海洋能开发与利用技术方面,海洋能的技术核心主要包括高效转换、低成本建造以及海上可生存三个方面,其发展趋势为技术水平进一步提高,单机功率不断增大,发电装置技术总体上向大型化、高可靠性、易维护性等方向发展;环境影响进一步减小,友好型技术方式不断涌现;资源利用效率进一步提升,运行成本不断降低。

经过20年的发展,我国在海洋环境立体监测、深海探测与作业、海洋油气勘探开发、海洋生物资源开发利用等技术领域快速发展,已基本建立学科门类齐全的海洋科技创新体系,海洋科技研发相关机构、人才、装备快速增加。海洋科技的重要性得到广泛关注和认同,海洋科技创新能力是支撑海洋强国建设的核心力量的理念正逐步形成。总体而言,我国海洋技术研发已基本实现对国外海洋技术的全面跟踪,对于近浅海的科学和应用技术研究已比较深入,取得了一批重大成果,在若干事关国家发展全局的战略高技术领域取得了重点突破,抢占了部分技术制高点。从文献分析的结果来看,我国海洋领域研究水平与国际先进水平的差距呈现出逐渐缩小的趋势。海洋领域各项技术与世界先进水平差距分析见表1。

表1 我国海洋领域各项技术与世界先进水平差距分析表

海洋领域技术		与国际先进水平差距				平均差距（年）
		0～5年	5～10年	10～20年	>20年	
海洋环境观测18项技术		4	10	4	0	10
深海探测与作业20项技术		5	13	2	0	10
海洋油气与固体矿产资源勘探开发28项技术		3	6	17	2	15
海洋生物资源开发与利用19项技术		12	5	2	0	10
其他海洋资源开发与利用16项技术	海水资源利用11项技术	5	5	1	0	10
	海洋能开发与利用5项技术	3	2	0	0	5
海洋领域101项技术		32(31.7%)	41(40.6%)	26(25.7%)	2(2.0%)	10

(二)全球海洋产业发展的现状和趋势

1. 传统海洋产业

根据《海洋及相关产业分类》(GB/T20794-2006)标准,"海洋产业"是指开发、利用和保护海洋所进行的生产和服务活动。依据海洋产业发展的时序和技术标准划分,还可以把海洋产业划分为传统海洋产业及新兴海洋产业。传统海洋产业指20世界60年代以前已经形成并大规模开发且不完全依赖现代高新技术的产业,主要包括海洋渔业、海洋运输业、海水制盐业和船舶修造业。

(1)海洋渔业。海洋渔业发展趋势表现在三个方面:海洋捕捞的产量将趋于稳定;

海水养殖将向集约化、深水化方向发展;海水养殖生产力的提高和可持续发展将越来越依靠科技进步。过度捕捞、水质污染、资源衰退和不良气候影响等因素导致野生鱼的产量已接近其天然再生能力,海洋渔业捕捞产量开始停滞不前。为了促进渔业资源的可持续开发利用,一些国家地区已经通过有效的管理措施,在降低开发强度和恢复过度开发的种群及海洋生态系统方面取得了良好进展。随着世界各国对海洋渔业资源保护的加强,以及国际社会通过国际合作,不断强化对环境和渔业资源,特别是公海渔业资源的保护,海洋捕捞渔业的产量将趋于稳定。发达国家和地区的海水养殖业虽然规模扩张较慢,但是凭借强大的技术创新能力和充足的资金,运用工业的发展理念和模式改造传统海水养殖业,使之向现代海水养殖业发展。发达国家和地区已经围绕主要养殖品种,成立了各种生产性服务组织,形成了产前、产中、产后各环节服务有机系统,欠发达地区也将借鉴这一先进的服务模式,成立专业化渔业生产服务联盟,规模化发展现代海洋生产服务业。

（2）海洋交通运输业。据报道,国际贸易总运量中的2/3以上是通过海运实现的,世界经济及贸易的平稳发展,为航运业提供了良好的发展环境,航运业则反过来为国际贸易的发展提供了重要保障,两者相辅相成。近年来世界经济的快速发展,正是促使世界海运量不断提升的主要因素。在世界海运贸易中,铁矿石和煤炭海运量的增长毫无疑问是受中国的影响,石油则主要受北美、日本及地中海国家需求的影响,集装箱海运则主要依赖于各地区的经济发展状况。随着全球金融危机的过去,航运业似乎已经处于中期复苏的边缘,但是年复一年的位于复苏的水平线以下,从来没有接近过。但专家预计航运产业的发展是积极乐观的。

（3）海水制盐业。世界盐总产量中,岩盐产量居首位,其次是海盐和湖盐。美国、加拿大、德国、英国、波兰、荷兰等国以岩盐为主。中国、印度、澳大利亚、墨西哥等国以海盐为主。由于盐的资源分布面广,产盐国家多,盐的国际贸易量不大。

（4）船舶修造业。造船业属于周期性行业。自21世纪初以来,世界造船业经历过繁荣,目前处于低谷期。2008年9份以前的6年时间里,世界造船业处于上升繁荣阶段。2008年9月以来,由于全球金融危机的影响,世界造船业进入了萧条期,表现在国际船舶市场新船成交基本停滞、新船价格不断下滑；全球船厂的"撤单、改单、合同重谈"现象增加;国内外船东效益下降,融资难度增加;全球产能过剩。

目前,我国近海捕捞业得以优化调整,远洋渔业规模不断壮大;海水养殖业蓬勃发展,成为海洋食品供给增量的主要来源。海运发展迅速,但存在行业垄断严重、航运服务业滞后等问题,同时受全球形势影响较大。海盐呈现产量逐年下降,且在原盐中的比重也逐渐下降的趋势。船舶工业取得了长足进步,各项指标均呈现快速增长,一是产业规模不断扩大,二是造船产量快速增长,三是综合实力稳步提升;但全球的造船业整体形势较为严峻。

2. 高新技术海洋产业

高新技术海洋产业是以科技含量大、技术水平高、环境友好为特征,处于海洋产业链高端，引领海洋经济发展方向，具有全局性、长远性和导向性作用的海洋新兴产业；主要涵盖海洋工程装备制造产业、海洋生物医药与生物制品产业、深海技术装备产业、海洋新材料产业、海洋新能源产业等。

（1）海洋工程装备制造产业。目前，全球海洋工程装备产业主要集中在美国、欧洲、中国、新加坡、韩国等国家和地区（表2）。美国、欧洲等以研发、建造深水、超深水高技术平台装备为核心，垄断着海洋工程装备开发、设计、工程总包及关键配套设备供货，如美国 F&G、荷兰 Gusto MSC、意大利 Saipem 等。新加坡和韩国则以建造技术较为成熟的钻井平台、钻井船为主，在总装建造领域占据领先地位，如新加坡吉宝远东（Keppel FELS）、胜科海事（Semb Crop）及韩国三星重工、现代重工、大宇造船等。中国在海工装备领域起步较晚，但发展迅速，先后成功建造了多种类型的 FPSO 和自升式钻井平台，完成了国外第六代半潜式钻井平台的改装建造，承接了国内 3 000 米水深半潜式钻井平台和起重铺管船的订单等。如今，中国已拥有全球海洋工程装备市场 15% 的份额。

表2 海洋工程装备制造产业全球分布

创新高地	所在国家	重点机构	主要技术与产品
休斯敦	美国	弗雷德和戈德曼有限公司（F&G）、钻石离岸钻井公司（Diamond Offshore Drilling）、Noble Drilling、McDermott、Transocean、Frontier Drilling、Pride International、Rowan、TSC集团控股有限公司、休斯敦大学、莱斯大学	自升式钻井平台、半潜式钻井平台、浮式生产系统的设计建造；钻机钻井设备
斯希丹	荷兰	荷兰格斯特公司（GustoMSC）、SBM、HeereMa、Bluewater、荷兰海洋研究院MARIN、代尔夫特理工大学	自升式钻井平台、半潜式钻井平台、FPSO、钻井船的设计及承包
奥斯陆	挪威	挪威阿克克瓦纳公司（Aker Kvaerner）、MOSS MARITIME、BW、戈朗集团公司（Grenland Group）、挪威科技大学（NTNU）、科学科技工业研究院 SINTEF	TLP张力腿平台、自升式钻井平台、半潜式钻井平台、钻井船的设计及承包
釜山-巨济岛-蔚山	韩国	韩国三星重工、韩国现代重工、韩国大宇造船、国立韩国海洋大学、韩国海洋研究院	钻井船、FPSO、自升式钻井平台、半潜式钻井平台、LNG液化天然气船的设计、建造、维护
新加坡	新加坡	新加坡吉宝集团（Keppel FELS）、胜科海事（SembCorp）岸外研究与工程中心（CORE）、海事研究中心（MRC）、海事与岸外技术（COI）、新加坡深海科技中心	自升式钻井平台、半潜式钻井平台的设计、建造、维护，FPSO和FSO改装
东京	日本	日本三井海洋开发公司（MODEC）、日本三井造船（MES）、三菱重工、东京大学海洋研究所	FPSO、FSO、TLP等浮式生产系统设计、运营和维护，LNG运输船的建造
上海和大连	中国	上海外高桥、沪东中华造船、上海船厂、振华重工、中国船舶及海洋工程设计研究院、大船重工、中远船务、大连新船重工、上海交通大学海洋工程国家重点实验室、上海海事大学、大连海事大学、大连理工大学	自升式钻井平台、半潜式钻井平台、FPSO、LNG船、物探船、海洋铺管船的建造、维护

（2）海洋生物医药与生物制品产业。

海洋生物医药和生物制品产业详见表3。

表3 海洋生物医药和生物制品产业全球分布

创新高地	所在国家	重点机构	主要技术与产品
纽约	美国	辉瑞（Pfizer）制药有限公司	海洋药物
印第安纳波利斯		礼来（Eli Lilly）公司	海洋药物
佛罗里达		佛罗里达大学	从芋螺毒素中提取抗炎成分 从珊瑚中提取镇痛药物
波特兰		Hemcon 公司	壳聚糖止血绷带及敷料
伦敦	英国	施乐辉公司	褐藻提取物制造医疗用品
巴塞尔	瑞士	罗氏制药国际集团公司	海洋保健品、海洋药物
勒沃库森	德国	拜耳公司	利用甲壳素和海藻等制备海洋农药
东京	日本	日本住友化学工业株式会	从卟啉积累型衣藻中分离抗除草剂基因
		日本井原化工有限公司	以甲壳素、壳聚糖提取物制造植物生长促进剂
		日本资生堂公司	利用藻类、甲壳素制作化妆品
		日本大鹏（Taiho）药物公司	海洋药物（抗阿尔茨海默病药物 GTS21 等）
马德里	西班牙	Zeltia 生物制药集团	海洋抗肿瘤药物（抗卵巢癌海洋药物 Yondelis 等）
伯明翰	英国	恒基兆业莫利研究及发展有限公司	从红藻中提取抗病毒物质
首尔	韩国	科学技术研究所	以海藻、贻贝提取物作为活性成分的炎症性疾病的预防与治疗
青岛	中国	中国海洋大学	海洋生物酶、抗阿尔茨海默病海洋药物褐藻酸寡糖（971）
		中科院海洋研究所	海蜇提取物 JMT、海藻抗逆植物生长剂等
		黄海水产研究所	海洋生物酶（低温碱性脂肪酶、低温碱性蛋白酶、溶菌酶、低温过氧化氢酶等）
北京		中科院微生物研究所	海洋生物酶（低温碱性脂肪酶、低温碱性蛋白酶、溶菌酶、低温过氧化氢酶等）
上海		中科院上海药物研究所	螺旋藻肽聚糖 K-001、藻蓝蛋白、Philinopside

20世纪90年代起，美、日、英、法、俄等国家分别推出包括开发海洋微生物药物在内的"海洋生物技术计划"、"海洋蓝宝石计划"、"海洋生物开发计划"等，投入巨资发展海洋药物及海洋生物技术与产业。目前国外主要的海洋生物医药及生物制品研究机构是美国辉瑞（惠氏）公司、美国礼来（Eli Lilly）公司、瑞士罗氏制药国际集团公司、美国赫姆孔（Hemcon）公司、英国施乐辉公司、西班牙 Zeltia 生物制药集团、日本海洋科学技术中心、韩国科学技术研究所、美国佛罗里达大学、日本大鹏（Taiho）药物公司、美国加利福尼

亚大学、澳大利亚昆士兰大学等（表3）。国内从事海洋生物医药及生物制品研究的机构有数十个，主要包括中国海洋大学、中国科学院海洋研究所、中国水产科学院黄海水产研究所、中国科学院微生物研究所、中国科学院上海药物研究所、四川大学、上海第二军医大学药学院海洋药物研究中心、中国科学院大连化学物理研究所、中山大学等。

（3）深海技术装备产业。在深海运载技术装备及拖曳类装备领域，美国、俄罗斯、法国、日本和中国处于领先地位（表4）。其中，美国在载人潜水器方面比俄罗斯、法国、日本稍微逊色，但在无人潜水器方面则处于世界领先水平。国内的中国科学院沈阳自动化研究所、上海交通大学等也开展了无人潜水器的研究，研发了CR-01、CR-02等水下机器人，但距离在海洋工程、石油开采、军事等方面的应用还有一定的差距。

表4 深海技术装备产业全球分布

创新高地	所在国家	重点机构	主要产品
麻省波士顿	美国	美国麻省理工大学，美国伍兹霍尔海洋研究所	深潜器阿尔文号、有缆遥控水下机器人ATV等、自治水下机器人REMUS等、拖体声呐DSL-120A、改进船和浮标用的气象测量系统IMET计划等
德州休斯敦		美国国际海洋工程公司、美国贝克休斯公司	千年加ROV系统等、万能加ROV系统等、最大化ROV系统等、保压取芯器
加州地区		美国TRDI公司、美国蒙特利海洋研究所	多普勒声学测流仪（ADCP）、Ventana号等ROV
圣彼得堡	俄罗斯	俄罗斯"孔雀石"海洋机械设计局、俄罗斯科学院希尔绍夫海洋研究所圣彼得堡分所、圣彼得堡海洋技术大学等。	深潜器
布雷斯特	法国	法国海洋开发研究院布雷斯特中心	拥有深潜器鹦鹉螺号、自治水下机器人Aster-X等
巴黎大区		法国泰雷兹集团	水下系统、拖曳式声纳
神奈川县横须贺（总部）	日本	日本海洋科学技术中心	拥有新海6500型、2000型载人深潜器；无人水下有缆机器人；无人遥控水下机器人等
哈尔滨	中国	哈尔滨工程大学	水下机器人、水下目标识别及导航
沈阳		中国科学院沈阳自动化研究所	潜深1 000 m的"探索者"、潜深6 000 m的"CR-01"、"CR-02"自治水下机器人、水下滑翔机等
北京		中国科学院声学研究所	cs-1型侧扫型声呐
杭州		浙江大学海洋科学与工程学院	深水浅孔天然气水合物保真取样器
上海		上海交通大学	有缆无人深潜器
无锡		中国船舶重工集团公司第702研究所	"蛟龙号"总设计
青岛		中国海洋大学、中科院海洋研究所、国家海洋局一所、国家深海基地	保真取样器 "蛟龙号"已进驻国家深海基地

在深海调查类装备领域，在国外产业发展较成熟，市场占有率高。如挪威的装备多波束探测系统的制造业已形成创汇产业。目前全世界已有80多艘船只装备了这种先

进的多波束测深系统,每套系统在几十至几百万美元。此外,荷兰的波浪骑士、挪威的安德拉海流计,芬兰的维塞拉自动气象站,美国 RDI 的声学海流剖面仪(ADCP),美国 SEABIRD 温盐深测量系统等在国际市场上有很高的占有率。国内中国科学院声学所研制了声学系统,并在"蛟龙"号载人潜水器中应用;其自行研制完成了"合成孔径声呐工程样机"、"深水多波束测深系统"等;山东省科学院青岛海洋仪器仪表研究所也进行了声学系统、浮标等研究。但国内的产品都尚未实现产业化,多数处于样机和研究阶段,与国外差距较大。深海保真取样技术装备领域,国外产业发展也趋于成熟,海洋科考中传统的取样技术正在逐步被保真(保温、保压)取样技术所取代。国内驻青的海洋科研单位如中科院海洋所、国家海洋局第一海洋研究所都进行了保真取样技术的研究,已取得一定的成果,但其保压、保温性能技术指标仍存在差距。总体上,我国在海洋探测装备工程产业方面与发达国家相比存在较大差距。

(4)海洋新材料产业。20世纪末,美国、英国、日本、韩国等国家就开始重视海洋新材料技术与产业的发展。例如,美国政府每年用于材料方面的研究费用高达千亿美元;金融危机后美国极力推行再工业化,新材料产业成为战略扶持重点,提出要在纳米材料、生物材料、光电子材料、微电子材料、极端环境材料及材料科学等新材料产业方面保持全球领先地位。德国、日本等发达国家加大对材料制备、加工和应用方面的研发投入,积极开发新型超导材料、先进功能材料、新一代结构材料、仿生材料和环境保护材料等。2008年,世界新材料产业市场规模接近 8 000 亿美元,同比增长近 1/3。进入 21 世纪以来,我国海洋新材料产业发展迅速,产业规模不断壮大,海洋新材料品种不断增加,高端金属结构材料、新型无机非金属材料和高性能复合材料保障能力明显增强,先进高分子材料和特种金属功能材料自给水平逐步提高,我国在海洋生物材料方面有一定的研发能力和产业基础。但是,我国海洋新材料产业总体发展水平与欧洲、美国、日本等发达国家和地区相比仍有较大差距,国内的海洋仿生材料研发机构相对较少,基本上仍处于探索、研究阶段,进入实用化、产业化的不多,详见表 5。

表 5　海洋新材料产业全球分布

创新高地	所在国家	重点机构	主要技术与产品
克利夫兰-匹兹堡区域	美国	PPG 工业集团;维护 & 海洋涂料集团(Protective & Marine Coatings Group)、RPM 国际公司(RPM Inc)、阿勒格尼技术公司(ATI)、凯斯西储大学工学院	海洋涂料和海洋金属材料
威尔明顿-费城区域		美国纳幕尔杜邦公司、帝国化学工业公司、美国 PQ 公司、宾夕法尼亚大学	海洋涂料、海洋生物材料、空心玻璃微珠
明尼阿波利斯-圣保罗区域		美国威士伯公司(Valspar)、美国 3M 公司	海洋涂料、空心玻璃微珠
比迪福德		美国浮选技术公司(FLOTATION TECHNOLOGIES)	深水耐压浮力材料,高强度 Flotec™ 复合泡沫塑料和聚氨酯弹性体制品
达拉斯		美国钛金属公司(TIMET)	钛与钛合金

续表

创新高地	所在国家	重点机构	主要技术与产品
阿姆斯特丹	荷兰	阿克苏诺贝尔(AKZONOBEL)、式玛卡龙集团(SigmaKalon)(现属美国PPG工业集团)、荷兰海洋研究院(MARIN)、荷兰聚合物研究院(DPI)、荷兰金属研究院(NIMR)	海洋涂料、海洋金属材料
哥本哈根	丹麦	丹麦赫普集团(Hempel)、丹麦技术科学院、里瑟国家研究室	船舶漆、集装箱漆、装饰漆和工业漆
杜塞尔多夫	德国	汉高(Henkel)、蒂森克虏伯股份公司(ThyssenKrupp AG)、杜塞尔多夫大学、莱布尼茨新材料研究所	海洋涂料、海洋金属材料
桑德尔福德	挪威	挪威佐敦公司(Jotun)	装饰涂料、船舶涂料、工业保护涂料
东京	日本	日本钢铁工程控股公司、日本三菱重工有限公司、日本日立金属有限公司、旭硝子株式会社、日本尤尼吉可公司、日本三菱丽阳株式会社、东京大学、东京工业大学	钛合金等耐蚀合金材料、海洋生物材料、空心玻璃微珠
大阪	日本	日本关西涂料株式会社(Kansai)、立邦涂料(Nippon Paint)、神户制钢公司(Kobe Steel)、日本国家材料研究所(NIMS)	集装箱涂料、船舶涂料、海上石油设施涂料、工业重防腐涂料、海洋金属材料
青岛	中国	海洋化工研究院、中国科学院海洋研究所	海洋防腐、防污涂料、深水耐压浮力材料
哈尔滨	中国	哈尔滨工程大学	深水耐压浮力材料
北京	中国	中国科学院理化技术研究所	空心玻璃微珠
蚌埠	中国	蚌埠玻璃工业设计研究院	空心玻璃微珠
西安	中国	西北有色金属研究院钛合金研究所	耐蚀钛合金
洛阳	中国	中铝洛阳铜业有限公司	耐蚀铜合金
重庆	中国	西南铝业(集团)有限责任公司	耐蚀铝合金
上海	中国	东华大学	甲壳质纤维材料应用于纺织品及人体医疗保健

（5）海洋新能源产业。

海洋新能源产业全球分布情况详见表6。

表6 海洋新能源产业全球分布

创新高地	所在国家	重点机构	主要技术和产品
加州卡平特里亚	美国	美国剪式风能公司	提供先进的风电涡轮机，整套风电设备
佐治亚州亚特兰大	美国	GE能源公司	提供风机叶片以及机组制造、维护方案等服务
加州圣迭戈	美国	美国索菲尔能源公司	可再生(微藻)绿色原油

续表

创新高地	所在国家	重点机构	主要技术和产品
加州森尼韦尔	美国	美国洛克希德·马丁公司海洋系统事业部	海水温差发电站（OTEC电站）、热交换器
加州洛杉矶		美国奥利珍奥公司	海洋生物质能相关技术
加州南旧金山		美国索拉兹米公司	海洋生物质能相关技术
新泽西州默瑟		美国海洋动力技术公司	机械液压式波浪能装置
纽约州		美国绿色能源公司	潮流能发电
佛罗里达州博尼塔斯普林斯		美国安吉诺生物燃料公司	采用三角式光生物反应器，以微藻为原料生产乙醇
都柏林	爱尔兰	爱尔兰欧鹏海德洛集团公司	空心水平轴潮流涡轮机
布里斯托	英国	英国洋流水轮机公司	单桩水平轴潮流涡轮机
爱丁堡		英国Pelamis波能公司、英国绿色电力公司	机械液压式波浪能装置
因弗内斯		英国AWS海洋能源公司	机械液压式波浪能装置
奥尔胡斯	丹麦	丹麦维斯塔斯公司	提供风机、叶片、零部件开发、制造、安装和维护的完整解决方案
慕尼黑	德国	德国西门子公司	一站式提供风力发电系统的各种部件；产品组合能力很强
巴黎	法国	法国DCNS公司	温差能管道制造及安装方法
新加坡	新加坡	亚特兰蒂斯资源公司	水平轴底座式潮流涡轮机
东京	日本	日本东芝公司动力系统公司	海水温差发电装置、发电机组
佐贺		日本佐贺大学海洋能源研究中心	海洋温差发电装置、控制器
青岛	中国	中国海洋大学、中科院生物能源与过程研究所	柔性叶片式潮流涡轮机、波浪能发电装置、生物能源研究
哈尔滨		哈尔滨工程大学	垂直轴潮流发电装置
广州		中科院广州能源研究所	波浪能发电装置
杭州		浙江大学	波浪能、潮流能发电装置
河北廊坊		新奥集团公司	微藻生物吸碳技术
北京		清华大学	工程微藻（小球藻）异养发酵法生产生物柴油技术、潮流能发电装置
大连		中科院大连化学物理研究所	微藻产氢技术
上海		上海交通大学机械与动力工程学院	海洋温差能发电方法

美国、英国、加拿大、丹麦、西班牙等国都为海洋可再生能源产业发展制定了全方位的政策支持。这些国家在海洋风电场、潮流电站、波浪电站等技术领域及其产业化方面

已经形成了较好的技术积累,走在了世界的前列。

全球海洋微藻生物质能源基本上处于研究开发阶段,虽然部分企业宣称已完成了中试,生产出了符合标准的生物柴油,拥有规模化的商业化生产技术,但仍没有一个国家正式推出工业化产品,目前正从试验阶段逐步进入工业应用准备阶段。

我国海洋风能已进入规模开发阶段,潮流能/海流能和波浪能的发展已进入百千瓦级示范电站阶段,温差能利用仅有实验设施。

目前,我国海洋微藻生物质能源的研究大多属于实验室的探索性研究,微藻油脂的提取、转化等技术仍然属于实验室的小试阶段性成果,中试以上规模的实施案例极少见报道。整体而言,国内外微藻能源仍然处于实验室研究阶段,距离产业化还有非常大的距离。

(6)海水综合利用产业。我国是海洋大国,在海水综合利用方面取得了很大的成绩。但与世界先进国家相比,仍然发展较慢、规模偏小,海水淡化成本仍相对较高,海水化学资源综合利用的附加值、品种和规模等方面都有较大的差距,具有自主知识产权的关键技术较少,设备制造及配套能力较弱,海水资源开发利用市场机制尚不完善(表7)。

表7 海水综合利用产业全球分布

创新高地	所在国家	重点机构	主要技术与产品
米德兰	美国	陶氏化学公司	反渗透膜及膜元件
圣莱安德罗	美国	能量回收公司	反渗透系统能量回收装置
欧申赛德	美国	海德能公司	反渗透膜及膜元件
东京	日本	东丽公司	反渗透膜及膜元件
大阪	日本	日东电工株式会社	反渗透膜及膜元件
天津	中国	天津膜天膜科技股份有限公司	反渗透超滤、微滤膜
天津	中国	天津众和海水淡化工程有限公司	低温多效蒸馏海水淡化设备
天津	中国	滨海环保设备(天津)有限公司	低温多效蒸馏海水淡化设备
天津	中国	天津海水淡化与综合利用研究所	热法、膜法海水淡化设备制造与工程、海水化学资源利用
天津	中国	天津长芦海晶集团有限公司	海水化学资源利用
天津	中国	天津长芦汉沽盐场有限责任公司	海水化学资源利用
卡尔米埃勒	以色列	IDE公司	热法和膜法海水淡化工艺及设备
巴黎	法国	SIDEM公司	低温多效蒸馏海水淡化工艺及设备
诺堡	丹麦	丹佛斯公司	反渗透膜法高压泵

其中,在海水淡化这一重点领域,我国与美、法、日、以色列等海水淡化先进国家相比,在研究水平及创新能力、装备的开发制造能力、系统设计及集成、关键设备生产等方面存在较大差距。目前国内近80%的海水淡化工程都是引进国外技术,关键设备(部件和材料等)主要依赖进口。热法的材料有50%来自进口,而膜法则有90%需要进口。

青岛市是国内最早开展海水利用的城市之一,是国家级海水淡化与综合利用示范城市和产业化基地,已先后建成了多项国家海水利用示范工程,如全国第一家工业用海水厂、全国第一个3 000立方米/日低温多效海水淡化示范工程、大生活用海水示范工程、海水脱硫除尘示范项目、全国第一家直接进入市政管网的海水淡化厂等。青岛市在国内最早从事反渗透海水淡化研究,拥有雄厚的海水综合利用研发实力和良好的基础条件,已形成中国海洋大学、中科院海洋所、国家海洋局一所、中船重工725所等20多家科研基础较强的院所,以及海诺水务、兰海系膜、华轩环保、青岛百发、青岛碱业、华电青岛发电有限公司等为代表的拥有自主知识产权的生产企业。

（7）船舶装备产业。目前在全球造船业中,中、韩两国主导着世界新船市场。2011年前三季度,中、韩两国新接订单量合计占全球新船订单的90%以上。对比中、韩两国,中国船企凭借成本及规模优势承接了大量散货船订单,散货船接单占比高达70%;韩国造船业已经将发展重心转移至大型集装箱船、海工船等高技术船舶领域并承接了大量订单(表8)。在船舶配套产业领域,日本和韩国占到全球市场的1/2,其他1/2为欧美地区厂商占据。欧洲凭借其几百年发展所积累的强大造船工业及船舶配套工业体系,在技术和质量方面仍处于领跑地位。日韩主要通过引进欧美国家先进技术,消化、吸收再创新,同时实施保护性措施,目前已在油轮、散货船和多用途集装箱船等船型配套市场中占有很大份额,但在高技术、高附加值船舶设备领域中仍依赖欧美进口。中国船舶配套企业的规模普遍较小、缺乏技术、品牌和完善的全球服务网络,综合配套能力相对较低。

表8 船舶装备产业全球分布

创新高地	所在国家或地区	重点机构	主要技术与产品
釜山 巨济 蔚山 首尔	韩国	韩国三星重工、韩国现代重工、韩国大宇造船、韩进重工、成东造船、国立韩国海洋大学、韩国海洋研究院、KBC、斗山发动机、STX等	散货船、集装箱船、邮轮、游艇、超级油船、LNG船、LPG船、船用发动机、甲板机械等
神户 长崎 大阪 横滨 东京	日本	日本三井造船、三菱重工、石川岛、川崎造船、今治造船、日立造船、洋马、大发、精工等	集装箱、散货船、豪华邮轮、超级油船、吊机、柴油发动机等等
图尔库 赫尔辛基 山德福 奥格斯堡 帕彭堡 苏黎世 圣纳泽尔 伦敦 热那亚	芬兰、德国、瑞士、挪威、法国、英国、意大利等西欧国家	芬坎蒂尼、迈尔、STX欧洲(大西洋、阿克尔)、西门子、马克、FAG、瓦锡兰、曼恩、舍费勒、ABB、国际油漆、麦基嘉、BLM、TTS、KaMeWa、阿特拉斯、佐墩、阿克苏诺贝尔等	豪华邮轮、豪华游艇、船用电子、电机、轴承、吊机、防腐油漆、通讯导航、压载水处理等等

续表

创新高地	所在国家或地区	重点机构	主要技术与产品
大连 天津 青岛	中国	大连海事大学、大连理工大学、大船重工、中远船务、大连新船重工、渤船重工、新船重工、北船重工、扬帆造船、齐耀瓦锡兰菱重麟山船用柴油机、武船重工、青岛双瑞、青岛海德威等	油轮、散货船、油船、集装箱船、大型LNG船、储油船、海洋综合检测船、海洋工程辅助船、柴油机、曲轴、压载水处理等
上海 舟山 高雄 基隆	中国	上海外高桥、沪东中华造船、上海船厂、振华重工、中国船舶及海洋工程设计研究院、上海交通大学海洋工程国家重点实验室、上海海事大学、欧华造船、万邦造船、台湾国际造船等	集装箱、散货船、油轮(VLCC)、特种船(冷藏船、水泥船、甲板重货载运船、石油平台等)、修船、柴油机等
佛罗伦萨皮奥里亚	美国	爱默生公司EPT、卡特彼勒等	船用发动机、发电机、轴承等工程机械

我国在海洋工程装备、船舶制造与配套、海洋新材料、海洋新能源、海洋生物医药等海洋新兴产业领域已具备了一定的发展基础，发展迅速，但大多尚处于起步阶段，在技术水平和市场开发等方面与世界领先水平依然存在不小的差距。2014年4月，国家发展改革委、国家海洋局联合下发《关于在广州等8个城市开展国家海洋高技术产业基地试点的通知》（以下简称《通知》），决定在青岛、广州、天津、舟山、厦门、湛江、烟台、威海8个城市开展国家海洋高技术产业基地试点工作。表9给出《通知》中8个城市的发展方向，实心三角代表高技术主导产业，空心三角代表其他新兴产业方向。

表9 国家海洋高技术产业试点基地产业发展方向

海洋新兴产业	青岛	广州	湛江	天津	厦门	舟山	烟台	威海
海洋高端装备制造		△		▲				
高端船舶制造		▲					△	
海洋生物药物	▲	▲			▲		△	
海洋生物育种及健康养殖产业		△	▲				▲	
远洋渔业						▲		
海水淡化和综合利用	▲	△		▲				
海洋精细化工	△							
海洋新能源	△	▲		△				
海洋新材料		▲	△					
海洋现代服务业		△		△	△	▲		
海洋环保						▲		

（三）对青岛市的影响与启示

1. 缩小与国际领先水平差距

青岛作为海洋科学城，高级海洋专业人才1 300余人，占全国同类人才的40%。

1999年以来,海洋领域973项目82%的首席科学家在青岛。此外,青岛海洋科研项目多次获得国际科技进步奖。可以说青岛海洋科研力量雄厚,且取得了大量成果。目前我国海洋科学研究整体水平不断提高,与国际领先水平的差距不断缩小,但世界排名前30位的海洋学研究机构显示科研优势仍主要集中在美欧。青岛市应保持在国内的科研优势,同时缩小与国际领先水平的差距,打造海洋学研究领先机构。

2. 选择重点技术突破

青岛在海洋生物资源利用、海洋药物等方面占据明显优势,但在深海探测技术、海洋工程装备技术领域落后于国内其他研究单位。目前,在海洋技术领域中有影响的案例包括"7 000米蛟龙号载人潜水器"、"电缆地层测试技术与装备"、"高频地波雷达"等项目,青岛未占据主导地位。深海是未来海洋技术发展的重要方向,青岛市应利用深潜基地落户青岛的机会,发展深海探测技术。

3. 通过创新支持传统海洋产业发展和转型

海洋产业的持续发展和转型升级离不开科技的创新支持。对于海洋渔业产业,保护海洋生物资源和渔业利益是一项长期而艰苦的任务,应加强对生物多样性和新型生物资源的基础研究。

4. 高新技术产业需要进一步实现跨越

青岛市是8个国家海洋高技术产业基地试点城市之一,青岛定位主导的海洋高技术产业包括海洋生物药物、海水淡化和综合利用、海洋新材料,其他产业包括海洋精细化工和海洋新能源。青岛市的高新技术产业与青岛市海洋技术优势基本对应。目前,我国在海洋新兴产业领域已具备了一定的发展基础,发展迅速,但大多尚处于起步阶段,在技术水平和市场开发等方面与世界领先水平依然存在不小的差距。青岛市也存在相同问题。

二、海洋科技创新发展的国际城市经验借鉴

(一)北美洲城市海洋科技创新发展

1. 美国波士顿

(1)城市基本特征。

波士顿作为世界海洋自主创新典范,拥有世界最知名大学(哈佛大学、麻省理工学院),其中麻省理工学院以海洋研究著称,邻近伍兹霍尔海洋研究所。本市积极推进军民一体化,是美国知名远洋港口、重要远洋科考和运输港口、美国重要军港、美国高端军事工业综合体、波士顿海洋产业园、世界最知名海洋(水下机器人/生物技术)高端产业集群,美国128公路的所在地。该市积极融入海洋经济全球竞争与合作,是美国及世界滨海城市(更新)统筹规划与治理典范。

(2)城市区域创新历史过程。

128公路地区是政府主导型自主创新典范。分布于大波士顿北侧和西侧的128号公路地区是世界知名的高技术企业集聚的创新产业带。该地区依托哈佛大学和麻省理

工学院等高校,以及得力于联邦及州政府的大力扶持,形成军民高度一体化的产—学—研综合体,与加州旧金山"硅谷"齐名。128号公路地区经历了政府支持—银行金融资助—机构技术支持—大学人才供给等一系列正反馈持续积累过程,逐渐形成具有全球竞争优势的地方创新集群。

128号公路地区的创新集群涵盖生物技术、医疗、计算机、软件等高科技企业。他们在创新机构和基础设施支持下,依托相关大学和政府研究机构,成功拓展高端市场,并孵化成为高技术企业。

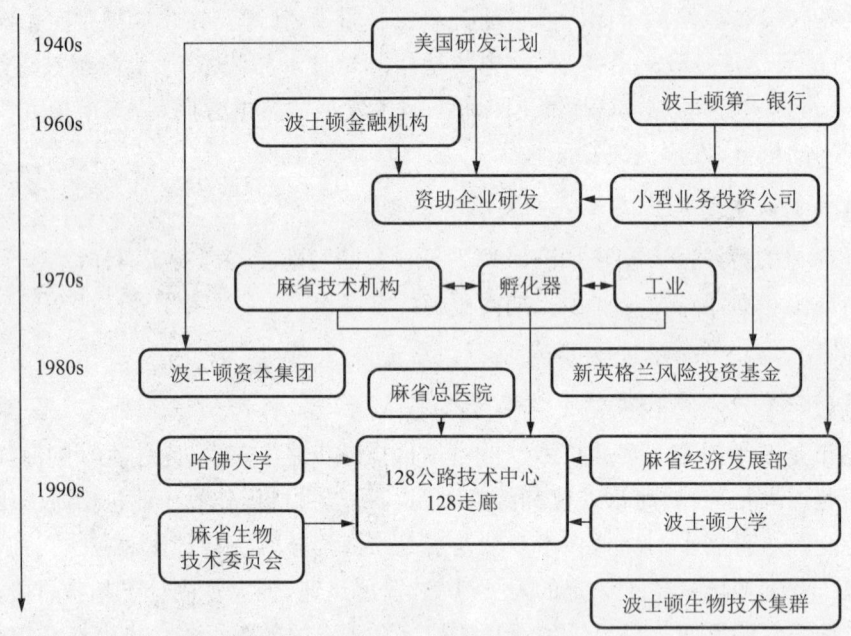

图1 波士顿128公路创新历程

(3)大波士顿生命科学走廊战略。

2013年以来,大波士顿地区的萨默维尔、坎布里奇、波士顿、昆西、布伦特利5市联手成立大波士顿生命科学走廊,旨在借助麻省理工学院和哈佛大学生命科学优势,依托在此集聚的460家生物技术企业,通过进一步提供优惠的人才和财政支持政策,使之发展成为具有全球竞争力的波士顿南翼创新产业带。

波士顿集聚有100多所大学,拥有高度密集的创新人才资源,年轻人和受过高等教育人群比例位于全美前列。被誉为"美国科技高速公路"的128公路地区,聚集了2700多家研究机构和技术型企业,其中有500多家生物技术公司,全球新药的研发有近十分之一来自该地区。波士顿主要大学周边都建有各类孵化器,政府参与投资并提供创业服务,鼓励大学教授、研究人员、在校学生创办高科技企业。128公路高科技企业的70%是由麻省理工的教授和学生创办的。波士顿聚集了40余家专门从事高技术风险投资的公司,风险资本高度集中,投资额居全美第二位。波士顿聚集了100多名天使投资人,有超过10个天使投资联盟;设立10亿美元生物产业专项扶持资金,给予生物产业基础设施、税收优惠、研发费用补助等支持;对高科技企业给予低息贷款支

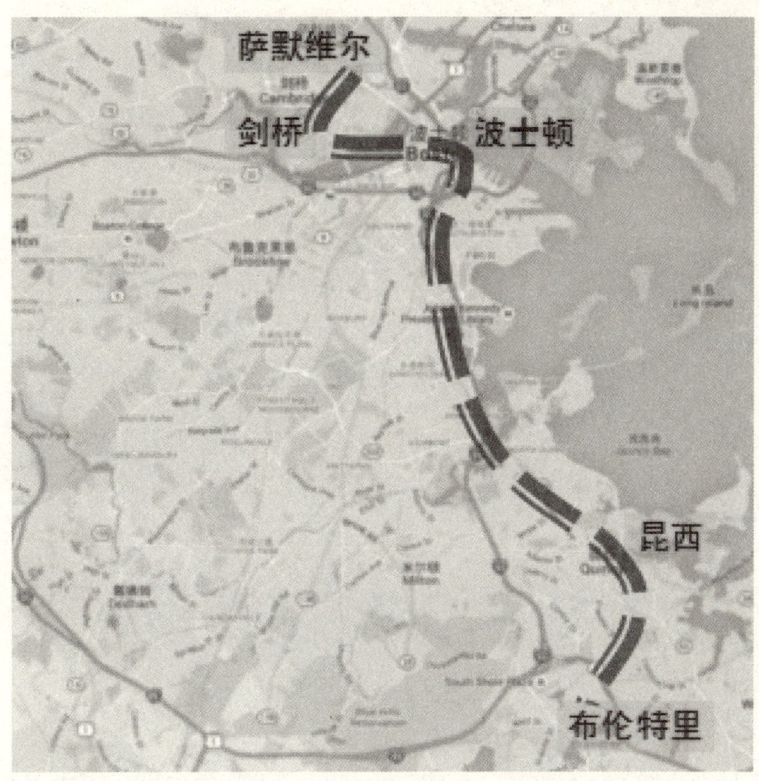

图2 大波士顿生命科学走廊计划

持;通过房地产税优惠等政策扶持中小企业发展;引导各种非政府组织协助政府完善产业政策,促进新技术的宣传推广,帮助企业开拓全球市场,开展知识产权保护,引进新的高技术企业等。

2. 美国休斯敦

(1)城市功能定位及空间布局。

休斯敦位于美国墨西哥湾沿岸,是以能源(包括陆上和海洋石油开采及陆上石油化工)、航天工业和运河而著称的沿海城市。该市拥有莱斯大学、德克萨斯A&M大学、休斯敦大学等知名学府,并与本土企业建立起密切的产学研合作关系。休斯敦港是世界第六大港口,也是美国最繁忙的港口。该市的财富500强企业总部数量仅次于纽约市。

作为该城市重要功能定位,休斯敦市建设有国家级航天产业综合创新平台,服务于航天器组装及发射前系统集成过程。休斯敦技术中心(Houston Technology Center)是美国诸多区域技术创新与商业中心之一,服务于新创企业的技术升级与商业开发,其服务范围横跨航天、能源、生命科学和纳米新材料,力图实现深空探测技术与深海开发技术领域产业的融合。

同时,该市是全球深海能源、矿产企业聚集地。该市是全球知名石油公司BP全球最大业务单元所在地,也是另一家知名企业Shell全球三大研发中心最大机构(Shell Technology Center Houston)所在地(另外两个位于荷兰阿姆斯特丹和印度班加罗尔),总

图3 休斯顿城市空间布局图

部位于德克萨斯州本州的埃克森美孚(Exxon Mobil)也在休斯敦建立了研发产业园。因此,该市已经形成世界石油(尤其是深海石油)开发及陆域加工和研究发展中心,尽管其以企业为单位进行研发活动竞争,但是通过地方平台和中小企业多客户服务,实现了该市作为世界级深海开发创新平台的目标。

(2)城市主要产业结构。

休斯敦市现代经济体系尽管以石油开发起家,但是该市已经形成以服务业为主体的产业结构。基于海陆联运体系的运输与贸易成为其第一大产业,专业及商业服务业(总部经济产业为主体)为其第二大产业,教育与医疗服务产业是第三大产业。当然,其制造业、建筑业、能源与矿产开发(主要是海洋石油开发)依然占有相当大的比重。

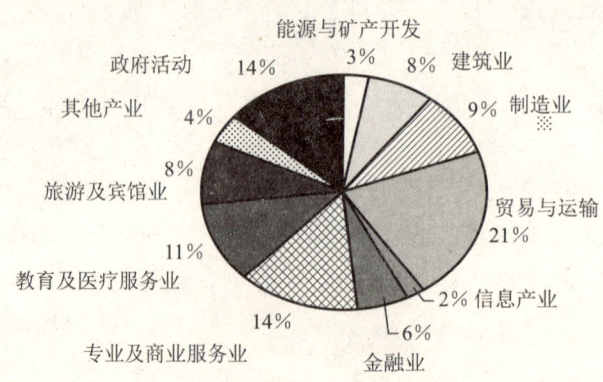

图4 休斯敦市产业结构

(3)休斯敦深海开发创新平台建设经验。

通过对相关文献的初步总分析,我们认为该市作为世界级深海开发创新平台具有以下特征。20世纪初,该市利用陆海石油开发产业兴起的机遇,不断聚集和发展石油开发、加工和石化下游产业,形成集聚效应。利用二战后国家航天战略新兴战略发展与布局机遇,建设国家航天科技与产业城市,形成航天高技术应用与集成中心。积极拓展与墨西哥湾和加勒比海国家(地区)的合作,形成巨大的商品物流中转基地和石油、原材料等重型物资储运基地。积极拓展深海石油开发为先导的深海能源产业,不仅服务于中南美洲,而且通过企业全球价值链延伸与治理,控制全球深海探测与开发中低端产业群。作为节点城市的休斯敦市,积极做好跨行业总部经济聚集和跨阶段技术研究开发与产业化、商业化孵化工作,建立宽松而规范区域创新孵化体系。基于初期制造业基础的强大专业服务业和总部经济产业发展,使其成为具有全球竞争能力的国际化产业领军城市。

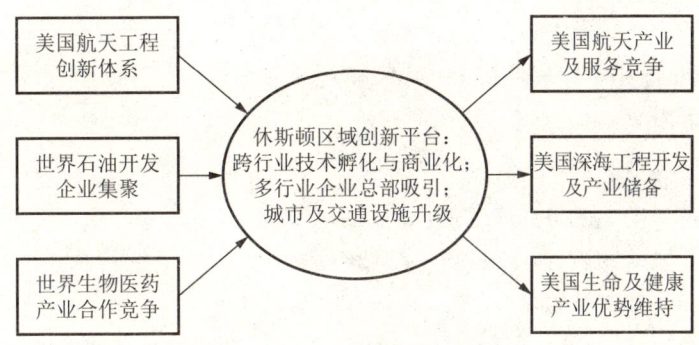

图 5　休斯敦深海开发创新平台建设

3. 加拿大哈利法克斯

哈利法克斯作为加拿大东端桥头堡,致力于深海机电产业装备开发,通过建设基于海洋探测高技术产业发展的临港海洋产业园,形成具有全球一定地位的海洋高技术装备产业基地。尽管与美国、挪威、法国和英国等相比,其产业的高附加值部分尚需要引进或者合作,但是不影响其发展和国际竞争力。当今该市已经形成具有一定全球价值链分工与合作竞争力的中端水下设备(部件)提供商。

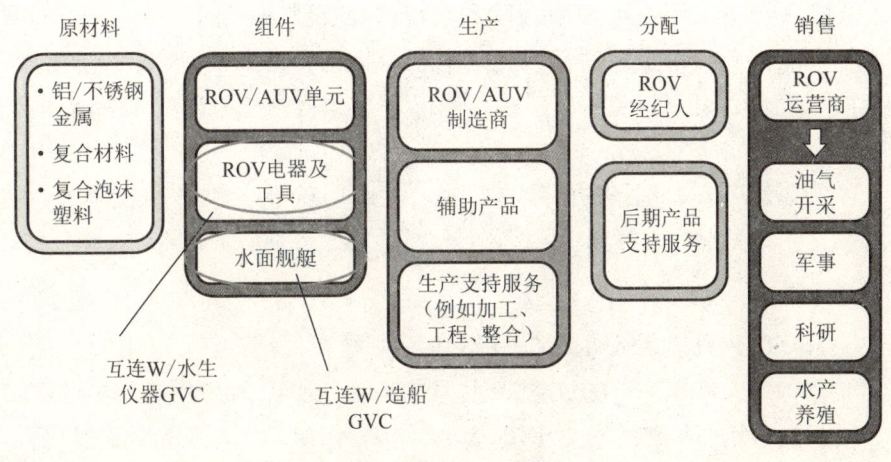

图 6　全球水下装备产业价值链及加拿大地位

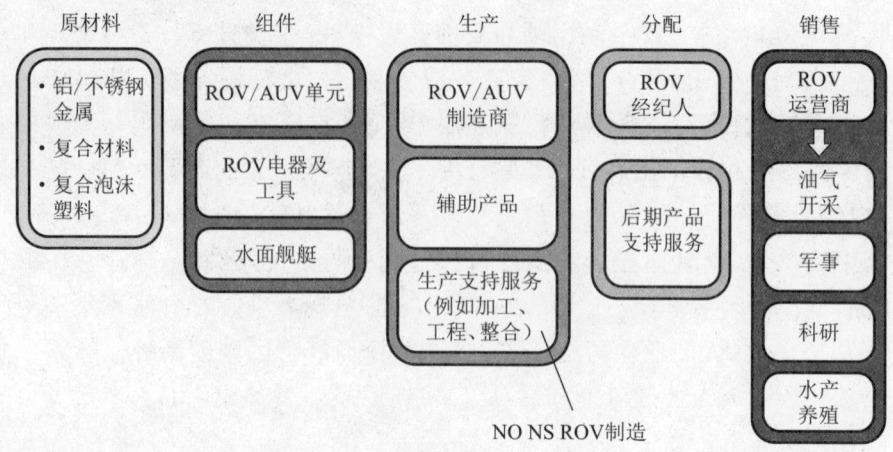

图7 全球水下装备产业价值链及哈利法克斯地位

(二)欧洲城市海洋科技创新发展

1. 法国布雷斯特

布雷斯特和青岛结为了友好城市,两城市在海洋领域有着全方位的合作。

布雷斯特是一个具有150年悠久历史的法国第二大军港及法国海军军事中心。布雷斯特是二战时期盟国军事后勤补给登陆桥头堡,曾经制造过戴高乐航母,如今是欧洲的海军军事技术研究的中心。

布雷斯特是法国海洋开发研究院(Ifremer)核心基地,海洋研究研发人员占全国一半以上,侧重海洋科技研发和产业化。为了保持并进一步扩大法国乃至欧盟在海洋科技领域的领先优势,于1988年成立了布雷斯特高科技园(Technopole Brest-Iroise Science Park)。该高科技园在世界范围内拥有200家会员。布雷斯特高科技园是国际与国家科技联合会的成员之一,其核心成员衷心为各高校、科研机构和企业服务。

法国海洋开发研究院与欧空局在布雷斯特合建卫星数据存储与处理中心。

布雷斯特海洋产业园占地107公顷,集中了近百家企业。法国政府将海洋产业园纳入国家科技竞争园区计划。"竞争力极点"计划包括推动企业、教育和研究机构以合作伙伴的形式联合开发创新项目,享受免除利润税、职业税和地产税。

大型企业可将免收税金中的25%用于扶植有创造力的中小型企业。企业委托研究机构进行的研究项目可获得免税。对参与国际合作项目的外方研发人员给予社会保险支出减免。

针对中小型企业,设立各类技术移转中心、技术创新中心、技术资源中心,提供创新服务与信息交流。配置技术顾问,为中小企业提供技术咨询服务。

2. 德国基尔

基尔与青岛同为帆船之都,已经建立密切合作关系。

基尔是德国面向波罗的海的战略要地,基尔运河开通后又成为波罗的海国家联通大西洋的要冲。基尔是德国传统军事重镇,是当今国家潜艇基地。基尔还是德国海洋科技研究中心所在城市（位于基尔大学内）。基尔通过运河建设和陆地交通实现陆海基础设施统筹，是德国区域与城市规划一体化的典型案例。

（三）亚太城市海洋科技创新发展

1. 澳大利亚布里斯班

（1）布里斯班市位于澳大利亚东北部沿海，是昆士兰州首府，其经济总量占澳洲近10%（2011年）。该市以港兴市，其港口担负着澳洲与亚洲、太平洋市场联系的重任。该市注重政府、企业、研究及服务机构的互动机制建设，讲求海洋开发领域的应用与集成发展，大力兴建海洋或滨海产业园。在制订的2012~2031年中长期发展规划中，该市提出要继续以港兴市，面向深远海开发，提升自己的国际竞争力和吸引力。

作为推进深远海开发的重要举措，该市已经吸引世界知名的鹦鹉螺矿业公司等入驻。该公司利用布里斯班已有港口为出发基地，在布市CBD设立其太平洋深海工程总部，并建立起与多伦多全球总部、太平洋巴布亚新几内亚深海矿产开采基地的跨洋产业链。

（2）布里斯班市深海开发创新平台建设经验。

通过对相关文献的初步总分析，我们认为该市作为太平洋深海开发创新平台具有以下特征。该市具有面向南太平洋深水富矿区的良好区位、良好的深水码头条件和巨大潜力。该市城市具有相对有序、高效的海洋开发导向区域创新环境，涉海大学、研究机构、企业组织形成密切结合的群体。该市积极创造优秀商业环境，吸引国际高端深海开发企业工程总部入驻。该市有序推进2012~2031年中长期规划，为今后稳定发展提供政策保障。

2. 日本横滨

横滨是日本东京门户，国家地球科学与海洋研究中心所在地，是日本海洋开发和远洋运输的桥头堡。横滨涉海产业与美国、欧洲的国际化高端合作与对接。横滨还是离岛及人工岸线规划建设、城市核心立体化多时段设计、核心-郊区协调发展精细化城市设计的国际典范。

三、海洋科技创新发展的国家战略背景

（一）创新概念的深度解读

1. 创新的类型及概念辨析

创新问题是经济学研究中的经典问题。1912年，美籍奥地利经济学家熊彼特（Joseph A. Schumpeter）在其著作《经济发展理论——对于利润、资本、信贷、利息和经济周期的考察》一书中首次将"创新"这一概念引入经济学研究，将创新作为经济增长的重要源泉，认为创新包括"引入新的产品（含产品的新质量）、采用新的技术（含生产方法、工艺流程）、开拓原材料的新供应源、开辟新的市场、采用新的组织和管理方式方法"五方面内容。此后，Duijn（1983）、唐五湘（1999）、冯之浚（1999）等国内外大量学者对创新的概

念、内涵、特征、体系构建、实现路径等问题开展研究,其研究多集中于对技术创新及制度创新问题的探讨。

近年来,随着人们对创新活动认识的不断深入,对创新类型的划分也趋于细化。众多学者从创新的来源、创新的过程等不同角度出发,对创新活动加以研究,形成了包括自主创新(内生创新)与外生创新、激进创新与渐进创新等一系列创新分类形式。

(1)自主(内生)创新与非自主(外生)创新。

所谓自主创新,即所谓的内生性创新,具有如下四个显著特征:第一,具有一定的获利预期;第二,创新主体可通过创新实现内生性增长;第三,主体中存在共同发明与共同演进行为;第四,属于熊彼特式的创新(creative destruction)。自主创新与非自主创新(或外生创新)在诸多方面存在显著差异(表10)。

表10 自主创新与非自主创新表现对比

表现 \ 来源	自主创新（内生创新）	非自主创新（外生创新）
激进创新 vs 渐进创新	自主激进创新 自主渐进创新	外生激进创新 外生渐进创新
闭门创新 vs 开放创新	自主闭门创新 自主开放创新	外生闭门创新 外生开放创新
个体创新 vs 集体创新	自主个体创新 自主集体创新	外生个体创新 外生集体创新
使用者引领创新 vs 兴趣驱动创新	自主发明者引领创新 自主使用者引领创新	外生发明者引领创新 外生使用者引领创新
独立创新 vs 合作(协同)创新	自主独立创新 自主协同创新	外生独立创新 外生协同创新

(2)激进式创新与渐进式创新。

从创新的具体表现形式来分,创新可分为激进式创新与渐进式创新。激进式创新(Radical innovation)又被称为突破创新(Breakthrough innovation)或者范式创新(Paradigmatic innovation),是指能够对已有知识或技术产生重大突破,形成前所未有的新的知识或技术的创新行为。与激进式创新不同,渐进式创新只是对原有知识或技术的逐步完善,如降低生产成本、提高产出效率、改进产品构成等,具有典型的组织性和社会性功能。以医药行业为例,由于医药行业是典型的以创新为主导的行业,激进式创新与渐进式创新在这一创新过程中共同出现。当某类新药物因为激进式创新行为而出现的时候,随着药物的使用,其副作用也会在一定程度上显现,而此时,人们既可以选择通过技术改进减少该药物的副作用,趋利避害(即所谓的渐进式创新),也可以选择通过科学研究创造出新的、能够替代原药物的新药物(即所谓的激进式创新)。两种创新各有优劣,但对参与创新活动的劳动者的素质要求有所不同:渐进式创新强调劳动者需要拥有一定的特殊技能,因为熟练的技能能够在产品改进质量、适应市场、增加消费者满意度等过程中发挥重要作用,更有利于实现已有产品或技术的完善;相比而言,激进式创新要求劳动者拥有一般的技能,因为他们可以更好地适应不断变化的供需关系,适应产品市场战略的不断调整。现实中,与医药行业相类似,不同创新过程中渐进式创新与激进式创新均会发生,如何科学平衡两者之间的关系至关重要。有学者认为,应当采取四种方式以平衡渐进与激进创新的关系——创新平衡、间断平衡、专业化及有效的员工管理。

(3) 开放式创新与合作创新。

与前面两组创新类型不同,开放式创新与合作创新应该说并非是创新的两种对立类型,而是相互融合、相互依存的。当今社会的创新环境决定了闭门造车式的创新活动不可能跟上世界先进国家的创新步伐,包容、开放、相互协作成为必然要求。所谓开放式创新,是指创新主体可以并应当使用外部的创新观念及方法来提升自己的科技水平。开放式创新对国家创新体系具有重要影响:首先,开放式创新可以进一步加强国家创新体系建设的重要性;其次,它能增强国家创新体系的有效性;第三,它可以实现创新网络的构建并使其呈现多样化特征。构建创新网络是实现开放式创新的重要手段,而开放式创新的重要要求就是要实现创新主体相互间的合作共赢,即所谓的合作创新(Cooperation Innovation)。合作创新包括两种具体的合作方式——协作创新(Cooperation)与协同创新(Collaboration)。前者强调群体间的劳动力分工与知识共享,后者则更多强调不同主体之间的紧密连接。当然,不同合作主体之间也会出现竞争,竞合关系作为合作创新的一种特殊形式,为创新主体带来"挑战"的同时亦能够使参与合作的不同主体获益。因此,很多世界级大企业之间并不排斥与竞争对手的相互合作。以韩国与日本的通讯业巨头三星与索尼为例,两者自 2003 年至今,进行了 10 年的合作创新,这非但没有影响两者的巨头地位,还实现了互利共赢。

2. 创新的实现路径

创新是相互协作的过程,需要形成一定的创新网络。在该网络成立初期,相互协作的两个个体简单连接,随着创新活动的深入,两者的联系日趋复杂,彼此之间的联系密度也有所增加,有更多的信息流彼此沟通,最终形成相互作用、相互影响的两个集合。正是由于网络内部每两个个体联系的逐步深入,才保证了创新网络整体的形成并不断加以稳定。

创新活动本身是复杂的、多变的,存在一定的偶然性,需要一定的假设,各创新主体在尝试的过程中不断相互交换创新信息,并以此实现最终目标,因此,创新是协作的、多主体相互作用的复杂过程。在这一过程中,不同创新主体由意见不统一向统一化逐步靠近,此过程是反复的、螺旋形的上升过程。

(二) 海洋科技创新体系

1. 海洋创新问题研究进展

国内外学者对于海洋创新问题的研究近些年来发展势头强劲。一方面,从海洋产业本身出发,随着国家对海洋重视程度的提高,海洋开发技术水平对海洋经济发展及海洋产业结构调整的瓶颈作用日益凸显,海洋事业发展亟须海洋科技创新加以支撑;另一方面,陆域社会经济发展相对饱和、资源环境压力增大、各国蓝色圈地运动愈演愈烈等一系列外部因素也加剧了对海洋创新活动的渴求。诸多学者从不同角度出发对海洋创新问题进行了深入探讨,主要包括如下三个方面。

(1) 海洋科技创新的重要性及必要性。鲍洪彤、于宜法(1999)两人曾指出,建设我国海洋创新体系,是国家创新体系建设的组成部分,也是提高我国海洋开发能力和水平、加快海洋经济发展的需要。邱凤霞(2006)认为,面对日益严峻的海洋环境形势和海洋资源开发状况,海洋产业创新,是实现海洋产业可持续发展的必由之路和重要动力。徐宪忠(2009)认为,作为海洋大国的中国,为应对全球海洋领域的竞争,很有必要在国家层面上构建海域科技创新体系。毕晓琳(2010)认为,当今社会科技含量越来越高,海洋经济已成为海洋知识经济,从海洋资源勘探到生产过程、经济运行过程及管理过程的开展,都依赖于整个知识系统和高新技术的支持。聂永有(2013)则结合我国海洋强国战略,指出较高的海洋科技水平和海洋开发能力,是海洋强国战略建设的重要指标,是维护我国海洋权益的必然要求。

(2) 海洋科技创新发展现状评价。部分学者认为,海洋经济发展以具体海洋产业为支撑,因此,需要将创新行为具体落实到单个海洋产业、甚至是具体行业层面,如从渔业活动创新、数字地球等单个涉海领域对海洋创新问题加以研究,但更多学者希望通过定量测度客观反映我国海洋创新发展状况。刘大海、李朗等(2008)、卫梦星(2010)、何宽(2013)分别运用索洛增长速度方程法、生产函数与索洛余额结合法以及索洛模型法对全国及部分省市海洋科技进步贡献率加以测算,得出其贡献率分别约为35%、18.75%以及38%。谢子远、翟仁祥等人则倾向于从海洋科技投入及产出效率角度对海洋创新问题加以研究。谢子远(2011)通过对海洋科研机构规模与创新效率间的关系加以实证研究,发现海洋科研机构规模越大越有利于提高创新效率。翟仁祥(2014)通过对中国2001～2011年海洋经济面板数据计量分析发现,海洋资本、海洋科技和海洋劳动对海洋经济的弹性系数均为正数,三者每增长1个标准差,将分别引致海洋产出平均增长1.041 2、0.163 3和0.683 7;其中海洋科技的经济增长贡献度最小。此外,殷克东、卫梦星(2009)运用Kendall和模糊聚类法对2002～2006年间中国海洋科技发展水平的动态变迁进行了测度研究。狄乾斌、刘欣欣、曹可(2013)则运用区位熵、洛伦兹曲线和基尼系数等宏观经济研究方法对1996～2010年沿海省市海洋经济发展水平加以测度。

(3) 促进海洋创新事业发展的对策研究。许志博、刚健(2014)提出,在海洋创新事业发展过程中,应当搭建多学科共享的实验平台,促进不同机构的协调创新发展,而建立产业园区,是实现海洋生物技术等在内的海洋高新技术产业发展的有效模式。任杰(2011)从江苏省海洋经济发展出发,指出应借鉴和学习中外产学研合作的成果经验与可行模式,探索适合本地海洋经济发展的产学研模式与发展道路。李莹(2008)从建立海洋科技创新体系的着力点出发,提出用技术预见研究指导海洋科技创新发展,提高科技创新体系及资源整合效率,并将技术预见应用于海洋科技创新领域,更多关注技术预见的社会属性。此外,必须重视对海洋科技人才的培养。当今海洋事业发展已进入现代海洋科学时代,海洋学科研究日趋细化,同时又高度综合,高素质创新型海洋科技人才培养对于我国海洋创新活动及海洋事业的持续发展意义深远,如何在紧抓海洋基础科学研究的同时,注重海洋科技成果的转化与应用,是未来海洋创新事业发展的重中之重。

2. 国家海洋创新体系的理论内涵

国家海洋创新体系是国家创新体系在一国海洋领域的实践与应用。倪国江(2012)在国家创新系统的概念和科技创新生态化理论的基础上,认为国家海洋创新体系是指"由影响海洋领域创新活动的公共和私有部门及机构组成,通过各行为主体的制度安排及相互作用,旨在以生态学的思维来创造、引入、改进、扩散新的海洋科学知识和技术,使海洋领域创新活动取得更好的绩效,并将创新作为变革和发展的关键动力的相对稳定的开放网络系统"。徐宪忠(2009)从构建国家海洋创新体系的重要性和必要性出发,认为"构建国家海洋创新体系,其核心是要有利于提高我国海洋科技创新能力以及促进海洋科技与经济紧密结合"。刘曙光(2012)在借鉴澳大利亚、美国、日本等海洋发展强国的基础上,提出国家海洋创新体系的创建亟须"提升海洋产业质量、建设创新体系载体、兼顾政府作用与市场推动"。

关于国家海洋创新体系的理论内涵,可以从以下几方面深入理解:首先,国家海洋创新体系以创新为核心,体系内一切活动必须以激发创新活力为根本出发点,知识经济是其发展背景,科学技术进步是其不竭动力,创新人才智力支持是其必要条件,一切软、硬件设施必须服务于创新、有助于创新;其次,国家海洋创新体系是一个全面的、多主体参与的完整体系,是一个相对完整的系统工程,系统内任何主体必须以实现体系内部创新成果最大化为共同目标,彼此间相互协作,同时以积极、开放、包容的心态与系统外部进行知识交换,相互借鉴,取长补短;第三,国家海洋创新体系是国家层面的海洋创新整体,必须具有一定的战略高度,注重国家现实需求与战略导向,具有战略性和全局性,同时,能举全国之力,实现目标充分聚焦及公众广泛认可。国家海洋创新体系的构建具有长期性、持续性和渐进性,体系需要在不断发展中加以完善,创新体系的最终建成绝非一日之功,因此,政策的稳定性至关重要,创新成果的产业化应用是实现创新体系价值的最重要体现,也是国家海洋创新体系构建成功与否的重要评价依据。

(三)海洋科技创新的意义及现实需求

1. 海洋强国战略的深度解读

21世纪上半叶的第二个十年,世界主要国家和地区都在致力于寻求经济转型与拓展发展空间,通过海洋开发与保护实现本国可持续发展和竞争能力提升正在成为各个国家和地区发展的战略选择,海洋开发逐步成为全球关注的持续热点。中国作为一个海陆兼备的发展中国家,具有发展海洋经济的自然基础和巨大潜力,沿海开发与海外经济交往在我国经济发展中所占的地位不断提升。20世纪80年代中期以来,我国相继制定了一系列海洋发展规划及涉海发展战略,一批沿海经济特区和开放城市迅速发展,极大地促进了沿海经济和海外贸易,为我国海洋开发提供了良好的社会经济条件。进入21世纪,在全球大规模开发利用海洋的宏观背景下,我国的海洋强国建设意识和海洋经济发展战略不断强化,海洋开发已成为实现可持续发展的重要战略抉择,海洋发展的轨迹与趋势逐步成为国家关注的焦点。2012年,面对日益激烈的国际海洋开发力量角逐,我国将"海洋强国"战略目标提升到前所未有的高度,明确提出要"提升海洋资源开发能力,发展海洋经济,保护海洋生态环境,坚决维护海洋权益,建设海洋强国",海洋开发任重道远。

进入21世纪以来,特别是2010年以来,我国海洋发展战略地位日益提升,海洋强国已成为新时期国家发展的重要战略指导方针,这对推动国民经济持续健康发展,维护国家主权、安全、发展利益至关重要,对于实现依海富国、以海强国、人海和谐、合作共赢的发展模式具有重要的指导价值。

(1)建设海洋强国,为我国以开放、包容的姿态融入世界经济提供了良好载体。海洋经济是开放型经济,海洋文化承载着包容、共赢的优良民族传统,向海而兴的历史经验要求必须从战略高度重视海洋及跨海交流与合作,汲取世界海洋强国发展经验,注重海洋强国的战略指引和顶层设计,不断探索形成具有中国特色的海洋强国之路。

(2)建设海洋强国,必须以提高海洋资源开发能力、推动海洋经济向质量效益型转变为基础,协调传统海洋产业、新兴海洋产业及未来海洋产业之间的关系,努力培育海洋战略性新兴产业,着力解决海洋产业高端人才、技术、资金匮乏难题,提升海洋整体开发能力和利用效率,实现海洋经济转型。

(3)建设海洋强国,亟须推动海洋科技向创新引领型转变。国际历史经验表明,海洋科技发展是推动实现海洋强国的根本保障,通过大力发展海洋科学技术,建设国家级海洋实验室,强化海洋基础研究和人才团队建设,建立并推进国家海洋创新体系,是实现以海强国的必然要求和战略选择。

(4)建设海洋强国,必须以海洋生态文明建设为重点,着力推动海洋开发方式向循环利用型转变。海洋生态环境保护要注重海陆联动,从全面认识海洋生态文明主体出发,通过陆海协同治理和保护海洋环境,同时,要注重建立海陆循环的陆海环境治理产业链,将海洋污染治理与陆地产学研综合体建设相结合,将海洋环境治理行动转化为具有生态、经济和社会多重效益的"蓝色投资"。

(5)建设海洋强国,必须在海权维护的前提下,追求与周边涉海国家和地区合作共赢。海洋问题纠缠着多元利益主体之间的复杂矛盾甚至政治冲突,成为当前我国海洋开发的重要阻碍。要客观冷静地对待复杂的涉海权益关系,学会利用和转化矛盾,坚持海洋维权能力建设与跨海区域合作相协调,努力共享和平与安全保障前提下的涉海事业发展机遇。

当前,海洋发展问题已经成为我国及全球主要国家和地区实现区域可持续发展的共同战略趋向,海洋发展的轨迹与趋势也必将成为国际、国内关注的焦点。在海洋强国建设过程中,"科学技术是第一生产力"的论断依旧成立。没有海洋科技的支撑,海洋资源开发、海洋经济发展只能是空谈,我们面对海洋这一巨大的资源宝库只能望洋兴叹。科技发展离不开创新引领,技术进步离不开创新实践。海洋科技的发展必须基于长远而稳定的海洋科学发展与技术创新战略。

2. 海洋强国战略与海洋科技创新的关系

关于海洋强国战略与海洋科技创新关系的解读,需要从海洋强国的战略内涵入手(图8)。2013年8月,中共中央政治局就建设海洋强国研究进行集体学习,明确提出了提高海洋资源开发能力、保护海洋生态环境、发展海洋科学技术、维护国家海洋权益等发展目标,可以认为是对国家海洋强国战略的深度、权威剖析。海洋强国建设,既涉及资源开发、生态保护、科技创新与权益维护等现实行为,又涉及海洋开发方式转变的最终结果。其中,发展海洋科学技术作为四项重要任务之一,对于推动海洋科技向创新引领型转变意义重大。然而,发展海洋科学技术的重要性远不仅仅是海洋强国战略的四分之一。倘若对海洋科技发展与海洋强国战略的关系进行深入剖析,可以发现,海洋科技发展直接构成和整体服务于海洋强国战略(图9)。

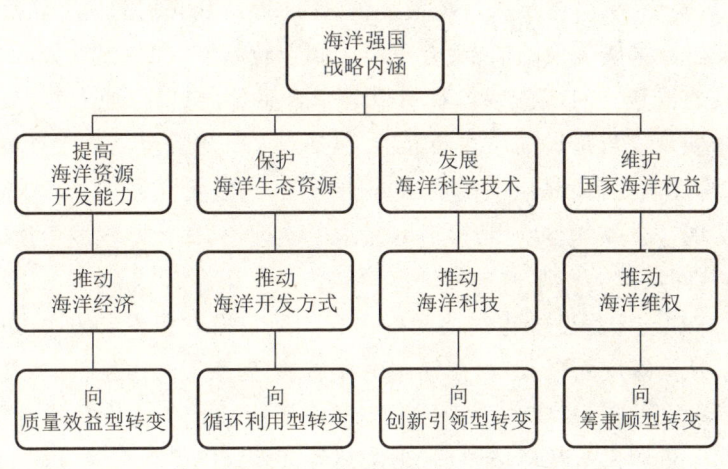

图8 海洋强国战略内涵

首先,海洋科技发展能有力推动海洋资源开发能力的提升。"蛟龙号"的试验成功为我国进行5 000米以上深远海资源开发提供了技术支持,这是海洋科技提升海洋资源开发能力的最佳例证。其次,海洋科技发展支持海洋生态保护战略的实施。近几年,随着海洋开发的深入,海洋溢油事故、海洋环境事件频发,科学高效的海洋环境技术设备在海洋环境灾害的预防、发现、治理过程中发挥着不可替代的作用。再次,海洋科技发展能够强化海洋维权战略。海洋科技为海洋维权活动提供了必要的设备和网络设施,为海洋划界等海洋争端的解决提供了科学高效的方法和有力证据。综上所述,海洋科技发展成为了海洋强国战略目标实现的最重要、最有力支撑。

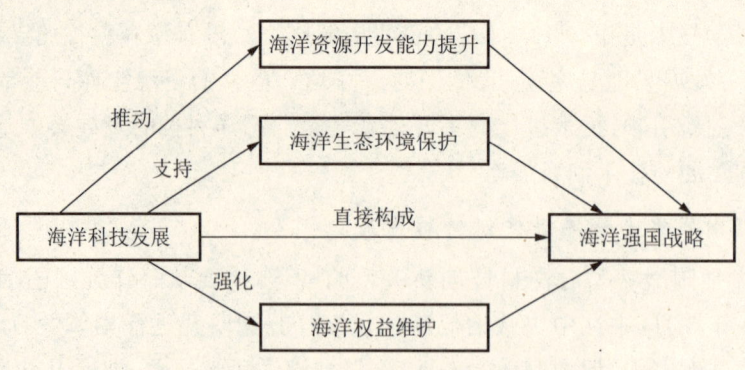

图 9　海洋强国战略与海洋科技创新的关系

（四）海洋强国建设及海洋科技创新的国家现实需求

1. 海洋强国战略的国家需求分析

根据著名心理学家马斯洛（1943）的需求层次理论（又称基本需求层次理论），人类需求包括生理需求、安全需求、社交需求、尊重需求及自我价值实现需求五大层次。生理需求是级别最低的需求，如食物、水、空气、性欲、健康。安全需求同样属于低级别的需求，其中包括对人身安全、生活稳定以及免遭痛苦、威胁等。社交需求属于较高层次的需求，如对友谊、爱情以及隶属关系的需求；尊重需求属于较高层次的需求，如成就、名声、地位和晋升机会等；它既包括对成就或自我价值的个人感觉，也包括他人对自己的认可与尊重。而自我价值实现需求是最高层次的需求，包括对于真善美至高人生境界获得的需求。前面四项需求都能满足，最高层次的需求方能产生，即自我价值实现需求是一种衍生性需求，如自我实现、发挥潜能等。马斯洛的需求层次理论，在一定程度上反映了人类行为和心理活动的共同规律。

国家的运作在一定程度上也需要明确自身的现实需求和需求层次。对应马斯洛的五大需求层次，从国家层面来看，存在国家生存需求、国家安全需求、国家社交需求、国家尊重需求以及国家强盛目标实现五大国家级需求层次（图10）。国家生存需求主要涉及国土空间承载力、资源供给及环境清洁，是能够保证本国国民生存及发展的最基本需求。国际安全需求则涉及国土安全、国民生命健康安全、财产安全、社会安全以及信息安全等诸多安全事宜，是保证国家经济社会可持续发展的基本条件。国际社交需求则是指国家间交往、国内民间交流事宜，关系到一国政治社会的稳定。国家尊重需求是指一国权益得到有效维护，本国的文化得到认可和尊重；而国家统一是其必要条件。处于最高等级的国家强盛目标实现，在当今现实中即表现为对中国梦的追求。在整个国家需求层次中，国家主权及领土完整、国家经济社会可持续发展、国家安全、政治社会稳定等一系列国家核心利益得以充分体现。

海洋事业发展与国家需求息息相关。首先，在国家生存需求方面，随着陆域生态环境的不断恶化和陆域开发空间趋于饱和，近海地区特别是海岸带地区承受着巨大的发展压力，海洋开发为拓展生存空间、提升空间承载力提供了新的空间及物质来源，能有效弥补陆域资源空间不足；此外，近岸海洋环境状况的不断恶化也为沿海国民生产生活造成严重威胁,关注海洋开发、加强海洋环境保护是国民得以健康生存的必然要求。其次,从国家安全需求出发,维护蓝色国土权益,切实保障国家海域安全是保卫国土安全、维护国家主权领土完整的重要条件。第三,从国家社交需求来看,新海洋丝绸之路的开拓为我国扩大对外贸易,加强国际合作的重要机遇,而国内不同地区间海洋开发竞争与隔阂的客观存在也为海洋事业发展提出了殷切需求。第四,从国家尊重需求的角度出发,当前,我国国家海洋权益维护形势严峻,黄海、东海、南海都与邻国存在不同程度的海域使用纠纷,特别是近些年来,东海、南海海洋争端频现成为制约海洋资源开发的瓶颈,同时,我国拥有丰富而独具特色的国家海洋文化,这是民族文化的重要组成部分和宝贵财富,亟须进行深入的历史挖掘并获得国际认可。以上需求体现了海洋开发在满足国家现实需求过程中的独特地位,而海洋事业发展在不同层次国家需求满足过程中发挥着重要作用,海洋强国梦与陆地强国梦、空天强国梦共同构成中国梦实现的必要条件。

倘若将海洋强国梦与陆地强国梦、空天强国梦综合来看,发现三者在满足国家生存需求、安全需求、社交需求及尊重需求层面所发挥的作用各有不同,相互补充、相互支撑。从现有发展阶段来看,陆地强国梦与空天强国梦要远快于海洋强国梦。陆地强国梦在中国历史中曾多次实现,具有辉煌的历史成果。空天强国梦在20世纪70年代也不断取得丰硕成果,至今我国已初步迈入航天强国俱乐部。相比而言,海洋强国梦仍有待实现。因此,发展海洋事业,加快实现海洋强国梦,是实现中华民族伟大复兴中国梦的重要组成,也是当前我国社会经济发展阶段的必然要求。

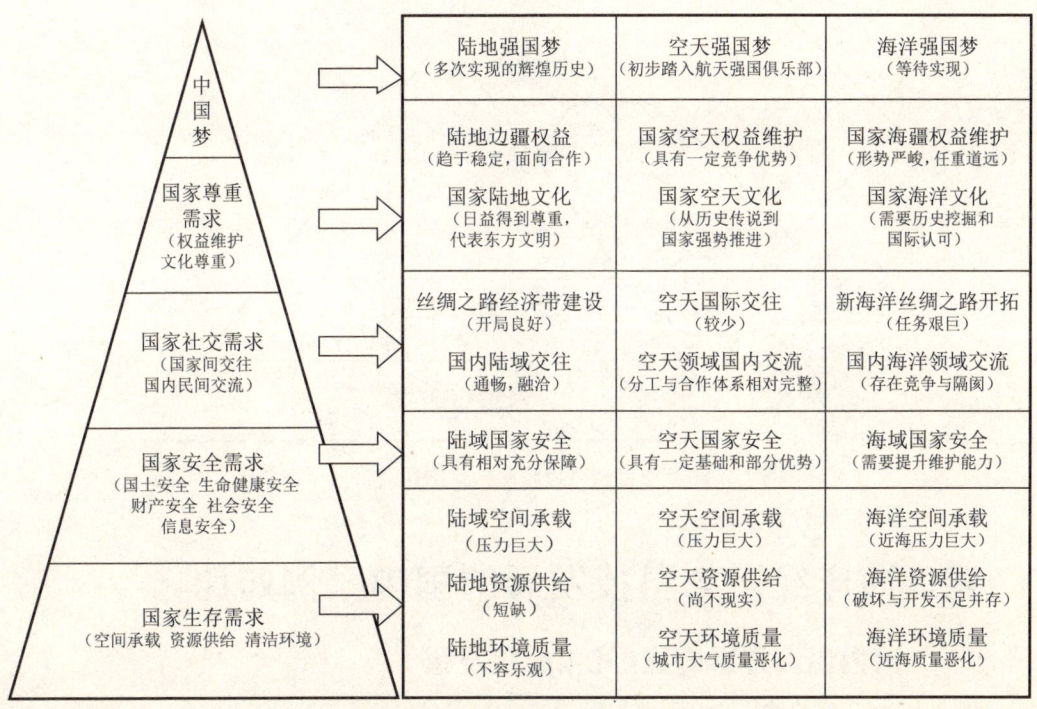

图 10　国家需求的海陆空三维分解

2. 海洋科技创新对满足国家需求的重要性分析

作为海洋强国建设的重要支撑,海洋科技创新战略在国家需求满足方面的意义尤为突出(图11)。第一,海洋科技创新战略为以海洋空间承载力、海洋资源供给、海洋环境健康为主要追求的海洋视角国家生存需求满足提供了一定的装备支持。第二,海洋科技创新战略为保卫海洋国土安全、保障国民生命健康、保护海洋资产及信息安全提供了技术网络支持。第三,从海上丝绸之路建设角度来说,海洋科技创新战略为国家社交需求的满足提供了工程建设支持。第四,海洋科技创新战略为国家海洋权益维护及海洋文明建设提供了制度文化保障。第五,在海洋强国建设及海洋强国梦的实现为海洋科技创新战略的实施提供了健全的思想意志支持。

应该说,国家发展的核心利益和重大需求具有层次性,随着国家的日益强盛,实现强国梦想成为国家高端战略需求。当然,国家生存、国家安全、国家对外交往,国家尊严等都构成国家重大需求,维护和强化上述核心利益,构成国家发展的战略目标集。以强国之梦引领的国家战略需求可以分解为陆地、空天和海洋三个维度。陆地强国历史经验丰富,现实基础稳固;空天强国具备了相当基础,进入国际空天强国俱乐部;海洋强国基础薄弱,经验缺乏,环境严峻,任务艰巨。国家的海洋强国战略需求同样具有明显的层次性,每一个层面的需求都需要海洋科技创新战略支撑,而我国的海洋科技创新战略需要海洋高新技术装备、海洋技术集成网络、海洋强国重大工程、海洋科技体制创新、海洋科学思想培育及人才培育等层次的全面建设。

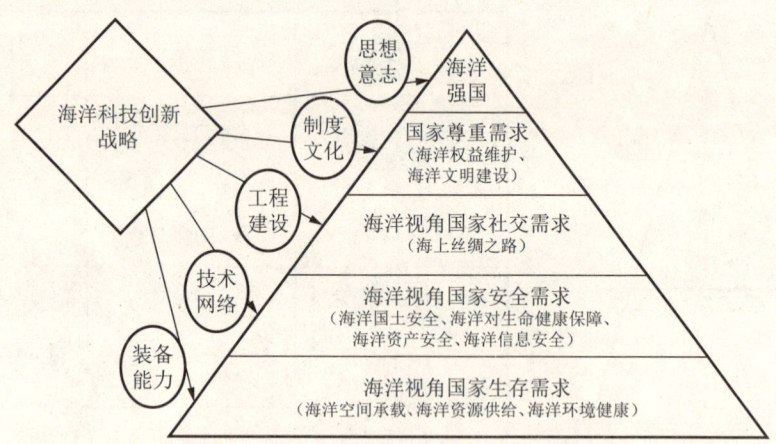

图11 国家海洋利益与海洋科技创新战略对应关系

四、海洋经济与科技发展的国内案例对比

(一)国内沿海地区海洋经济、科技发展

1. 指标体系的构建

目前国内针对海洋创新体系的主要研究如下。杨金森(1999)提出了我国海洋科技发展的战略框架。于宜法和鲍洪彤(1999)提出了建设我国海洋创新体系的设想,并且就

提升海洋知识创新和技术创新能力方面提出若干建议。王淼等(2006)剖析了我国海洋科技体制的现存问题,提出了我国海洋科技体制的重构设想,探讨了海洋科技体制改革的运筹方略。在此基础上,于谨凯等(2008)对海洋创新体系中的激励性规制和海洋产业市场绩效评价进行了相关研究。

目前针对国家海洋区域创新能力的评价研究较少。本文认为在评价指标的构建上,可以参考区域创新能力评价指标体系的研究经验,因为海洋也是一个区域,具有区域的一些共性。但是海洋是一个特殊的区域,区域创新能力的指标体系不宜直接套用,需要进行必要的调整。客观科学的海洋创新能力评价指标既要体现海洋创新的能力和效果,又要反映创新的效率,因此要包括资源的投入、经济效益的产出等方面的指标。考虑到数据的可得性和分析方法对指标相关性的要求,本文选取以下10个指标进行评价体系的构建(表11)。

表11 海洋创新能力评价体系

评价指标	数据代码
海洋生产总值	Z1
海洋科研机构数	Z2
科研机构从业人员数	Z3
课题数	Z4
发表科技论文数	Z5
拥有发明专利总数	Z6
政府科研资金投入	Z7
海洋第三产业增加值	Z8
海洋科研教育管理服务业增加值	Z9
海洋科研机构经常费收入	Z10

2. 模型的选择

因子分析的概念起源于20世纪初Karl Pearson和Charles Spearmen等人关于智力测验的统计分析,目前已经成功应用于经济学、医学、心理学等领域。因子分析的核心思想是用较少的相互独立的因子反映原有变量的绝大部分信息。因子模型假定观测到的每一个随机变量X_i线性地依赖于少数几个不可观测的随机变量$F_1, F_2, \cdots, F_m$(公共因子)和方差源ε_i(特殊因子或误差),即:

$$X_i = l_{i1}F_1 + l_{i2}F_2 + \Lambda\Lambda + l_{im}F_m + \varepsilon_i$$

其中,l_{ij}为第i个变量在第j个因子上的载荷,称为因子负载。同时对随机变量F_j和ε_i进行如下假定:

$$E(F_i) = 0, \quad E(\varepsilon_j) = 0$$
$$\text{cov}(F_i, F_j) = \begin{cases} 1 & (i=j) \\ 0 & (i \neq j) \end{cases}$$
$$\text{cov}(\varepsilon_i, \varepsilon_j) = \begin{cases} \varphi_i & (i=j) \\ 0 & (i \neq j) \end{cases}$$

$$\mathrm{cov}(F_i, \varepsilon_j) = 0$$

该模型有以下三个特征:① 各公共因子的均值为0,方差为1,且因子之间不相关;② 各误差的均值为0,具有不等方差,且误差之间不相关;③ 公共因子和误差间相互独立。

3. 数据分析结果

本文运用SPSS16.0软件,对近年全国11个主要的沿海地区的海洋创新能力进行评价。各地区的原始指标来源于《中国海洋统计年鉴》。为避免量纲不同带来数据间的无意义比较,对初始变量数据进行了标准化处理。

分析结果表明,广东、山东、上海、江苏、福建五个地区在海洋创新产出指标得分较高,具有明显的竞争力;山东、上海、天津、江苏、浙江地区海洋创新投入指标相对较高,说明这些地区在海洋创新方面投入的资金和人力资源比重较大。从沿海地区评价总分折线图可以看出,海洋创新能力前五位分别为广东、山东、上海、江苏和浙江(图12)。

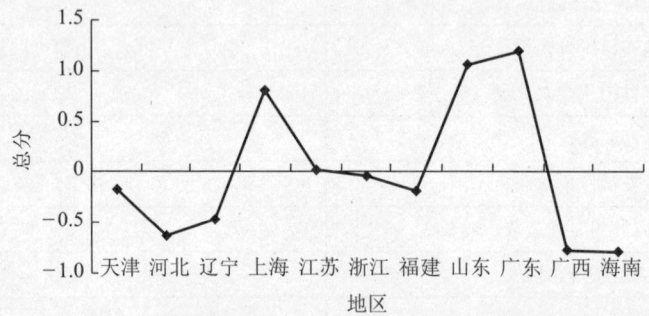

图12 沿海区域海洋科技创新能力差异对比图

目前,全国11个沿海地区之间海洋创新能力差距较大,大体可以分为三个层次:广东、山东和上海之间的差异相对较小,创新能力较强,属于第一层次;江苏、浙江、天津、福建地区与前三位相比,综合竞争力次之,属于第二层次;辽宁、河北、广西、海南竞争力较弱,属于第三层次。

通过横向比较可以发现,广东省在海洋创新产出指标上位居第一,而在投入指标上位于第六位,其综合创新竞争力位于第一。这说明相比其他地区,广东省的海洋创新效率较高;山东省在海洋创新投入和产出指标上分别位居第一和第二位,综合排名位于第二,说明海洋创新竞争力的获得是与大量的资金和人力投入密不可分的;上海投入产出状况与山东状况类似。

本文认为,导致沿海区域海洋创新能力差距化的原因主要有以下几方面。

(1)区位条件不同,资源禀赋差异。由于区位条件不同,各沿海地区拥有的资源禀赋存在差异,加上历史积累导致的经济实力差距和产业结构差异是影响海洋主体创新能力的基本原因。

(2) 创新要素投入和资源利用率存在较大差异。在海洋科研机构经费总量和政府科研资金投入量方面，山东、上海和广东都稳居前三位。山东省经费总量达到15.4亿，是广西壮族自治区经费投入总量的69.7倍，可见不同沿海区域间资金投入差距巨大。在人力资源投入方面，2008年山东省海洋科研机构从业人员数达到3 169人，上海2 709人居第二位，天津2 422人，广东2 253人；相比之下，广西和海南人员投入数量分别仅为158和184人。一般认为，投入和产出之间存在正向反馈关系，创新要素的投入量和资源的使用效率直接决定了海洋创新能力的产出水平，同时创新能力的提升又会以更大的幅度贡献于经济发展，从而形成资本积累，促进要素投入。

(3) 外部环境存在差异。海洋创新系统受到外部环境的约束，主要是区域的创新计划、创新政策、创新法律等。由于各地区对海洋经济的重视程度存在差异，对相关计划、政策和法律的具体落实情况不同，从而对区域海洋创新能力有重要影响。例如，打造山东半岛蓝色经济区将对山东省海洋经济创新体系的建设产生积极影响。另外，沿海区域基础设施硬环境，包括公共信息服务机构、交通、通讯等也对创新能力建设产生影响。

（二）沿海主要城市海洋经济、科技发展

1. 评价指标体系

本报告主要根据新华海洋科技创新指数2014年度报告，对青岛市海洋科技在国内城市的竞争力进行简要评述。新华海洋科技创新指数主要指标体系见图13。

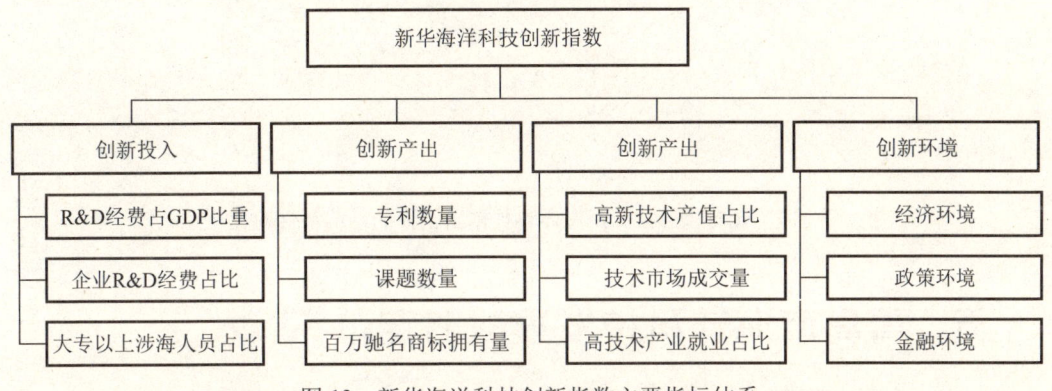

图13 新华海洋科技创新指数主要指标体系

2. 评价结果分析

初步评价结果显示，青岛市在沿海主要城市科技创新综合评价方面处于领先地位（图14）。

但是，和同样居于前列的上海、广州相比，尽管青岛市的海洋科直接产出水平最高，但是海洋科技投入水平和应用水平都低于上海市，说明青岛市需要进一步强化海洋科技与产业结合的程度，同时需要强化海洋科技应用与转化的强度（图15）。

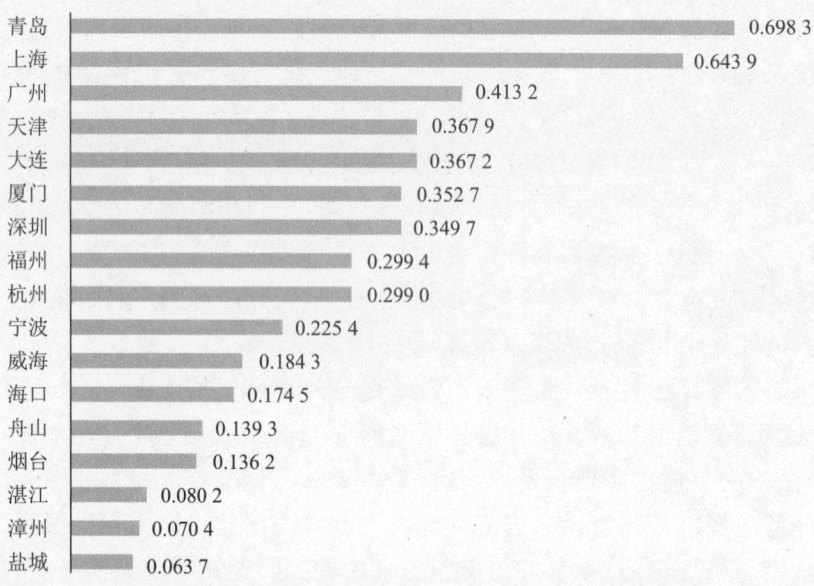

图 14　全国主要沿海城市海洋科技创新指数结果对比

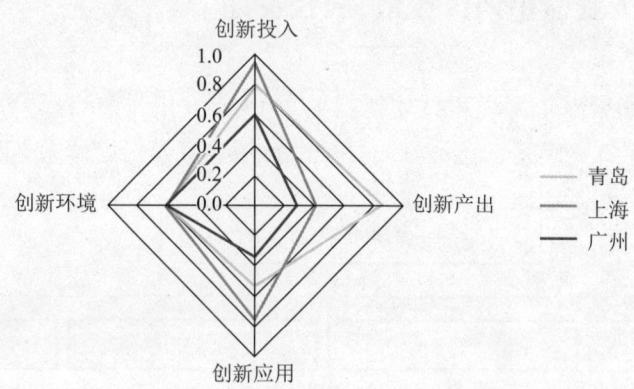

图 15　青岛、上海、广州海洋科技创新指标的结构后性对比

五、青岛市海洋科技发展战略定位

(一) 定位原则

1. 满足国家战略需求与服务地方发展相结合

青岛市作为国家海洋科技创新中心,应该首先坚持面向国家在海洋强国战略和国际创新体系建设战略中的重大需求,积极参与国家重大涉海工程和计划,承担国家重大科研攻关任务;同时,应该充分关注和适应沿海地方(尤其是山东半岛和青岛市)的海洋科技发展需求,并推动国家需求和地方需要的内在结合和相互正面支持。

2. 自主创新发展与参与国际合作竞争相结合

自主创新与国际合作不仅并不矛盾,而且可以相互促进。青岛市海洋科技创新主体首先应该坚持面向需求的自我独立研究与发展活动,同时应该积极参与甚至组织国际联合研究与开发,在相关优势领域争取引领相关研究计划。

3. 单一学科基础研究与综合应用研究相结合

针对青岛市已有涉海学科单一基础学科研究众多,而且存在重复研究的现象,应该采取坚持单一学科深度发展建设的同时,鼓励各学科之间通过共同的应用目标开展跨学科综合研究,并以此推动单一学科的发展。

4. 科技成果产出与实现产业化及工程化相结合

青岛市海洋科技直接成果(论文、专利等)位居全国前列,但是科技成果的应用却相对滞后,已有科技成果产出缺乏与青岛涉海产业(尤其是海洋战略新兴产业)的对接。因此,应该强化海洋产业发展与工程建设对海洋科技成果产出的逆向索求,以及海洋科技成果产出的应用导向调整。

5. 科技创新活动布局集中化与网络化相结合

青岛市应该首先注重海洋科技创新中心和基地的建设,尤其是蓝色硅谷核心区的集中建设;同时应该注重青岛涉海科技创新资源的网络化统合,建立基于海洋科技信息及涉海产学研信息资源共享的专业化网络平台。

(二)定位的主要思路

青岛市海洋科技发展定位主要思路:以党的十八大以来提倡的创新性国家建设和海洋强国战略等国家重大科技和海洋战略为指导,以青岛市海洋科技深厚力量和领军实力为基础,以国际知名海洋科技领军城市发展经验为借鉴,借助青岛市城市与产业战略转型的重大机遇,吸引和聚集全球涉海产学研创新资源,协调分工和整体布局海洋创新空间体系,建设具有全球影响力的"国家海洋科技创新中心"。

(三)定位的基本内涵

青岛作为国家海洋科技创新中心,其定位职能表现如下。

(1)集聚和整合全球海洋科技研究力量,形成国家参与全球海洋科技创新网络分工与竞争的全球海洋科技创新高地。

(2)承担基于国家海洋强国战略需求的国家海洋科技创新重大任务,建设国家海洋强国战略科技创新支持中心。

(3)通过强化海洋科技基础研究和应用转化,推动国家和地方海洋科技产业化和工程化发展,建设国家海洋基础研究和应用转化中心。

(4)通过提升海洋高等教育和高等职业培训机构建设,推动国家和地方海洋科技人才培养,建设国家海洋科技人才培养中心。

(5)主导全国海洋创新体系分工体系建设,形成以青岛为中心的海洋科技创新网络化布局格局,建设国家海洋科技创新网络服务中心。

(四)实现定位的主要任务

(1)建设以青岛蓝色硅谷核心区为主要载体的全球海洋科技创新高地。

(2)建设以青岛(西海岸)黄岛新区为主要载体的国家海洋科技自主创新领航区和

深远海开发重大创新平台。

(3) 建设以红岛经济区位主要载体的国家海洋高技术产业聚集区和科技产业化孵化基地。

(4) 建设以青岛主城区涉海研究、海洋人才培育机构、海洋高端服务业为载体的海洋专业服务业基地。

(5) 引进和嫁接全球青岛市海洋产业发展所需的涉海科技服务企业、海洋技术及装备服务机构或企业,补足青岛市所短缺的海洋新型科技研究领域或环节。

(6) 强化区域海洋科技技术创新网络化基础设施建设及相关组织结构建设,促进以青岛为中心的海洋科技创新网络化布局形成。

六、青岛市海洋科技发展战略布局

(一) 布局构想

建议青岛市应该对标大波士顿地区的 128 公路"硅路"和生命科学走廊,建设以现有主城区为核心,链接蓝色硅谷-红岛-西海岸新区的海洋战略走廊(Marine Strategic Corridor),实现青岛海洋科技的蓝色跨越。

(二) 布局设计

定位布局设计如下:以青岛主城区(新青岛)为城市发展与海洋强国战略中枢,以蓝色硅谷核心区(新蓝岛)海洋基础研究与开发为前提,以红岛经济区(新红岛)海洋科技产业化转化为承接,以西海岸新区(新黄岛)建设海洋强国战略新支点和国家区域发展战略新引擎为导引,构筑通往海洋强国之梦的大青岛海洋战略走廊(图16)。

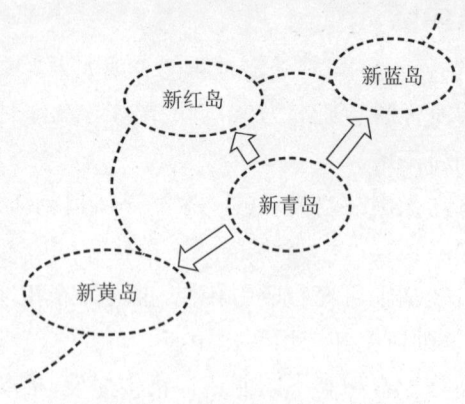

图16 青岛海洋科技战略布局格局

七、青岛市海洋科技发展对策建议

(一) 纳入和承担国家海洋强国和创新体系建设战略

建议积极参与国家海洋强国战略、国家创新体系建设战略、国家"一带一路"战略等涉海创新国家战略,尤其是国家关于重大创新平台建设战略,争取在每一轮国家涉海战略和创新战略中占据国内海洋科技创新领域的主体责任。

(二) 海洋科技创新战略布局调整

建议与青岛市三城联动和"一谷两区"建设战略相吻合,将海洋科技创新布局与城市发展和新型国家级园区布局及招商相结合,实现海洋科技创新的市域协同布局,建设具有国际竞争力的蓝色跨越战略走廊。

(三) 海洋科技创新人才与资金支撑

借助青岛市政府关于"转、调、创"战略中突出发展现代专业服务业的倡导,努力吸引涉海高技术人才和专业服务机构及精英汇聚岛城,与政府国有投资基金和财富管理中心建设相适应,倡导发展青岛市"蓝色金融"平台及服务体系,并推动蓝色的人才与金融良性互动。

(四) 海洋科技国际合作推进

借助国际金融危机后期部分发达国家转型发展的契机,尤其是美国走出金融危机阴影的机会,努力打通与美国大波士顿、休斯敦、洛杉矶等城市涉海科技机构和组织的合作;拓展与澳洲海洋城市(布里斯班、珀斯),加拿大(哈利法克斯、温哥华),以及欧洲海洋城市(布雷斯特、南安普顿、基尔等)的海洋科学与技术合作交流,深化已有国际合作平台,通过青岛市海洋科技平台整合与升级,实现新一轮海洋科技国际联盟建设。同时,借助中韩自贸协定结束谈判的机遇,深化与韩国的海洋科技交流与涉海产业合作。

(五) 海洋科技重大工程遴选与启动

建议蓝色硅谷核心区、红岛经济区、黄岛新区的重大国家级涉海项目进一步融合,推动国家建立"深远海开发重大工程",形成以青岛为主体的深远海开发创新中心。

附件:关于在黄岛新区建设深远海重大创新平台的建议

(一) 建设思路

以国家海洋强国战略和国家创新发展战略有关精神为指导,紧紧围绕国家对于新区的规划建设指导思想和总体定位,通过整合和吸引全国深远海研究、开发和产业化领域的优势群体,借鉴国内深空探测工程先进经验和国际相关成功案例,参与承载国家深远海开发重大创新平台、国家级大宗物资中转和战略物资储备基地、国家深海探测开发装备产业基地建设,推动新区海洋强国新支点和区域发展新引擎建设目标的实现。

(二) 重点工程

论证和规划组建国家深远海开发集团(附图1)。整合和嫁接现有海洋能源、海洋造船、海洋运输国字号企业,形成深远海开发领军企业(群),通过相关企业业务间重组和融合,实现面向深远海勘测和后续扣罚的企业集群。先期可以考虑整合在青岛的诸如中船重工、中海油、中远等企业单位参与论证和筹划建设事宜。建议集团总部设立于新区核心区,并建成为重要地标建筑。

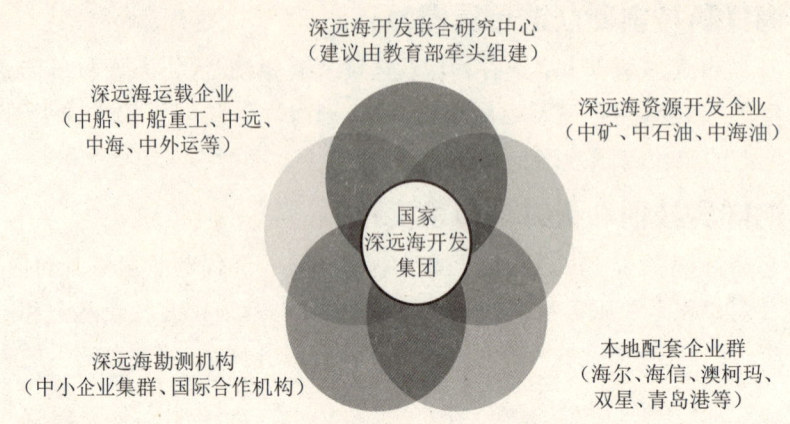

附图1　国家深远海开发集团建设构想

推动建设教育部深远海开发联合研究中心(附图2)。借鉴教育部深空探测联合研究中心组建机制和美国深空联合研究群体机制,建设相对等的深远海开发联合研究中心。初期建议由中国海洋大学、山东大学、中国石油大学(华东)牵头,吸引国内涉及海洋与船舶工程大学(如大连理工大学、天津大学、上海交通大学、浙江大学等)、深海矿产研究型大学(包括中南大学、同济大学等)、海洋环境研究大学(如厦门大学等),合理分工与协作,共同推进深远海开发研究,为国家深远海开发提供人才和技术服务。建议该研究中心设立于高新创新园区,并于海洋科技自主创新示范区核心项目、海洋科技国际合作核心项目一体化考虑建设。

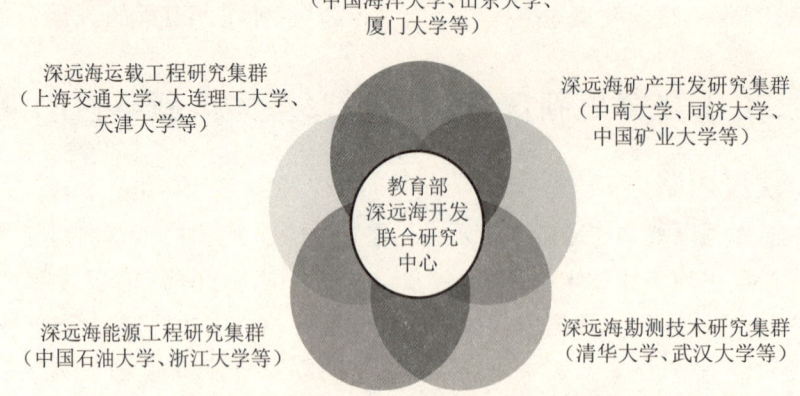

附图2　教育部深远海开发联合研究中心

筹划建设深远海开发区域创新中心(附图3)。借鉴美国休斯敦建设跨学科和跨阶段的区域创新中心的经验,建议将青岛已有国家级高新区拓展延伸到新区中,建设深远海开发科技特色的创新超级孵化器,为吸引外地(国际)企业入驻和本区企业孵化提供现实服务;同时,可以起到连接深远海基础研究和领军企业开发活动的纽带和桥梁作用。

建议该中心建设与高新区扩区工程一并考虑。

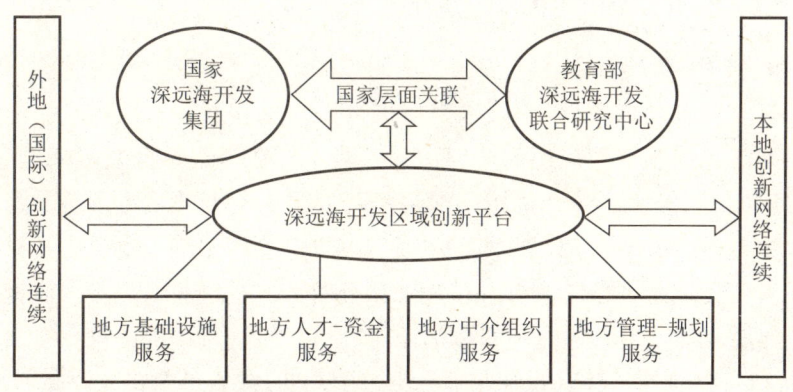

附图3　深远海开发区域创新中心

建设深海探测开发装备产业基地（附图4）。学习借鉴加拿大哈利法克斯和温哥华、美国大波士顿地区、挪威奥斯陆、法国布雷斯特等城市发展经验，拟提出新区建设深海探测开发装备产业基地的主要内容。一是建设深海探测精密装备产业园：围绕深海（深水）环境、资源探测与开发前期工程、以及近期深水海洋牧场建设需要，建设以自主知识产权水下精密机械（尤其是ROV及其配套设备）为特色的中小企业产业园区，与深远海区域创新中心建立合作关系。二是建设深海探测重型装备产业聚集区：考虑到前湾港区已有的中船重工、武船重工、中海油等骨干企业集中布局，并且形成集聚效应，建议继续规划相应空间吸引深海装备配套企业加盟；同时，在董家口强化新一代深海探测与开发成套装备企业引进和落户，以满足远洋深海海底作业的海洋装备需求。

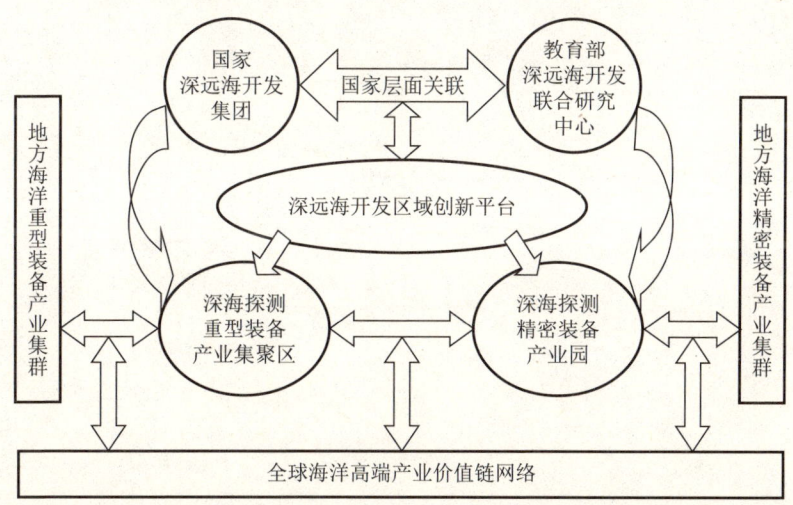

附图4　新区深海探测开发装备产业基地关系示意图

（三）战略布局

按照国家对于新区定位的战略指引以及总体规划相关要求，依据青岛市已有城市总体规划和土地利用规划，统筹考虑新区五大定位及其布局空间关联，遵照经济效益、社会效益和生态效益并重,超前规划与现实安排结合,空间关联集聚与空间分工相结合等原则,开展新区深远海开发战略保障基地建设布局设计。

(四)主要对策

通过山东省和青岛市政府,向国家申请推进深远海开发重大创新平台建设的事宜,争取成为贯彻落实国家规划提出的学习深空探测工程在深远海开发战略领域实施的试点。具体建议如下:① 组织召开"国家深远海开发重大创新平台建设"专题论证会,邀请国家发改委、科技部、教育部、海洋局、商务部等分管领导出席,邀请航天科工集团、教育部深空探测联合研究中心代表国内有关研究机构、大学、企业专家参与研讨,邀请新华社(青岛)国际海洋资讯中心等有关媒体加盟,提出建设性建议,提交国家有关领导参考;② 与驻青岛相关大学、研究机构、企业进行小范围沟通,就有关启动工作进行磋商;③ 成立青岛市(西海岸)黄岛新区"国家深远海开发重大创新平台建设"领导小组,具体推进和协调该工程建设启动。

课题承担单位:中国海洋大学 青岛市科学技术信息研究所
课题负责人:刘曙光
课题组成员:赵 霞 王云飞 秦洪花 初志勇 王 栋

青岛市"十三五"科技服务业发展对策研究

一、理论与案例研究

(一) 相关理论研究

1. 科技服务业的定义及内涵

联合国教科文组织对科学技术服务(STS)定义为任何与科学研究和试验性发展有关的,有利于科技知识的产生、传播和应用的活动。美国劳工部对专业、科学和技术服务业的定义:专业、科学和技术服务业包括提供专业科学技术各类服务的专业机构,提供这些服务需要具备高度的专业素养和训练;这个产业各个细分产业依据各自的专长,为各行业客户以及个体客户服务。

根据近些年科技服务业的发展特点、趋势及新业态变化特征,以及国际国内统计分类标准演变,结合当前我国科技服务业发展的实际情况,2014年10月国务院发布的《关于加快科技服务业发展的若干意见》中对科技服务业给出了明确的定义,即科技服务业是为科技创新全链条提供市场化服务的新兴产业,主要服务于科研活动、技术创新和成果转化,包括研究开发及其服务、技术转移服务、检验检测认证服务、创业孵化服务、知识产权服务、科技咨询服务、科技金融服务、科学技术普及服务等专业科技服务和综合科技服务。

(1) 研究开发及其服务是指各类研究开发服务机构围绕科研活动和技术创新,为企业或其他研究开发机构提供研发外包、设计以及科研支撑等第三方服务的活动。研究开发服务主要有三类:一是自身研究开发形成的知识产权的授权服务;二是专业的研究开发外包服务;三是提供科研支撑服务。

(2) 技术转移服务是指各类技术转移中介机构围绕成果转化、技术扩散,为科技型企业提供包括技术评估、技术交易、技术转让、技术代理、技术拍卖以及技术集成等各类服务的活动。

(3) 检验检测认证服务是指具备检验检测认证资质或能力的企业、机构,按照相关标准、方法对技术和产品进行检验和测试的活动,主要包括质量检验、性能测试、成果鉴定和资质认定等服务。

（4）创业孵化服务是指围绕企业成长生命周期,在想法、创业等环节为项目或初创企业提供包括投资、创业辅导、专业技术服务、物理空间等一系列服务的活动。

（5）知识产权服务是指提供专利、商标等各类知识产权"获权—用权—维权"相关服务及衍生服务的业态,一般包括知识产权代理服务、知识产权法律服务、知识产权信息服务、知识产权商用化服务、知识产权咨询服务和知识产权培训服务。

（6）科技咨询服务是指专门为政府部门、企事业单位和各类社会组织的决策、运作提供一系列专业智力服务的活动,主要包括科技战略、科技评估、科技招投标、工程技术、知识管理、科技信息等内容。

（7）科技金融服务是指各类社会组织、个人、金融机构、政府围绕科研活动、成果转化和产业化等科技创新全链条,为科技型企业提供金融服务的活动,主要包括天使投资、创业投资、科技银行、政府科研投入等服务。

（8）科学技术普及服务是指利用各种传媒以浅显的方式向普通大众普及科学技术知识,倡导科学方法、传播科学思想、弘扬科学精神的活动。

（9）综合科技服务是指通过整合技术创新链上各个环节的科技服务要素,形成科技服务机构之间的协作网络,为产业集群提供研究开发、技术转移、科技咨询、知识产权和科技金融等全方位的科技服务的活动。

2. 科技服务业与高技术服务业、生产性服务业的区别

从服务的重点环节来看,科技服务业更加侧重于离生产环节较远的应用研究和基础研究阶段,而高技术服务业则服务于与生产环节关系比较紧密的环节,生产性服务业更是直接服务于生产环节。科技服务业的核心要素是科技创新,科技含量最高;高技术服务业则主要是高新技术的应用和产业化,科技含量也比较高;生产性服务业则主要是生产制造,部分领域的科技含量比较低。

从服务对象和主要目的来看,科技服务业的服务对象主要是科技型企业和科研机构,其目的是推动原创技术的产生和转移转化;高技术服务业的服务对象主要是高技术领域的中小企业,其目的主要是促进传统产业的转型升级以及产业结构的优化调整;而生产性服务业的主要服务对象是生产型企业,其主要目的是提高生产效率、减低生产成本。

除了上述的区别之外,三者在某些方面也存在共性特征。三者都是经济发展高级化和专业化分工的产物,也都是推动区域产业结构调整的重要工具,同时也都是现代服务业的重要组成部分。

3. 科技服务业对区域经济发展的重要意义

发展好科技服务业对区域经济发展具有重大意义。

第一,科技服务业作为区域创新体系的重要组成,能有效黏合创新主体、产业主体和各类中介组织,加强各载体之间的协同,提升创新的效率,提升区域创新活力。

第二，科技服务机构通过支持企业开展技术创新、成果转化和工艺改进，推动新技术和新成果在传统行业中的应用，进而推动传统产业的优化升级。

第三，科技服务业涵盖了从技术研发到创业孵化的技术创新全链条，通过服务模式的创新和方式的创新，完善的科技服务体系往往对业态创新有显著的催化和诱导作用。

第四，随着第三产业在国民经济中的比重越来越大和创新全球化的不断深入，科技服务业的规模有逐渐扩大的趋势，成为国民经济的重要板块。

（二）典型案例研究

1. 科技服务机构个案研究

（1）研究开发服务。

案例一：高通公司。高通公司成立于1985年，总部位于美国加州圣迭戈市，员工总数15 000余人。该公司主要通过3G/4G芯片组和系统软件的研发创新、广泛的技术许可以及提供全套芯片和软件解决方案获得盈利。高通公司2012年营业额为131.8亿美元，年增率高达29.2%；拥有3900多项CDMA及相关技术领域的美国专利，向全球逾130家电信设备制造商发放了CDMA专利许可。高通公司是标准普尔500指数的成分股，同时也是《财富》500强企业之一。

案例二：ARM公司。ARM是全球领先的半导体IP公司，成立于1990年，总部位于英国剑桥，拥有1700多名员工，在全球设立了多个办事处，其中包括比利时、法国、印度、瑞典和美国的设计中心。ARM作为专业的芯片设计企业，主要通过向客户提供专利授权和出售芯片设计方案获利。ARM累计共销售了超过150亿枚基于ARM的芯片，向200多家公司出售了600个处理器许可证，全球95%以上的手机以及超过四分之一的电子设备都在使用ARM技术。客户包括Intel、IBM、LG、NEC、SONY、飞利浦、微软、SUN和MRI等一系列知名公司。2012年ARM公司总收入为9.1亿美元。

案例三：药明康德。药明康德于2000年成立，是全球领先的制药、生物技术以及医疗器械CRO企业（合同研发组织），在中美两国均有运营实体。药明康德凭借其在化学合成领域的雄厚实力，成功打造了全方位、一体化的研发服务技术平台。公司主要提供贯穿整个药物发现和开发过程的一体化新药研发服务，为客户提供量身定制的项目解决方案，提供从工艺研发到临床Ⅰ、Ⅱ、Ⅲ期及商业化生产的一体化服务。药明康德连续六年入选"中国十大服务外包领军企业"，连续五年入选"德勤中国高科技、高成长50强"。2012年度，药明康德净营业收入为5亿美元，净利润8 660万美元。

案例四：华大基因。华大基因成立于1999年，总部位于中国深圳，共有1 500多名员工，服务网络遍布全球。华大基因依托先进的测序和检测技术、高效的信息分析能力，在生命科学领域提供涵盖常规分子生物学、高通量测序及分析、质谱分析、云平台、高端咨询等专业化、一站式、全方位的生物技术服务和系统解决方案。截至目前，华大在全球拥有7 000多家合作单位和20 000多位合作伙伴，2013年收入接近20亿元人民币。2013年7月，华大基因入榜2013年度最具成长性的新兴企业。

研究开发服务业发展路径

随着研究开发流程分工的进一步细化和市场化程度的不断加深,研究开发服务将朝着独立第三方化和分工进一步细化两个方向发展。研究开发服务应该朝着以下几条路径发展:

第一,第三方研发外包服务的发展,提供独立、高效、专业的研究开发服务;

第二,有实力的研发服务机构在现有业务的基础上进一步将业务分解,提供更专业的服务;

第三,事业单位性质的研发机构引入市场化运作机制,包括转企改制、面向市场提供服务等手段。

(2)检验检测服务。

案例五:SGS集团。SGS公司创建于1878年,公司总部设在瑞士日内瓦。SGS在全球有75 000多名员工,拥有完善的全球性服务网络,是全球鉴定、测试和认证服务的领导者和创新者,是公认的最专业、质量最高和诚信度最好的全球基准。SGS依托其良好的信誉和公信力,为全球范围内的企业、政府相关部门提供全品类、高质量、"一站式"的检验、鉴定、测试和认证服务。SGS集团在2013年全年营业收入达58.3亿瑞士法郎,折合人民币387.8亿元,比2012年增长6.5%。

案例六:谱尼测试。谱尼测试成立于2002年,是一家服务网络遍及全国的综合性检测机构,总部位于北京,下设天津、青岛、上海、苏州、宁波、武汉、深圳、广州、香港公司,共拥有8个大型实验室基地及几十个联络处。谱尼测试在健康环保检测、贸易符合性检测、商品质量鉴定和产品安全性检测四大领域为客户提供高质量的第三方检验检测服务。谱尼测试的检测报告得到美国、英国、德国等70多个国家及地区认可,具有较强国际公信力,连续七年入选"德勤高科技、高成长亚太500强"。2013年销售收入达4亿元人民币。

案例七:凡特网。凡特网由西安科技大市场与西安瑞铂软件科技有限公司联合开发运营的虚拟实验室,是国内乃至世界首家市场化运作、基于B2B电子商务的分析测试服务交易平台。平台以实验室分析测试服务为交易主体,聚集数百家认证实验室、上万种分析测试服务,融合电子商务、信息服务和物流服务等新型市场化商业模式,为所有分析测试实验室和各类客户提供快速、准确和高效的撮合交易、在线支付、样品物流、流程管理、客户管理、业务跟踪、服务评价、以及各类相关的增值服务。检测领域涉及食品、金属材料、环境、能源化工、药物、纺织品及纤维、电气、建筑与建材等多个领域。

检验检测服务业发展路径

检验检测认证服务呈现集成化、独立化和第三方化发展趋势,检验检测服务与电子商务的结合将成为主要发展方向。未来检验检测服务应该朝着以下几条路径发展:

第一,加强外部大型权威检测机构的引进和培育,鼓励实力雄厚的检验检测服务机构提供企业级的整体检测解决方案;

第二,加强面向行业的专业化线上检测平台建设,推动检验检测服务与电子商务模式的结合,提高检验检测服务的市场化水平;

第三,推动事业性质的检测院所开放资源,引入市场机制,探索新的盈利模式,面向社会提供服务。

(3) 技术转移服务。

案例八:史太白技术转移中心。史太白技术转移中心成立于1971年,属于"民办官助"性质的技术转移组织,为全球最活跃的技术转移机构之一。史太白技术转移中心采用扁平式的管理结构,下属各专业技术转移中心具有较高的自主权,可直接与委托企业联系。中心通过高度市场化的运作模式,围绕客户需求,为客户提供包括咨询服务、研究开发、在职培训和评估服务在内的全方位的技术转移服务。目前史太白技术转移中心已经构建了一个拥有800多个专业技术转移中心、覆盖全球50多个国家和地区的技术转移网络。

案例九:中国技术交易所。中国技术交易所成立于2009年,注册资金2.24亿元,注册于中关村科技园区海淀园,采用有限责任公司的组织形式,由北京产权交易所有限公司、北京高技术创业服务中心、北京中海投资管理公司和中国科学院国有资产经营有限责任公司共同投资组建。中国技术交易所通过搭建技术转移服务、技术交易平台和展示平台等,集成政、产、学、研、介、金等各类资源和中介机构服务,提供技术评估、转让、许可、并购、集成、联合开发、知识产权质押融资及合同登记等技术交易及转化服务。2013年实现技术交易额近100亿元,实现技术服务收入3 000余万元。

技术转移服务业发展路径

从全球范围来看,技术转移服务网络化、平台化和线上线下结合的趋势在技术转移中的重要性愈发突出,技术转移机构更加依赖技术转移网络的搭建,未来技术转移服务应该朝着以下几条路径发展:

第一,重视技术转移服务网络的搭建,推动技术转移服务机构与政、产、学、研、介、金等各类资源建立紧密合作关系网;

第二,发展网络技术交易,搭建线上技术交易供需对接平台,创新技术交易模式;

第三,开展机制创新,激发事业单位性质的技术转移机构的积极性,发展第三方技术转移服务机构。

(4) 创业孵化服务。

案例十:Y Combinator。Y Combinator(YC)创立于2005年,由保罗·格雷厄姆在硅谷发起成立,是一家"创造公司"的公司。YC设立种子基金为初创项目提供启动资金,通过"训练营"的形式为初创企业提供全方位辅导,通过演示日等方式实现初创公司和投资机构之间的对接,使创业企业获得各类资源度过初创期。截至2012年7月,YC共孵化380多家创业公司,这些公司累计获得投资额超过10亿美元,估值已经超过100亿美元,其中包括Dropbox、Reddit、Wufoo、Airbnb、Hipmunk等。2012年YC荣登《福布斯》孵化器与加速器排行榜榜首。

案例十一:创新工场。创新工场于2009年由李开复博士创办,立足互联网、移动互联网和云计算等信息产业领域,专注于创业早期阶段,为创业企业提供全方位的创业孵化服务。创新工场针对不同的孵化需求,提供差异化、全方位的孵化服务,通过持有创业企业的有限股权获取投资收益。截至目前,创新工场已审阅了超过3 000个项目,投资孵化近50个项目和公司,总投资额超过3.7亿元,投资企业价值超过了50亿元,培育出如"豌豆荚"、"友盟"、"魔图精灵"等多家企业。

案例十二:北京创客空间。北京创客空间成立于2011年1月,是全球创客网络中的重要组成部分,是亚洲规模最大的创客空间。在北京拥有创客会员超过300人,影响人数超过10万人,拥有超过1 000平方米的活动场地和300平方米的原型加工基地以及最完备的加工设施与设备。主要通过创客小聚、创客分享会、创客工作坊、联合主办方、创想48小时、创意教育、创客嘉年华、智造工作坊等多种形式的活动来激发创客们的创造活力和想象力。在北京、上海举办过4届创客嘉年华,吸引超过20个国家,数百位创客参加。2013年8月,北京创客空间被中关村管委会评委"中关村创新型孵化器"。2015年3月,北京创客空间被认定为北京市首批11家众创空间之一。

创业孵化服务业发展路径总结

从我国当前形势来看,创新创业成为,创业孵化服务逐渐由重视载体、空间等"硬件"建设向载体建设、服务能力提升、氛围营造全方位转变,创业孵化服务应该朝着以下几条路径发展:

第一,支持个人、企业、投资机构等各类社会主体创办创业孵化服务机构,推动创业服务机构主体多元化,搭建创业孵化网络;

第二,推动社会各主体积极开展多样化的创业活动,营造大众创业的社会氛围;

第三,提升服务整体水平,面向各类创业者提供高质量的创业增值服务。

(5)知识产权服务。

案例十三:高智发明公司。美国高智发明公司成立于2000年,总部位于美国华盛顿州的贝尔维尤市。高智发明公司不从事任何实际产品的生产,而是在全球范围选择有潜力的"早期发明创意",通过直接资助研发、购买后二次开发等方式获得研发成果的所有权,然后通过后期的知识产权许可、转让和保护等方式获取收益。十几年来该公司利用超过50亿美元的投资基金收集购买了近7万项科技类"知识产权资产",并通过专利诉讼等方式获得了共计至少400亿美元的收入。

案例十四:东方灵盾。东方灵盾创立于2003年,是一家以专利为核心、专业从事知识产权信息咨询服务的国家级重点高新技术企业。东方灵盾通过对世界各国的专利信息及科技文献进行收集和加工,在此基础上打造多个专业情报数据库及多数据联机检索分析平台,为企业和政府提供全方位的高端信息增值产品和服务。公司与欧美及国内多家权威的知识产权机构、科研院所及行业专家建立了广泛的交流与合作关系,2012年被评为首批"全国知识产权服务品牌机构培育单位"以及"全国专利信息服务自主创新标志性企业"。

案例十五:北京集佳知识产权代理有限公司。北京集佳知识产权代理有限公司成立于1995年,总部设在北京,是国家知识产权局、国家工商行政管理总局指定的具有涉外资格的知识产权代理机构,拥有员工600余名,在全球设有分支机构20余家。主要通过为客户提供知识产权战略、专利检索与分析、专利申请、专利许可、专利诉讼、知识产权保护方案设计等服务盈利。截至目前,集佳为200余家企业担任知识产权顾问,为境内外100余个国家和地区的3 000余家企业代理知识产权事务达20 000余例。

知识产权服务业发展路径

随着创新全球化的发展,知识和技术创新越来越频繁,知识产权服务的需求越来越旺盛,知识产权服务应该朝着以下几条路径发展:

第一,引进国外高端知识产权服务机构、服务模式;

第二,推动服务高端化,发展知识产权运营、知识产权布局、知识产权整体解决方案等高端知识产权服务。

(6)科技咨询服务。

案例十六:兰德公司。兰德公司(RAND)是美国综合性智库组织,主要对国家安全和公共福利方面的各种问题进行系统的跨学科分析研究。1948年由福特基金会提供资金正式成立,总部设在加利福尼亚州。兰德公司通过构建全球一流的智囊团队和研究队伍,为军方、政府、企业提供广泛的决策咨询服务。截至目前,兰德已发表研究报告18 000多篇,在期刊上发表论文3 100篇,出版著作近200部。兰德公司对高空大气层的研究,成为卫星和导弹进入大气层基本运算的基础。

案例十七:台湾中国生产力中心。台湾中国生产力中心(CPC),成立于1955年,是隶属我国台湾地区"经济部"的半官方财团法人。中心总部设在台北,现有员工559人。CPC通过与信息技术紧密结合,为企业提供卓越经营考察团、知识管理、商圈再造等多元化服务,有效协助企业促进研究开发,推动企业生产技术进步。CPC每年辅导的企业超过350家,训练的人数高达6万人次,出版的书籍、杂志、录音带、录像带则将近20万份。

案例十八:拓墣产业研究所。拓墣产业研究所于2002年由原拓墣科技产业研究事业部扩大组成,是我国台湾第一家民办高科技产业研究公司,专注于中国高科技产业的结构性趋势研究,拥有半导体、光电、通讯等五大研究中心。拓墣产业研究所通过科技产业及创新产业研究,为台湾地区科技产业发展提供决策参考,为台湾寻找下一个科技发展机会。同时,也承接了政府部门委托的研究课题。目前拓墣产业研究所已发展成为台湾地区影响力广泛的专业IT产业研究与顾问服务公司,2006年在上海成立了子公司—亚研信息咨询(上海)有限公司。

科技咨询服务业发展路径

科技咨询服务作为一种提供专业智力服务的活动,现阶段呈现出专业化、外包化的发展趋势。总体来看,科技咨询服务业应按照以下路径发展:

第一,培育科技咨询服务市场,通过政府购买等形式支持科技咨询服务业的发展;

第二,发展行业科技咨询,大力支持针对特定产业的专业化咨询;

第三,发展战略咨询合作、深度专业咨询等高端咨询服务。

(7)科技金融服务。

案例十九:以色列政府投资基金。以色列政府投资基金成立于1993年。以色列政府用1亿美元预算拨款设立了YOZMA风险基金作为母基金,由国有独资的YOZMA公司来进行管理和运作。该投资基金的核心是"官助民营",通过母基金吸引10个子基金,参股而不控股,确保子基金的商业化运作,以早期创业企业为主要投资对象。在YOZMA的引导和带动下,1998年以色列累计有90家以上的创业投资基金投资于高技术产业,基金规模达到35亿美元,实际投入高新技术企业的资金约30亿美元。

案例二十:Kickstarter。Kickstarter网站于2009年在美国纽约成立,是一个创意方案的众筹网站,目前已发展成为全球规模最大、最具知名度的众筹平台。kickstarter通过网络平台面对公众集资,任何人都可以向自己认定的某个项目捐赠指定数目的资金,网站通过收取一定的佣金获得收益(成功募集的资金的5%)。kickstarter网络平台涉及的项目包括电影、音乐、美术、摄影、戏剧、网页设计、平面设计、动画、食品以及所有有能力创造以及影响他人的活动。根据kickstarter的官方数据,截至2013年底,kickstarter顺利完成的众筹项目已经超过5万个,有超过500万的赞助者通过近1 160万次资助贡献了8.37亿美元的资金,其中有大约145万名用户进行了多次赞助。2012年获得奥斯卡提名的电影 *Incident New Baghdada* 就是在Kickstarter上获得的融资。

案例二十一:天使汇。天使汇(Angel Crunch)成立于2011年,由天津盛邦投资有限公司运营,是国内首家发布天使投资人众筹规则的平台,目前天使汇已成为中国早期投资领域排名第一的投融资互联网平台。天使汇通过为创业者和天使投资人的快速对接建立平台,并为创业者辅以融资前指导、宣传推广和后续融资等服务,促成项目的快速孵化和顺利融资,并通过收取佣金和提供投资服务等方式获得收益。截至2013年12月底,在天使汇上注册的创业项目累计达到8 000个,通过审核挂牌的企业超过1 000家,已为100多个创业项目完成融资超过3亿元;审核通过的投资人接近900人,每年在天使汇上的投资达65亿元。

科技金融服务业发展路径

科技金融作为科技创新的重要支撑,在科技服务业中占据着重要地位,发展科技金融服务业要按照以下几条路径:

第一,发展互联网金融,利用互联网等技术通过网络众筹的形式建立资本筹集新机制;

第二,重视天使投资,积极构建天使投资网络,不断深入科技创新链条的前端;

第三,创新政府金融支持形式,探索"官助民营"等投资模式,引导社会资本参与科技创新过程。

(8) 科学普及服务。

案例二十二:史密森学会。史密森学会是由英国科学家詹姆斯·史密森遗赠捐款,根据美国国会法令于1846年创建于美国首都华盛顿的半官方性质的博物馆管理机构。学会每年约一半的经费经国会批准后由美国政府提供,其余的经费则由各种渠道获得。虽然是一个联邦创建机构,但不属于政府任何部门,在董事会领导下实行永久性的自我管理。董事会由历届美国副总统、最高法院首席大法官、3名参议院议员和9名美国公民组成,会长由董事会任命。学会管理着14家博物馆约1.4亿件藏品,还管理着著名的伍德罗·威尔逊国际学者中心、肯尼迪表演艺术中心和一些分布在美国其他地区的研究中心、天文台和科学实验室等机构。

科学技术普及服务业发展路径

随着新技术的不断发展,科普的途径和内涵都得到了极大地丰富,科学普及服务业的发展应按照以下路径:

第一,积极应用新技术,推动互联网、大数据、人工智能等新技术在科普服务中的应用,拓宽科普的渠道;

第二,推动社会资本开展科普服务,推动科普商业化,发展工业科普等特殊科普服务。

(9) 综合科技服务。

案例二十三:西安科技大市场。西安科技大市场于2011年由西安市科技局和西安高新区管委会共同组建,由科技大市场网和科技大市场服务大厅"一网一厅"构成,是西安市重要的统筹科技资源基础平台。围绕科技创新链条集聚大量创新资源,通过科学引导、合理布局和市场化运作,坚持线上线下结合和资源开放共享,有效支撑了西安科技创新的发展。2012年西安市技术交易额较上年增长70%以上,金额突破300亿元,仅次于北京、上海,居全国第三位。

案例二十四:津通工业园。津通工业园位于江苏常州,隶属于津通集团,于2005年正式开园,建有科研孵化、生产制造和现代服务三大中心。工业园采取以现代服务业带动先进制造业的双轮驱动模式,通过专业化、集约化、信息化的方式,为园区高技术企业提供"一站式服务"和完整解决方案。截至目前,已吸纳包括瑞士SGS、英国嘉里大通物流、美国花旗银行、美国Rubber Shaw工业设计、德国ATMC以及美国KPMG财务等在内的30多家科技服务型企业为近百家在园高技术企业提供全方位科技支撑服务。

综合科技服务业发展路径

综合科技服务业作为为产业创新发展提供全方位科技服务的服务业业态,与产业发展紧密相关。综合科技服务发展应该遵循以下几条发展路径:

第一,发展面向区域的综合科技服务,结合区域经济特色,有所为有所不为,整合区域内科技服务资源,构建区域综合科技服务平台;

第二,发展面向产业的综合科技服务,结合产业特色,以产业创新需求为导向,打造高度专业化的产业综合科技服务平台。

2. 区域基准研究之北京中关村

(1) 基本情况。

中关村是我国第一个国家自主创新示范区,也是我国智力资源最密集、创新氛围最活跃、创新成效最显著的地区。中关村在发展过程中充当着国家改革先行区、开放创新引领区、高端要素聚合区、创新创业集聚地、战略产业策源地等多项职能,同时也是具有全球影响力的科技创新中心和高技术产业基地。2012年中关村总收入达2.4万亿元,在国家级高新区中稳居榜首,拥有高新技术企业1.7万家,其中瞪羚企业3 502家,上市企业1 648家。

丰富的创新资源和良好的创新创业氛围是中关村成为全国乃至世界的创新创业尖峰的主要原因。第一,创新资源丰富。中关村是中国最大的智力资源密集区,拥有以清华、北大为代表的41所高等院校,206家国家、省骨干科研院所,67个国家级重点实验室,60多家国家工程中心,80多家跨国公司研发机构。截至2014年,累计874人入选"千人计划",约占北京地区的80%,占全国的20.9%;"海聚工程"人才424人,占北京市的70%。第二,创新创业活跃。中关村聚集全国最多的创新型企业,每年新创办高新技术企业3 000家,留学人员创办企业累计超过6 000家。知识产权领域全国领先,2012年专利申请量突破3万件,获得国家科技进步一等奖超过50项,创制30多项重要国际技术标准,是国内多领域研发高地。同时中关村也是全国技术交易中心,年技术交易额约占全国的40%,其中80%以上输出到北京以外地区,对外输出效应明显。

(2) 科技服务业发展情况。

中关村在发展过程中逐渐形成了完善、高效的科技服务业集群,有效支撑了中关村高技术产业的发展。中关村充分发挥自身科技资源丰富的优势,坚持以市场需求为导向,通过搭平台、聚资源、出政策等手段大力发展科技服务业。2012年仅中关村核心区科技服务业收入就达2 223.5亿元,实现增加值462.3亿元,占海淀区地区生产总值的13.2%。科技服务业的发展也极大地促进和支撑了中关村高技术产业发展。

中关村科技服务业各细分领域也都取得了显著成就。全球制药企业前20强基本上都已成为中关村研发服务外包企业的合作伙伴和服务对象。2013年北京市认定登记技术合同成交额2 851.2亿元,总量占全国的38.2%。中关村是全国创新创业最活跃的地区,涌现出车库咖啡、36氪、创业家等一大批优秀的创业服务机构。风险投资额占全国总额的约三分之一,机构及产品更倾向于早期——VC早期化、天使机构化、天使投资人队伍不断壮大。通过搭建标准检测认证公共服务平台集聚北京地区各类标准、检测、认证资源,为中关村示范区企业产品研发、生产和使用提供标准、检测与认证的"一站式"服务。2013年,核心区共提交专利申请41 352件,占全市的33.5%,同比增长13.3%。中关村还拥有一大批市场化的科技咨询机构,为中关村发展建言献策,做出了较大贡献。

(3) 典型细分领域。

① 研究开发及其服务。

中关村在生物医药CRO、通信技术研发、集成电路设计、汽车设计等细分行业均涌现一批领军企业,研发设计能力全国领先。随着研究开发领域的蓬勃发展,涌现出中关村开放实验室和创新驿站网络等典型模式,并出现了大量独立第三方研发机构。

目前中关村共有开放实验室155家,面向全国企业开展联合研发、委托研发、设计、中试和检测等服务,服务对象涵盖新一代信息技术、新材料、新能源、生物医药、现代农业等新兴高技术产业。开放实验室挂牌成员主要来自于中科院、军科院、医科院等国家研究院所,清华大学、北京大学、北京科技大学等高等院校的国家级重点实验室,以及各类国家工程中心、国家工程研究中心及企业级研究中心等。

中关村独立第三方研发设计机构主要集中在生物医药、通信技术和汽车设计领域。在生物医药行业聚集康龙化成、北京昭衍、中美冠科、中美奥达等一批医药研发服务外包的企业,占全国1/3。在通信技术领域,诸如摩托罗拉、爱立信、华为等国际通信巨头都在中关村建立了专门的研发中心。在集成电路设计领域拥有国内行业前十的中星微电子、中国华大、大唐微电子、同方微电子等集成电路设计龙头企业。在汽车设计领域聚集霍夫汽车设计(美国)公司、长城华冠、阿尔特等国内外知名汽车设计公司。

② 技术转移服务。

中关村是我国技术转移服务最发达地区之一,各类技术转移服务机构云集,技术交易活动非常活跃。2012年,中关村示范区企业输出技术合同3.2万余项,技术合同的成交额达到1 200亿元,连续三年成交额过千亿元,占到北京全市的48.8%,占全国的18.6%。

中关村高端创新资源汇聚、科研产出丰富、技术转移服务机构云集,三大优势支撑中关村技术转移成交额不断提升。第一,中关村高端创新资源汇聚,核心区拥有研院所138家,高等学院83家,高新技术企业9 016家,国家工程中心与重点实验室244家,国家级学会88个。第二,中关村专利资源优势明显:自主示范区企业申请专利2.82万件,授权1.54万件;其中每百亿增加值发明专利申请量、授权量和有效量分别为477、168和636件,其中有效发明的专利拥有量为全国平均水平的7.6倍。第三,中关村技术转移服务机构云集:中关村聚集了包括清华大学国家技术转移中心、中国科学院北京国家技术转移中心、北京产权交易所等家国家级技术转移中心等一大批高端技术转移服务机构;形成了以首都科技中介大厦、中关村知识产权大厦为核心的科技中介服务区。

在模式创新方面,中关村探索了中试基地转移模式、公共技术服务平台模式、集成技术二次开发模式、中科院院地合作模式、高校院所衍生企业模式、国际技术转移平台模式、技术创新联盟模式、技术市场交易模式等一系列新模式。在政策创新方面，大胆开展先行先试，在股权激励试点、科技成果处置、国际化及产业政策等领域取得了突破性进展。出台了"1+6"政策、京校十条、京科九条、实施支持科技型中小企业国际化的专项政策等一系列政策。

（4）主要经验总结以及对青岛的启示。

中关村之所成为全国乃至国际的创新创业高地，除了其拥有丰富的科技创新资源之外，最根本原因是中关村管委会高度重视市场的作用，准确定位自身"服务型政府"的角色，坚持以市场需求为导向整合科技创新资源、开展服务模式创新和政策突破，积极构建完善的创新创业生态。在研究开发、技术转移、创业孵化等科技服务领域充分发挥市场机制的作用，大力发展第三方科技服务机构，营造高效、优良的创新创业氛围。

青岛要充分发挥科技资源尤其是在海洋研发领域的突出优势，紧紧围绕企业的创新需求，整合现有创新资源、引进短板资源，通过政策突破和体制改革发展科技服务业。在研发领域，依托青岛现有的公共服务平台，聚集整合创新资源，积极培育市场化的研发机构，并予以重点政策扶持，形成完善、高效的研究开发服务体系。在技术转移领域，依托青岛在海洋、橡胶等领域科技成果丰富的优势，通过模式创新和政策创新，打造面向全国的专业化、线上线下相结合的技术转移服务平台。

3. 区域基准研究之武汉东湖

（1）基本情况。

武汉东湖高新区是全国科技创新发展的后起之秀，园区综合实力连续两年位列全国第3，知识创造和技术创新能力位列第2位。在综合实力上，"武汉•中国光谷"区域品牌已经在全球范围内形成了较强的影响力和知名度。2014年东湖高新区企业总收入达8 500亿元，同比增长30%。

截至目前，基本形成了光电子信息产业为主导，生物医药、新能源环保、高端装备制造、高技术服务业竞相发展的"131"产业格局。在科技资源方面，武汉集聚了42所高等院校，56个国家、省部级科研院所，58名两院院士，20多万各类专业人才和80多万在校大学生，是我国第二大智力密集区。按照"市场主导、股东投入、政府支持"方式，以高校院所为主体成立了8家产业技术研究院。建立省级和国家级产业创新平台数量达466家。以领军企业为主牵头成立39家产业技术创新联盟（其中国家级联盟总数达8个）。

（2）典型科技服务业发展情况。

① 科技金融服务。

东湖高新区形成以"两个平台，五种方式"为核心内容的科技金融创新体系，有效推动了科技与经济的融合。两个平台即科技融资平台和担保平台，科技融资平台以武汉科技投资公司和武汉科技创新投资有限公司为主体，担保平台以武汉科技担保公司为主体。五种方式包含科技创业投资引导基金资助方式、科技型中小企业信贷融资方式、星火科技示范户小额贷款贴息方式、科技金融保险方式、创新财政投入方式。

目前，东湖高新区已聚集500多家各类金融机构，22家银行在高新区设立了分支机构,其中15家设立了科技(分)支行,成为国内科技支行最密集的区域;另外,还拥有证券及保险机构20家,小贷、担保、融资租赁30家,股权投资及管理机构296家,金融后台类服务机构超过30家。除此之外,东湖高新区出台了有关科技融资的六项融资机制:信用激励机制,风险分担补偿机制,多方合作机制,差异化持续融资机制,金融人才激励机制、科技金融创新与风险防范互动机制。通过不断完善六大机制,为科技企业自主创新提供优良的金融生态环境。

东湖高新区不断开展科技金融服务模式创新,有效支持了科技型中小微企业的发展。针对早期创业企业,有天使投资人、机构天使、孵化器+天使投资、免费创业辅导+天使投资、开放平台+天使投资、工研院+种子基金等多种模式;积极开展科技金融产品创新,拓展企业融资渠道,探索多种创新性融资方式,如股权质押、应收款质押等产权融资业务和"风投+贷款"、"中小企业集合债"等新型融资业务。

② 创业孵化服务。

载体建设上,东湖高新区区内12家孵化器(加速器)为创业团队开辟了创业苗圃(特区),总面积达1.2万平方米,已有500多家大学生创业企业或团队入驻孵化。创业苗圃提供虚拟注册、空间服务、创业贷款、创业指导等服务;拥有孵化器33家,其中国家级孵化器10家,省级孵化器3家,市级孵化器3家,区级孵化器17家,孵化面积达到355万平方米,在孵企业超过3 000家;在软件、文化创意、生物技术等领域建设了一批专业孵化器。孵化器提供空间服务、工商注册、金融、创业导师、政策咨询、项目申报、信息服务等服务;拥有加速器8家,其中省级加速器6家。加速器提供标准厂房、对接风险投资、项目申报等服务,支持企业快速增长。

在服务模式创新方面,探索了高校科技成果转化"四级跳"、"创业辅导+天使投资"、"开放式平台+天使投资"等孵化服务模式创新。

高校科技成果转化"四级跳"。依托于区内密集的高等院校,东湖高新区探索出高校科技成果转化"四级跳"模式——校内研发、学校周边孵化、大学科技园产业化、高新技术开发区规模化。

开放式平台+天使投资。打造开放平台。光谷创业咖啡以咖啡厅为载体,以新型小微孵化为特色、以天使投资为手段,营造开放的办公和交流环境。天使投资布局有雷军、武汉光谷企业家天使基金等天使投资资金。

创业辅导+天使投资。通过"免费创业培训+定制化辅导+早期天使投资"的模式,加强与其他创业服务机构的资源共享,将专业投资机构和培训机构的优势结合,发现和培养科技创业领军人才,孵化科技创业企业,如东科创星。

企业化运营+专业化服务。东湖创业中心2001年在全国首家尝试企业化改制,成立了武汉东湖创业股份有限公司等专业化服务公司,实现了由政策服务向功能服务的转变。东湖创业中心首创性的提出孵化器产业化理念,形成了"SBI创业街"产权式孵化器发展模式。

在创新创业政策方面,东湖高新区也取得了较大突破。

股权和分红激励政策。武汉市结合财政部、科技部财企2010年8号文精神制定《东湖国家自主创新示范区企业股权和分红激励试点办法》《东湖国家自主创新示范区股权激励试点工作细则》，增加了绩效和增值权激励两种方式。

科技金融政策。东湖示范区共出台了28项科技金融创新政策，涵盖了资本市场、股权投资、融资租赁、科技信贷、融资担保、科技保险等各个方面，在比肩中关村的基础上，做了部分突破。

武汉光谷"创业十条"。借鉴全球高科技园区的发展经验，重点解决了制约创业者和初创企业的"双敏感（交通和房租）"和"四难办（地难借，楼难进，网难用，人难聚）"问题。在支持方式上，采取政府财政资金引导，撬动社会资本，主要通过市场力量支持创业、支持创新。

科技成果转化的"黄金十条"。借鉴美国硅谷做法，在教授离校创业、大学生创业、科研成果归属等多个方面做出了重大突破，在科技型企业注册、企业培育与发展等方面加大了支持力度。

（3）主要经验总结以及对青岛的启示。

近年来，武汉东湖在科技服务业发展方面积极探索，取得了显著成就，尤其是在科技金融和创业孵化方面。在科技金融领域，一方面围绕科技创新链构建金融服务链，形成多层次的科技金融政策体系。在技术创新起步阶段、成果转化初期阶段、科技成果产业化规模化发展阶段，提供不同类型的科技金融支持。另一方面积极发挥资本市场和信贷市场功能，不断推动科技金融产品创新。创新财政投入方式，引导股权投资发展；创新工作机制，推动企业资本市场融资；创新信贷服务模式，助推企业发展。在创业孵化领域，通过建设"苗圃-孵化-加速"创业孵化链条，打通了创业项目孵化的全生命周期的载体和创业孵化服务。同时积极开展创新孵化服务模式探索。探索了高校科技成果转化"四级跳"、"创业辅导＋天使投资"、"开放式平台＋天使投资"、"企业化运营＋专业化服务"等孵化服务模式创新。

青岛要围绕创新创业这条主线，构建具有自身特色的产业结构体系，围绕产业布局，有针对性地开展政策创新和服务模式创新。一方面要构建覆盖企业全生命周期、多元化的科技金融服务体系，充分发挥政府资金在撬动社会资本参与科技金融服务的杠杆作用，在风险分散、风险补偿等方面大胆尝试，探索适合青岛自己的科技金融服务体系；在创业孵化服务方面，要抓住千万平方米孵化器建设的契机，通过政策引导和资金支持等手段，鼓励各种创业服务机构在青岛落地生根，打造主体多元的创业生态系统，同时要高度重视创业金融尤其是天使投资网络的发展。

4. 区域基准研究之西安科技大市场

（1）基本情况。

近年来，西安以科技服务业为核心的现代服务业取得迅猛发展，在国民经济发展中的占比快速提升。2013年西安全市科技服务业增加值实现382亿元，占现代服务业增加值比重超过23%。科技服务业发展迅猛，成为推动区域创新发展的重要力量。特别是西安科技大市场自2011年4月运营以来,在全国的影响力不断提升。2014年西安技术交易合同登记23 495项,合同额逾530亿元,已连续4年实现每年超百亿元增长,增速居副省级城市第一位。西安科技大市场科技服务业聚集有检验检测、孵化器、公共技术服务平台、研发设计、技术转移,在软件与集成电路、大数据与云计算、卫星应用领域形成优势业态。

西安科技大市场成立于2011年,是西安市科技局和西安高新区管委会共建的统筹科技资源服务平台,是贯彻落实《关中天水经济区发展规划》"建设以西安为中心的国家统筹科技资源改革示范基地"启动的重大项目,是西安统筹科技资源改革示范基地建设先行先试的重要载体。西安科技大市场通过政府引导、市场配置、模式创新、政策支撑、服务集成"五措并举",充分发挥交易、共享、服务、交流"四位一体"功能,致力于打造立足西安、服务关天、辐射全国、连通国际的科技资源集聚中心和科技服务创新平台。

在运行机制上,西安技术大市场采用线上线下虚实结合和交易、共享、服务、交流四位一体的运营模式。虚实结合中"虚"(线上)以科技大市场网为载体,汇集西安高校院所、军工单位、科技企业、服务机构在人才、设备、技术、成果、资金等方面的科技资源,为产学研合作推动产业发展搭建科技资源信息交流平台。"实"(线下)构建科技大市场服务大厅,位于高新区都市之门B座二层,建设面积2 000平方米,设有成果展示、项目发布、技术交易、科技服务等功能分区,提供各类创新性服务,同时还设有2 000平方米的科技大集市展示交易区。四位一体的运营模式中,"交易"功能指通过线上线下、网内网外的有机融合,汇集技术、成果、资金等科技资源供需信息,依托政策引导和市场交易,促进技术转移和成果转化;"共享"功能指通过技术平台、仪器设备、科技文献、专家人才等资源的共享,实现科技资源的开放整合与高效利用;"服务"功能指通过人才创业、政策落实、知识产权、科技中介、联合创新等专业化和集成化服务,构建流动、高效、协作的创新体系;"交流"功能指通过举办科技大集市和各种专业论坛,开展科技宣传、咨询、培训等活动,促进科技资源的交流与合作,推动科技成果的商品化、产业化与国际化。

(2)科技服务业典型模式。

西安科技大市场坚持"需求为导向"的服务理念,实施"专业机构承载"的服务模式,推行六模块四功能,线上线下虚实结合的服务运营模式。构建了科技大集市、技术交易服务、科技金融服务、仪器共享服务、人才创业服务、政策落实服务等六大服务板块,形成了线上线下虚实结合的服务体系。在六大服务板块基础上,打造了创新社区、科技大集市、金融超市、总工沙龙等特色服务品牌,有效推动了西安科技服务业的快速发展。

技术交易板块是科技大市场的主要服务板块,主要为科研院所、大专院校、企事业单位及个人提供科技成果的项目发布、展示以及已交易的科技成果项目展示平台,业务范围涉及科技成果登记、技术合同认定登记、技术交易补贴申报等。截至2013年年底,科技大市场平台促成全市完成技术交易18 028项,合同额415.67亿元。其中的科技大集市是西安科技大市场着力打造的特色品牌之一,提出时尚概念科技赶集。每月举办一次,每次一个主题,为社会各界的科技项目、技术成果、小发明、小制作等提供一个免费、自由的展示、交易、交流、合作平台。

科技金融服务板块主要解决科技型企业贷款难,融资难的问题,引进银行、创投、担保、小额贷款、投资管理、资产评估、知识产权质押等金融和服务机构,整合与集成各相关服务功能,为企业提供促成技术交易一揽子解决方案。

仪器共享服务板块是科技大市场主要服务功能板块,主要提供仪器设备使用咨询、仪器设备信息登记、仪器检测委托受理、仪器使用补贴申报等特色服务内容,实现仪器设备的信息互通和统筹利用,打造了分析测试淘宝服务品牌,依托阿里巴巴模式,推出国内乃至世界首家市场化运作、基于B2B电子商务的分析测试服务交易平台——凡特网。截至2013年年底,科技大市场平台吸纳入库共享仪器设备4 110台(套),累计为879家企业提供5 800余次服务。

检验检测服务板块的凡特网已经成为国内知名的检验检测线上服务品牌。凡特网是依托西安仪器设备共享服务平台,融合软件服务(SaaS)和平台服务(PaaS)等新型云服务商业模式,打造的基于分析测试服务、资源开放共享的专业化电子商务平台,推动了检测服务市场化进程。目前,凡特网上线提供服务的实验室已超过500家,分析测试服务5 722种,检验检测服务交易金额超过120万。

(3)主要经验总结以及对青岛的启示。

首先是开放的理念,科技大市场是一个开放的平台,吸引国内外的先进技术、科技人才为企业服务,使大市场成为区域创新发展的科技大超市。在建设上逐步推进,分阶段建设,主要分为"平台建成先行先试,科技统筹加快推进,建成国家重要的科技产业聚集中心"三个阶段;在运营管理上,实行市场化管理机制,形成以西安科技大市场服务公司为中心的管理架构,实施服务对象会员制及从业人员末位淘汰制的运行机制。大市场服务主要实行会员制;在发展规划方面,科技大市场积极构建科技大市场服务中心和工作站,不断扩大科技服务范围,逐渐形成点面结合的服务网络。

青岛要结合自身特色产业园、龙头企业众多的特点,以重点区市为关键节点,如高新、崂山、市南等,围绕各特色产业园,建设若干针对特色产业的科技服务大市场,每个科技服务市场要结合主导产业的特点,对科技服务细分领域有所侧重,以打造国内产业科技服务品牌为目标,最终形成覆盖全青岛、产业发展与科技服务高度黏合的科技服务网络。在管理上实行高度市场化管理机制,鼓励民间资本参与科技服务大市场建设和运营管理。

二、外部环境

(一)时代背景

在全球化时代,科技创新成为经济发展的主要驱动力,作为科技创新重要支撑力量的科技服务业的重大意义愈发凸显。在制造业全球化阶段,各种资源的配置表现在"哪里便宜去哪里",主要以跨国公司为主体,通过梯度转移的形式进行;而在创新全球化阶段,资源的配置表现为"哪里有新东西去哪里",主要以创新创业为主要形式,通过高端辐射进行。科技服务业在各个国家越来越受到前所未有的重视。以美国为例,2011年美国科学和技术服务业增加值达1.15万亿美元,占GDP比重达到7.6%,在第三产业增加值占GDP比重中仅次于房地产和金融保险业,远高于信息服务业,在第三产业中增长最快。究其原因是美国已经形成了比较完善的科技服务体系。

新一波创新创业浪潮带来旺盛的科技服务需求,尤其随着科技型中小企业大量涌现,科技服务需求呈现爆炸式增长。创新全球化阶段,创新创业高地在全球形成若干个尖峰区域,并对新兴区域形成高端辐射,涌现出大量的科技型中小微企业,这些科技型中小企业的蓬勃发展需要更好的创新环境和科技服务支撑,为科技服务业的发展提供了丰富的土壤和广阔的发展空间。

互联网、移动互联、大数据等新兴技术的应用,极大丰富了科技服务的形式和手段,拓展了科技服务业的内涵。随着科技的发展和各种新技术的应用,科技服务的内涵得到极大的延伸,特别是依托于互联网和移动互联网技术的线上科技服务的快速发展更是极大拓宽了科技服务业的半径,也有效提升了科技服务的效率,催生了一系列科技服务业的新兴业态。

(二)国内形势

我国经济进入"新常态",创新驱动成为实现经济增速换挡、提质增效的重要手段。党的十八大提出实施创新驱动发展战略,为我国科技工作的发展指明了方向,提出了更高的要求。中国经济进入增长速度换挡期、结构调整阵痛期、前期刺激政策消化期的三期叠加阶段。随着我国经济发展进入新常态,科技创新也面临着新的形势,新常态核心是推进以科技创新为核心的全面创新,通过技术创新、模式创新让传统产业实现转型升级,依靠制度创新激发创业创新和人人创业的活力。

2014年12月5日,中央政治局会议(分析研究2015年经济工作)上,习近平强调,要加强顶层设计、谋划大棋局,构筑起立足周边、辐射"一带一路"、面向全球的自由贸易区网络,积极同"一带一路"沿线国家和地区商建自由贸易区。"一带一路"关键节点上的城市面临着前所未有的发展机遇。

2014年8月19日,国务院总理李克强主持召开国务院常务会议,部署加快发展科技服务业、为创新驱动提供支撑。10月28日,国务院正式发布《关于加快科技服务业发展的若干意见》,全国科技服务业区域试点和行业试点工作也陆续启动,这为我国科技服务业大发展提供了良好的机遇。国务院发布了《关于加快科技服务业发展的若干意见》,国内科技服务业发展将进入快车道。

2015年政府工作报告中指出,要"打造大众创业、万众创新和增加公共产品、公共服务'双引擎',推动发展调速不减势、量增质更优,实现中国经济提质增效升级","大力发展众创空间,增设国家自主创新示范区,办好国家高新区,发挥集聚创新要素的领头羊作用。中小微企业大有可为,要扶上马、送一程,使'草根'创新蔚然成风、遍地开花"。大众创业、万众创新时代的开启,将带动我国科技服务业发展进入良好机遇期。可以预见,在未来一段时期,中国大地上将会涌现出一大批充满创新活力的中小微企业,这些企业活跃的创新活动将会带来旺盛的科技服务需求。

（三）科技服务业主要发展趋势

21世纪以来，全球产业结构进入由"工业经济"主导向"服务经济"主导转变的新阶段。特别是自金融危机以来，世界主要发达国家为重塑国际竞争优势，不断加大对科技创新的投入，在继续将加工制造中的高耗能、低附加值环节向发展中国家转移的同时，大力发展高附加值的现代服务业，积极抢占"后危机"时代经济发展的战略制高点，基于信息网络的现代服务业成为国际经济增长的重点。尤其是近年来，随着信息技术的不断发展，我国科技服务业呈现蓬勃发展的势头，一批新型第三方服务机构、新兴科技服务模式和业态不断涌现并获得快速发展，科技服务业呈现出专业化、标准化、规范化、集成化、线上线下相结合发展的趋势。

科技服务不断向专业化方向发展，第三方趋势越来越明显。近年来，由于技术的不断进步，专业化分工不断发展，在社会、经济的各个领域涌现出了一大批第三方专门服务组织。科技服务业即是在技术专业化分工越来越发展的基础上诞生的。近年来，科技服务业专业化发展趋势更加凸显，在生物医药、节能环保和新材料等领域，研发设计、技术转移、创业孵化、知识产权等服务环节不断涌现新型研发组织。新型研发组织通过整合行业资源，构建专业服务团队，向社会提供更加专业化的第三方服务。

服务标准化、规范化是科技服务业产业化发展的内在要求。当前我国科技服务业业务操作不规范、缺乏标准化、难以集成的问题比较突出，这在很大程度上阻碍了我国科技服务业的发展。科技服务的规范化和标准化是科技服务业行业化发展的必然要求和趋势。研究提出科技服务标准，减少服务需求方与服务机构之间的信息不对称，为服务需求方提供鉴别服务质量、选择服务机构的依据，促使不同的科技服务机构能够提供相同质量、相同规格的服务品种。

集成化服务模式是科技服务业发展的重要形态。当前我国科技服务向整个"创新链"拓展，从技术咨询、技术转移、信息服务等发展到技术熟化、创新创业等综合性服务。一部分综合实力较强的科技服务机构围绕产业集群科技服务、生产及服务外包、产品设计、技术交易全程服务、科技金融综合服务等方向向总承包商角色转变，承担总体设计、质量控制、进度控制和供应商选择等任务，为区域经济与科技发展提供集成式的"一站式服务"、"全程式服务"。

线上线下服务相结合是科技服务业发展的必然趋势。随着云计算、物联网、移动互联网、大数据等新技术在科技服务业的应用，极大地拓展了服务机构的服务半径，科技服务机构将一部分通用型服务模块化并在线上提供服务，深度个性化服务则在线下提供，满足不同类型客户群体需要。利用互联网提供服务成为科技服务机构的业务新模式，线上服务和线下服务相结合成为趋势。

三、青岛面临的形势及战略选择

（一）青岛的优势

（1）青岛环境优美，素有"品牌之都"之称，也是中国著名的港口城市和旅游城市。

青岛拥有全国独一无二的自然生态环境和人文环境,被称为"黄海之滨的明珠、万国建筑的经典",同时也兼容了齐鲁传统文化和西方文化的精华。青岛还是我国的"品牌之都",通过实施品牌战略,取得了显著成效,拥有青岛名牌 311 个,中国驰名商标 25 个,中国名牌 69 个,名牌企业已经成为青岛经济发展的主力军和辐射源。青岛港还是全球有名的优良港口,国内第二个外贸亿吨吞吐大港,居世界大港第七位,是太平洋西海岸重要的国际贸易口岸和海上运输枢纽。

(2)青岛是山东省第二大科技资源密集城市,尤其是在海洋科技等领域更是具有其他城市无法比拟的优势。截至目前,青岛拥有高校 7 家,科研院所 68 家,国家重点实验室 7 家、工程技术中心/实验室 108 家、两院院士 28 人、市级以上创新型企业 294 家、产业技术联盟 58 家。尤其是在海洋科技产业领域,青岛拥有全国半数以上的海洋科技创新资源,是我国名副其实的海洋产业创新尖峰,拥有包括中国海洋大学、水科院黄海水产研究所等 28 家海洋科技的高校院所,46 家海洋重点实验室,拥有各类海洋人才 15 000 人,各类国家级海洋优秀人才总数达 207 人,拥有中高级职称以上的 5 700 人。

(二)青岛面临的形势和战略选择

历史上发达的制造业成就了青岛的工业繁荣。青岛建成了相对完善、独具特色的制造业体系,在家电制造、轨道交通、化工橡胶以及纺织等领域形成了发达的产业集群;拥有海尔、海信、青岛啤酒、双星等领先品牌,以及中石化、中船重工、中海油、中化工、中集、一汽等领先大企业;外商投资和产品外销成为制造业发展有生力量,外商投资企业已成为外贸出口的主体。2012 年青岛进一步提出构建十大千亿级产业链,进一步提升重点产业的发展水平和层次。

但在,新经济时代,青岛传统的这种以"大企业、大制造"为主要特征的经济发展模式面临着严峻挑战,经济结构调整迫在眉睫!下一阶段,全市经济结构的优化调整将成为重头戏,经济发展要由工业主导型转向现代服务业主导型结构、要素主导型转向创新主导型结构、投资主导型转向消费主导型结构。在"十三五"期间,一方面青岛须完成发展新产业、新业态,寻找新的增长点,加快传统优势产业转型升级的步伐,实现经济发展向中高端跃进等重大任务;另一方面,青岛必须尽快落实国家政策,按照"大众创业、万众创业"提出新的发展要求,打造面向人人的创业服务环境,发动新常态下经济发展的新引擎。

(三)青岛发展科技服务业的意义

上述两大任务的完成都需要科技服务业发挥重要作用,所以大力发展科技服务业对青岛未来经济发展具有重大意义。

(1)大力发展科技服务业,是有效推动青岛传统产业转型升级的必然要求。以 2011 年为历史转折点,青岛人均 GDP 首次超过 1 万美元,服务业首次超过工业,根据城市经济发展阶段理论,可以认为青岛开始进入后工业化时代。全市列入省级高新技术产业统计口径的企业 1 037 家,2013 年实现产值 5 828.56 亿元,同比增长 12.95%,累计占规模以上工业总产值比重为 39.94%,高于全省 9.71 个百分点;全市 100 个高新技术行业中,

13个行业累计产值过亿元;新一代电子信息、生物医药、新能源、新材料、高端装备制造等新兴产业近年来发展迅速。

高新技术产业和新兴产业都具有技术密集度高、对专业人才要求高、创新活跃等特点,对科技服务的需求远高于传统产业。但青岛相对较为滞后的科技服务业一定程度上制约了高技术产业的发展,影响了转型的进程。只有通过大力发展科技服务业,才能有效支撑高技术产业的发展,顺利实现青岛经济的转型升级。

(2)大力发展科技服务业,是充分发挥青岛在海洋科技等领域科技资源丰富的优势、实现科技与经济的融合的有效手段。青岛作为著名的海洋科技城,海洋领域在全国占有绝对优势,聚集了全国30%以上的海洋教学、科研机构;拥有全国50%的涉海科研人员、70%涉海高级专家和院士,19位院士、5 000多名各类海洋专业技术人才;承担"十五"以来国家"863"、"973"计划55%和91%的海洋科研项目;荣获国家海洋创新成果奖占全国50%;拥有1个国家级、17个省级海洋类重点实验室;2013年海洋科技专利授权量超过上海(101件),跃居国内沿海城市第一位。但是也存在一些突出问题,如成果转化率过低、应用技术研究相对薄弱等。只有通过大力发展科技服务业,才能有效破解长期以来青岛市海洋领域科技优势与产业发展不匹配这项难题。

(3)大力发展科技服务业,是改变青岛"大树下面不长草"现状、培育科技型中小企业的关键举措。青岛众多大企业占据了大部分的创新资源,一定程度上挤占了科技型中小企业的发展空间。截至2012年年底,青岛市全市规模以上企业3 200多家,而科技型中小企业仅为4 600余家,其中高新技术企业只有538家。而科技型中小企业在发展中存在研发投入不足、融资发展困难、发展环境不完善等问题。

创新全球化背景下,创业企业和科技型中小企业是推动社会创新发展的主要动力,也是区域经济持续发展的活力源泉所在,所以大力发展科技服务业,有利于培育青岛中小微企业的发展,为青岛经济持续发展提供持久动力。

(4)大力发展科技服务业,是青岛发挥龙头作用,带领蓝色半岛城市群在全国新经济格局中脱颖而出的必然选择。根据国务院批复的《山东半岛蓝色经济区发展规划》部署,在"一核、两极、三带、三组团"的总体框架中,青岛是"一核"的龙头,也是"青岛—潍坊—日照"城市组团的重要组成。发展科技服务业,是青岛基于自身优势的基础上,转变发展方式,寻找新经济增长点的关键,也是发挥龙头带动作用,推动科技与经济结合,在新一轮区域竞争中实现战略突围、在全国经济新格局中抢占一席之地的必然选择。

四、现状诊断和问题分析

(一)总体情况

1. 发展规模保持平稳增长

近年来,青岛市大力实施创新驱动发展战略,不断提高科技对社会经济发展的引领支撑作用,科技服务业增加值保持逐年平稳较快增长,发展规模持续扩大。2013年,青岛市科技服务业增加值达到109.7亿元,2010年到2013年,青岛市科技服务业增加值年均增长14.1%,产业规模不断扩大(图1)。近几年青岛科技服务业占GDP、服务业以及现代服务业的比重稳中有升,其中2014年上半年科技服务业增加值占现代服务业增加值的比重接近6.5%（图2）。

截至2013年年底,青岛市拥有科技服务业单位5 406个①。其中,从单位性质来看,3 555个属于企业单位,1 851个属于事业单位。从行业来看,青岛拥有研究与试验发展单位485个,专业技术服务业单位1 914个,科技交流与推广服务业单位3 007个。

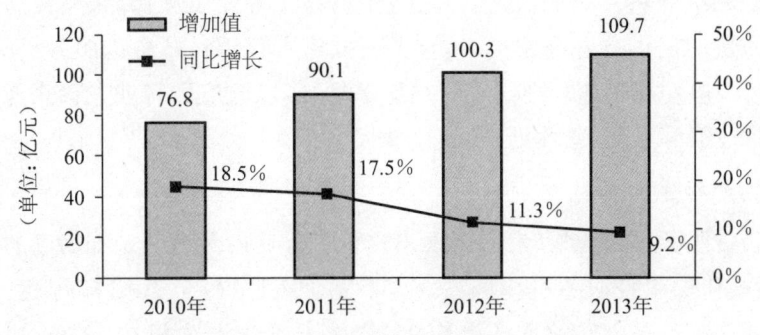

图1　青岛历年科技服务业增加值和同比增长

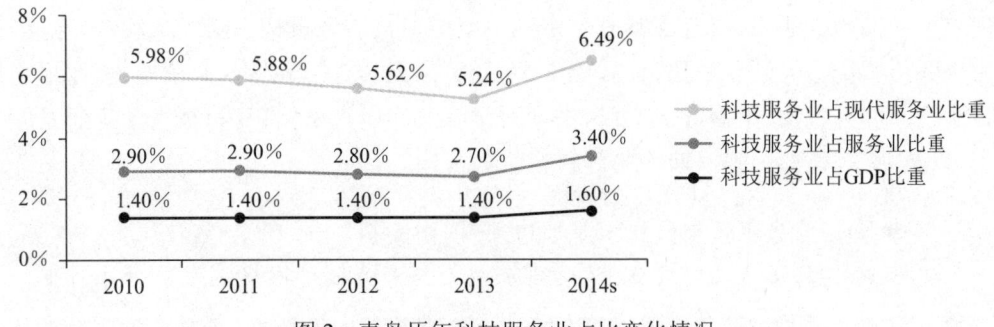

图2　青岛历年科技服务业占比变化情况

2. 特色产业体系逐步形成

青岛全面布局科技服务业九大细分领域,围绕自身发展基础和优势,推动细分领域实现差异化发展,初步形成了具有特色的科技服务产业体系。

创业孵化、技术转移、检验检测和科普服务实现了"量质齐佳",位于科技服务业第一梯队,引领青岛科技服务业发展。在创业孵化领域,青岛市坚持建设"千万平方米孵化器",先后打造了蓝色硅谷、西海岸和橡胶谷三个孵化集群。在技术转移领域,青岛市建成了蓝海技术交易市场,通过发展技术交易推动技术转移服务实现快速发展。在检验检测领域,青岛市充分发挥港口贸易优势,集聚一批国内外领先检测服务机构,自发形成检验检测服务集聚区。在科普服务领域,青岛市依托产业优势发展科普,尤其是海洋科技科普服务在全国处于领先地位。

---

① 数据来自青岛市科技局,相关统计数据分类参照现行《国民经济行业分类》中的M大类。

研发服务、科技金融和知识产权服务稳步推进,位于科技服务业第二梯队,是青岛科技服务业发展的重要力量。在研发服务领域,青岛市拥有丰富的研发服务资源,尤其在海洋科技和橡胶领域,研发服务资源全国领先。在科技金融领域,科技贷款、创业投资、小额贷款、科技保险等多种科技金融形式共同发展;在政府和市场力量的推动下,青岛市科技金融发展在山东省处于领先地位。在知识产权服务领域,服务机构提供包括知识产权申请、利用、战略咨询、仲裁等一站式服务,推动青岛市知识产权申请量和授权量逐年提高。

科技咨询和综合科技服务快速发展,位于科技服务业第三梯队,是青岛科技服务业发展的有生力量。在科技咨询领域,集合了一批政府性质科技咨询服务机构,市场化咨询机构数量较少但发展迅速。在综合科技服务领域,以政府和行业龙头企业为主体建设了若干综合科技服务平台,总体处于兴起阶段。

3. 服务机构群体初具规模

青岛市科技服务机构数量较大,涌现出一批在行业内具有一定知名度的科技服务机构,形成了规模化的科技服务机构群体。据不完全统计,截至2013年年底,青岛市拥有创业孵化机构77家,技术转移服务机构96家,科技金融服务机构53家,知识产权服务机构102家,检验检测服务机构228家,高校院所共75家,科学普及服务机构63家。其中,涌现出了一批在行业内、在全国具有一定知名度的科技服务机构,包括橡胶谷孵化器、蓝色生物医药孵化器等创业孵化机构,瑞士SGS、英国天祥、法国必维、莱茵检测、谱尼测试等检验检测服务机构,中国海洋大学、中国科学院海洋研究所、青岛科技大学等研发服务机构,以及海尔博物馆、啤酒博物馆等科普服务机构。

专栏1:青岛市领先科技服务机构案例

案例1:海藻专业孵化器,推动创业企业与产业园协同发展。由明月创业服务公司成立的我国首个深蓝领域孵化器,总投资4.26亿元,总建筑面积约7万平方米,是孵化培育海洋生物资源及能源、海洋功能性食品和保健品、海洋药物及生物医用材料、海洋化妆品及个人护理品、海洋生物活性物质、海洋生物高效农业等新兴产业的专业孵化器。目前,创业苗圃和孵化器基本建成,未来将构建加速器,实现与产业园协同发展。

案例2:石墨烯孵化器,集聚企业推动产业下游应用。由青岛赛睿达电子有限公司投资建设,2014年7月投入使用,是我国领先的石墨烯专业孵化机构,为入孵企业提供孵化场所、工商注册、法律咨询、商务服务、培训服务、物业管理等服务。目前,孵化器引进了18个石墨烯研发及产业化项目团队,22家合作企业,通过孵化器集聚下游应用企业,在全国石墨烯行业发展中独树一帜。

案例3:怡维怡研究院,橡胶领域产业技术研究机构。成立于2013年1月,由橡胶谷控股,是一家纯市场化运作的研究机构,是国家工程中心的科研实体,服务于橡胶轮胎产业,围绕各类新型聚合物橡胶、新橡胶在低碳环保轮胎配方和其他新用途中的优化、分析等开展基础研究和应用技术研究。

4. 科技服务模式不断创新

青岛充分发挥政府和大企业的力量,不断创新科技服务模式,初步形成了路径各异、特色鲜明的科技服务模式,在全国走在了前列。一是大企业外放资源提供科技服务。鼓励和推动科技服务资源从大企业外放和独立出去,面向市场提供科技服务。二是依托产业园打造全链条科技服务。从产业园科技服务需求出发,打造涵盖各细分领域的全链条科技服务,推动科技服务与产业协同发展。三是财政科技投入开展资本化运作,推动政府科技服务市场化。改变项目评审和无偿资助等传统投入方式,设立市场化实体,开展资本化运作。

> 专栏2:青岛市科技服务模式创新典型案例
>
> 案例1:海尔以开放创新的思维探索科技服务模式创新,支持自身业务独立化、市场化,不断拓展新的业务增长点。海尔自2012年实施开放式创新以来,不断整合内部的研发设计、检验检测、科技金融等资源,成立数字家电产业联盟,并下设工业设计和研发设计平台、第三方检验检测服务体系、HOPE平台、科技金融服务体系和创业孵化服务(海立方)等5个平台,服务自身的同时,向社会提供科技服务。以HOPE平台为例,海尔通过该平台开展全球技术转移,成功搭建了全球合作网络。
>
> 案例2:依托软控的科研和产业双重优势,橡胶谷积极培育服务于橡胶行业全产业链的科技服务生态系统。橡胶谷由中国橡胶工业协会、青岛市市北区政府、青岛科技大学、软控股份四方发起成立,具有科研和产业领域的双重优势,为橡胶领域企业提供研发服务、技术转移、创业孵化、科技金融、检验检测和知识产权等多种科技服务,推动科技成果到橡胶谷孵化器转移转化,并在完善的科技服务的支撑下,推动创业企业不断成长壮大,实现与橡胶谷产业园区的协同发展。
>
> 案例3:针对企业的财政资助,以资本化运作取代传统的项目评审和无偿拨款,实现财政科技投入的市场化运营。青岛市提出"拨、投、贷、补、奖、买"六位一体的财政科技投入方式,即针对企业的计划和项目资金,组建高创资本公司进行投资。高创资本公司由市科技局作为事权单位,国资委作为监管单位,市财政资产管理中心作为出资人共同成立,按照市场配置资源方式,以市场主导、独立于政府的形式确定财政资金的使用方式和渠道。

5. 集聚发展态势初步显现

青岛的科技服务业呈现集聚发展的态势,以高新区、崂山区和市南区为代表,形成以高新区为综合,若干专业化基地为特色的布局。

高新区、崂山区和黄岛区形成科技服务特色集聚。一是青岛高新区将科技服务业作为主导产业大力发展,制定了《青岛高新区科技服务体系建设规划》,拥有青岛市一半以上的研究开发、技术转移、检验检测、创业孵化、科技金融等特色科技服务机构,形成以第三方综合检测服务、市知识产权公共服务平台为代表的科技服务业基地。二是崂山区集中研究开发、检验检测和科技金融特色优势,打造科技服务基地。崂山区拥有市级技术转移机构10家,技术交易额全市第一;研发资源全市领先,拥有重点实验室108个;万人发明专利拥有量达70件,全省第一。三是黄岛区依托海工装备产业优势,围绕产业发展的研发设计服务需求,成立中船重工海洋装备研究院等6家高层次科技创新平台,集聚了58家省级以上重点实验室和工程技术中心。

在检验检测和工业设计领域,自发形成了专业集聚区。一是青岛高科园聚集了瑞士SGS、英国天祥、法国必维、莱茵检测、谱尼测试等十余家知名检测机构,检测服务机构办公面积达到7万平方米,成为青岛市最主要的检测产业区域。二是工业设计产业园集聚了包括工业设计、模具设计、建筑设计、环境设计、网络设计、软件设计、动漫设计以及平台服务等企业数十家,规划面积约43万平方米。园区现占地面积10万平方米,办公建筑面积15 000平方米,打造工业设计产业集聚区。

6. 产业发展环境持续优化

围绕科技服务业各细分领域,青岛积极申报国家相关试点,出台了一系列科技创新和创业的相关政策。与此同时,为进一步实施创新驱动,探索新常态下城市发展新路径,青岛提出打造"创新之城",从市场环境、开放创新、科技成果转化、人才引进、科技金融、众创空间等多方面开展部署,为开展科技服务体制机制创新奠定良好基础,科技服务业发展环境持续优化。

青岛是我国多个领域试点城市,具有多种先行先试权利,为科技服务业发展模式创新提供体制机制支撑。一是国家科技服务业创新发展试点城市,是副省级城市唯一一家。试点期间,青岛将以联盟科技服务市场化为核心,成立多元化的市场运作主体,创新联盟科技服务运行模式与机制。二是我国首批科技金融试点城市,重点开展财政科技投入方式创新,组建国有资本管理公司。三是服务业综合改革试点城市,以建设东北亚区域服务中心为目标,推动金融领域改革,发展创业投资、建设青岛高新区"新三板"。四是"智慧城市"技术和标准试点城市,发展大数据挖掘和融合技术,开展电子商务、云计算中心、智慧社区、智慧海洋等的试点示范工作。

形成了完善的科技服务政策体系,在全国首次出台技术转移和科技咨询服务规范,政策环境不断优化。近年来,青岛市立足自身发展实际,积极落实国家各类科技创新政策,相继出台了《青岛市科技创新促进条例》等近150项政策,并在全国率先出台了《青岛市技术转移服务规范》和《青岛市科技咨询业服务规范》,形成了较为完善的科技服务政策体系。

表1　青岛市出台的若干科技创新政策

适用领域	数量	政策示例
科技服务规范	2	青岛市技术转移服务规范 青岛市科技咨询业服务规范
创新载体建设	13	青岛市公共研发平台建设方案（青科计字［2012］42号） 关于加快推进中小企业公共服务平台建设的通知（青政办发［2010］36号）……
创业与中小企业孵化培育	22	青岛市"千万平米孵化器"建设推进方案（青政办字［2012］56号） 关于实施创业孵化基地奖补有关问题的通知（青人社字［2012］196号）……
创新人才引进与培养	31	青岛"人才特区"建设实施办法（试行）（青厅字［2011］38号） 青岛市加快引进海外高层次创新创业人才专项计划的实施意见……
高新技术产业与科技型企业	17	关于加快培育和发展战略性新兴产业的意见（青发［2012］51号） 关于促进青岛高新技术产业开发区又好又快发展的意见（青发［2008］12号）……
知识产权	12	青岛市推进国家知识产权示范城市建设工作方案（青政办字［2013］47号） 青岛市专利权质押贷款实施指导意见（青知管［2011］1号）……
科技金融	12	青岛市鼓励风险资本投资高新技术产业规定（市政府令140号） 青岛市财政局天使投资引导资金管理暂行办法（青财教［2013］43号）……
科技奖励科技成果转移转化	6	青岛市科学技术奖励办法（政府令第193号） 关于规范完善青岛市科技成果评价试点工作的通知（青科成字［2013］9号） 青岛市科学技术局海洋科技成果转化基金管理暂行办法（青科字［2014］12号）
综合性政策及其他	23	青岛市科技创新促进条例（2011-07-29） 关于加快创新型城市建设的若干意见（青发［2013］4号）……

（二）各细分领域发展情况

1. 创业孵化：建设千万平方米孵化器，打造苗圃－孵化－加速孵化链条

青岛以千万平方米孵化器建设为契机，大力开展孵化载体建设。2012年青岛制定了"千万平方米孵化器"发展战略，提出重点建设蓝色硅谷、西海岸、橡胶谷三大孵化器组团，到2016年，孵化面积达到1 200万平方米以上。截至2014年年底，全市共124个孵化器建设支撑项目，累计开工945万平方米（新建802万平方米），竣工815万平方米，投入使用443万平方米。

打造苗圃－孵化－加速的孵化链条，不断完善孵化服务，为创业团队提供从项目到产业园的全链条服务。在创业苗圃领域，截至2014年年底，青岛市拥有13家创业苗圃，为创业团队提供办公场所、项目前景评创业培训与辅导、天使投资对接等服务，目前正在培育创业团队114个，其中的15个获得天使投资，有64％入驻孵化器。在孵化器领域，青岛市拥有77家孵化器，提供工商法律咨询、商务服务、专业技术服务、风险投资对接等服务，正在培育创客空间、创业咖啡等新型孵化器。到目前为止，孵化器毕业企业累计达到436家，其中不乏年收入过亿元的大企业。在加速器领域，截至2014年年底，青岛市拥有3家加速器，提供办公场所和厂房、上市并购辅导、市场拓展服务、技术研发服务等，入驻企业26家，毕业9家。

2. 技术转移：培育服务机构和专业人才，以蓝海技术交易网为核心发展技术交易

青岛大力发展蓝海技术交易市场，培育发展技术转移示范机构，在技术转移领域培养了一批技术转移专业人才队伍。总体来看，青岛市技术转移服务业形成了基础完善、服务领先的态势。

建设蓝海技术交易网推动技术交易发展。2014年，青岛市建设线上蓝海技术交易网，在全国首创《科技成果挂牌交易规则》和"TMC"[①]主协调人中介机构合作模式，对拟交易的科技成果，进行确权、授权、技术评估和商业模式市场分析后，通过具有资质的技术转移服务机构推荐挂牌交易，推动技术交易服务模式创新。到2014年年底，蓝海技术交易网挂牌总金额47.99亿元，技术交易成交项目3 743项，技术合同交易额达60.5亿元。

培育一批技术转移服务机构。截至2014年年底，青岛拥有96家技术转移服务机构，其中国家级技术转移示范机构14家，在副省级城市排位由倒数第一升至第八位。拥有技术合同服务点17个，已实现全市覆盖，认定了科技标准化评估机构28家，涌现了如海尔技术转移服务平台在内的社会化技术转移服务机构。

培养形成了技术转移服务人才队伍。以青岛技术交易市场为核心开展技术经纪人培训，到2014年，青岛技术交易市场共开展了6期技术经纪人培训班，共培养在册技术经纪人267人。截至2014年年底，青岛市有资质的技术经纪人快速增至315人，首批70名科技成果评估师全部获得资质。

3. 检验检测：推动检测资源共享，出现一批市场化程度较高的检测服务机构

依托港口贸易的巨大检测服务需求，青岛积极搭建大型科学仪器协作服务平台，加速科研检测设备向全社会开放共享，同时，一大批市场化检验检测服务机构快速集聚，推动检验检测服务快速发展。

第三方检测服务机构快速发展。一是一大批国际领先检测机构入驻青岛，如瑞士SGS、英国天祥、法国必维、莱茵检测等国际领先检测机构。二是国内领先检测机构入驻青岛，包括国家橡胶轮胎质检中心、国家电子电器安全质检中心、国家啤酒及饮料质检中心等五大国家级质检中心，以及谱尼测试和华测检测等大型民营服务机构。截至2013年8月底，青岛拥有独立第三方技术检测机构164家，年营业收入近8亿元，检测服务涵盖材料、电子、食品、机械、环境等多个领域。

涌现出第四方检测服务平台。依托海尔集团，中海博瑞搭建了第四方检测服务平台，平台上有300多家国际检测机构、服务机构与实验室，检测结果与国际机构互认。第四方检测服务平台的搭建，有利于青岛集聚全球检测服务资源、打造全球检测资源网络。

[①] TMC（主协调人条款）：委托人将就同一委托业务指定一家中介为"主协调人"，由其代表委托人协调其他签约中介共同开展业务协作，并评判各中介的有效工作量，共享必要资源和进度信息。最终做成业务的中介将拿到委托业务佣金的80%，主协调人和其他做出有效工作的中介分享20%的佣金。

4. 科学普及：大力开展以大企业科普活动和海洋科普活动为代表的特色科普服务

青岛大力建设科普基地，开展多种形式科普活动。到 2013 年 9 月底，青岛市拥有认定科普基地 29 个。到 2013 年底，青岛市拥有文化馆 12 家，博物馆 30 个，这些科普基地成为科普服务的重要载体。同时，青岛市开展多种形式科普活动。一是创新科技活动周。2014 年举办了"走进科技"成果巡展，分为"衣、食、住、行、医"五大板块，在科技园区、科技孵化器巡展 20 余场。二是"科技下乡"活动。2014 年，平度市、黄岛区、莱西市等区县累计开展 40 余场。三是科技政策"进企业、进园区"活动。2014 年服务企业 800 余家，咨询解答 2 万余人次。

重点发展以大企业科普活动和海洋科普活动为代表的特色科普服务。一是鼓励大企业建设行业特色展馆。海尔建设了海尔科技馆，共分为三大展区，十二个展厅，开发了虚拟钓鱼、虚拟化妆等 25 个未来科技项目。青岛啤酒建设了国内唯一的啤酒博物馆，展出面积达 6 000 余平方米。二是开展海洋特色科普。青岛拥有海洋地质科普基地、海洋科技馆、地质样品馆、中国海洋大学等科普基地和科普展馆，并于 2013 年建设成了中国优秀海洋科普教育基地。

5. 科技金融：围绕企业需求打造覆盖企业发展全周期的科技金融服务体系

围绕科技企业融资需求，青岛建成了覆盖企业发展全周期的科技金融体系。在种子期，发展天使投资、小额贷款、科技型中小企业创新基金和青苹果支持计划等融资形式；在成长期，发展融资租赁、科技支撑计划、债券融资、股权融资、资本市场和红苹果支持计划等融资形式；在成熟期，发展债券融资、股权融资、资本市场和金苹果支持计划等。

总体来看，青岛科技金融呈现政府为主、科技贷款和风险投资为主的特点。一是政府为主，社会资本积极参与。青岛市以科技发展规划、国家科技政策配套为契机，为科技型中小企业提供融资支持，同时设立引导基金，并发起组建青岛明月海洋生物产业发展基金（有限合伙）等 3 支天使投资组合基金，政府资金在科技金融服务中发挥重要的作用。另一方面，包括海尔、橡胶谷等大企业相继设立产业投资基金，社会资本积极提供科技金融服务。二是以科技贷款和风险投资为主。2014 年 9 月，青岛银行在青岛高新区设立科技支行，这是山东省第一家科技支行，提供科技园区"集合贷"、知识产权质押贷款等创新产品。同时，青岛市设立了青岛高创科技融资担保公司和高创投资管理有限公司，推动科技贷款和创业投资业务发展。

6. 研究开发：海洋科技研发服务全国领先，工业设计服务发展快速

集聚了一批多元化研发服务机构。一是高校和科研院所。目前，青岛市拥有中国海洋大学、中国石油大学（青岛）、青岛大学、青岛科技大学、青岛理工大学、山东科技大学等 7 所高校，以及中国科学院海洋研究所、国家海洋局第一海洋研究所等 19 个科研院所。二是市场化研发服务机构。以工业设计领域为例，青岛市拥有海高工业设计公司、青岛周庆设计公司、青岛博语堂设计有限公司、青岛拜特工业设计有限公司等市场化的研发服务机构。三是产业技术研究院，包括青岛智能产业技术研究院、青岛储能产业技术研究院、青岛海洋生物医药产业技术研究院和青岛信息产业技术研究院等。

在海洋科技和工业设计领域拥有研发优势。青岛拥有28家以海洋科研与教育为主的机构,是我国名副其实的海洋产业创新尖峰,包括中国海洋大学、水科院黄海水产研究所等28家海洋科技的高校院所,46家海洋重点实验室。另一方面,青岛自发集聚形成了工业设计园区,集聚了一大批市场化发展程度较高的工业设计服务机构,加之大企业积极将工业设计功能独立出去,青岛工业设计服务发展迅速,成为青岛研发开发服务的一大亮点。

7. 知识产权:知识产权服务体系进一步完善,培育了一批知识产权服务人才

培养了一批知识产权服务机构和人才。到目前为止,青岛市拥有43家知识产权服务机构,其中,专利代理机构有20家。现在共有专利代理人113人。

探索提供全方位知识产权服务。一是提供检索服务。依托青岛市知识产权公共服务平台和青岛高新区知识产权服务平台,青岛市鼓励知识产权服务机构提供检索服务。二是知识产权申请和利用服务。当前的专利代理机构有20家,提供专利申请和维护服务。同时,也提供知识产权发展战略咨询、评估等高端服务,但相对较少。三是知识产权维权服务。青岛高新区设有高新区知识产权公益维权援助中心、高新区知识产权调解中心、高新区知识产权仲裁庭和高新区知识产权巡回法庭,有效解决知识产权侵权纠纷。

8. 科技咨询:在科技招投标、科技战略研究和管理咨询等领域集聚了一批科技咨询服务机构

青岛在科技咨询领域集聚了一批服务机构。一是招投标机构。青岛市现在工程招投标、设备招投标、项目招投标等领域拥有48家招投标公司,其中,14家具有甲级代理资质,26家具有乙级代理资质,包括招标中心、山东省国际招标、国管招标青岛分公司等的政府招投标公司,以及青岛科建工程招标等社会化招投标公司。二是科技战略研究机构,如青岛市科学技术咨询服务中心、青岛生产力促进中心、青岛市科学技术信息研究所、青岛市标准化研究院等科技咨询机构。三是管理咨询机构,如青岛海友企业管理咨询有限公司、青岛博金咨询管理有限公司、青岛君成管理咨询公司、青岛万通管理咨询有限公司等十余家,社会化服务机构占半数以上。

9. 综合科技:初步建成了综合型以及面向特定产业的综合集成科技服务平台

当前,青岛重点建成了两大综合科技服务平台,即青岛市科技创新综合服务平台和众研网,作为政府和市场主导建设的综合服务平台的典型代表,引领和带动青岛综合科技服务的发展。

青岛市科技创新综合服务平台是以科技局功能为主线、面向多种产业的服务平台。平台由青岛市政府投资建设,由青岛生产力促进中心和青岛市科技研发服务中心负责运营,采用"线上+线下"服务模式。青岛市科技创新综合服务线上平台发布政策信息和科技资源信息。线下在青岛软件园开辟服务场地,设置了市科技计划、国家科技计划、高新企业、科技成果、科学仪器、科技文献、科技查新、科学数据、知识产权、技术交易、技术合同、专业技术等12个服务窗口。服务内容包括科技资源服务、科技政务服务、科技成果转化服务和专业技术服务四类,涵盖了原来科技局8个业务处室、11个二级单位的职

能,更快更好地给企业特别是中小企业、科研工作者提供一站式服务。服务成效较好,2014年开展服务6.1万余人次。

众研网是由橡胶谷打造的、针对橡胶产业的一站式协同创新服务平台。2014年10月,橡胶谷以橡胶谷生产力促进中心有限公司为依托,整合了全国130多家高校和58所科研机构资源成立了众研网。众研网采用O2O形式的集成科技服务模式,建设了线上和线下服务平台。线上建设了众研网,企业和院所可开展科技成果交易、科研众包和专业委托,线下依托橡胶谷提供成果孵化、资源对接等服务。通过线上和线下相结合,打造了涵盖研发服务、技术转移、创业孵化、科技咨询、检验检测等在内的集成服务模式。

(三)存在问题分析

1. 科技服务行业规模偏小

青岛科技服务业发展处于起步阶段,与国内其他同类城市相比,科技服务业总体规模偏小。2012年青岛科技服务业增加值为100.3亿元,不足北京市科技服务业增加值的1/12,不足广州的1/4,不足西安的1/3,不足深圳的1/2。从科技服务业占现代服务业比重来看,青岛2012年科技服务业占现代服务业的5.6%;同期,广州占比8.5%,西安占比23%;青岛科技服务业对服务业和区域经济发展的带动作用尚未充分发挥。与此同时,各细分领域发展参差不齐,科技服务业总体协同发展水平较差。技术转移、创业孵化、检验检测和科普服务发展相对较好,产业发展初具规模,个别领域在全国发展领先。研发服务、知识产权、科技金融服务拥有一定基础,取得一定进展,当前处于稳步推进阶段。科技咨询、综合科技服务在青岛刚刚起步,目前发展仍不成熟。科技服务业各细分领域相互关联、相互促进,研发服务、科技金融等领域发展的相对落后,导致产业总体协同发展水平较差。

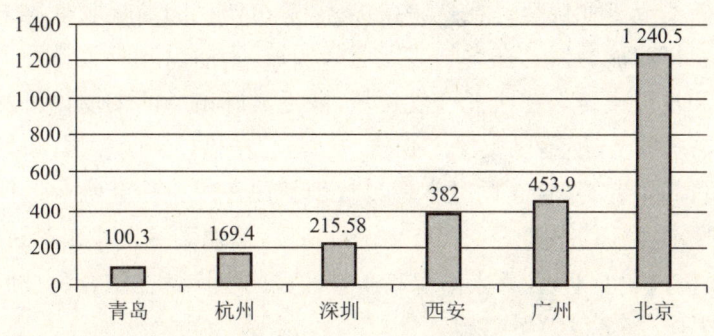

图3 2012年我国部分城市科技服务业增加值(单位:亿元)

2. 市场化程度和水平不高

目前,青岛市拥有数量相对较大的国有科技服务机构,包括高校、科研院所和事业单位等,他们不以盈利为目的,运作主要依靠财政资金注入,需要政府"持续输血"。如在研发服务领域,高校和科研院所多数为财政出资成立;在科普服务领域,政府认定的科普基地和科普机构多数依靠财政资金维持运转。国有科技服务机构不以提供科技服务为使命,缺少提供科技服务的激励机制,提供的科技服务只是在完成国家指定任务的过程中出现的"副产品",这对青岛科技服务业发展造成严重影响。一是导致服务与需求错位。国有科技服务机构不面向市场,提供服务与市场上的科技服务需求不相适应,导致科技服务资源错位和浪费。二是造成本地科技服务水平难以提高。国有科技服务机构不以盈利为目的,缺乏提升服务质量的动力,加之市场化机构数量少,缺乏竞争氛围,导致提升较慢。三是导致科技服务业发展缓慢。市场主体少,无法构成完整的市场,必然阻碍科技服务业发展。

3. 科技服务市场尚未形成

青岛市科技服务供给和需求并不充足,总体来看交易并不活跃,科技服务市场尚未形成。一是科技服务供给量和需求量不多,难以支撑科技服务市场形成。从需求角度来看,科技服务需求方对科技服务的意识不深入,明确的服务需求较少。从供给角度来看,政府背景的科技服务机构服务意识相对较弱,导致拥有较多科技服务资源的国有科技服务机构的服务能力并不强,加之市场化的科技服务机构相对缺乏,总体上科技服务市场相对低迷。二是对于当前明确的科技服务,供需对接不充分,科技服务交易不活跃。由于缺少科技服务机构和科技企业服务需求的对接平台,在创业孵化、科技金融、研发服务、技术转移、知识产权、检验检测等服务机构与科技服务需求方之间,联系和对接相对较少,导致科技服务交易不活跃。

4. 科技服务水平相对偏低

与青岛市产业发展需求相比,当前科技服务业服务水平偏低,与产业的黏合度不高,难以支撑产业创新发展。在创业孵化领域,专业孵化器数量偏少,投融资对接、专业技术服务、创业辅导等高端软服务相对滞后,创业企业培育、成长加速机制仍不完善。在技术转移领域,小试和中试服务环节缺失,成果转移效率不高,海洋科技、橡胶等领域的技术优势并未转变成产业优势。在检验检测领域,市场化的高端服务集中在跨国公司,本地公司服务水平和能力低。在科学普及服务领域,当前以政府服务为主,缺乏科普服务的品牌整合和推广宣传。在研究开发领域,缺乏紧盯市场的市场化研发机构,高校研发成果与产业需求脱节,不足以支撑产业技术创新。在科技金融领域,市场化机构较少,企业信用评估机制不完善,缺乏同时掌握科技创新内在规律与金融业运行的高端人才。在知识产权领域,高端服务开展不足,市场比较混乱,高端服务人才相对缺乏。在科技咨询领域,市场化机构发展不足,并未出现高质量的民间智库。在综合科技服务领域,现有服务平台运作欠佳,服务成效不明显。

梳理青岛科技服务业发展的问题,深层次原因在于以下两个方面。一是大企业本身拥有较强的资金实力和相对完善的科技服务体系,在某种程度上实现了科技服务供需的内部循环,对外界科技服务的需求较少;小企业科技服务购买能力较差、需求并不明确,这是青岛科技服务市场始终低迷的重要原因。二是科技服务意识薄弱。科技服务机构和企业对科技服务的认识不高,服务机构不明确自身科技服务功能,企业不了解自身需求。另一方面,科技资源开放共享意识差,资源开放停留在体制内的"小共享",缺乏利用科技资源、面向市场提供服务的意识。

五、思路、目标和原则

（一）总体思路

深入贯彻落实《国务院关于加快科技服务业发展的若干意见》部署，以促进科技与经济结合为导向，以支撑青岛科技创新驱动发展和产业转型升级为主要目标，坚持市场化、集成化、专业化、高端化、国际化的发展方向，通过开展机制创新、模式创新和业态创新，积极统筹配置科技服务资源，全面布局科技服务业各个领域，努力塑造青岛特色科技服务品牌，大力提升青岛科技服务能力和水平，不断扩大青岛科技服务业总体规模，通过培育特色鲜明、主体多元、功能齐备、运作高效的科技服务产业集群和集聚区，将青岛市建设成为全国科技服务业创新发展示范区和全球海洋领域科技服务业新高地。

（二）主要目标

到2020年，将青岛市科技服务业发展成为全市现代服务业的重要组成部分，实现增加值300亿元，全市科技服务业增加值占全市生产总值比重达到2%，科技服务业市场化、专业化和社会化程度达到较高水平，形成若干具有国际竞争力和品牌效应的科技服务业产业集群，科技服务业成为推动青岛市科技与经济融合、建设国家蓝色经济区的重要支撑力量。

（三）基本原则

（1）开放创新、协同发展。坚持以开放的思维推动科技服务业创新发展，积极引入国内外领先科技服务资源为青所用，加快青岛科技服务业走出去步伐。加强青岛市各区市、各部门、各行业之间协同，实现资源共享、优势互补、共同发展。

（2）市场导向、政府支持。坚持围绕市场需求发展科技服务业，鼓励民营资本进入科技服务业，不断提升科技服务业的市场化水平，积极发挥政府在方向引导、政策支持等方面的作用，营造良好、高效的科技服务业发展的市场环境。

（3）重点突破、全面发展。坚持整体推进与重点突破相结合，重点发展创业孵化、技术转移等青岛目前需求强烈的细分领域，同时兼顾其他领域的发展；重点支持基础较好、集聚程度较高的区域的发展，同时兼顾全市其他区市的科技服务业发展。

（4）立足青岛、面向全国。坚持以青岛科技服务需求为出发点，构建具有青岛特色的科技服务业集群。在部分科技服务领域，依托青岛独特的区位及海洋资源优势，在满足青岛自身的需求的基础上，面向全国乃至全球提供特色科技服务。

六、主要任务

（一）强化发展研究开发及其服务业

发挥青岛在海洋科技等领域基础研究实力雄厚的优势，通过体制机制创新推动各类科研资源向社会开放，大力开展以市场需求为导向的应用技术研究，重视市场化、第三方研发服务机构的发展，推动研发众包、第三方外包等新模式、新业态在青的发展。

(1) 加大研发投入力度,积极发展应用技术研究载体建设。加大青岛在重点产业领域的研究开发投入力度,鼓励社会资本参与基础研究和应用研究。继续推动青岛市公共研发平台建设,尤其是重点产业的公共研发平台,鼓励和引导社会资金参与平台建设和运营;加大产业技术研究院、重点实验室、企业技术中心、工程技术中心等应用技术研究载体的建设力度,并鼓励其通过机制创新面向社会提供市场化研发服务。围绕重点产业领域积极与国内外优势地区开展技术、人才的高端链接。

(2) 围绕重点产业技术需求,推动研究开发服务市场化发展。通过政策支持和资金支持等手段,大力培育和引进一批市场化新型研发组织、研发中介和研发服务外包机构。鼓励行业龙头企业在满足自身需求的基础上,开放自身研发资源,向社会提供市场化的研究开发服务。鼓励高校院所积极与企业开展产学研合作,以市场需求为导向有针对性地开展技术研发。创新高校院所的科研设施和仪器设备开放运行机制,引导国家重点实验室、工程技术研究中心等向社会开放服务。

(3) 破除制约和影响创新的思想障碍和制度藩篱,积极开展科研体制机制创新。大胆探索第三方研发机构参与国家重点项目或省市级课题研究的立项、评审机制。借鉴中关村、武汉东湖等地经验,探索科技成果处置权和收益权改革。加大对科研人员的激励力度,鼓励各类企业通过股权、期权、分红等激励方式调动科研人员的创新积极性。创新高校院所的科研评价机制,强化事业单位科研人员的绩效激励力度,探索有利于提升创新效率的分配激励机制。

(二) 提升发展技术转移服务业

依托青岛科技成果丰富以及地处东北亚核心的区位优势,强力打造一批全链条、专业化、国际化的技术转移服务机构,大力开展技术转移专业人才队伍建设,建设全国技术转移领先地区和优势产业全球技术转移服务先进区。

(1) 构建市场化、多层次的技术转移服务网络。围绕重点产业领域技术需求,以国家技术转移示范机构为中坚力量,构建线上线下相结合的技术转移服务体系。继续推进国家海洋技术转移中心建设,打造国家级海洋技术交易平台,面向全球提供全方位技术转移服务。积极建设具有区域特点和行业特色的专业化技术交易市场。通过政策手段引导和支持社会第三方机构开展技术转移服务。鼓励龙头企业发挥自身技术优势,构建开放式技术创新平台,加强与外界的技术交流和交易。

(2) 重视中试、熟化等技术转移薄弱环节,全面提升技术转移服务水平。积极推进由政府出资引导的公共技术服务平台、中试、熟化平台的建设,通过后补助的方式对平台和企业双方给予支持。鼓励有实力的企业和产业联盟组建产业中试基地并对外提供中试服务。鼓励高校、科研院所、产业联盟、工程中心等面向市场开展中试和技术熟化等集成服务。加强技术评估专业人员、技术经纪人等专业技术交易服务人员的培养和培训。建立完善的技术交易评估、交易市场规范,营造良好的技术交易市场环境。

(3) 鼓励开展技术交易模式创新。坚持实施"中国合伙人计划",不断开展技术转移模式和手段创新,积极探索基于互联网的在线技术交易模式。大胆开展技术转移模式创新和制度创新,鼓励高校、科研院所的科技成果,在技术交易市场通过推介、挂牌、拍卖等方式进行公开交易,推广青岛"TMC"技术交易模式。通过政策突破和激励机制创新有效激发科研人员开展技术成果转化的热情。大力鼓励公共财政资助的科研成果转移转化,研究推进科技成果成熟度评价和价值评估在技术交易中的推广应用。鼓励和引导技术转移机构开展科技成果商品化、资本化和证券化。

(4)依托青岛港口城市优势,积极开展国际技术转移服务。引进借鉴国外先进技术转移机构在国际技术转移方面的经验,支持企业通过对外投资、技术与知识产权入股、建立海外研发机构和产业化基地等方式,开展国际技术转移合作。以蓝海技术交易网等现有平台为基础,打造统一开放、线上线下结合、产学研中介等各方主体参与的扁平化国际技术转移大平台,拓展技术交易新渠道,提升青岛技术出口水平。

(三)壮大发展检验检测认证服务业

以行业检验检测服务需求为导向,在现有产业基础上进一步推动检验检测认证服务机构的集聚发展,不断提升检验检测服务机构市场化发展水平,打造检验检测认证服务的知名品牌,加快建设国内领先的检验检测服务区。

(1)打造检验检测集聚区和品牌。依托青岛旺盛的检验检测市场需求,在现有检验检测服务集聚的基础上,围绕海洋科技、橡胶轮胎等领域的产业需求,建设一批覆盖全产业链的检验检测服务机构集群,重点推动国家级蓝色经济检验检测高技术服务集聚区建设。实施检验检测服务品牌培育工程,打造一批在全国有影响力的特色产业检测检验服务品牌和检验检测服务机构品牌。

(2)提升检验检测服务机构市场化水平。大力引进和培育第三方检验检测服务机构,积极培育能为企业设计开发、生产制造、售后服务全流程提供一站式服务的检验检测机构。鼓励社会资本建设第四方服务平台,探索检验检测服务供需对接模式,推动线上检验检测服务的发展。规范检测检测服务市场,加强检测资质证管理,构建良好的检验检测服务市场环境。推动和支持具备条件的事业性质的检验检测机构转企改制,探索有效的盈利模式。

(3)加大资源整合力度,推动检验检测服务资源全社会共享。在现有大型仪器设备平台的基础上,构建全市重点产业检验检测仪器共享平台,探索市场化的检验检测仪器设备的共享机制。通过产学研合作的方式,鼓励高校、科研院所共享检验检测资源,政府以资金补贴的形式对各方进行支持。按照"重点突破、逐步推进"的原则筹建青岛检测认证集团,跨行业、跨部门整合全市检验检测认证资源,有效提升检验检测行业的市场化水平和服务能力。

(四)优化发展创业孵化服务业

抓住青岛"千万平方米孵化器"建设机遇,以众创空间建设为抓手,以创业服务能力提升为重点,积极实施创业青岛千帆启航工程,以创业引爆青岛经济发展新活力。

(1)加强众创空间载体建设,探索完善全链条孵化体系。大力推动各类众创空间建设,尽快出台支持众创空间发展的指导意见,支持个人、企业、社会组织以及高校院所创建众创空间。加强推进"苗圃-孵化器-加速器"建设,引导、引进科技地产商、龙头企业等社会资本投资建设创业苗圃和孵化器。鼓励各类创业载体为在孵企业提供创业投融资对接、创业辅导、创业活动等高端创业服务。鼓励大院大所和大企业创造条件开放共享创新资源,为各类创业者提供公共技术、检验检测等专业服务。探索"投资+孵化"、概念验证、"创业辅导+孵化+投资"、"创业街区"等创业服务新模式。

(2)完善创业服务体系,提升创业服务整体水平。定期开展创业服务业专业人员培训,学习先进地区创业经验,提升青岛本地创业服务人才水平。推动成立青岛本地的孵化器联盟,积极整合本地创新创业资源,加强各类创业载体之间的交流和互动。积极搭建青岛本地的天使投资网络,引导民间资本参与创新创业。推动创业服务国际化发展,鼓励青岛本地大企业或孵化机构在国外设立创业服务分支机构,积极引进国内外顶级创业服机构来青。

(3)营造良好的创新创业氛围。深化商事制度改革,不断开展服务手段和模式创新,为创新创业提供高效便捷的服务。积极与北京、武汉等国内创业发达地区开展交流合作,积极参与或承办全国性或区域性的创新创业大赛。推动国有孵化器体制机制改革,建立以服务能力、孵化绩效和社会贡献为主要指标的考核体系。加强创业成功典型案例的宣传推广,开展创新创业服务机构的社会化评价,对于优秀的服务机构予以奖励。

(五)巩固发展知识产权服务业

以提高知识产权服务水平为核心,不断完善知识产权服务基础设施和知识产权服务环境,推动知识产权服务高端化和专业化,打造青岛知识产权服务业集聚区。

(1)大力提升知识产权服务机构水平。开展知识产权服务业集聚工程,依托国家知识产权局专利局济南代办处青岛分理处等国家知识产权服务资源,吸引集聚一批知识产权服务机构,形成青岛知识产权服务业集群。以政策引导和资金支持的方式,鼓励知识产权服务机构提供知识产权专利分析、专利布局、专利预警、专利战略以及知识产权运营等高端服务,鼓励开展涉外专利服务。整合青岛相关高校院所的文献、专利、技术标准等资源,建设青岛市国家海洋知识产权服务平台,面向全国提供知识产权服务。

(2)培养知识产权专业化人才队伍。依托青岛科技大学,建设国家级知识产权培训教育基地,开展专利代理人、专利分析师等专业人才培训,加强知识产权服务专业资质管理。鼓励知识产权服务机构派遣专业人员到国内外领先机构交流、学习和培训,探索人才培养新方式。积极从北京、上海等地引进高端知识产权服务专业人才。

(3)优化知识产权服务市场环境。探索建立基于《与贸易有关的知识产权协议》(简称 TRIPs 协议)的国际知识产权执法框架,加强知识产权执法力度,提高知识产权保护意识。鼓励和引导高新技术企业贯彻《企业知识产权管理规范》(国家标准),规范知识产权服务市场秩序,为知识产权服务业发展营造良好的市场环境。举办支持知识产权申请和知识产权服务机构发展的政策宣传讲座和座谈,营造知识产权服务业发展良好氛围。

(六)全面发展科技金融服务业

以解决中小企业科技金融需求为导向,以财政科技资金投入资本化为着力点,撬动社会资本构建全方位、多层次的科技金融服务体系。

（1）构建青岛特色的科技金融服务体系。依托青岛科技金融试点先行先试优势，积极在聚集金融服务资源、推动技术和资本对接、科技金融产品创新等方面开展体制机制创新和政策创新。继续扩大青岛市科技信贷风险补偿准备金池规模，进一步健全工作机制，不断拓展服务范围，针对不同阶段企业的差异化融资需求，打造具有青岛特色的"一条龙"科技金融服务体系。按照"以信用促融资、以融资促发展"的工作思路，推动青岛科技型中小企业信用服务体系建设。

（2）鼓励科技金融服务模式和服务产品创新。大力发展科技银行、科技保险公司、科技投资公司、投资管理公司、融资担保公司等多主体的科技金融服务机构。鼓励发展科技融资担保、股权直接投资、天使投资引导基金、持股孵化基金、科技融资租赁、科技资产管理等多种科技金融服务模式。鼓励科技金融服务机构不断开展产品创新，面向中小微企业提供科技园区集合贷、纯信用贷款、知识产权质押贷款等科技金融产品。大力发展互联网金融，依托互联网金融产业园积极链接中关村等地的众筹融资、P2P金融和第三方支付等科技金融新业态在青落地。

（3）重点支持各类科技金融机构为初创期企业开展科技金融服务。引导和支持民间资本设立各类科技金融服务机构建设，大力推动天使投资人的培育和天使投资网络的建设。由财政资金引导，社会资金参与，设立面向科技型小企业的天使投资基金，降低支持门槛，扩大支持范围，为初创期科技型企业提供资本支持。发挥市级创业投资引导基金作用，进一步扩大创业投资规模，撬动社会资金投向科技型企业。

（七）培育发展科技咨询服务业

坚持"开放创新、协作发展"的理念，加强同先进地区科技咨询机构合作，通过不断激发科技咨询服务需求培育本地科技咨询服务市场，积极开展服务模式创新，着力构建面向特色产业的科技服务智库。

（1）培育科技咨询服务市场。通过向科技企业发放创新券，支持企业购买科技咨询服务，激活企业的科技咨询服务需求。以政府采购的方式购买科技咨询服务，培育本地科技咨询服务市场形成。规范科技咨询服务市场，进一步落实《科技咨询业服务规范》，加强对科技咨询服务市场和从业人员资质等方面的管理和规范。

（2）开展科技咨询服务模式创新，发展高端咨询服务。鼓励科技咨询机构在提供服务过程中积极应用大数据、云计算、移动互联网等现代信息技术，提供高效精准的咨询服务。鼓励科技咨询机构开展众包咨询、线上咨询等科技咨询新模式，提升科技咨询效率。

（3）建设重点产业的科技咨询智库。围绕海洋、橡胶、电子等行业建设行业专家库和产业数据库，组织对接企业和行业专家，开展海洋、橡胶领域特色咨询服务，打造面向全国的特色产业智库，实施蓝色智库建设工程。

（八）积极发展科学技术普及服务业

依托青岛"品牌之都"以及海洋科技领域的优势，探索科普手段和渠道创新，积极发展大企业科普服务，完善海洋科技特色科普服务，将青岛打造成为全球海洋科技科普服务尖峰,营造科技创新的良好氛围。

(1) 发展海洋特色科普。充分发挥青岛在海洋领域的科研优势,加快新认定一批海洋科普基地,鼓励海洋科普基地开展对公众的科普教育工作,定期围绕海洋地质环境、海洋药物、海权等主题,开展科普讲座、活动与展览。

(2) 鼓励大企业开展科普服务。政府通过出台相应政策,引导大企业利用闲置厂房和公共空间成立行业博物馆、企业展示中心、未来技术体验馆等设施,宣传推广行业科技知识,发展行业科普服务。

(3) 大力开展科普手段和渠道创新。应用互联网技术引领新的科普展示方式,集聚开展线上科普活动,运用 AR、VR 等先进展示技术,增强用户感官体验。建设线上科普讨论区,增强参与者互动性,将大众作为科普活动重要的参与者,纳入到科普活动的开发、制定与组织当中,实现用户的需求反馈。

(九) 积极发展综合科技服务业

坚持"大集成、大平台、大网络",在完善现有综合科技服务平台的基础上,建设特色产业领域的综合科技服务平台,构建"重点区域综合科技服务平台为核心、特色产业服务平台协同发展"的综合科技服务体系。

(1) 推动科技服务在高新区、崂山区、黄岛区、市南区等基础较好的区域实现"大集聚"。在高新区重点发展研究开发服务、创业孵化服务、技术转移服务;在崂山区重点发展检验检测服务、知识产权服务等;在市南区,大力发展科技金融服务、科技咨询服务、科学普及服务。

(2) 围绕各类特色产业园形成科技综合服务"小集中"。围绕青岛生物医药产业园、智能家电产业园、海藻产业园等特色产业,针对不同产业对科技服务的不同需求,吸引集聚一批科技服务机构,有效提升产业发展与科技服务的黏合度,形成"科技创新 - 科技服务 - 产业化发展"三位一体的产业科技创新园区。

(3) 鼓励大企业开展科技综合服务。鼓励海尔、海信、软控、明月海藻等自身科技服务体系比较完善的等行业龙头企业和产业组织搭建行业级综合科技服务平台,积极为行业内中小企业提供各类科技服务,逐渐形成大中小企业齐备、科技服务体系健全的产业科技创新生态系统。鼓励各大企业和产业组织以"互联网 +"思维搭建面向全国、服务于特色产业的科技服务大平台,开展线上线下相结合的科技综合服务。

七、重点工程

(一) 大院大所"去围墙化"工程

针对青岛大院大所和大企业众多的现状,通过体制机制创新和政策突破,统筹协调科研院所和大企业的科技研发资源,打破大院大所围墙,主要通过搭建行业公共技术研发服务平台等形式面向全社会提供科技研发服务。

（二）十大产业技术研究院建设工程

围绕家电、橡胶、石化、船舶等青岛十大千亿级产业链，按照"分批推进、全面发展"的原则，打造十个产业特色鲜明、组织形式灵活、日常运作高度市场化的产业技术研究院。

（三）国家海洋技术转移中心建设工程

按照科技部对国家海洋技术转移中心的批复要求，积极开展国家海洋技术交易市场、信息服务平台、共享数据中心、国际技术转移平台等方面建设工作，发挥海洋为主要特色的高科技研发及产业基础条件和优势，打造国家级海洋技术转移交易平台。

（四）技术转移"五个一"提升工程

围绕青岛市现有的"五个一"（一网、一厅、一校、一计划、一基金）的技术转移服务体系，通过政策引导、资金扶持等手段，有效激发各主体的积极性，不断拓宽服务覆盖范围，进一步提升青岛技术转移服务的总体水平。

（五）"学科性公司"模式示范工程

研究国内外学科性公司技术转移模式的运作机制，分析该模式的优势和劣势，结合青岛实际情况加以改进和完善，制定相对应的指导意见和配套政策措施，并设立专项发展基金，以"试点示范、分步推进"的形式在青岛大院大所中开展探索尝试。

（六）检验检测品牌打造工程

依托青岛港口城市检验检测的巨大需求，在崂山区检验检测机构相对集中的基础上，逐步形成国内知名的检验检测服务机构集聚区，在青岛建设面向全国的海洋分析检测虚拟实验室，同时加强对检验检测品牌的包装、宣传和推广，打造面向全国的检验检测品牌。

（七）创业青岛千帆启航工程

抓住青岛"千万平方米孵化器"建设契机，持续优化创新创业生态环境，构建一批市场化、专业化、集成化、网络化的众创空间，降低创业门槛，激发创业活力，促进技术创新、市场创新和商业模式创新，将青岛打造成为国际知名的创客中心、蓝色创新高地和智慧创业湾区。

（八）知识产权"千企贯标"工程

在青岛企业中分批推动《企业知识产权管理规范》国家标准在青落实贯彻，开展企业知识产权管理标准化示范创建工作，营造良好的知识产权发展环境。

（九）科技金融信用体系建设工程

由科技部门牵头，银行、工信、工商等部门参与，开展企业信用体系的组建工作，包括日常工作机制、企业信用数据库系统、信用制度、信用服务产品、信用激励机制等内容。鼓励企业使用信用产品，建立信用记录；建立信用星级评价制度，定期发布企业金融信用等级评价报告。

（十）区域特色科技服务试点工程

结合青岛不同区市在科技服务领域的发展基础，筛选一批特色科技服务业试点，探索区域特色科技服务发展的新模式。通过专项基金支持和政策突破，以试点的形式在青岛形成若干区域特色鲜明、科技服务机构集聚、科技服务能力突出的科技服务集聚区。

（十一）行业综合科技服务试点工程

发挥青岛大企业科技创新能力显著的优势，在重点产业领域依托龙头企业或产业组织开展行业综合科技服务试点工作，通过建立开放式创新平台，支持大企业科技服务资源面向社会提供科技服务。

（十二）科技服务"互联网+"促进工程

推动互联网技术在科技服务业领域的应用，设立科技服务业"互联网+"专项基金，以后补助等形式支持各类科技服务机构开展线上检测、互联网研发设计众包、线上技术转移、互联网众筹等线上科技服务。

八、保障措施

（一）加强组织保障，建立高效的科技服务管理体制

提高青岛市科技服务业发展在区域经济发展中的战略位势，成立青岛市科技服务业发展领导小组，组建科技服务业专家指导委员会和咨询专家组，为青岛市科技服务业发展提供咨询指导和决策参考。

（二）加强制度保障，健全科技服务业发展环境

探索建立行业科学合理的科技服务统计制度，以山东半岛自主创新示范区建设为契机，开展青岛市直属高校科技成果管理制度创新试点，鼓励个人转化科技成果，抓住国家科技金融试点城市先行先试优势，健全地方金融监管体系。

（三）加强资金保障，打造完善的科技服务资金体系

在国家科技服务业试点资金中安排部分资金，设立青岛市科技服务业发展专项资金，发挥财政资金的引导作用，鼓励大企业、产业组织、个人资本投入到科技服务业发展中来，创新财政科技投入方式。

（四）完善政策保障，加大科技服务业发展政策支持力度

积极落实国务院《关于加快科技服务业发展的若干意见》中的政策安排，探索适合青岛实际情况的政策创新。加强政策的宣贯和培训。积极开展政策落实评估，政策制定部门根据报告实施效果对政策进行适当调整。

课题承担单位：北京长城企业战略研究所　青岛市科学技术信息研究所
课题负责人：武文生
课题组成员：武文生　邵　翔　刘佳薇　白万豪　张晓峰　刘　瑾　厉　娜　刘振宇　孙　琴

参考文献

[1] 白春礼. 世界科技创新趋势与启示[J]. 科学发展,2014(3):5-12.

[2] 施立奎. 国际产业转移与我国产业结构调整[J]. 国际商贸,2012(23):165-170.

[3] 胡天宇. 第四次全球产业转移,中国该如何应对[J]. 中国商论,2013(04X):156-158.

[4] 郭濂,栾黎巍等. 创新驱动需要抓住新产业革命的战略机遇[J]. 理论与现代化,2014(4):5-14.

[5] 李越,车璐. 科技创新支撑资源循环利用产业发展[J]. 中国科技投资,2012(25):48-50.

[6] 李海超,齐中英. 美国硅谷发展现状分析及启示[J]. 特区经济,2006(6):82-83.

[7] 唐松. 班加罗尔:从印度内陆走出的全球第二大"硅谷"[J]. 重庆与世界,2014(7):64-67.

[8] 邹宝德. 韩国硅谷——大田市科技创新发展的实践与理念[J]. 安徽科技,2010(1):53-54.

[9] 陈文波. 我国新能源汽车的关键技术与发展瓶颈[J]. 交通标准化,2011(19):172-174.

[10] 胡慧,王辉. 云计算技术现状及发展趋势分析[J]. 软件导刊,2009(9):3-4.

[11] 苏朝文,张永庆,何彬斌. 传统产业转型路径研究[J]. 金融经济,2013(08):39-40.

[12] 张银银,邓玲. 创新驱动传统产业向战略性新兴产业转型升级:机理与路径[J]. 经济体制改革,2013(5):96-101.

[13] 于代松,冉波. 加大科技创新力度 助推成都传统产业升级[J]. 西部经济管理论坛,2014(2):23-25

[14] 张倩男. 战略性新兴产业与传统产业耦合发展研究——基于广东省电子信息产业与纺织业的实证分析[J]. 科技进步与对策,2013,30(12):63-66.

[15] 王磊,安同良. 中国传统产业自主创新模式研究[J]. 现代经济探讨,2013(3):34-38.

[16] 李吉雄. 中西部地区传统产业升级的动因和路径以江西纺织业为例[J]. 江西行政学院学报,2013,15(4):53-56.

[17] 盖健. 海洋高端产业全球创新资源分布路线图[M]. 中国海洋大学出版社,2012.

[18] 严维佳. 基于科技创新资源的产业发展战略研究——以咸阳市为例[J]. 西部学刊,2013(6):48-51.

[19] 李李,刘倩男. 科技创新推动天津市战略性新兴产业发展路径的研究[J]. 天津经济,2013(9):9-11.

[20] 钱明霞. 我国高技术产业发展与自主创新相关影响因素分析[J]. 东南大学学报:哲学社会科学版,2008,10(3):34-38.

[21] 苌韬,刘赞扬. 以创新链建设为抓手提升产业核心竞争力——关于科技支撑战略性新兴产业发展和传统产业升级若干问题的思考[J]. 安徽科技,2012(9):4-7.

[22] 江兴男. 以科技创新驱动协会产业快速发展[J]. 科协论坛,2014(2):33-34.

[23] 姜国建,文艳. 世界海洋生物技术产业分析[J],中国渔业经济,2006(4):45-49.

[24] 李焕宁. 创业环境及其影响因素研究[J]. 科技信息,2012(1):288.

[25] 罗公利,冯海涛. 基于政府视角的创新型企业培育系统动力学模型研究[J]. 青岛科技大学学报:社会科学版,2013,29(2):50-54.

[26] 边伟军,罗公利. 青岛市科技企业孵化器建设现状与未来选择[J]. 科技管理研究,2010(10):61-63.

[27] 赵立成. 促进青岛企业科技创新问题研究[J]. 决策咨询,2014(3):24-29.

[28] 赵立成. 优化与完善青岛市财政科技投入问题研究[J]. 决策咨询,2012(3):19-24.

[29] 房甜甜,田旭. 蓝色经济下青岛市科技投入创新的策略研究[J]. 科技管理研究,2013,33(9):57-61.

[30] 张萍. 企业科技创新管理影响因素研究[J]. 科技管理研究,2013,33(12):123-126.

[31] 中国科学院海洋领域战略研究组. 中国至2050年海洋科技发展路线图[M]. 科学出版社.2009.